ANÁLISIS QUÍMICO Y EXAMEN CIENTÍFICO DE PATRIMONIO CULTURAL

Material complementario

Este libro contiene material complementario disponible en la página web de la editorial a través del siguiente código: 8955-GSZD-9441

1. Entre en **www.sintesis.com** y regístrese como usuario.
2. Seleccione "Complementos web" en el menú superior e introduzca el código de acceso.

Colección:
Gestión, Intervención y Preservación del Patrimonio Cultural (Manuales)

Coordinador:
MIKEL ROTAECHE GONZÁLEZ DE UBIETA

ANÁLISIS QUÍMICO Y EXAMEN CIENTÍFICO DE PATRIMONIO CULTURAL

María Teresa Doménech Carbó

EDITORIAL SINTESIS

Nuestro agradecimiento por la cesión de imágenes a:

Antonio Doménech Carbó (figuras 1.1, 9.5 y 9.6)
Juan Cayetano Valcárcel Andrés (figura 3.1)
Susana Martín Rey (figura 3.3, izquierda y central)
José Antonio Madrid García (figura 3.3, derecha)
Elvira Aura Castro (figura 3.5, izquierda)
Vicente Guerola Blay e Ignasi Gironés Sarrió (figura 3.5, derecha)
María Luisa Martínez Bazán (figura A.14.2-2, en Anexo 14.2)

Vallehermoso, 34. 28015 Madrid
Teléfono: 91 593 20 98
www.sintesis.com

ISBN: 978-84-9171-247-3
Depósito Legal: M. 33.659-2018

Impreso en España - Printed in Spain

Índice

Parte II
Técnicas de examen basadas en imágenes

Parte III
Técnicas de microscopía y de análisis de superficie

PARTE IV
Métodos químicos y electroquímicos

Web
Material digital adicional

El código que se facilita en la primera página del presente libro da acceso a estos materiales complementarios en la página web www.sintesis.com

1. *Glosario de abreviaturas*

2. *Anexos digitales*

- Anexo 8.1. Ensayos microquímicos y a la llama de pigmentos inorgánicos
- Anexo 8.2. Ensayos de tinción
- Anexo 10.1. Notación de algunos estados atómicos usada en XPS y XRF
- Anexo 10.2. Principales líneas de emisión de rayos X de elementos clave utilizados en la identificación de pigmentos
- Anexo 11.1. Influencia de la temperatura en la espectrometría atómica
- Anexo 11.2. Longitud de onda correspondiente a las líneas de emisión habitualmente utilizada en la detección de elementos químicos
- Anexo 11.3. Límites de detección para los diferentes elementos químicos que pueden ser analizados mediante las técnicas de absorción y emisión atómica
- Anexo 12.1. Intervalos de longitudes de onda correspondientes a los diferentes colores en la región visible
- Anexo 12.2. Longitudes de onda correspondientes al máximo de las bandas de absorción de interés analítico presentes en colorantes orgánicos
- Anexo 12.3. Bandas IR y Raman de interés analítico de pigmentos inorgánicos
- Anexo 12.4. Bandas IR características de grupos químicos de compuestos orgánicos
- Anexo 13.1. Valores de desplazamiento químico de protón
- Anexo 14.1. Índice de color
- Anexo 14.2. Sistema de ordenación del color Munsell
- Anexo 14.3. Modelos y espacios de color
- Anexo 15.1 Espaciado *d* e intensidades (entre paréntesis) de las tres principales líneas de difracción del compuesto coloreado predominante en pigmentos históricos
- Anexo 18.1. Ecuaciones de interés en cromatografía según el modelo de platos
- Anexo 18.2. Algunos de los reactivos derivatizantes más utilizados en el análisis mediante cromatografía de gases de compuestos orgánicos integrantes de obras de arte y restos arqueológicos
- Anexo 18.3. Algunos de los reactivos derivatizantes más utilizados en el análisis mediante HPLC de compuestos orgánicos integrantes de obras de arte y restos arqueológicos

3. *Solucionario de los ejercicios de autoevaluación por capítulos*

Prólogo

La conservación de patrimonio cultural es concebida actualmente como una actividad científica. Acepciones tales como "ciencia de la conservación" o, más concretamente, "ciencia del patrimonio cultural", como propone J. H. Townsend, son utilizadas comúnmente para poner de manifiesto que los profesionales de este campo no solo poseen destrezas manuales, como antaño, sino que son conocedores de principios éticos, estéticos, históricos y técnicos y también de aquellos otros relativos a diversas ciencias experimentales como la química, la física, la geología o la biología. Efectivamente, el conocimiento de los aspectos científicos específicos de los materiales, de la técnica de ejecución y de los tratamientos de conservación y restauración es esencial para cumplir el propósito último de prolongar la pervivencia del bien cultural más allá de su tiempo de vida natural, incluso en condiciones ambientales adversas. En esta ardua tarea es indudable que las técnicas de examen y análisis fisicoquímico constituyen una herramienta excepcional.

A lo largo de los siglos XX y XXI las técnicas de análisis y examen científico han venido experimentando un notable desarrollo tanto en variedad como en la mejora de sus capacidades. En la actualidad, hay disponible un amplio abanico de metodologías experimentales, más o menos sofisticadas, que proporcionan información de muy diversa índole: elemental, estructural, morfológica, etc. En este marco, la planificación de estudios arqueométricos o de programas de seguimiento de un tratamiento de conservación-restauración puede llegar a ser muy compleja. Factores tales como la preservación de la integridad del objeto durante el proceso analítico o el nivel de confianza de la información obtenida, serán tenidos en cuenta en primera instancia. Sin embargo, otros factores tales como el tiempo de realización del análisis, el coste o la posibilidad de efectuar el análisis *in situ*, también deberán ser considerados. Por otra parte, las técnicas analíticas y de examen son cada vez más accesibles, lo que ha permitido a los laboratorios especializados adquirir un mayor número de instrumentos que ha favorecido la aplicación progresiva de estrategias multitécnica lo cual, de manera concomitante, ha hecho el procesado e interpretación de resultados analíticos más laborioso y complejo.

En este contexto el presente libro se plantea como una herramienta de consulta dirigida a profesionales y estudiantes universitarios del ámbito de la conservación y restauración de patrimonio cultural con la que se ha pretendido aproximar al lector a los principios básicos y a las principales aplicaciones de las técnicas de examen y análisis científico que actualmente se utilizan en el estudio y conservación de bienes culturales. El texto, como su título indica, se ha elaborado en clave de manual de consulta que proporcione una visión general de estas técnicas y ofrezca una referencia conceptual y metodológica, desde una perspectiva científica básica. Por tanto, el tratamiento dado a los temas abordados en este libro se aleja de este otro exhaustivo más propio de tratados de química analítica o de manuales de técnicas analíticas dirigidos a químicos, físicos e ingenieros. En definitiva, se ha pretendido aportar la información básica para que el lector adquiera los conocimientos y el lenguaje propios de la ciencia de la conservación que le permitan dialogar de forma fluida con los científicos y expertos implicados en las tareas de análisis y examen de patrimonio cultural.

Los contenidos del libro se han estructurado en siete partes o bloques de capítulos. La primera parte se inicia con un capítulo en el que se revisa la evolución histórica de las técnicas analíticas en su aplicación al estudio del patrimonio cultural, indicándose las diferentes etapas que han marcado la incorporación de las metodologías científicas en esta área (capítulo 1). De forma similar a los tratados de análisis químico, se incluye en esa parte un capítulo en el que se presentan los principales conceptos metodológicos y operativos asociados al proceso analítico (capítulo 2). Sin embargo, aquí también se han incluido aquellos aspectos específicos de su aplicación a los bienes culturales. Siguiendo el criterio habitual de los manuales de técnicas analíticas, la mayor parte de los capítulos de este manual se dedica a introducir estas clasificadas atendiendo a su fundamento químico, físico o fisicoquímico. Se ha procurado mantener el mismo criterio, eminentemente descriptivo, en todos los capítulos de esta parte del manual, de manera que, para cada técnica analítica, se introducen sus fundamentos básicos, se describe la instrumentación y se relacionan sus aplicaciones principales en el campo del patrimonio cultural. La parte II (capítulo 3) se dedica a las técnicas de examen basadas en imágenes. Se incluyen en este capítulo tanto técnicas producidas mediante señales electromagnéticas como acústicas. La parte III comprende cuatro capítulos en los que se describen las diferentes técnicas de microscopía: óptica (capítulo 4), electrónica (capítulo 5) y de fuerza atómica (capítulo 6), y las técnicas de análisis de superficie (capítulo 7). En los dos capítulos incluidos en la parte IV se abordan diversas técnicas que se engloban en los métodos químicos (capítulo 8) y electroquímicos (capítulo 9). En la parte V (capítulos 10-15) se presenta todo el conjunto de métodos ópticos que abarca las diferentes técnicas espectroscópicas, de difracción y la colorimetría. En los cuatro capítulos incluidos en la parte VI se describen las técnicas termoanalíticas (capítulo 16), basadas en la determinación de la relación masas/carga (capítulo 17), de separación (capítulo 18), y aquellas otras basadas en los efectos sobre los núcleos atómicos (capítulo 19). Finalmente, a diferencia de los manuales generales de técnicas analíticas, se ha considerado oportuno incluir una parte VII que contiene un capítulo en el que se describen los principales ensayos de materiales de uso frecuente en el estudio de bienes culturales (capítulo 20).

Confiamos en que la lectura de este libro ayude a sus lectores en su actividad profesional y les estimule en la práctica interdisciplinar inherente a toda actividad relacionada con el patrimonio, lo cual redundará en una mejor salvaguardia y preservación de nuestro legado cultural para disfrute de las futuras generaciones.

Cómo usar este manual

Capítulos:

- Complementando los textos explicativos se incluyen cuadros y figuras, algunas de ellas a color.
- Las diferentes técnicas instrumentales se designan por su nombre en castellano y se incluyen las siglas en inglés por las que se las suele nombrar. Para facilitar la comprensión de estas últimas se indica también el nombre en inglés.
- Puede hacerse uso también del glosario de siglas disponible en www.sintesis.com.
- A las ecuaciones que aparecen en los diferentes capítulos se les ha asignado un código numérico que consta de un primer número indicativo del capítulo y de un segundo número que identifica la ecuación en dicho capítulo. De este modo, pueden ser localizadas fácilmente cuando se las menciona en otros capítulos.

Anexos:

Además de los textos que conforman los diferentes capítulos, en algunos de ellos se han incorporado anexos, en formato electrónico, que proporcionan información adicional de interés: modelos teóricos, diagramas y tablas con valores de parámetros. Estos anexos están disponibles en www.sintesis.com.

Autoevaluación y solucionario:

Cada capítulo incluye un apartado final titulado "Preguntas de autoevaluación" donde se plantea al lector una serie de cuestiones que le permitirán evaluar el grado de comprensión de los conocimientos adquiridos y afianzar el aprendizaje de estos.

Paralelamente se ha preparado un "Solucionario" donde la autora da respuesta a las cuestiones planteadas en cada uno de los capítulos. Este puede consultarse en www.sintesis.com.

PARTE I
Aspectos generales

1
Evolución histórica

El análisis químico y el examen científico de patrimonio cultural es un campo de estudio cuya evolución en el pasado se ha acompasado, por una parte, al desarrollo de las ciencias experimentales, en particular la química, la física, la biología y la geología y, por otra parte, a los estudios históricos y arqueológicos y a la propia evolución de la concepción de preservación, conservación y restauración del patrimonio. No siempre la trayectoria de todos estos campos del conocimiento ha discurrido uniformemente, lo que ha dado lugar a una serie de etapas cuyo inicio ha venido marcado por hitos significativos que han propiciado el cambio, bien sea conceptual, o bien en clave de innovación tecnológica (Montero Ruiz *et al.*, 2007: 23). En este primer capítulo se ha esbozado la evolución histórica, a lo largo de los tres últimos siglos, de las metodologías científicas en su aplicación al estudio de patrimonio cultural que ha culminado en el panorama actual.

1.1. Los comienzos: etapa formativa

El origen del análisis químico y examen científico de patrimonio cultural ha dado en situarse en el siglo XVIII con la difusión de las ideas del historiador y arqueólogo Johann Winckelmann (1717-1768), quien propugnó un cambio en el modo de acceder al conocimiento de las antiguas civilizaciones que, hasta entonces, se limitaba casi exclusivamente al estudio de tratados y documentos antiguos. Esta nueva metodología se basaba en la incorporación del examen y análisis de los restos y vestigios arqueológicos y de las obras de arte como herramienta de adquisición de información junto con el estudio de documentos. A partir de ese momento aparecen los primeros estudios científicos documentados que consistían en exámenes técnicos de obras de arte y restos arqueológicos mediante sencillos ensayos de solubilidad efectuados por historiadores, arqueólogos o artistas. También se reportan estudios geológicos como el del sitio prehistórico de Stonehenge llevado a cabo por E. Halley en 1720, o análisis químicos, como el de un sarcófago egipcio, realizados por J. F. Gmelin en 1781. La única instrumentación utilizada en esta temprana época, como consta en el estudio de unas pinturas murales hecho por C. Barber en 1786, eran lentes de aumento. Progresivamente se va extendiendo esta corriente científica a la que se suman científicos ilustres tales como Sir Humphry Davy (1778-1829), Michael Faraday (1791-1867) o John William Mallet (1832-1912), séptimo presidente de la Sociedad Americana de Química. Las investigaciones llevadas a cabo consistían en ensayos microquímicos y ensayos de solubilidad que, pese a su sencillez, proporcionaban información relevante acerca de la constitución material de estos objetos. En 1826, L. N. Vauquelin publica el primer análisis cuantitativo de un pigmento histórico. La primera referencia al uso de microscopios para la observación de restos de pintura corresponde al trabajo de G. Semper de 1834 en el Teseión de Atenas. Posteriormente, A. P. Laurie introduciría en 1914 el método de preparación de secciones de corte pulido de pinturas para su observación al microscopio.

En el transcurso de estos siglos tuvo lugar en Europa un aumento de la preocupación a nivel institucional por la salvaguardia del patrimonio cultural. Concretamente, en España Carlos III dicta en 1777 una Real Orden por la que designa a la Real Academia de Bellas Artes de San Fernando centro para la tutela de objetos artísticos y antigüedades. En este mismo siglo XVIII se dictan las primeras normas tendentes a la definición del concepto de patrimonio y, por primera vez, se vinculan restauradores a museos e instituciones culturales (Morales, 1996).

En el siglo XIX se produce un cambio de paradigma con la introducción, por Camilo Boito (1836-1914) y Gustavo Giovannoni (1873-1947), del concepto de *conservación científica* entendida como actividad que se asienta en los ámbitos científicos para aplicar procedimientos técnicos así como para la selección y aplicación de materiales durante las intervenciones de patrimonio cultural. La figura del conservador-restaurador es entendida ahora, en contraposición a la del oficial artesano, como un científico de la conservación (*conservation scientist*) que desarrolla investigaciones que promueven e impulsan la conservación, preservación y comprensión del mundo de los bienes culturales. Esta nueva concepción abre el camino de los trabajos multidisciplinares que involucran diversas ciencias experimentales y de la incorporación del laboratorio científico en los museos. El primero de ellos, el Laboratorio de Química de los Reales Museos de Berlín (Chemisches Labor der Königlichen Museen zu Berlin), se funda en 1888. Su primer director, Friedrich Rathgen (1862-1942), ha sido considerado el primer investigador en aplicar la metodología científica en el estudio y tratamiento de objetos de museo. Ese mismo año, W. J. Russell y W. W. Abney emiten el *Official UK government-commissioned report on the Action of Light on Water Colours,* primer informe oficial sobre el estado de conservación de un objeto exhibido en un museo, por requerimiento oficial. A principios del siglo XX esta tendencia se extiende y se establecen nuevos laboratorios científicos como el del Museo de Bellas Artes de Boston en 1920 y más tarde, en 1931, el Centre de Recherche et de Restauration des Musées de France y el Laboratorio del British Museum, en los que comenzaron a utilizarse técnicas instrumentales tales como la microscopía o la radiografía, entre otras.

1.2. Etapa de desarrollo

Durante el periodo comprendido entre 1930 y 1970 se consolida esta nueva concepción científica de los estudios en materia de patrimonio cultural y comienza a utilizarse el término *arqueometría*, cuyo origen está vinculado a la revista *Archaeometry*, fundada en 1958 por el Research Laboratory for Archaeology and the History of Art de la Universidad de Oxford, para referirse a la aplicación e interpretación de datos en los estudios arqueológicos e historia del arte sirviéndose de las ciencias experimentales. En España se inician los estudios arqueométricos, de manera oficial, a partir del año 1957 con la creación del Instituto Español de Prehistoria.

A partir de 1930 también se inicia una nueva fase en la evolución histórica de las técnicas de examen y análisis químico de patrimonio cultural que vino dada por los grandes avances científicos que, en el ámbito de la química y la física, se habían producido durante el siglo XIX y principios del siglo XX, los cuales propiciaron el desarrollo de instrumentación analítica muy variada que mejoró notablemente la calidad de los exámenes y estudios analíticos en el sector industrial y, por extensión, en el ámbito del patrimonio cultural. En este periodo la instrumentación de técnicas tan variadas como las espectroscópicas, cromatográficas, electroanalíticas, de microscopía, de difracción, de activación neutrónica, de datación, las basadas en la determinación de la relación masa/carga, la espectroscopía Mösbauer y algunas técnicas de análisis de superficie, por citar algunas de las más habitualmente utilizadas en el estudio de bienes culturales, pasaron de prototipos a equipos comerciales. Así, por ejemplo, la espectroscopía de emisión aplicada al estudio de objetos metálicos data de 1931. La primera aplicación de la activación neutrónica en el análisis de elementos traza de fragmentos cerámicos tiene lugar en 1954. El uso de la espectroscopía infrarroja en el análisis de obras de arte fue introducido en este periodo por R. L. Feller, director del National Gallery of Art Research Project y del Research Center on the Materials of the Artist y conservador en el Carnegie Mellon Research Institute de Pittsburgh.

1.3. Etapa de expansión

En este periodo se produce un notable incremento de la sensibilización social hacia el problema de la conservación y protección del patrimonio que, unido al incremento del turismo cultural como recurso económico y de intercambio cultural de primer orden, se traduce en una mayor implicación institucional en la mayoría de países. Se promulgan leyes específicas para la preservación del patrimonio, como la Ley de Patrimonio Histórico de 1985 en España, y se financian proyectos de intervención de monumentos y bienes culturales así como centros de investigación específicamente dedicados al estudio del patrimonio cultural en los que es posible llevar a cabo proyectos de investigación multidisciplinares. En Norteamérica cabe destacar los proyectos desarrollados por la Smithsonian Institution, por el Canadian Institute for Conservation y por el Getty Conservation Institute, este último también responsable de la publicación de los Art and Archaeology Technical Abstracts (AATA), o las investigaciones de R. L. Feller sobre procesos de envejecimiento acelerado y limpieza de barnices. Paralelamente en Europa cabe mencionar importantes proyectos de investigación llevados a cabo en el Institute Royal du Patrimoine Artistique de Bruselas, en la National Gallery of Art de Londres, en el Opificio delle Pietre Dure de Florencia, en el Istituto Centrale del Restauro de Roma o los proyectos FOM-AMOLF en Ámsterdam.

En 1985 se crea en España el Instituto de Conservación y Restauración de Bienes Culturales (ICRBC), actualmente Instituto de Patrimonio Histórico Español (IPHE) a partir de la fusión del Instituto Central de Restauración y Conservación de Obras y Objetos de Arte, Arqueología y Etnología, creado en 1961, y del Centro Nacional de Restauración de Libros y Documentos. A lo largo de las últimas décadas del siglo XX y de las dos primeras del siglo XXI han ido proliferando los centros de investigación con financiación autonómica así como institutos y servicios de transferencia tecnológica en el seno de las universidades. Una visión actualizada del conjunto de centros y grupos de investigadores dedicados al estudio científico de patrimonio, en el marco nacional, lo proporciona el Observatorio para la Investigación en Conservación, creado a iniciativa del Consejo Superior de Investigaciones Científicas, que puede ser consultado en <www.investigacionenconservacion.es>.

En cuanto al desarrollo tecnológico, el diseño de más potentes equipamientos informáticos así como la estandarización de estas plataformas informatizadas, que apoyan la instrumentación analítica, propició el tránsito de la instrumentación analógica a la digital, que tuvo lugar a partir de 1970. Esto dio lugar al comienzo de una nueva etapa en la aplicación de técnicas de examen y análisis químico al estudio del patrimonio cultural. A ello se sumó la aparición y comercialización de nuevas técnicas instrumentales tales como la microscopía de fuerza atómica, los sistemas de desorción láser para volatilizar macromoléculas, la voltamperometría de micropartículas o la cromatografía líquida de ultraresolución. También se desarrollaron *instrumentos hibridados*, esto es, combinaciones de dos o más diferentes instrumentos que operan de manera sincronizada, como la espectrometría de masas en tándem, la técnica láser-antorcha de plasma acoplado inductivamente-espectrómetro de masas o el acoplamiento de microscopios ópticos a espectroscopios infrarrojos y Raman que posteriormente evolucionarían a instrumentos compactos. Este periodo de expansión tecnológica también se ha caracterizado por los avances en la miniaturización de componentes y en la incorporación de sistemas de fibra óptica que han promovido el diseño de instrumentos portátiles capaces de llevar a cabo investigaciones *in situ* de carácter no invasivo con espectrómetros de rayos X, espectroscopios Raman e infrarrojos o difractómetros de rayos X y analizadores voltamperométricos (figura 1.1), entre otros.

Figura 1.1. Analizador voltamperométrico portátil.

Preguntas de autoevaluación

1.1. Enumera las etapas principales en la evolución de los métodos de análisis y examen de patrimonio cultural.
1.2. ¿A qué personaje histórico se debe el inicio de la aplicación de los métodos de análisis y examen en el estudio de patrimonio cultural?
1.3. ¿Qué técnicas analíticas eran utilizadas en el siglo XVIII para el examen y análisis de patrimonio cultural?
1.4. ¿En qué época se introducen los laboratorios científicos en los museos?
1.5. ¿En qué época se inicia el uso del término *arqueometría*?
1.6. ¿A quién se debe el concepto de *conservación científica*?
1.7. ¿En qué etapa histórica se inician los proyectos de investigación multidisciplinares?
1.8. Asigna época de inicio de la aplicación práctica de las siguientes técnicas instrumentales:

a) Voltamperometría de micropartículas.
b) Espectroscopía Mösbauer.
c) Microscopía de fuerza atómica.
d) Difracción de rayos X.

1.9. Enumera los tres rasgos tecnológicos que caracterizan la etapa de expansión.
1.10. ¿En qué consiste una técnica hibridada?

2

Metodología del análisis químico de patrimonio cultural

Los bienes culturales abarcan una gran variedad de materiales, tamaños, formas y técnicas de ejecución dependiendo de su época y localización geográfica así como de su ubicación en un monumento o un edificio histórico, un sitio arqueológico, una colección privada o un museo. Si bien su valor deriva del mensaje cultural o histórico que transmiten, su pervivencia en el tiempo depende de la materia que los constituye, por ello su estudio científico es esencial para asegurar su salvaguardia. Dicho estudio científico, de forma práctica, se lleva a cabo mediante el *método científico*, que es la forma de trabajar utilizada en las disciplinas experimentales, entre las cuales se incluye la *ciencia de la conservación* dedicada, específicamente, al conocimiento de los bienes culturales. En este capítulo se revisarán todos aquellos conceptos y aspectos generales del método científico así como aquellos otros particulares de su aplicación en el estudio de patrimonio cultural.

2.1. El proceso analítico

El proceso analítico se lleva a cabo mediante una secuencia de pasos o etapas que se inician con el *planteamiento del problema analítico*. El análisis y examen de patrimonio cultural se proyecta para responder a una serie de cuestiones relativas al objeto. El conocimiento de los materiales que lo integran informará acerca de la técnica de ejecución, la procedencia y la cronología. La identificación de los procesos de alteración, llevada a cabo, principalmente, a través de los cambios composicionales y morfológicos detectados en los materiales originales, permitirá conocer su estado de conservación, así como aspectos de su historia tales como condiciones del entorno en el que permaneció o intervenciones previas. Cabe mencionar que el estudio analítico de bienes culturales puede tener otras finalidades más allá de los estudios arqueométricos o la caracterización del estado de conservación del objeto tales como el seguimiento de procesos de conservación o restauración, la evaluación de condiciones medioambientales para la conservación preventiva o el desarrollo de nuevos materiales y técnicas de conservación o restauración.

Una vez establecido el objetivo del análisis o examen técnico, en función de la información que se desea obtener, se procede a la *selección de la técnica analítica* o la estrategia multitécnica que se va a emplear. Por ejemplo, la información morfológica de la superficie y subsuperficie del objeto y su distribución estratigráfica puede ser obtenida a partir de las técnicas de obtención de imágenes mediante señales electromagnéticas o a partir de técnicas de microscopía o de análisis de superficie. La composición elemental puede conseguirse mediante técnicas de espectroscopía atómica o espectrometría de rayos X, entre otras. Los estudios de especiación se llevan a cabo con técnicas de electroquímica de estado sólido. Para reconocer moléculas, macromoléculas y grupos funcionales de compuestos orgánicos se recurre a las técnicas cromatográficas, de espectroscopía molecular o de determinación de la relación masa/carga. Las técnicas de difracción son indispensables para la caracterización cristalográfica y estructural.

La etapa siguiente consiste en establecer una *estrategia de muestreo* que incluya la elección de los puntos de muestreo, número y tamaño de las muestras y procedimiento de muestreo.

La *preparación de la muestra*, que es la etapa con la que se prosigue, está directamente relacionada con la técnica analítica seleccionada.

La siguiente etapa la constituye el *proceso de medida* con el instrumento empleado en la técnica de análisis seleccionada. En esta etapa, generalmente, es imperativo un tratamiento o *procesado de la señal analítica* que transforma esta en una adecuada respuesta numérica o gráfica. Cuando el análisis es cuantitativo es necesario, además, llevar a cabo un *procesado de datos* que, mediante un análisis estadístico, proporciona un límite de error a la respuesta numérica obtenida con el instrumento.

Es importante señalar que la mayor parte de cuestiones habitualmente planteadas a los analistas con relación al bien cultural se refieren a cómo fue en origen o bien al estado y condiciones de conservación en las que se encontrará en un futuro más o menos inmediato. Sin embargo, la información obtenida a partir del estudio analítico informa, estrictamente, de cómo se encuentra el objeto en el momento presente. Por consiguiente, el analista deberá llevar a cabo una etapa final de *interpretación de los resultados* en la que deberá efectuar extrapolaciones al pasado o al futuro con los datos obtenidos correspondientes al momento presente del bien cultural para dar respuesta a estas cuestiones.

2.2. Conceptos y definiciones

La *técnica analítica* es el medio, en muchos casos un instrumento, empleado para llevar a cabo el análisis. El *método analítico* incluye la técnica analítica y todas las operaciones utilizadas para llegar al resultado final. La *muestra* es una parte representativa del material o parte del objeto en estudio. Una *alícuota* es una parte o fracción de la muestra. La especie química investigada se denomina *analito*, este puede ser un átomo, un ion, un grupo funcional, una molécula o macromolécula, pero también puede ser una fase cristalina o elemento estructural de orden superior e incluso un sistema multifase como los estudiados en petrografía. Las especies químicas presentes en la muestra que pueden inducir a un resultado erróneo se denominan *interferentes*. La *especificidad* de un método analítico viene determinada por su capacidad para identificar y cuantificar inequívocamente el analito en presencia de otras especies químicas interferentes.

La *identificación* de una especie química en una muestra tiene lugar cuando esta primera se detecta por encima de un determinado nivel. El análisis llevado a cabo de este modo es considerado *cualitativo*. Si además de identificar el analito se mide la cantidad en la que este se halla presente en la muestra, el análisis es *cuantitativo*. También se utiliza el término *determinación* cuando se efectúa una cuantificación de la fracción del analito en la muestra. La norma DIN 32630 clasifica los procedimientos analíticos atendiendo a la cantidad de muestra analizada. Según este criterio se define un *macroprocedimiento* como aquel que se lleva a cabo sobre una muestra > 100 mg, *semimacro* o *semimicroprocedimiento* para muestras en el intervalo 100-1 mg, *microprocedimiento* con muestras de 1 mg-1 µg, *submicroprocedimiento* con muestras de 1-0,1 µg y *ultramicroprocedimiento* con muestras < 0,1 µg.

El *análisis elemental* consiste en la determinación de todos los elementos presentes en la muestra. El *análisis de superficie* proporciona información de la composición y distribución de componentes en la superficie de un sólido, la cual suele considerarse que se extiende hasta una profundidad de 5-20 nm, o en las inmediaciones de esta (*subsuperficie*). En el *análisis de microdistribución* se describe la distribución lateral y en profundidad de los elementos o compuestos integrantes de una muestra haciendo referencia explícita a la forma en la que estos están unidos. El *análisis traza* se aplica a las determinaciones de analito del orden de unos pocos $\mu g\ kg^{-1}$ o $\mu g\ L^{-1}$.

La International Union of Pure and Applied Chemistry (IUPAC) es un grupo de trabajo fundado en 1919 que aglutina como miembros a las sociedades nacionales de química. La IUPAC es actualmente la máxima autoridad reconocida en el desarrollo de estándares y métodos estandarizados de medida y para establecer normas relativas a nomenclatura y formulación de compuestos químicos y masas atómicas.

Las unidades de medida del *Sistema Internacional* son utilizadas por los científicos. En este sistema se establecen unas unidades para magnitudes de base, a saber, masa, longitud, tiempo, temperatura, intensidad luminosa, intensidad de corriente eléctrica, cantidad de sustancia, ángulo plano y ángulo sólido, a partir de las cuales se derivan las unidades de medida del resto de magnitudes físicas y químicas.

2.3. Selección de técnica analítica

La elección de la técnica analítica va a obedecer, en primer lugar, a la información que se desea obtener acerca del bien cultural y al mayor o menor grado de alteración que el proceso de medida puede producir en el objeto. Además, otros requisitos que seguidamente se detallan, así como otras características de la técnica, como pueden ser el tiempo de duración del análisis o su coste, son tenidos también en consideración.

2.3.1. Requisitos que debe cumplir una técnica analítica aplicada a patrimonio cultural

La técnica seleccionada en un determinado análisis debe proporcionar información con el adecuado nivel de confianza por lo que la *sensibilidad* (apartado 2.5.2) será un primer requisito que tener en cuenta junto con la *especificidad*. La sensibilidad posibilitará el análisis de muestras de pequeño tamaño. Otro requisito de gran importancia es el carácter *no invasivo* de la técnica, esto es, sin que se realice toma de muestras, lo cual garantizará el máximo respeto a la integridad del objeto. Sin embargo, el hecho de que no se efectúe toma de muestras no excluye de ausencia de daño al objeto. Así, por ejemplo, una técnica no invasiva como la espectroscopía Raman, llevada a cabo *in situ* con un equipo portátil, puede provocar daños en la zona de medición si los materiales integrantes del objeto son sensibles a la radiación láser. Por otra parte, algunas técnicas como, por ejemplo, la microscopía electrónica que, para objetos de pequeño tamaño, es considerada no invasiva, se convierte en invasiva para objetos grandes que no pueden introducirse en la cámara portamuestras y que, por tanto, requieren la toma de muestras. Cuando se emplean técnicas invasivas se prefiere aquellas de carácter *no destructivo*, esto es, aquellas técnicas en las que la muestra no se destruye al analizarla. No debe confundirse esta característica aplicada a ciertas técnicas analíticas desde el punto de vista químico con el término *no destructivo*, también aplicado en el ámbito del patrimonio arquitectónico a un amplio conjunto de técnicas de examen basadas en imágenes obtenidas por medio de señales electromagnéticas o acústicas de carácter no invasivo (capítulo 3).

La *robustez* de la técnica o capacidad para analizar muestras de diferentes formas, tamaños y características en condiciones diversas es otra cualidad deseable a la hora de efectuar la selección. La *versatilidad*, que posibilita hacer estimaciones de la composición promedio del objeto o de un área o porción específica, también es una característica apreciada. Finalmente, la capacidad para efectuar simultáneamente el análisis de diferentes elementos o análisis *multielemental* será de interés.

2.3.2. Clasificación de las técnicas analíticas

En el ámbito del patrimonio cultural se acostumbra a clasificar los métodos científicos utilizados en su estudio en tres categorías (Lahanier, 1991):

a) *Métodos de datación* (no considerados en este manual).
b) *Métodos de examen basados en las imágenes obtenidas por medio de señales electromagnéticas o acústicas.*
c) *Métodos de análisis.*

Estos dos últimos pueden basarse en una *aproximación holística* del objeto, esto es, considerándolo en su totalidad, como sería el caso de una imagen radiográfica de un cuadro o pueden estar basados en una *aproximación reduccionista* que solo investiga una parte, zona o punto del objeto.

La clasificación de técnicas analíticas puede llevarse a cabo atendiendo a diferentes criterios. Mientras que en química se prefiere adoptar criterios basados en el fundamento químico o físico de la técnica, en el dominio del estudio de los bienes culturales se han propuesto clasificaciones basadas en el tipo de información que proporciona la técnica: morfológica, composicional, estructural o de análisis de superficie (Mairinger y Schreiner, 1982).

Las técnicas de análisis también pueden clasificarse, de modo general, en *técnicas químicas*, basadas en reacciones químicas, y *técnicas fisicoquímicas* o *instrumentales* que se basan en interacciones físicas o fisicoquímicas. Las primeras, también denominadas *clásicas*, han sido utilizadas tradicionalmente al requerir instrumental de laboratorio simple. Las técnicas instrumentales utilizan equipos mucho más sofisticados.

Atendiendo a la propiedad fisicoquímica que fundamenta las técnicas instrumentales, estas pueden clasificarse conforme se resume en el cuadro 2.1.

Cuadro 2.1. Clasificación de técnicas instrumentales

Clase	*Tipo*	*Propiedad*
Microscopía	Microscopía óptica	Luz visible reflejada o transmitida
	Microscopía electrónica	Haz de electrones interaccionando con la materia
	Microscopía de fuerza atómica	Sonda de barrido interaccionando con la materia
Técnicas de análisis de superficie	Espectroscopía fotoelectrónica de rayos X, espectrometría de masas de iones secundarios	Interacción con los átomos y moléculas de la superficie del material
Métodos electroanalíticos o electroquímicos	Potenciometría, espectroscopía de impedancia electroquímica, amperometría, voltamperometría, culombimetría, conductimetría	Procesos de transferencia electrónica

[.../...]

Cuadro 2.1. (Continuación)

Clase	*Tipo*	*Propiedad*
Métodos ópticos	Espectrometría de rayos X: fluorescencia de rayos X, microanálisis de rayos X por sonda electrónica, emisión de rayos X inducida por partículas, absorción de rayos X	Rayos X emitidos o absorbidos por la materia previamente irradiada con radiación X o partículas
	Espectrometría atómica: espectrometría de absorción atómica, espectrometría de emisión atómica, espectrometría de fluorescencia atómica	Interacción de la radiación electromagnética con la materia en estado libre
	Espectroscopía molecular: espectrofotometría ultravioleta-visible, espectroscopía infrarroja, espectroscopía Raman	Interacción de la radiación electromagnética con la materia en fases condensadas
	Resonancia magnética: resonancia magnética nuclear, resonancia de spin electrónico	Efecto de los campos magnéticos sobre los átomos
	Colorimetría	Cuantificación de la percepción del color
	Difracción de rayos X: difracción de rayos X, microdifracción de rayos X	Rayos X difractados por la materia previamente irradiada
Técnicas termoanalíticas	Termogravimetría, análisis térmico diferencial, calorimetría diferencial de barrido	Variación con la temperatura de las propiedades de los materiales
Técnicas basadas en la determinación de la relación masa/carga	Espectrometría de masas	Determinación de la relación masa/carga de iones generados a partir del material
Técnicas separativas	Cromatográficas: cromatografía en capa fina, cromatografía líquida, cromatografía de gases, cromatografía de exclusión, cromatografía iónica	Equilibrio entre una fase móvil fluida y una fase estacionaria
	Electroseparación: electroforesis capilar	Comportamiento diferencial de especies iónicas en un campo eléctrico
Técnicas basadas en efectos sobre el núcleo atómico	Activación neutrónica Espectroscopía Mössbauer	Efecto que se produce en el núcleo de los átomos cuando estos son irradiados con radiación γ o partículas

En el diagnóstico del estado de conservación de bienes culturales y en los estudios relacionados con el control de tratamientos de intervención y desarrollo de nuevos materiales y procedimientos para la conservación y restauración, a menudo, se efectúan ensayos analíticos basados o adaptados de normas establecidas por organismos nacionales e internacionales para el control de calidad de materiales. Estos ensayos de materiales normalizados establecen protocolos estrictos que incluyen técnicas instrumentales convencionales o bien dispositivos experimentales especialmente diseñados de tal manera que los resultados obtenidos en diferentes laboratorios puedan ser comparados.

2.4. Muestreo y tratamiento de muestras

La premisa de máximo respeto a la integridad del bien cultural es la razón por la que, preferentemente, se optará por utilizar una técnica no invasiva. Sin embargo, no siempre este tipo de técnicas proporciona datos adecuados por lo que, en muchas ocasiones, es necesario recurrir a técnicas invasivas que comportan la extracción de muestras.

La primera etapa en el esquema secuencial del proceso analítico, cuando se aplica una técnica invasiva, es la *toma de muestras*. Esta operación requiere una planificación estratégica que incluye la elección de los puntos de muestreo, el número de muestras, tamaño de muestra y método de muestreo. El cuadro 2.2 recoge las principales características y criterios.

Cuadro 2.2. Características y criterios de la toma de muestras

Característica	*Criterio*
Número de muestras	Variable en función del objetivo del análisis. Siempre debe ser el menor posible para preservar la integridad del objeto
Tamaño	Debe ser el menor posible pero suficiente para estar por encima del patrón de heterogeneidades del objeto y para obtener un resultado con el adecuado nivel de confianza
Elección de puntos de muestreo	1. Análisis del objeto completo 2. Homogenización del objeto y análisis de una parte 3. Muestreo aleatorio 4. Muestreo por patrón regular 5. Selección arbitraria de puntos 6. Selección intencionada de puntos
Procedimiento de muestreo	1. Extracción mecánicamente 2. Transferencia abrasiva 3. Disolución con disolvente (impregnado en hisopo u otro soporte)

Como se indica en el cuadro 2.2, el *número de muestras* dependerá del propósito con el que se efectúa el análisis. Si se pretende caracterizar la composición de un barniz para establecer el procedimiento de limpieza adecuado, bastará con una única muestra o dos, para que el resultado sea estadísticamente más fiable. Si se trata de establecer la paleta de colores de un artista, deberán extraerse tantas muestras como pigmentos contenga la obra.

El *tamaño de la muestra* es otra característica que también exige alcanzar un compromiso entre mínimo daño al objeto y dimensiones suficientemente grandes para que la muestra sea representativa del material que se desea analizar. Para reducir el tamaño puede extraerse material de dos o más puntos diferentes hasta completar la mínima cantidad requerida por la técnica instrumental. Este último procedimiento proporcionará una composición promedio. De manera orientativa, las muestras pictóricas suelen tener un tamaño de 1 mm^3, asegurándose de que la muestra incluya todos los estratos pictóricos, pero pueden alcanzarse volúmenes mayores en materiales más heterogéneos tales como policromías con repintes superpuestos, cerámica o piedra. En muestras o materiales heterogéneos el tamaño de la muestra debe situarse por encima del patrón de heterogeneidades de dicho material. En la figura 2.1 se muestran sendos casos en los que la muestra se halla por encima del patrón de heterogeneidades del material (figura 2.1a) y por debajo (figura 2.1b). Esta segunda muestra proporcionaría una composición sesgada y, por tanto, errónea del material. Siguiendo criterios éticos de preservación del objeto, el analista debe evitar que las lagunas ocasionadas con el muestreo sean discernibles. El tamaño de la muestra está, por otra parte, condicionado por la técnica analítica seleccionada. Técnicas altamente sensibles como la microscopía electrónica requieren cantidades de muestra del orden de µg-ng, mientras que otras técnicas tales como las termoanalíticas requieren cantidades mayores del orden de mg.

Es frecuente recurrir a tomar muestras en *puntos de muestreo* que produzcan la mínima alteración. Por ejemplo, muestras de un pigmento que ha quedado adherido al reverso de la página opuesta en un manuscrito ilustrado o fragmentos irrecuperables, desprendidos de una pintura, si su localización en la obra es conocida.

La elección sistemática de los puntos de muestreo puede llevarse a cabo adoptando diferentes criterios como se indica en el cuadro 2.2. El *análisis del objeto íntegro* solo se aplica con técnicas no invasivas ya que con las técnicas invasivas entraría en conflicto con la premisa de respeto a la obra. Del mismo modo, no es aplicable la *homogenización del objeto entero*, por ejemplo, pulverización para el posterior análisis de una alícuota o parte del mismo. La *selección aleatoria de puntos* de muestreo es una estrategia de muestreo ampliamente aplicada en sectores industriales pues estadísticamente proporciona resultados más exactos. Sin embargo, este método es poco utilizado porque, dependiendo de dónde se sitúen los puntos de muestreo seleccionados, pueden alterar el mensaje figurativo, histórico y cultural del objeto. En la *selección de puntos por patrón regular* se toman muestras en puntos a intervalos precisos que siguen un patrón regular. Estadísticamente es muy similar a la selección aleatoria y ofrece los mismos inconvenientes. La *selección arbitraria de puntos* se llevaría a cabo aplicando una estrategia aleatoria o por patrón regular pero imponiendo restricciones a ciertos puntos que pudieran alterar el mensaje estético o histórico-cultural de la obra. Pese a ser menos recomendable estadísticamente, esta estrategia de muestreo es frecuentemente utilizada en patrimonio cultural. Finalmente, la *selección intencionada de puntos* se basa en elegir puntos de muestreo atendiendo a criterios concretos tales como identificación de la paleta de colores o de un producto de alteración. Se utiliza habitualmente para el análisis de bienes culturales ya que, de este modo, se garantiza que todos los componentes de interés son analizados, evitando omitir alguno que podría quedar excluido con una estrategia de muestreo aleatoria.

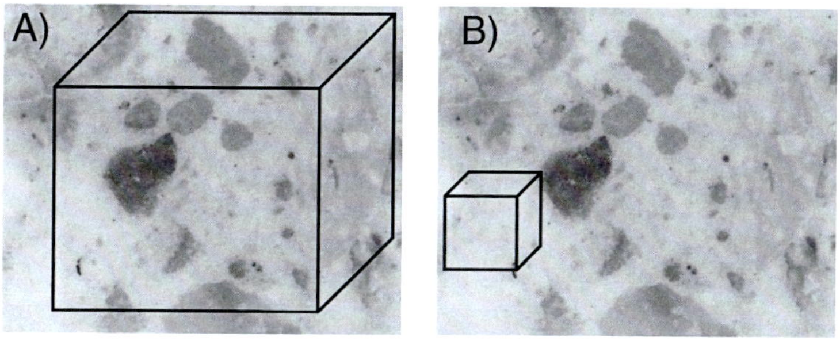

Figura 2.1. Toma de muestras de un mortero de pintura mural. A) Tamaño de muestra por encima del patrón de heterogeneidades; B) muestra por debajo del patrón de heterogeneidades.

Si el estudio analítico se efectúa sobre una colección de objetos, la estrategia de muestreo se hace más compleja. Tampoco aquí es siempre posible aplicar un muestreo aleatorio. Además de los anteriores criterios relativos a número, tamaño y procedimiento, se tendrá que establecer en cuántos y cuáles de los objetos se toman muestras y cuántas muestras se toman por cada objeto. Si los objetos están distribuidos en diferentes museos o sitios arqueológicos se puede efectuar un *muestreo aleatorio estratificado* que establece un cierto número de objetos para muestrear de cada procedencia. Sobre los datos obtenidos en los objetos muestreados será necesario aplicar inferencias basadas en modelos matemático-estadísticos que establezcan, a su vez, modelos probabilísticos que permitan generalizar los resultados a la totalidad de la colección.

El *procedimiento de muestreo* se selecciona en función de la técnica de análisis. Una gran mayoría de muestras son extraídas mecánicamente con ayuda de escalpelos, lancetas y agujas o con instrumentos especialmente diseñados. Los materiales más resistentes tales como piedra o cerámica pueden requerir el uso de brocas o sierras. En ocasiones, la muestra de unos pocos µg-ng puede ser fijada abrasivamente al electrodo en técnicas de electroquímica de estado sólido o a discos de CSi para su análisis mediante espectroscopía infrarroja. Los materiales orgánicos tales como barnices pueden ser extraídos con una pequeña cantidad (~40 µL) del disolvente apropiado con ayuda de hisopos. Posteriormente el material retenido en el hisopo se extrae con una cantidad similar de disolvente y se analiza la disolución obtenida.

Muchas técnicas analíticas requieren un *tratamiento previo* o pretratamiento de la muestra antes de ser introducida esta última en el instrumento. El examen por microscopía puede efectuarse directamente sobre el fragmento sin tratar, sobre el pigmento disgregado y fijado al vidrio portaobjetos mediante un medio de montaje o sobre el fragmento englobado en un bloque de resina sintética del que se obtiene una sección de corte mediante desbaste y pulido. En muchas técnicas analíticas, como la difracción de rayos X, la muestra únicamente requiere ser reducida a partículas finas con ayuda de mortero o molino de discos o bolas, fabricado en ágata para evitar contaminaciones. En espectroscopía infrarroja la muestra pulverizada se mezcla con un aglomerante transparente a la radiación infrarroja, tal como bromuro potásico, para formar un disco por prensado. La técnica de fluorescencia de rayos X requiere la preparación de discos del material fundido a alta temperatura (1200 °C) junto con un material fundente tal como tetraborato de litio. En las técnicas de espectroscopía atómica la muestra debe ser llevada a disolución con los reactivos apropiados. Los aglutinantes poliméricos que se analizan mediante técnicas cromatográficas deben ser sometidos a procesos tales como la reacción de hidrólisis o metanólisis que libera los monómeros. Con la hidrólisis frecuentemente se requiere una segunda etapa de derivatización con un reactivo derivatizante apropiado mediante el cual se confiere a dichos compuestos las propiedades adecuadas para su análisis, por ejemplo, volatilidad en cromatografía de gases o fluorescencia en cromatografía líquida.

En muestras complejas en las que se sospecha que puede haber algún componente que actúe como interferente del analito se hace necesario aplicar algún pretratamiento para la eliminación de dicho interferente. Entre los procedimientos más comúnmente utilizados se incluye la extracción con disolventes, precipitación con un reactivo precipitante, intercambio iónico o enmascaramiento con un agente complejante.

2.5. El proceso de medida

El objetivo último del análisis cualitativo es detectar una determinada especie química, el analito, mientras que en el análisis cuantitativo, además de identificarlo, se determina su contenido o concentración en la muestra. Ambos objetivos se consiguen mediante la medición de una señal analítica, proporcionada por el instrumento, cuya magnitud posee una relación funcional con la concentración del analito.

2.5.1. Análisis cualitativo

Para que una técnica sea idónea en el análisis cualitativo de una determinada especie química interesa que sea capaz de detectar la presencia de esta en muestras de pequeño tamaño aun estando en muy baja concentración. La señal analítica emitida por el detector, en un gran número de instrumentos, es un pulso eléctrico que varía en función de una magnitud física de interés tal como la longitud de onda, el tiempo, etc. Todo instrumento posee una *señal de fondo* o línea base inherente a los circuitos eléctricos que integran el sistema la cual permanece constante, si bien, en ciertos instrumentos, puede variar con el tiempo experimentando una *deriva.* Esta señal eléctrica de fondo, además, está sujeta a fluctuaciones aleatorias denominadas *ruido*. La calidad de una medida viene determinada por la magnitud de la señal analítica, por la estabilidad y magnitud de la señal de fondo, por la magnitud del ruido y por la razón señal/ruido, y para evaluarla se ha establecido un parámetro denominado *límite de detección.*

El *límite de detección* (LOD, LD, *limit of detection*) se define como la más baja cantidad de analito que puede ser detectada mediante un determinado método analítico de manera fiable. Se expresa como una cantidad o concentración que se obtiene, con un nivel de confianza aceptable, a partir del valor de la señal analítica más baja detectada con la instrumentación analítica. El nivel de confianza se establece a partir del valor de la señal dada por la muestra blanco (apartado 2.5.2) más el valor de la desviación estándar (apartado 2.6.1) de la señal del fondo, s_B, multiplicada por un factor multiplicador. Normalmente se suele adoptar el valor de tres para este último, que proporciona un límite de confianza (apartado 2.6.2) del 99,7%. El valor de concentración correspondiente al LOD (figura 2.2) se calcula a partir de s_B y de la pendiente de la curva de calibrado o sensibilidad S (apartado 2.5.2) según la expresión:

$$LOD = \frac{3s_B}{S} \quad [2.1]$$

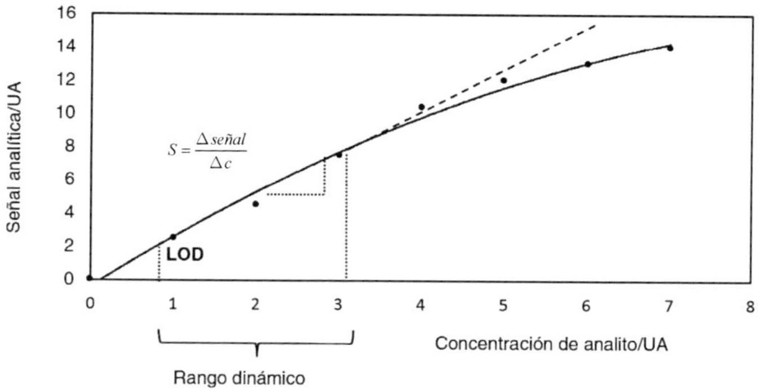

Figura 2.2. Curva de calibrado mostrando el límite de detección, la sensibilidad y el rango lineal o dinámico.

La identificación de una especie química (ion, molécula, macromolécula, etc.) en muchas técnicas instrumentales se lleva a cabo por la presencia de señales analíticas características, por ejemplo, líneas de emisión de rayos X, señales de rayos X difractadas, bandas de absorción ultravioleta-visible, infrarrojo o Raman, picos de corriente a ciertos potenciales de electrodo, pico de ion fragmento con valor de masa/carga específico, etc. La posición de estas señales características es determinante para la identificación inequívoca del analito. Esta puede obtenerse de modo teórico, pero en un gran número de técnicas se obtiene experimentalmente por comparación con *materiales patrón, de referencia* o *estándares*. El National Institute of Standards and Technology en EE. UU. (NIST) establece tres tipos de materiales patrón: los *materiales estándar de referencia* cuya composición y propiedades físicas y químicas se certifican, los *materiales de investigación* de los que NIST emite un informe de investigación y las *sustancias especiales de referencia* producidas o certificadas por otro organismo nacional o internacional. Estos materiales se emplean principalmente cuando se desea validar o evaluar la calidad de un determinado método de análisis. En el análisis de patrimonio cultural es más habitual recurrir a materiales de referencia carentes de certificación y de los que, en muchos casos, únicamente se conoce la procedencia, por ejemplo, una pintura comercial, un pigmento comercial, una resina natural, etc. Estos materiales pueden analizarse puros o pueden ser preparados siguiendo recetas tradicionales que reproducen la composición de la obra de arte. Estas recreaciones históricas pueden ser sometidas a tratamientos de envejecimiento acelerado para reproducir los procesos de deterioro que el tiempo y los agentes medioambientales han producido y cuyos efectos en la obra real se desea investigar.

Actualmente existen bases de datos que compilan, de forma numérica o gráfica, datos analíticos de colecciones de materiales de referencia. En el ámbito del estudio de patrimonio cultural cabe mencionar la base de datos del Infrared and Raman Users Group, accesible en <http://www.irug.org>, que reúne una amplia colección de espectros infrarrojos de pigmentos históricos. La base de datos Caltech, accesible en <http://minerals.gps.caltech.edu>, reúne espectros infrarrojos de minerales usados como pigmentos desde la antigüedad. e-VISART es una base de datos desarrollada por investigadores de la Universidad del País Vasco que contiene una colección de espectros Raman de pigmentos históricos accesible en <http://www.ehu.es/udps/database/database.html>. Investigadores de la Universitat Politècnica de València y de la Universitat de València han desarrollado una completa base de datos de voltamperogramas de pigmentos históricos y productos de corrosión de metales, accesible en <http://www.elcher.info>. En el ámbito de la geología, el proyecto RRUFF, accesible en <http://www.rruff.info>, es una gran base de datos que combina los espectros Raman de la colección Caltech y de la Arizona State University, con difractogramas de la colección de la American Mineralogist Crystal Structure.

2.5.2. Análisis cuantitativo: calibración

En análisis cuantitativo, la representación gráfica de la señal analítica frente a la concentración de analito se denomina *curva de calibrado* o *curva patrón*. Esta curva se construye a partir de una serie de *muestras de calibrado* también denominadas *muestras patrón, es-*

tándares o *patrones químicos* preparados a partir de materiales de referencia que contienen concentraciones de analito diferentes y bien conocidas y de la muestra *blanco* que consiste en llevar a cabo el procedimiento analítico sin incorporación de muestra patrón alguna.

Los valores de concentración de cada muestra de calibrado, junto con las correspondientes señales analíticas que producen, conforman un conjunto de parejas de valores que permitirán conocer cuál es la relación funcional (lineal, exponencial, polinómica, logarítmica, etc.) entre ambas magnitudes mediante la aplicación de un tratamiento matemático de ajuste (apartado 2.6.3). Una vez establecido el modelo funcional se puede aplicar a cualquier muestra desconocida para la que el valor medido de la señal analítica proporcionará, por aplicación de la función matemática inversa, el valor desconocido de concentración (figura 2.3).

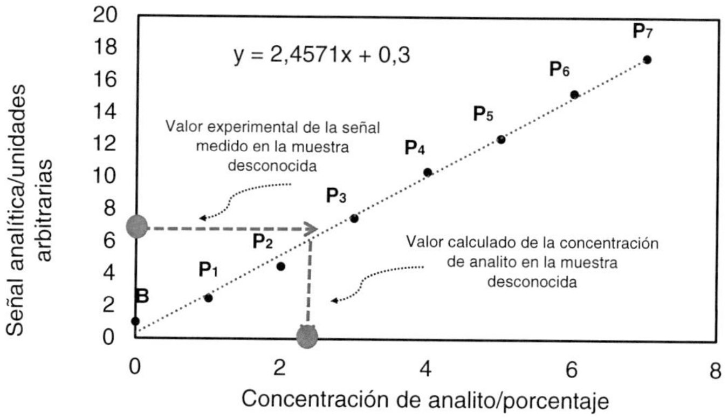

Figura 2.3. Curva de calibrado obtenida con siete muestras patrón (P_1-P_7) y un blanco (B) correspondiente a una dependencia lineal de la señal analítica respecto a la concentración de analito.

La figura 2.3 muestra una curva de calibrado de tipo lineal en la que la ordenada en el origen corresponde a la señal del blanco. La construcción de la curva de calibrado permite conocer la *sensibilidad* de la técnica instrumental que proporciona una estimación de la mínima variación discernible de la concentración de analito. Esto es, un método analítico será tanto más sensible en cuanto pueda medir cambios lo más pequeños posible en la concentración. En el caso de funciones lineales, la sensibilidad del método coincide con la pendiente de la recta de calibrado (figura 2.3). En muchas funciones no lineales es posible establecer un rango lineal o dinámico (figura 2.2). Aquí la sensibilidad de un método analítico se define como la primera derivada de la función que describe la medida.

Los métodos de calibración pueden ser de dos tipos atendiendo al tipo de estándar utilizado. La descripción realizada previamente se refiere al uso de muestras patrón o *estándares externos*. Estas muestras patrón externas se denominan así porque se analizan separadamente de la muestra desconocida. Un segundo tipo de calibración utiliza *estándares añadidos a la muestra*, los cuales consisten en adicionar una cantidad conocida del estándar a la muestra desconocida para ser analizado conjuntamente. El método del estándar añadido a la muestra se utiliza cuando la matriz de la muestra es muy compleja y, por tanto, de difícil preparación o cuando la medida de la señal analítica requiere unas condiciones instrumentales difícilmente reproducibles. Este método de calibración, a su vez, puede subdividirse en el método del patrón o estándar interno y el método de la adición estándar. En el método del *estándar interno*, este último, constituido por una especie química distinta al analito, es adicionado a la muestra y al blanco. Esta especie química ha de ser lo suficientemente diferente para que no interfiera y lo suficientemente similar para que la respuesta relativa del detector a ambos sea constante. En tal caso, se establece un factor de respuesta F_R constante que permite calcular la concentración de analito c_a tal como se muestra en la figura 2.4a. En el método de *adición estándar* se efectúan medidas tras añadir cantidades fijas de analito a una serie de réplicas de la muestra en las que previamente se han realizado medidas de la señal analítica. Con los valores de las medidas obtenidos antes y después de la adición se construye una gráfica de calibrado que, mediante extrapolación, permite conocer la concentración original de analito (figura 2.4b).

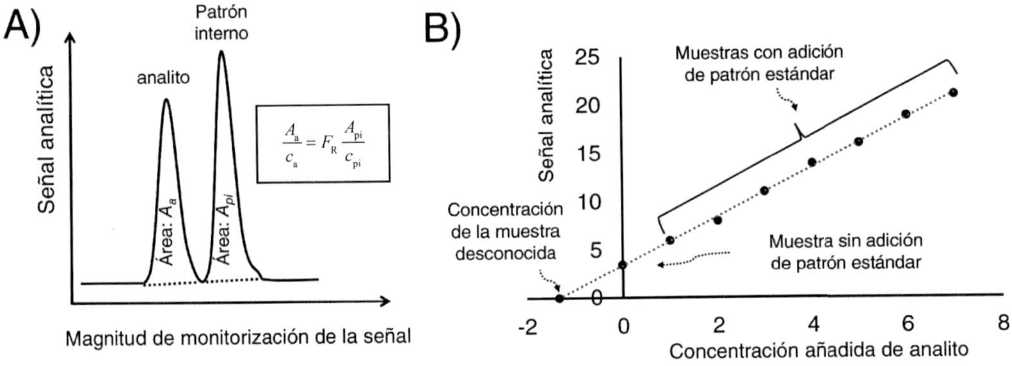

Figura 2.4. A) Método del patrón interno; B) método de la adición estándar.

2.6. Procesado de datos: quimiometría

Los estudios quimiométricos incluyen todos aquellos aspectos del análisis químico relacionados con las técnicas de medida y, en particular, los relacionados con los tipos de detección y con la evaluación de datos analíticos llevada a cabo mediante métodos de matemática y matemática estadística.

2.6.1. Medidas y distribuciones estadísticas

Los métodos analíticos se caracterizan por su sensibilidad, selectividad, precisión y exactitud. Estas dos últimas propiedades tienen que ver con la existencia de errores en el desarrollo experimental del método y su estimación es tan importante como la determinación del valor mismo de la medida ya que informa de su fiabilidad.

La *exactitud* es la capacidad de un método para proporcionar un resultado próximo al valor real. La *precisión* está relacionada con la capacidad de ese método para proporcionar resultados idénticos en sucesivas repeticiones de la medida sobre una misma muestra. La existencia de diferentes fuentes de error en las etapas del proceso analítico va a determinar la exactitud y precisión del método. La exactitud de un método se ve mermada por la existencia de errores sistemáticos aditivos o multiplicativos, por ejemplo, una probeta mal graduada. Estos errores pueden ser detectados analizando muestras de composición conocida. La *precisión* de un método está relacionada con la existencia de errores aleatorios que proceden de fuentes de error desconocidas y no son fácilmente detectables. La precisión se expresa en términos de repetitividad y reproducibilidad. La *repetitividad* es un indicador de la dispersión de los resultados obtenidos en varias repeticiones de la medida en una misma muestra. La *reproducibilidad* es un indicador de la dispersión de los resultados obtenidos en una muestra analizada en diferentes laboratorios. Un resultado muy preciso, esto es, con buena repetitividad, no necesariamente, es muy exacto. Por ejemplo, puede haber un interferente que sistemáticamente modifica la señal analítica generando una desviación significativa y, siempre la misma, del valor real en todas las réplicas. Inversamente, un método exacto puede ser poco preciso como se ilustra en los esquemas de la figura 2.5.

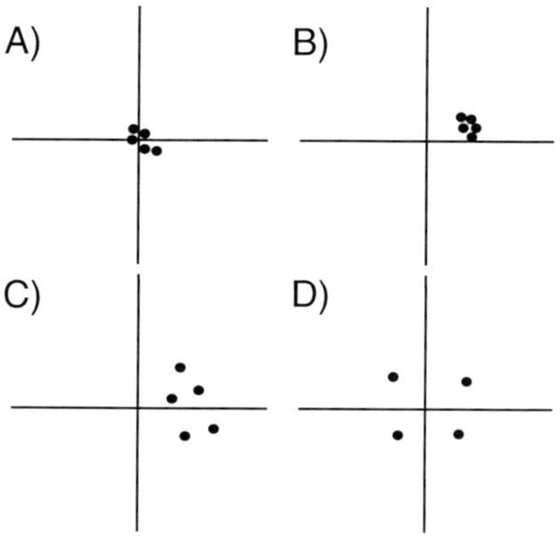

Figura 2.5. Ilustración de: A) método exacto y preciso; B) método poco exacto y preciso; C) método poco exacto y poco preciso; D) método exacto y poco preciso. Valor real situado en el origen de coordenadas.

La mejor forma de obtener una estimación de la repetitividad inherente al método analítico es efectuar el análisis repetidamente sobre varias *réplicas* de la misma muestra. Estadísticamente se ha demostrado que, cuanto mayor sea el número de réplicas analizadas, mejor será el nivel de confianza del resultado obtenido.

Como resultado numérico del análisis, cuando se analizan N réplicas, se suele utilizar la *media aritmética* $\overline{X}$, también denominada *media* o *valor promedio*, calculada a partir de los resultados individuales X_i, de las diferentes réplicas.

$$\overline{X} = \frac{\sum_{i=1}^{n} X_i}{N} \quad [2.2]$$

La diferencia entre el valor promedio y cada valor individual se denomina *desviación* d_i:

$$d_i = X_i - \overline{X} \quad [2.3]$$

A partir de las desviaciones se calcula la *varianza* que viene definida por la expresión:

$$varianza = \frac{d_1^2 + d_2^2 + \ldots + d_N^2}{N - 1} \quad [2.4]$$

Aunque este valor es indicativo de la repetitividad del método se suele utilizar habitualmente la *desviación estándar s*, definida como la raíz cuadrada de la varianza. Cuanto más bajo es su valor mejor es la repetitividad. La desviación estándar es independiente del número de determinaciones por lo que es más fiable que la varianza.

$$S = \sqrt{\frac{\sum_{i=1}^{n} d_i^2}{N - 1}} \quad [2.5]$$

El significado estadístico de la desviación estándar se muestra en la figura 2.6. Para un método analítico afectado de errores aleatorios y para un número suficientemente elevado de repeticiones de la medida la distribución de los valores individuales sigue una curva de distribución normal o gaussiana en la que la mayor frecuencia de valores repetidos corresponde al valor promedio. El área total encerrada bajo la curva está relacionada con el número total de réplicas. Además, el 68,3% de los resultados obtenidos se encuentran en el intervalo $\pm s$ alrededor del valor medio, el 95,4% en el intervalo $\pm 2s$ y el 99,7% de los resultados en el intervalo $\pm 3s$.

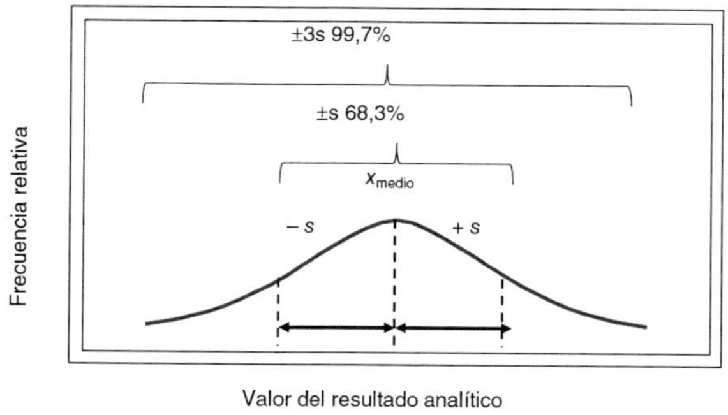

Figura 2.6. Distribución gaussiana de resultados analíticos.

La *desviación estándar relativa* s_{relativa} en porcentaje se define como el cociente entre la desviación estándar y el valor medio en porcentaje:

$$s_{\text{relativa}} = \frac{s}{\overline{X}}100 \qquad [2.6]$$

2.6.2. Test estadísticos

Aun cuando el valor verdadero o real de una medida se suele desconocer, se pueden fijar estadísticamente límites a la exactitud de un resultado a partir del valor promedio experimental con un grado de probabilidad dado. Este límite se denomina *límite de confianza LC* y al rango definido por este, *intervalo de confianza.* El límite de confianza se calcula mediante la expresión:

$$LC = \overline{X} \pm \frac{ts}{\sqrt{N}} \qquad [2.7]$$

Donde s es la desviación estándar y t es un parámetro que adopta valores de acuerdo al número de réplicas y al nivel de confianza deseado según se muestra en el cuadro 2.3.

Así, por ejemplo, en un experimento en el que se han realizado 10 réplicas y cuyo valor medio y desviación estándar es 16,0 y 0,5 unidades arbitrarias (UA), respectivamente, el valor real se encontraría dentro del intervalo 16,0±0,3 UA con un nivel de confianza del 90%, mientras que el intervalo de confianza sería de 16,0±0,8 UA para un nivel de confianza del 99,9%.

Cuadro 2.3. Valores del factor t de intervalo de confianza

Número de réplicas N	*Factor t Nivel de confianza (%)*			
	90	*95*	*99*	*99,9*
2	6,31	12,70	63,66	636,62
3	2,92	4,30	9,93	31,60
4	2,35	3,18	5,84	12,92
5	2,13	2,78	4,60	8,61
6	2,02	2,57	4,03	6,87
7	1,94	2,45	3,71	5,96
8	1,90	2,37	3,50	5,40
9	1,86	2,31	3,36	5,04
10	1,83	2,26	3,25	4,78

2.6.3. Regresión

La *regresión* es un procedimiento matemático por el cual se establece un modelo o función matemática $y=f(x)$ a un conjunto N de pares de valores (x_i,y_i) de señal analítica y y concentración x, obtenidos experimentalmente a partir de muestras de calibrado y blanco. La concentración x es la variable independiente y está libre de errores ya que su valor en las muestras de referencia es bien conocido, mientras que la variable dependiente y está sujeta a errores aleatorios. Este procedimiento se aplica para asignar un modelo matemático que se ajuste lo mejor posible a los valores experimentales que conforman la curva de calibrado. La regresión implica establecer el valor concreto de una serie de parámetros p_i que definen la ecuación matemática del modelo. Por ejemplo, en el caso más sencillo de una función lineal:

$$y = p_1 x + p_2 \qquad [2.8]$$

El procedimiento de regresión consiste en hallar los valores concretos de los parámetros p_1 (pendiente) y p_2 (ordenada en el origen) que proporcionen la mejor aproximación de todos los pares de valores experimentales a la función lineal. Esto se consigue minimizando la suma de los cuadrados de las desviaciones entre cada valor experimental y_i y su valor homólogo calculado según la función lineal $f(x_i)$ (figura 2.7):

Valores de p para los que:

$$\sum_{i=1}^{n}(Y_i - f(X_i, p))^2 \text{ es mínimo} \qquad [2.9]$$

La calidad del ajuste de una curva de calibrado mediante regresión frecuentemente viene indicada por el valor del *coeficiente de regresión*. Cuanto mayor sea este, mejor será el ajuste.

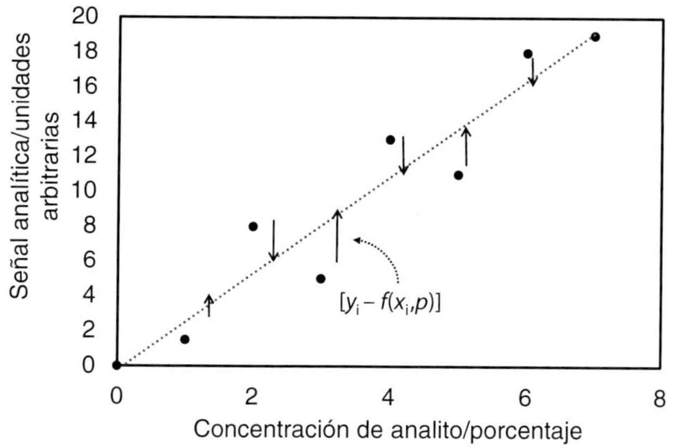

Figura 2.7. Curva de calibrado ajustada a un modelo lineal mediante regresión.

2.6.4. *Procesado de la señal analítica*

La señal analítica captada por el detector está sujeta a perturbaciones con diferente origen asociado a la naturaleza física del instrumento de medida, lo cual causa incertidumbre en el resultado. A este problema se suma que dicha señal puede ser perturbada por otras señales producidas por especies interferentes también presentes en la muestra que pueden dar lugar a solapamiento de señales. Actualmente existen una serie de procedimientos matemáticos que pueden minimizar estas fuentes de error. Seguidamente se describen algunos de los métodos de procesado de señales más habitualmente utilizados para mejorar la resolución de las señales entre los que destacan el método de la segunda derivada y el método de la deconvolución. El método del ajuste de curvas se utiliza para calcular las señales individuales solapadas y normalmente se combina con los dos anteriores. También se describe brevemente el método de la transformada de Fourier que permite reducir el ruido de fondo de las señales analíticas.

A) Método de la segunda derivada

El *método de la segunda derivada* consigue la discriminación de señales solapadas a partir del cálculo de la función derivada segunda de la función matemática que describe la señal analítica. Como se muestra en la figura 2.8a, la posición de los mínimos en la función segunda derivada indica la posición de las señales individuales que aparecen solapadas en la señal original.

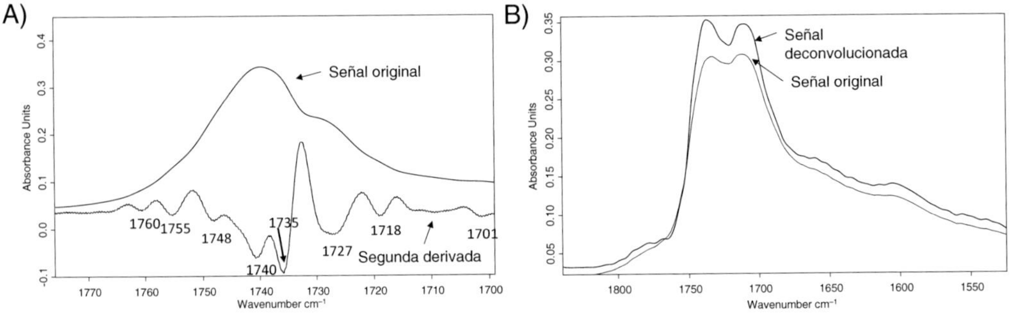

Figura 2.8. A) Señal analítica original y segunda derivada; B) señal analítica original y señal obtenida tras la deconvolución.

B) Método de la deconvolución

La *deconvolución* es otro método que mejora la resolución de señales analíticas complejas constituidas por dos o más señales individuales superpuestas o solapadas. Mediante un algoritmo matemático se consigue un estrechamiento de la amplitud de cada señal individual proporcionando una mejor separación y discriminación de estas. La figura 2.8b muestra cómo la señal original, tras ser sometida a tratamiento de deconvolución, consigue mejorar la separación y discriminación de las señales individuales que la componen.

C) Método del ajuste de curva

El *método del ajuste de curva* (*curve fitting*) es un procedimiento matemático que, mediante iteraciones, calcula la función matemática que describe la señal envolvente y las diferentes señales individuales que la componen. El algoritmo puede trabajar asumiendo que la señal envolvente está formada por superposición de señales individuales de distribución normal o gaussiana o de distribución asimétrica de tipo lorentziano. La figura 2.9 muestra el ajuste llevado a cabo en una señal analítica que presentaba solapamiento de cuatro bandas individuales. Se aprecia el buen ajuste conseguido entre la señal original y la envolvente calculada. El método de iteración se ha aplicado asumiendo una distribución lorentziana para las curvas individuales. Este procedimiento, además, calcula el área encerrada bajo la curva de cada señal individual que también aparece indicada como porcentaje sobre el área total encerrada bajo la curva envolvente.

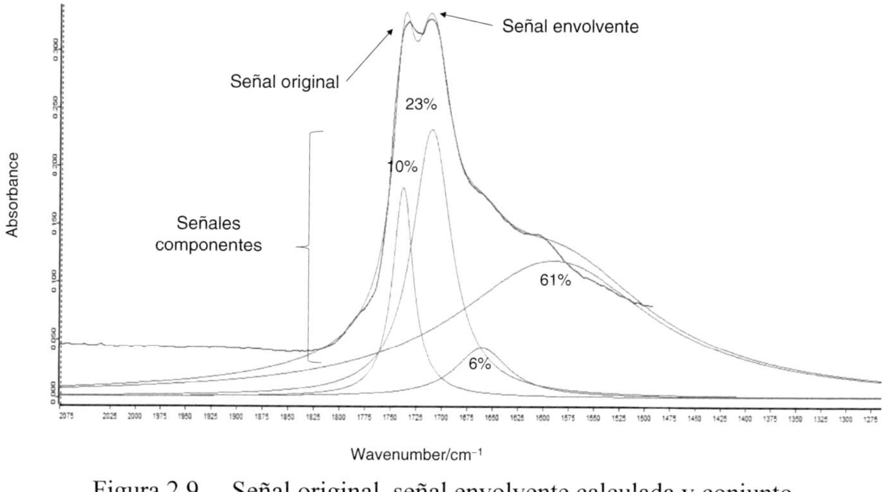

Figura 2.9. Señal original, señal envolvente calculada y conjunto de señales individuales componentes obtenidas por el método iterativo de ajuste de curva.

D) Transformada de Fourier

Este tratamiento matemático de la señal analítica se aplica cuando una señal sinusoidal de alta frecuencia contamina la señal analítica gaussiana como la mostrada en la figura 2.10a. El proceso completo incluye una etapa de filtrado en la que la señal resultante de la transformada de Fourier es deconvolucionada para transformarse en una señal con máximo en el punto central. Finalmente se aplica la transformada de Fourier inversa que da lugar a la señal mejorada de la figura 2.10b.

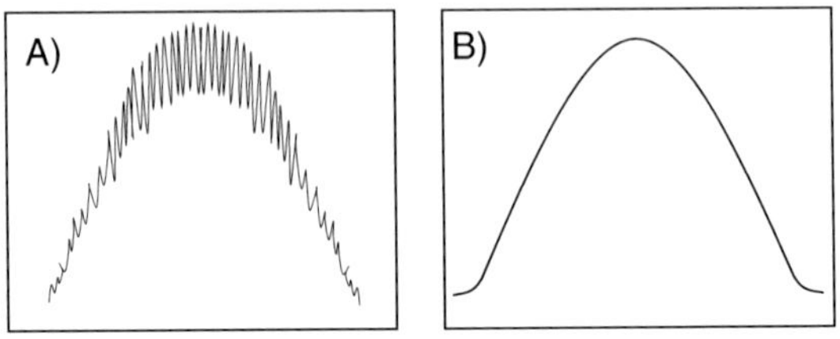

Figura 2.10. Procesado de señal por transformada de Fourier:
A) señal sin procesar con ruido de fondo superpuesto a la señal gaussiana; B) señal procesada.

2.6.5. Métodos de análisis multivariado

Con el aumento de la instrumentación analítica se ha pasado de la obtención de datos experimentales, obtenidos como resultado de observaciones únicas, a la obtención de paquetes de datos presentados en diferentes formatos tales como tablas de valores numéricos, espectros o gráficos digitalizados o imágenes digitalizadas, susceptibles de ser procesados de forma manual o automática. Estos paquetes de datos pueden abarcar un conjunto de variables obtenidas a partir de una colección de objetos, por lo que la cantidad de información proporcionada puede ser muy grande. Por este motivo, la interpretación de dicha información es mucho más compleja, lo que hace necesario algún tipo de herramienta matemática que proporcione una reducción de los datos para facilitar la visualización e interpretación de sus interrelaciones. Los *métodos de análisis multivariado* se aplican cuando se obtienen conjuntos de datos en numerosos objetos que incluyen a un cierto número de variables que cambian simultáneamente. Estos métodos consiguen la reducción y agrupación de datos sirviéndose de *software* informático. En este apartado se describen dos métodos de análisis multivariado de uso frecuente en el estudio de patrimonio cultural. Además, se han incluido ejemplos sencillos de diagramas binarios y ternarios de aplicación corriente en la interpretación de datos experimentales y paquetes de pocos datos.

A) Diagramas binarios y ternarios

La representación gráfica de los valores de dos variables, obtenidos para una serie de objetos, en un *diagrama binario*, o de tres variables en un *diagrama ternario*, permite visualizar posibles tendencias (agrupamientos o diseminaciones) de dichos objetos en función de la semejanza o diferencia de alguna propiedad fisicoquímica o de su composición. En la figura 2.11a se ha representado el contenido en sílice frente al contenido en óxido de plomo de tres vidriados cerámicos de diferente época y centro de producción. Se observa cómo el contenido en óxido de plomo y sílice se aproxima mucho a la composición eutéctica en el vidriado producido en Manises en el siglo XV. La composición eutéctica proporciona la temperatura de fusión más baja en torno a 700 °C. El diagrama binario también muestra que las composiciones de la cerámica de Alcora, producida en el siglo XVIII, y de la cerámica califal del siglo X se alejan del eutéctico siguiendo una tendencia lineal. En la figura 2.11b se muestra esquemáticamente un diagrama de fases ternario en el que la representación del contenido en sílice, alúmina y óxido de magnesio delimita fases cristalinas, con estequiometrías típicas, presentes en cerámicas.

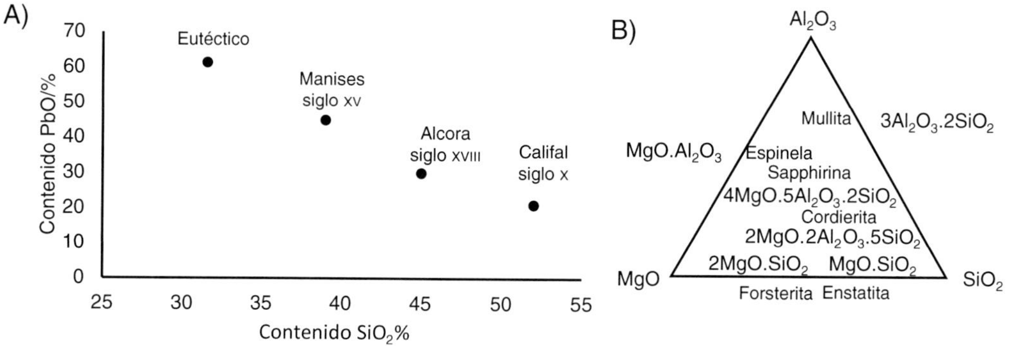

Figura 2.11. A) Diagrama binario mostrando las variaciones en la composición de sílice y óxido de plomo de vidriados cerámicos de diferente época; B) esquematización del diagrama de fases MgO-Al_2O_3-SiO_2 para materiales cerámicos.

B) Análisis por componentes principales

El *análisis por componentes principales* (PCA, *principal component analysis*) se basa en el establecimiento de unas variables denominadas *componentes principales* (PC_i) que son combinaciones lineales óptimas de las variables originales. Las componentes principales, por lo general, suelen ser dos. La primera componente principal define la máxima varianza entre todas las posibles combinaciones lineales de las variables originales y la segunda componente principal define la máxima varianza entre las combinaciones lineales no correlacionadas con la primera. De este modo, unas pocas variables (PC_s) permiten mostrar la mayoría de las variaciones de los datos originales. La figura 2.12a muestra, como ejemplo, una proyección PCA obtenida a partir de los valores correspondientes al contenido de nueve elementos químicos distintos medidos en quince muestras de tierras naturales usadas como pigmentos. En el diagrama se aprecia que las muestras aparecen agrupadas en tres zonas del diagrama, claramente separadas, evidenciando tres diferentes tipologías composicionales.

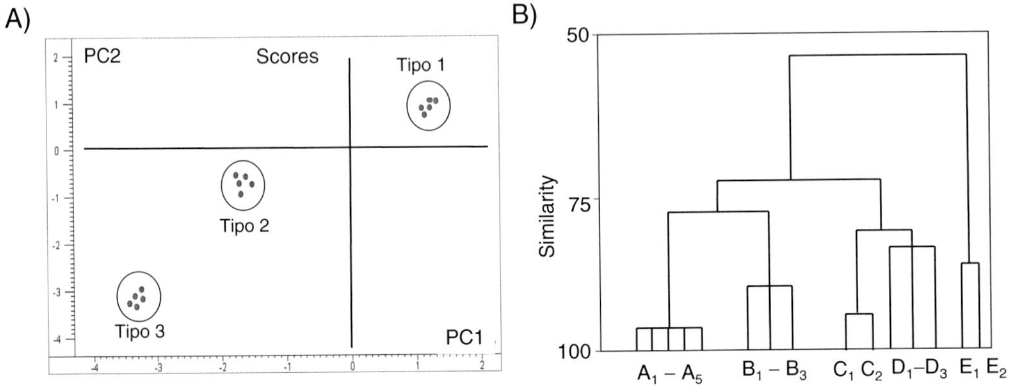

Figura 2.12. A) Proyección PCA de un conjunto de 15 tierras naturales usadas como pigmentos; B) dendrograma correspondiente al *cluster* jerárquico obtenido a partir de la comparación de la composición química de 15 fragmentos cerámicos.

C) Análisis cluster

Mediante el *análisis cluster* se consigue un conjunto de particiones a partir del procesado de los valores concretos de una serie de variables que exhibe un conjunto de objetos (figura 2.12b). Esto da lugar a una clasificación jerárquica en función de la semejanza mayor o menor entre el conjunto de datos de cada objeto. La secuencia se visualiza en el diagrama resultante denominado *dendrograma* por analogía con los árboles genealógicos usados en taxonomía. De este modo, dos objetos con datos semejantes presentarán valores elevados de semejanza y se representarán conectados entre sí y próximos en el dendrograma. Cuanto mayor sea la diferencia entre los datos de los objetos, estos últimos aparecerán más alejados en el dendrograma.

Preguntas de autoevaluación

2.1. Indica el tipo de procedimiento analítico en un caso de estudio en el que la muestra adquirida tiene una masa de 0,5 mg según establece la norma DIN 32630.

2.2. Asigna clase a las siguientes técnicas analíticas:

a) Espectroscopía infrarroja.
b) Espectroscopía fotoelectrónica de rayos X.
c) Voltamperometría.
d) Cromatografía de gases.

2.3. ¿Cuál sería la estrategia de muestreo más apropiada en los siguientes supuestos?

a) Identificación de un pigmento desconocido en un cuadro.
b) Caracterización de la piedra de un monumento.

2.4. Indica en qué tipo de operación se incluye:

a) Extracción con hisopo de un barniz de un cuadro.
b) Separación mediante extracción con disolvente de proteínas y lípidos en una muestra.

2.5. Calcula el límite de detección en un análisis con sensibilidad 2 y desviación estándar del blanco 1 (se consideran unidades arbitrarias).
2.6. Calcula el valor medio y la desviación estándar para el conjunto de valores siguiente: 76,4, 76,8, 76,4, 76,7, 76,2, 76,1, 76,5, 76,2, 76,8, 76,4 unidades arbitrarias.
2.7. Calcula la desviación estándar relativa para los datos del ejercicio 2.6.
2.8. Ordena los siguientes casos de más a menos preciso:

a) 100 ± 5 U.A.
b) $0,8 \pm 0,3$ U.A.
c) $2 \pm 0,5$ U.A.

2.9. ¿Cuál es el límite de confianza, para el ejemplo del apartado 2.6.2, calculado con un nivel de confianza del 95%?
2.10. Asigna clase a los siguientes métodos de procesamiento de datos:

a) Deconvolución.
b) Diagrama de componentes principales.

PARTE II
Técnicas de examen basadas en imágenes

3
Técnicas de examen basadas en imágenes producidas mediante señales electromagnéticas y acústicas

Las técnicas de examen basadas en la formación de imágenes del objeto íntegro o de alguna de sus partes constituyen el fundamento de un conjunto de metodologías analíticas de carácter no invasivo y, en muchos casos, holístico. La fotografía, cuya invención por N. Niepce y L. Daguerre se remonta a la década de 1820, es la más antigua y ampliamente aplicada. En la actualidad, el número de estas técnicas se ha incrementado considerablemente extendiéndose a otras regiones del espectro electromagnético, más allá de la región visible, así como a otros tipos de fenómenos ondulatorios tales como las ondas sonoras. Por otra parte, el término *imagen* aquí se ha considerado en un sentido más amplio que el de una mera representación visual del objeto y se ha extendido a todo tipo de interpretaciones o representaciones 2D y 3D que permiten visualizar la distribución espacial de una magnitud física de interés en la superficie o en la subsuperficie del objeto. En el ámbito del patrimonio cultural todas estas técnicas se incluyen dentro del conjunto de las denominadas *técnicas no destructivas*, las cuales son de gran interés en el estudio de bienes culturales, ya que no requieren la toma de muestras.

3.1. Clasificación de técnicas de examen basadas en imágenes

Establecer una clasificación sistemática de estas técnicas es bastante complejo dada la gran variedad de metodologías abarcada. No obstante, como se muestra en el cuadro 3.1, se ha efectuado un primer agrupamiento atendiendo al método de producción de la representación espacial. De este modo, se ha considerado, por una parte, las técnicas de *campo completo* en las que la imagen o representación del objeto completo o del área del objeto seleccionada se forma al aplicar la señal primaria (electromagnética o sonora) simultáneamente en todo él. Por otra parte, se ha considerado las técnicas de *barrido de haz* en las que la representación o imagen se obtiene al efectuar un barrido completo del objeto con la señal primaria en forma de haz fino. En cada uno de estos dos grupos se ha establecido una segunda clasificación atendiendo al tipo de señal, sónica o electromagnética, y dentro de esta última a la región del espectro electromagnético a la que corresponde la señal primaria utilizada.

Cuadro 3.1. Clasificación de técnicas basadas en la obtención de imágenes producidas mediante señales electromagnéticas y acústicas

Tipo de señal	*Región*	*Técnica*
	TÉCNICAS DE CAMPO COMPLETO	
Radiación electromagnética	Infrarrojo (IR)	Fotografía IR Reflectografía IR Termografía
	Ultravioleta-Visible (UV-Vis)	Fotografía Fotogrametría Técnicas interferométricas
	Rayos X-Rayos γ	Radiografía Gammagrafía Radiografías con partículas de alta energía*
	TÉCNICAS DE BARRIDO	
Radiación electromagnética	Micro- y radioondas	Georradar
	IR-terahercios	Reflectografía IR de barrido Imágenes con radiación en terahercios Tomografía de coherencia óptica
	Visible	Imagen multiespectral e hiperespectral**
		Escáner láser 3D
	Rayos X	Tomografía computarizada
Ondas sonoras		Técnicas sónicas y ultrasónicas

* Aunque no se trata de radiación electromagnética se han incluido aquí algunas técnicas que proporcionan imágenes de la estructura interna de objetos de elevada densidad mediante la irradiación con partículas de alta energía.

** La señal electromagnética se extiende desde la región visible hasta el infrarrojo cercano.

3.2. Técnicas de imagen de campo completo

En este apartado se va a llevar a cabo una revisión de las principales técnicas de examen basadas en imágenes del objeto producidas al irradiar de forma simultánea toda el área del objeto que se desea examinar. Estas técnicas se sirven, principalmente, de radiación infrarroja, UV-Vis y radiación o partículas de alta energía.

3.2.1. Región infrarroja

El desarrollo de películas fotográficas sensibles a la radiación infrarroja en la década de 1930 dio origen a la fotografía infrarroja. Posteriormente, en las décadas de 1960-1970 se ponen a punto el sistema de vídeo vidicon y la tecnología de dispositivos de unión de carga (CCD, *charge-coupled device*) que permiten el desarrollo de la reflectografía infrarroja. En la década de 1990 se introducen los dispositivos de tipo semiconductor complementario de óxido metálico (CMOS, *complementary metal oxide semiconductor*).

A) Fotografía infrarroja

Su aplicación en el estudio de patrimonio cultural se inició con cámaras convencionales que incorporaban películas sensibles en la región del *infrarrojo cercano* (NIR, *near infrared*), desde 700 nm hasta 900-1300 nm. Estas películas fotográficas en blanco y negro también eran sensibles al ultravioleta y parte del espectro visible y requerían el uso de filtros que permitían aislar la banda infrarroja. También se comercializaban películas en color en las que la imagen formada por la componente infrarroja se superponía a la componente visible. Las cámaras digitales actuales incorporan sensores digitales CCD. Su uso en fotografía IR requiere el intercambio del filtro IR "*hot mirror*" por un filtro para la región UV-Vis. La fotográfica IR también se puede realizar utilizando como fuente de iluminación lámparas infrarrojas que suelen emitir preferentemente por encima de 600 nm. Con la fotografía infrarroja pueden detectarse cambios en composición, retoques o repintes y dibujos subyacentes (figura 3.1).

Figura 3.1. Imágenes de una copia del famoso cuadro de Velázquez *Retrato ecuestre del Conde-Duque de Olivares*. Fotografía infrarroja (izquierda), fotografía visible (centro), fotografía de fluorescencia ultravioleta (derecha).

B) Reflectografía infrarroja

La *reflectografía infrarroja* (IRR, *infrared reflectography*) está basada en la diferente capacidad de absorción/reflexión de la radiación infrarroja por parte de los diversos medios materiales que componen una obra pictórica. En la figura 3.2 se muestra cómo una pequeña parte del haz IR incidente es reflejado y el resto penetra en la capa pictórica sufriendo una ligera refracción asociada al cambio de medio material. Al llegar a la capa más interna de preparación es reflejado notablemente ya que este segundo medio posee una menor capacidad de absorción que el primero. Por consiguiente, la capacidad para discriminar entre materiales con diferente composición en la superficie o en la subsuperficie de una obra pictórica depende principalmente de:

1. El espesor de la capa pictórica.
2. La capacidad de absorción/reflexión de la capa pictórica y, dado que esta es un medio heterogéneo integrado por granos de pigmento aglutinados por un vehículo orgánico, su capacidad de dispersión.
3. La capacidad de reflexión del estrato o capa subyacente.

Los primeros reflectógrafos IR se basaban en videocámaras vidicon con sensibilidad entre 800-2200 nm que, provistas de sensores de óxido de plomo-sulfuro de plomo (PbO-PbS), proporcionaban reflectogramas que eran registrados en monitores de televisión o con película en blanco y negro. Estos reflectogramas eran imágenes de áreas pequeñas, por lo que debían ser montados en mosaico para obtener la imagen completa del objeto. Este método fue mejorado al incorporar el sistema de vídeo que permitía obtener imágenes del objeto íntegro. Actualmente hay disponibles equipos que incorporan cámaras CCD y CMOS muy sensibles a la radiación IR.

La reflectografía IR permite la discriminación entre materiales de diferente composición, identificación de dibujos subyacentes, repintes, retoques o arrepentimientos, entre otras particularidades de las obras de arte.

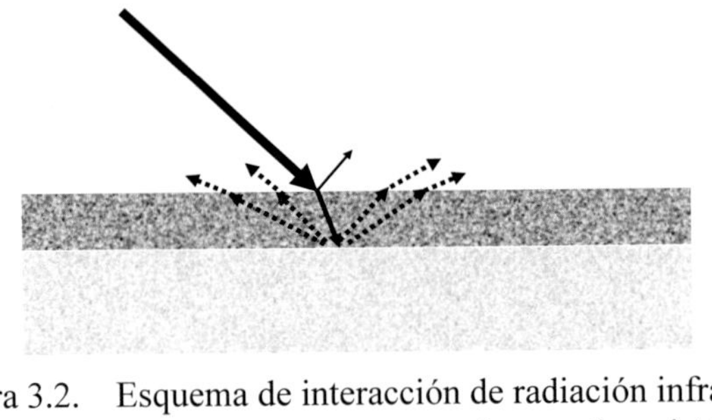

Figura 3.2. Esquema de interacción de radiación infrarroja con las diferentes capas superpuestas de una obra pictórica.

C) Termografía

La *termografía* es una técnica que proporciona imágenes térmicas de los objetos, esto es, una distribución espacial de la temperatura del objeto. La ley de Wien establece que la longitud de onda correspondiente al máximo de emisión de un cuerpo negro es inversamente proporcional a su temperatura. Esta ley física justifica que los objetos a temperatura ambiente tienen su máximo de emisión en la región infrarroja. Este hecho es aprovechado en termografía para medir temperaturas. El termógrafo es una cámara térmica o de termovisión que capta a distancia una imagen de la radiación infrarroja emitida por el objeto o por una parte de este. El valor de energía radiada detectado en cada píxel de la imagen es transformado, mediante un procesado matemático, en un valor de temperatura, formándose una imagen térmica que muestra la distribución espacial de temperaturas del objeto. Sus aplicaciones son diversas, si bien, la más habitual es la detección de patologías en la edificación: puentes térmicos, presencia de estructuras ocultas, formación de delaminaciones o pérdidas energéticas por humedades u otras causas.

3.2.2. Región UV-Vis

Aunque la fotografía es la primera y principal técnica de visualización de bienes culturales, la incorporación de otras nuevas técnicas de imagen que utilizan radiación luminosa coherente ha ampliado el campo de aplicación en la región visible del espectro electromagnético.

A) Fotografía

La *fotografía* de bienes culturales en la región visible admite diversas modalidades entre las que cabe destacar la *fotografía normal difusa* (figura 3.1), con *luz rasante* o tangencial (figura 3.3), la *macrofotografía* o la *microfotografía* que se lleva a cabo adaptando la cámara fotográfica al tercer ocular de un microscopio (capítulo 4, apartado 4.2). La fotografía normal difusa proporciona una imagen de conjunto del objeto, mientras que con macro- y microfotografía se amplía la visión de las zonas de interés en el objeto, permitiendo observar detalles y características de pequeño tamaño. La fotografía con luz rasante aporta información valiosa acerca de la morfología superficial de la obra poniendo en evidencia su rugosidad y la presencia de suciedad superficial, depósitos superficiales de excrementos u otros materiales, poros, grietas y fisuras, parches, cosidos, desgarros, etc. (figura 3.3). En esta modalidad los focos de iluminación se colocan de forma paralela, oblicua y en ángulos variables dependiendo de las características que se desee resaltar.

En la actualidad las cámaras digitales han reemplazado a las analógicas y se utilizan mayoritariamente alcanzando niveles de resolución de imagen muy elevados. Estas cámaras incorporan dispositivos CCD o CMOS. Las imágenes digitalizadas pueden ser posteriormente procesadas mediante sistemas de tratamiento de imagen. El uso de filtros (de contraste para blanco y negro, de conversión o equilibrio de la luz para color, de corrección de color, gris neutro, polarizador) permite mejorar el contraste, los valores tonales y el rendimiento cromático. El fotómetro compensa en forma automática el factor de exposición. En cuanto a la iluminación, se puede utilizar luz diurna, luz artificial de lámpara de tungsteno tipo A y B, lámparas sobrevoltadas, fluorescentes y halógenas, flash de lámpara y flash electrónico (lámpara de arco de xenón), entre otras fuentes de iluminación.

Si se utiliza una fuente de iluminación ultravioleta como la lámpara de luz negra o lámpara de Wood (máx. 365 nm), se obtiene una fotografía que recoge esta radiación ya que las películas normales son sensibles a la luz ultravioleta. La cámara debe estar provista de un filtro que permita únicamente el paso de estas radiaciones. Si se utiliza un filtro que absorbe la luz ultravioleta, se obtiene una fotografía que muestra la radiación visible de fluorescencia (capítulo 12, apartado 12.2.1) emitida por el objeto al ser irradiado con luz ultravioleta (figura 3.1).

B) Endoscopía

El *endoscopio* es un instrumento que permite la observación de espacios o lugares inaccesibles. El aparato se compone de un brazo de fibra óptica de longitud variable que puede ser rígido o flexible, en cuyo caso se denomina *flexoscopio.*

C) Fotogrametría

Mediante la *fotogrametría* se construyen modelos 3D de objetos a partir de imágenes fotográficas, adquiridas a distancia, gracias a la aplicación de relaciones matemáticas basadas en la geometría proyectiva. Esta técnica se aplica en el levantamiento de edificios y estructuras arquitectónicas, mediante el uso de fotografías terrestres, y para cartografiar el terreno mediante fotografías aéreas. También se ha aplicado para detectar desplazamientos en edificios y en el subsuelo de sitios arqueológicos.

D) Técnicas interferométricas

Las *técnicas de interferometría de patrón moteado digital* (anteriormente, patrón moteado electrónico) (ESPI, *electronic speckle pattern interferometry*) y de *interferometría holográfica* (HI, *holographic interferometry*) (que incluye las subtécnicas de exposición simple o tiempo real, exposición doble o diferencial y holografía sándwich) se basan en la interpretación de los patrones de interferencia creados al combinarse los frentes de ondas de un haz de luz coherente procedente de la reflexión del objeto y de la fuente, en la primera, y de los patrones de interferencia de la radiación reflejada por el objeto y un segundo haz de luz coherente de referencia, en la segunda. Estas figuras de interferencia contienen información relativa a la amplitud y fase de la radiación, a diferencia de las fotografías que contienen información referente a la intensidad luminosa (Ambrosini y Paoletti, 2004). Cualquier defecto estructural del objeto (poro, grieta) constituye una anomalía que se detecta como una discontinuidad en el patrón o figura de interferencia. Estas técnicas se han aplicado para estudiar los cambios experimentados por una obra pictórica debidos a tensiones mecánicas o las variaciones en las condiciones medioambientales de conservación. La instrumentación es portátil, lo que permite realizar mediciones *in situ*.

3.2.3. Regiones de los rayos X y rayos γ y partículas de alta energía

La técnica radiográfica ha evolucionado considerablemente desde que el radiólogo médico R. Ledoux-Lebard, el físico A. Dauvilliers, el experto en pintura M. Caileux y el pintor y restaurador del museo del Louvre G. Goulinat realizaran la primera radiografía con rayos X de una pintura en París en el transcurso de la Primera Guerra Mundial. Actualmente, también pueden obtenerse imágenes de la estructura interna de objetos de elevada densidad con rayos γ. Aunque no se trata de radiación electromagnética se han incluido en este apartado algunas técnicas que proporcionan imágenes de la estructura interna de objetos de elevada densidad a partir de la irradiación con partículas de alta energía como las partículas β o los neutrones.

A) Radiografía

La *radiografía* utiliza rayos X, cuyas longitudes de onda están comprendidas entre 10 y 0,001 nm. Se trata de radiación altamente energética que, por consiguiente, tiene una gran capacidad para penetrar en los materiales y atravesarlos sin llegar a ser absorbida completamente. Esta propiedad permite obtener imágenes mostrando las diferentes capas o estructuras internas del objeto que permanecen ocultas a la radiación visible.

Un equipo radiográfico se compone de un tubo de rayos X que opera con voltajes comprendidos, por lo general, entre 15 y 60 kV en modo de baja energía y hasta 450 kV en modo de alta energía. El tubo de rayos X se sitúa delante del objeto y tras él se sitúa una placa fotográfica o un dispositivo de digitalización tal como un sistema de radiografía computarizada (CR, *computerized radiography*). La imagen se forma por el contraste que se produce entre las diversas partes del objeto que, debido a su diferente composición, absorben de manera desigual la radiación. En general, las zonas claras corresponden a materiales muy absorbentes que transmiten poca radiación, mientras que las zonas oscuras indican materiales poco absorbentes. Una técnica alternativa a la radiografía de transmisión convencional es la radiografía de emisión. El tubo de rayos X opera a voltajes más altos en el rango 220-320 kV y se dispone de un filtro que elimina las radiaciones de baja energía. La radiación que llega al objeto interacciona con los diferentes materiales que lo componen provocando la emisión de rayos X característicos, de menor energía que los incidentes, que son recogidos por una placa de fósforo que, a diferencia de los sistemas de radiografía convencionales, se sitúa delante del objeto.

La *radiografía de emisión de electrones* se sirve de una fuente de rayos X de 300 kV que al interactuar con el objeto emite electrones que impresionan una placa.

Las aplicaciones de la técnica radiográfica con rayos X son muy variadas abarcando la identificación de estructuras ocultas (figura 3.3), intervenciones posteriores, cambios de composición y la caracterización de la técnica artística, tanto en obra pictórica como en escultura y materiales arqueológicos de todo tipo, cerámica, metal, etc. Esta técnica resulta muy útil en la autentificación y detección de falsificaciones. La radiografía con rayos X de baja energía se utiliza en el examen de pintura, mientras que la de alta energía se utiliza para examinar escultura en bronce y otros metales, cerámica, muebles, joyas, etc. La radiografía de emisión de electrones se ha utilizado, en particular, para el examen de obra pictórica, policromía en madera y objetos de esmalte sobre soporte de cobre.

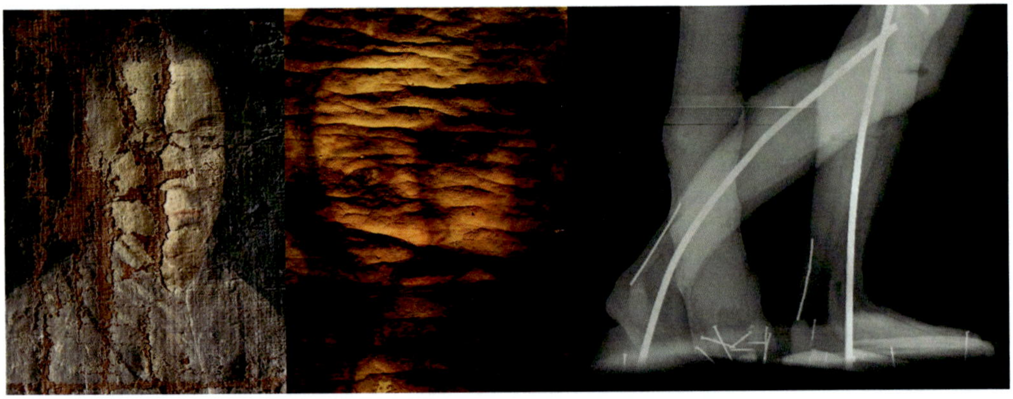

Figura 3.3. Fotografía con luz rasante de un lienzo al óleo del siglo XVIII dañado por humedades (izquierda). Fotografía con luz rasante de un lienzo al óleo del siglo XVIII con red de craquelado horizontal asociada a un mal almacenamiento enrollado (centro). Radiografía digital mostrando un detalle de un modelo anatómico en cera de Ignacio Vergara (siglo XVIII) donde se aprecian los herrajes metálicos y clavos que sujetan la pieza a su soporte (derecha).

B) Gammagrafía

La técnica de *gammagrafía* utiliza fuentes de ^{192}Ir o ^{60}Co que emiten radiación γ. Al poseer esta radiación energía superior a los rayos X permite examinar objetos de gran espesor y densidad, principalmente realizados en piedra.

C) Radiografía con partículas de alta energía

La *radiografía con partículas β* ($E_{\beta máx}$ = 156 keV) se lleva a cabo con fuentes de hoja plana de poli(metacrilato de metilo) marcado con ^{14}C y se utiliza para el examen de documentos.

La *radiografía con neutrones* utiliza como fuente de excitación un reactor nuclear de investigación que emite neutrones térmicos (capítulo 19, apartado 19.1.2). En la *autorradiografía* se aprovecha la emisión de radiación inducida en algunos componentes del objeto al ser activados por el haz primario de neutrones.

3.3. Técnicas de barrido

En este grupo se incluyen diversas técnicas que operan mediante el barrido de la señal analítica a través de todo el objeto o del área en estudio. Las señales secundarias obtenidas punto a punto son compiladas y una vez procesadas forman imágenes o representaciones 2D y 3D.

3.3.1. Región de las micro- y radioondas

El *radar de penetración terrestre* o *georradar* (GPR, *ground penetrating radar*) es un instrumento que opera en la banda de ondas de radio (100 MHz) y en la región de las ondas cortas de radio (1 GHz). El instrumento consta de una unidad central y una antena que emite un pulso electromagnético de corta duración (~ 1-20 μs). El pulso de radiación emitido viaja a través de un medio material (subsuelo, edificio, etc.) hasta que alcanza una discontinuidad o el límite de separación de ese medio material con otro con diferente conductividad, permitividad dieléctrica o permeabilidad magnética, donde parte del pulso se refracta y otra parte de él es reflejado. Esta última señal reflejada es captada por una segunda antena receptora de manera que el tiempo que tarda en recibirse la señal indica la distancia a la que se halla la interfase o discontinuidad. El valor de frecuencia del pulso electromagnético se selecciona en función del caso en estudio, ya que el pulso de radiación se ve considerablemente atenuado con el aumento de la frecuencia de la radiación, lo que hace que penetre a menor profundidad, si bien tiene una mayor resolución espacial. La composición del medio material también va a condicionar la capacidad de penetración. Se suele operar con frecuencias de 100 MHz en prospecciones de suelo en las que se requieren mayores profundidades (15-20 m), valores de 500 MHz son apropiados en muros de gran espesor (5-6 m), mientras que en muros poco espesos (1-2 m) se utilizan frecuencias del orden de 800 MHz a 1 GHz. El instrumento se desplaza por la zona en estudio tomando medidas en cada posición. Los datos obtenidos son procesados y se presentan en unos registros denominados *radargramas* en los que se representa el tiempo de retorno del pulso en cada posición del instrumento. Procesando los datos contenidos en los radargramas se obtienen representaciones espaciales más legibles que muestran cortes en profundidad. Esta técnica se ha empleado en la detección de subestructuras en prospecciones arqueológicas, en el establecimiento de la presencia y nivel de humedad y en la localización de grietas y huecos o elementos metálicos o de madera.

3.3.2. Región infrarroja-terahercios

Se incluyen en este apartado tres técnicas que operan en diferentes rangos de frecuencias: reflectografía IR, imágenes obtenidas con radiación en terahercios y tomografía de coherencia óptica.

A) Reflectografía IR

En la técnica de reflectografía IR han sido desarrollados sistemas de barrido o escáneres para registrar la imagen del objeto estático evitando así el inconveniente de los montajes en mosaico a partir del registro de áreas localizadas del objeto. Estos sistemas están basados en el movimiento lineal ortogonal de un detector CCD o dispositivo de plano focal (FPA, *focal plane array*) que proporciona una elevada sensibilidad y calidad de la imagen.

B) Imágenes obtenidas con radiación en terahercios

La radiación en terahercios (THz) cubre un intervalo del espectro electromagnético comprendido entre las frecuencias 0,1 y 10 THz, equivalentes a longitudes de onda en el rango 3-0,03 mm, lo cual la sitúa entre las ondas milimétricas y la región infrarroja lejana. Esta radiación puede penetrar las capas de una obra pictórica obteniéndose imágenes cuyo contraste viene determinado por la diferente capacidad de absorción y reflexión de esta radiación que posee cada medio material, la cual está determinada por los modos vibracionales y rotacionales de sus moléculas (capítulo 12, apartado 12.3.1). La principal ventaja es que, al ser radiación de baja frecuencia y operar con intensidades bajas, no produce efectos adversos en la obra. La instrumentación utilizada puede ser de tipo *espectroscopio infrarrojo por transformada de Fourier* (FTIR, *Fourier transform infrared*) en el rango 1-300 THz o *espectroscopio THz en dominio temporal* (THz-TDS, *terahertz temporal domain spectrometer*) (Abraham y Fukunaga, 2015). Este segundo instrumento consta de una fuente láser que emite un pulso de (~ 1 fs) desdoblado en otros dos. El primero de ellos activa un emisor de pulsos (~ 1 ps) de radiación THz que incide sobre la muestra y es captado por un detector al cual llega el segundo semipulso láser, lo que permite obtener datos en el dominio temporal que son procesados adecuadamente. Con la técnica THz-TDS se puede operar como en un espectroscopio emitiendo una secuencia de sucesivos pulsos a diferente frecuencia y con anchos de banda variando en el rango 0,1-5 THz que barren la región THz completa y proporcionan el correspondiente espectro de transmitancia o reflectancia. También pueden obtenerse mapas THz mostrando el perfil de una determinada interfase e imágenes de un área del objeto en modo reflectancia y en modo "eco" del pulso a partir de la integración de la señal asociada al pulso temporal. Otros instrumentos permiten llevar a cabo tomografía 3D computarizada efectuando barridos sobre el objeto que gira respecto al eje vertical y tratando los datos mediante algoritmos de retroproyección.

Con estas técnicas es posible establecer diferencias composicionales por comparación de los espectros de reflectancia o transmitancia con los obtenidos en materiales de referencia. Las imágenes 3D obtenidas permiten visualizar la subsuperficie del objeto hasta una profundidad de varios centímetros revelando dibujos subyacentes y repintes.

C) Tomografía de coherencia óptica

La *tomografía de coherencia óptica* (OCT, *optical coherence tomography*) es una técnica de barrido que opera en la región del infrarrojo cercano (NIR) (780-3000 nm). El instrumento incluye una fuente de radiación NIR y un interferómetro Michelson de manera que las interferencias constructivas formadas por el haz de referencia y el retrodispersado por el objeto proporcionan una medida de la profundidad a la que se produjo la reflexión del haz NIR en las capas internas del objeto. De este modo, se puede obtener una imagen 2D en forma de sección transversal perpendicular o paralela (*in face OCT*) a la superficie mostrando las interfaces entre capas pictóricas y sus diferencias composicionales. También es posible obtener representaciones 3D del objeto combinando series de imágenes 2D. La resolución obtenida es del orden de 1 μm, mientras que la capacidad de penetración depende del objeto. Esta técnica es especialmente útil para estudiar las capas más externas de la obra de arte (Janssens *et al.*, 2010).

3.3.3. Visible

Se consideran en este apartado dos técnicas con fundamentos teóricos muy diferentes. Las técnicas de imagen y análisis multiespectral e hiperespectral proporcionan información composicional del objeto, mientras que la técnica de escáner láser 3D es una herramienta excelente para la caracterización morfológica de objetos.

A) Imagen y análisis multiespectral e hiperespectral

El desarrollo de detectores capaces de adquirir imágenes en las regiones visible e infrarroja del espectro electromagnético ha hecho posible la obtención simultánea de imágenes correspondientes a la radiación reflejada por el objeto en estudio en un conjunto de bandas espectrales muy estrechas (distribución o mapa espacial) y el análisis espectroscópico a partir de los datos de reflectancia en cada píxel de la imagen (figura 3.4). El término *mutiespectral* se aplica cuando se obtiene información en unas pocas bandas espectrales (entre 3 y 20) y se adopta el término *hiperespectral* cuando se utiliza instrumentación que proporciona el espectro de reflectancia continuo al efectuar medidas en bandas espectrales muy estrechas de modo similar a como se opera en espectrofotometría (capítulo 12, apartado 12.2.2).

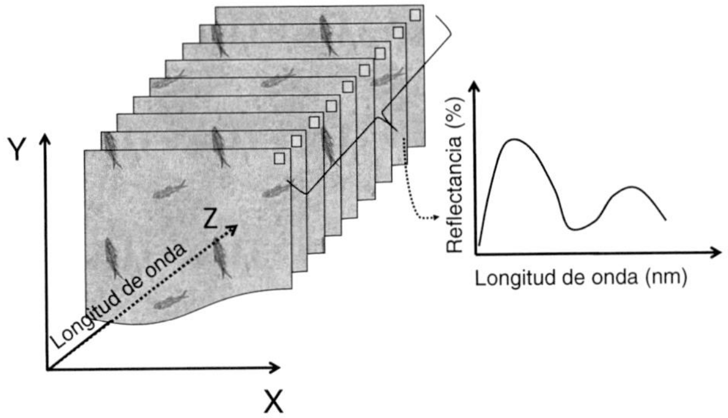

Figura 3.4. Representación del cubo espectral que contiene datos espaciales (dimensiones *X* e *Y*) y espectrales (serie de imágenes adquiridas en diferentes bandas espectrales, dimensión *Z*).
Espectro de reflectancia obtenido en un mismo píxel a partir del valor de reflectancia obtenido en cada banda espectral.

La instrumentación básicamente está integrada por un dispositivo dispersante o filtrante y un detector conectado a la unidad computarizada. El dispositivo dispersante tiene por objeto separar en bandas espectrales más o menos estrechas la radiación que refleja el objeto para que el detector pueda medirla individualmente. Estos dispositivos utilizan filtros ópticos, filtros sintonizables óptico-acústicos (AOTF, *acousto-optic tunable filter*) o basados en cristales líquidos (LCTF, *liquid crystal tunable filter*) y dispositivos prisma-rejilla-prisma (PGP, *prism-grating-prism*) que consisten en rejillas holográficas, con alta eficiencia de difracción, que proporcionan centenares de bandas espectrales. Los detectores que capturan las imágenes varían de acuerdo a la región del espectro electromagnético de interés. Para la región visible se utilizan cámaras CCD, las cámaras vidicon son óptimas en la región visible-infrarroja de onda corta pero proporcionan baja resolución comparadas con los detectores de estado sólido FPA. Los FPA empleados para la detección de radiación infrarroja son fabricados con diversos sensores (PtSi, InSb, InGaAs y HgCdTe [MCT, *mercury cadmium telluride*]) que proporcionan diferente grado de eficiencia y abarcan intervalos espectrales comprendidos entre 1 μm y 25 μm (Fischer y Kakoulli, 2006).

Las aplicaciones de esta técnica son diversas incluyendo la visualización de dibujos subyacentes y repintes, caracterización y distribución espacial de pigmentos y tintas, discriminación de aglutinantes orgánicos en obra pictórica y documentos y estudio de minerales y gemas. También ha resultado útil en el control y seguimiento de tratamientos de conservación por ablación láser. Otra interesante aplicación es la digitalización de documentos para su documentación y archivo.

B) Escáner láser 3D

Esta técnica permite obtener abundantes datos morfológicos del objeto (forma, dimensiones e incluso color) a partir de los cuales se construyen modelos digitales tridimensionales de él. Se basa en la medición del tiempo que invierte un haz láser emitido desde el instrumento en alcanzar un punto del objeto y ser captado por un sensor, también incluido en el aparato, tras retornar después de ser reflejado, lo que permite efectuar una determinación precisa de la posición de ese punto tomando como origen de coordenadas tridimensional el instrumento. El *escáner láser* opera efectuando un barrido del objeto o edificio que proporciona datos de este en cada punto. Generalmente, se efectúan múltiples barridos desde diferentes posiciones para recoger datos de todos los lados del objeto o edificio. Todos estos datos locales deben ser integrados en un sistema común de referencia que finalmente conforma una "nube de puntos 3D" que requiere un tratamiento matemático mediante programas informáticos especializados que procesan estos datos extrapolando la forma del objeto mediante la denominada *reconstrucción*, lo cual permite obtener modelos de malla poligonales 3D a los que posteriormente se aplican modelos de superficies que acaban de completar la reconstrucción formal del objeto y proporcionan representaciones 3D muy precisas y exportables al sistema CAD (*computer-aided design*).

Se pueden establecer dos tipos de escáneres dependiendo de que haya contacto o no con el objeto durante la adquisición de datos. En el ámbito del estudio de los bienes culturales se utilizan los segundos. A título de ejemplo, un equipo estándar de 5,2 kg de peso puede adquirir más de 900.000 puntos s^{-1} con un error de $\pm 0{,}002$ m pudiendo adquirir datos en un intervalo de distancias comprendido entre 0,6-130 m.

Las aplicaciones de esta técnica son, cada vez, mayores a medida que se va extendiendo el uso de la instrumentación y esta es perfeccionada: levantamientos de edificios y reconstrucciones virtuales de objetos tridimensionales. Estas últimas permiten obtener réplicas fieles de los faltantes las cuales posteriormente pueden ser materializadas mediante impresoras 3D (figura 3.5).

3.3.4. Rayos X

En las técnicas de *tomografía computarizada* (CT, *computerized tomography*) se obtiene una serie de imágenes de proyección o tomográficas del objeto que constituyen secciones 2D de él a partir de numerosas exposiciones variando el ángulo entre el objeto y el haz primario de radiación. El objeto se sitúa entre la fuente y la cámara y se hace girar perpendicularmente al eje fuente-cámara. Los píxeles en las imágenes muestran la capacidad de atenuación de la radiación que presenta el objeto en cada punto. El procesado de geometría digital o reconstrucción tomográfica de todas las imágenes de proyección 2D capturadas proporciona una imagen virtual tridimensional (3D) de la forma externa del objeto y de su estructura interna, pudiendo apreciar las variaciones de densidad.

En paralelo a la *macro-CT*, de similares características a la empleada en diagnósticos médicos, que se utiliza para el estudio de objetos de gran formato, los *micro-* y *nanoCT* son instrumentos de sobremesa que proporcionan resoluciones del orden de 1-10 μm y 0,2-1 μm, respectivamente. La CT también puede llevarse a cabo utilizando como fuente de rayos X un sincrotrón (capítulo 10, apartado 10.3.1) que, debido al mayor flujo de radiación monocromática generado, produce imágenes de elevada calidad. También se han diseñado equipos CT que, a diferencia de los instrumentos convencionales que proporcionan imágenes por contraste de absorción de la radiación, operan con contraste de fase, fluorescencia o difracción. En la técnica de *laminografía*, utilizada para estudiar la estructura estratigráfica de obra pictórica, esta última se dispone en el CT según un eje de rotación que forma cierto ángulo con respecto al eje fuente-detector (Janssens *et al.*, 2010).

Las aplicaciones de las técnicas de CT son numerosas pudiendo aplicarse a gran variedad de objetos para conocer su forma, dimensiones, defectos externos y estructura interna: fisuras, grietas, poros, cuerpos extraños, distribución estratigráfica, fases materiales, etc. (figura 3.5).

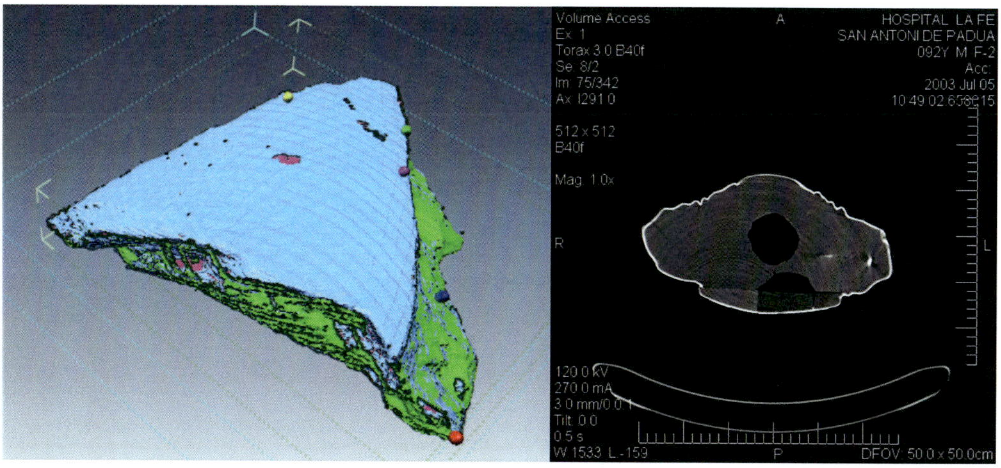

Figura 3.5. Reconstrucción virtual de un fragmento cerámico a partir de la nube de puntos obtenida con escáner láser 3D (izquierda). Corte tomográfico de una escultura policromada de San Antonio de Padua del siglo XVIII. En el cuerpo se aprecian los dos tipos de madera usados y en la periferia la fina capa pictórica (derecha).

3.3.5. Técnicas sónicas y ultrasónicas

Estas técnicas se basan en la medición de la atenuación y el tiempo que invierte una onda sónica o ultrasónica (>20 kHz) de tipo compresivo (P), emitida desde un transmisor, en desplazarse a través del objeto (edificio, resto o sitio arqueológico en subsuelo o en fondo marino) y llegar a un receptor. El grado de atenuación permite detectar inhomogeneidades, mientras que la velocidad de propagación de la onda aporta información acerca de la composición del material, el contenido en humedad y su grado de deterioro. Modificaciones en el dispositivo transmisor-receptor dan lugar a subtécnicas tales como la transmisión semidirecta o la transmisión radial. La *tomografía ultrasónica computarizada* (USCT, *ultrasound computer tomography*) es otra técnica de aplicación creciente. A partir de múltiples mediciones de tiempo mediante barridos del objeto o medio material, que se combinan con la trayectoria calculada de la onda, se obtienen valores de velocidad de propagación v_p que permiten componer modelos de distribución. Esta es la técnica denominada *de transmisión directa*, que es la más frecuentemente utilizada. Las secciones obtenidas se procesan mediante mallas de discretización rectangular en cuyos nodos se calculan los valores de v_p. Finalmente se lleva a cabo una reconstrucción tomográfica mediante programas informáticos especializados.

Las principales aplicaciones se encuentran en el estudio de edificios históricos, monumentos y sitios arqueológicos en subsuelo y fondo marino.

Preguntas de autoevaluación

3.1. Indica el tipo de radiación utilizada en cada una de las siguientes técnicas:

a) Termografía.
b) Georradar.
c) Imagen hiperespectral.

3.2. Clasifica como técnica de campo completo o de barrido de haz las siguientes:

a) Radiografía.
b) Tomografía computarizada.
c) Reflectografía IR.

3.3. ¿Qué fenómenos ópticos intervienen en la formación de una imagen reflectográfica?
3.4. Justifica por qué la radiación infrarroja emitida por un objeto puede ser correlacionada con su temperatura.
3.5. ¿Cómo se justifica que al irradiar ciertos materiales con luz ultravioleta la imagen fotográfica obtenida sea visible?
3.6. ¿Qué fenómeno determina el contraste en una radiografía por transmisión?
3.7. ¿Qué ventajas ofrece el uso de sincrotrón como fuente de radiación en tomografía computarizada frente al tubo de rayos X convencional?
3.8. ¿En qué consiste una “nube de puntos” en la técnica de escáner láser 3D?
3.9. ¿Qué propiedades de los medios materiales determinan la velocidad de propagación de una radiación de micro o radioondas?
3.10. ¿Cuál es la diferencia entre análisis multi- e hiperespectral?

Parte III

Técnicas de microscopía y de análisis de superficie

4
Microscopía óptica

Los más antiguos y simples instrumentos ópticos son las lentes convergentes que, construidas con un material transparente como el vidrio, permiten aumentar la acomodación del ojo humano de manera que este subtiende un ángulo mayor y consigue observar imágenes aumentadas. Utilizadas a tal fin, estas lentes son denominadas *lupas*, *lentes de aumento* o *microscopio simple*. Ya en el siglo XIII encontramos tratados como el de R. Bacon en los que se describe el uso de este tipo de instrumentos. La construcción del primer *microscopio compuesto*, precursor de los actuales microscopios ópticos, se atribuye a Z. Janssen, un fabricante de anteojos holandés, en el siglo XVI. Se trataba de un instrumento simple consistente en dos lentes convergentes montadas en un tubo. Mediante este dispositivo sencillo era posible aumentar hasta nueve veces la imagen, constituyendo una mejora sustancial respecto a las lupas. En esa misma época está reportada la construcción de un microscopio compuesto por Galileo Galilei combinando una lente cóncava y otra convexa. No obstante, sería G. Faber, un siglo después, quien utilizaría, por primera vez, el término *microscopio compuesto* para referirse a este tipo de instrumentos ópticos. Desde su invención, el uso del microscopio se extendió rápidamente y en el siglo XVII se publican los primeros tratados dedicados a la descripción de los objetos y materiales observados a través del microscopio. Destacan los trabajos de A. van Leeuwenhoek, considerado el padre de la microbiología, y el tratado titulado *Micrographia* escrito por R. Hooke en el que se muestra gran cantidad de dibujos de insectos y plantas examinados por este científico mediante un microscopio. En el desarrollo técnico de los modernos microscopios merece ser destacada la figura de C. Zeiss en el siglo XIX, quien incorpora en sus diseños las teorías sobre óptica desarrolladas por el científico E. Abbe. W. Semper en 1834 utiliza, por primera vez, un microscopio para el examen de muestras pictóricas (Nadolny, 2003) y una década después, H. C. Sorby establece los fundamentos de la petrografía microscópica. En las décadas de 1890 y 1900, A. Köhler desarrolla los principios de la iluminación de muestras mediante luz transmitida, reflejada y de fluorescencia. En las décadas de 1930 y 1950 J. Lebedeff, F. Zernike y G. Nomarski desarrollan la microscopía óptica de interferencia, por contraste de fase y por contraste de interferencia diferencial, respectivamente. En 1957 M. Minsky establece los fundamentos de la microscopía confocal.

4.1. Fundamentos del microscopio óptico

La figura 4.1 esquematiza el funcionamiento de un microscopio compuesto, integrado por dos lentes, objetivo y ocular, con distancias focales F y F', respectivamente. El objeto debe situarse próximo al punto focal del objetivo de manera que se forma una imagen real y aumentada de este en el plano focal del ocular, el cual, a su vez, forma una imagen virtual de esta última en el infinito de tamaño mucho mayor.

Se han establecido diversos parámetros que caracterizan la eficiencia de un microscopio. El *poder de separación* o *de resolución* R se define como la distancia menor entre dos puntos que puede ser observada con claridad en la imagen que proporciona un sistema óptico y viene dado por la expresión:

$$R = \frac{\lambda}{2A_N} \qquad [4.1]$$

Donde λ es la longitud de onda de la radiación luminosa monocromática, por ejemplo, 550 nm para la luz verde y A_N es la apertura numérica del microscopio, la cual, a su vez, es directamente proporcional al índice de refracción n del medio. Por este motivo los microscopios de inmersión en los que existe un medio de inmersión con n mayor que el del aire proporcionan mejores resoluciones.

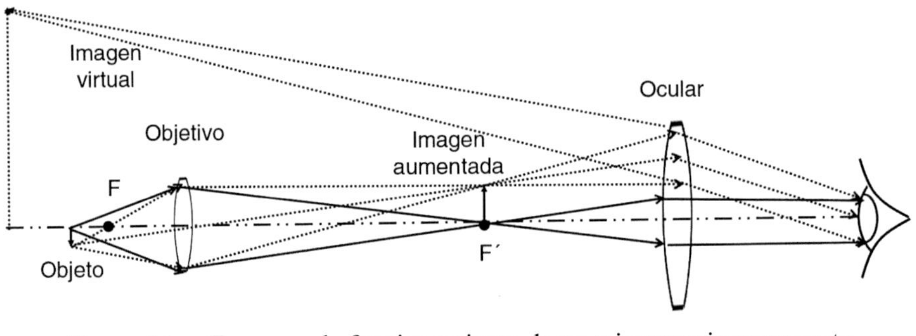

Figura 4.1. Esquema de funcionamiento de un microscopio compuesto.

La *profundidad de campo* se define como el intervalo en el que es posible modificar la distancia de trabajo del objetivo sin perder la nitidez de la muestra. Esta propiedad disminuye con la apertura numérica y con el aumento del microscopio.

El *aumento* o *magnificación* total de un microscopio se obtiene multiplicando la magnificación de las lentes objetivo y ocular.

4.2. Instrumentación

En la actualidad existe una gran variedad de microscopios ópticos que se distinguen por el tipo y disposición de la fuente de iluminación y por la diferente disposición de elementos en el sistema óptico. El microscopio confocal ofrece, frente a los microscopios convencionales, la posibilidad de obtener imágenes de secciones ópticas que permiten el estudio tridimensional del espécimen además de una mayor nitidez, contraste y resolución.

4.2.1. Componentes básicos de un microscopio compuesto

La figura 4.2 muestra los componentes básicos de un microscopio compuesto convencional con sistema de iluminación *diascópica* o *transmitida*. La muestra se dispone centrada en la platina y se sujeta con la pinza para que el haz de luz la atraviese. En algunos microscopios la muestra puede deslizarse en las direcciones x e y mediante un carro. Una vez seleccionado el objetivo adecuado se enfoca con los tornillos macro- y micrométrico. La sección del haz luminoso emitido por la fuente se ajusta con el condensador que dispone de un diafragma regulable. Con este tipo de iluminación solo pueden ser examinadas aquellas muestras lo suficientemente finas para que la luz las atraviese, por ejemplo, un grano de pigmento o una fibra textil.

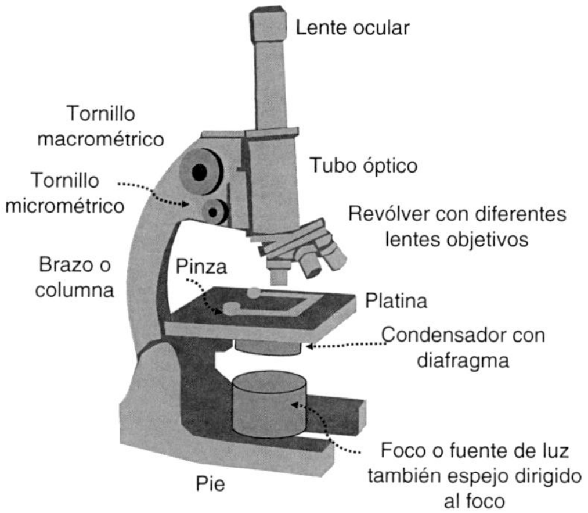

Figura 4.2. Componentes de un microscopio óptico.

Los microscopios con sistema de iluminación *episcópica*, *incidente* o *reflejada* forman la imagen a partir de la luz de la fuente que es reflejada total o parcialmente por la muestra y posibilitan el examen de muestras opacas tales como secciones de corte pulidas de muestras pictóricas.

4.2.2. Tipos de microscopios ópticos

El microscopio compuesto convencional, como se muestra en la figura 4.2, está integrado por las lentes objetivo y ocular que, a su vez, pueden ser lentes compuestas para corregir aberraciones. Se considera microscopio *monocular*, *binocular* o *trinocular* atendiendo al número de oculares que incluye el instrumento, pudiéndose capturar imágenes con una cámara con dispositivo de unión de carga (CCD, *charge-coupled device*) o fotográfica a través del tercer ocular. En los *microscopios digitales* el ocular está acoplado a una cámara digital que visualiza la imagen en un monitor o en un ordenador a través de una conexión bus universal en serie (USB, *universal serial bus*). Estos microscopios también pueden acoplarse a brazos articulados que posibilitan la observación en obras de gran formato. El *microscopio estereoscópico* incorpora dos oculares que, a diferencia del binocular, generan dos imágenes diferentes que se combinan proporcionando un efecto de tridimensionalidad. El *microscopio invertido* dispone la fuente y el objetivo de forma opuesta al microscopio convencional.

Otro aspecto técnico que caracteriza los microscopios ópticos es el sistema de iluminación utilizado. El cuadro 4.1 resume las características de los sistemas de iluminación más habituales. En los microscopios convencionales se utiliza luz blanca emitida por lámparas de incandescencia, halógenas o *leds* (diodo electroluminiscente) y, menos frecuentemente, lámparas de arco eléctrico. Tanto con iluminación incidente como transmitida se puede irradiar la muestra con luz polarizada, lo cual permite identificar ciertas propiedades ópticas de fases minerales. Esta técnica resulta especialmente relevante en el microscopio de luz polarizada o *petrográfico.* El *microscopio de fluorescencia* irradia la muestra con luz de una longitud de onda tal que permite excitar ciertas sustancias presentes en la muestra induciendo fluorescencia, esto es, radiación luminosa de longitud de onda mayor. Se emplean lámparas de arco eléctrico con vapor de mercurio y filtros de excitación para acotar el intervalo de longitudes de onda de la luz con el que se irradia la muestra. La observación requiere el uso de filtros de barrera o emisión que delimitan el intervalo de longitudes de onda de la radiación fluorescente que emite la muestra.

Cuadro 4.1. Principales tipos de iluminación en los microscopios ópticos

Naturaleza de la luz	Luz ordinaria Luz ordinaria con filtro de excitación de fluorescencia Luz polarizada
Posición de la fuente	Incidente Transmitida
Tratamiento del haz de luz	Campo oscuro Campo claro Contraste de fases Contraste de interferencia

Los microscopios ópticos han sido modificados para mejorar la calidad de la observación. Entre las principales técnicas de tratamiento del haz de luz para mejorar el contraste cabe destacar el *campo oscuro* que se utiliza tanto con luz incidente como transmitida. La muestra se ilumina oblicuamente de manera que no llega luz directa al objetivo y la superficie reflectante se ve oscura (figura 4.3a). En la técnica del *campo claro* la luz (coaxial) se introduce en el camino óptico produciendo contornos más nítidos en un campo claro (figura 4.3b) (Heerbrugg, 1979). La técnica de *contraste de fases* mejora el contraste de las muestras sometidas a examen sin necesidad de tratamiento previo de tinción. Con las técnicas de *contraste de interferencia* y *contraste de interferencia diferencial* se consigue discriminar espesores y densidad de preparados mediante las luces y sombras generadas.

Con *leds* es posible diseñar diferentes sistemas de iluminación que facilitan el examen de la muestra en función de sus características. Además de la iluminación coaxial se puede emplear la iluminación *anular* que utiliza lámparas fluorescentes circulares o cuatro puntos de fibra óptica que suavizan las sombras en muestras con gran relieve (figura 4.3c). La iluminación de luz *focal* con fibra óptica se dispone en el extremo de dos brazos articulados integrados o exentos al instrumento. También se puede trabajar con iluminación casi *vertical*, iluminación de *luz difusa* o iluminación *multicontraste*.

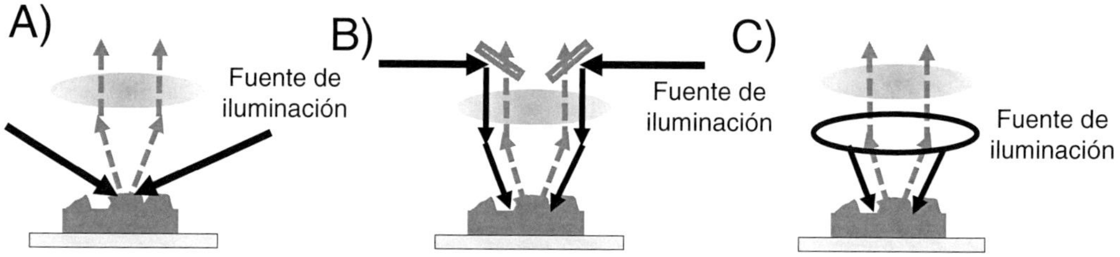

Figura 4.3. Sistemas de iluminación incidente en un microscopio estereoscópico: A) oblicua; B) coaxial y C) anular.

4.2.3. Microscopio confocal

En el *microscopio confocal* se consigue una imagen nítida del plano focal al eliminar la luz reflejada y la procedente de planos superiores e inferiores de la muestra que, por tanto, están fuera de foco y producen distorsiones. Esto se consigue utilizando una fuente de luz láser. Este haz láser de gran intensidad focaliza la iluminación en una región muy pequeña de la muestra. Por otra parte, la luz procedente de planos diferentes al plano focal es eliminada mediante un diafragma (*pinhole*). El haz luminoso procedente del área de la muestra iluminada por el haz primario es recogido por uno o varios detectores de tipo fotomultiplicador que transforman la señal luminosa en señal de vídeo digitalizada que es visualizada en un monitor y almacenada en un ordenador. La imagen se construye mediante el barrido sincronizado de la fuente y el detector gracias a unos espejos de barrido (figura 4.4). En algunos microscopios la muestra se desplaza mientras el haz luminoso permanece fijo, lo que permite observar una región más amplia. El *microscopio confocal espectral* incluye sistemas de detección con separadores de bandas espectrales que permiten recoger las radiaciones reflejadas o de fluorescencia con longitudes de onda en el intervalo de interés. Con este sistema se reduce la intensidad del haz luminoso y se aumenta la relación señal/ruido.

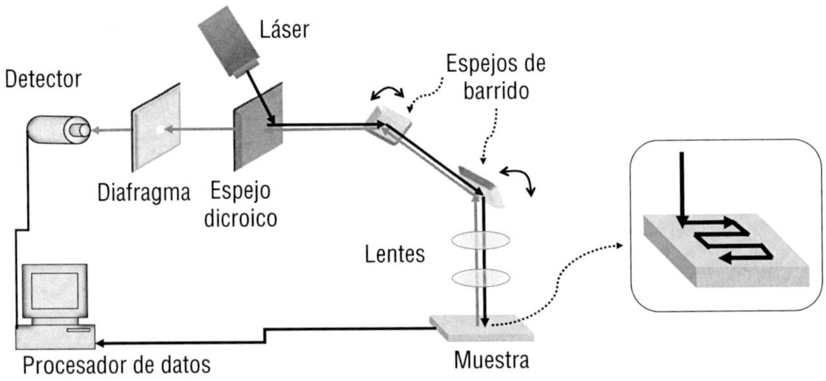

Figura 4.4. Esquema de un microscopio confocal con detalle del movimiento de barrido que ejecuta el haz luminoso sobre la superficie de la muestra para adquirir la imagen.

4.2.4. Análisis de imagen

Sobre las imágenes digitalizadas que se obtienen mediante microscopios pueden efectuarse estudios morfométricos, estereológicos y densitométricos gracias al desarrollo de programas informáticos de *procesado* y *análisis de imagen*. En la mayoría de casos las imágenes digitalizadas son sometidas a un proceso de segmentación consistente en transformar la imagen en estudio en una *imagen binaria*. Esta última es una versión en blanco y negro de la original construida estableciendo un umbral de intensidad dentro de la gama de grises (imágenes en blanco y negro) o de valores *R*, *G*, *B* (imágenes en color) que exhiben los píxeles. En el ejemplo de la figura 4.5 la imagen binaria formada a partir del umbral correspondiente a un valor mínimo de intensidad de azul permite discriminar los granos de pigmento del fondo. Sobre esta imagen binaria el programa informático puede realizar contaje de partículas y proporcionar datos de población y puede efectuar mediciones automáticas de un amplio número de parámetros morfométricos tales como área, diámetro circular equivalente, diámetro feret (diámetro según una determinada dirección), etc. Combinando ambos tipos de datos se pueden establecer distribuciones de tamaño de partícula de pigmentos, áridos de morteros, etc.

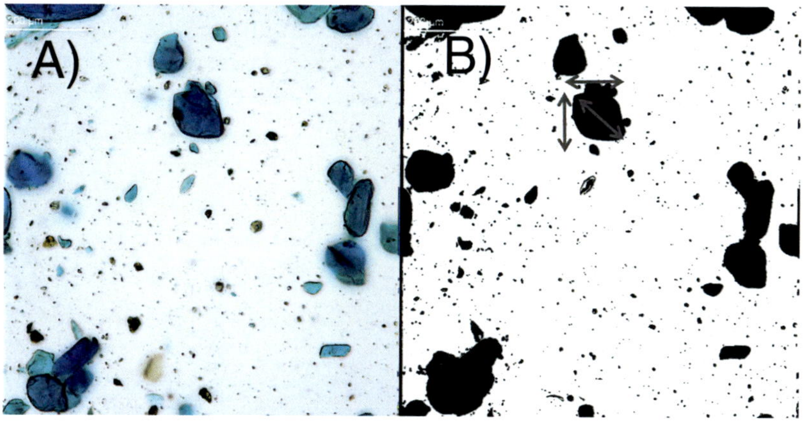

Figura 4.5. A) Microfotografía de un pigmento azul; B) Imagen binaria. Diámetro máximo, mínimo y feret.

4.3. Métodos de preparación de muestras

El examen de un objeto o muestra con microscopio de baja magnificación no precisa de tratamiento alguno. Si el examen se lleva a cabo con microscopio de elevada magnificación es necesario preparar el material en estudio. Esta preparación de muestras varía dependiendo del tipo de técnica empleada en su examen. Si la observación se efectúa con iluminación diascópica es necesario preparar el material en forma de una *lámina delgada* lo suficientemente fina para que la luz pueda atravesar la muestra. Estas láminas delgadas, para materiales orgánicos, se pueden obtener efectuando cortes de 1 a 50 μm con micrótomos con cuchilla de vidrio o diamante. El contraste puede ser mejorado mediante una tinción con un colorante adecuado como, por ejemplo, safranina, utilizada para muestras de madera. Los materiales inorgánicos tales como rocas, cerámicas o algunas muestras pictóricas, requieren un proceso más complejo de preparación por fijación del fragmento de unos pocos centímetros cuadrados de sección a un vidrio portaobjetos adecuado y posterior desbaste con discos abrasivos y equipos específicos. La lámina delgada obtenida así posee el espesor adecuado (30 μm) para que la luz pueda atravesarla permitiendo la caracterización de las propiedades ópticas de las fases minerales. Las muestras pictóricas pueden prepararse disgregando y disponiendo las partículas de los diferentes pigmentos sobre un vidrio portaobjetos al cual se fijan con un medio de montaje tal como bálsamo de Canadá o una resina sintética con el adecuado índice de refracción.

La preparación de muestras para microscopía de reflexión requiere la obtención de una sección de corte lo suficientemente uniforme para que no produzca desenfoques. Para ello, un pequeño fragmento del material se engloba en un bloque de polímero sintético de poliéster, epoxy o acrílico. Una vez completado el curado del polímero, el bloque se desbasta y pule con discos abrasivos de carburo de silicio de tamaño de grano decreciente hasta obtener una sección uniforme en la que se pueden observar con claridad las fases minerales de una cerámica o roca, los diferentes estratos de una policromía o los granos de un metal o aleación. Durante el desbaste se suele utilizar como lubricante agua o un disolvente orgánico poco volátil como glicerol si el material en estudio es sensible al agua. Los metales o materiales cerámicos duros suelen requerir un acabado final con suspensión acuosa de alúmina o pasta de diamante (tamaño de partícula en el rango 0,5-5 μm). Las preparaciones metalográficas pueden incluir una etapa final de ataque químico con reactivos adecuados que favorecen la observación de los granos y fases integrantes del metal o aleación al mejorar el contraste o resaltar algunas de las fases.

4.4. Aplicaciones analíticas

La observación directa mediante microscopio a bajos aumentos de una muestra o del objeto, si este es suficientemente pequeño o el microscopio se acopla a un brazo articulado, proporciona información morfológica de interés y permite identificar un buen número de alteraciones superficiales tales como poros, cráteres, fisuras, grietas, depósitos superficiales o eflorescencias, entre otros.

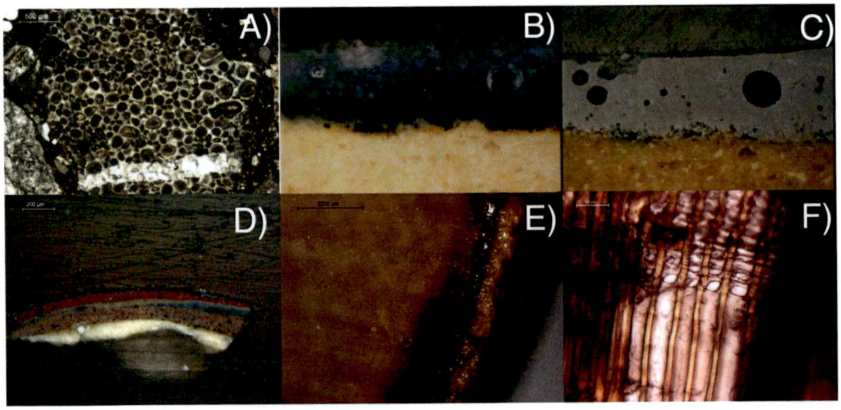

Figura 4.6. A) Lámina delgada de caliza oolítica, transmisión; B) vidriado cerámico, reflexión, luz polarizada; C) vidriado anterior, reflexión, campo claro; D) sección transversal óleo siglo XX, reflexión, luz polarizada; E) sección transversal defensa de elefante, reflexión, oblicua; F) campo cruce en madera de conífera, transmisión, campo claro.

La elección de un tipo de técnica de microscopía u otro viene determinada por las características específicas de cada caso en estudio. Los materiales pétreos o cerámicos requieren el uso de un microscopio petrográfico con el que se pueden estudiar las propiedades ópticas (pleocroísmo, birrefringencia, extinción, colores de interferencia, zonación y maclado o elongación) de las diferentes fases minerales observables en la lámina delgada (figura 4.6a). La morfometría y las propiedades ópticas de los pigmentos dispersados en un medio de montaje adecuado pueden ser también estudiadas mediante esta técnica con el apoyo de sistemas de análisis de imagen que permiten establecer distribuciones de tamaño de partícula. Las muestras pictóricas o de materiales diversos tales como hueso, marfil, etc., se estudian en sección transversal con microscopía de reflexión, pudiendo llevarse a cabo la observación en campo claro, oscuro o con luz polarizada (figuras 4.6b-e). De esta manera se identifican los diferentes estratos presentes en el cuadro, retablo o policromía, las láminas metálicas de los dorados o corladuras o los elementos anatómicos de los materiales orgánicos. El estudio metalográfico de un objeto con un microscopio metalográfico en campo claro requiere la preparación de muestras con ciertos reactivos de ataque para una caracterización completa.

La identificación de la mayoría de elementos anatómicos en materiales orgánicos tales como madera o fibras textiles se lleva a cabo con iluminación diascópica (figura 4.6f). El estudio de madera requiere la preparación de láminas delgadas cortadas adecuadamente según los planos transversal, tangencial y radial de modo que se pueden identificar y cuantificar vasos, canales resiníferos, punteaduras areolares, radios medulares, etc. La cuantificación de elementos anatómicos se puede efectuar con ayuda de un sistema de análisis de imagen. También se puede examinar en detalle las características del campo de cruce tanto en coníferas como en frondosas. Las fibras textiles se examinan directamente en sección longitudinal donde se puede observar la falsa torsión característica del algodón o la textura escamosa de la cutícula de la lana. La sección transversal permite conocer la forma de la sección de las fibras posibilitando, por ejemplo, la discriminación de fibras vegetales de tallo.

La fluorescencia primaria o autofluorescencia de ciertos barnices y pigmentos permite su identificación con la técnica de microscopía de fluorescencia. Este tipo de exámenes puede mejorar si se lleva a cabo con un microscopio confocal. Con esta técnica es posible, además, obtener reconstrucciones 3D de la muestra, imágenes multidimensionales (2D y 3D) a lo largo del tiempo, programando el equipo, o imágenes lambda a diferentes longitudes de onda si el microscopio incluye un detector espectral.

Preguntas de autoevaluación

4.1. Calcula la apertura numérica de un microscopio con una resolución de 0,1 µm iluminado con luz verde de 550 nm.

4.2. Indica qué microscopio proporciona mejor resolución, un microscopio convencional (índice de refracción del aire, 1,33) o un microscopio de inmersión operando con un aceite de índice de refracción 1,56.
4.3. Tanto el microscopio binocular como el microscopio estereoscópico posee dos oculares, ¿cuál es la diferencia entre ambos?
4.4. ¿Qué tipo de iluminación sería más apropiada en un microscopio estereoscópico para examinar una muestra con una superficie muy rugosa?
4.5. Justifica el uso de la luz polarizada en microscopía óptica.
4.6. Describe los tipos de preparación de una muestra pictórica en la que se desea identificar el pigmento.
4.7. ¿Qué utilidad tiene la imagen binaria en morfometría?
4.8. En un microscopio de fluorescencia se excita una muestra con radiación de 488 nm, indica cuál de los siguientes valores corresponde a la longitud de onda de emisión fluorescente:

a) 450 nm.
b) 488 nm.
c) 525 nm.

4.9. ¿Por qué se utiliza radiación láser en microscopía confocal?
4.10. ¿Qué tipo de microscopio utilizarías en cada uno de estos supuestos prácticos?

a) Identificar la distribución de estratos en una policromía.
b) Identificar la especie botánica de una madera.
c) Identificar una roca.

5
Microscopía electrónica

Los avances de la física y la química moderna en la segunda mitad del siglo XIX y la primera mitad del siglo XX sentaron las bases de la mayor parte de técnicas instrumentales de análisis que actualmente están en uso. En este contexto, la confirmación experimental de la existencia del electrón por J. J. Thomson en 1897 puede considerarse un hito histórico que determinaría el ulterior desarrollo de las técnicas de microscopía electrónica. Posteriormente, en 1926, H. Busch desarrollaría modelos que explican la desviación de haces de electrones por lentes electromagnéticas de modo similar a como lo hacen las lentes ópticas con la luz. Sin embargo, la evidencia de la existencia de electrones y de su desviación en presencia de campos electromagnéticos, por sí sola, no es suficiente para comprender cómo se establecieron los fundamentos de esta técnica instrumental. La demostración del comportamiento dual onda-corpúsculo de los electrones y la radiación electromagnética a cargo de L. V. de Broglie en 1924 y el profundo conocimiento de la estructura de la materia proporcionado por la mecánica cuántica aportaron el *corpus* teórico necesario para el diseño de los primeros prototipos experimentales de microscopios electrónicos de transmisión en 1933 a cargo de E. Ruska, B. von Borries y M. Knoll a los que seguirían más tarde los microscopios de barrido y los microscopios electrónicos analíticos. En este capítulo se revisan los fundamentos de esta técnica y los diferentes tipos de imágenes empleadas en el estudio morfológico y textural de patrimonio cultural y en el seguimiento de tratamientos de conservación en la micro- y nanoescala. Los modos analíticos de trabajo, que también proporcionan los microscopios electrónicos, dada su escasa aplicación en el ámbito del patrimonio, no serán considerados salvo el microanálisis de rayos X que, debido a su gran utilidad como método de análisis elemental, será tratado en el capítulo 10 junto con el resto de técnicas de espectrometría de rayos X.

5.1. Propiedades ondulatorias de los electrones

La *dualidad onda-corpúsculo* que establece la hipótesis de De Broglie permite asignar a las partículas elementales como el electrón un campo de materia en su expresión ondulatoria del mismo modo que, a la inversa, a un campo electromagnético se le asigna un valor de energía preciso en su expresión de corpúsculo o fotón. Asumiendo un comportamiento ondulatorio para los electrones en movimiento, se les puede asignar a estas partículas subatómicas un cierto valor de longitud de onda λ, cuando son aceleradas por un potencial eléctrico V, que viene dado por la ecuación:

$$\lambda = \frac{1{,}23 \cdot 10^{-9}}{\sqrt{V}} \qquad [5.1]$$

Según esta expresión, un electrón sometido a un potencial de 30 kV tendría una longitud de onda de 0,007 nm, valor este muy inferior al de un fotón de luz visible en el rango 300-700 nm. Dado que el poder de resolución de un microscopio óptico, esto es, la distancia menor entre dos puntos que puede discriminarse con claridad, es directamente proporcional a la longitud de onda de la radiación con la que se opera, es evidente que un microscopio que utilice electrones proporcionará resoluciones muy superiores a las alcanzadas con un microscopio de luz.

5.2. Interacción de los electrones con la materia

Los electrones del haz primario con el que son excitadas las muestras de materiales sólidos penetran hasta cierta profundidad interaccionando con sus átomos. Mientras que las interacciones que tienen lugar cuando un electrón pasa cerca de un núcleo son de tipo elástico, produciendo un notable cambio de dirección con escasa pérdida de energía, las colisiones con los electrones de las cortezas atómicas son de tipo inelástico produciendo gran pérdida de energía, que se transfiere a los átomos de la muestra, con escaso cambio de dirección. Como resultado de estas interacciones los electrones primarios describen trayectorias zigzagueantes, que se circunscriben a un cierto *volumen de interacción*, en las que van perdiendo progresivamente su energía cinética y sufriendo cierta dispersión. La *técnica de Monte Carlo* se ha diseñado para describir la trayectoria de los electrones del haz primario a través de una muestra sólida. Mediante este tipo de simulaciones matemáticas se ha mostrado que el volumen de interacción de los electrones del haz primario tiene forma similar a una “pera” (figura 5.1). Con una mayor energía de los electrones el tamaño del volumen de interacción aumenta penetrando a mayor profundidad (figura 5.1a), mientras que, al aumentar el número atómico de los átomos del material o la densidad de este último, las dimensiones del volumen de interacción se reducen (figura 5.1b) y este adquiere una forma más esférica.

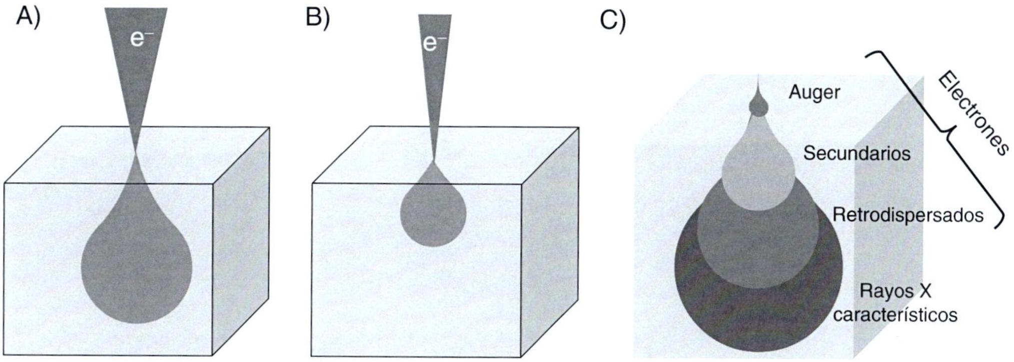

Figura 5.1. Volumen de interacción de los electrones del haz incidente:
A) elevado voltaje de haz o material de baja densidad o bajo número atómico;
B) bajo voltaje de haz o material de elevada densidad o elevado número atómico;
C) zonas de producción de las diferentes señales analíticas.

La figura 5.2 resume todo el conjunto de fenómenos que tienen lugar a consecuencia de la interacción entre un haz de electrones acelerados y los átomos o moléculas de un material. Todos estos fenómenos, convenientemente tratados, proporcionan información analítica, si bien, solamente algunos de ellos, que seguidamente se describen, son utilizados en los microscopios electrónicos convencionales. Como resultado de la colisión inelástica de los electrones primarios con los electrones de la capa de valencia de los átomos resulta eyectado un segundo electrón denominado *electrón secundario*. Este posee baja energía <50 eV por lo que solo los emitidos por los átomos más superficiales de la muestra logran emerger (figura 5.1c). Las sucesivas interacciones de los electrones primarios van modificando la dirección de sus movimientos hasta el punto de que algunos de ellos pueden retroceder y emerger nuevamente a la superficie de la muestra antes de haber perdido completamente su energía. Estos electrones dispersados en un ángulo superior a 90° se denominan *electrones retrodispersados*, poseen mayor energía y provienen de un volumen de interacción mayor que los secundarios (figura 5.1c). También son más sensibles a la composición de la muestra incrementándose su producción con el número atómico.

Cuando un electrón primario da lugar a la emisión de un electrón de las capas más internas de un átomo el hueco generado en la corteza atómica es rápidamente ocupado por un electrón de una capa más externa y la energía liberada es emitida en forma de fotón de rayos X. Como la energía del fotón está dada por la energía de la transición electrónica y esta última es característica de cada elemento químico, los rayos X generados se denominan *rayos X característicos* (capítulo 10, apartado 10.2.1). Los *electrones Auger* (figura 5.1c) se producen como consecuencia de la interacción inelástica de un electrón primario con un átomo situado en la superficie de la muestra ionizando este último que, en un posterior proceso de relajación (proceso Auger), emite un segundo electrón situado en una capa más externa de la corteza atómica (capítulo 7, apartado 7.1.3). Los electrones absorbidos por la muestra generan una señal de corriente eléctrica que, convenientemente amplificada, puede ser utilizada para formar imágenes como alternativa a los electrones retrodispersados.

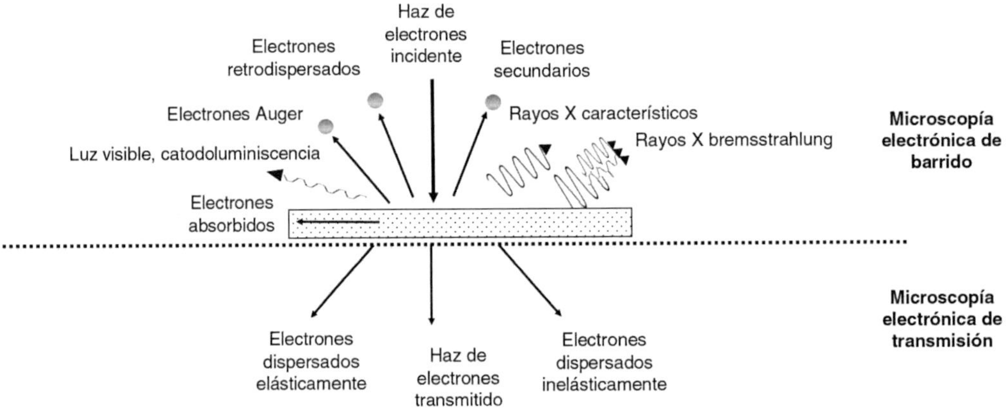

Figura 5.2. Diferentes fenómenos de interacción que tienen lugar entre un haz de electrones acelerados y los átomos y moléculas de la materia.

Si la muestra analizada es una partícula o lámina con un espesor del orden de 100 a 300 nm, los electrones del haz primario, convenientemente acelerados, pueden atravesarla. Parte de los electrones del haz primario, como se muestra en la figura 5.2, son transmitidos sin ser afectados por la muestra. Con estos se forma la imagen en campo claro (figura 5.3a). Con los electrones dispersados se obtiene una imagen en campo oscuro en la que la partícula aparece brillante sobre un fondo oscuro (figura 5.3b). También es posible obtener un diagrama de difracción si el haz de electrones incide con un ángulo apropiado respecto a los planos del retículo cristalino de la muestra, de modo que se cumpla la ecuación de Bragg para la difracción (capítulo 15, apartado 15.1).

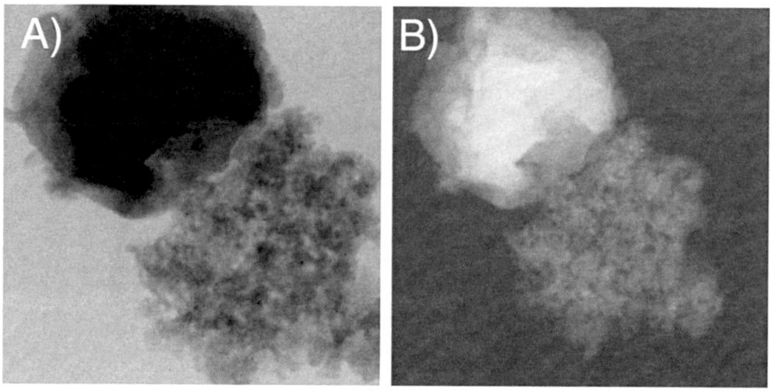

Figura 5.3. Imagen de una partícula microscópica obtenida en un TEM en modo: A) campo claro, y B) campo oscuro.

5.3. Clasificación de las técnicas de microscopía electrónica

Se puede establecer dos tipos principales de microscopios electrónicos. El primer grupo engloba a todos aquellos *microscopios electrónicos de transmisión* (TEM, *transmission electron microscopy*) convencionales y de alta resolución que utilizan un haz estacionario de electrones acelerados que incide sobre la muestra en una determinada dirección prefijada. En el segundo grupo de microscopios electrónicos el fino haz de electrones opera a modo de sonda que barre el área de la muestra seleccionada de forma que el haz de electrones transmitido en la *microscopía electrónica de barrido para transmisión* (STEM, *scanning transmission electron microscopy*), o alguna de las señales excitadas tales como electrones secundarios y retrodispersados en la *microscopía electrónica de barrido* (SEM, *scanning electron microscopy*), o electrones Auger en la *microscopía de barrido Auger* (SAM, *scanning Auger microscopy*), es utilizada para modular una segunda señal de electrones que se proyecta en un monitor de televisión formando una imagen. Los microscopios electrónicos de barrido, a su vez, pueden presentar características específicas en función del tipo de emisor de electrones, como en la *microscopía electrónica de emisión de campo* (FESEM, *field emission scanning electron microscopy*), por la modificación del sistema de vacío, como en la *microscopía electrónica de barrido ambiental* (ESEM, *environmental scanning electron microscopy*), por la adaptación de una cámara portamuestras que permite trabajar con muestras mantenidas a baja temperatura (<130 °C) como en la *microscopía electrónica de barrido criogénica* (Cryo-SEM, *cryo-scanning electron microscopy*), o por la incorporación de un segundo microscopio de partículas aceleradas focalizadas (por ejemplo, iones galio) que permite hacer cortes transversales y secciones ultrafinas (~ 100 nm) como en la *microscopía electrónica de barrido por emisión de campo-haz de iones focalizado* (FESEM-FIB, *field emission scanning electron microscopy-focused ion beam*).

5.4. Microscopía electrónica de transmisión

Los microscopios electrónicos de transmisión poseen una estructura análoga a la de los microscopios ópticos. Los primeros diseños presentaban dos únicas lentes con las que se formaba la imagen aumentada. Los avances tecnológicos posibilitaron la incorporación de un mayor número de lentes, lo cual permitió aumentar su capacidad de magnificación y resolución que puede alcanzar valores de 0,1 nm con un millón de aumentos.

5.4.1. Instrumentación

Un TEM tiene forma de columna en cuyo extremo superior se sitúa la fuente emisora o cañón de electrones (figura 5.4). Debajo de este se dispone una serie de lentes condensadoras, la cámara portamuestras, una lente objetivo, una lente intermedia, una lente de proyección y una pantalla fluorescente a la que se acopla, con la adecuada orientación, una cámara fotográfica, una cámara de visión directa y un sistema de registro. La columna está conectada a un sistema de alto vacío (10^{-4} a 10^{-7} torr) para que los electrones no pierdan energía a causa de colisiones con las moléculas de aire. Este alto vacío se consigue mediante el uso de bombas difusoras o turbomoleculares asistidas por bombas rotatorias (capítulo 17, apartado 17.2.6). La fuente emisora de electrones es un filamento de tungsteno que actúa de cátodo, el cual, al someterse a un elevado voltaje oscilando entre 40-300 kV, emite electrones. También se puede utilizar un emisor de hexaboruro de lantano (LaB_6) o un emisor (cañón) de emisión de campo (FEG, *field emission gun*). Las lentes de un microscopio electrónico son electromagnéticas y están constituidas por bobinas que permiten variar los aumentos o modificar la trayectoria de los electrones del haz primario condensándolo y ajustando la intensidad de iluminación, formando la imagen y proyectándola. Cada lente puede ser, a su vez, compuesta. La lente objetivo suele tener una distancia focal comprendida entre 1-5 mm. Con los selectores de apertura se limita la dispersión de los electrones y se mejora el contraste. La lente intermedia permite aumentar o reducir la imagen y la lente de proyección, que sería la equivalente a la lente ocular en un microscopio óptico, proyecta la imagen de la muestra sobre la pantalla fluorescente situada en la parte inferior de la cámara de observación, la cual se dispone en el otro extremo de la columna. Debajo de la pantalla se aloja la cámara fotográfica o cámara con dispositivo de unión de carga (CCD, *charge-coupled device*) que se conecta a los sistemas de registro y procesado de datos. La muestra se monta sobre un soporte consistente en una rejilla metálica (Cu, Ni) de 3 mm de diámetro conteniendo hasta 100 luces de malla, que se recubre de una fina película de carbono que se obtiene al sombrear (*sputtering*) con este elemento la rejilla en la que se aplicó un polímero que posteriormente se disuelve. Las muestras en forma de partículas finas se dispersan en un disolvente volátil como dicloroetano y unas gotas de esta dispersión se aplican con micropipeta sobre la rejilla y se dejan evaporar de modo que quedan retenidas por el film de carbono que recubre la luz de malla. También se pueden preparar muestras del material en estudio por electropulido con aparatos específicos que practican orificios cuyos bordes se adelgazan hasta 100 nm. Otra técnica de preparación consiste en obtener láminas ultrafinas de espesor inferior a 300 nm preparadas con ultramicrotomo con cuchilla de vidrio o diamante o con FIB.

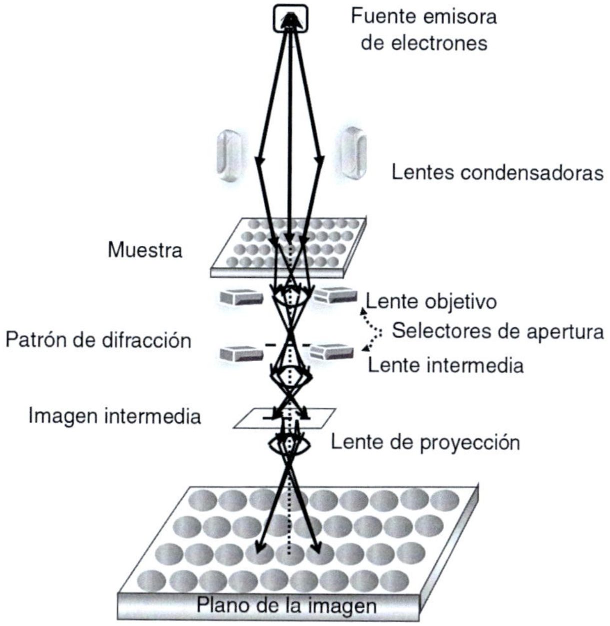

Figura 5.4. Esquema de un microscopio electrónico de transmisión.

5.4.2. Aplicaciones analíticas

Las aplicaciones analíticas del TEM utilizado como microscopio son muy variadas. En el campo de ciencia de materiales se ha utilizado para caracterizar la posición de la celda unidad, planos y fases cristalinas, defectos e impurezas en metales, aleaciones, semiconductores, materiales cerámicos, etc. En el campo de la biología y biomedicina se ha aplicado en la caracterización de macromoléculas, tejidos o microorganismos. En el ámbito del patrimonio cultural se aplica en la caracterización de la forma, las dimensiones y la localización de cristales y partículas a escala micro- y nanoscópica integrantes de pigmentos (Doménech *et al.*, 2011), minerales, rocas, pastas cerámicas, materiales óseos, fósiles, etc. (figura 5.5), así como en el estudio de microorganismos o elementos anatómicos a escala micro- y nanoscópica en materiales orgánicos tales como fibras, madera, etc. La incorporación de detectores de rayos X característicos, como se verá más adelante en el capítulo 10, permite la determinación de la composición química de estas partículas y materiales.

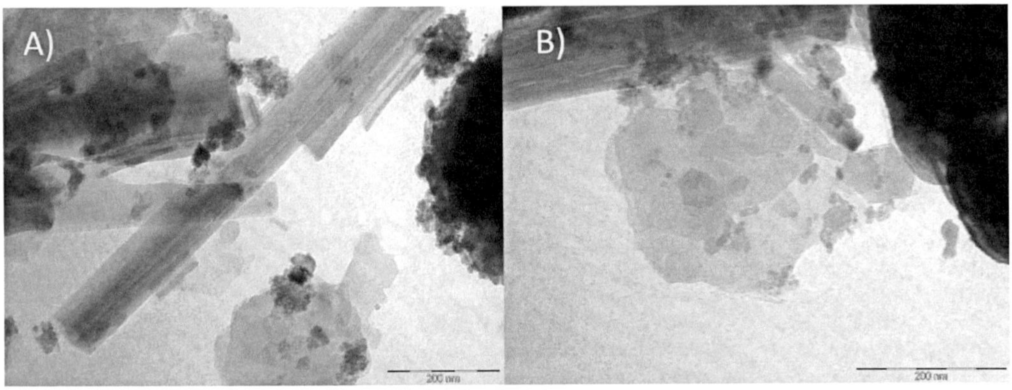

Figura 5.5. A) Cristales fibrosos de arcilla identificados en un pigmento hallado en una tumba funeraria del área maya; B) cristales hexagonales de caolinita hallados en el mismo sitio arqueológico.

5.5. Microscopía electrónica de barrido

El microscopio electrónico de barrido se desarrolla entre las décadas de 1930-1950 a partir del primer diseño de M. von Ardenne (1937), y del posterior prototipo de V. K. Zworykin, J. Hillier y colaboradores (1942). Comenzó a comercializarse a partir de la década de 1960. Posteriormente se han ido produciendo avances tecnológicos que han dado lugar a diferentes tipos de instrumentación que seguidamente se describen. Mencionaremos, por su importancia en el estudio de biomoléculas en disolución, la técnica Cryo-SEM cuyos creadores, J. Dubochet, J. Frank y R. Henderson recibieron el Premio Nobel en 2017.

5.5.1. Instrumentación

La figura 5.6 muestra el esquema de un SEM convencional que, al igual que el TEM, adopta la forma de una columna en cuyo extremo superior se dispone el cañón de electrones. Debajo de este se disponen las lentes condensadoras, las bobinas de barrido y la lente objetivo. Estos tres elementos, adecuadamente combinados, permiten focalizar el flujo de electrones en un haz muy fino que puede desplazarse barriendo pequeñas áreas de la muestra. Los detectores de electrones secundarios, retrodispersados y rayos X característicos están colocados a distancias próximas a la muestra. La muestra se sitúa en una platina que puede desplazarse en las direcciones *X*, *Y* y *Z*, girar 360° e incluso inclinarse un cierto ángulo respecto a la horizontal. De este modo, se pueden analizar diferentes zonas en muestras de varios cm^3. Todo el sistema se mantiene en condiciones de alto vacío al igual que en el TEM. Las señales emitidas por los diferentes detectores son recogidas por un sistema de registro y procesado de datos. Las imágenes generadas en el SEM poseen una resolución en el rango 1,9-20 nm.

El cañón de electrones más habitualmente utilizado es de tipo termoiónico, el cual está integrado por un filamento de tungsteno y un ánodo circular que deja pasar los electrones a través de la sección central. Alternativamente, en el FESEM se utiliza un FEG que presenta, como mayor ventaja frente al cañón termoiónico, el uso de un cátodo que opera a temperatura muy inferior al SEM convencional (Schottky) o a temperatura ambiente (cátodo frío). Además, la amplitud de la energía del haz y el diámetro de la fuente de electrones se rebajan hasta valores de 0,2 eV y 5 nm, respectivamente, en el FESEM de cátodo frío, de modo que la resolución alcanzada para un mismo voltaje de aceleración del haz primario es mayor.

Los detectores de electrones secundarios son de tipo centelleo-fotomultiplicador (por ejemplo, Everhart-Thornley). Los electrones secundarios son atraídos hacia el detector generando una señal que, tras ser amplificada por el fotomultiplicador, produce una imagen topográfica. Los detectores de electrones retrodispersados son de tipo dipolo o cuadrupolo simétrico y proporcionan una imagen topográfica y composicional.

Si el objeto que se va a examinar es sólido, hecho de un material conductor y de pequeño tamaño (unos pocos cm^3) como, por ejemplo, una moneda, puede ser introducido directamente en la cámara portamuestras sin ningún tipo de tratamiento (figuras 5.7a,b) y se pueden obtener imágenes en diferentes áreas de este gracias a la profundidad de campo que posee este microscopio. Si se trabaja con voltajes bajos (<3 kV) no es necesario ningún tipo de tratamiento incluso con muestras poco conductoras (figuras 5.7c-f). La acumulación excesiva de carga eléctrica cuando se trabaja a voltajes elevados (10-20 kV) en muestras de materiales aislantes puede producir imágenes alteradas y de baja calidad. Para evitar esto las muestras no conductoras son recubiertas con una fina capa de un elemento conductor que puede ser oro, oro-paladio, platino o platino-paladio. Si se va a llevar a cabo microanálisis de rayos X se aplica un recubrimiento de carbono ya que este elemento no interfiere con ninguna línea de emisión característica del resto de elementos químicos. Los estudios estratigráficos de muestras pictóricas u otros materiales con estructura en fases o capas son habitualmente llevados a cabo sobre secciones de corte pulido (capítulo 4, apartado 4.3) en las que se puede examinar su morfología y composición capa por capa o dentro de cada fase (figura 5.7g).

El examen de muestras orgánicas presenta el inconveniente de que el calor generado por el haz de electrones primarios altera sustancialmente la composición y morfología de la muestra. Algo similar sucede con materiales líquidos o semilíquidos tales como emulsiones y suspensiones y con materiales térmicamente inestables o sensibles al calor generado por el haz de electrones primario. Este inconveniente puede solventarse sometiendo la muestra orgánica a un pretratamiento que implica sucesivas etapas de fijación, deshidratación, secado por el método de punto crítico, montaje y recubrimiento. Sin embargo, estos procedimientos, en ocasiones, conllevan el colapso de la muestra debido a la inapropiada pérdida de agua así como una redistribución o pérdida de especies fácilmente difusivas. Tanto el Cryo-SEM como el ESEM permiten examinar muestras de naturaleza orgánica o muestras con un elevado contenido en líquidos con mínimo o ningún tratamiento previo. La posibilidad de operar en condiciones de bajo vacío en la cámara portamuestras es la principal característica del ESEM. Este microscopio electrónico dispone de un segundo detector de electrones secundarios apto para operar en condiciones de bajo vacío ya que neutraliza el efecto de carga asociado a la presencia de moléculas de gas. El ESEM puede operar en modo convencional de alto vacío con muestras secas y conductoras, en modo de bajo vacío (2-5 torr), con muestras secas pero no conductoras y en modo "húmedo" (5-10 torr), con muestras líquidas, para lo cual se inyecta la adecuada cantidad de vapor de agua en la cámara portamuestras.

En Cryo-SEM la muestra se somete a un tratamiento previo de congelación por inmersión en nitrógeno nieve a –210 °C. Este tratamiento de congelación rápida reduce sustancialmente los daños mecánicos o las distorsiones morfológicas ocasionadas por la formación de cristales de hielo cuya recristalización tiene lugar a –130 °C, lo que sucedería en un tratamiento convencional. El material se examina a temperaturas de ese orden en una cámara portamuestras adaptada para operar a baja temperatura. La cámara de cryo-preparación se mantiene con alto vacío mediante una bomba turbomolecular. En ella es posible realizar fracturas en frío de la muestra, llevar a cabo tratamientos de sublimación controlada y realizar el recubrimiento de la muestra con un elemento conductor. Otra ventaja de este tratamiento es su rapidez (5-10 min).

La incorporación de una columna FIB al SEM o al FESEM, que genera un haz focalizado de iones Ga^+ (figura 5.6), proporciona un segundo haz de partículas que permite obtener imágenes del material en estudio a medida que el haz de iones barre el área seleccionada de la muestra. Este haz, convenientemente modulado en intensidad y sección, desprende iones secundarios aislados y *clusters* de partículas de la superficie de la muestra que aportan información composicional. Con esta técnica también se practican "trincheras" de unos pocos μm^3 que proporcionan cortes limpios del material (figura 5.7h) o láminas ultrafinas para su posterior examen con TEM.

En la técnica STEM los electrones transmitidos por la muestra en un microscopio TEM son detectados mientras esta es barrida por el haz primario de electrones. Este método permite reducir las alteraciones provocadas en la muestra por el impacto de los electrones ya que el haz primario no es estacionario, sino que efectúa un movimiento de barrido.

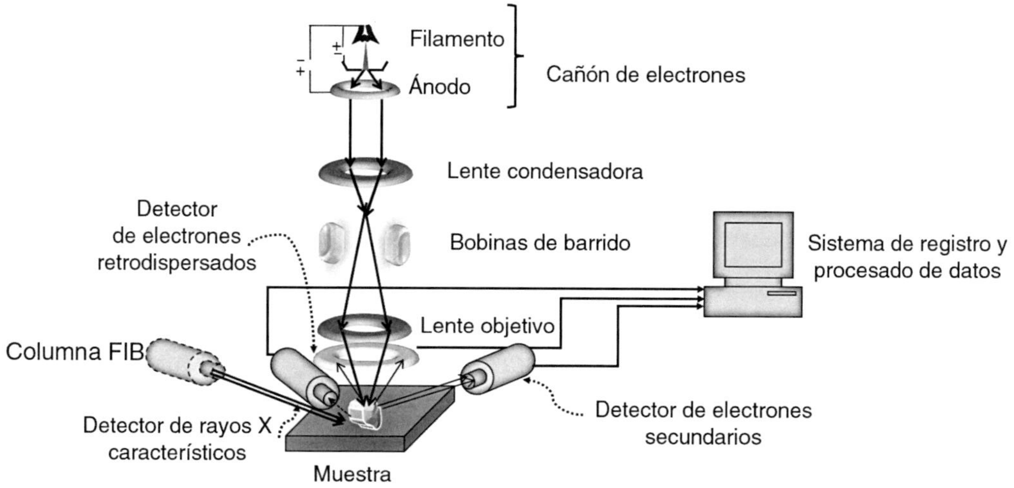

Figura 5.6. Esquema de un microscopio electrónico de barrido con cañón de filamento de tungsteno.

5.5.2. Aplicaciones analíticas

Los diferentes microscopios electrónicos de barrido, utilizados como microscopios, proporcionan todo tipo de información morfológica de los objetos y materiales en estudio. Al igual que el TEM, la incorporación de un detector de rayos X característicos aporta datos composicionales que serán considerados en el capítulo 10. Las figuras 5.7a,b muestran, como ejemplo, la diferencia principal entre una imagen obtenida con electrones secundarios (figura 5.7a) y retrodispersados (figura 5.7b). Como se aprecia en esta última, la discriminación entre las regiones que exhiben diferente contenido en mercurio en la moneda de plata mejora notablemente utilizando este tipo de señal. Con SEM y FESEM se efectúan estudios de caracterización de la morfología (talla y hábito) de partículas y agregados cristalinos integrantes de pigmentos, minerales, rocas, pastas, vidriados cerámicos, marfil (Doménech-Carbó *et al.*, 2016), hueso y otros materiales inorgánicos en pequeños fragmentos (figuras 5.7e,f), en partículas disgregadas (figura 5.7d) o en secciones transversales (figura 5.7g).

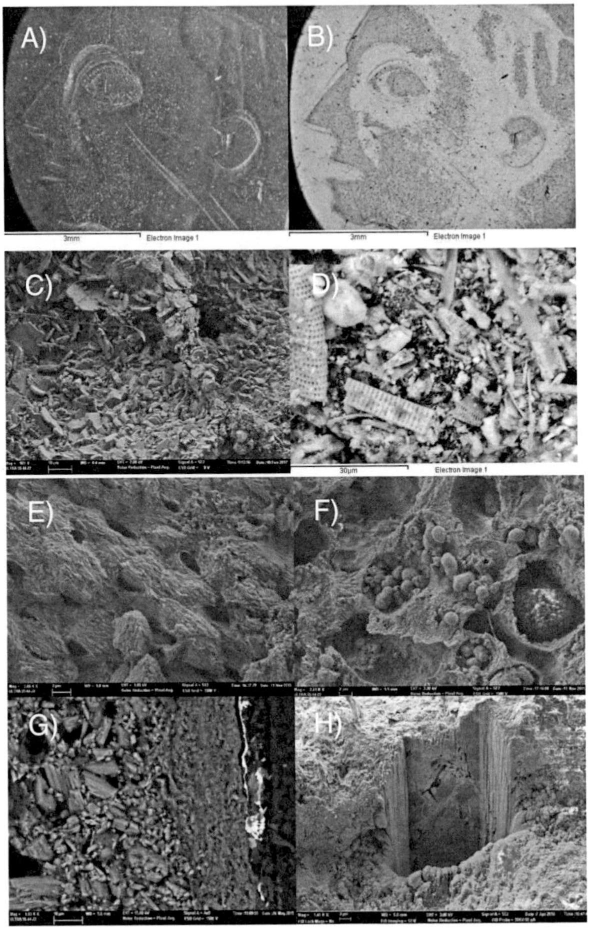

Figura 5.7. Imágenes obtenidas mediante microscopios electrónicos de barrido: A) Imagen en electrones secundarios (SE, *secondary electron*) de un real de vellón de plata que contiene mercurio obtenida con SEM; B) imagen en electrones retrodispersados (BKS, *backscattered electron*) de la moneda anterior; C) imagen SE obtenida con FESEM de cristales hexagonales de hidrocerusita hallados como producto de corrosión en una fuente monumental; D) imagen SE obtenida con SEM de tierra de diatomeas utilizada como pigmento blanco en el área Maya; E) imagen SE obtenida con FESEM en una zona del marfil hallado en un pecio fenicio sumergido donde se observa la estructura fibrosa del colágeno integrado en la estructura de hidroxiapatito; F) imagen SE obtenida con FESEM de la estructura alterada del mismo marfil con presencia de formación framboidal de pirita; G) imagen SE obtenida con FESEM en una sección transversal de una muestra de dorado donde se aprecia, de izquierda a derecha, la capa inferior de yeso, la capa de bol arcilloso y la lámina de oro; H) imagen SE de una trinchera practicada con FESEM-FIB en una moneda de bronce arqueológico.

Asimismo, se identifican productos de corrosión de todo tipo de objetos pictóricos, cerámicos, pétreos o metálicos como los cristales de hidrocerusita formados por la disolución de plomo metálico causada por la acción del agua en circulación y posterior reprecipitación en una fuente monumental (figura 5.7c). Igualmente, las imágenes obtenidas en una trinchera (figura 5.7h) o lámina ultrafina practicada mediante FESEM-FIB en la superficie de un objeto aportan información acerca de la composición química, estructura cristalina de las fases metálicas o mineralógicas y capas de corrosión presentes en la superficie y subsuperficie del objeto, entre otros aspectos morfológicos y composicionales. Si se combina esta técnica con un detector de rayos X característicos se pueden llevar a cabo perfiles de profundidad y mapas de distribución de elementos a lo largo de la sección de la trinchera. Asimismo, por sucesivas aplicaciones del haz de iones Ga^+ focalizado, alternándolas con la adquisición de imágenes en la sección de la trinchera, se puede obtener una imagen tridimensional del material.

Las técnicas ESEM y Cryo-SEM, aunque menos empleadas en el campo del estudio de bienes culturales, tienen utilidad en el estudio de materiales de naturaleza orgánica como barnices y recubrimientos de polímeros naturales o sintéticos que, por su mayor sensibilidad al haz de electrones, no pueden ser examinados con SEM convencionales.

Preguntas de autoevaluación

5.1. Calcula la longitud de onda de un electrón acelerado por un potencial eléctrico de 50 kV.

5.2. Indica cómo cambia el volumen de interacción electrónico cuando:

a) Se incrementa el número atómico del material.
b) Aumenta el voltaje de aceleración del haz de electrones primario.

5.3. Correlaciona los siguientes fenómenos electrón primario-materia con los correspondientes tipos de microscopía electrónica:

a) Patrón de difracción de electrones.
b) Electrones retrodispersados.
c) Rayos X característicos.

5.4. Indica la característica por la que se diferencian las siguientes técnicas del SEM convencional:

a) Cryo-SEM.
b) ESEM.
c) FESEM-FIB.

5.5. ¿Qué ventajas ofrece la imagen en electrones retrodispersados frente a la imagen en electrones secundarios?
5.6. ¿En qué casos es aconsejable aplicar un recubrimiento de la muestra?
5.7. ¿En qué casos es aconsejable aplicar un recubrimiento de la muestra con carbono?
5.8. Indica el tipo de preparación de muestra más adecuado para el examen mediante TEM de:

   a) Un pigmento.
   b) Una fibra textil en sección transversal.

5.9. ¿Para qué tipo de casos de estudio es aplicable la técnica Cryo-SEM?
5.10. Cita dos casos de estudio en los que es aplicable la técnica FESEM-FIB.

6
Microscopía de fuerza atómica

Las primeras aplicaciones experimentales de la microscopía de fuerza atómica (AFM, *atomic force microscopy*) son llevadas a cabo por G. Binnig, C. F. Quate y Ch. Gerber en 1986. Estos primeros equipos surgen como desarrollo del microscopio de efecto túnel (STM, *scanning tunneling microscopy*) diseñado por G. Binnig y H. Rohrer en la década de 1980, que les hizo merecedores del Premio Nobel en 1986. Desde sus inicios hasta nuestros días, la técnica AFM ha ido extendiéndose a un número creciente de campos de aplicación entre los que se incluye el de los bienes culturales, donde ha llegado a ser una herramienta valiosa en la caracterización morfológica y fisicoquímica de materiales. En este capítulo se revisan los fundamentos de esta técnica, así como las modalidades de funcionamiento de mayor interés en el estudio de patrimonio cultural y en el seguimiento de tratamientos de conservación: obtención de mapas topográficos y nanoindentación.

6.1. Fundamentos de la microscopía de fuerza atómica

A diferencia de las técnicas de microscopía óptica y electrónica, que proporcionan imágenes en dos dimensiones del objeto en estudio, la *microscopía de fuerza atómica* permite obtener mapas topográficos tridimensionales que reproducen el relieve de la superficie de un material a escala micro- y nanoscópica suministrando también medidas en la dimensión vertical, por ejemplo, la profundidad de un poro o la altura de un grano. Otra diferencia con el resto de las técnicas de microscopía es que, en AFM, es posible medir otras propiedades del material en estudio, como el módulo elástico, a escala microscópica.

El funcionamiento de un microscopio de fuerza atómica se basa en la interacción que se establece entre las moléculas o átomos de la superficie del material en estudio y una *sonda de barrido* o *punta*, extremadamente fina, cuando esta última se sitúa a muy corta distancia de separación (0,2-10 nm) (figura 6.1a). Las fuerzas repulsivas se establecen entre los átomos o moléculas de la superficie del material y los del extremo de la punta porque sus orbitales atómicos, cargados ambos negativamente, se repelen al aproximarse a distancias muy pequeñas. Cuando estas fuerzas de repulsión predominan, se considera que la punta y la muestra están en *contacto*. Cuando la distancia entre la punta y la superficie de la muestra es mayor se pueden establecer fuerzas de Van der Waals atractivas debido a una polarización instantánea inducida por los átomos de un material a los del otro. El diagrama mostrado en la figura 6.1b esquematiza la dependencia entre la distancia de la punta a la superficie y el tipo de fuerza predominante entre ambos materiales.

La punta está unida a una *micropalanca* (figura 6.1a) que puede flexionarse cuando, al situarse próxima a la superficie del material, la punta se ve sometida a las fuerzas atractivas o repulsivas causadas por los átomos o moléculas del material. La micropalanca viene caracterizada por una constante de fuerza cuyo valor depende de su grado de rigidez.

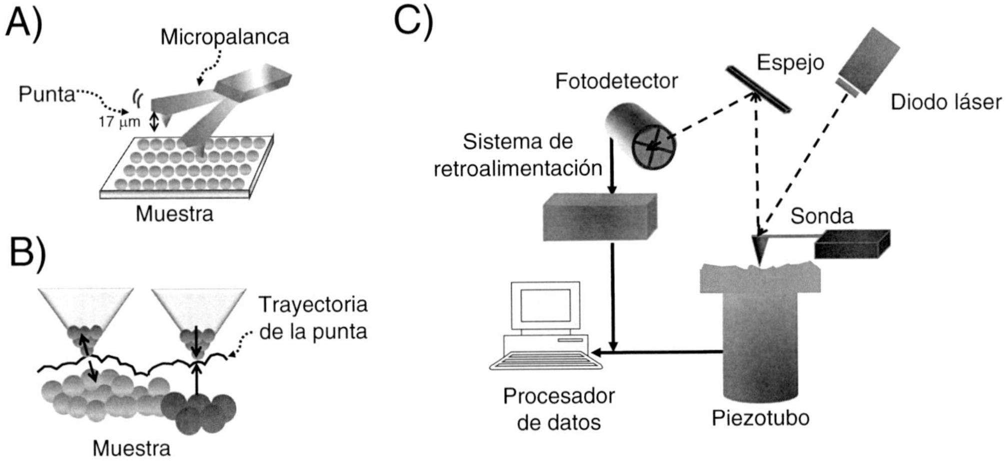

Figura 6.1. A) Sonda de barrido; B) interacción repulsiva (izquierda) y atractiva (derecha) entre los átomos del extremo de la sonda de barrido y la muestra; C) esquema mostrando los diferentes componentes de un microscopio de fuerza atómica.

6.2. Instrumentación

El AFM (figura 6.2a) está integrado por diversos componentes cuyas características y función se describen en el cuadro 6.1.

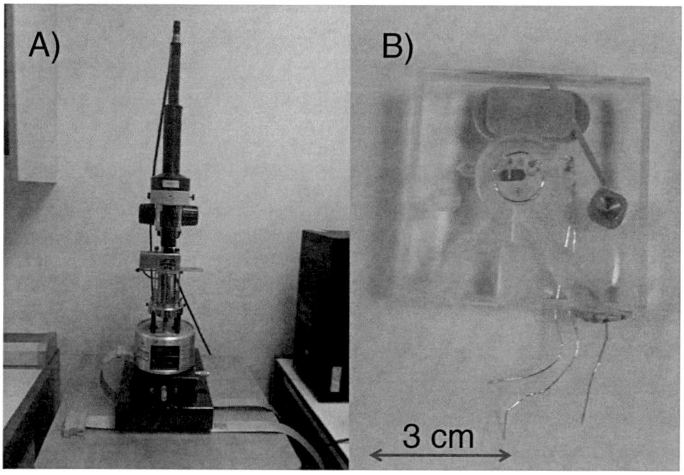

Figura 6.2. A) Microscopio de fuerza atómica;
B) celda electroquímica adaptada para trabajar en el AFM.

En el microscopio de fuerza atómica (figura 6.1c) la punta acoplada a la micropalanca que, a su vez, está fijada en un soporte rígido, obtiene mapas topográficos de la superficie de una muestra de pequeño tamaño situada sobre el tubo de barrido o *piezotubo*. La micropalanca, guiada por un haz láser emitido desde una fuente de luz coherente apropiada, puede ejecutar oscilaciones precisas. El movimiento del sistema punta-micropalanca es monitorizado mediante un *fotodetector* que recibe el haz láser reflejado por la micropalanca. Estos datos, adecuadamente procesados, permiten conocer la fuerza ejercida en cada instante sobre la punta de manera que el *sistema de retroalimentación* hace los ajustes de potencial adecuados en el piezotubo para guiar el movimiento de la punta. Finalmente, el *sistema de control de datos* procesa toda esta información y la presenta en forma de gráficos y datos numéricos.

Cuadro 6.1. Componentes, características y funciones de los equipos AFM

Componente	*Características*	*Función*
Sonda de barrido (punta)	Apéndice de forma cónica o piramidal cuyo vértice es extremadamente fino (2-8 nm). Se presenta en diferentes formatos: normal (piramidal), ultrafino (cónico). Se fabrica por grabado a partir de una oblea de sílice o de esta con un	Los átomos situados en su vértice experimentan una interacción con la superficie del material que, adecuadamente procesada, constituye la respuesta analítica (mapa topográfico, módulo elástico, etc.). Las puntas de sílice son más

[.../...]

Cuadro 6.1. (Continuación)

Componente	*Características*	*Función*
Sonda de barrido (punta) *(continuación)*	recubrimiento de Si_3N_4. También pueden aplicarse diferentes recubrimientos de diamante, oro, etc. Un método alternativo de fabricación es el adelgazamiento mediante bombardeo con partículas aceleradas (FIB, *focused ion beam*)	rígidas, lo que las hace idóneas para operar en modo de contacto intermitente (apartado 6.3), mientras que las puntas de Si_3N_4 son más flexibles, lo que las hace más aptas para operar en modo de contacto o en modo de contacto intermitente en fluidos
Micropalanca	Esta pieza, en cuyo extremo se fija la punta, está construida de un material flexible. Puede adoptar forma de paralelepípedo simple o forma de horquilla en V. La micropalanca se sujeta a un soporte rígido por el extremo opuesto a la punta	La micropalanca es una pieza flexible capaz de desplazarse y efectuar oscilaciones en un cierto rango de frecuencias cuando la punta experimenta fuerzas atómicas de interacción con la superficie
Fotodetector	Consta de dos o cuatro cuadrantes que permiten la detección de radiación en dos dimensiones	Permite conocer la deflexión experimentada por la micropalanca en cada instante a partir del haz láser reflejado por esta
Láser	Fuente emisora de un fino haz láser	El haz láser emitido por la fuente y dirigido al extremo de la micropalanca, donde está situada la punta, reproduce el movimiento de deflexión de la micropalanca que es registrado por el fotodiodo al que llega el haz láser reflejado
Tubo de barrido (*scanner*) piezoeléctrico o piezotubo	Se basa en la respuesta mecánica de un material policristalino sometido a un potencial eléctrico	Voltajes AC aplicados al cristal piezoeléctrico en los ejes X, Y y Z producen un piezomovimiento de barrido tridimensional con una precisión del orden del Å
Sistema de control de fuerza y retroalimentación	Consta de un transductor y un amplificador conectados a la unidad computarizada	Traslada los valores de fuerza ejercida en cada instante sobre la punta al sistema de control que, a su vez, hace los ajustes de potencial adecuados en el piezotubo para mantener la punta lo más próxima a la superficie
Sistema de control y adquisición de datos	Unidad computarizada con *software*	Las señales transmitidas a través de una interfaz electrónica procedentes de los diferentes componentes del sistema son procesadas y presentadas en formato alfanumérico y gráfico

6.3. Modos de operación en el microscopio de fuerza atómica

La obtención de mapas topográficos se lleva a cabo habitualmente mediante dos modos de operación: *contacto* y *contacto intermitente* (*tapping*). En el modo de contacto la punta se mantiene constantemente en contacto con la superficie de la muestra. El sistema de retroalimentación ajusta la posición del tubo de barrido para mantener constante la deflexión de la micropalanca. En el modo de contacto intermitente una señal guía hace que la punta ejecute una oscilación a la frecuencia de resonancia del material de la micropalanca manteniendo un valor de amplitud. Las fuerzas que se establecen entre la punta y la muestra cambian el comportamiento resonante de modo que la diferencia de fase entre la señal guía y la respuesta de la micropalanca, denominada *imagen de fase*, proporciona no solo información espacial, sino de diversas propiedades. En el modo de *contacto intermitente de fuerza de pico* (*peak force tapping*) la micropalanca oscila muy por debajo de la frecuencia de resonancia, lo que permite obtener una serie continua de curvas fuerza-distancia que, a su vez, proporciona información acerca de la fuerza de interacción y de las propiedades del material en la nanoescala. La representación de las señales procesadas por el sistema de control da lugar a diferentes mapas topográficos: mapa de altura 2D y 3D (figura 6.3a,c) y mapa de amplitud (figura 6.3b). La señal de altura proporciona todo tipo de datos morfológicos en las tres direcciones *x*, *y*, *z*, tales como altura de granos o profundidad de poros (dimensión *z*) o tamaño y forma de granos (dimensiones *x* e *y*).

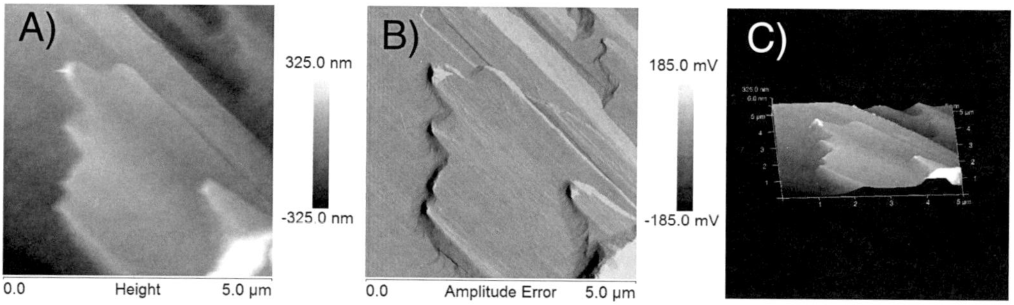

Figura 6.3. Diferentes mapas topográficos obtenidos con un AFM mostrando la morfología de la superficie de un grano de pigmento: A) altura 2D; B) amplitud error; C) altura 3D.

6.4. Aplicaciones analíticas

La principal aplicación del AFM en el estudio de patrimonio cultural es la obtención de mapas topográficos de superficies sólidas, en modo de barrido continuo o contacto intermitente, para conocer la morfología de los objetos en la micro- y nanoescala. Esto resulta particularmente útil en el estudio de tratamientos de protección y consolidación de materiales, como la cerámica vidriada con corrosión superficial mostrada en la figura 6.4a. El tratamiento con un consolidante acrílico (Paraloid B72 diluido en acetona) creó una capa externa de protección que eliminó buena parte del relieve nanoscópico debido al proceso de corrosión (figura 6.4b). Otra aplicación del AFM operando en modo de contacto intermitente de fuerza de pico es el estudio de propiedades mecánicas de los materiales, por ejemplo, el módulo elástico, en micromuestras mediante la técnica de nanoindentación-AFM. Esta técnica requiere el conocimiento de la geometría de la punta y su calibrado previo con un material de referencia. El seguimiento *in vivo* de los cambios morfológicos que experimentan las partículas de muestra depositadas en un electrodo de grafito modificado en la técnica de voltamperometría de micropartículas (capítulo 9, apartado 9.5.2) puede llevarse a cabo también con un AFM (Doménech-Carbó *et al.*, 2007). Las partículas de muestra se fijan a la superficie de un electrodo de grafito sobre el que se vierten 10-20 μL de electrolito. La celda electroquímica miniaturizada se completa con una pieza en la que se acoplan los tres electrodos y el soporte que sujeta el sistema micropalanca-punta (figura 6.2b). La celda electroquímica está conectada a un potenciostato que controla el potencial eléctrico y la corriente que circula en todo momento por el electrodo de trabajo. Como ejemplo, las figuras 6.4c,d muestran el aspecto de un cristal de morina, que es el principal compuesto responsable del color en el colorante fustete. La aplicación de un potencial de +250 mV produce la descomposición oxidativa de este compuesto de forma que, al cabo de 30 minutos, el grano de morina ha perdido buena parte de su materia.

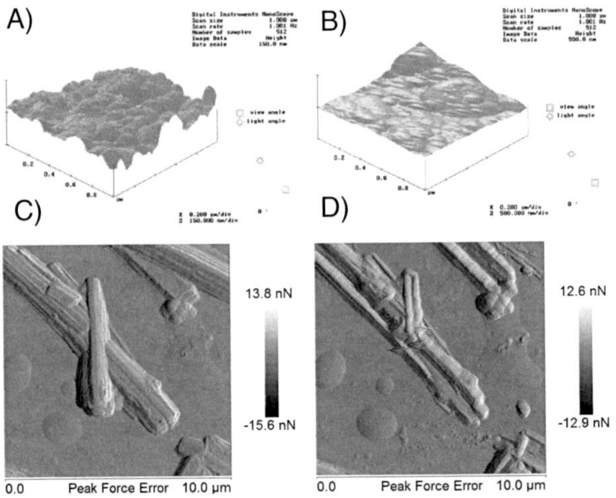

Figura 6.4. A) Mapa topográfico 3D de la superficie de un vidriado cerámico (Manises siglo XV); B) mapa topográfico 3D del mismo vidriado cerámico tras la aplicación de un tratamiento con un consolidante acrílico; C) mapa topográfico de un cristal de morina fijado sobre electrodo de grafito; D) mapa topográfico del mismo cristal de morina de la figura C) después de la aplicación de un potencial eléctrico constante de +250 mV durante 30 minutos.

Preguntas de autoevaluación

6.1. ¿En qué se basa la formación de una imagen en el AFM?

a) Proyección de luz visible.
b) Proyección de un haz láser.
c) Medida de fuerzas de interacción entre los átomos de una sonda y la muestra.

6.2. ¿Cuáles son las principales diferencias en la aplicación de la técnica AFM y las técnicas de microscopía electrónica al estudio de bienes culturales?
6.3. ¿Qué tipo de fuerzas de interacción se establecen entre la punta y los átomos de la muestra?

a) Enlaces por puente de hidrógeno.
b) Fuerzas de Van der Waals.
c) Enlaces covalentes.

6.4. ¿Qué punta es más recomendable para trabajar en modo contacto?
6.5. ¿Qué papel desempeña el haz láser en un AFM?
6.6. ¿Cuál es la función del centro de retroalimentación?
6.7. ¿En cuál de los modos de operación del AFM la micropalanca oscila por debajo de la frecuencia de resonancia?
6.8. ¿Qué tipo de señal permite obtener datos morfológicos de la muestra?

a) Amplitud.
b) Altura.

6.9. ¿Qué parámetro característico de las propiedades mecánicas de los materiales es posible determinar mediante AFM-nanoindentación?
6.10. ¿Qué aplicación electroquímica tiene la técnica AFM?

7
Técnicas de análisis de superficie

Para comprender la importancia de las técnicas de análisis de superficie hay que entender qué se entiende por superficie y cómo afecta esta parte de un objeto a su comportamiento fisicoquímico. La *superficie* de un sólido puede considerarse integrada por las últimas capas de átomos adyacentes a una segunda fase tal como aire, vacío o un líquido. Estas capas suelen tener un espesor de 5-20 nm y en ellas se produce una variación en profundidad de las propiedades del material hasta alcanzar los valores propios del cuerpo interno del objeto. Muchos de los procesos y fenómenos que estas propiedades de los materiales llevan asociados tienen lugar en la superficie del objeto o en las inmediaciones de esta, también denominada *subsuperficie*, como por ejemplo la adhesión, la corrosión o la catálisis. Por consiguiente, estos procesos solo pueden ser explicados satisfactoriamente si se conoce la composición de la superficie dada por el tipo de átomos o especies químicas que la integran y por la naturaleza de sus uniones químicas.

Las *técnicas de análisis de superficie* se basan en la excitación de los átomos o especies químicas superficiales con un fino haz de partículas primarias tales como electrones, iones o fotones que provocan la emisión de partículas secundarias que contienen la información química de la fase superficial. En el presente capítulo se revisan algunas de estas técnicas instrumentales de aplicación en el ámbito del patrimonio cultural. Es conveniente poner de manifiesto que actualmente existen otras técnicas instrumentales que, dependiendo de la configuración usada, pueden ser aplicadas al análisis del objeto considerado globalmente o de su superficie. Estas técnicas son tratadas en otros capítulos. Tampoco se consideran en este capítulo las técnicas de microscopía, ya revisadas en capítulos previos, las cuales proporcionan información morfológica.

7.1. Espectroscopía fotoelectrónica de rayos X

Esta técnica fue desarrollada por K. Siegbahn y colaboradores que la denominaron en un primer momento espectroscopía electrónica para análisis químico (ESCA, *electron spec-*

troscopy for chemical analysis). Esta denominación cayó rápidamente en desuso dado su significado general y se adoptó la denominación actual de *espectroscopía fotoelectrónica de rayos X* (XPS, *x-ray photoelectron spectroscopy*). Actualmente, XPS puede considerarse la técnica de análisis de superficie más ampliamente aplicada en ciencia de materiales.

7.1.1. Fundamentos de la técnica

En XPS las partículas responsables de la excitación de los átomos de la superficie del objeto son rayos X. Estos fotones, cuya frecuencia ν viene dada por la ecuación de Planck (capítulo 10, ecuación [10.1]), pueden interactuar con las especies químicas de la superficie de un objeto cuyos átomos poseen electrones en sus cortezas atómicas con una variedad de energías de ligadura E_L. Si la energía del fotón es suficientemente elevada, tendrá lugar la ionización del átomo y el fotoelectrón eyectado del interior de la corteza atómica (figura 7.1a) tendrá una energía cinética E_c dada por la expresión:

$$E_c = h\nu - E_L - \Phi \qquad [7.1]$$

Donde Φ es la denominada *función de trabajo*, un término casi constante y de valor bajo, y h es la constante de Planck. Como la frecuencia del fotón es fija, la medida de la energía cinética del fotoelectrón nos permite conocer la energía de ligadura y, dado que cada elemento químico tiene una distribución de niveles de energía característica, la medida de las energías cinéticas de los fotoelectrones emitidos por los átomos de la superficie de un objeto nos permite identificar los diferentes elementos químicos presentes.

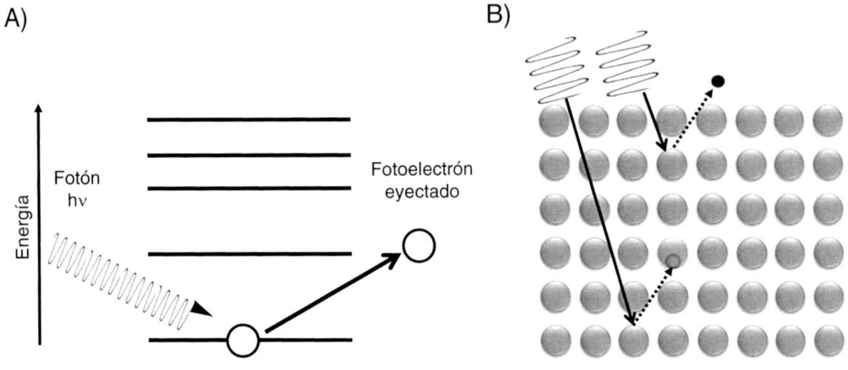

Figura 7.1. A) Esquema del proceso de emisión de un fotoelectrón por excitación de un átomo mediante un fotón de rayos X; B) diagrama que muestra cómo un fotoelectrón emitido desde la subsuperficie del objeto es absorbido sin llegar a emerger.

La figura 7.1b muestra por qué la técnica de XPS es considerada de análisis de superficie. Mientras un fotoelectrón de las capas superficiales de átomos puede desplazarse hasta la otra fase sin colisionar con otro átomo, los fotoelectrones generados en capas más internas, muy probablemente, van a encontrar en su trayectoria un átomo y no llegarán a emerger.

7.1.2. Instrumentación

Un equipo XPS consta básicamente de la fuente emisora de rayos X, un sistema de lentes eficaces de captación de radiación, un analizador de energía de los fotoelectrones y un detector, tal como se muestra en la figura 7.2. La fuente de rayos X incorpora ánodos de Al o Mg que proporcionan haces de rayos X monocromáticos con energía de 1253,6 eV, K_{α}(Mg) y 1486,6 eV, K_{α}(Al). La fuente suele operar con corrientes de filamento de 17-20 mA y voltajes de 10-15 kV. El sincrotrón (capítulo 10, apartado 10.3.1) puede ser utilizado también como fuente de rayos X ya que puede emitir fotones con energías del orden de 1 keV. Las muestras susceptibles de análisis se encuentran en estado sólido en la mayoría de casos ya que este instrumento trabaja en ultra alto vacío (presión residual $\approx 10^{-8}$-10^{-7} Pa). La superficie del objeto analizada suele ir desde 50 μm hasta unos pocos mm^2. Los fotoelectrones son excitados hasta una profundidad en torno a 10 nm y son colectados mediante un sistema de lentes que los introducen en el analizador de tipo sector esférico (SSA, *spherical-sector analyzer*). Este último es un dispositivo semicircular de deflexión electrostática que consigue discriminar los electrones por su energía. En el otro extremo del sector hemiesférico se sitúa un detector multicanal que está conectado al procesador de datos.

Figura 7.2. Esquema de un equipo de espectroscopía fotoelectrónica de rayos X.

7.1.3. Aplicaciones analíticas

La técnica XPS permite analizar todos los elementos de la tabla periódica excepto H y He. Mediante la instrumentación descrita en el apartado anterior se obtienen espectros de XPS que contienen los picos o señales de fotoemisión producidos por cada uno de los fotoelectrones emitidos por los átomos de la muestra, clasificados por su energía de ligadura. Estas señales corresponden, principalmente, a fotoelectrones procedentes de los niveles internos de los átomos de acuerdo a la ecuación [7.1]. En el *espectro de XPS amplio* o general se efectúa un barrido amplio de energías del orden de 1000 eV (figura 7.3a). El propósito de este es conocer las características generales del material analizado e identificar los elementos químicos constituyentes de la muestra. Este primer espectro puede ir seguido de otros *espectros de XPS locales* o de detalle. Se trata de espectros con más alta resolución en los que se amplía una determinada región de energías de interés (figura 7.3b).

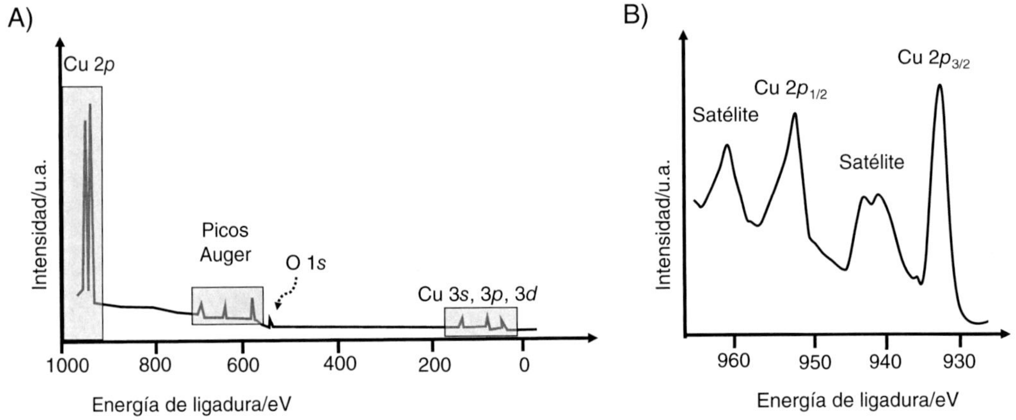

Figura 7.3. A) Espectro de XPS general de un óxido de cobre (II); B) espectro de XPS de alta resolución de la región de Cu 2*p*.

Como se observa en los espectros de la figura 7.3 en la técnica de XPS se utiliza la notación espectroscópica para identificar el fotoelectrón asociado a cada señal analítica, la cual incluye el valor del número cuántico principal *n* seguido de una letra correspondiente al número cuántico de momento angular *l* (*s*, *p*, *d*, *f*... para $l = 0, 1, 2, 3$...).

Los picos o señales fotoelectrónicas de un elemento particular pueden variar su posición en el espectro de XPS cuando su estado químico cambia. Por ejemplo, un átomo de hierro situado en el núcleo sano de un objeto arqueológico se encuentra en estado elemental (Fe^0), mientras que en la capa externa de corrosión, constituida principalmente por goetita, se encuentra principalmente como Fe^{2+}. Este cambio en su estado de oxidación afecta a la distribución de niveles de energía en el átomo, lo que resulta en la variación de los valores de la energía de ligadura de los electrones en las capas internas del átomo y, consecuentemente, en el desplazamiento de la posición de los picos fotoelectrónicos. Estos *desplazamientos químicos* se han tabulado para los principales compuestos de un gran número de elementos químicos (Naumkin *et al.*, 2018). Ello resulta de gran utilidad para identificar el tipo de especie química en la que se halla un determinado átomo en una muestra desconocida. Esta posibilidad de discriminar el estado químico de un elemento en una muestra es ventajosa y diferencia a la técnica de XPS de otras técnicas de análisis de superficie y análisis elemental.

Además, en los espectros XPS se observan picos *Auger* asociados a electrones emitidos por efecto Auger y una serie de picos secundarios que se resumen en el cuadro 7.1.

Cuadro 7.1. Picos secundarios observados en los espectros XPS

Tipo de pico	*Descripción*
Satélite de agitación (*shake up*)	Los picos aparecen cuando se producen electrones desapareados en los estados $3d$ y $4f$ de un átomo al combinarse con otros para formar un compuesto químico o en compuestos orgánicos cuando parte de la energía cinética del fotoelectrón se transmite a un segundo electrón situado en la capa de valencia, el cual es excitado a un nivel de energía superior (por ejemplo, transición $\pi \rightarrow \pi^*$)
Desdoblamiento de multiplete	Estos picos están asociados a la presencia de electrones desapareados en la banda de valencia o próximos a ella. En los niveles $4f$ de los átomos de ciertas tierras raras se produce una correlación entre momento angular y el spin del electrón que da lugar a diferentes estados de energía o multipletes
Picos de pérdida de plasmón	Se trata de picos de baja intensidad que acompañan a los picos principales de un determinado átomo y aparecen cuando el fotoelectrón pierde parte de su energía al excitar las oscilaciones colectivas de los electrones de conducción del sólido

Una metodología de trabajo frecuentemente aplicada con la técnica XPS es el *perfil de profundidad*. Esta técnica consiste en obtener espectros de XPS a diferentes profundidades para conocer la variación en la composición química de la muestra en función de la profundidad en la capa o fase superficial. Para ello se alterna la aplicación de un bombardeo con un fino haz de iones Ar^+ (*sputtering*) que va eliminando capas de átomos o moléculas, y la obtención de espectros de XPS.

El análisis cuantitativo en XPS se basa en la determinación del contenido de un elemento presente en la fase superficial a partir de la intensidad o área encerrada bajo uno de sus picos de emisión fotoelectrónica. En el modelo matemático que se utiliza es necesario aplicar factores de corrección o *factores de sensibilidad*. En el *método de los factores de sensibilidad relativa*, además, se toma como referencia la intensidad de un pico fotoelectrónico de un determinado elemento químico (por ejemplo, flúor con su pico fotoelectrónico, F1*s*) a la que se le asigna el valor unidad y todas las intensidades medidas en la muestra se refieren a la de esta señal.

Las aplicaciones de esta técnica en el ámbito del patrimonio cultural son muy variadas: estudios de procedencia de fragmentos cerámicos, identificación de iones responsables del color en vidrios, determinación de la composición de capas de acabado de objetos cerámicos, caracterización de la composición química de capas superficiales de corrosión por infiltración de metales en huesos enterrados, caracterización de capas superficiales de corrosión en objetos de vidrio, piedra, cerámica, bronce, espejos de Sn-Hg, evaluación de tratamientos de protección de objetos de vidrio y de tratamientos de limpieza en objetos metálicos, caracterización de la decoloración de pigmentos inducida por limpieza láser.

7.2. Espectrometría de masas de iones secundarios

El primer instrumento de *espectrometría de masas de iones secundarios* (SIMS, *secondary ion mass spectrometry*) fue desarrollado por R. F. K. Herzog y F. Viehböck en 1949. Posteriormente, en 1969, fue desarrollada la técnica de la *espectrometría de masas de iones secundarios estática* (SSIMS, *static secondary ion mass spectrometry*) por A. Benninghoven. La comercialización de estos equipos ha hecho que ambas técnicas hayan ido aplicándose progresivamente en el estudio de patrimonio cultural en las últimas tres o cuatro décadas.

7.2.1. Fundamentos de la técnica

En la técnica SIMS la muestra, que está situada en una cámara donde se ha practicado ultra alto vacío, es bombardeada con un haz focalizado y monoenergético de partículas (*iones primarios*). El impacto de estas partículas con los átomos y moléculas situadas en la fase superficial de la muestra sólida (más raramente líquida) inicia una *cascada de colisiones* que desplaza violentamente todos los átomos en un volumen de 10^3 nm^3 llegando a romper enlaces químicos de modo que algunas de las especies químicas o grupos de ellas (*clusters*), situadas en este volumen de interacción, son eyectadas (figura 7.4). La mayoría de las partículas eyectadas carecen de carga eléctrica pero un cierto porcentaje adquiere carga positiva o negativa y constituyen los denominados *iones secundarios*, que son focalizados mediante un campo eléctrico e identificados y cuantificados mediante un dispositivo adecuado.

tran una variación en su concentración desde la superficie hasta una cierta profundidad en el material y, por último, en la figura 7.6c se muestra un mapa de distribución de concentración para un determinado ion secundario.

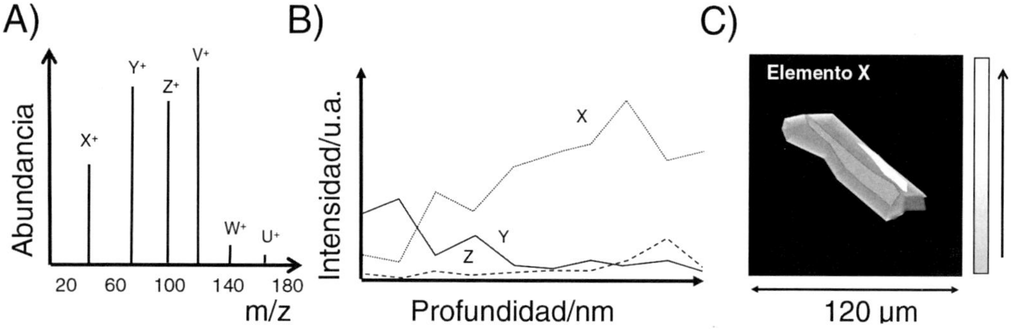

Figura 7.6. Diferentes tipos de información proporcionada por las técnicas SIMS y SSIMS: A) espectro de masas; B) perfil en profundidad de composición química de diferentes iones; C) mapa bidimensional de distribución del ion secundario.

Sus aplicaciones en el estudio de bienes culturales son muy variadas: caracterización de materiales, tanto orgánicos (aglutinantes y barnices) como inorgánicos (pigmentos, cargas), tecnología de fabricación, técnica pictórica, autentificación y procedencia, estudio de procesos de alteración y de tratamientos de conservación (Adriaens y Dowsett, 2006).

7.3. Otras técnicas de análisis de superficie

La técnica de *bombardeo con átomos neutros acelerados* (FAB, *fast atom bombardment*) consigue la producción de iones secundarios, identificados por espectrometría de masas (capítulo 17, apartado 17.2.3), mediante el bombardeo con partículas neutras. La *espectroscopía de pérdida de energía de electrones* (EELS, *electron energy loss spectrometry*) se basa en la medida de la pérdida de energía que sufren los electrones de un haz primario cuando colisionan con los electrones de los átomos de la superficie de la muestra. Esas pérdidas de energía están asociadas a transiciones electrónicas en la banda de valencia y a oscilaciones colectivas de los electrones de conducción de metales (oscilaciones de plasmón) por lo que esta técnica se aplica a objetos metálicos. En la *espectrometría de retrodispersión Rutherford* (RBS, *Rutherford backscattering spectroscopy*) un haz de iones H^+ o He^+ de alta energía (1-2 MeV) bombardea la muestra provocando la emisión de iones secundarios. El análisis elemental viene dado por la diferente pérdida de energía de los iones primarios en las colisiones con cada tipo de átomos en la muestra. Dada la elevada energía de los iones primarios, pueden alcanzarse átomos localizados en la subsuperficie de la muestra, lo que permite efectuar análisis en profundidad. La RBS se ha utilizado en el estudio de vidriados cerámicos (Pradell *et al.*, 2018). Por último, la *elipsometría espectroscópica* (SE, *spectroscopic ellipsometry*) es una técnica de espectroscopía basada en la medida del estado de polarización de un haz de luz que incide en las capas superficiales del material. Se ha utilizado en el análisis de capas de barnices pictóricos y vidriados cerámicos, proporcionando datos ópticos y morfológicos (Cristofides *et al.*, 2004, Lohner *et al.*, 2014).

Preguntas de autoevaluación

7.1. ¿Cuál es la partícula responsable de la emisión y la señal analítica en la técnica XPS?
7.2. ¿Cuál es la energía de los fotones de rayos X necesaria para producir fotoelectrones en la técnica XPS?
7.3. ¿Cuál es la magnitud representada en la escala de abscisas en un espectro de XPS?
7.4. Señala cuál es el intervalo de energía abarcado en espectro amplio de XPS.
7.5. Indica cuáles son los números cuánticos principal y de momento angular correspondientes a los siguientes fotoelectrones:

   a) Na1*s*.
   b) Si2*s*.
   c) Cl2*p*.
   d) Sn3*d*.

7.6. Define "desplazamiento químico" en la técnica XPS.
7.7. ¿Cuáles son las partículas responsables de la emisión y de la señal analítica en las técnicas SIMS y SSIMS?
7.8. ¿En qué se diferencian las técnicas SIMS y SSIMS?
7.9. ¿Por qué no es aconsejable utilizar SIMS en materiales líquidos?
7.10. ¿Qué representa la escala de grises en el diagrama 2D de la figura 7.6c?

Parte IV

Métodos químicos y electroquímicos

8

Métodos químicos, microquímicos y de tinción

Con el surgimiento, en el siglo XVIII, de la ciencia química en su concepción moderna se establecen los primeros métodos químicos de análisis. A. Lavoisier en 1784 ya propuso un procedimiento de análisis de compuestos orgánicos basado en la identificación de los productos que se formaban al quemar estos compuestos. En el siglo XIX científicos tales como A. Gay-Lussac, H. Davy, J. B. A. Dumas, J. J. Berzelius, J. Liebig o L. J. Thénard, también conocido por desarrollar el pigmento azul de Thénard, desarrollaron nuevos métodos de análisis químico que permitían la identificación de los elementos que constituían un compuesto así como la determinación de su proporción relativa. En este capítulo se presentan los principales métodos clásicos de análisis químico con aplicación en el estudio de bienes culturales. Asimismo, se describen una serie de métodos de gran interés en el estudio de patrimonio cultural entre los que se encuentran los métodos microanalíticos y los métodos de tinción, estos últimos adaptados de los ensayos histológicos practicados en medicina y biología. También se presentan los ensayos de solubilidad y los métodos de determinación de la temperatura de fusión, ambos de aplicación menos frecuente.

8.1. Métodos de análisis químico

Los *métodos químicos clásicos* están basados en reacciones químicas por lo que precisan únicamente material de laboratorio (buretas, matraces, crisoles, etc.) y unos pocos instrumentos tales como balanzas de precisión, a diferencia de los *métodos instrumentales* que requieren instrumentos más sofisticados basados en una más amplia variedad de fenómenos fisicoquímicos. Actualmente hay tres métodos de análisis químico que continúan siendo de amplia aplicación: los métodos volumétricos, los métodos gravimétricos y los métodos de análisis por combustión.

8.1.1. Análisis volumétrico

En los métodos de *análisis volumétrico* la cantidad de analito se determina mediante la medición del volumen de reactivo que reacciona con este. El procedimiento experimental se denomina *valoración* y la disolución de reactivo se denomina *valorante*.

La reacción química utilizada para llevar a cabo una valoración puede ser de diferente tipo: ácido-base, precipitación, complejación y oxidación-reducción. Sin embargo, no todos los procesos químicos son susceptibles de ser utilizados para efectuar valoraciones y, de modo general, deben cumplirse dos requisitos. Por una parte, la reacción química seleccionada debe tener una constante de equilibrio elevada y, además, debe ser una reacción en la que el valorante y el analito reaccionen de forma instantánea.

Como ejemplo, la valoración de hidróxido de sodio (analito) con ácido clorhídrico (valorante), que se puede describir mediante la siguiente secuencia de procesos:

– Disolución de analito:

$$NaOH_{(s)} + H_2O \rightarrow Na^+{}_{(ac)} + OH^-{}_{(ac)} \qquad [8.1]$$

– Disolución de valorante:

$$HCl_{(g)} + H_2O \rightarrow Cl^-{}_{(ac)} + H_3O^-{}_{(ac)} \qquad [8.2]$$

– Reacción de neutralización:

$$OH^-{}_{(ac)} + H_3O^+{}_{(ac)} \rightarrow 2H_2O + Na^+{}_{(ac)} + Cl^-{}_{(ac)} \qquad [8.3]$$

De acuerdo con la estequiometría de esta reacción, la neutralización de un volumen de disolución conteniendo *n* moles de NaOH tiene lugar cuando se adiciona un volumen de la disolución valorante que contenga también *n* moles de HCl y en ese momento se alcanza el *punto de equivalencia*. La fiabilidad del método está determinada por diversos factores. Por una parte, la precisión con la que se conoce la cantidad de muestra analizada y el volumen de disolución de analito, así como la concentración de la disolución valorante que, a su vez, está determinada por la pureza del reactivo valorante y por la precisión de la medida de la cantidad de valorante y del volumen de disolución. El método utilizado para identificar el punto de equivalencia es, en segundo lugar, otro factor que puede limitar la calidad del análisis. En la práctica lo que se mide en una valoración es el *punto final*, el cual se aproximará más al punto de equivalencia en tanto en cuanto el método utilizado para determinarlo sea más preciso.

El punto final de una valoración puede establecerse de tres modos:

1. Midiendo el cambio en la corriente o el potencial entre un par de electrodos.
2. Midiendo el cambio en absorción de luz.
3. Midiendo el cambio de color de un reactivo, genéricamente denominado *indicador*, capaz de cambiar de color súbitamente en las inmediaciones del punto de equivalencia (figura 8.1).

Diversos científicos contribuyeron, a lo largo del siglo XIX, al diseño del instrumental de laboratorio necesario para efectuar valoraciones. Cronológicamente, el primer recipiente de vidrio graduado que se utilizó para la medida de líquidos lo diseñó F. A. H. Descroizilles en 1806. Sin embargo, la *bureta*, como la conocemos actualmente, fue diseñada por W. Henry que introdujo la llave de paso de cobre, la cual posteriormente fue mejorada por K. F. Mohr, quien reemplazó esta pieza metálica bien por una pinza de compresión bien por una llave de paso de vidrio.

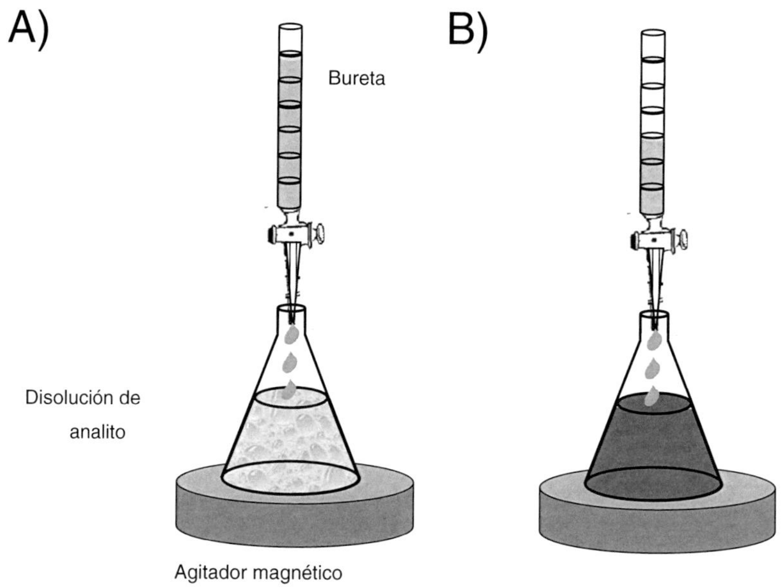

Figura 8.1. A) Valoración antes del punto final; B) valoración en el punto final con cambio de color de la disolución debida al indicador.

8.1.2. Análisis gravimétrico

En el *análisis gravimétrico* la cantidad de analito presente en la muestra es conocida mediante la medida de la masa de un determinado compuesto, aislado a partir de la muestra, el cual se obtendría tan puro y estable como fuera posible y en forma tal que la cantidad producida de este pueda ser pesada. La separación del producto puede llevarse a cabo mediante diferentes procedimientos: precipitación, volatilización, extracción, electroanalíticamente o cromatográficamente.

Un ejemplo de análisis gravimétrico es la determinación del contenido en iones Cl^- mediante la cuantificación de la masa de AgCl formado por la reacción de precipitación con iones Ag^+:

$$Cl^-_{(ac)} + Ag^+_{(ac)} \rightarrow AgCl_{(s)} \qquad [8.4]$$

Una vez que la reacción de precipitación se ha producido, el precipitado es sometido a un proceso de *digestión* consistente en mantenerlo en reposo en presencia de la disolución para favorecer su recristalización, lo cual ayuda a expulsar las impurezas. Muchos de los productos de precipitación son sustancias que pueden tener cierto carácter higroscópico e incorporar cierta cantidad de agua del aire. Una solución para evitar este inconveniente consiste en someter el precipitado a un proceso de secado en condiciones que permitan llevarlo a una estequiometría conocida de agua. Una alternativa consiste en someter el precipitado a *calcinación* o calentamiento intenso que transforma el producto en un nuevo compuesto anhidro.

8.1.3. Análisis por combustión

El *análisis por combustión* es un método de análisis elemental que permite determinar el contenido en C, H, O, N, S y halógenos en muestras integradas por compuestos orgánicos. Consiste en quemar la muestra en una cámara cerrada en presencia de un exceso de oxígeno y de catalizadores, los cuales favorecen el desarrollo completo de la reacción, y determinar el contenido en los diferentes productos formados en estado gaseoso.

La determinación de los productos de combustión de compuestos orgánicos originalmente se efectuaba gravimétricamente haciendo pasar los productos gaseosos de combustión formados en el reactor a partir de la muestra, por ejemplo, dióxido de carbono y agua, por un tubo en forma de "u" que contiene pentaóxido de fósforo (P_4O_{10}) en el cual se absorbe el agua y, a continuación, por otro tubo relleno de hidróxido de sodio (NaOH), sustentado en amianto, en el que queda retenido el CO_2. Estos tubos, una vez completada la reacción de combustión, se sellan y se pesan de modo que la diferencia de masa nos permite establecer la cantidad de hidrógeno y carbono que había en la muestra. En estos dispositivos se empleaba como catalizador Pt, MnO_2, PbO_2 o CuO.

En la actualidad, la determinación de elementos tales como C, H, N y S, presente en compuestos orgánicos, se lleva a cabo simultáneamente en unos instrumentos denominados *analizadores por combustión* a una temperatura de 1020-1050 °C en los que tiene lugar la reacción catalizada por WO_3:

$$\text{Compuesto orgánico (C,H,N,S)} + O_{2(g)} \rightarrow CO_{2(g)} + H_2O_{(g)} + N_{2(g)} + SO_{2(g)} \quad [8.5]$$

La mezcla de productos gaseosos formada se separa mediante un cromatógrafo de gases (capítulo 18, apartado 18.2) y su contenido se determina mediante sistemas de detección por conductividad térmica, culombimetría (capítulo 9, apartado 9.6) o espectroscopía infrarroja (capítulo 12, apartado 12.3).

En analizadores de C, H y N el catalizador utilizado es Cr_2O_3. Las muestras se disponen en cápsulas de estaño y se calientan a 1020 °C en horno. Una corriente de He lleva los gases formados, CO_2, H_2O y N_2, a través de hornos de oxidación y reducción dispuestos en línea para su purificación. Tras recoger el agua formada en una trampa de agua, N_2 y CO_2 son separados y determinados cuantitativamente mediante un cromatógrafo de gases o un espectrómetro de masas (capítulo 17). La determinación de oxígeno en compuestos en los que interesa conocer el contenido de este elemento requiere la pirolisis, esto es, el calentamiento a 1075 °C en ausencia de oxígeno para transformar este, presente en la muestra, en monóxido de carbono. El contenido en halógenos se obtiene mediante valoración con Ag^+ a partir de la disolución acuosa en la que se retienen los gases formados de fórmula genérica HX.

8.1.4. Aplicaciones analíticas

Las aplicaciones analíticas de los métodos volumétricos son muy diversas pero, probablemente, la más frecuente en el ámbito del estudio y la conservación de patrimonio es la determinación por el método de Mohr del contenido en iones cloruro en los sucesivos baños a los que es sometido un objeto de metal arqueológico mediante una disolución valorante de nitrato de plata y utilizando como indicador una disolución de cromato de potasio al 10%. Si bien, actualmente, este tipo de determinaciones se prefiere llevarlas a cabo electroquímicamente (capítulo 9, apartados 9.3 y 9.5). El análisis por combustión se utiliza de manera frecuente en la caracterización del contenido global de la materia orgánica en huesos, dientes, marfil y otros restos arqueológicos (Wissing *et al.*, 2015). El análisis se puede realizar sobre muestras de hueso de aproximadamente 5 mg.

8.2. Ensayos microquímicos

El primer ensayo microquímico podría ser atribuido a Plinio (23-79 a. C.) quien en el volumen 37 de su tratado sobre Historia Natural menciona un ensayo de sulfato de hierro. Sin embargo, sería F. V. Raspail (1794-1878), fundador de la microscopía química y la histoquímica, el primer científico en ser reconocido como especialista microquímico en el sentido actual del término. En el siglo XIX aparece también el primer tratado sobre microquímica, *The Microchemistry of Poisons*, escrito por G. Wormley y publicado en 1867.

8.2.1. Fundamentos de los ensayos microquímicos

Los *ensayos microquímicos* pueden considerarse un tipo de microanálisis que se sirve de reacciones químicas tan sensibles que pueden ser aplicadas a muestras en el rango de masas de los microprocedimientos, submicroprocedimientos y ultramicroprocedimientos (capítulo 2, apartado 2.2). Los ensayos microquímicos de aplicación en el estudio de patrimonio cultural son, en su mayoría, cualitativos. Las reacciones químicas que permiten la identificación de materiales tanto inorgánicos como orgánicos pueden ser de diferente tipo:

a) Formación de complejos coloreados.
b) Formación de precipitados insolubles.
c) Formación de productos gaseosos como CO_2, que se reconoce por la aparición de burbujas, o como H_2S y gases de combustión de materia orgánica que se reconocen por su olor característico,
d) Reacciones redox, como en pigmentos que contienen manganeso en los que la oxidación de Mn^{3+} a Mn^{4+} tiene lugar con la formación de un precipitado marrón de MnO_2.
e) Ensayos a la llama que permiten la identificación de pigmentos que contienen ciertos elementos metálicos como Ca, Ba, Sr, etc., que provocan un cambio de color en la llama.

La posibilidad de efectuar el análisis directamente sobre una sección transversal de una muestra pictórica englobada en un bloque de resina sintética es una de las principales ventajas de los ensayos microquímicos. Dado que el volumen de reacción es de tan solo unos pocos μL, pueden llevarse a cabo sucesivos ensayos microquímicos para diferentes pigmentos y aglutinantes sobre la misma sección transversal eliminando la capa superficial de la muestra afectada por la reacción mediante lavado o mecánicamente con discos abrasivos de CSi de grano fino.

8.2.2. Procedimiento experimental

De manera práctica los ensayos microquímicos realizados en microfragmentos de pintura o en granos de pigmento, disgregados de estos primeros, pueden llevarse a cabo en forma de *ensayos a la gota* (*spot tests*) en los que el procedimiento analítico se efectúa en una placa de gotas de porcelana con cavidades de 1 cm de diámetro o en vidrios portaobjetos con pocillo. También pueden ser empleados tubos capilares, microtubos de ensayo o granos de sílice. Si el ensayo se realiza directamente sobre la sección transversal de una muestra pictórica englobada en resina los reactivos se depositan directamente sobre la muestra con micropipetas, o impregnados en tiras de papel o fibras.

En los *ensayos por combustión* o *pirognósticos* de fibras textiles y en los *ensayos a la llama* de pigmentos y sustancias minerales, la muestra se calienta en la llama de un mechero, directamente en los primeros o suspendida en un alambre de Pt o nicromo, en los segundos.

Se emplea el término *microscopía química* para referirse a ciertos ensayos microquímicos cuya observación requiere el uso de un microscopio óptico, en particular, aquellos en los que la reacción de identificación tiene lugar con formación de precipitados microcristalinos de hábito característico (figura 8.2a,b). El microscopio empleado debe tener una distancia entre la platina y el objetivo lo suficientemente amplia para poder aplicar los reactivos sobre la muestra que se dispondría en un vidrio portaobjetos con pocillo.

La mayoría de ensayos microquímicos requiere un tratamiento preliminar de solubilización del ion o compuesto marcador que se pretende identificar en la muestra. Esto puede lograrse mediante soluciones ácidas o alcalinas concentradas. Sin embargo, hay ciertos pigmentos que no pueden ser solubilizados de este modo y se hace necesario el calentamiento de la muestra en una espátula de platino con persulfato de sodio, fluoruro sódico/ácido sulfúrico y mezclas de carbonato de sodio/peróxido de sodio. Este último tipo de procesos no puede ser llevado a cabo sobre las secciones transversales de muestras englobadas, siendo únicamente viable sobre las partículas de pigmento o muestras pictóricas extraídas de la pintura.

En el análisis de pigmentos es esencial el examen previo, bajo el microscopio, del fragmento de muestra o de su sección transversal (figura 8.2c). Por ejemplo, si se identifica una capa pictórica azul en la muestra, el número de ensayos microquímicos se puede restringir a los correspondientes a las especies marcadoras Cu^{2+}, Co^{2+}, Fe^{3+} y S ya que los pigmentos azules están constituidos por esas especies. En ocasiones se hace necesario efectuar más de un ensayo para obtener una identificación inequívoca del pigmento. Así, un pigmento blanco con ensayo positivo para el ion SO_4^{2-} debe ser sometido a un segundo ensayo de Ca^{2+}, Ba^{2+} y Pb^{2+}. Asimismo, debe tenerse en cuenta que las alteraciones de los pigmentos pueden provocar distorsiones en los ensayos, como en el azul esmalte degradado por lixiviación de iones Co^{2+} por acción de los aceites secantes.

En las muestras pictóricas que contienen varios pigmentos se puede aplicar la técnica del *horno de anillo Weisz* en la que la disolución previamente obtenida a partir de la muestra se coloca en un disco de papel que se introduce en un soporte de aluminio que se mantiene a 110 °C (Locke y Riley, 1970). Los diferentes reactivos se aplican en sucesivos ensayos siguiendo una marcha analítica separativa.

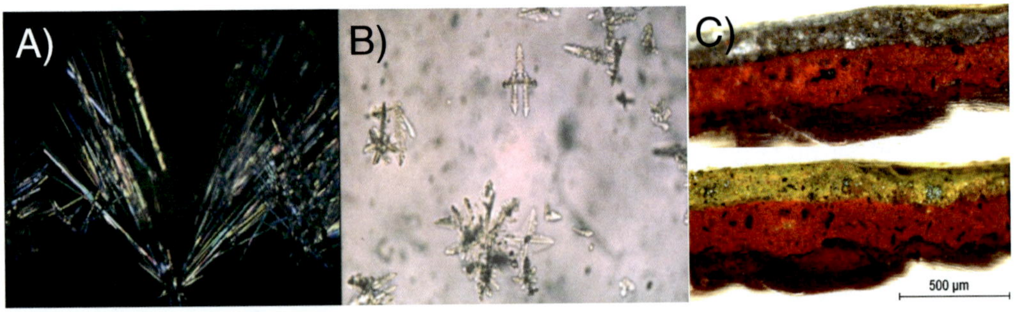

Figura 8.2. Microscopía química: A) agregados estrellados de cristales aciculares de yeso formados en el ensayo de identificación de iones Ca^{2+}; B) cristales dendríticos de $MgNH_4PO_4.6H_2O$ formados en el ensayo de identificación de iones Mg^{2+}; C) ensayo microquímico de identificación de ion Pb^{2+} con yoduro potásico. Muestra pictórica antes (arriba) y después (abajo) del ensayo.

8.2.3. Aplicaciones analíticas

Los ensayos microquímicos han sido ampliamente aplicados en la identificación de pigmentos en pintura de caballete, retablos y pintura mural. La identificación de plomo en muestras de vidriados de silicato al plomo así como de algunos pigmentos también puede llevarse a cabo mediante estos ensayos. Para el reconocimiento de los principales aniones constituyentes de eflorescencias y de las sales solubles alojadas en materiales pétreos, cerámicos, enlucidos, morteros y revocos se puede proceder con ensayos a la gota y por microscopía química. La determinación semicuantitativa de muchos iones marcadores puede efectuarse mediante tiras reactivas en las que la concentración del ion marcador viene determinada por la intensidad del color del complejo coloreado formado con el reactivo alojado en la tira (figura 8.3a). Colorantes orgánicos sintéticos y aglutinantes proteínicos, lipídicos, celulósicos y algunas resinas terpénicas y polifenólicas (lignina) pueden ser reconocidos mediante ciertos ensayos microquímicos característicos (figura 8.3b). La naturaleza celulósica, proteínica o sintética de un material puede ser reconocida mediante ensayos por combustión, lo que permite establecer su origen vegetal, animal o sintético. Un sumario de los ensayos microquímicos más frecuentemente empleados en el examen de patrimonio cultural y sus principales aplicaciones puede encontrarse en el anexo 8.1 (www.sintesis.com).

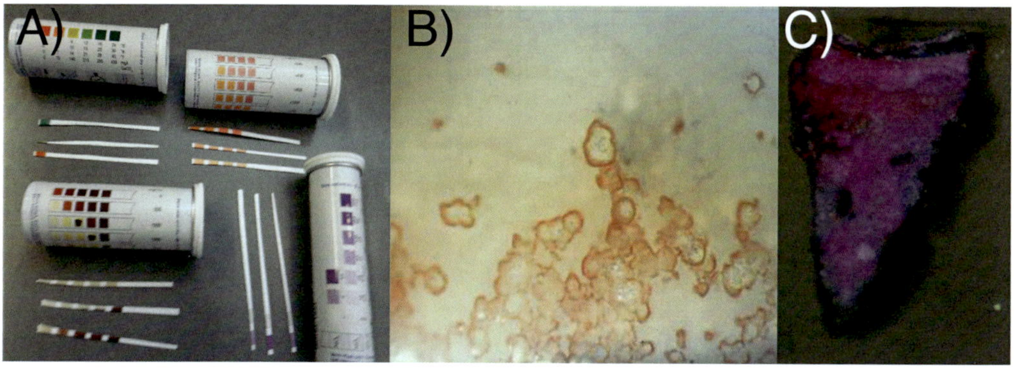

Figura 8.3. A) Tiras reactivas utilizadas en el análisis semicuantitativo de sales solubles de piedra, cerámica, morteros, etc., B) ensayo de Sakaguchi para proteínas, y C) ensayo de tinción con fucsina para identificación de cola animal en la preparación de un retablo del siglo XVI.

8.3. Ensayos de tinción

Los *ensayos de tinción* constituyen un campo particular del análisis histológico que utiliza reacciones específicas de coloración sobre cortes estratigráficos de tejido biológico para la identificación de estructuras particulares. Uno de los primeros científicos que utilizaron colorantes en biología fue J. Hill, quien en 1770 empleó carmín en muestras de organismos vivos. Pocos años después, en 1807, E. Schwarts introdujo la doble tinción utilizando carminato amónico y ácido pícrico. Con la incorporación de colorantes de anilina, cuyo primer uso fue descrito por A. Bencke, en 1862, el número de reactivos de tinción se amplió y este tipo de ensayos se extendió notablemente.

8.3.1. Fundamentos de los ensayos de tinción

El ensayo de tinción está basado en la capacidad de ciertos colorantes para fijarse selectivamente a determinadas familias de compuestos orgánicos tales como proteínas o lípidos, que históricamente han sido usados como aglutinantes de pigmentos en pintura (figura 8.3c). La fijación del reactivo de tinción o colorante tiene lugar a través de mecanismos de adsorción que favorecen el establecimiento de uniones entre las moléculas de colorante y el aglutinante. Una gran mayoría de reactivos de tinción se fija mediante interacciones de tipo ácido-base en las que el colorante ácido con grupos aniónicos establece uniones químicas con centros activos de tipo básico en la muestra. Inversamente colorantes básicos con grupos catiónicos se unen a centros activos de tipo ácido. La mayor o menor presencia de grupos ácidos o básicos en las cadenas proteínicas hace posible la discriminación entre diferentes tipos de aglutinantes proteicos con ciertos colorantes tales como el negro amido preparado en disoluciones a distintos valores de pH. Las proteínas que, como la gelatina, tienen muchos grupos amino, son teñidas incluso a pH 8, mientras que otras proteínas con menos grupos amino, como las de la yema de huevo, son más eficientemente teñidas con el colorante disuelto a pH no tan elevado.

Otros colorantes como la 2,7-diclorofluoresceina y la rhodamina B, que poseen estructuras fluorócromas, tienen la capacidad de formar aductos fluorogénicos visibles bajo determinadas condiciones de iluminación con luz UV. Estos colorantes, disueltos en disolventes no acuosos, permiten identificar aglutinantes lipídicos. Ciertos colorantes como la rhodamina B y la fluoresceína han sido modificados en su estructura de modo que los nuevos colorantes producidos como, por ejemplo, el isocianato de fluoresceína o el cloruro de sulfonilo-lissamina-rhodamina tienen la capacidad de enlazar covalentemente con grupos amino presentes en las cadenas laterales de los aglutinantes proteicos. Estos nuevos colorantes, al ser solubles en disolventes orgánicos, producen mejores tinciones que sus colorantes hidrófilos precursores debido a que reducen la posibilidad de solubilización parcial de las proteínas en agua con estos últimos.

Entre los factores que condicionan el proceso de tinción cabe destacar la pureza y concentración del colorante, el tiempo de coloración y el pH de la disolución de tinción. De entre todos ellos, el último ejerce una notable influencia en el proceso de tinción. Así, se va a considerar el efecto del pH sobre una molécula de proteína que en sus cadenas laterales posee grupos carboxilo y amino. Si la disolución de colorante posee un pH bajo, los grupos carboxilo de la proteína estarán poco ionizados, mientras que los grupos amino incrementarán su ionización, lo que favorece la acción de los colorantes ácidos. La situación opuesta tiene lugar a pH elevado por encima del punto isoeléctrico de la proteína.

8.3.2. Procedimiento experimental

Los ensayos de tinción para la identificación de aglutinantes se llevan a cabo sobre la sección transversal de una muestra pictórica englobada previamente en un bloque de resina sintética. El colorante se adiciona disuelto en el disolvente adecuado mediante una micropipeta y la muestra se deja en contacto con la disolución de colorante el tiempo necesario para que el colorante se fije. En algunos casos puede ser necesario calentar ligeramente la muestra para favorecer el proceso de tinción. Seguidamente se procede a la eliminación del colorante que no se ha fijado al aglutinante mediante lavado con el disolvente. Finalmente, se deja secar y se examina al microscopio. Se pueden llevar a cabo dos tinciones sucesivamente en la misma muestra. En este caso, es aconsejable aplicar el colorante de la proteína y, a continuación, el del aceite secante o lípido.

8.3.3. Aplicaciones analíticas

Al poder realizarse directamente sobre el corte estratigráfico de una muestra pictórica, este tipo de ensayos está especialmente indicado para reconocer la presencia de un determinado aglutinante en los diferentes estratos de la policromía. En particular, este método es útil en aquellas obras pictóricas en las que la técnica artística cambia de unos estratos a otros, bien porque el artista utilizó aglutinantes distintos para la preparación y para las capas pictóricas o bien porque se presume la existencia de un repinte ejecutado con otro aglutinante en una época posterior. Un sumario de los ensayos de tinción más habitualmente empleados en el examen de patrimonio cultural así como sus principales aplicaciones puede encontrarse en el anexo 8.2 en www.sintesis.com.

8.4. Otros métodos

Los *ensayos* o *test de solubilidad* han sido históricamente uno de los primeros tipos de ensayo de identificación de materiales orgánicos tales como barnices o aglutinantes, presentes en una obra pictórica. Así, por ejemplo, la solubilización de la materia orgánica presente en la muestra con dimetilformamida o con disoluciones acuosas alcalinas ha sido considerada un indicador de la presencia de un aglutinante proteico. El inconveniente principal de estos ensayos radica en la dependencia de los coeficientes de solubilidad del aglutinante con el envejecimiento y la falta de especificidad de los disolventes con respecto a cada tipo de aglutinante. Estos ensayos han sido reemplazados, en la actualidad, por los ensayos microquímicos y de tinción mucho más específicos y sensibles.

Los métodos de *determinación de la temperatura de fusión* de un compuesto orgánico utilizando una placa caliente (*hot stage melting point test*) o un tubo capilar constituyen otra categoría de ensayos de interés en el estudio de patrimonio cultural. En ambos métodos la determinación de la temperatura de fusión se lleva a cabo por observación directa o sirviéndose de lentes de aumento. La dificultad de aislar la suficiente cantidad de la sustancia para que el cambio en el aspecto visual que tiene lugar en el momento de la fusión sea apreciable restringe considerablemente su aplicabilidad. Otro factor que limita la aplicación de este método en el estudio de bienes culturales es la dificultad para trabajar con baños (glicerina, arena, etc.) que proporcionen temperaturas superiores a la del baño María (100 °C).

Preguntas de autoevaluación

8.1. Establece las principales diferencias entre los métodos químicos clásicos y los métodos instrumentales.

8.2. Indica cuáles de los siguientes métodos son químicos y cuáles pueden ser considerados instrumentales:

a) Determinación volumétrica de cloruros utilizando un indicador.
b) Determinación volumétrica de cloruros midiendo cambios en la absorción de luz por la disolución mediante un espectrofotómetro.
c) Análisis por combustión.

8.3. ¿Cuáles de los siguientes procesos químicos son utilizados en valoraciones volumétricas?

a) Reacción redox.
b) Reacción de intercambio iónico.
c) Reacción ácido-base.

8.4. Establece la diferencia entre el punto de equivalencia y el punto final de una volumetría.

8.5. ¿Qué ventajas puede tener el reemplazar una pinza metálica de compresión por una llave de paso de vidrio en una bureta?

8.6. Indica cuáles de los siguientes compuestos serían objeto de un análisis por combustión:

a) NH_4OH.
b) $C_{16}H_{34}$.
c) NH_4SO_4.
d) $CH_3(CH_2)_{14}COOH$.

8.7. ¿Cuál es el propósito de la etapa de digestión en un análisis gravimétrico?

8.8. Los ensayos microquímicos que requieren calentamiento de la muestra en una espátula de platino con un reactivo fundente pueden llevarse a cabo en:

a) Partículas de pigmento extraídas de la pintura.
b) Secciones transversales y muestras pictóricas extraídas de la pintura.
c) Muestras pictóricas extraídas de la pintura.

8.9. Un colorante ácido posee grupos aniónicos que enlazan con:

a) Grupos ácidos en el sustrato orgánico;
b) Grupos básicos en el sustrato orgánico.

8.10. ¿Qué limitaciones tiene el ensayo de determinación de la temperatura de fusión en tubo capilar?

9
Métodos electroquímicos

Los métodos electroquímicos engloban un conjunto de técnicas instrumentales que se basan en los fenómenos químicos asociados a los procesos de transferencia electrónica. La electroquímica ha desempeñado un papel muy relevante en el desarrollo de la química como ciencia moderna como ponen de manifiesto los experimentos llevados a cabo a lo largo del siglo XIX y principios del siglo XX por M. Faraday, H. Davy, S. A. Arrhenius y W. H. Nernst. En el marco más específico del electroanálisis, cabe destacar el trabajo de C. Luckow y O. W. Gibbs que sientan las bases de las aplicaciones analíticas de la electrodeposición (electrogravimetría) ya en 1864. Un poco más tarde, en 1897, W. C. Böttger realiza la primera valoración potenciométrica. A comienzos del siglo XX, F. Haber y Z. Klemensiewicz desarrollan los primeros electrodos de vidrio, como una herramienta analítica, basándose en el trabajo previo de M. Cremer, quien efectúa las primeras mediciones potenciométricas de acidez. J. Heyrovský, con M. Shikata, es pionero en la técnica de polarografía con el desarrollo del electrodo de gotas de mercurio. H. Fritz y A. Glazunov, en estudios llevados a cabo separadamente, introducen el método electrográfico para identificar muestras sólidas. Ch. Zbinden pone a punto la determinación por redisolución anódica, mientras que G. C. Barker y I. L. Jenkins sientan las bases de la voltamperometría de onda cuadrada y la voltamperometría de redisolución anódica, técnica, esta última, que es popularizada posteriormente por W. Kemula y Z. Kublik. A partir de la segunda mitad del siglo XX acontecen nuevos avances con el desarrollo de electrodos de film de mercurio por T. M. Florence y de pasta de carbono por R. N. Adamas y T. Kuwana y colaboradores. En 1989, F. Scholz desarrolla la voltamperometría de micropartículas inmovilizadas.

En este capítulo se abordan los métodos electroquímicos de mayor aplicación en el estudio y conservación de patrimonio cultural que son presentados de acuerdo a la clasificación habitual en química. Aunque la electroforesis es una técnica basada en principios electroquímicos no ha sido considerada aquí siguiendo la tendencia general en química analítica que la considera una técnica de separación o, más concretamente, de electroseparación. Por consiguiente, esta técnica instrumental será tratada en el capítulo 18. Tampoco se han incluido aquellos otros métodos electroquímicos de amplio uso en los tratamientos conservativos y protectivos asociados a los procesos de corrosión de objetos metálicos por entender que no son métodos de análisis.

9.1. Fundamentos del electroanálisis

El *electroanálisis* es una rama de la química analítica que comprende aquellos métodos electroquímicos que permiten llevar a cabo identificaciones y determinaciones analíticas. Seguidamente se establece una clasificación general de estos métodos y se presenta una serie de conceptos básicos de electroquímica.

9.1.1. Clasificación de los métodos electroanalíticos

Se acostumbra a clasificar estos métodos en *electródicos*, cuando tienen lugar cambios de composición en la interfase electrodo-disolución, y *no electródicos* cuando estos se llevan a cabo sin que se produzcan transformaciones químicas. Los métodos electródicos, a su vez, se clasifican en métodos *no faradaicos*, *estáticos* o de equilibrio cuando se desarrollan en ausencia de corriente y *faradaicos* o *dinámicos* en presencia de corriente eléctrica. Otra clasificación habitual distingue entre métodos *interfaciales*, que se basan en las propiedades específicas de las interfaces, y métodos de análisis *integral* (*bulk analysis*) que se basan en propiedades como la conductividad y la permitividad dieléctrica de las fases. En la figura 9.1 se muestra un esquema de clasificación de los métodos electroanalíticos de mayor interés en el estudio e investigación de patrimonio cultural.

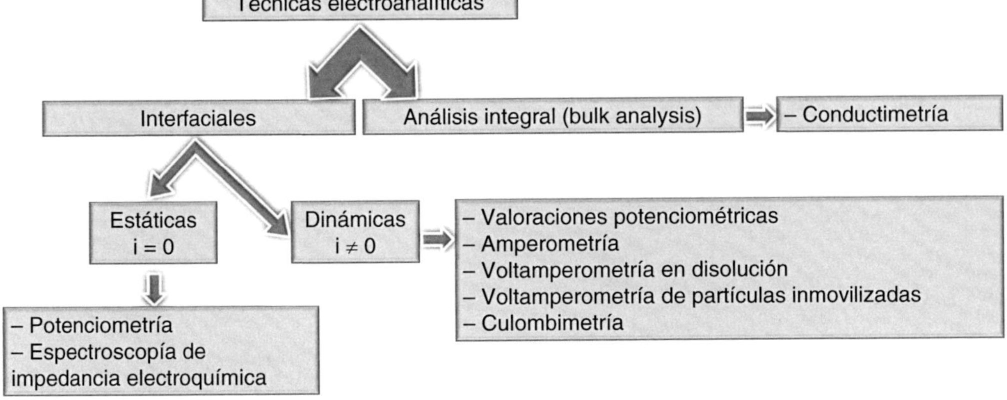

Figura 9.1. Esquema de clasificación de métodos electroanalíticos.

9.1.2. Conceptos básicos de electroquímica

Una *célula* o *celda electroquímica* se define, de modo general, como un dispositivo consistente en dos o más fases eléctricamente conductoras, unidas en serie, por las que se intercambian las especies portadoras de carga (electrones e iones). Habitualmente las células electroquímicas incluyen el circuito externo constituido por un conductor metálico o electrónico y una disolución que es considerada un conductor iónico o electrolítico. Las disoluciones por las que se desplazan los iones reaccionantes se denominan genéricamente *electrolito*. Los *electrodos*, hechos de materiales conductores de electrones, están sumergidos en el electrolito y unidos externamente al circuito exterior. Si en la célula electroquímica tiene lugar una reacción que da lugar a una corriente eléctrica se denomina *célula galvánica*, mientras que si, por el contrario, hay una corriente externa que da lugar a una reacción química el dispositivo se denomina *célula electrolítica* y el proceso que tiene lugar *electrolisis*.

La figura 9.2 muestra esquemáticamente una célula galvánica, la cual va a servir para describir los conceptos básicos que entraña la electroquímica. En primer lugar, la célula galvánica conforma un circuito eléctrico por el que circula un flujo de cargas (electrones por el hilo de cobre e iones a través de la disolución) por unidad de tiempo, que está definido por la *intensidad de corriente* I cuya unidad en el S.I. es el amperio (A). La carga eléctrica de un mol de electrones constituye la constante de Faraday F cuyo valor en culombios es 96.485 C. La *resistencia* R ejercida por un circuito eléctrico al paso de la corriente I está relacionada por la *ley de Ohm* con la *diferencia de potencial* ΔE:

$$I = \frac{\Delta E}{R} \qquad [9.1]$$

La diferencia de potencial entre dos puntos del circuito ΔE, medida en voltios (V), es numéricamente el trabajo necesario para desplazar la unidad de carga eléctrica entre dichos puntos. En la célula galvánica tiene lugar una reacción química que, asumiendo que tiene lugar de modo reversible a presión y temperatura constante, produce un cambio de energía sobre el entorno dado por la magnitud entalpía libre, ΔG, que es proporcional al número de moles reaccionantes n y a la diferencia de potencial, o simplemente potencial, en la célula:

$$\Delta G = -nF\Delta E \qquad [9.2]$$

La reacción química en la célula galvánica se produce separadamente en las dos semicéldas. La semirreacción de reducción tiene lugar en el electrodo denominado *cátodo* y en ella se forma Cu metálico a partir de los iones Cu^{2+} en disolución. La semirreacción de oxidación transcurre en el *ánodo* y en ella el Zn metálico se oxida a la especie iónica Zn^{2+}.

El número de electrones transferido en ambas semirreacciones es el mismo para que se mantenga el balance de cargas total igual a cero. El soluto apropiado, esto es, una sustancia disociable tal como el cloruro de sodio, aporta el adecuado valor de conductividad en el denominado *puente salino*, que permite el contacto eléctrico entre las dos semicélulas.

Las relaciones entre las actividades químicas a de las diferentes especies reaccionantes i, con coeficientes estequiométricos l, y los productos de reacción j, con coeficientes estequiométricos k, vienen explicitadas a través de la *ley de acción de masas*:

$$K_{act} = \frac{\prod_{j=0}^{n} a^{k}}{\prod_{i=0}^{m} a^{l}} \qquad [9.3]$$

Donde K_{act} es la correspondiente constante de equilibrio. Cabe señalar que la *actividad* es una magnitud equivalente a las concentraciones efectivas de iones que tiene en cuenta el efecto de las otras especies cargadas en el electrolito (fuerza iónica). Esta reacción global desarrollada en la célula galvánica, en la que tiene lugar una cierta transferencia de cargas, lleva asociada una variación de entalpía libre ΔG, la cual, a su vez, está relacionada con el potencial eléctrico E por medio de la ecuación [9.2]. La *ecuación de Nernst* expresa la relación existente entre el potencial eléctrico y la constante de equilibrio de la reacción:

$$E = E^{o} - \frac{RT}{nF} \ln K_{act} \qquad [9.4]$$

Donde E^{o} es el potencial estándar, esto es, el potencial electroquímico de la reacción cuando los reactivos y productos están en condiciones estándar y con valores de actividad unidad. R es la constante de los gases (8,3145 J K^{-1} mol^{-1}) y T es la temperatura. La ecuación de Nernst se aplica a procesos reactivos que implican transferencia de electrones y a procesos que tienen lugar por transferencia de carga iónica por difusión.

Debido al carácter aditivo del potencial eléctrico en una célula galvánica es posible ordenar los potenciales eléctricos de cada electrodo si se elige uno de ellos como patrón de referencia. El electrodo adoptado como referencia universal es el *electrodo normal de hidrógeno* (SHE, *standard hydrogen electrode*, NHE, *normal hydrogen electrode*) al que se le asigna el valor $E^{o}=0$ a cualquier temperatura. La diferencia de potencial en una célula galvánica formada por el electrodo normal de hidrógeno y cualquier otro, dispuesta en condiciones estándar, esto es, 1 atm, 298 K, y con todas las especies en actividad unidad, se denomina *potencial normal de electrodo* y su signo dependerá de que dicho electrodo actúe como ánodo o cátodo frente al electrodo normal de hidrógeno. Por convenio, el electrodo normal de hidrógeno siempre se monta como ánodo en la célula galvánica, por lo que E^{o} se refiere a la reacción de reducción y adopta el signo positivo cuando actúa como cátodo (semirreacción espontánea) y negativo cuando actúa como ánodo (semirreacción no espontánea).

Una célula galvánica se expresa abreviadamente situando a la izquierda la reacción de oxidación y a la derecha la reducción. La interfase entre un electrodo sólido y una disolución se representa mediante una línea vertical | y el puente salino se representa mediante dos líneas verticales ||. De este modo la célula electroquímica de la figura 9.2 se expresaría:

$$Zn\,|\,Zn^{2+}(1\ M)\,||\,Cu^{2+}(1\ M)\,|\,Cu$$

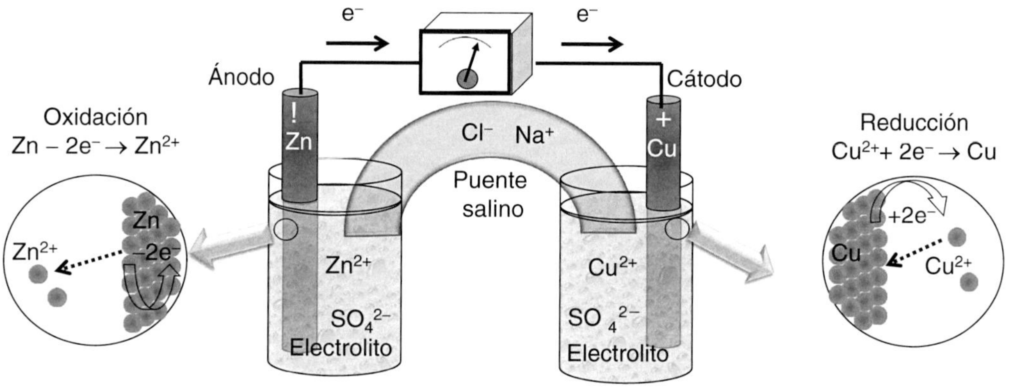

Figura 9.2. Esquema de una célula galvánica.

Un caso particular de potencial de electrodo es el denominado *potencial de corrosión*, que, en términos generales, puede entenderse como la capacidad de un material conductor o no conductor para perder electrones desde su superficie cuando esta última está en contacto con un electrolito. El potencial de corrosión de un material se determina midiendo la diferencia de potencial entre un electrodo preparado con dicho material y un electrodo de referencia en contacto con un electrolito. El potencial de corrosión es de gran interés en la evaluación de la capacidad de corrosión de objetos metálicos y para evaluar la capacidad de prevención de la misma en determinados tratamientos con películas protectoras u otro tipo de tratamientos inhibitorios.

Paralelamente al potencial de corrosión puede obtenerse una estimación de la velocidad de corrosión de un material metálico mediante la determinación de la *resistencia de polarización* o *resistencia de corrosión.* Esta magnitud se define como la resistencia a la oxidación de un material dispuesto como electrodo en una célula electroquímica en la que se aplica un potencial eléctrico externo variable en un intervalo en el que está comprendido el potencial de corrosión.

9.2. Conductimetría

La *conductimetría* es una técnica electroanalítica no selectiva, incluida dentro de los denominados métodos de análisis integral, ya que se basa en la medida de la conductividad de una disolución, un sólido homogéneo o una mezcla física.

9.2.1. Fundamentos de la técnica

La mayoría de aplicaciones de la conductimetría en el estudio y conservación de patrimonio cultural se basa en la determinación de la capacidad conductora de una disolución midiendo su *conductancia* que es la magnitud inversa a la resistencia eléctrica, para lo cual se utilizan dos electrodos que se sumergen en la disolución. La conductancia depende de diversos factores relativos a la disolución como son la concentración de especies iónicas en la disolución y la temperatura. También otros factores relativos a los electrodos tales como geometría, área de los electrodos y posición relativa en el seno de la disolución son determinantes. Por este motivo, en la práctica analítica se utiliza una magnitud, la *conductividad* o *conductancia específica*, que tiene en cuenta estas condiciones específicas de los electrodos ya que su unidad de medida, el ohmio^{-1} cm^{-1} (Ω^{-1} cm^{-1}, también denominado mho cm^{-1} o siemens cm^{-1}) proporciona valores equivalentes a mediciones efectuadas con electrodos planos de 1 cm^2 dispuestos a 1 cm de distancia y sumergidos en una celda de 1 cm^3. La magnitud inversa a la conductividad es la *resistividad* ρ, que está relacionada con la resistencia R de la disolución mediante la expresión:

$$R = \rho \frac{l}{A} \qquad [9.5]$$

Donde l es la distancia entre electrodos y A su superficie. En general, la conductividad de una disolución depende del tipo de iones que la constituyen. Como ejemplo, el ion H^+ es mucho mejor conductor que otros cationes. La conductividad a dilución infinita a 25 °C por meq L^{-1} del ion H^+ es 349,7 mS cm^{-1} frente a 50,1 mS cm^{-1} para Na^+ y 73,5 mS cm^{-1} para K^+. La conductividad también depende de la concentración de cada ion de modo que la conductividad total de la disolución cuantitativamente es la suma de las diferentes contribuciones de sus componentes iónicos. Asimismo, la conductividad depende de la temperatura. Un incremento en promedio de 1 °C produce un aumento de un 2% en la conductividad.

9.2.2. Instrumentación

Básicamente el conductímetro mide la conductividad de la disolución aplicando un campo eléctrico entre dos electrodos. Este instrumento consta de tres componentes básicos: la célula de conductividad, la sonda de temperatura y el dispositivo que procesa las señales medidas. La instrumentación existente actualmente es muy variada en prestaciones y tipos de electrodo. La célula de conductividad más común está integrada idealmente por dos electrodos metálicos de 1 cm^2 separados 1 cm (figura 9.3a). Sin embargo, en la práctica, los conductímetros de sobremesa o de bolsillo se fabrican con células de conductividad que incluyen electrodos de muy variadas formas y materiales, si bien la mayoría de ellos se construyen con platino recubierto electrolíticamente de ácido cloroplatínico también denominado *negro de platino*. Este recubrimiento proporciona una microrrugosidad con la que se incrementa la superficie de medida lo que, a su vez, mejora la respuesta de la célula. Cada célula de conductividad, dependiendo de sus características, posee una constante de célula C (1 cm^{-1} es el valor más habitual) que determina el rango de conductividades que puede medir. Por ejemplo, 0,05-1 $\mu S\ cm^{-1}$ para agua ultrapura, 1-10 $\mu S\ cm^{-1}$ para agua de elevada pureza y 10-100 $\mu S\ cm^{-1}$ para agua potable. Muchos modelos incorporan una sonda de temperatura para compensar la diferencia de temperatura (figura 9.3b). Dichos instrumentos, además del valor de conductividad, proporcionan el valor del contenido en *sustancias sólidas totales disueltas* (TDS, *total dissolved solids*) que se expresa en mg L^{-1} así como el valor de *salinidad* entendida como la concentración de una disolución teórica de NaCl con la misma conductividad que la muestra, la cual viene dada en ppm o g L^{-1} de NaCl.

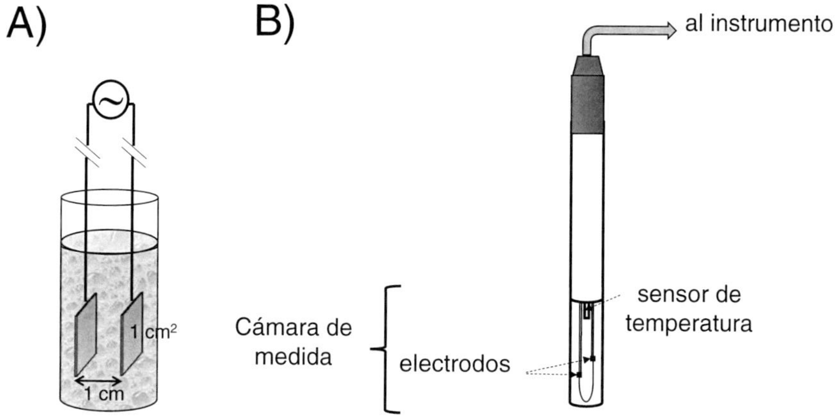

Figura 9.3. A) Representación de la célula de conductividad integrada por dos electrodos metálicos de 1 cm^2 separados 1 cm; B) esquema de una célula de conductividad real con sensor de temperatura.

9.2.3. *Aplicaciones analíticas*

El conductímetro es un instrumento de aplicación en cualquier tratamiento de conservación en el que sea necesario controlar el contenido en iones de una disolución. Una de las principales aplicaciones es el control de los baños acuosos utilizados en la eliminación de especies iónicas de piezas cerámicas, materiales pétreos o metales, que han sido acumuladas a consecuencia de unas inadecuadas condiciones de conservación (enterramiento, sumergidas, etc.).

9.3. Potenciometría

Como se mostraba en la figura 9.1, la *potenciometría,* junto con la espectroscopía de impedancia electroquímica (apartado 9.4), se considera una metodología electródica y no faradaica de tipo estático ya que transcurre en ausencia de corriente eléctrica. También se la considera un método interfacial pues las medidas proporcionadas se refieren a los cambios que tienen lugar en la interfaz electrodo-electrolito.

9.3.1. *Fundamentos de la técnica*

Está técnica se basa en la medida de la diferencia de potencial entre un *electrodo indicador* o *sensor* y un *electrodo de referencia* que operan en condiciones de equilibrio, esto es, todas las especies presentan concentraciones uniformes en la disolución. Otra característica de esta técnica es que la intensidad de corriente a través de la célula electroquímica debe ser nula o tan baja como sea posible. Para conseguir esto último se utilizan voltímetros con un elevado valor de impedancia. Mientras el potencial del electrodo de referencia es constante e independiente de la concentración del electrolito, el potencial del electrodo indicador, de acuerdo con la ecuación de Nernst, es proporcional al logaritmo de la actividad (que en la mayoría de casos puede aproximarse a la concentración) de los iones o moléculas en la disolución.

Como electrodo de referencia se establece teóricamente el NHE que se expresa abreviadamente $||H^+(1\ M), H_2(1\ atm)|Pt$. Sin embargo, en la práctica se utilizan otros electrodos más cómodamente manejables como el *electrodo de calomelanos*, ($||KCl$ (saturado), $Hg_2Cl_2(s)|Hg$), que posee un valor $E = +0,24$ V a 25 °C respecto al NHE o el *electrodo de plata-cloruro de plata* (Ag/AgCl), ($||KCl$(saturado), $AgCl(s)|Ag$), que posee un valor $E = +0,197$ V a 25 °C respecto al NHE.

El electrodo indicador puede ser *metálico*, *redox* o bien de *membrana*. Un electrodo de membrana básicamente está constituido por una fase, la membrana, que contiene sitios fijos o móviles que interaccionan con los iones de la disolución. La membrana está hecha de un polímero orgánico plastificado, vidrio, un cristal o una sal escasamente soluble. El electrodo de membrana policristalina de Ag_2S, por ejemplo, está constituido por una placa de microcristales de Ag_2S y puede usarse como electrodo selectivo tanto de iones Ag^+ como de iones S^{2-}. Los cristales de Ag_2S poseen muy baja solubilidad y la suficiente conductividad como para permitir que la adsorción de iones Ag^+ o S^{2-} sobre la membrana genere una diferencia de potencial asociada a la diferente actividad termodinámica de estos iones en la disolución del analito y en la capa interna de la membrana.

Estos electrodos son la base de los denominados *electrodos selectivos de iones* (ISE, *ion-selective electrode*), que se fundamentan en el potencial electroquímico, también denominado *potencial de unión líquida*, que se establece en la interfase formada entre dos líquidos no miscibles espontáneamente. Estos sensores electroquímicos responden selectivamente a una determinada especie iónica y permiten la determinación de iones orgánicos e inorgánicos en un rango de actividades, en general, 10^{-5}-10^{-7} M.

La concentración de iones tales como S^{2-}, Ag^+, Cl^-, Na^+ y K^+ presentes en electrolitos puede ser determinada de esta forma, pero el ejemplo más destacado es el electrodo selectivo de iones H^+ utilizado para la medida del pH de las disoluciones.

9.3.2. Instrumentación

El electrodo selectivo de iones H^+, utilizado para la medida del pH de disoluciones, consiste en un bulbo de vidrio sódico-cálcico (generalmente Corning 015), de paredes muy finas, que actúa como una membrana semipermeable a los iones H^+ (figura 9.4). Dentro del tubo se introduce una disolución de HCl 0,1 M y un electrodo de Ag/AgCl. Este electrodo se combina con un electrodo externo de calomelanos o de Ag/AgCl como electrodo de referencia. El instrumento se completa con un voltímetro ya que este dispositivo no es afectado por la elevada resistencia que ofrece la membrana de vidrio.

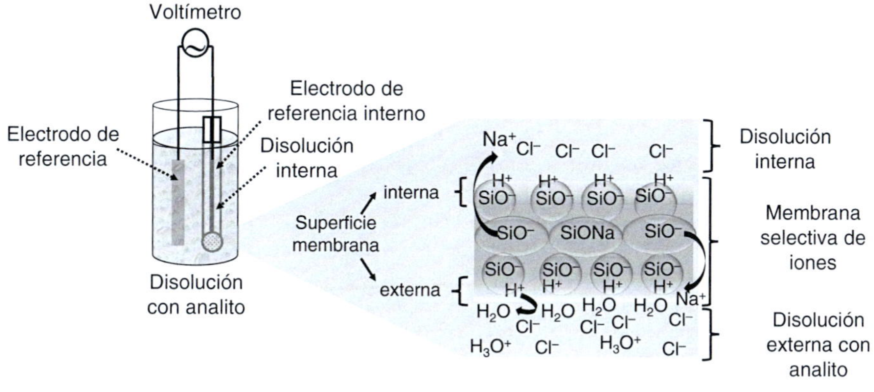

Figura 9.4. Esquema de la célula utilizada en un pH-metro para la medida del pH con detalle de la membrana selectiva de iones H^+.

La membrana que conforma la pared del bulbo de vidrio consta de dos superficies y una zona de relleno (figura 9.4). En la superficie exterior de la membrana de vidrio, en contacto con una disolución externa, por ejemplo de HCl, se produce una entrada selectiva de iones H^+ debido a que estos se enlazan significativamente en la región hidratada del gel de sílice más externa, dejando en el exterior a los iones Cl^-, lo que genera un potencial de interfase. La difusión de los iones Na^+ a través de la membrana permite mantener el contacto eléctrico entre las dos superficies de esta, aunque su elevada resistividad hace que la corriente sea muy pequeña. El número de iones H^+ que se difunden a través de la interfase es mayor cuanto mayor es su concentración en la disolución externa. Esto hace que se eleve el potencial de interfase al incrementarse el número de iones Cl^- que se quedan a la entrada de la membrana. Algo similar sucede en la superficie interna. Como resultado, la membrana se comporta como dos semicélulas conectadas por un puente salino y su potencial viene descrito por la ecuación de Nernst:

$$E = E^{\circ} + \frac{RT}{F} \ln a_{H+} = E^{\circ} - 0{,}059\,pH \qquad \text{a } 25\,^{\circ}\text{C} \qquad [9.6]$$

Como sucedía con los conductímetros, los pH-metros se fabrican en formato de bolsillo y de sobremesa y estos últimos pueden detectar diferencias de pH del orden de 0,005 unidades de pH. Los electrodos de vidrio deben calibrarse periódicamente con disoluciones patrón y debe tenerse la precaución de mantenerlos sumergidos en disoluciones a pH 4 o 7 para que no se deterioren. Los electrodos de superficie plana permiten la medición del pH de superficies sólidas o pequeños volúmenes de disolución (1 gota).

Cabe señalar que, al tener que operar en condiciones de corriente eléctrica prácticamente nula, el pH-metro es un dispositivo de alta impedancia. Esto, junto con el espesor de la membrana de vidrio, hace que estos instrumentos requieran un cierto tiempo de respuesta. Actualmente también hay disponibles *transistores selectivos de iones con efecto de campo* (ISFET, *ion sensitive field effect transistor*). La principal diferencia con el electrodo de vidrio, empleado en la medida del pH, es que el ISFET posee baja impedancia y la sonda tiene un tamaño de medio milímetro, lo que permite efectuar las medidas mucho más rápidamente que con un pH-metro con electrodo de vidrio. El principal inconveniente del ISFET es que es muy sensible a los campos magnéticos como los de los agitadores magnéticos.

9.3.3. Aplicaciones analíticas

La medida del pH es una práctica habitual en el control de la acidez o alcalinidad de todo tipo de materiales integrantes de obras de arte, disoluciones que contienen agentes de limpieza y consolidantes en medio acuoso, en tratamientos de conservación de papel, piedra, metal, obra pictórica, etc.

9.3.4. Valoraciones potenciométricas

Una *valoración potenciométrica* consiste en la utilización de un dispositivo potenciostático (apartado 9.5.3) que permite la medida del potencial de un electrodo de trabajo referido a un electrodo de referencia como una función del volumen de reactivo valorante (capítulo 8, apartado 8.1.1). El ejemplo más común es la utilización de un dispositivo potenciostático en el que se incorpora un electrodo de vidrio para llevar a cabo una valoración ácido-base (figura 9.5a). La representación de los valores de pH que se van obteniendo frente al volumen de reactivo valorante adicionado proporciona una curva en la que el punto final de la valoración, correspondiente al proceso de neutralización (figura 9.5b), se puede establecer de manera mucho más precisa que con los indicadores químicos.

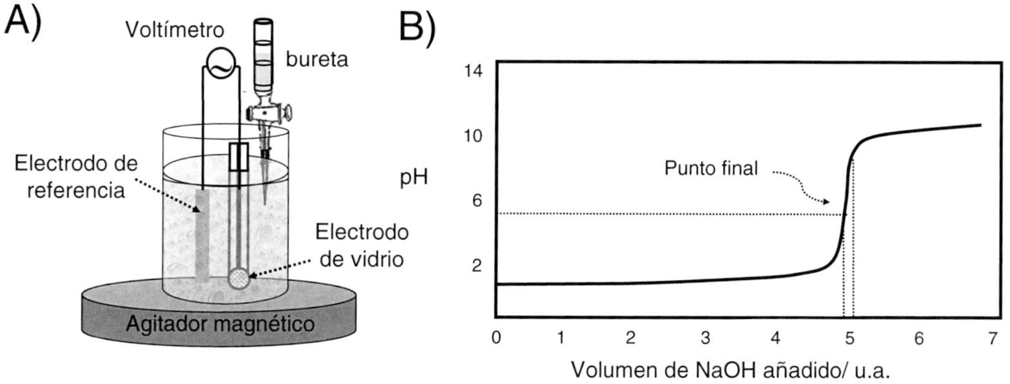

Figura 9.5. A) Dispositivo de valoración potenciométrica; B) curva de valoración potenciométrica ácido-base.

Las principales aplicaciones analíticas de esta técnica en el campo del estudio de patrimonio cultural son las valoraciones ácido-base que permiten caracterizar el contenido en sustancias ácidas de un extracto acuoso obtenido durante un tratamiento de desacidificación de obra gráfica o un tratamiento de limpieza de cualquier tipo de objeto. Otra aplicación habitual consiste en la determinación del contenido en iones Cl^- en los baños acuosos que se aplican a los objetos de metal arqueológico durante los tratamientos de decloruración. En este caso se utiliza como reactivo valorante nitrato de plata y el electrodo de trabajo es un electrodo selectivo de iones Cl^-.

9.4. Espectroscopía de impedancia electroquímica

La posibilidad de efectuar determinaciones de impedancia a frecuencias por debajo de los 0,1 mHz propició que esta técnica se desarrollase instrumentalmente siendo, actualmente, de amplio uso en el marco de los estudios de corrosión. El término espectroscopía se aplica aquí ya que se utiliza la frecuencia como variable.

9.4.1. Fundamentos de la técnica

La *espectroscopía de impedancia electroquímica* (EIS, *electrochemical impedance spectroscopy*) se basa en la medida, en condiciones de equilibrio, de la *impedancia compleja* Z de una célula electroquímica en función de la frecuencia f o de la frecuencia angular ω ($\omega = 2\pi f$), mediante la superposición de un potencial sinusoidal, de pequeña amplitud, al potencial de la célula, lo que hace que este último varíe con el tiempo originando una diferencia de fase ϕ entre el potencial aplicado y la intensidad de corriente. Esta situación se representa mediante la formulación de la impedancia Z como una magnitud compleja que tiene una componente real Z_{real} y otra imaginaria Z_{imag} como se muestra en la expresión siguiente:

$$Z = Z_{\text{real}} + jZ_{\text{imag}} \quad (j = \sqrt{-1}) \qquad [9.7]$$

De modo que si el circuito posee solo resistencia óhmica R, la impedancia es una cantidad real que coincide con la resistencia R ($Z = R$), siendo el ángulo de fase $\phi = 0$. Si el circuito es un condensador o capacitor puro de capacidad C, Z es una cantidad imaginaria pura dada por la expresión $-j/C\omega$, y $\phi = -90°$ y, finalmente, si el circuito es un dispositivo de inductancia pura L, la impedancia es una cantidad imaginaria pura ($jL\omega$) y $\phi = 90°$.

9.4.2. Instrumentación

La técnica EIS se lleva a cabo con dispositivos potenciostáticos generadores de señal (apartado 9.5.3) que van equipados con sistemas de respuesta a la variación de frecuencia en el rango mHz-MHz. La amplitud de la perturbación sinusoidal suele ser del orden de mV.

9.4.3. Aplicaciones analíticas

Los resultados de la medición de la impedancia de la célula electroquímica en función de la frecuencia constituyen el denominado *espectro EIS*, el cual tiene dos modos habituales de representarse. La representación gráfica de la componente imaginaria Z_{imag} frente a la componente Z_{real} de la ecuación [9.7] constituye el denominado *diagrama Nyquist* o diagrama de plano complejo (figura 9.6a), mientras que el *diagrama de Bode* consiste en la representación gráfica del valor absoluto de la impedancia $|Z|$, del logaritmo de $|Z|$ o del ángulo de fase ϕ frente al logaritmo de la frecuencia f (figura 9.6b).

La interpretación de los datos obtenidos se lleva a cabo considerando que las células electroquímicas implican un conjunto de procesos tales como transferencia de electrones en la interfase electrodo-electrolito, fenómeno de la doble capa, difusión de iones, etc., que producen efectos de impedancia resistiva y capacitiva, principalmente. Por tanto, la célula electroquímica puede ser descrita como un circuito equivalente conformado como una asociación de impedancias resistivas y capacitivas. El *circuito Randles* es un ejemplo sencillo (figura 9.6c). Este circuito equivalente está formado por una resistencia, representativa de las caídas óhmicas en la disolución, conexiones, etc., dispuesta en serie con un sistema integrado por una segunda resistencia representativa de la barrera de potencial asociada a la transferencia electrónica a través de la interfase electrodo/electrolito, la cual, a su vez, está dispuesta en paralelo con un capacitor que representa los efectos capacitivos asociados a la separación de carga en las proximidades del electrodo (efecto de la doble capa de Helmholtz).

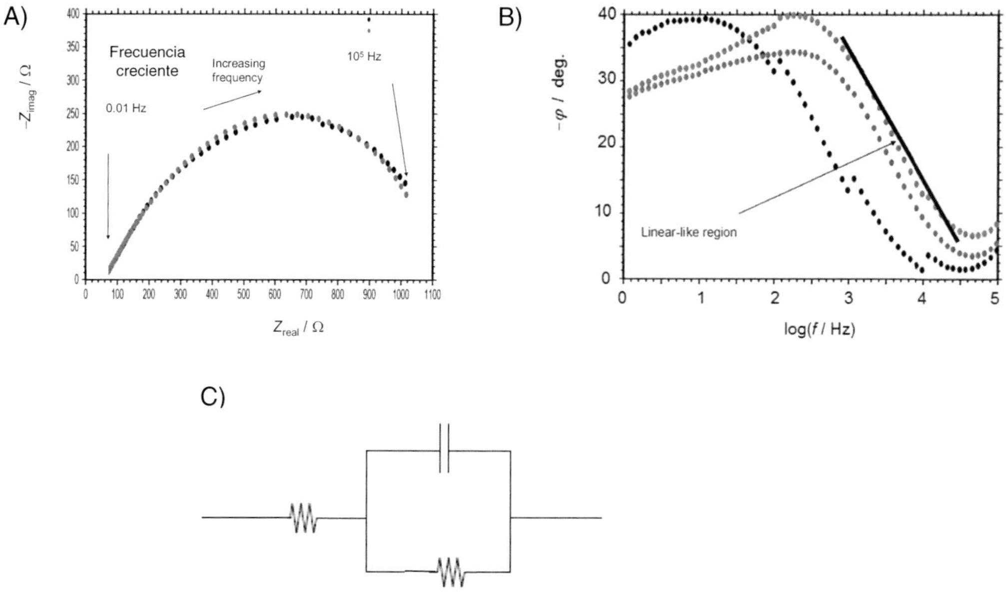

Figura 9.6. Espectros EIS: A) diagrama Nyquist; B) diagrama de Bode; C) circuito equivalente de Randles.

Esta técnica analítica se ha aplicado en estudios de corrosión para evaluar el efecto inhibitorio, protector y la posible interacción de películas poliméricas aplicadas sobre metales (Cano *et al.*, 2014). Se asume que la resistencia y la capacidad del sistema polímero-metal cambia cuando especies iónicas atraviesan la película de polímero protector de modo que la capacidad protectora de estos polímeros puede ser evaluada midiendo los cambios en la impedancia, esto es, la capacidad y la resistencia del circuito equivalente. En general, cuanto mayor es el valor de impedancia, mayor es la capacidad de protección del polímero. Además de la capacidad anticorrosiva del polímero, con esta técnica es posible estudiar los mecanismos anticorrosivos y la velocidad de corrosión del metal. También se ha aplicado la técnica EIS en la caracterización de productos de corrosión de objetos metálicos y en estudios de procedencia y técnica de manufactura.

9.5. Métodos amperométricos y voltamperométricos

Se inicia aquí la segunda parte de este capítulo en la que se describe un conjunto de métodos dinámicos, los cuales se caracterizan por la presencia de una corriente eléctrica que se asocia a la existencia de un proceso redox que tiene lugar en las interfases electrolito-electrodo. Por consiguiente, estos métodos se categorizan también como faradaicos. Los métodos amperométricos y voltamperométricos se basan en la medida de la intensidad de corriente que circula por la célula electroquímica y engloban diversas técnicas. La voltamperometría de redisolución anódica o *stripping* (polarografía cuando se utiliza electrodo de mercurio) es la técnica más ampliamente utilizada. Tradicionalmente estos métodos se han empleado en el estudio de analitos en disolución, razón por la que su aplicación en el ámbito del patrimonio cultural ha sido muy limitada. Sin embargo, el desarrollo por F. Scholz y colaboradores, en la década de 1980, de la voltamperometría de partículas inmovilizadas (Scholz *et al.*, 2014), ha permitido estudiar materiales en estado sólido en la escala del µg y ng, lo que ha convertido esta técnica en una excelente herramienta analítica en el estudio de los bienes culturales.

9.5.1. Fundamentos de las técnicas amperométricas y voltamperométricas en disolución

En la *amperometría* el analito es una especie electroactiva conocida, la cual está presente en la disolución de electrolito y se oxida o reduce en el electrodo de trabajo al aplicar en este un potencial de oxidación o reducción característico de esa especie electroactiva. De este modo, la intensidad de corriente límite es proporcional a su concentración y, por tanto, esta técnica puede utilizarse para cuantificar la especie electroactiva. No obstante, si se aplica un potencial constante, la intensidad disminuirá con el tiempo por lo que, para obtener medidas estables, se recurre a mantener la disolución bajo agitación o a realizar medidas muy rápidas. También es frecuente trabajar en sistemas en flujo mediante células electroquímicas apropiadas.

Las técnicas amperométricas son muy sensibles pero poco específicas. Esta escasa especificidad permite, sin embargo, que puedan utilizarse sensores amperométricos como detectores acoplados a un cromatógrafo líquido o a un sistema de inyección en flujo.

Se denominan *técnicas voltamperométricas* las consistentes en el registro de la intensidad que circula por la celda electroquímica en función del potencial (diferencia de potencial), variable con el tiempo, aplicado entre sus electrodos. En concreto, interesará estudiar los procesos que tienen lugar en un electrodo (electrodo de trabajo) al establecer entre dicho electrodo y un electrodo de referencia (que se supone que mantiene una diferencia de potencial constante con relación al electrolito) una diferencia de potencial que se hace variar con el tiempo.

Las técnicas voltamperométricas reciben diferente denominación dependiendo del tipo de variación que experimenta la diferencia de potencial en la célula electroquímica con el tiempo. Si el potencial se hace variar de forma uniforme entre dos valores extremos arbitrarios la técnica recibe la denominación de *voltamperometría lineal* (LV, *linear voltammetry*) (figura 9.7a). La velocidad de barrido del potencial en todos los casos suele estar comprendida entre 0,01 y 20.000 mV s^{-1}. En las técnicas de impulsos, entre las que destacan la *voltamperometría diferencial de impulsos* (DPV, *differential pulse voltammetry*) y la *voltamperometría de onda cuadrada* (SQWV, *square wave voltammetry*), unos impulsos de potencial, caracterizados por una determinada altura y amplitud (usualmente entre 1 y 50 mV) y frecuencia, son superpuestos a un barrido lineal de potencial (figura 9.7b). En estas técnicas se mide la corriente al inicio y al final de cada pulso, con lo cual se consigue minimizar los efectos capacitivos en la celda. En la *voltamperometría cíclica* (CV, *cyclic voltammetry*) se aplican sucesivos barridos lineales de potencial entre los potenciales inicial y de retorno (figura 9.7c).

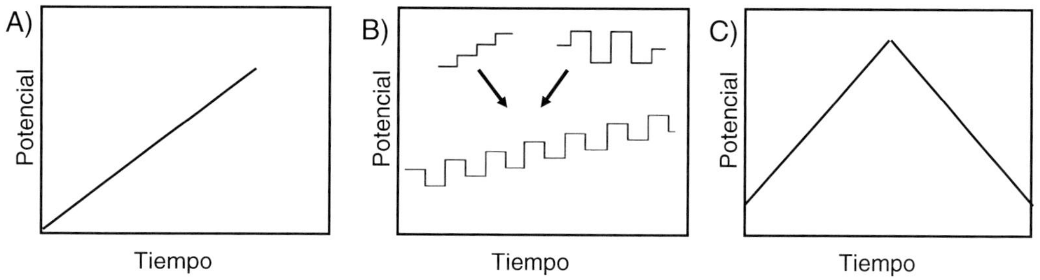

Figura 9.7. Representación de la variación del potencial aplicado con el tiempo para diferentes técnicas voltamperométricas: A) voltamperometría lineal; B) voltamperometría de impulsos y C) voltamperometría cíclica.

La voltamperometría, en general, permite estudiar los procesos que desarrolla una especie electroactiva en el electrodo de trabajo. Mediante el barrido se alcanza el potencial de equilibrio de la especie electroactiva, momento en el que esta desarrolla la correspondiente reacción de oxidación o reducción, lo que provoca un aumento significativo de la intensidad de corriente. La figura 9.8 muestra, como ejemplo, el ciclovoltamperograma registrado en una disolución de sulfato de cobre. Inicialmente la corriente eléctrica es prácticamente nula y, a medida que el potencial se va desplazando hacia valores más negativos, no se incrementa hasta que llega al valor próximo al potencial formal de reducción del ion $Cu^{2+}_{(ac)}$ a Cu^{o} metálico, momento en el que la intensidad experimenta un aumento exponencial (pico catódico) y en el electrodo se forma un depósito granulado. En el barrido reverso, en el que el potencial se desplaza en el sentido positivo, este depósito de Cu metálico se oxida abruptamente a iones $Cu^{2+}_{(ac)}$, lo que origina un pico anódico muy intenso (pico de *stripping* o redisolución anódica). En muchos casos, cuando el proceso electroquímico es reversible (transferencia electrónica rápida a través de la interfase electrodo/electrolito) y tiene lugar bajo control difusivo, se puede establecer una dependencia lineal de la intensidad de pico con la concentración y con la raíz cuadrada de la velocidad de barrido si el resto de parámetros (temperatura, coeficiente de difusión, etc.) se mantiene constante. En otros casos, sin embargo, la transferencia electrónica es lenta (irreversibilidad electroquímica) o se producen reacciones químicas acopladas a la misma que hacen que la respuesta observada se aparte de la reversibilidad. Por otra parte, en los ciclovoltamperogramas reales aparecen efectos capacitivos y de resistencia óhmica no compensada, distorsionándose el voltamperograma. Pese a estos inconvenientes, esta metodología se aplica en la técnica de *voltamperometría de redisolución anódica*, ampliamente empleada en el análisis de elementos metálicos a nivel de trazas en agua.

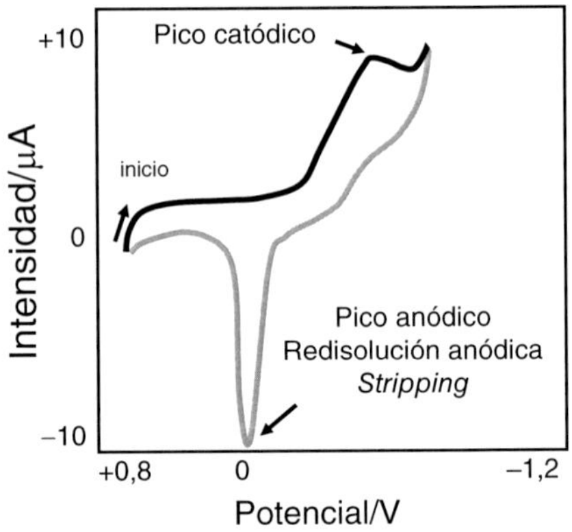

Figura 9.8. Ciclovoltamperograma realizado sobre electrodo de carbono vitrificado de una disolución de sulfato de cobre pentahidrato en disolución tampón acético/acetato (pH=4,75), velocidad de barrido 50 mV s^{-1}. Barrido catódico (línea negra), barrido anódico (línea gris).

Ciertas aplicaciones de la voltamperometría se ven dificultadas porque en el transcurso del análisis la superficie del electrodo se va recubriendo de residuos a medida que se produce el proceso de oxidación o reducción por parte de la especie electroactiva, lo que dificulta la repetitividad de las mediciones. Una posible solución se encuentra en la técnica voltamperométrica denominada *polarografía* gracias a la utilización de un electrodo de trabajo de tipo *gota colgante de mercurio* que renueva de forma continua su superficie (apartado 9.5.3). Esta técnica permite la determinación de elementos al nivel de trazas con una gran precisión.

9.5.2. Fundamentos de la voltamperometría de micropartículas inmovilizadas

La voltamperometría convencional implica la aplicación de tratamientos basados en el ataque químico o la extracción con disolventes de la muestra sólida, lo que exige muestras de mayor tamaño y entraña riesgos asociados a pérdida de algún componente. Estos inconvenientes pueden evitarse con la *voltamperometría de partículas inmovilizadas* (VIMP, *voltammetry of immobilized microparticles*). Esta técnica voltamperométrica tiene como característica distintiva el uso, como electrodo de trabajo, de un electrodo inerte de grafito (apartado 9.5.3) modificado con partículas sólidas (pigmento, producto de corrosión, etc.) fijadas abrasivamente en su superficie (figura 9.9a). Como se muestra en la figura 9.9b, el proceso electroquímico incluye transferencia de electrones entre la superficie del electrodo y la partícula sólida, así como transferencia de iones entre la partícula y el electrolito. La reacción electroquímica se inicia en la unión electrodo-partícula-electrolito y se expande a través de la partícula sólida vía salto de electrones entre los centros redox en la partícula sólida combinado con difusión de iones a través de la misma. De este modo, la respuesta del electrodo modificado es característica de la fase sólida de la partícula y esta técnica permite la caracterización química y mineralógica del sólido particulado.

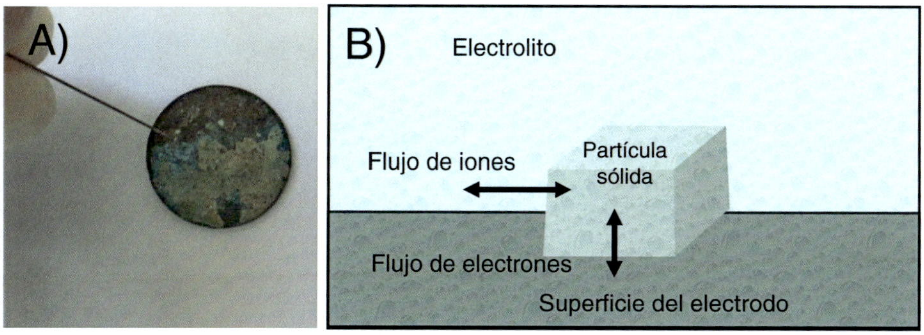

Figura 9.9. A) Proceso de modificación por abrasión de un electrodo de grafito con productos de corrosión de una moneda antigua; B) esquema de los procesos de transferencia iónica y electrónica que tienen lugar entre la partícula, el electrodo y el electrolito en la técnica VIMP.

Los procesos electroquímicos con interés analítico que tienen lugar en el electrodo de trabajo en la técnica VIMP pueden clasificarse en:

- *Metales depositables electroquímicamente.* Como ejemplo, se considera los minerales y pigmentos de carbonato de plomo que, durante un barrido catódico a –0,60 V, se reducen a plomo metal.
- *Oxidación de partículas metálicas.* Oro, plata, cobre y otros metales utilizados en obras de arte pueden ser identificados mediante el pico de *stripping* correspondiente al proceso de disolución oxidativa de la partícula metálica fijada a la superficie del electrodo de carbono.
- *Procesos de disolución oxidativa/reductiva.* Es el caso del mineral hematita presente abundantemente en el pigmento rojo óxido de hierro que, en el barrido catódico, da lugar a una señal asociada a la disolución del sólido Fe_2O_3 por reducción de los iones Fe^{3+} a $Fe^{2+}_{(ac)}$ sin que se produzca una señal complementaria en el barrido anódico. El pigmento verde de cromo puede ser identificado por la reacción de oxidación de los iones Cr^{3+} presentes en el $Cr_2O_{3(s)}$ a $Cr_2O_7^{2-}{}_{(ac)}$.
- *Transformación en estado sólido.* Ciertos pigmentos orgánicos tienen la propiedad de experimentar transformaciones redox en fase sólida. El ejemplo más conocido es la transformación del azul de Prusia $KFe^{III}[Fe^{II}(CN)_6]$ a $KFe^{III}[Fe^{III}(CN)_6]$ mediante un proceso de oxidación del ion Fe(II). En otros casos la transformación redox tiene lugar acompañada de transferencia protónica. Por ejemplo, dehidroíndigo/índigo/leucoíndigo en pigmentos indigoides o las transformaciones catecol/quinona en pigmentos de tipo antraquinónico, flavonoide y flavona.

9.5.3. Instrumentación

Los análisis voltamperométricos se llevan a cabo en dispositivos potenciostáticos generadores de señal, como el mostrado en la figura 9.10a, integrados por tres electrodos: referencia, trabajo y auxiliar (figura 9.10b). Mediante el potenciostato se aplica un potencial eléctrico que genera una corriente eléctrica de intensidad I que circula casi exclusivamente entre el electrodo auxiliar y el electrodo de trabajo. El potencial eléctrico en el electrodo de trabajo es controlado gracias al electrodo de referencia de calomelanos o de plata-cloruro de plata.

El uso de la voltamperometría como método de análisis exige la elección de electrolito, electrodo, técnica voltamperométrica, parámetros electroquímicos y tratamiento de datos. En el caso de la voltamperometría en disolución, además, será necesario elegir un disolvente apropiado para el analito. En la voltamperometría convencional en disolución, la especie electroactiva que se desea analizar se incorpora a la celda en una concentración en torno a 1 mM en la disolución de electrolito del orden de 0,10 M. Electrolitos habituales suelen ser disoluciones tampón acético-acetato (pH = 4,75), tampón fosfato (pH = 7,0) o tampón amoníaco-amonio (pH = 9,25). El oxígeno que pueda llevar disuelto dicha disolución se elimina desplazándolo con un gas inerte tal como nitrógeno o argón para evitar reacciones secundarias asociadas a procesos redox del oxígeno disuelto.

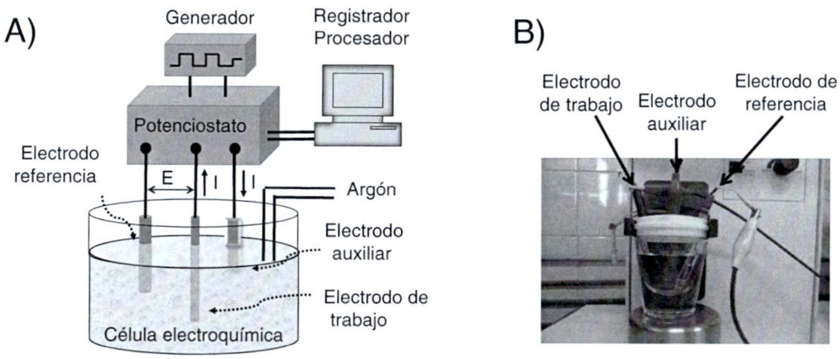

Figura 9.10. A) Esquema de un dispositivo potenciostático generador de señal; B) fotografía de una celda electroquímica con los tres electrodos.

Dependiendo de su tamaño se discrimina entre macroelectrodos que son barras cilíndricas con diámetros comprendidos entre 1 y 3 mm, microelectrodos con diámetros de 20-50 μm y ultramicroelectrodos de menor tamaño. Los electrodos de trabajo están hechos habitualmente de oro, platino, grafito y carbón vitrificado (GCE, *glassy carbon electrode*). El electrodo de gota colgante de mercurio (MDE, *mercury drop electrode*) se utiliza en polarografía. En las últimas décadas se han desarrollado estrategias de modificación electródica que han permitido mejorar la eficiencia de la instrumentación ofreciendo una mayor sensibilidad y selectividad con relación a posibles interferentes. Un *electrodo modificado* se prepara recubriendo su superficie con un film polimérico o de un material iónico, mono- o multimolecular que proporciona una mejora en las propiedades electroquímicas del electrodo gracias a su actividad electrocatalítica respecto a la oxidación o reducción del analito. Ejemplos de este tipo de electrodos son los de pasta de carbono (y otros compósitos) que incorporan complejos, etc., películas de intercambiadores iónicos, películas poliméricas incorporando grupos redox-activos, polímeros conductores, depósitos de materiales micro- y mesoporosos (sepiolita, zeolitas, etc.) y nanoestructurados (grafeno, nanotubos de carbono, etc.). La modificación electródica no debe confundirse con la *funcionalización*, que consiste en la inserción de determinados grupos sustituyentes sobre el sustrato electródico con una determinada composición química. En la técnica VIMP se utilizan preferentemente GCE o electrodos de grafito impregnado con parafina (PIGE, *paraffin impregnated graphite electrode*) que son modificados con partículas sólidas de muestra fijadas abrasivamente al nivel traza (10^{-6}-10^{-9} g).

Los instrumentos comerciales proporcionan valores de área integrada, intensidad de corriente y potencial de pico y permiten efectuar tratamientos tales como deconvoluciones y cálculo de primera y segunda derivada (capítulo 2, apartado 2.6.4).

9.5.4. Aplicaciones analíticas

La mayor parte de aplicaciones analíticas de los métodos voltamperométricos en el ámbito del patrimonio cultural se llevan a cabo con la técnica VIMP. Esta metodología permite efectuar análisis cualitativos, estudios de especiación y cuantificación de especies electroactivas, lo cual ha dado lugar a un gran número de interesantes investigaciones. En su aplicación al análisis cualitativo, la técnica VIMP ha permitido el análisis al nivel de trazas de pigmentos, tanto de naturaleza orgánica como inorgánica, constituyentes de pintura de caballete, retablos, mural, vidriados cerámicos, vidrios y textiles. Cabe destacar, por su relevancia, los estudios efectuados sobre azul Maya que han llevado a la confirmación de la presencia de procesos de *redox tuning* en este pigmento y a la identificación de nuevas especies orgánicas tales como dehidroíndigo, indirrubina e isatín acompañando a las moléculas de índigo en este pigmento considerado un material nanoestructurado híbrido orgánico-inorgánico (Doménech *et al.*, 2011). En todos esos casos también ha sido posible efectuar estudios de especiación. Con VIMP también se han llevado a cabo la caracterización de procesos de corrosión de objetos metálicos (cobre, bronce, plomo, plata, oro, hierro, etc.) o de vidriados y vidrios. Se ha podido efectuar la cuantificación de especies que contienen Fe(III) y Fe(II) en pastas cerámicas. Más recientemente, se han desarrollado procedimientos directos de datación de objetos de cobre/bronce (Doménech *et al.*, 2014) y plomo y procedimientos para la discriminación de procedencias de vidrios de silicato al plomo así como de cecas de monedas de cobre y plata.

La principal aplicación de los métodos electroquímicos clásicos en el campo del estudio del patrimonio cultural se circunscribe a la técnica de polarización potenciodinámica. Dicha técnica permite determinar la tendencia a la oxidación y a la formación de picaduras de un sistema metal/electrolito. Las curvas de polarización obtenidas sobre un metal consisten en variar uniformemente el potencial desde un valor claramente negativo, esto es, polarización anódica. El incremento abrupto en la intensidad de corriente define el potencial de picadura. Las curvas de polarización obtenidas sobre un metal recubierto con un protector o en contacto con una disolución que contiene un inhibidor permiten evaluar la eficiencia de estos tratamientos. La intensidad de corriente permanecerá constante o aumentará lentamente si el metal ha sido adecuadamente pasivado gracias al tratamiento aplicado.

9.6. Culombimetría y electrogravimetría

Estas técnicas electroanalíticas están especialmente indicadas para efectuar determinaciones cuantitativas de una sustancia de interés susceptible de desarrollar un proceso electrolítico de oxidación o reducción. Tanto la sustancia en estudio como el proceso electrolítico utilizado deben ser bien conocidos para que el análisis se efectúe en las condiciones adecuadas.

9.6.1. Fundamentos de estas técnicas

La *culombimetría* se basa en la determinación de la carga total necesaria para completar el proceso de oxidación o reducción de la especie electroactiva en estudio. Esta carga es directamente proporcional a la cantidad total de la sustancia sometida a electrolisis y puede determinarse bien manteniendo constante en la célula electroquímica un potencial eléctrico externo o bien manteniendo constante la intensidad de corriente eléctrica.

En general, la carga total que ha sido transportada es proporcional a la intensidad de corriente I que ha circulado por la celda electroquímica durante el periodo de tiempo t que se ha necesitado para completar el proceso electroquímico:

$$Cantidad\ de\ sustancia\,(moles) = \frac{It}{96485n} \qquad [9.8]$$

Donde n es el número de electrones por mol que se transfieren en el proceso de oxidación o reducción.

En la *valoración culombimétrica* se aplica una intensidad de corriente constante hasta que la reacción de oxidación o reducción, que constituye la base del análisis, se ha completado. En ese momento el potencial en la célula experimenta una variación abrupta que indica el final del proceso.

En la *electrogravimetría* o *electrodeposición* la sustancia que contiene la especie oxidada o reducida se deposita en el electrodo de trabajo al aplicar en la celda electroquímica un potencial constante o una intensidad constante. La determinación de la cantidad de sustancia formada se lleva a cabo midiendo el incremento de masa experimentado por el electrodo de trabajo en el cual se ha depositado la sustancia en estudio. En problemas en los que la cantidad de sustancia depositada es muy baja, se reemplaza la balanza convencional por una microbalanza de cristal de cuarzo.

9.6.2. Instrumentación

La figura 9.11a muestra el esquema básico de un dispositivo electroquímico para ensayos culombimétricos. La especie electroactiva a determinar está inicialmente en la disolución precursora con una determinada concentración. El contraelectrodo, que contiene un electrolito inerte, se dispone en una celda separada pero comunicada mediante una placa de vidrio sinterizado para que no interfiera. Cuando se hace circular una intensidad de corriente constante por la celda electroquímica se inicia una reacción de oxidación o reducción. Conocida la intensidad de corriente y el tiempo es posible determinar la carga que ha circulado y, de este modo, determinar la concentración de la disolución. Estos instrumentos son capaces de medir el número de electrones con una exactitud del 0,1%.

En la electrodeposición la correspondiente forma oxidada o reducida de la especie electroactiva se deposita en el electrodo en forma de malla cuya masa se habría determinado, de forma precisa, antes del inicio del ensayo con una balanza analítica (figura 9.11b). Tras finalizar el proceso electroquímico se efectuará una segunda pesada del electrodo con el material depositado, de manera que la diferencia de masa corresponderá a la sustancia depositada sobre el electrodo.

La microbalanza de cristal de cuarzo permite efectuar ensayos de electrodeposición de materiales en concentración muy baja. Dicho instrumento posee un cristal de cuarzo piezoeléctrico cuya frecuencia de resonancia cambia con las variaciones de masa en el electrodo de trabajo. El cristal de cuarzo, en forma de lámina, está recubierto en su parte central con una fina capa de oro.

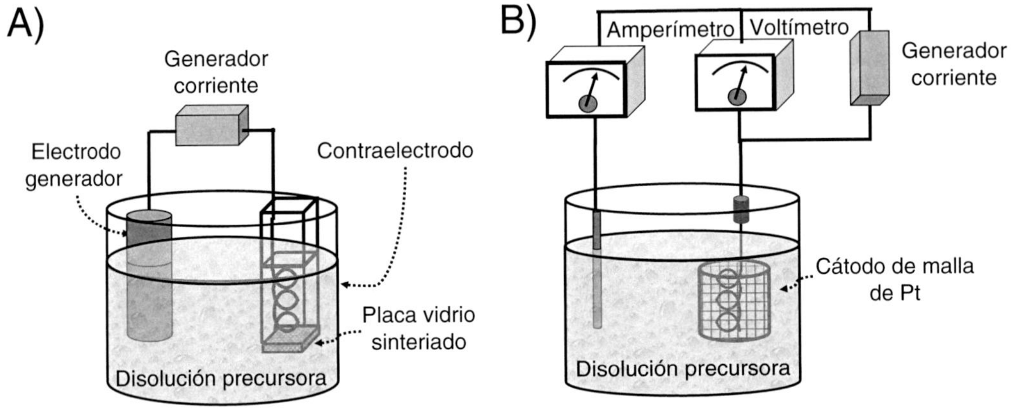

Figura 9.11. A) Esquema de un dispositivo culombimétrico; B) esquema de un dispositivo electrogravimétrico.

9.6.3. Aplicaciones analíticas

La principal aplicación de la culombimetría en el ámbito del patrimonio cultural se encuentra en el campo de los estudios de corrosión de objetos metálicos, en concreto, en la determinación de la cantidad de productos de corrosión formados a partir de materiales metálicos, principalmente, cobre y plata. Los ensayos de laboratorio consisten en provocar la formación de capas de corrosión en probetas sometidas a tratamientos de envejecimiento natural o acelerado en condiciones controladas y posteriormente determinar la masa de productos de corrosión depositados reduciéndolos electrolíticamente. Generalmente, estos ensayos cuantitativos van acompañados de la identificación cualitativa de los productos de corrosión.

La valoración culombimétrica se ha aplicado en la validación de un nuevo método de análisis cuantitativo por espectroscopía infrarroja del contenido en carbonatos en material óseo de procedencia arqueológica (Grunenwald *et al.*, 2014).

Si las condiciones de envejecimiento que promueven la corrosión son muy suaves y la capa de productos de corrosión no es muy grande se recurre al uso de microbalanzas de cristal de cuarzo (ASTM B 808-97 *Standard Test Method for Monitoring of Atmospheric Corrosion Chambers by Quartz Crystal Microbalances*). En estos casos se suele emplear cristales de cuarzo de tipo *AT-cut*, los cuales poseen una frecuencia de resonancia estable y aguda.

Relacionada con estas técnicas culombimétricas está la denominada *técnica de la resistencia eléctrica* [ASTM G96-90 *Standard Guide for On-line Monitoring of corrosion in plant Equipment (Electrical and Electrochemical Methods*)] que se basa en la medida del cambio experimentado en la resistencia eléctrica de una probeta hecha con el material de interés, la cual aumenta al formarse productos de corrosión por envejecimiento acelerado, lo que reduce la sección del metal conductor. Esta técnica se aplica a probetas con y sin tratamientos de protección para evaluar la eficiencia de estos últimos.

Preguntas de autoevaluación

9.1. Asigna carácter interfacial, dinámico, etc., a las siguientes técnicas electroquímicas:

a) Espectroscopía de impedancia electroquímica.
b) Valoración potenciométrica.
c) Conductimetría.
d) Potenciometría.

9.2. Indica la diferencia entre una célula galvánica y una célula electrolítica.

9.3. Para la semirreacción de reducción $Cu^{2+}_{(ac)} + 2e^{-} \rightarrow Cu_{(s)}$, indica el número de moles de cobre depositados cuando por la célula electroquímica ha circulado una carga de 578.910 C.

9.4. Escribe las semirreacciones de oxidación y reducción que tienen lugar en la siguiente célula electroquímica: $Zn | Zn^{2+}(1\ M) || Ag^{2+}(1\ M) | Ag$.

9.5. Indica cuál de las dos siguientes expresiones es correcta:

a) 1 S (siemens) = 1 mho.
b) 1 S = 1 ohmio.

9.6. Indica cuál de las dos siguientes expresiones es correcta:

a) En un pH-metro el electrodo de calomelanos se dispone internamente al electrodo de vidrio.
b) En un pH-metro el electrodo de plata-cloruro de plata se dispone internamente al electrodo de vidrio.

9.7. Asigna una técnica electroquímica a los siguientes tipos de electrodos:

a) Vidrio.
b) Grafito impregnado de parafina.

9.8. Asigna una o varias técnicas electroquímicas aplicables a cada una de las siguientes prácticas habituales en el ámbito de la conservación del patrimonio:

a) Control de la desalación de un objeto cerámico.
b) Evaluación de la capacidad protectora o inhibidora de la corrosión en un objeto metálico.
c) Identificación de pigmentos.
d) Estudio de datación y procedencia de objetos metálicos.

9.9. ¿A qué tipo de voltamperometría corresponde la curva representada en la siguiente figura?

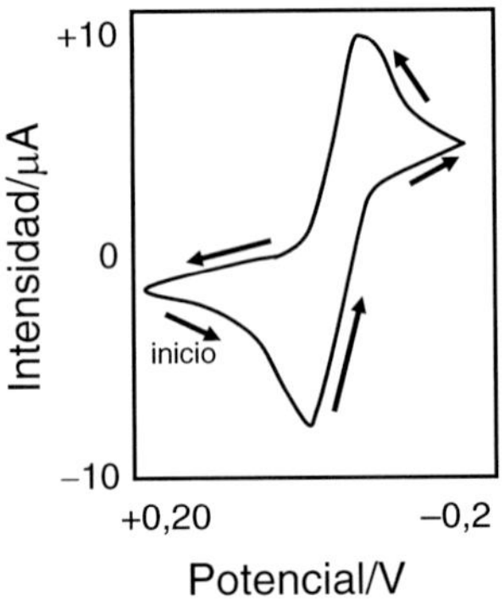

9.10. En el diagrama de la pregunta anterior, indica:

a) A qué potencial se produce la reacción de reducción que origina el pico que exhibe el barrido catódico.
b) Intensidad de corriente correspondiente al máximo del pico anódico.

PARTE V
Métodos ópticos

10
Espectrometría de rayos X

Los materiales que conforman los bienes culturales tienen la capacidad de absorber o emitir radiación que puede proporcionar información de utilidad para su caracterización. Esta propiedad es utilizada en las *técnicas espectroscópicas*, las cuales constituyen un conjunto de métodos instrumentales basados en la interacción de las radiaciones electromagnéticas con la materia. Estas radiaciones abarcan un espectro continuo de energía, muy amplio, denominado *espectro electromagnético* (figura 10.1) en el que se establecen una serie de regiones que responden a nombres específicos que les fueron asignados en el momento de su descubrimiento: rayos gamma, rayos X, radiación ultravioleta, visible, infrarroja, microondas, radio, etc. Cada uno de estos tipos de radiación produce efectos físicos y químicos específicos en la materia, los cuales constituirán el fundamento de las diferentes técnicas espectroscópicas (también denominadas *espectrográficas*, *espectrométricas* o *espectrofotométricas*, en función del método de detección y registro empleado), que han sido desarrolladas desde el siglo XIX hasta nuestros días. En este capítulo se ha abordado el estudio de diversas técnicas basadas en la interpretación de los rayos X absorbidos y de los rayos X característicos emitidos por un material que ha sido previamente excitado mediante rayos X o partículas aceleradas tales como electrones o protones.

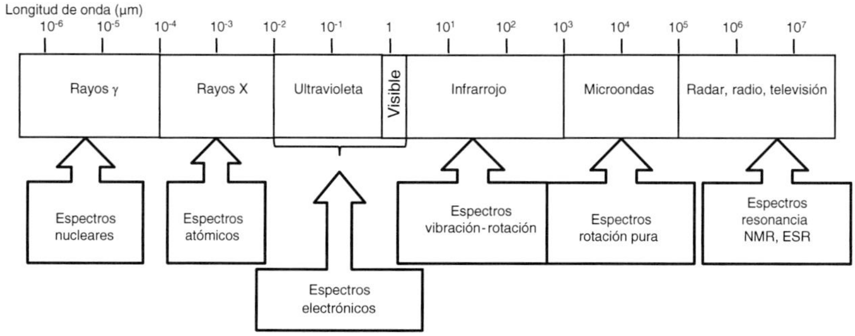

Figura 10.1. Espectro electromagnético con la clasificación en regiones espectrales.

10.1. Propiedades duales de la radiación electromagnética

Un rayo de luz o haz de radiación, considerado como fenómeno ondulatorio, está caracterizado por su amplitud (altura de la onda, A), frecuencia (número de oscilaciones, ν) y longitud de onda (distancia entre dos sucesivos máximos, λ). Fenómenos bien conocidos tales como la reflexión, la refracción o la difracción que experimenta un rayo al atravesar dos medios materiales son ejemplos de situaciones en las que la radiación se comporta esencialmente como una onda (figura 10.2).

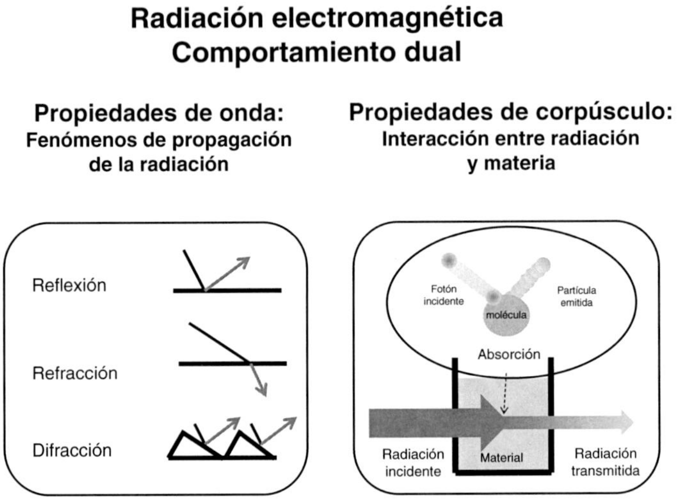

Figura 10.2. Representación esquemática de los fenómenos básicos de interacción de la radiación electromagnética con la materia en su comportamiento de esta primera como onda y como corpúsculo.

La radiación electromagnética también puede ser absorbida por el medio material interactuando íntimamente con sus átomos, iones o moléculas (figura 10.2). En este caso, el haz de radiación puede considerarse integrado por corpúsculos o unidades discretas denominadas *fotones*, cuya energía E está relacionada con la frecuencia ν de la radiación mediante la ecuación de Planck:

$$E = h\nu \qquad [10.1]$$

Siendo h la constante de Planck, cuyo valor es $6{,}626 \cdot 10^{-34}$ J s.

Los fotones pueden sufrir colisiones con los átomos y moléculas cuyo resultado es la emisión de nuevas partículas. La interacción entre el fotón incidente y la especie química (átomo, ion o molécula) está condicionada por su *estado cuántico*, esto es, por su estructura interna en la que los electrones se disponen en una serie de orbitales atómicos o moleculares dotados de una determinada (cuantizada) energía que viene caracterizada por una serie de números cuánticos. El valor de energía específico que caracteriza el estado en el que se encuentra una especie química viene dado por el conjunto de contribuciones asociadas a la estructura electrónica interna de los átomos, la estructura de los electrones de enlace intra- e intermoleculares así como a la energía asociada al modo de traslación, vibración y rotación. De este modo, si los fotones incidentes tienen la energía adecuada podrán interactuar dando lugar a un tránsito espectroscópico en el que la especie química pasa a estar en un *estado excitado* caracterizado por que un electrón pasará a un estado cuántico de mayor energía en un átomo o molécula o bien esta última pasará a estar en un modo de vibración o rotación de mayor energía.

10.2. Fundamentos de la espectrometría de rayos X

La observación, por primera vez, del fenómeno de producción de rayos X en 1895 por W. C. Röntgen y la producción de rayos X característicos a partir de la excitación de materiales en 1909-1910, llevada a cabo por C. G. Barkla, constituyeron experimentos cruciales para el desarrollo de la espectrometría de rayos X. Esta técnica instrumental ha llegado a adquirir una gran importancia en muchos campos de la industria y la investigación. En este apartado se describen sus fundamentos teóricos a partir de los cuales se han diseñado los diferentes equipos instrumentales que actualmente se utilizan.

10.2.1. Fluorescencia de rayos X

Las técnicas de *espectrometría de rayos X* están basadas en la interpretación de las transiciones espectroscópicas que involucran electrones situados en niveles internos de los átomos, por lo que la energía puesta en juego en estos procesos es elevada. Por este motivo, estas transiciones electrónicas requieren la excitación de los átomos con radiación de alta energía tal como rayos X o bien mediante partículas aceleradas tales como electrones, protones, partículas alfa o iones.

En el fenómeno de emisión fluorescente el fotón (o la partícula acelerada) transfiere su energía a uno de los electrones, situado en una posición interna del átomo, que es eyectado (ionización por efecto fotoeléctrico) (figura 10.3a). La distribución de electrones en el átomo deja de estar en equilibrio y, en un lapso breve de tiempo, el átomo vuelve al estado normal de modo que la vacante generada es ocupada por un segundo electrón situado en una posición de mayor energía, lo cual da lugar a una *transición electrónica* (figura 10.3b). Esta transición libera un cuanto de energía en forma de fotón de radiación de frecuencia menor a la del fotón incidente que produjo la ionización (figura 10.3b). Dicha frecuencia está relacionada con la energía de la transición electrónica mediante la ecuación de Planck. En espectrometría de rayos X las transiciones electrónicas son nombradas según la notación de Siegbahn atendiendo a la capa a la que pertenece el nivel de energía en el que se produce la vacante (K, L, M…). Además, se les asignan unos subíndices que indican la capa y el nivel desde el que cae el electrón responsable de la transición. Así por ejemplo, las transiciones hasta el único nivel de energía de la capa K se denominan $K_{\alpha 1}$ y $K_{\alpha 2}$ si el electrón cae desde el nivel L_3 y el nivel L_2, respectivamente, y $K_{\beta 1}$ si el salto se produce desde el nivel M_3. La intensidad de las líneas K_{β}, L_{β}… es menor que la de sus homólogas K_{α}, L_{α}… Por ejemplo, la intensidad de la línea $K_{\beta 1}$ es el 17% de la intensidad de la línea $K_{\alpha 1}$. La IUPAC (capítulo 2, apartado 2.2) ha propuesto una nomenclatura más explícita partiendo de los niveles de energía implicados, de manera que la transición $K_{\alpha 1}$ pasaría a denominarse K-L_3 y la transición $L_{\alpha 1}$ pasaría a denominarse L_3-M_5. La equivalencia entre la notación utilizada en la técnica de espectroscopía fotoelectrónica de rayos X (capítulo 7) y la utilizada en espectrometría de rayos X puede consultarse en el anexo 10.1 en www.sintesis.com.

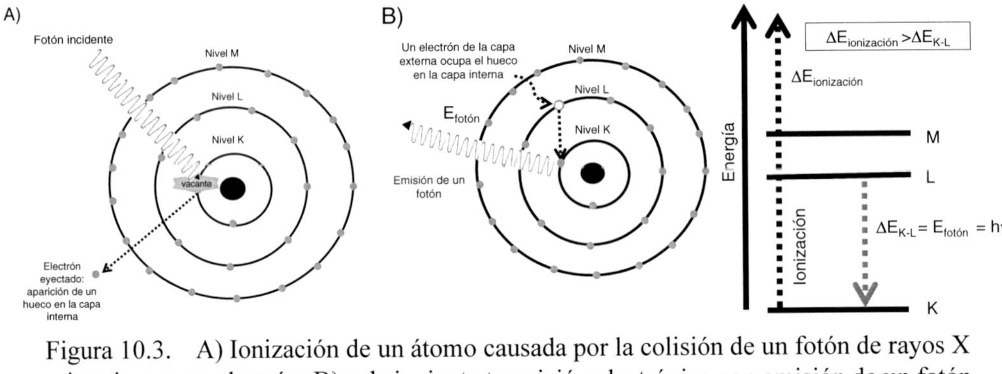

Figura 10.3. A) Ionización de un átomo causada por la colisión de un fotón de rayos X primario con un electrón; B) subsiguiente transición electrónica con emisión de un fotón de rayos X secundario que da lugar a una línea de emisión.

La intensidad del haz de fotones emitidos correspondientes a una determinada transición electrónica es proporcional a la población de átomos presentes en el material y produce una *línea de emisión* a la que se le da la misma nomenclatura que a la transición electrónica que la origina. Cabe señalar que los elementos H y He no desarrollan líneas de emisión de rayos X debido a que presentan una única capa ocupada por electrones en su estructura interna. Los elementos más ligeros, con número atómico hasta Z = 19, presentan únicamente las líneas K_α y K_β. Los elementos con número atómico en el rango Z = 20 a Z = 56 muestran adicionalmente líneas de la serie L, mientras que los elementos más pesados con número atómico superior a Z = 57 exhiben únicamente líneas de las series L y M ya que las transiciones K requieren una energía de excitación por encima de los 40 keV que habitualmente se utilizan en la instrumentación analítica convencional.

10.2.2. Absorción de rayos X

Cuando un material es irradiado se produce una progresiva absorción del haz de radiación incidente a medida que penetra en el medio material. Aunque parte de esta radiación es dispersada, la gran mayoría de la absorción se debe al efecto fotoeléctrico (ionización de átomos) ya descrito previamente. En la espectrometría de rayos X, la intensidad del haz de rayos X que atraviesa un material decrece de forma exponencial a medida que este penetra a través del objeto siguiendo la *ley de Lambert-Beer*, según la expresión:

$$\log \frac{I_o}{I} = \mu x \qquad [10.2]$$

donde I_o e I son la intensidad de la radiación incidente y transmitida, respectivamente (figura 10.2), x es el camino recorrido por la radiación y μ es el coeficiente de absorción lineal que depende de la naturaleza del elemento o sustancia y del número de átomos a lo largo de la trayectoria del haz. El coeficiente μ está relacionado con la densidad del material y con su coeficiente de absorción másico μ_m, cuyo valor es independiente del estado físico y químico del material y es proporcional a los coeficientes de absorción másicos de los diferentes elementos que componen el material:

$$\mu_m = \sum_{i=1}^{n} w_i \mu_i \qquad [10.3]$$

donde $\mu_1, \ldots \mu_n$ son los coeficientes de absorción másicos de cada elemento integrante del material y $w_1, \ldots w_n$ son las diferentes fracciones de cada elemento constituyente.

10.3. Instrumentación

Una primera clasificación de la instrumentación analítica utilizada en espectrometría de rayos X se establece en función del fenómeno físico utilizado en cada técnica, esto es, fluorescencia de rayos X y absorción de rayos X. Dentro de las técnicas de fluorescencia de rayos X cabría discriminar entre aquellas en las que los átomos son excitados mediante rayos X, aquellas otras que utilizan electrones acelerados y por último las que se sirven de protones acelerados.

10.3.1. Fluorescencia de rayos X

Puede considerarse que esta técnica analítica tiene sus comienzos en los primeros experimentos llevados a cabo por H. Moseley en 1912. Desde entonces las técnicas de *fluorescencia de rayos X* (XRF, *x-ray fluorescence*) han evolucionado experimentando un mayor auge en el campo de la caracterización de materiales a partir de la década de los años cincuenta del siglo xx. Si bien los primeros trabajos fueron llevados a cabo con excitación de electrones, en la actualidad encontramos también instrumentación basada en la excitación con rayos X y con protones acelerados.

A) Fluorescencia de rayos X

Un espectrómetro de rayos X convencional consta de un tubo de rayos X que opera en un rango de energía de 20 a 60 kV y emite radiación policromática de alta energía que puede excitar los átomos del material que está siendo analizado consiguiendo la emisión de sus líneas espectrales características. La discriminación de las líneas se consigue mediante dispositivos *detectores de dispersión por longitudes de onda* (WDS, *wavelength dispersive spectrometry*, WDX o WDXRF, *wavelength dispersive x-ray fluorescence*) o mediante dispositivos basados en el uso de un *detector por dispersión de energías* (EDS, *energy dispersive spectrometry*, EDX o EDXRF, *energy dispersive x-ray fluorescence*). En WDX la separación de líneas espectrales se consigue mediante un cristal analizador que difracta las radiaciones características en diferentes ángulos según su longitud de onda y, una vez separadas, son colectadas mediante un dispositivo detector (figura 10.4a). Los detectores proporcionales de flujo de gas se utilizan para captar la radiación de longitud de onda larga y se combinan con detectores de centelleo más idóneos en la detección de radiación de longitud de onda corta. La WDX, de amplia aplicación en la industria para el análisis de rutina de materiales tales como cementos, metal o cerámica, se ha utilizado de forma limitada en el ámbito de la conservación de patrimonio cultural ya que este tipo de instrumentación opera con alto vacío en la cámara portamuestras, lo cual podría dañar el objeto y, además, está condicionada por las dimensiones de la cámara. Salvo en los casos en los que el objeto puede ser introducido en la cámara portamuestras sin sufrir alteraciones, esta técnica requiere la toma de muestra siendo, por tanto, invasiva. Además, la muestra, si se prepara en forma de perla o en forma de disco, es diluida en un material fundente o aglomerante por lo que no es recuperable.

B) Microfluorescencia de rayos X

Alternativamente al uso de sistemas WDS se ha diseñado instrumentación basada en el uso de detectores EDS que clasifican y separan simultáneamente las radiaciones características emitidas por la muestra (figura 10.4b). Estos detectores operan separando en bandas muy estrechas de energía la radiación fluorescente producida por la muestra y amplificando dichas bandas o haces de fotones característicos mediante la ionización de un gran número de átomos del detector, los cuales generan una carga eléctrica proporcional a la energía de los fotones incidentes. Actualmente se ha extendido el uso de los detectores de estado sólido tales como diodos PIN, Si(Li), Ge(Li) o detectores de deriva de silicio (SDD, *silicon drift detector*). La EDXRF ha experimentado en las últimas décadas un gran desarrollo con la aparición de nueva instrumentación tal como los equipos de *microfluorescencia de rayos X* (μ-XRF, *microscopic x-ray fluorescence*) (figura 10.4b). Mediante el uso de sistemas ópticos mono- y policapilares se consiguen haces de radiación primaria altamente focalizados que impactan en un área de la muestra de diámetro 100 μm que, en algunos instrumentos, puede llegar a reducirse hasta 10-50 μm. Los análisis se efectúan en un intervalo de energías hasta 25 keV y se alcanzan límites de detección absolutos del orden de pg. Estos equipos pueden operar en corriente de He, eliminando, así, el requerimiento de vacío en la cámara portamuestras. La principal ventaja de estos instrumentos, que operan con microhaces de rayos X, es que permiten efectuar análisis cualitativo y cuantitativo del objeto en diversas localizaciones y, solo de ser necesario, se requiere la extracción de muestras de muy pequeño tamaño.

También se han desarrollado equipos de μ-XRF portátiles que permiten el análisis no invasivo *in situ*. En este caso los tubos de rayos X son enfriados mediante aire, mientras que los detectores usan el sistema Peltier de refrigeración. Estos equipos suelen generar haces primarios de rayos X en un rango que abarca desde 1-2 mm de diámetro en el caso de los más sencillos a 50-200 μm de diámetro en los más sofisticados, permitiendo resoluciones en el orden del sub-mm y límites de detección del orden de 10 $\mu g\ g^{-1}$ para metales de transición. Estos equipos tienen amplio uso en museos y en sitios arqueológicos, ya que permiten el análisis cualitativo de pigmentos utilizados en pintura mural, caballete, tabla, manuscritos, cerámica y vidrio, así como el análisis cualitativo y cuantitativo de materiales inorgánicos integrantes de todo tipo de objetos metálicos, pétreos, cerámica, vidrio, esmalte, fotografía, etc.

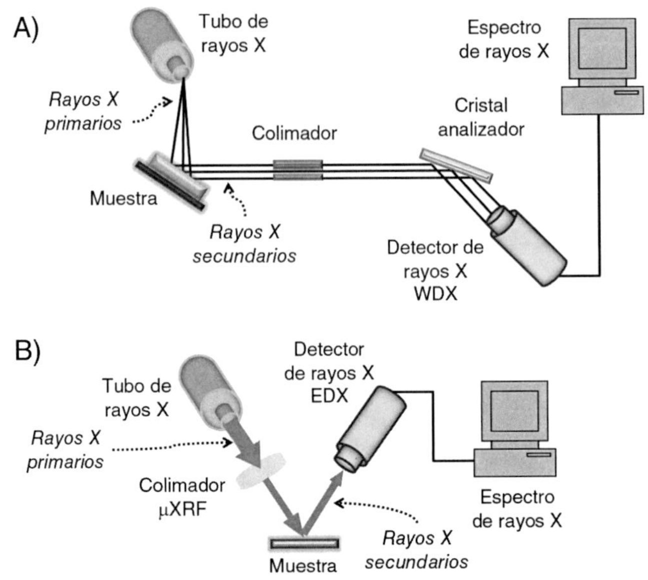

Figura 10.4. A) Esquema de un espectrómetro de rayos X con sistema de detección por dispersión de longitudes de onda; B) esquema de un espectrómetro de rayos X con sistema de detección por dispersión de energías. El sistema colimador/enfoque que reduce drásticamente el tamaño del haz de rayos X primario se instala adicionalmente en los equipos de μ-XRF.

C) Fluorescencia de rayos X y microfluorescencia de rayos X confocal

Recientemente se han desarrollado instrumentos de *XRF* y *μ-XRF confocal* (CXRF, *confocal x-ray fluorescence*, μ-CXRF, *confocal microscopic x-ray fluorescence*) que aprovechan el elevado poder de penetración del microhaz de rayos X primarios, varios órdenes de magnitud superior al diámetro de este último, para efectuar análisis elemental tridimensional con resolución espacial elevada. La CXRF permite el análisis no invasivo mediante irradiación con dos haces de rayos X que convergen en un pequeño volumen del objeto que depende de la energía de los rayos X primarios. Los mapas 2D y 3D se obtienen desplazando el objeto en barridos lineales alrededor del área que se va a estudiar. De manera similar a como se opera en las técnicas tomográficas, en μ-CXRF la muestra o el objeto que está siendo analizado se mantiene en rotación mientras es irradiado con un haz de rayos X que converge en un pequeño volumen mediante una lente de enfoque apropiada, mientras que una segunda lente de enfoque, situada perpendicularmente a la primera, dirige la radiación fluorescente emitida por ese volumen de muestra al detector. De este modo, el instrumento puede efectuar barridos a través del objeto que proporcionan perfiles de intensidad de cada elemento en función de la profundidad o en función de coordenadas laterales con una resolución de 10-50 μm. Uno de los inconvenientes de esta técnica es que, dado que el objeto debe estar en rotación de 180 a 360° respecto al microhaz de rayos X primario, los objetos susceptibles de estudio no deben exceder unos pocos milímetros de tamaño. La μ-XRF confocal se ha aplicado con éxito en el estudio de la distribución de estratos pictóricos y en la detección de heterogeneidades en pintura de caballete.

D) Macrofluorescencia de rayos X

La *fluorescencia de rayos X de barrido macroscópico* (MA-XRF, *macroscopic scanning x-ray fluorescence*) proporciona mapas de distribución de elementos bidimensionales mediante el barrido del objeto con un haz fino e intenso de rayos X procedente de un tubo de rayos X o de un sincrotrón. El uso de estas fuentes intensas de rayos X proporciona tiempos de latencia de adquisición de datos por píxel muy bajos. Los datos procesados se presentan en forma de mapa de distribución de cada elemento o en forma de diagrama con falso color en el que los datos de varios elementos aparecen superpuestos para mostrar simultáneamente su distribución en la muestra. La resolución alcanzada con esta técnica se encuentra en torno a 250-1000 μm, pudiendo estudiarse superficies de varios decímetros cuadrados. Esta técnica se ha aplicado con éxito en la identificación y distribución de pigmentos en obra pictórica y manuscritos y en el reconocimiento de pinturas y dibujos subyacentes. La exigencia de realización de las mediciones en las instalaciones del sincrotrón es una de sus principales limitaciones si bien, en la actualidad, hay algunas iniciativas para desarrollar equipos MA-XRF con tubos de rayos X adaptados a museos.

E) Fluorescencia de rayos X y microfluorescencia de rayos X con sincrotrón

La *fluorescencia de rayos X* y la *microfluorescencia de rayos X con sincrotrón* (SR-XRF, *synchrotron x-ray fluorescence* y μSR-XRF, *synchrotron microscopic x-ray fluorescence*) utilizan como fuente de rayos X primarios un sincrotrón. El *sincrotrón* es un dispositivo que permite generar partículas relativistas, esto es, que se desplazan a velocidades próximas a la de la luz, y que, además, poseen carga eléctrica. Al ser desviadas por campos magnéticos, estas partículas emiten haces muy intensos de radiación electromagnética policromática de alta energía (>60 keV) y con una señal de fondo notablemente baja. En combinación con dispositivos ópticos de enfoque y colimación de haz adecuados, las prestaciones de esta técnica mejoran notablemente alcanzándose haces de rayos X primarios de 0,5-2 μm de diámetro y límites de detección absolutos del orden de fg-ag. Además, la posibilidad de usar haces de radiación monocromática permite obtener límites de detección que pueden alcanzar 10-100 ppb en ciertos materiales biológicos. La elevada sensibilidad que alcanza esta técnica para un gran número de elementos químicos también se debe al hecho de que se emplea radiación polarizada. Como inconveniente se puede señalar que el uso de haces de radiación primaria intensos provoca la excitación de la muestra a gran profundidad, lo que reduce la resolución lateral. La técnica µSR-XRF, además de la obtención de espectros de rayos X en áreas reducidas del objeto, permite la realización de barridos lineales y mapas 2D y 3D para cada elemento presente en la muestra. Para obtener los mapas 3D, la superficie analizada es barrida píxel a píxel en las direcciones x e y y en la dirección z, obteniéndose espectros de rayos X que son posteriormente procesados componiendo la imagen tridimensional. La resolución obtenida puede llegar a 0,1 µm. Las técnicas SR-XRF y µSR-XRF pueden ser consideradas no invasivas en aquellos casos en los que el objeto puede ser introducido en la cámara portamuestras.

F) Fluorescencia de rayos X por reflexión total

En la *fluorescencia de rayos X por reflexión total* (TXRF, *total-reflection x-ray fluorescence*) el haz de radiación primario se hace incidir sobre la superficie de una muestra ópticamente uniforme con un ángulo muy bajo (0,1°), pero inferior al ángulo crítico al que tiene lugar la reflexión total, de modo que los fotones de rayos X penetran en el material e interactúan con sus átomos hasta una profundidad de unos pocos nm y son reflejados y posteriormente colectados con un detector de estado sólido. Como consecuencia, los átomos situados en esa capa más externa son irradiados tanto por los fotones del haz primario como por aquellos fotones reflejados, por lo que la intensidad de radiación fluorescente procedente de esta capa más externa se incrementa al aumentar la eficiencia de excitación de átomos. Ello hace que el límite de detección en esta técnica pueda llegar a alcanzar valores en el rango de los pg empleando tubos de rayos X y en el rango de los fg cuando se usa un sincrotrón. La principal ventaja es la baja cantidad de muestra que requiere inferior al µg.

G) Microscopía electrónica-microanálisis de rayos X

La incorporación de un detector de rayos X por dispersión de energías en un microscopio electrónico de barrido ha dado lugar a la técnica de *microscopía electrónica de barrido-microanálisis de rayos X* (SEM-EDX, *scanning electron microscopy-energy dispersive x-ray microanalysis*) que se ha convertido en una de las más ampliamente utilizadas en el estudio de patrimonio cultural. Al igual que en los equipos de µXRF, es posible efectuar análisis cualitativo, cuantitativo y mapas de distribución de elementos en zonas localizadas del objeto en estudio. Como ya se describió previamente en el capítulo 5 dedicado a la microscopía electrónica, esta técnica puede llegar a ser no invasiva para pequeños objetos de naturaleza conductora que pueden introducirse en la cámara portamuestras sin necesidad de aplicar un recubrimiento de carbono u otro material conductor para evitar los efectos de carga. Su uso en la caracterización elemental de materiales orgánicos, al igual que en las técnicas de XRF, está limitado. Su aplicación en estudios arqueométricos y de conservación abarca un amplio abanico de problemáticas y tipologías de objetos: composiciones estratigráficas de obra pictórica a partir de micromuestras preparadas en forma de sección de corte pulido, composición y estudio de corrosión superficial y en profundidad en objetos cerámicos, vítreos, pétreos, metálicos, caracterización de componentes metálicos en material fotográfico y en documentos (tintas) o textiles, composición de materiales arqueológicos y etnográficos tales como marfil, asta, hueso, etc.

Los detectores EDX pueden acoplarse también en microscopios electrónicos de transmisión dando lugar a la técnica de *microscopía electrónica de barrido para transmisión-microanálisis de rayos X* (STEM-EDX, *scanning-transmission electron microscopy-energy dispersive x-ray micro-analysis*), lo que permite efectuar el análisis cualitativo y cuantitativo en partículas individuales de pequeño tamaño procedentes del objeto en estudio. Esta técnica se ha empleado en la identificación de fases minerales y productos de corrosión de objetos metálicos, cerámicos, pétreos, etc. La ventaja es que la mayor energía del haz de electrones primario en un STEM permite excitar líneas de emisión más energéticas, lo que amplía considerablemente la capacidad analítica del instrumento.

H) Microanálisis por sonda electrónica

El sistema de *microanálisis por sonda electrónica* (EPMA, *electron probe microanalysis*) opera mediante un haz de electrones procedentes de una fuente similar a las utilizadas en un microscopio electrónico que se hace incidir sobre un volumen pequeño del material que está siendo analizado ($\varnothing < 30$ μm) consiguiendo producir líneas de emisión características de los átomos integrantes de la muestra (figura 10.5a). La actual instrumentación utiliza tanto sistemas EDX como WDX para detectar los rayos X característicos emitidos por la muestra. De este modo, se pueden obtener límites de detección del orden de ppm. Al igual que los microscopios electrónicos estos equipos proporcionan imágenes en electrones secundarios y retrodispersados. Esta técnica ha sido abundantemente utilizada en estudios arqueométricos.

I) Emisión de rayos X inducida por partículas

En la técnica de *emisión de rayos X inducida por partículas* (o *protones*) (PIXE, *particle (or proton)-induced x-ray emission*) la muestra o el objeto en estudio es bombardeado con iones acelerados, generalmente protones con una energía del orden de 2-3 MeV, que son producidos en un acelerador de iones del tipo Van de Graaff. Estos iones son capaces de producir líneas de emisión características de modo análogo a los rayos X primarios en un equipo de XRF. Los rayos X característicos emitidos por la muestra son captados mediante un sistema EDX con una respuesta hasta 20 keV, que suele incluir dos detectores, operando simultáneamente, que captan rayos X de alta y baja energía emitidos, respectivamente, por elementos más pesados y más ligeros. Con esta instrumentación se pueden analizar adecuadamente todos los elementos con número atómico superior a 11 (figura 10.5b). Con esta técnica se alcanzan límites de detección del orden de $\mu g\ g^{-1}$, lo que permite el análisis de elementos traza en materiales arqueológicos. El inconveniente de efectuar las mediciones en alto vacío ha sido resuelto habiendo ya disponibles instrumentos que trabajan a presión atmosférica en presencia de aire. Alternativamente, se puede purgar la cámara portamuestras con He. Esto permite analizar objetos de cierto tamaño, directamente, y confiere a la técnica PIXE un carácter no invasivo ya que, de esta forma, se evita el muestreo. Las aplicaciones son amplias y similares a las ya descritas para las técnicas de XRF, SEM-EDX y STEM-EDX. La técnica *microPIXE* (μPIXE, *microscopic particle-induced x-ray emission*) utiliza haces de protones de 1 μm de diámetro que permiten el estudio de áreas muy pequeñas en el objeto. Análogamente a la técnica PIXE, la técnica de emisión de rayos γ inducida por partículas (PIGE, *particle-induced γ-ray emission*) permite el análisis cualitativo y cuantitativo de materiales arqueológicos a partir de la producción de rayos γ permitiendo la detección de elementos ligeros.

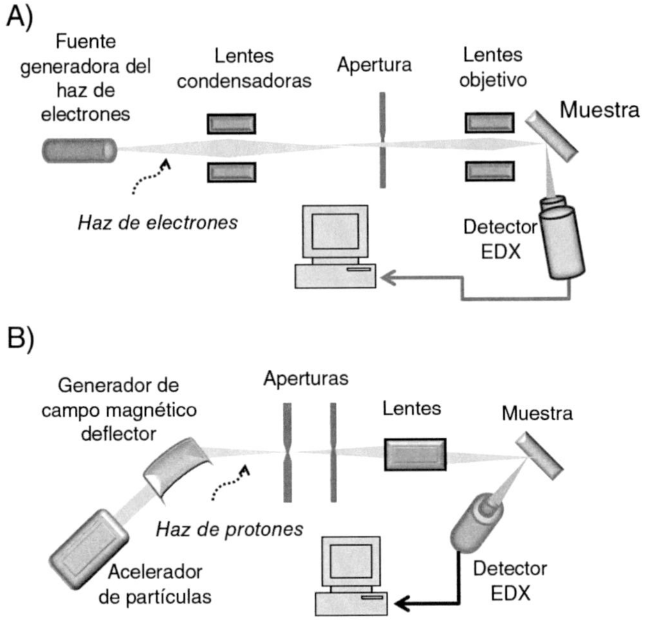

Figura 10.5. A) Esquema de un EPMA; B) esquema de un PIXE.

10.3.2. Absorción de rayos X

La técnica de *espectroscopía de absorción de rayos X* (XAS, *x-ray absorption spectroscopy*) está basada en la medición de la variación del coeficiente de absorción μ con respecto a la energía de los fotones de rayos X en un intervalo en torno a la discontinuidad o borde de absorción. La variación de μ puede relacionarse con el modo en el que el átomo está enlazado en el material (estado de oxidación, número de coordinación, simetría, etc.). La información obtenida en la región del espectro en las inmediaciones de la discontinuidad de absorción es utilizada en la técnica de *espectroscopía* (y *microespectroscopía*) *de absorción de rayos X en estructura fina cercana al borde* (XANES, *x-ray absorption near-edge spectroscopy* y µ-XANES, *microscopic x-ray absorption near-edge spectroscopy*), mientras que la interpretación de la región alejada de la discontinuidad de absorción constituye la base de la *espectroscopía extendida de estructura fina por absorción de rayos X* (EXAFS, *extended x-ray absorption fine structure*). Estas técnicas permiten la identificación y cuantificación de elementos así como la obtención de mapas de distribución elemental. Con ellas se puede llevar a cabo el estudio de zonas localizadas de un objeto a presión atmosférica. También ofrecen la ventaja de poder ser aplicadas tanto en materiales amorfos como cristalinos, así como en materiales de naturaleza orgánica (madera, papel) e inorgánica (vidrio, cerámica, metal, pigmentos). Además, proporcionan límites de detección bajos en el orden de elementos traza y permiten efectuar estudios de especiación ya que reconocen los diferentes estados de oxidación en los que se encuentran los elementos integrantes del material analizado. Por ejemplo, identificación de procesos de oxidación (Mn^{2+} a Mn^{4+}) en las especies responsables del color de vidrio arqueológico que han llevado a apreciables cambios de color en las piezas. Como principal limitación cabe señalar que los experimentos deben realizarse en instalaciones dotadas de sincrotrón.

10.4. Aplicaciones analíticas

La aplicación de todo este conjunto de técnicas instrumentales en el estudio del patrimonio cultural es amplia, pues abarca la caracterización de materiales inorgánicos en todo tipo de objetos: pintura de caballete, mural, manuscritos, vidrio, pastas y vidriados cerámicos, materiales pétreos, morteros y revocos, metales y aleaciones, material fotográfico, etc. De modo general, puede establecerse una distinción entre los estudios dirigidos a la identificación de los componentes del objeto a partir de la composición elemental y aquellos otros dirigidos a determinar el contenido del analito en el material en estudio. Seguidamente se revisan los procedimientos analíticos seguidos en cada caso.

10.4.1. Análisis cualitativo

Una de las principales ventajas de la espectrometría de rayos X frente a otras técnicas de análisis elemental está relacionada con la gran simplicidad de los espectros de fluorescencia de rayos X, los cuales están integrados por unas pocas líneas de emisión por serie K (2 a 3), L (8 a 12), M (2 a 6), en su mayoría de baja intensidad, y localizadas las series en regiones separadas del espectro. Otro aspecto que resaltar es que la posición de las líneas es independiente del estado físico y, en la mayoría de elementos, del entorno químico (tipo de compuesto). Otra de las principales ventajas que ofrecen las técnicas de espectrometría de rayos X frente a otras técnicas de análisis elemental tales como la espectroscopía de absorción atómica es que permiten efectuar análisis elemental multicomponente, esto es, permiten la caracterización simultánea de los diferentes elementos que constituyen el material analizado.

Como se ha señalado previamente, cada elemento químico está constituido por átomos con una distribución específica de electrones alrededor del núcleo. Por consiguiente, cada átomo produce un espectro de rayos X con un patrón característico de líneas de emisión que permite la identificación de dicho elemento. Atendiendo al sistema de detección utilizado las líneas de emisión características de los elementos presentes en la muestra se representan en el espectro de rayos X en función de la longitud de onda, usando WDX, o de la energía usando EDX. El espectro de rayos X obtenido en un material de composición desconocida, por ejemplo un pigmento, es la combinación de los patrones de líneas de emisión características de cada uno de los elementos constituyentes, lo que permite la identificación de las especies químicas presentes en el material.

Los valores de energía de las líneas de emisión de cualquier elemento son proporcionados por el programa informático que controla los sistemas de microanálisis de rayos X. También pueden consultarse en manuales y textos especializados (Haynes, 2015). Las líneas K_α y K_β se emplean para un gran número de elementos más ligeros (C, O, N, F, Cl, S, Na, Mg, Al, Si, K, Ca, Ti, Mn, Fe, Co, Ni, Cu, etc.). Otros elementos más pesados tal como Sb o Sn se reconocen por la serie L (L_α, L_β), mientras que elementos muy pesados tal como Pb, Hg o Au presentan la línea M_α muy intensa acompañada por las líneas de la serie L. Generalmente, la identificación de un material se lleva a cabo a partir de las líneas de emisión del elemento más pesado, ya que este presentará la máxima concentración, como en el caso del pigmento albayalde ($2PbCO_3.Pb(OH)_2$), cuyo espectro de rayos X se muestra en la figura 10.6. Se observa, en primer lugar, que el espectro de rayos X es una combinación de las líneas de emisión características de los elementos integrantes del pigmento (C, O y Pb). También resulta evidente que el Pb presenta las líneas de emisión más intensas, en particular la línea M_α. En otros casos se requiere el reconocimiento de dos elementos para la exacta identificación del material. Por ejemplo, los pigmentos amarillos de estaño y plomo y amarillo de Nápoles pueden ser fácilmente discriminados por la presencia de Sn en el primer caso y de Sb en el segundo caso, acompañando al Pb. Si hay solapamiento de las líneas de emisión de dos elementos presentes en un mismo material, por ejemplo, K_α(S) a 2,31 keV y M_α(Pb) a 2,34 keV, la identificación se lleva a cabo examinando el resto de líneas de emisión (por ejemplo, L_α(Pb) y L_β(Pb) en figura 10.6) y determinando la intensidad relativa de las líneas de emisión de ambos elementos. Un listado de las líneas de emisión características, de interés analítico, de un buen número de pigmentos históricos puede ser consultado en el anexo 10.2 en www.sintesis.com. Cabe señalar que los elementos ligeros como C y O, con número atómico por debajo de 9, presentan efectos de absorción elevados y baja sensibilidad por lo que solo son detectables con instrumentación de elevada resolución. Esta es la razón por la que las técnicas de espectrometría de rayos X tienen escasa aplicación en el estudio de materiales orgánicos los cuales están compuestos mayoritariamente por elementos ligeros tales como C, H, O y N.

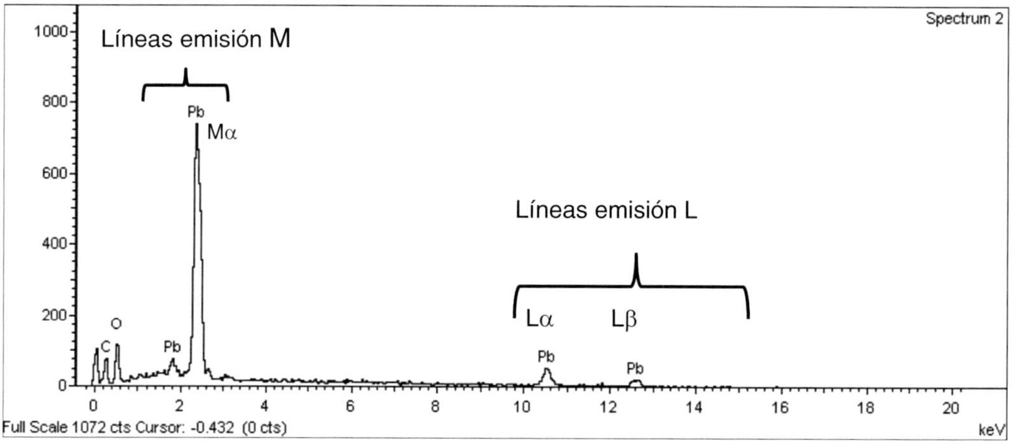

Figura 10.6. Espectro de rayos X de albayalde.

La mayor parte de técnicas de espectrometría de rayos X descritas en este capítulo puede llevar a cabo el análisis elemental de pequeños volúmenes de la muestra u objeto. Esto, de modo práctico, permite el análisis puntual de granos y fases cristalinas. También se pueden realizar *perfiles lineales de composición* a través de las interfases de una muestra multicapa o *mapas de distribución de elementos* en dos dimensiones. La figura 10.7 muestra sendos ejemplos de estas dos últimas formas de operar. En el primero de ellos (figura 10.7a) se muestra la variación de la intensidad de señal correspondiente a las líneas K_α(Zn) y K_α(Co) obtenida al recorrer transversalmente una muestra de pintura al óleo consistente en una película pictórica de azul cobalto y una preparación de blanco de zinc. La intensidad de señal de rayos X se ha superpuesto a la imagen de la sección transversal obtenida con electrones secundarios (imagen izquierda) y se ha representado en forma de diagrama bidimensional en función de la profundidad (imagen derecha). En la figura 10.7b se muestra la imagen en electrones secundarios obtenida en una muestra pictórica integrada por una capa pictórica de amarillo de cadmio aplicada sobre una preparación de blanco de zinc junto a los mapas de distribución elementales. Se aprecia cómo los elementos Cd y S, característicos del pigmento amarillo de cadmio, se concentran en la parte superior, mientras que el Zn se concentra en la capa inferior de preparación.

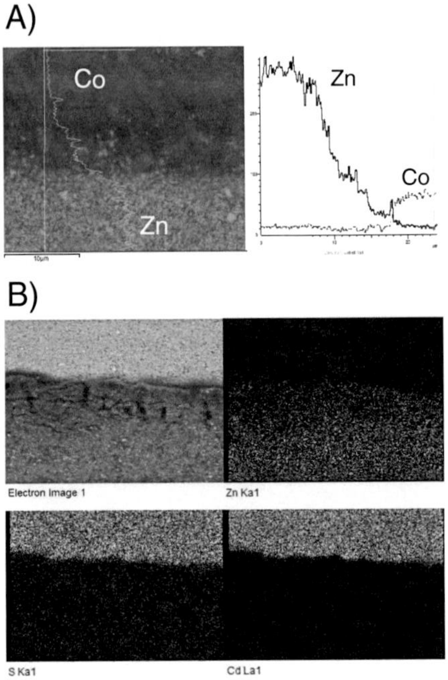

Figura 10.7. Microanálisis de rayos X mediante FESEM-EDX: A) perfil o barrido lineal a través de la interfase de una capa pictórica de azul cobalto y una preparación de blanco de zinc; B) mapa de distribución de elementos de una muestra pictórica integrada por una capa de amarillo de cadmio y una preparación de blanco de zinc.

10.4.2. Análisis cuantitativo

El análisis cuantitativo en espectrometría de rayos X se basa en la relación existente entre la señal de rayos X medida para un elemento y su concentración en el material (figura 10.8). El área de pico suele utilizarse como medida de la intensidad de la señal de rayos X correspondiente a un determinado elemento siempre que esta no presente solapamiento. El método más simple para determinar la concentración de un elemento en un determinado material consiste en obtener una curva de calibrado construida a partir de materiales de referencia en los que dicho elemento se encuentra presente en una concentración comprendida en un intervalo de valores que abarque aquel en el que el analito se halla presente en el material (capítulo 2, apartado 2.5.2). Sin embargo, si los materiales de referencia no tienen una composición similar al objeto en estudio el resultado obtenido puede desviarse significativamente respecto del valor verdadero debido a la existencia del *efecto matriz* responsable de que la intensidad de la señal analítica producida por un elemento no dependa únicamente de su concentración, sino que sea también función del resto de componentes del material. Esto se debe a que parte de la radiación fluorescente emitida por el elemento analizado es absorbida por el resto de componentes del material, esto es, la matriz. Simultáneamente, la radiación fluorescente emitida por los elementos de mayor número atómico presentes en el material puede inducir un refuerzo de la fluorescencia en el analito. Ambos efectos superpuestos son la causa de la pérdida de linealidad de la señal analítica con respecto a la concentración. Los inconvenientes asociados al efecto matriz pueden reducirse mediante la aplicación de métodos de corrección experimentales si bien muchos de ellos implican la destrucción de la muestra. En el ámbito del estudio del patrimonio cultural se prefiere utilizar métodos matemáticos de corrección del efecto matriz que no conllevan la destrucción de la muestra u objeto analizado como el *método de los parámetros fundamentales*, usado en XRF, o el *método ZAF*, usado en SEM-EDX. Este último método combina la corrección del poder de retrodispersión en función del número atómico *Z*, la corrección del efecto de absorción *A* debido a diferencias en la matriz y la corrección del efecto *F* debido a la radiación fluorescente inducida por rayos X característicos generados por otros elementos presentes en el material.

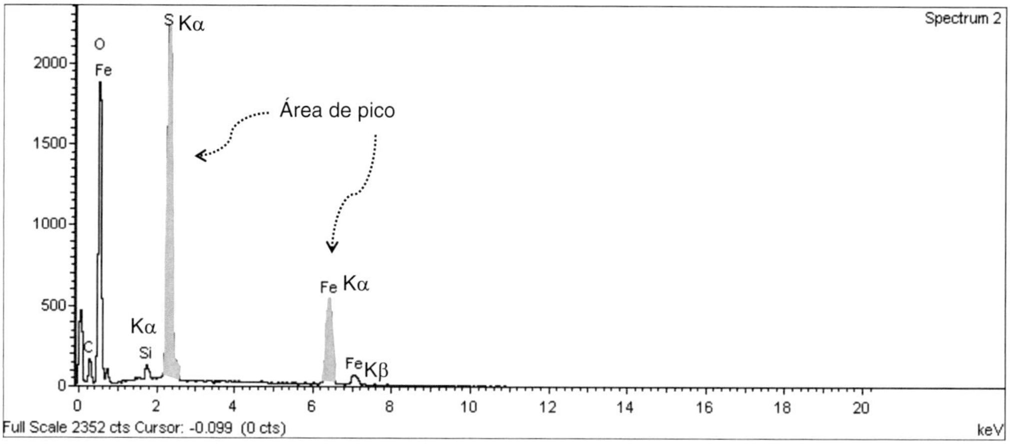

Figura 10.8. Espectro de rayos X de una muestra del mineral pirita.

Los programas informáticos con los que vienen dotados muchos de los equipamientos instrumentales actuales incluyen este tipo de métodos matemáticos que son aplicados automáticamente a los espectros de rayos X obtenidos, de modo que es posible correlacionar la intensidad de la señal analítica de rayos X con la concentración del elemento en el material analizado. Estos programas informáticos efectúan estos cálculos a partir de materiales de referencia que son usados para la calibración del instrumento. El cuadro 10.1 muestra los diferentes formatos en los que se facilita la composición cuantitativa de un material, en este caso, del mineral pirita (FeS_2). Mientras que el porcentaje elemental es aplicable a cualquier material, la composición expresada en porcentaje de óxido suele ser utilizada para expresar la composición de minerales y materiales cerámicos. Además del porcentaje elemental y el porcentaje expresado en forma de óxido, que informarían de la composición cuantitativa del mineral, el porcentaje atómico proporciona una estimación de la estequiometría en casos como este en los que se analiza una sustancia o fase mineral con un grado bajo de impurezas (2,09% silicio asociado a algún mineral accesorio presente en el yacimiento geológico). En este caso el cociente:

$$\frac{\%atómicoS}{\%atómicoFe} \qquad [10.4]$$

da un valor de 1,9, muy próximo al valor teórico 2 correspondiente a la fórmula ideal de la pirita FeS_2.

Cuadro 10.1. Diferentes valores de composición cuantitativa y estequiométrica calculados en una muestra del mineral pirita por aplicación del método ZAF de corrección del efecto matriz en un equipo FESEM-EDX

Elemento	*%Masa*	*%Atómico*	*%Compuesto*	*Fórmula*
Si K	2,09	3,01	2,34	SiO_2
S K	51,03	63,50	66,28	SO_3
Fe K	46,88	33,49	31,38	FeO

Preguntas de autoevaluación

10.1. Resuelve las siguientes cuestiones:

a) Calcula el valor de la energía de un fotón cuya frecuencia es 10^{17} Hz.

b) Expresa el resultado en keV. (Dato: 1eV = 1,602176565 · 10^{-19}J.)

10.2. La espectrometría de rayos X está basa en el estudio de las transiciones:

a) Electrónicas.
b) Vibracionales.
c) Rotacionales.

10.3. Justifica por qué la energía del fotón asociado a la línea de emisión M_{α} (Pb) 2,34 keV es menor que la energía del fotón asociado a la línea de emisión L_{α}(Pb) 10,45 keV.

10.4. Indica qué partícula es responsable de la emisión de rayos X fluorescentes en cada una de las siguientes técnicas de espectrometría de rayos X:

a) PIXE.
b) EPMA.
c) XRF.

10.5. Enumera los inconvenientes que tiene el requerimiento de operar en alto vacío de algunas de las técnicas instrumentales de espectrometría de rayos X en el análisis de patrimonio cultural.

10.6. Indica qué inconvenientes tiene el uso de electrones como partículas responsables de la emisión de rayos X característicos en el análisis de bienes culturales.

10.7. Identifica el pigmento correspondiente al siguiente espectro de rayos X:

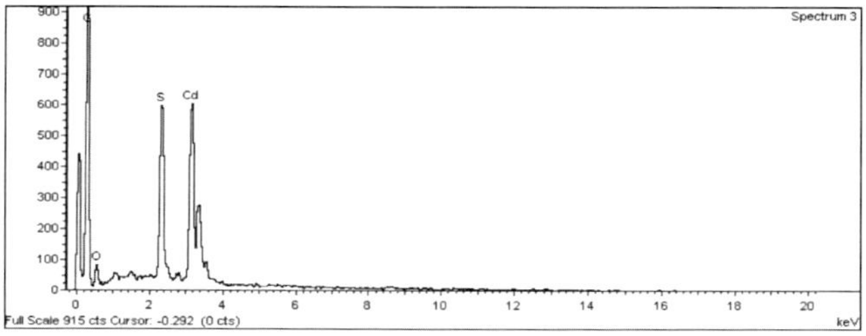

10.8. Identifica el pigmento correspondiente al siguiente espectro de rayos X:

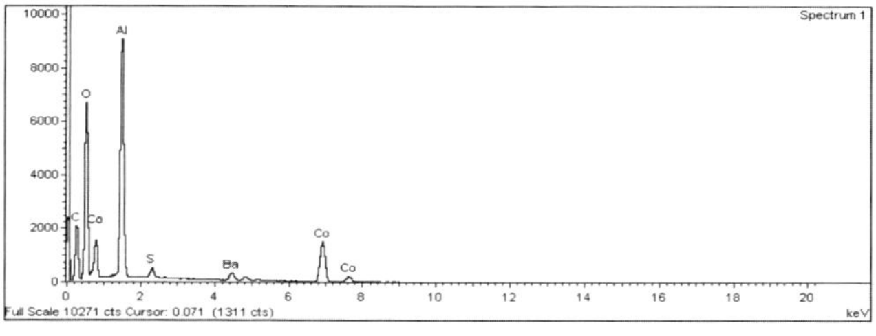

10.9. La formación de minerales fosfáticos de tipo apatítico en roca caliza por mediación de microorganismos es una alteración que tiene lugar con la formación de diversos compuestos precursores o intermedios tales como fosfato de calcio dihidrato ($CaHPO_4.2H_2O$) o fosfato de octocalcio [$Ca_8H_2(PO_4)_6.5H_2O$]. En un estudio llevado a cabo sobre muestras reales mediante espectrometría de rayos X se obtuvo la siguiente composición elemental:

Elemento	*%Atómico*
P (K_α)	43,48
Ca (K_α)	56,52
Totales	100

Indica a cuál de estos dos compuestos corresponde el material de la muestra analizada.

10.10. El análisis cuantitativo elemental obtenido en el pigmento correspondiente al espectro de rayos X de la pregunta de autoevaluación 10.7 se muestra en el siguiente cuadro:

Elemento	*%Masa*
S (K_α)	23,99
Cd (L_α)	76,01
Totales	100

Indica la fórmula química de dicho pigmento de acuerdo a los resultados experimentales. Datos: $Masa_{atómica}(S) = 32,065$; $Masa_{atómica}(Cd) = 112,411$.

11
Espectrometría atómica

Las técnicas de espectroscopía o espectrometría atómica para el análisis elemental se remontan a mediados del siglo XIX con los experimentos realizados por los físicos G. R. Kirchhoff y R. W. Bunsen en los que identificaron las emisiones de radiación característica de ciertos elementos sometidos a calentamiento en el seno de una llama comprobándose que se correspondían con las líneas espectrales de dichos elementos. Asimismo, se constató que esa radiación característica, emitida por un determinado elemento químico, podía ser absorbida por el vapor frío de ese mismo elemento. Estos experimentos se hicieron con espectroscopios muy sencillos y constituyeron la base de la moderna espectrometría atómica.

11.1. Fundamentos de la espectrometría atómica

La *espectrometría atómica* abarca diversas técnicas instrumentales que se basan en los fenómenos de emisión, absorción y fluorescencia producidos al interactuar la radiación electromagnética con un elemento químico que se ha llevado a la fase gaseosa mediante una llama u otro dispositivo térmico alternativo. De forma similar a las técnicas de espectrometría de rayos X, la espectrometría atómica se basa en procesos en los que los átomos experimentan transiciones entre niveles electrónicos pero, a diferencia de la espectrometría de rayos X en la que se ven involucrados electrones de las capas más internas del átomo, en la espectrometría atómica las transiciones electrónicas afectan a los niveles de energía más externos en la corteza atómica.

11.1.1. Estructura atómica y líneas espectrales

La absorción de radiación electromagnética en la región visible y ultravioleta, llevada a cabo por átomos individuales, resulta en transiciones electrónicas que involucran electrones de los niveles externos de la corteza atómica. Estas transiciones electrónicas pueden dar lugar a líneas de emisión espectrales. La longitud de onda del fotón correspondiente a cada una de estas líneas espectrales está correlacionada con unos números denominados *términos espectrales*, cuyo significado emana de los modelos atómicos que establecen una distribución de electrones en los diferentes orbitales que llevan asociados valores de energía discretos. En la figura 11.1 se muestran los valores que adoptan los números cuánticos en el caso sencillo del átomo de sodio que solo posee un electrón en la capa de valencia. Como se indica en el esquema, el estado fundamental con una distribución electrónica $1s^22s^22p^63s^1$ vendría designado por el término espectral $3^2S_{1/2}$. Los términos espectrales $3^2P_{3/2}$, $3^2P_{1/2}$, $3^2D_{5/2}$, $3^2D_{3/2}$, $4^2F_{1/2}$ o $4^2F_{5/2}$ corresponden a estados excitados en los que dicho electrón pasaría a un orbital $3p$, $3d$ o $4f$. Los términos espectrales se tornan más complejos cuando el átomo tiene más de un electrón en la capa o nivel de valencia ya que todos los momentos orbitales de los electrones deben ser acoplados en un momento orbital total. Las flechas en trazo discontinuo en la figura 11.1 son algunos ejemplos de transiciones electrónicas que cumplen las reglas de selección y que, por consiguiente, están permitidas y darán lugar a líneas espectrales.

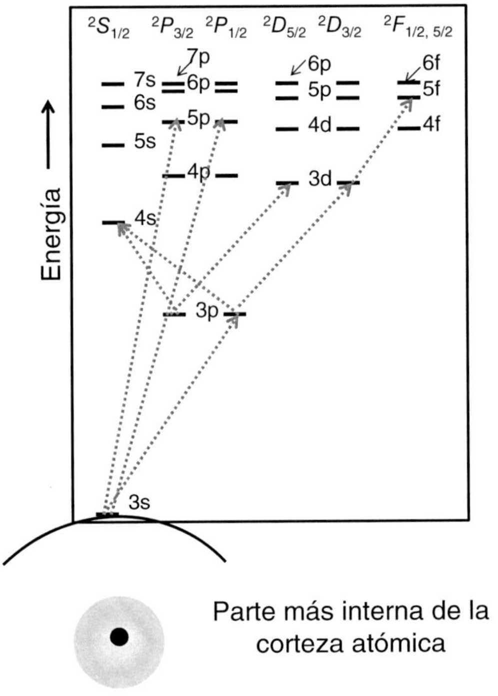

Figura 11.1. Diagrama simplificado de niveles de energía para el átomo de sodio. Las flechas discontinuas indican transiciones electrónicas permitidas.

11.1.2. La atomización de la muestra

Otro aspecto fundamental de la espectrometría atómica es que los fenómenos de emisión, absorción y fluorescencia que constituyen la base de esta técnica requieren la existencia de átomos en estado libre. Esto, generalmente, se consigue gracias a un dispositivo atomizador adecuado mediante el cual el material analizado alcanza un estado en fase gaseosa en el que la mayor parte de los átomos que lo conforman se encuentra en estado libre y solo una pequeña fracción de estos se encuentran ionizados o en forma de radicales junto con algunas de las moléculas no disociadas y los electrones liberados en los procesos de ionización (figura 11.2).

Las sustancias sólidas pueden ser atomizadas directamente mediante dispositivos tales como *hornos* que consiguen la vaporización de las moléculas y la posterior disociación de sus átomos constituyentes. En dispositivos atomizadores tales como la llama o la fuente de plasma suele ser necesario un tratamiento previo de disolución o disgregación mediante el cual el elemento químico que se va a analizar se lleva a una disolución ajustada a la concentración apropiada. La figura 11.2 esquematiza las diferentes fases implicadas en el proceso de atomización del analito en una *llama* a partir del material objeto de estudio. La disolución preparada es, en primer lugar, sometida a un proceso de nebulización. La nebulización implica la transformación de la disolución en una suspensión de partículas ultramicroscópicas ($1 < \varnothing < 10$ µm) o *aerosol*. La disolución es transportada a través de un tubo capilar hasta el dispositivo nebulizador, por lo que interesa que este proceso sea lo más reproducible posible. Ello implica que las disoluciones de patrones y muestra deben ser muy similares en viscosidad, tensión superficial y rango de concentraciones, entre otros parámetros. En la práctica, la transformación en aerosol suele tener una eficacia del 3 al 15%, de modo que la mayor parte de la disolución va a parar al recipiente de desecho. Una vez se ha formado el aerosol, este es transportado a la cámara de mezcla en la que, mediante una serie de componentes, se consigue introducir en la llama microgotas de aerosol en número y tamaño idóneo.

En el dispositivo atomizador se producen una serie de procesos que conducirán a la obtención de átomos en estado libre. El primero de ellos es la *desolvatación* por la que se forman partículas a partir del aerosol, seguida de la *vaporización* por la que estas partículas se transforman en vapor. En la vaporización influyen una serie de factores tales como la temperatura de la llama, el tiempo de permanencia en la llama, el tamaño de las partículas y su composición. Finalmente, se produce la *disociación* de las partículas vaporizadas cuyos átomos libres en estado neutro establecerán una serie de equilibrios de ionización y de reacción con otras especies químicas, también presentes en la llama, procedentes de la propia muestra, del disolvente o del combustible utilizado. La distribución relativa de todas ellas dependerá del tipo de llama, del flujo de gases y de la altura de observación de la llama. Los átomos neutros y los iones presentes pueden pasar a estados excitados en los que un electrón de los niveles superiores en el átomo pasa a un nivel de energía más alto. El número de átomos e iones que alcanzan estados excitados depende de la energía de excitación y de la temperatura proporcionada por el dispositivo atomizador. Una explicación más detallada de la influencia de estas dos magnitudes en los procesos de excitación atómica puede consultarse en el anexo 11.1 en www.sintesis.com.

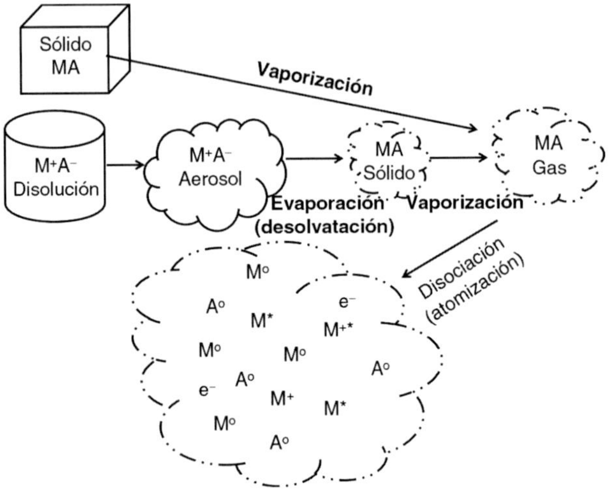

Figura 11.2. Fases del proceso de atomización de una muestra en un horno (sólido) y en una llama (disolución).

En la *fuente de plasma* la muestra nebulizada se introduce en un volumen que se mantiene a elevada temperatura gracias a la generación de un plasma a partir de un gas ionizado como, por ejemplo, argón. Existen diversas formas de generar un plasma como la aplicación de una corriente eléctrica de elevado voltaje entre dos electrodos, arco, chispa, mediante radiación de microondas o mediante descargas luminiscentes sobre metales. Sin embargo, la fuente de plasma más comúnmente empleada en el ámbito de los estudios analíticos de bienes culturales es la *antorcha de plasma por acoplamiento inductivo* (ICP, *inductively coupled plasma*). En este dispositivo el gas argón que genera el plasma es ionizado mediante un campo electromagnético de radiofrecuencia.

Otra técnica ampliamente usada en el análisis de bienes culturales es la *ablación láser* (LA, *laser ablation*). Esta técnica está basada en el uso de radiación láser para liberar el material de la superficie del objeto. Mediante la aplicación de un haz de radiación láser se puede formar una *pluma* (pequeña región del espacio sobre la superficie de la muestra irradiada) de plasma en la que la muestra está atomizada y parcialmente ionizada.

11.1.3. Absorción

Si un haz de radiación monocromática de frecuencia característica atraviesa el material que se va a analizar atomizado, las especies químicas (átomos, iones, moléculas...) que están contenidas en él pueden absorber dichos fotones si su energía coincide con la correspondiente a la diferencia entre dos niveles de energía entre los que puede tener lugar una transición permitida (figura 11.3). Este fenómeno es aprovechado en la espectrometría de absorción atómica. La transición electrónica correspondiente al tránsito de átomos neutros desde el estado fundamental al primer estado excitado se denomina *transición de resonancia* y es la que frecuentemente se utiliza ya que, al ser la más intensa, proporciona mayor sensibilidad analítica. Los valores de longitud de onda correspondientes a las líneas de emisión normalmente utilizadas en la detección de elementos químicos mediante las técnicas de espectrometría atómica pueden ser consultados en el anexo 11.2 en www.sintesis.com.

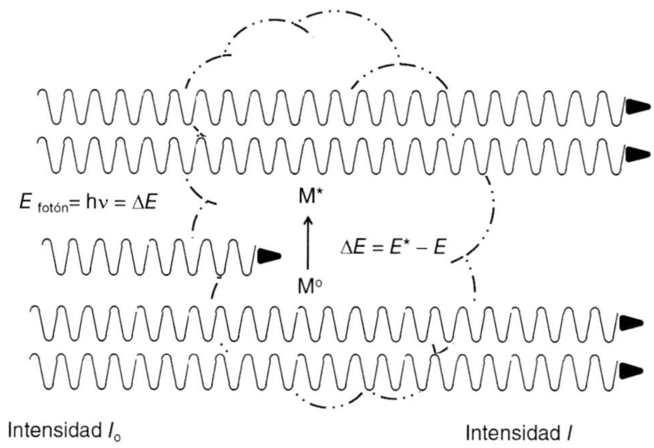

Figura 11.3. Esquema del proceso que tiene lugar en una llama u otro dispositivo atomizador dando lugar a absorción de radiación.

La intensidad de la radiación absorbida I y la concentración de átomos responsables de dicha absorción c están relacionadas mediante la *ley de Lambert-Beer*:

$$\log \frac{I_0}{I} = kcl \qquad [11.1]$$

Donde I_0 e I son las intensidades de radiación incidente y transmitida, respectivamente, k es el coeficiente de absortividad molar y l es la longitud de la celda o dispositivo atomizador.

Si se define la magnitud absorbancia A como log I_0/I, la ecuación [11.1] puede escribirse:

$$A = kcl \qquad [11.2]$$

Esta ecuación establece una relación lineal entre la absorbancia y la concentración de analito. La ley de Lambert-Beer es solo válida en un rango de concentración limitado ya que hay diversas causas que producen desviaciones de la linealidad. Una de las principales es la presencia de radiación primaria no absorbida procedente del material del cátodo de la lámpara y del gas usado para rellenar la lámpara.

Las interferencias que tienen lugar en la técnica de espectrometría de absorción atómica son otra causa de la pérdida de linealidad. Estas pueden categorizarse en físicas, químicas y espectrales. Las interferencias físicas son debidas a variaciones en las propiedades físicas de la muestra y, más específicamente, de sus disoluciones, tales como viscosidad, densidad, tensión superficial, etc., cuando se requiere una etapa de nebulización como en la espectrometría de llama.

Las interferencias químicas se dan primordialmente en instrumentos que utilizan la llama como dispositivo atomizador y están causadas por la presencia de otras especies térmicamente estables tales como óxidos, hidróxidos, carburos o nitruros, que hacen que la concentración del analito disminuya. En estos casos se puede mejorar la eficiencia del análisis aumentando la temperatura o bien puede adicionarse algún reactivo que se compleja con el analito protegiéndolo de reacciones indeseables. También se puede adicionar un agente liberador que es un elemento que reacciona extensivamente con la interferencia impidiendo la interacción con el analito.

La interferencia espectral es ocasionada por la presencia de alguna otra especie química que absorbe o emite a una longitud de onda muy próxima a la del analito, de manera que el monocromador no puede discriminar ambas señales. Este tipo de interferencia es poco frecuente, dado que las líneas de la fuente son considerablemente estrechas y específicas. No obstante, si se presume que puede haber alguna especie interferente acompañante, puede efectuarse la supresión del interferente mediante una separación selectiva previa, por ejemplo, la adición de algún agente precipitante seguida de filtrado.

La presencia de moléculas y radicales estables contribuye, junto con los iones, a la señal de fondo. Estas moléculas pueden provenir del propio material que está siendo analizado o de los combustibles y los disolventes utilizados en la preparación de la muestra. Especies estables frecuentemente encontradas son CN, NH, NO, OH, N_2, N_2^+. En ocasiones pueden encontrarse productos de reacción refractarios tales como AlO^+ o TiO^+. Si el plasma posee la suficiente energía, una buena porción del elemento químico atomizado puede ionizarse. El grado de ionización depende de la temperatura y de la energía de ionización del elemento en cuestión y puede interferir en la detección del elemento al rebajar la intensidad de la línea de excitación atómica. Este tipo de interferencia puede minimizarse mediante los supresores de ionización, que son elementos que mantienen elevada la concentración de electrones de modo que la ionización del analito se inhibe. Para una determinada línea de emisión de un elemento químico existe una temperatura estándar para la que la intensidad de emisión alcanza un valor máximo que depende de ambas energías de excitación e ionización del elemento y de la presión de los electrones liberados durante el proceso de ionización.

11.1.4. Emisión

La figura 11.4 ilustra esquemáticamente el proceso que, en una llama, un plasma u otro dispositivo atomizador, da lugar a la emisión de un fotón de radiación. Básicamente, el elemento atomizado puede llevar a cabo una transición desde el estado fundamental a un estado excitado de manera que cuando retorna al estado fundamental la energía asociada a dicha transición es transferida a un fotón de radiación que es emitido. Si la temperatura es suficientemente elevada el átomo ionizado puede efectuar también una transición pasando a un estado excitado.

Las interferencias en el análisis de un determinado elemento en esta técnica se refieren a la coincidencia de dos líneas de emisión, solapamiento parcial de la línea del analito y de un interferente o bien una fluctuación excesiva de la señal de fondo. Los elementos químicos interferentes no solo pueden encontrarse en el material que se está analizando, los átomos de los gases utilizados en algunos dispositivos atomizadores o las moléculas e iones procedentes del combustible utilizado en la llama también pueden provocar distorsiones en la identificación del analito.

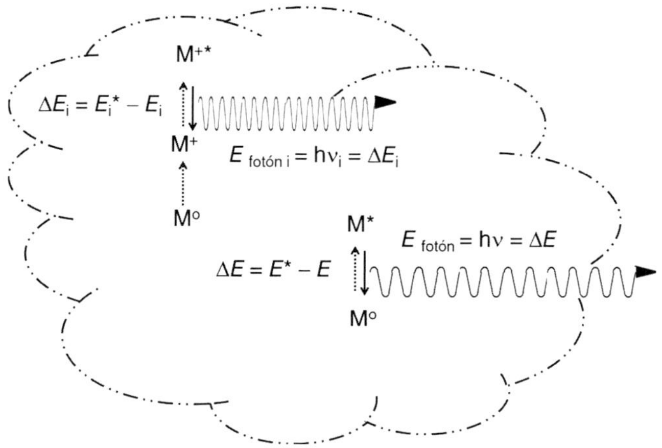

Figura 11.4. Esquema de la emisión de radiación a partir de la transición de un átomo neutro desde el estado excitado al estado fundamental (parte inferior) y a partir de la transición de un ion atómico desde el estado excitado al estado fundamental (parte superior). La flecha con trazo continuo indica el proceso que da lugar a la emisión de un fotón.

11.1.5. Fluorescencia

La fluorescencia atómica, a diferencia de la absorción atómica y de la emisión atómica, implica la excitación (absorción) y la desexcitación (fluorescencia) de los átomos mediante radiación. En esta técnica una fuente de radiación externa emite un haz de radiación que es absorbido por los átomos del analito que, generalmente, se encuentran en el estado fundamental, pasando a un estado excitado en el cual permanecen un breve lapso de tiempo tras el cual retornan a un estado de energía más bajo.

En el proceso de fluorescencia también puede tener lugar algún proceso no radiativo de desactivación. Para un gran número de elementos el proceso más intenso es la transición de resonancia en la que el fotón de radiación fluorescente posee la misma energía que el fotón de la radiación primaria (figura 11.5a,b1). Menos habitualmente se utilizan otro tipo de transiciones no resonantes (figura 11.5a,b2) en las que el fotón fluorescente posee una energía (frecuencia) menor que el fotón de radiación primaria al corresponder a una transición desde el estado excitado a un estado excitado intermedio a la que sucede una segunda transición no radiativa que devuelve el átomo al estado fundamental. La activación o desactivación del átomo también puede incluir procesos de excitación en dos etapas (doble resonancia).

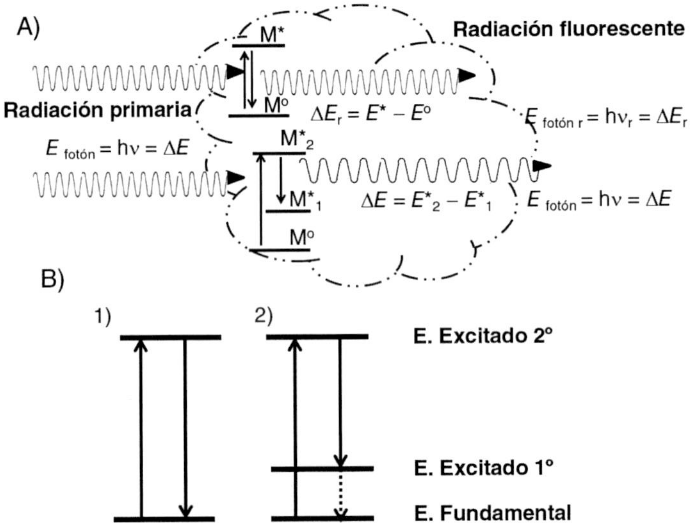

Figura 11.5. A) Esquema de la producción de radiación fluorescente a partir de la transición de resonancia (arriba) y no resonante (abajo); B) transiciones habituales en espectrometría atómica de fluorescencia: 1) resonancia; 2) no resonancia. La flecha en sentido ascendente representa una absorción de energía, la flecha en sentido descendente indica una emisión fluorescente y la flecha en trazo discontinuo representa una transición no radiativa.

11.2. Instrumentación

Las técnicas de espectrometría atómica se clasifican en tres grandes grupos atendiendo al fenómeno físico en que están basadas:

- Espectrometría de absorción atómica (AAS, *atomic absorption spectrometry*).
- Espectrometría de emisión atómica (AES, *atomic emission spectrometry*).
- Espectrometría de fluorescencia atómica (AFS, *atomic fluorescence spectrometry*).

En este apartado se describe la instrumentación correspondiente a las metodologías analíticas AAS y AES que son las que más comúnmente se emplean en el análisis de bienes culturales.

11.2.1. Fuentes de radiación y dispositivos atomizadores

En la instrumentación de las técnicas de espectrometría atómica hay tres componentes esenciales: fuentes de radiación, dispositivos de atomización y detectores. Todos ellos constituyen elementos instrumentales separados en el caso de la AAS y la AFS, mientras que en la AES el dispositivo atomizador cumple la doble función de atomizar y generar radiación de interés analítico.

Las fuentes de radiación utilizadas en AAS son monocromáticas ya que en estas técnicas se analiza únicamente un elemento químico. Las tres características principales que debe poseer la fuente de radiación para cumplir los requisitos básicos de idoneidad son:

a) Monocromaticidad, permitiendo que la longitud de onda de la radiación correspondiente a la línea de resonancia sea seleccionada de forma precisa.
b) Intensidad, para que la señal analítica interactúe adecuadamente con el analito en el dispositivo atomizador y posteriormente proporcione una señal suficiente en el detector.
c) Estabilidad, de manera que la señal de fondo sea baja.

Los dispositivos de atomización deben ser configurados de modo que el analito sea vaporizado y atomizado eficazmente, lo que implica, por una parte, la eficiencia de transferencia de la muestra a la zona de atomización, esto es, la proporción de muestra que llega al atomizador y, por otra parte, la eficiencia de atomización, la cual viene dada por la fracción de analito que es atomizado completamente en el atomizador.

Ambos aspectos determinan la sensibilidad que va a proporcionar este dispositivo de atomización.

En el cuadro 11.1 se lista todo el conjunto de dispositivos atomizadores y fuentes de emisión de radiación indicando las técnicas de espectrometría atómica en las que se utilizan y las temperaturas alcanzadas por los dispositivos atomizadores.

Cuadro 11.1. Dispositivos más comúnmente utilizados como fuentes de radiación y atomizadores en las técnicas de espectrometría atómica

Dispositivo	*Técnica (siglas de designación)*	*Temperatura (°C)*
Llama	Espectrometría de absorción atómica (AAS)	1700-3200
	Espectrometría de emisión atómica (AES)	
	Espectrometría de fluorescencia atómica (AFS)	
Arco eléctrico	Espectrometría de emisión por fuente de arco (AES)	3000-8000
Chispa eléctrica	Espectrometría de emisión por fuente de chispa (AES)	4500
Lámpara de cátodo hueco	Espectrometría de absorción atómica (AAS)	–
	Espectrometría de emisión atómica (AES)	
	Espectrometría de fluorescencia atómica (AFS)	
Lámpara de descarga sin electrodos	Espectrometría de absorción atómica (AAS)	–
	Espectrometría de fluorescencia atómica (AFS)	
Electrotérmico (Horno de grafito)	Espectrometría de absorción atómica electrotérmica (AAS)	1200-3000
	Espectrometría de emisión atómica (AES)	
	Espectrometría de fluorescencia atómica (AFS)	
Plasma de corriente continua	Espectrometría de plasma de corriente continua (AES)	5000-10.000
Plasma de microondas	Espectrometría de plasma de microondas (AES)	4800-6000
Plasma de acoplamiento inductivo	Espectrometría de emisión por plasma acoplado inductivamente (ICP-AES)	6000-8000
	Espectrometría de fluorescencia por plasma acoplado inductivamente (ICP-AFS)	
Láser pulsante	Espectrometría de plasma inducido por láser (LIBS)	10.000

11.2.2. Espectrometría de absorción atómica

La figura 11.6 ilustra el esquema básico de un espectrómetro de absorción atómica mediante llama. De las fuentes emisoras de radiación listadas en el cuadro 11.1, la *lámpara de cátodo hueco* es una de las más utilizadas. Esta lámpara emite las líneas de emisión características del elemento que se quiere analizar ya que el cátodo está fabricado con dicho elemento o con una aleación de este. La lámpara de cátodo hueco multielemental se utiliza menos frecuentemente. Esta lámpara incluye elementos con puntos de fusión y volatilidad semejantes, por ejemplo, Cu-Pb-Zn. Aunque utilizadas también en menor medida, las *lámparas de descarga* sin electrodos producen líneas características más intensas y proporcionan una señal de fondo más baja. Estas lámparas se activan mediante radiación en el rango de las radiofrecuencias (100 kHz-100 MHz) o de las microondas (>100 MHz).

La *llama* y el *horno de grafito* son los dispositivos atomizadores más habitualmente utilizados en AAS. En la llama, la muestra es introducida en forma de aerosol mediante un dispositivo adecuado de nebulización. Existen diferentes tipologías de quemadores que varían en función del comburente y combustible utilizado. Aire-acetileno es uno de los más empleados, ya que es transparente en una amplia zona espectral permitiendo trabajar en condiciones estequiométricas o débilmente oxidantes por lo que es eficiente en el análisis de 40-50 elementos químicos, alcanzando temperaturas en torno a los 2400 °C. El sistema óxido nitroso-acetileno alcanza temperaturas en torno a 2800 °C por lo que es más adecuado para la identificación de ciertos óxidos metálicos refractarios. Los espectrómetros de absorción atómica en llama admiten el análisis de cualquier tipo de muestra sólida, líquida o gaseosa. Las muestras más comunes, líquidas o en disolución suelen ser del orden de mL o μL.

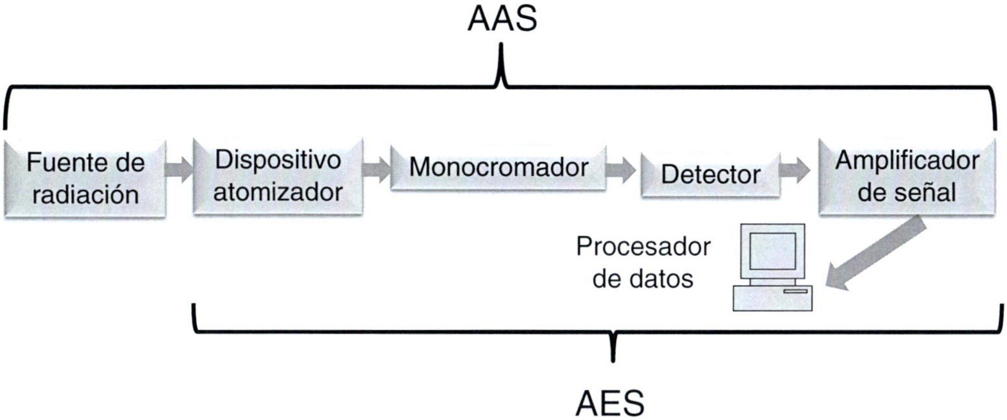

Figura 11.6. Esquema básico de un espectrómetro de absorción y emisión atómica.

El *horno de grafito* es el otro dispositivo atomizador comúnmente utilizado en AAS. La muestra se aplica sobre un electrodo de carbono grafito que se calienta electrónicamente. Permite la introducción de volúmenes menores de muestra con respecto a la llama o masas de muestra del orden de mg. Sin embargo, este atomizador suele ser más susceptible de que se produzcan interferencias.

El *monocromador* es un dispositivo que se interpone entre el atomizador y el detector con el propósito de separar la línea de resonancia del elemento químico de interés de otras líneas procedentes de la fuente o generadas por otras especies interferentes. Dado que las líneas de emisión para la mayor parte de los elementos están bastante separadas los monocromadores empleados en AAS suelen tener una resolución no muy elevada, del orden de 0,02 a 2 nm.

Los sistemas de detección utilizados en AAS son principalmente dispositivos fotomultiplicadores, si bien también se han comercializado sistemas de tipo matriz de fotodiodos (DAD, *diodo array detector*) y dispositivos de transferencia de carga (CTD, *charge transfer device*).

En las técnicas de AAS las etapas preparativas tales como la preconcentración o la eliminación de interferentes van a condicionar el tiempo de duración del análisis, que es una de las principales limitaciones de esta técnica, pudiendo prolongarse 24 h o más. El tiempo de calibración del equipo, si se trata de una determinación cuantitativa, también debe ser considerado. El tiempo de medición de la señal analítica oscila entre unos pocos segundos en AAS de llama y unos pocos minutos en AAS de horno de grafito. Otras limitaciones de esta técnica incluyen su carácter destructivo y que está limitada a metales y metaloides. Con horno de grafito es posible conseguir límites de detección (LOD, capítulo 2, apartado 2.5.1) 10 a 100 veces inferiores a la llama.

11.2.3. Espectrometría de emisión atómica

En la AES el dispositivo atomizador cumple la doble función de atomizar la muestra y suministrar la energía necesaria para excitar los átomos y los iones (figura 11.6). Debido al mayor ruido de fondo e interferentes en la llama, este tipo de dispositivos ha sido progresivamente remplazado por las fuentes de plasma quedando su aplicación restringida al análisis de elementos alcalinos ya que estos requieren temperaturas de excitación bajas y dan espectros libres de interferencias.

El *plasma de acoplamiento inductivo* (ICP, *inductively coupled plasma*) es el dispositivo atomizador más ampliamente utilizado para el análisis elemental desde su comercialización en la década de los años setenta del siglo XX. La muestra, que se prepara como una disolución con la concentración adecuada, se introduce nebulizada en la antorcha de cuarzo y es transportada por el gas Ar hasta la zona donde se forma el plasma. En esta técnica se utiliza un sistema secuencial de detección que está basado en la interposición de un monocromador que dispersa las distintas líneas espectrales que integran el haz de radiación emitido en diferentes direcciones en función de la longitud de onda. Estas radiaciones emitidas son recogidas separadamente por un fotomultiplicador. Alternativamente es posible efectuar mediciones simultáneas de todos los elementos presentes en la muestra mediante un *policromador* integrado por una rejilla de difracción que separa la radiación en sus diversas componentes, las cuales son recogidas por varios detectores independientes de tipo fotomultiplicador o por un único dispositivo de inyección de carga (CID, *charge-injection device*).

En la técnica de *espectrometría de plasma inducido por láser* (LIBS, *laser-induced breakdown spectroscopy*) se hace incidir un microhaz láser pulsante de alta densidad, de tipo Nd:YAG y, menos frecuentemente, de tipo *excimer*, en la superficie de un objeto o muestra de material sólido o líquido o en un pequeño volumen de un gas. La interacción del microhaz produce un rápido incremento de temperatura que inicia una serie de procesos de ionización en cadena que finalmente resultan en la formación de una pluma de plasma. La cantidad de plasma, así como su estabilidad, composición, evolución temporal, densidad electrónica y temperatura, dependen tanto de las características del láser como de las propiedades del material analizado (reflectividad de su superficie, propiedades termodinámicas, coeficiente de absorción, etc.). La temperatura alcanzada por el plasma suele estar en torno a 10.000 K. En el plasma tienen lugar una serie de fenómenos tales como calentamiento térmico del material, el cual produce el cambio de fase de la superficie; vaporización de moléculas; formación de iones, y emisión de fotoelectrones. La radiación emitida por el plasma inicialmente tiene la forma de un espectro continuo y, transcurrido un tiempo, aparecen las líneas de emisión correspondientes a transiciones electrónicas de átomos, iones y pequeñas moléculas. Después de cada pulso el plasma se enfría y se producen diversos procesos de recombinación electrónica y desexcitación de átomos e iones que generan un patrón espectral característico de cada especie química (átomo neutro, ion, molécula). La configuración más común de este instrumento se esquematiza en la figura 11.7. El microhaz láser se enfoca mediante un sistema de lentes convergentes de cuarzo en la superficie del objeto o muestra en estudio. Frecuentemente se trabaja con láser de tipo Nd:YAG, utilizando la longitud de onda de 1064 nm, ya que proporciona una energía elevada. Otras longitudes de onda también empleadas son 355 y 532 nm. El tamaño de la superficie irradiada oscila entre $0{,}1 < \varnothing < 1$ mm. Las diferentes radiaciones emitidas por las especies químicas formadas en la pluma de plasma son colectadas mediante un sistema óptico y llevadas a un espectrómetro (habitualmente de tipo *Echelle*) que se acopla a un detector de estado sólido multicanal con un *dispositivo de carga acoplada intensificada* (ICCD *intensified charge-coupled device*). Estos sistemas permiten obtener resoluciones espectrales por debajo del nm.

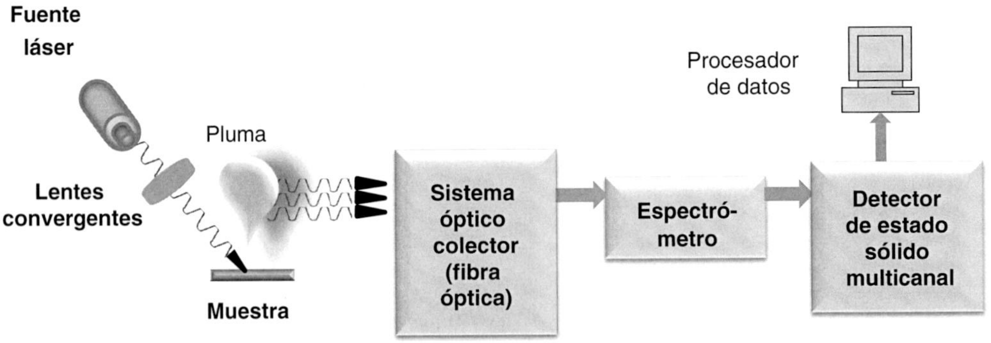

Figura 11.7. Esquema básico de un espectrómetro de plasma inducido por láser.

El carácter mínimamente invasivo y, de ser necesaria, la mínima preparación de muestra, así como la posibilidad de efectuar análisis multielemental directamente sobre el objeto con una resolución espacial de unos pocos μm han hecho que esta técnica haya incrementado notablemente su aplicación en el análisis cualitativo de patrimonio cultural en las últimas décadas. Su principal inconveniente es la dificultad en la realización de análisis cuantitativo dada la complejidad de preparación de matrices similares a la del material en estudio.

11.3. Aplicaciones analíticas

Las técnicas de espectrometría atómica son técnicas de análisis elemental que, por tanto, no proporcionan información acerca de la forma en la que el elemento está enlazado en el material objeto de estudio. Aunque todas las técnicas descritas en el apartado anterior permiten la identificación cualitativa de elementos químicos, la técnica LIBS es, sin duda, aquella que más se ha utilizado en la identificación de elementos constituyentes de materiales integrantes de bienes culturales, mientras que las técnicas de absorción, y sobre todo ICP-AES, se han aplicado de forma frecuente en el análisis cuantitativo.

11.3.1. Análisis cualitativo

En la técnica LIBS los resultados se presentan en forma de diagramas bidimensionales en los que la intensidad del patrón característico de líneas de emisión que emite el material en estudio se representa en función de la longitud de onda. La figura 11.8a reproduce el patrón de líneas de emisión que producen los átomos de bario. Es importante señalar que la notación utilizada en espectrometría atómica es diferente a la más convencional que se utiliza para describir especies químicas. En espectrometría atómica una especie con un determinado número de oxidación es designada con un número romano una unidad mayor que el estado de oxidación de la especie. De este modo, al átomo neutro (Ba^o o Ba(0)) le corresponde el numeral "I" (Ba I), al ion monovalente positivo (Ba^+ o Ba (I)) le corresponde el numeral "II" (Ba II), y así sucesivamente. Se observa que la línea más intensa en las condiciones experimentales en las que se ha llevado a cabo el análisis corresponde a la especie Ba I y aparece a 553,6 nm, estando acompañada por líneas de menor intensidad. En el análisis de muestras reales procedentes de objetos artísticos y arqueológicos el espectro de emisión será una combinación de los patrones espectrales de los diferentes espectros de emisión de los elementos químicos constituyentes del material. La figura 11.8b muestra, como ejemplo, un espectro obtenido mediante LIBS en una muestra de pigmento azul ftalocianina. En el espectro se identifican las líneas de emisión del Cu I a 324,7 y 327,4 nm. También se observa una banda ancha a 380-390 nm que es producida por los grupos CN presentes en la molécula de ftalocianina (Kokkinaki *et al.*, 2013).

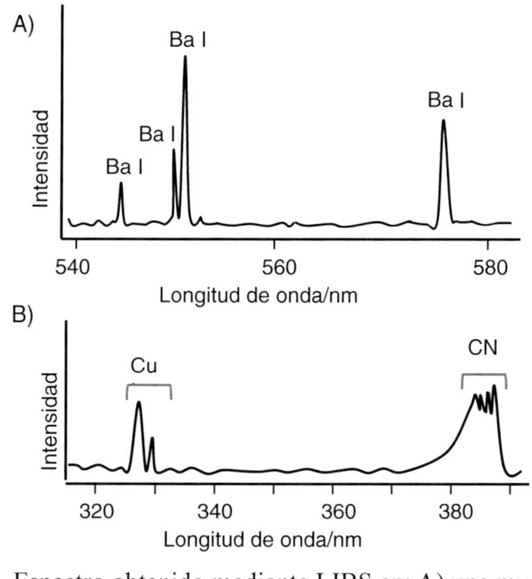

Figura 11.8. Espectro obtenido mediante LIBS en: A) una muestra de bario; B) una muestra de pigmento azul ftalocianina.

Dado su carácter mínimamente destructivo, esta técnica permite efectuar análisis puntuales en diferentes puntos de la superficie del objeto, de modo que es posible detectar diferencias de composición debidas a falta de homogeneidad del material. Otra ventaja de esta técnica es que pueden obtenerse perfiles de composición en profundidad para evaluar el avance de los procesos de corrosión de un metal o hacerse estudios "capa por capa" en muestras pictóricas mediante el procesado de los espectros obtenidos en sucesivos pulsos láser que, por ablación, van eliminando material y permitiendo el acceso a mayor profundidad. En aquellos casos en los que el objetivo del estudio analítico es caracterizar la composición química del objeto, como por ejemplo un fragmento cerámico, se acostumbra a aplicar un cierto número de pulsos láser sobre el objeto, de manera que la ablación láser elimine la capa de depósitos superficiales y productos de corrosión previamente a la adquisición de espectros de emisión característicos de la pasta cerámica.

Las aplicaciones de esta técnica en la identificación de materiales en el ámbito del patrimonio cultural son muy numerosas: metales y aleaciones y sus productos de corrosión, metales constituyentes de tintas, pastas cerámicas, materiales pétreos y policromías, entre otros. También se han utilizado en el control de tratamientos de limpieza de piedra y pintura.

11.3.2. Análisis cuantitativo

Las técnicas de AAS han sido preferentemente utilizadas en la determinación de elementos químicos constituyentes de materiales pétreos y cerámicos y elementos metálicos en mordientes, madera u otros objetos ya que hay pocas interferencias espectrales que limiten el análisis. El análisis cuantitativo de un elemento químico requiere la elaboración de una curva de calibrado (capítulo 2, apartado 2.5.2) específica a partir de materiales de referencia, lo cual consume bastante tiempo. Otro gran inconveniente es que este tipo de análisis es invasivo y destructivo, por lo que su aplicación queda bastante restringida. La cuantificación de especies químicas mediante AAS puede mejorar notablemente con la compensación de los efectos anómalos asociados a interferentes mediante la aplicación del método de adición estándar o adición de patrón (capítulo 2, apartado 2.5.2). Las técnicas de AAS se han usado principalmente en el análisis de cerámica arqueológica utilizando cantidades de muestra del orden de 20-30 mg.

En las últimas décadas la técnica ICP-AES ha sido preferentemente utilizada frente a la AAS de llama u horno de grafito por sus mejores prestaciones técnicas. La técnica ICP-AES es también invasiva y destructiva, requiriendo cantidades variables de muestra del orden de 500 a 20 mg, dependiendo del material. A diferencia de las técnicas de absorción atómica, la ICP-AES permite llevar a cabo análisis multielemental, lo que reduce significativamente el tiempo de análisis proporcionando LOD más bajos. Valores de LOD de AAS y ICP-AES pueden consultarse en el anexo 11.3 en www.sintesis.com.

Preguntas de autoevaluación

11.1. Indica las regiones del espectro electromagnético en las que se desarrollan las técnicas de espectrometría atómica.

11.2. Utilizando el esquema de la figura 11.1, indica qué transición electrónica tendrá mayor energía:

a) $3s \rightarrow 3p$.
b) $3p \rightarrow 4s$.

11.3. Indica la diferencia entre las transiciones electrónicas que tienen lugar en las técnicas de espectrometría de rayos X y espectrometría atómica.

11.4. Define e indica en qué técnica es utilizada la magnitud "transición de resonancia".

11.5. Indica en qué técnicas de espectrometría atómica la producción de líneas de emisión características se consigue mediante irradiación y, en qué otras, se consigue aportando energía térmica.

11.6. Indica cuál es el efecto de la temperatura en las técnicas de absorción y emisión atómica sirviéndote de la información facilitada en el anexo 11.1.

11.7. Señala el estado de oxidación de las especies cuya notación espectroscópica se indica seguidamente:

a) K II.
b) Zn I.
c) Fe III.

11.8. Con los datos facilitados en el anexo 11.2 indica los elementos químicos a los que corresponde la línea de emisión del espectro:

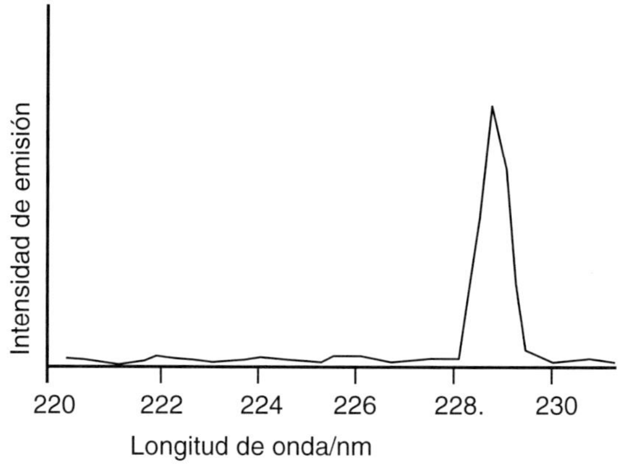

11.9. Indica cuál es la composición cualitativa del material pétreo correspondiente al espectro LIBS:

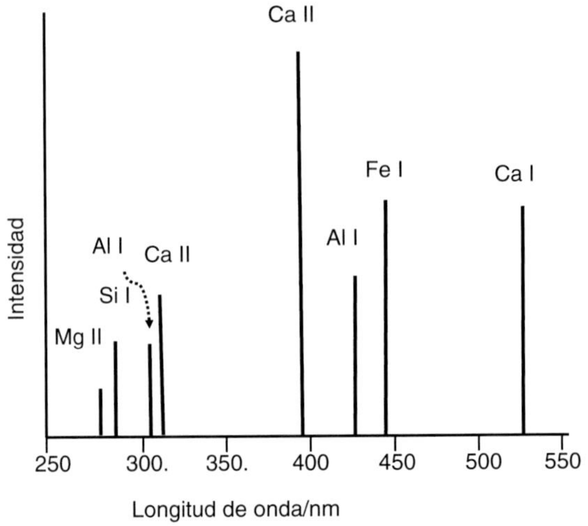

11.10. Indica qué técnica de espectrometría atómica se propondría en los siguientes supuestos prácticos:

a) Identificación de la paleta de colores de un cuadro.
b) Discriminación de la procedencia de una colección de cerámica arqueológica entre dos centros de producción que difieren en la presencia de dos elementos traza.
c) Determinación de la composición del material pétreo utilizado en un edificio y comparación con roca de diferentes canteras.

12
Espectroscopía molecular

En este capítulo se consideran una serie de técnicas instrumentales basadas en la interacción de la radiación electromagnética con la materia en fases condensadas (sólidos, líquidos) o en aquellos casos en los que los átomos se encuentran enlazados formando moléculas o especies químicas de mayor o menor complejidad. Las transiciones electrónicas entre niveles de energía que implican a los electrones de valencia van a dar lugar a absorción o emisión de fotones en la región ultravioleta (UV) y visible (Vis) del espectro electromagnético (capítulo 10, figura 10.1). Además, las moléculas y especies químicas pueden adoptar diferentes estados asociados a modos de movimiento vibracionales y rotacionales que también pueden dar lugar a absorción y emisión de fotones en la región infrarroja (IR) y de microondas, respectivamente. Por este motivo, estas técnicas instrumentales, a menudo, suelen ser genéricamente definidas como técnicas de espectrometría o *espectroscopía molecular* o, más específicamente, espectroscopía electrónica o vibracional si tienen que ver con transiciones entre estados electrónicos o vibracionales, respectivamente. Por su amplia aplicación en el ámbito del patrimonio cultural se han incluido en este capítulo técnicas de espectroscopía en las regiones UV-Vis, e IR. La colorimetría, que se ocupa de la medida del color desde el punto de vista de la percepción humana, si bien tiene cierta relación con la espectrofotometría visible, no puede ser considerada una técnica espectroscópica en sentido estricto por lo que será tratada, más adelante, en el capítulo 14.

12.1. Estructura molecular y espectros moleculares

Las moléculas y especies químicas integradas por más de un átomo son entidades en las que algunos de sus electrones, esto es, los electrones de enlace, dispuestos en orbitales moleculares, están asociados a más de un núcleo atómico. Esto origina una distribución en niveles cuantizados de energía como se muestra en la figura 12.1. A esta distribución en niveles de energía electrónicos hay que añadir la energía asociada al modo de vibración y rotación de la molécula que, de forma similar a la disposición de niveles de energía electrónica, se distribuye en niveles de energía cuantizados vibracionales y rotacionales (estos últimos no mostrados en el diagrama). Como se aprecia en el esquema de la figura 12.1, una molécula, en condiciones ordinarias, puede encontrarse en el nivel electrónico y vibracional más bajo y en cualquiera de los niveles rotacionales posibles ya que a temperatura ordinaria siempre puede haber cierta interconversión de energía cinética, asociada a choques, en energía de rotación de las moléculas. Si en esa situación se produce una interacción con una radiación electromagnética cuyos fotones poseen una energía alta, del orden de $4 \cdot 10^5$-$8 \cdot 10^5$ J mol^{-1} se produce una transición electrónica que se observa en la región visible o ultravioleta. Fotones de energía menor darán lugar a transiciones vibracionales, del orden de $2 \cdot 10^4$ J mol^{-1}, en la región IR y a transiciones rotacionales, del orden de 40 J mol^{-1}, en la región IR lejana y de microondas.

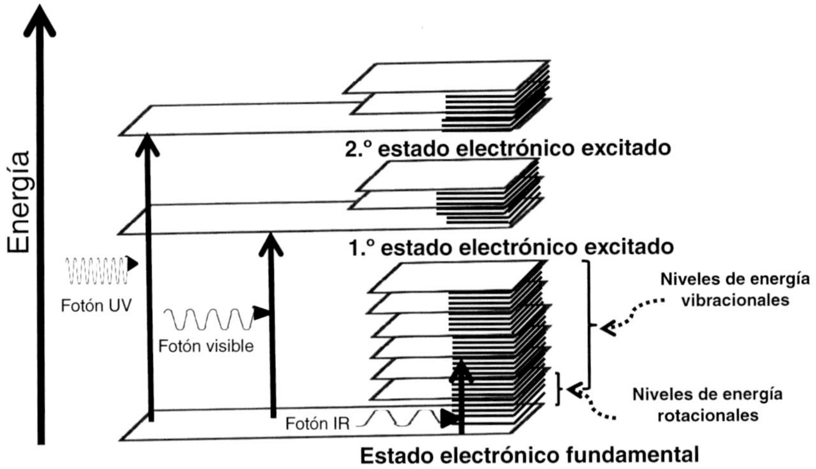

Figura 12.1. Diferentes tipos de transiciones espectroscópicas electrónicas, vibracionales y rotacionales en las regiones UV-Vis, IR y microondas.

12.2. Espectrofotometría UV-Vis

Esta técnica instrumental se basa en la interacción de la materia con la radiación ultravioleta y visible. Mientras que otras técnicas de espectroscopía molecular o de resonancia se usan principalmente para elucidar la estructura de los compuestos, la *espectrofotometría UV-Vis* tiene un gran número de aplicaciones en el análisis cuantitativo. En función del tipo de señal, se han desarrollado modelos teóricos e instrumentación apropiada, todo lo cual es considerado en este apartado.

12.2.1. Fundamentos de la espectrofotometría UV-Vis

Desde un punto de vista analítico tanto la señal luminosa producida por una muestra de cierto espesor, que permite la transmisión de la radiación ultravioleta y visible, como la señal luminosa reflejada de forma difusa por la superficie de un cuerpo opaco, adecuadamente procesadas, pueden proporcionar información de interés acerca de la composición, estructura y contenido de ese compuesto en el objeto en estudio.

A) Espectro de absorción

Como se ha introducido en el apartado anterior, un medio material con una determinada estructura molecular puede absorber determinadas radiaciones electromagnéticas, situadas en el intervalo correspondiente a las regiones visible y ultravioleta, cuyas energías coinciden con la diferencia entre dos diferentes estados electrónicos. Como se muestra en la figura 12.1 la energía del fotón de radiación, cuando es absorbida por la molécula, da lugar a un salto o transición electrónica desde el estado fundamental a un estado excitado de esta.

El efecto macroscópico de estos procesos de absorción de radiación a nivel molecular es la aparición del color en el material. Por ejemplo, un objeto cuyas moléculas absorben radiaciones en la región roja del espectro visible se mostrará de color verde ya que la imagen que de él observamos, formada por las radiaciones luminosas reflejadas, solo contendrá la parte de la luz blanca con la que se iluminó que no ha sido absorbida. Los intervalos de longitudes de onda correspondientes a los diferentes colores en la región visible pueden consultarse en el anexo 12.1 en www.sintesis.com.

La gran mayoría de colorantes orgánicos naturales y sintéticos de uso en las bellas artes y en la industria textil pueden incluirse entre las sustancias coloreadas que tienen en común la presencia de grupos funcionales con enlaces dobles (C=C, C=O, C=N, N=N, N=O, C=S), triples (C≡C, C≡N), o estructuras de enlace en las que los electrones de valencia poseen un elevado grado de deslocalización como, por ejemplo, los sistemas de dobles enlaces conjugados (enlaces simples y dobles alternados) o los anillos aromáticos. Estos grupos son denominados genéricamente *grupos cromóforos*. Muchos iones metálicos desarrollan mecanismos de producción de color cuando forman compuestos de coordinación con agentes complejantes ya que experimentan una reorganización de niveles de energía que puede dar lugar a absorción de radiación. Esta propiedad es utilizada en la determinación cualitativa y cuantitativa de la especie metálica.

Aunque los mecanismos de producción del color son muy variados en función de las características estructurales del material, en este capítulo se ceñirá la explicación a sustancias moleculares cuya estructura puede ser descrita por los modelos mecanocuánticos de orbitales moleculares, tal como los colorantes orgánicos. En las moléculas de colorante se establece una serie de orbitales moleculares, como se muestra en la figura 12.2. Los *orbi-*

tales enlazantes σ y π tienen energía más baja que el *orbital no enlazante n* y los *orbitales antienlazantes* σ^* y π^*. Los valores de energía de los diferentes orbitales moleculares y, por consiguiente, las diferencias de energía entre estados, dependen de las características específicas de cada molécula. También se observa en este diagrama que las transiciones entre orbitales moleculares $\sigma \rightarrow \sigma^*$ y $n \rightarrow \sigma^*$ requieren mayor energía, la cual se asocia a radiación de longitud de onda corta en la región ultravioleta, mientras que las transiciones $n \rightarrow \pi^*$ y $\pi \rightarrow \pi^*$ constituyen saltos de menor energía y, por tanto, requieren radiaciones en la región visible o radiaciones de onda larga en la región ultravioleta.

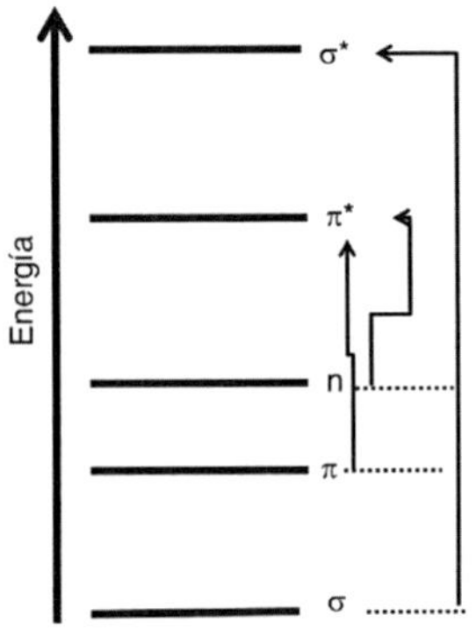

Figura 12.2. Diagrama de estados de energía asociados a orbitales moleculares. Las flechas indican las transiciones electrónicas posibles.

En espectrofotometría UV-Vis convencional la especie coloreada objeto de estudio se presenta en una disolución que es preparada con el grado de dilución idóneo y colocada en una cubeta que es atravesada por un haz de radiación monocromática de intensidad I_0 (figura 12.3a).

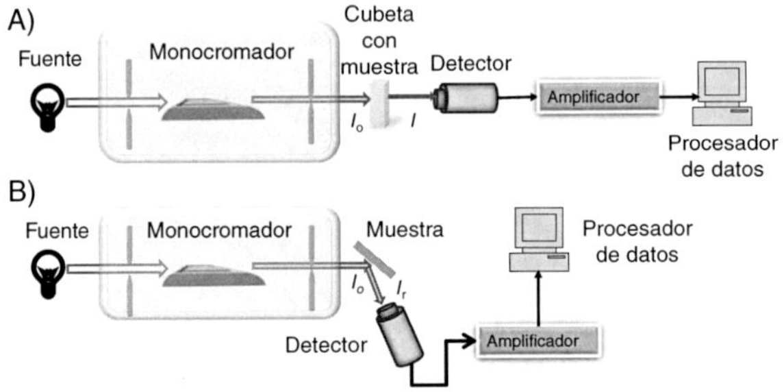

Figura 12.3. Esquema básico de un espectrofotómetro UV-Vis: A) operando en modo transmitancia y B) operando en modo reflectancia.

La absorción de radiación sigue la *ley de Lambert-Beer* descrita mediante la expresión:

$$\log\frac{I_0}{I} = \varepsilon lc \qquad [12.1]$$

Donde I_0 e I son las intensidades de la radiación incidente y transmitida, ε es el coeficiente de absorción molar, l es el espesor de la muestra y c es la concentración de la especie absorbente. La magnitud *transmitancia T*, habitualmente utilizada en espectrofotometría, se define como el cociente entre la intensidad de la radiación transmitida e incidente y suele expresarse en porcentaje:

$$T = \frac{I}{I_0}100 \qquad [12.2]$$

Mientras que la *absorbancia A* viene dada por la expresión:

$$A = \log\frac{I_0}{I} \qquad [12.3]$$

La representación gráfica de los valores de absorbancia en función de la longitud de onda constituye el espectro de absorción de la muestra (figura 12.4a). Como se aprecia en el ejemplo mostrado, el pigmento índigo disuelto en dimetilsulfóxido presenta una curva de absorción con dos bandas significativas en la región violeta y roja, cuyo máximo valor de absorbancia aparece a 350 nm y 620 nm, respectivamente. Es importante señalar el hecho de que, a diferencia de los espectros de rayos X o los espectros de emisión de la espectrometría atómica, en los que las transiciones electrónicas se presentan en forma de picos o líneas estrechas, en los espectros de absorción UV-Vis de compuestos moleculares en fases condensadas, las transiciones electrónicas se presentan en forma de bandas anchas. Ello es debido a que cada nivel de energía electrónico incluye un gran número de subniveles de energía vibracionales y rotacionales (figura 12.1), de modo que el electrón puede pasar a múltiples estados vibracionales y rotacionales dentro de un mismo estado excitado electrónico, lo que abre el intervalo de energías y, por ende, de longitudes de onda de los fotones responsables de la excitación.

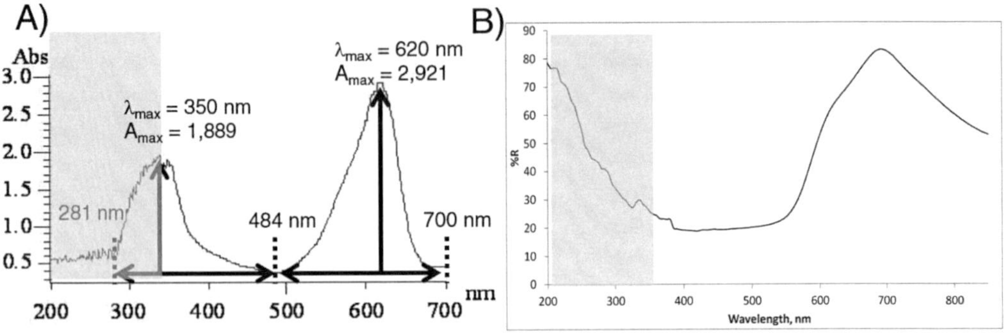

Figura 12.4. A) Espectro de absorbancia del pigmento índigo disuelto en dimetilsulfóxido; B) espectro de reflectancia del pigmento amarillo de Marte. En gris se indica la zona del espectro correspondiente a la región ultravioleta.

B) Espectro de reflectancia

Según la actual definición del color que establece el Comité de Colorimetría, atribuir un determinado color a un objeto no es, estrictamente, correcto sino que es más apropiado atribuirlo a la luz por él reflejada. En general, la reflexión de luz por un objeto es selectiva ya que depende del color de la luz incidente y del modo en el que el objeto refleja esta. Actualmente, muchos espectrofotómetros UV-Vis permiten efectuar la medición del espectro de reflectancia de cuerpos opacos. El *factor de reflexión R* a una determinada longitud de onda puede definirse como la fracción de la radiación monocromática que es reflejada por la superficie de la muestra:

$$R = \frac{I_r}{I_o} 100 \qquad [12.4]$$

Donde I_r e I_o son las intensidades reflejada e incidente, respectivamente (figura 12.3b). Esta es la base de la *espectroscopía de reflectancia* cuyos fundamentos, en gran parte, se asientan en el trabajo teórico de P. Kubelka y F. Munk sobre reflectancia difusa de medios materiales. Una curva típica de reflectancia se muestra en la figura 12.4b. El pigmento amarillo de Marte, de tonalidad amarillo-anaranjada, presenta porcentajes crecientes a partir de 570 nm con valores superiores al 60% entre 600 y 700 nm, lo que corresponde al color naranja.

C) Espectro de fluorescencia

Previamente se ha descrito el proceso de absorción de radiación por una molécula asociando dicha energía a una transición electrónica desde el estado fundamental a un estado excitado. Sin embargo, no se ha indicado qué sucede con la energía absorbida cuando la molécula retorna desde el estado excitado al estado fundamental. Dicha energía absorbida se pierde, completamente o solo en parte, en transiciones no radiativas (tales como colisiones con moléculas vecinas cuyo efecto macroscópico es la conversión en energía calorífica en el objeto). Sin embargo, una parte de la energía puede reemitirse como luminiscencia, denominándose a esta última fracción *eficiencia cuántica*. Básicamente los fenómenos luminiscentes son dos: *fluorescencia* y *fosforescencia*. La figura 12.5 muestra un diagrama de niveles de energía correspondiente al proceso de fluorescencia experimentado por una molécula tras haber sido excitada con radiación ultravioleta o visible. Desde el estado excitado la molécula puede retornar al estado fundamental de diversas maneras. Una posibilidad, la cual da lugar a la radiación fluorescente, es que parte de la energía absorbida se pierda en procesos no radiativos (flecha ondulada) de modo que la molécula pasa a un nivel vibracional más bajo dentro del estado electrónico excitado y, seguidamente, cae al estado electrónico fundamental o a uno de sus niveles vibracionales emitiendo un fotón de radiación cuya longitud de onda será mayor que la del fotón con el que se irradió la molécula ya que la diferencia de energía asociada a esta transición es menor que la asociada a la absorción.

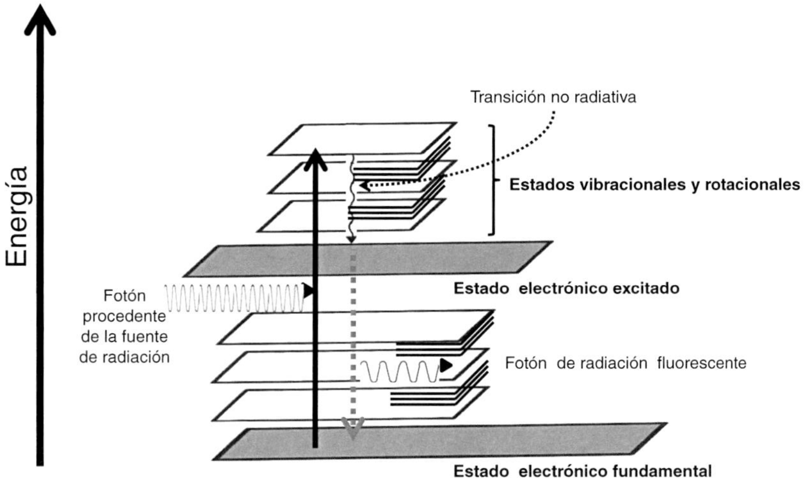

Figura 12.5. Diagrama de niveles de energía mostrando las transiciones radiativas y no radiativas asociadas al fenómeno de la fluorescencia.

12.2.2. Instrumentación

En este apartado se lleva a cabo una revisión de los equipamientos instrumentales más comunes utilizados en el análisis espectrofotométrico, tanto en modo transmisión como reflexión, en la región visible y ultravioleta así como en el análisis mediante espectroscopía de fluorescencia.

A) Espectrofotometría UV-Vis

En la figura 12.3a,b se muestra un esquema básico de un *espectrofotómetro UV-Vis* que incluye una fuente de radiación, un sistema monocromador, una celda que contenga la disolución con la sustancia en estudio, un sistema de detección acoplado a un amplificador y un sistema de procesado de datos. Los espectrofotómetros actuales incorporan dos lámparas que emiten luz en las regiones ultravioleta y visible, respectivamente. La lámpara UV suele ser una lámpara de arco de deuterio que proporciona luz con elevada intensidad en el intervalo de longitudes de onda desde 190 a 320 nm. Esta última longitud de onda viene impuesta por el más bajo límite de transmisión atmosférica. La fuente de radiación en el UV se complementa con una segunda lámpara incandescente de filamento de tungsteno que emite en el intervalo 320-2500 nm del espectro visible e infrarrojo cercano. El cambio de lámpara, cuando se produce el paso de la región visible a la ultravioleta, tiene lugar de modo automático.

La función del monocromador es producir un haz de luz con una anchura de banda (intervalo de longitudes de onda) lo suficientemente estrecho para que pueda ser considerada monocromática (una única longitud de onda). Este haz de radiación monocromática es seleccionado a partir de la radiación emitida por la fuente que, como se ha indicado anteriormente, abarca un amplio espectro continuo. El elemento primordial del monocromador es un dispositivo (filtro, prisma, rejilla o red de difracción) que dispersa la luz blanca emitida por la fuente en sus componentes monocromáticas dirigiéndolas según diferentes ángulos. El dispositivo monocromador incluye también rendijas y espejos que dirigen y coliman el haz de luz. Se puede encontrar diversos montajes (Czerny-Turner, Ebert, etc.). En función del tipo de monocromador es posible conseguir haces monocromáticos con distinta anchura de banda. Los filtros, que son materiales que absorben determinados intervalos del espectro de luz blanca, raramente alcanzan anchuras de banda inferiores a 30-40 nm, con los prismas puede conseguirse anchuras de banda de 1 nm, sin embargo, las mejores resoluciones se consiguen con las rejillas y las redes de difracción (de tipo reflexión). Estas últimas basan su funcionamiento en la ley de Bragg (capítulo 15, apartado 15.1) y la resolución obtenida depende de la densidad de líneas que, por lo general, suele ser del orden de 1200 líneas/mm.

Normalmente esta técnica trabaja con muestras en disolución, aunque muchos instrumentos dan también la opción de trabajar con muestras sólidas en modo reflectancia. Las muestras líquidas se disponen en celdas o cubetas del espesor apropiado. Si se va a trabajar en la región visible, las cubetas portamuestras pueden ser de vidrio e incluso de materiales plásticos transparentes. Cuando se trabaja en la región UV es necesario utilizar cubetas de cuarzo ya que el vidrio absorbe la radiación UV. Normalmente se suele utilizar cubetas de dimensión 1 cm pero este valor puede variar en función de las características específicas de la sustancia que se analiza.

Los detectores más comúnmente utilizados son los detectores fotoeléctricos: *fototubos* y *tubos fotomultiplicadores* (PMT, *photomultiplier tube*). Con las *matrices de diodos* (DAD, *diode array detector*) se consigue una mayor rapidez en la detección ya que los valores de absorbancia correspondientes al intervalo de longitudes de onda seleccionado se registran de forma simultánea en fracciones de segundo sin necesidad de utilizar ningún mecanismo de cambio de longitud de onda. Este sistema es el que se incorpora en espectrofotómetros que deben efectuar mediciones "en línea" con otro instrumento, por ejemplo, un cromatógrafo líquido (capítulo 18, apartado 18.3). Mientras que con fotomultiplicadores se pueden efectuar mediciones con mínimo error en un rango de absorbancias de 0,8 a 1,5, con detectores de tipo diodo este intervalo se amplía hasta 3. Actualmente se está extendiendo también el uso de *dispositivos de unión de carga* (CCD, *charge-coupled device*) y *dispositivos de inyección de carga* (CID, *charge-injection device*).

B) Espectroscopía de reflectancia por fibra óptica

Los *espectroscopios de reflectancia por fibra óptica* (FORS, *fiber optic reflectance spectroscopy*) pueden abarcar un rango amplio de longitudes de onda comprendido entre 190 y 2500 nm. Suelen ser dispositivos de doble haz de modo que uno de los haces de radiación efectúa, en el detector, las correcciones de las fluctuaciones de la lámpara de xenón y el otro se dirige al extremo de un cable de fibra óptica. Dado que la luz exterior no distorsiona las mediciones con este tipo de iluminación, el equipo puede trabajar *in situ* sin necesidad de que la sonda (el extremo del cable de fibra óptica) contacte con la superficie del objeto que se va a medir. La sonda está compuesta de una serie de filamentos de fibra óptica que pueden organizarse de diferente modo según el tipo de sonda, si bien en todas ellas la radiación de la lámpara es transmitida a través de una parte de los filamentos para iluminar la superficie del objeto, mientras que el resto de filamentos de fibra óptica transportan la luz reflejada por el objeto al detector. Los filamentos de fibra óptica tienen diámetros comprendidos entre 200 y 600 μm dependiendo del tipo sonda.

C) Espectroscopía de fluorescencia

La principal aplicación de la *espectroscopía de fluorescencia* en el ámbito de los bienes culturales es la caracterización, de modo no invasivo, de pigmentos y colorantes, con equipos portátiles. En este caso los fluorímetros van equipados con sondas de fibra óptica, lentes objetivo para enfoque del haz de radiación, espectrómetros y detectores CCD. La ventaja de la técnica de fluorescencia es que permite el análisis multicomponente ya que se puede detectar cada compuesto fluoróforo irradiando con luz de la longitud de onda adecuada. De este modo, los pigmentos, colorantes y aglutinantes presentes en una obra pueden ser identificados simultáneamente. Estos instrumentos utilizan, como fuente de radiación, lámparas halógenas o, por su mayor intensidad, la lámpara de arco de xenón o de vapor de mercurio. La *espectroscopía de fluorescencia inducida por láser* (LIF, *laser-induced fluorescence*) utiliza un láser pulsante que emite a 266 o 355 nm para provocar la emisión fluorescente que, generalmente, suele abarcar el intervalo 200 a 800-900 nm.

12.2.3. Aplicaciones analíticas

Las aplicaciones analíticas de la espectrofotometría UV-Vis son diversas si bien, de modo general, pueden agruparse en aquellas que proporcionan información cualitativa y las aplicaciones dirigidas a determinar el contenido del material coloreado. Otra aplicación muy interesante en el estudio de patrimonio cultural son los ensayos inmunológicos.

A) Análisis cualitativo

Mediante las técnicas de espectrofotometría UV-Vis en modo transmitancia o en modo reflectancia y las técnicas de fluorescencia se puede llevar a cabo la identificación de un pigmento o colorante desconocido si se dispone de curvas de absorbancia, reflectancia o fluorescencia obtenidas a partir de materiales de referencia que permitan la comparación. En la técnica de cromatografía líquida de alta resolución (capítulo 18, apartado 18.3.1) se incorpora un espectrofotómetro UV-Vis con detector de tipo matriz de diodos (DAD) a la salida de la columna lo que permite identificar los compuestos eluidos a partir de sus curvas de absorbancia características.

El espectrofotómetro puede efectuar medidas a un valor fijo de longitud de onda coincidiendo con el máximo de la banda de absorción de interés o bien puede efectuar un barrido a lo largo de un intervalo preseleccionado de longitudes de onda para obtener el espectro de absorción de la sustancia en estudio. De modo general, la identificación analítica de un compuesto se efectúa, en primer lugar, caracterizando los valores de longitud de onda correspondientes al máximo de las bandas de absorción que exhibe el espectro de la muestra. Seguidamente, se comprueba que la intensidad relativa y el perfil de las bandas son similares a los exhibidos por el espectro del patrón. No obstante, debe tenerse en cuenta que estos parámetros pueden variar con el grado de dilución y el disolvente empleado. Una recopilación de valores de longitud de onda máximos de las bandas de absorción características de pigmentos orgánicos históricos puede consultarse en el anexo 12.2 en www.sintesis.com.

B) Ensayos inmunológicos

Los ensayos inmunológicos, que son aplicados principalmente al análisis de proteínas usadas como aglutinantes pictóricos, están basados en las técnicas de espectrofotometría y espectroscopía de fluorescencia. Estas metodologías se basan en la especificidad de la reacción que tiene lugar entre un *antígeno* y un *anticuerpo*. Un *anticuerpo* es un tipo especial de molécula que genera un organismo vivo para defenderse del ataque de una sustancia extraña y potencialmente peligrosa denominada *antígeno*. El anticuerpo tiene la propiedad de unirse fuertemente con el antígeno en determinadas zonas de su molécula denominadas *epítopes* impidiendo, de este modo, que el antígeno actúe y dañe otras partes del ser vivo (figura 12.6).

Los ensayos inmunológicos de interés en el análisis de aglutinantes pictóricos pueden clasificarse en dos categorías: el *ensayo con inmunoadsorbente conjugado con una enzima* (ELISA, *enzyme-linked immunosorbent assay*) y la *microscopía de inmunofluorescencia* (IFM, *immunofluorescence microscopy*). La técnica ELISA puede llevarse a cabo de diferentes formas. En la *técnica directa*, el aglutinante proteico (antígeno) una vez disuelto se hace reaccionar con un anticuerpo primario que es marcado para poder identificarlo. En la *técnica indirecta*, un anticuerpo secundario, el cual también está convenientemente marcado para poder ser detectado, se hace reaccionar, en una segunda etapa, con el anticuerpo primario previamente unido al aglutinante proteico. En el método ELISA y, dependiendo de la técnica, el anticuerpo primario o secundario es marcado mediante una enzima que permite la detección colorimétrica o por fluorescencia. En la técnica IFM el anticuerpo secundario se une a un reactivo con propiedades fluorescentes (fluoróforo), lo cual permite su identificación directa mediante un microscopio de fluorescencia. Un fluoróforo comúnmente utilizado en inmunoensayos es la rhodamina que, previa excitación con luz verde a 525-540 nm, emite radiación roja a 615-630 nm.

Los ensayos inmunológicos basados en anticuerpos no solo discriminan entre los diferentes tipos de proteína, por ejemplo, colágeno, caseína, etc., sino que pueden establecer el origen biológico de la misma, esto es, colágeno porcino o bovino, y son técnicas muy sensibles. En el caso de ELISA se alcanzan límites de detección del orden del ng. La técnica IFM puede aplicarse directamente sobre la sección transversal de una muestra pictórica permitiendo efectuar una distribución espacial de la proteína en los distintos estratos pictóricos.

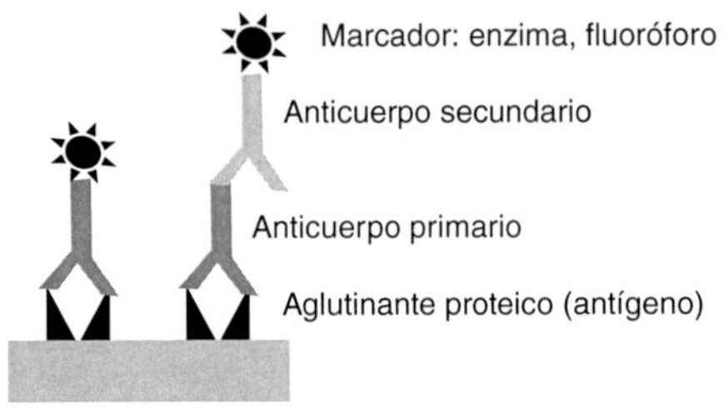

Figura 12.6. Esquema del método directo (izquierda) e indirecto (derecha) de realización de un inmunoensayo.

C) Análisis cuantitativo

La espectrofotometría UV-Vis puede ser aplicada a cuerpos sólidos que permiten el paso de luz, como barnices o materiales poliméricos, para evaluar el grado de amarilleamiento que experimentan cuando son sometidos a envejecimiento acelerado. En estos casos las probetas son preparadas en forma de películas finas lo suficientemente delgadas y de espesor reproducible. De este modo, se puede establecer una escala relativa de niveles de alteración midiendo el incremento experimentado por el valor de absorbancia en el máximo de la nueva banda de absorción (figura 12.7a, marcada con la flecha) que aparece en el espectro a consecuencia de los cambios en la estructura molecular ocasionados por las reacciones fotoquímicas debidas a la irradiación con luz UV.

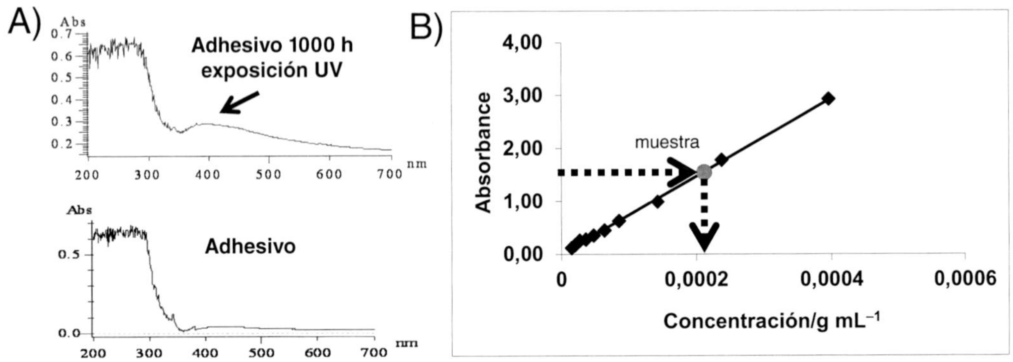

Figura 12.7. A) Espectro de absorción de un adhesivo recientemente preparado (abajo) y tras ser sometido a 1000 horas de irradiación con luz UV intensa (arriba); B) curva de calibrado correspondiente a la determinación del contenido de un elemento metálico.

La espectrofotometría UV-Vis tiene un gran número de aplicaciones en la determinación de cationes metálicos en todo tipo de materiales. Esta metodología requiere llevar a disolución el elemento metálico y seguidamente hacerlo reaccionar con un agente complejante que da lugar a un complejo coloreado. Mediante un calibrado previo con disoluciones de referencia se construye la curva de calibrado (capítulo 2, apartado 2.5.2) procurando ajustarla al intervalo de concentraciones en las que se cumple la ley de Lambert-Beer (linealidad) y, a partir de ella, se determina la concentración del elemento metálico en la muestra (figura 12.7b). En el ámbito de la conservación de patrimonio esta técnica se utiliza en la identificación de cationes y aniones característicos de sales solubles. De este modo, se determina el contenido en cationes tales como Ca^{2+} con glioxal-bis-hidroxianilo o aniones tales como SO_4^{2-} y Cl^- mediante la reacción con taninos y con tiocianato de hierro(III), respectivamente.

12.3. Espectroscopía infrarroja

El descubrimiento de la radiación infrarroja en 1800 por W. Herschel y la obtención del primer espectro infrarrojo (IR) por W. W. Coblentz a principios del siglo XX constituyen dos de los hitos más relevantes en el desarrollo de esta técnica junto con el desarrollo de la *espectroscopía infrarroja por transformada de Fourier* (FTIR, *Fourier transform infrared spectroscopy*) en la década de los años setenta del siglo XX. En este apartado se lleva a cabo una descripción de los fundamentos teóricos y una revisión de la instrumentación actualmente disponible y de interés en el ámbito de la conservación de patrimonio cultural así como de sus aplicaciones.

12.3.1. Fundamentos de la espectroscopía infrarroja

La absorción por un material de la radiación emitida por una fuente en la región IR del espectro electromagnético (figura 10.1) puede ser utilizada con fines analíticos ya que las transiciones espectroscópicas de tipo vibracional (figura 12.1) que provoca son características de los enlaces o grupos de átomos enlazados en la molécula.

A) Región IR del espectro electromagnético

La región IR acostumbra a subdividirse en tres zonas:

a) *Infrarrojo cercano* (NIR, *near infrared*) que se extiende desde 700 nm a 2500 nm.

b) Infrarrojo medio (MIR, *mid-infrared*) que se extiende desde 2500 nm a 25 μm.
c) Infrarrojo lejano (FIR, *far infrared*) que se extiende desde 25 μm a 1000 μm.

No obstante, en espectroscopía IR, en lugar de la longitud de onda, suele emplearse la magnitud denominada *número de onda* ($\tilde{\nu}$) definida como la inversa de la longitud de onda:

$$\frac{1}{\lambda} \qquad [12.5]$$

Esta unidad, expresada en cm^{-1}, fue inicialmente denominada Kayser y abreviada *K* en honor de H. Kayser, primer científico que la utilizó. Usando esta unidad de medida, la región NIR está comprendida entre 4000 cm^{-1} y 14.000 cm^{-1}, la región MIR entre 400 cm^{-1} y 4000 cm^{-1} y la región FIR entre 10 cm^{-1} y 400 cm^{-1}.

La espectroscopía IR utiliza la radiación correspondiente al MIR, mientras que la espectroscopía de infrarrojo cercano (NIR) utiliza las radiaciones en esta región.

B) Modos de vibración de una molécula

Las moléculas están integradas por dos o más átomos que están unidos entre sí mediante un sistema de enlaces más o menos complejo. Si se suministra energía a una molécula simple, integrada por dos átomos unidos mediante un enlace, esta puede efectuar un movimiento oscilatorio, como si el enlace fuera un resorte, cuya frecuencia de vibración dependerá de la fuerza del enlace y de la masa de sus átomos. En moléculas de mayor tamaño el comportamiento de la molécula en su conjunto depende de la energía recibida. Estas moléculas están integradas por un mayor número de átomos, por lo que el número de *modos normales de vibración* es mayor, pudiendo producirse acoplamientos entre los modos de vibración de grupos de átomos diferentes. La *Teoría de Grupos* se ha elaborado como una herramienta teórica que aborda en profundidad el conocimiento de la simetría total de las moléculas y de sus grupos químicos considerados individualmente.

De modo general, se establecen dos modos principales de vibración: *tensión* (*stretching*) y *flexión* o *deformación* (*bending*, *deformation*). Las vibraciones de tensión, como se ilustra en la figura 12.8a para una molécula de tres átomos, hacen variar la longitud de sus enlaces sin que varíe el ángulo y el eje de estos. Estas vibraciones pueden ser aisladas y acopladas y estas últimas, a su vez, pueden ser simétricas o asimétricas. En las vibraciones de flexión cambia la posición relativa de unos átomos respecto a otros o respecto al resto de la molécula al cambiar el ángulo entre dos enlaces. Estas vibraciones se subdividen en vibraciones de *balanceo* (*rocking*) y *tijereteo* (*scissoring*), en las que el movimiento tiene lugar en el plano de la molécula, o de *torsión* (*twisting*) y *aleteo* (*wagging*) cuando el movimiento se produce fuera del plano de la molécula. Estas vibraciones pueden clasificarse también por su simetría en simétricas o antisimétricas (asimétricas).

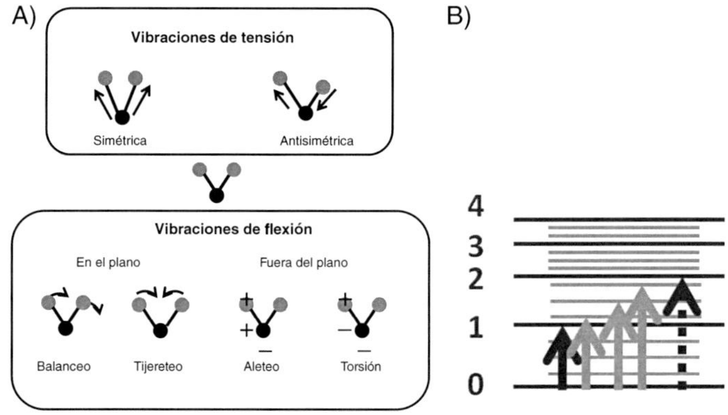

Figura 12.8. A) Modos normales de vibración de moléculas; B) niveles de energía vibracionales (negro y numerados) y rotacionales (gris). Las flechas (negro) indican transición fundamental (trazo continuo) y de sobretono (trazo discontinuo). Las flechas en gris representan las transiciones en las que la molécula cambia de estado vibracional y rotacional, simultáneamente. Todas ellas en conjunto conforman una banda en el espectro IR de esa sustancia.

En moléculas con gran número de átomos se observa que cada grupo de estos, denominado genéricamente *grupo químico* o *grupo funcional*, puede efectuar oscilaciones cuya frecuencia es característica y se denomina *frecuencia de grupo*. Las bandas de absorción a las que dan lugar estos grupos químicos en el espectro IR tienen gran interés analítico ya que, al estar poco condicionadas por el entorno molecular, permiten su identificación. Su posición en el espectro depende de la masa de los átomos y la fuerza de los enlaces que los unen.

C) Espectro infrarrojo

Cuando una molécula absorbe un fotón de radiación IR se puede producir la transición desde el estado fundamental a un estado excitado de energía vibracional de una molécula tal como se ilustra en la figura 12.8b. Si la transición se produce hasta el primer estado excitado se denomina *fundamental*, mientras que si el salto llega a un estado excitado de mayor energía se denomina *transición de sobretono*. De acuerdo a la ecuación de Planck (ecuación [10.1]), la diferencia de energía de los niveles entre los que tiene lugar la transición vibracional está relacionada con la energía del fotón IR absorbido y, por ende, con su frecuencia. Por consiguiente, los estados vibracionales de mayor energía requieren fotones IR de mayor frecuencia o, lo que es lo mismo, de mayor número de onda.

En la práctica, un espectro IR se obtiene al hacer incidir sobre una muestra un haz de radiación IR y analizar la fracción de esta radiación incidente que ha sido absorbida (figura 12.9). Se observa que la sustancia analizada ha absorbido solamente radiación correspondiente a ciertos valores de número de onda que dan lugar a las transiciones vibracionales permitidas de acuerdo con una serie de reglas de selección establecidas por la mecánica cuántica. La regla de selección principal establece que solo son activas en la región IR aquellas vibraciones que producen un cambio del momento dipolar de la molécula.

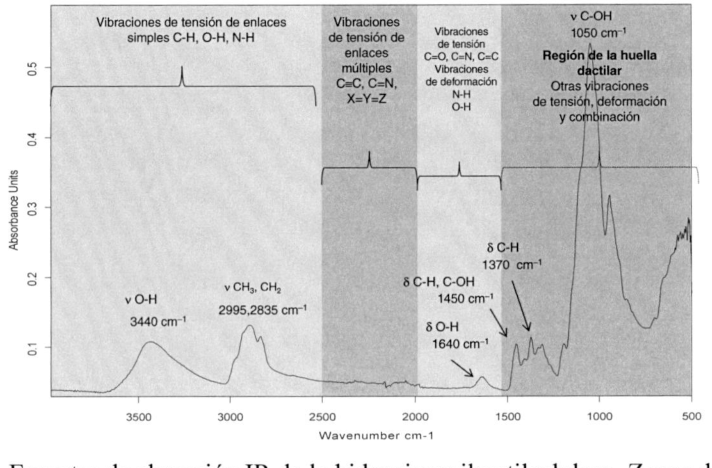

Figura 12.9. Espectro de absorción IR de la hidroxipropilmetilcelulosa. Zonas del espectro IR en las que aparecen bandas de absorción asociadas a transiciones correspondientes a los principales modos normales de vibración de moléculas orgánicas.

Al igual que sucedía con las transiciones electrónicas que dan lugar a los espectros UV-Vis, en los espectros IR no se observan líneas de absorción estrechas. Las bandas de absorción IR se deben al solapamiento de los múltiples estados rotacionales a los que puede llegar la molécula que efectúa la transición espectroscópica, los cuales no pueden ser resueltos por la instrumentación analítica. Las transiciones rotacionales pueden ser únicamente observadas en ciertos casos como, por ejemplo, en moléculas gaseosas de pequeño tamaño.

La posición de la banda IR (valor específico del número de onda en la escala de abscisas) es característica de un grupo químico ya que depende de la masa de los átomos así como de la fuerza y ángulos de los enlaces que los conectan, si bien, algunas veces puede ser influenciada por los átomos que rodean el grupo químico. A pesar de este inconveniente, las bandas IR permiten la identificación de materiales y la caracterización de su estructura.

En el espectro de absorción IR de la figura 12.9 se indican las zonas del espectro IR en la región MIR en las que aparecen bandas de absorción asociadas a los principales modos normales de vibración de moléculas orgánicas. Se observa que las vibraciones de tensión de enlaces simples, al requerir mayor energía, aparecen a valores de número de onda mayores (4000-2500 cm^{-1}). A estas les siguen las vibraciones de tensión de enlaces múltiples (dobles y triples) (2500-2000 cm^{-1}). A partir de 2000 cm^{-1} aparecen las vibraciones de deformación de grupos químicos con enlaces dobles y simples. Estas tres zonas constituyen la región de frecuencias de grupo porque la mayoría de bandas pueden ser asignadas a grupos químicos individuales. La zona por debajo de 1500 cm^{-1} se denomina *región de la huella dactilar* y en ella aparece un gran número de bandas que, a menudo, se solapan entre ellas por lo que resulta más complicado efectuar asignaciones a grupos químicos. No obstante, el perfil de la curva de absorción en esa región es muy característico de cada compuesto químico por lo que contribuye de forma importante a su identificación.

Los espectros IR generados en la región NIR son mucho más complejos ya que en esta región de mayor energía tienen lugar las transiciones vibracionales de sobretono así como abundantes solapamientos de bandas, lo que limita la aplicación de esta región con fines de identificación cualitativa, si bien sí que es posible el análisis cuantitativo.

La absorción de radiación IR por un compuesto químico, al igual que sucedía con la radiación UV-Vis, sigue la ley de Lambert-Beer (ver apartado 12.2.1) lo cual abre la posibilidad de llevar a cabo análisis cuantitativo.

12.3.2. Instrumentación

A lo largo de la segunda mitad del siglo XX se han ido desarrollando espectrómetros IR más robustos y con mayores prestaciones. Desde los años setenta del siglo XX los espectrómetros FTIR se han convertido en instrumentos para el análisis de rutina en los laboratorios dedicados al estudio de patrimonio cultural. Sin embargo, en las últimas décadas se han producido nuevos avances en la instrumentación con la utilización del sincrotrón como fuente emisora de radiación y con el desarrollo de nueva instrumentación operando en la región NIR, tecnología de microscopía FTIR o el diseño de equipos portátiles que permiten el análisis *in situ*.

A) Espectroscopía FTIR

En la figura 12.10 se muestra el esquema básico de un espectrómetro FTIR que incluye la fuente de radiación, un interferómetro, el dispositivo portamuestras, el detector y el procesador de datos. Como fuente de radiación IR se utiliza el emisor de Nernst consistente en una varilla que se calienta a alta temperatura realizada con un material cerámico de óxido de zirconio con itrio o bien un globar realizado con carburo de silicio sinterizado. También se puede utilizar una lámpara de vapor de mercurio. Con estas fuentes se consigue la emisión de radiación IR policromática con intensidad elevada en el intervalo 5000-900 cm^{-1}. El haz de radiación que emite la fuente atraviesa el interferómetro de Michelson en el que se divide el haz incidente en dos haces entre los que se introduce una diferencia de fase. Ambos haces, uno de los cuales atraviesa la muestra, llegan al detector constituyendo el denominado *interferograma*. Este último, una vez aplicado el tratamiento matemático de la transformada de Fourier (capítulo 2, apartado 2.6.4), proporciona el espectro de absorción IR. Los detectores más comúnmente utilizados en la región MIR son de tipo bolómetro tales como termistor, termopar o cristales piroeléctricos como los de sulfato de triglicina deuterada (DTGS, *deuterated triglycine sulphate*). También se utilizan detectores semiconductores con una aleación de mercurio, cadmio y teluro (HgCdTe) (MCT, *mercury cadmium telluride*) que requieren enfriamiento con nitrógeno líquido. En la región NIR se utilizan detectores semiconductores de tipo CCD.

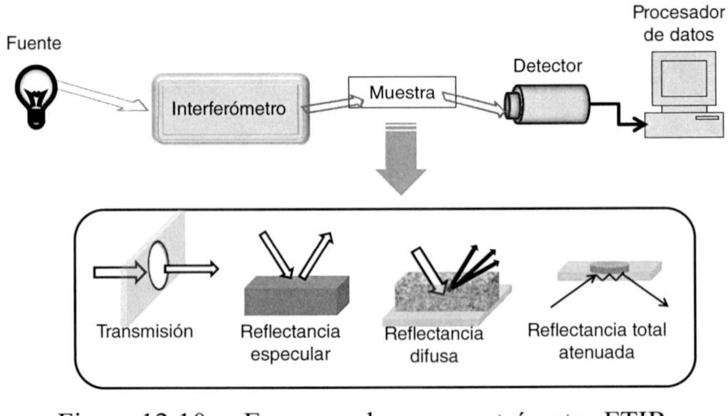

Figura 12.10. Esquema de un espectrómetro FTIR.
Detalle de los diferentes sistemas operativos en función de las características de la muestra.

Dependiendo de las características de la muestra se puede operar en modo de transmisión (figura 12.10) con líquidos, gases, películas finas y con cualquier material sólido, previamente pulverizado, preparado en suspensión o bien prensado con bromuro potásico u otra sustancia transparente a la radiación IR en forma de disco fino. Los líquidos y películas finas pueden analizarse en modo de reflectancia especular, las muestras sólidas pulverizadas mediante *reflectancia difusa* (DRIFT, *diffuse reflectance infrared Fourier transform spectroscopy*) y cualquier material excepto gases en modo de *reflectancia total atenuada* (ATR, *attenuated total reflectance*).

En el proceso de medida, el instrumento efectúa una serie de barridos que son fijados por el operador al igual que la resolución.

B) Microespectroscopía FTIR y microespectroscopía FTIR por sincrotrón

El diseño de los instrumentos para *microespectroscopía FTIR* (μFTIR, *micro-FTIR*) ha ido evolucionando desde que se diseñó el primer equipo en el cual el microscopio estaba situado en la misma cámara portamuestras y el sistema óptico redirigía el haz IR desde la fuente a la muestra situada en la platina del microscopio y, en modo transmisión, enviaba nuevamente la señal al detector. Este microscopio usaba lentes reflectantes de tipo Cassegrain ya que las lentes convencionales absorben la radiación IR. Posteriormente se diseñaron instrumentos en los que el espectrómetro FTIR y el microscopio IR eran dispositivos separados que solo compartían la fuente de radiación y el sistema de procesado de datos. Actualmente, los microespectrómetros FTIR se han convertido en instrumentos muy eficientes que se configuran en equipos compactos que, además de las prestaciones en la región IR, adquieren espectros de reflectancia IR, incorporan luz ordinaria y polarizada y sistemas de digitalización de imágenes. La principal ventaja de estos instrumentos es que son capaces de examinar y analizar un área reducida de la muestra en un rango de 10 μm a 2 mm con una resolución espacial de 3 a 15 μm, si bien esta depende del número de onda.

Recientemente se ha incorporado el uso de sincrotrones como fuentes de radiación, lo que ha convertido la *microespectroscopía FTIR por sincrotrón* (SR-μFTIR, *synchrotron micro-FTIR*) en una auténtica técnica de microsonda IR. Ello es posible gracias al elevado nivel de colimación del haz de radiación que permite el análisis en áreas de la muestra de 5 μm^2 sin calentamiento apreciable. La realización de análisis directamente sobre el objeto convierte esta técnica en no invasiva.

C) Espectroscopía FTIR con fibra óptica

Este tipo de instrumentos permiten el análisis *in situ* del objeto en forma no invasiva ya que, gracias a la sonda de fibra óptica, se puede analizar una zona acotada de la superficie del objeto sin necesidad de toma de muestras. Por esta razón, los espectros IR se adquieren en modo reflectancia. El resto de componentes del equipo son similares a los descritos previamente. El área de la muestra analizada puede llegar a tener de 5 a 20 mm de diámetro. Un equipo de estas características tiene un peso de 35 kg e incluye una fuente de radiación, interferómetro, un detector MCT y el sistema de fibra óptica que recoge la señal infrarroja a una distancia de 2-4 mm.

D) Espectroscopía de infrarrojo cercano

En el ámbito de la conservación de patrimonio esta técnica tiene un uso bastante restringido ya que en la región NIR aparecen abundantes bandas de combinación y sobretonos que complican bastante la interpretación del espectro. En general, esta técnica se está utilizando con equipos que también operan en el MIR. La fuente de CSi y el detector de sulfato de triglicina dopado con α-alanina-lantano deuterada (DLaTGS, *deuterated lanthanum α-alanine doped tryglycine sulphate detector*) permiten obtener información desde 375 cm^{-1} hasta los 6000 cm^{-1}.

12.3.3. Aplicaciones analíticas

Al igual que la espectrofotometría UV-Vis, la espectroscopía FTIR tiene aplicación tanto en la identificación de compuestos químicos como en el análisis cuantitativo si bien esta segunda tipología no es de uso frecuente en el ámbito del patrimonio cultural.

A) Análisis cualitativo

Una de las principales ventajas que ofrece la espectroscopía FTIR es su gran versatilidad pues permite la identificación de sustancias de naturaleza tanto orgánica como inorgánica. Además, posee un elevado grado de sensibilidad ya que la cantidad de muestra requerida es de unos pocos µg. Por otra parte, con el advenimiento de los instrumentos que operan en modo no invasivo y los instrumentos de laboratorio que incorpora el sistema ATR, en los que la preparación de la muestra es mínima, esta técnica de análisis se ha convertido en una de las metodologías de rutina para la identificación de los compuestos químicos presentes en los bienes culturales. El principal inconveniente práctico es la dificultad que ofrece la elucidación de los espectros IR en aquellos casos en los que la muestra es una mezcla compleja de materiales (por ejemplo, una pintura que contiene pigmentos, aglutinantes, aditivos, etc.), lo cual suele ser bastante frecuente. Por este motivo, es de suma importancia la experiencia del analista así como disponer de una amplia colección de espectros IR obtenidos a partir de materiales de referencia (capítulo 2, apartado 2.5.1). La espectroscopía FTIR se ha aplicado a todo tipo de materiales integrantes de bienes culturales: pigmentos, colorantes, aglutinantes, barnices, consolidantes y adhesivos, minerales y rocas, cerámica y vidrio, productos de corrosión de metales, madera, papel, textil, etc.

La identificación de un compuesto se inicia con la asignación a la banda que domina el espectro del modo normal de vibración del grupo químico que la origina. En los pigmentos inorgánicos suele ser el anión específico que lo conforma (sulfato, carbonato, nitrato, fosfato, óxido, etc.) que suele aparecer en la región de la huella dactilar. Como excepciones deben señalarse los compuestos de tipo cloruro y sulfuro que no producen absorción en la región MIR. En el caso de ciertos pigmentos de tipo tierra natural, cabe señalar, asimismo, que en ocasiones la banda de absorción IR que domina el espectro no procede del óxido de hierro responsable de la tonalidad del pigmento, sino de algún mineral accesorio que lo acompaña, arcilla, cuarzo, calcita, etc. Una vez es asignada la banda dominante se confirma la identidad del compuesto inorgánico con el resto de bandas que aparece en el espectro. En la figura 12.11 se muestra, como ejemplo, el espectro IR del mineral yeso frecuentemente usado como preparación en la pintura sobre tabla. La banda dominante, cuyo máximo se presenta a 1115 cm^{-1}, se asigna a la vibración de tensión ν_3 del grupo sulfato. El doblete de bandas a 671 y 600 cm^{-1}, que corresponden a la vibración de tensión ν_4 del grupo sulfato, confirma que se trata de un sulfato de calcio y, por último, los dos dobletes de bandas características del grupo OH a 3548, 3504 cm^{-1} y 1685, 1620 cm^{-1}, asociados a vibraciones de tensión y deformación, respectivamente, permiten concluir que se trata de un sulfato de calcio con agua de cristalización, en concreto, yeso ($CaSO_4.2H_2O$). Una recopilación de los valores de número de onda de las principales bandas de absorción IR características de pigmentos inorgánicos puede consultarse en el anexo 12.3 en www.sintesis.com.

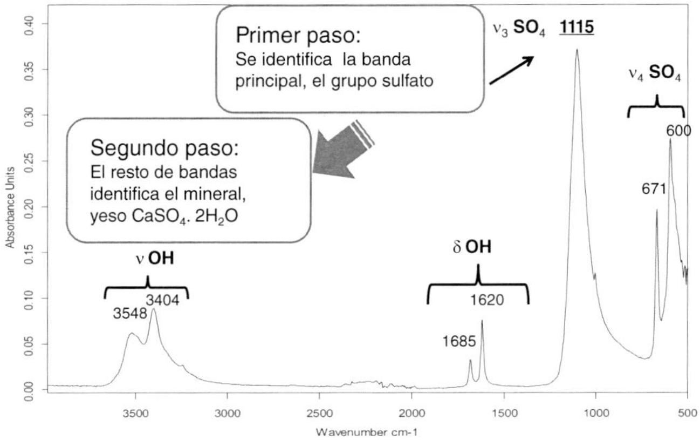

Figura 12.11. Espectro de absorción IR de yeso.

Muchos de los compuestos orgánicos que constituyen los bienes culturales suelen ser de tipo polimérico como las proteínas del huevo o de las colas, las gomas vegetales o las resinas naturales y los aceites secantes tras el secado. Por esta razón, el espectro IR de estas sustancias puede exhibir más de una banda intensa dado que en sus moléculas suele haber varios grupos químicos que producen sus propios modos normales de vibración. Una recopilación de los valores de número de onda de las principales bandas de absorción IR características de grupos químicos de compuestos orgánicos puede consultarse en el anexo 12.4 en www.sintesis.com.

En la figura 12.12 se muestra el espectro de absorción IR de la cera de abeja, producto empleado en la técnica de la encáustica y como componente de algunos barnices. En primer lugar, las dos bandas agudas que dominan el espectro IR aparecen a 2917 y 2850 cm^{-1} y se asignan a las vibraciones de tensión asimétrica y simétrica, respectivamente, de los grupos CH_2 y CH_3 que constituyen las largas cadenas que conforman el esqueleto hidrocarbonado de las moléculas de compuestos de tipo cérido. Las bandas a 1472 y 1462 cm^{-1} y las bandas a 719 y 730 cm^{-1} se asocian a vibraciones de deformación de esos mismos grupos químicos, mientras que las bandas a 1735 y hombro a 1700 cm^{-1} y la banda a 1170 cm^{-1} se adscriben a vibraciones de tensión de los grupos carbonilo (C=O) de éster y de ácido carboxílico y al grupo C–O–C, respectivamente, que constituyen las moléculas de ésteres y, en menor cuantía, de ácidos grasos que forman parte de la compleja composición de la cera de abeja.

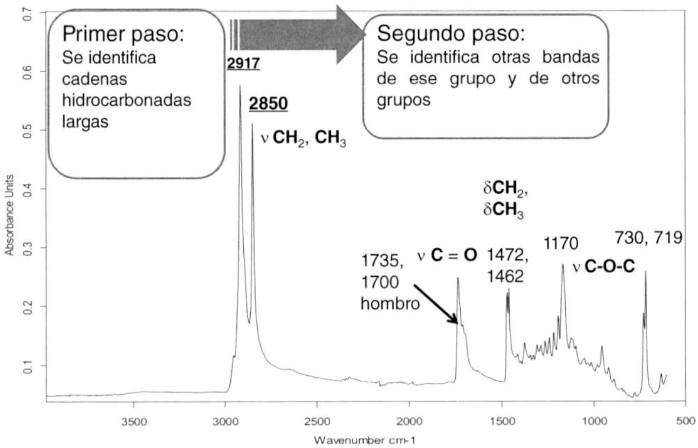

Figura 12.12. Espectro de absorción IR de cera de abeja.

Como ya se ha descrito previamente, la identificación de bandas en el caso de sustancias de composición compleja como las proteínas o en muestras con muchos componentes, cuyos espectros de absorción IR dan lugar a abundantes solapamientos, pueden efectuarse mejor aplicando diferentes estrategias matemáticas que mejoran la resolución del espectro IR original (capítulo 2, apartado 2.6.4). En la espectrometría derivada se obtiene el *espectro de la segunda derivada*, el cual permite localizar de forma más precisa el máximo de la banda. La aplicación del proceso de *deconvolución* posibilita la discriminación de bandas solapadas y si seguidamente se lleva a cabo un *ajuste de la curva* mediante técnicas iterativas, es posible identificar las diferentes bandas individuales que se hallan solapadas debajo de la envolvente. Este procedimiento ha sido ampliamente utilizado para identificar la contribución de las distintas conformaciones que adopta una molécula de proteína.

B) Análisis cuantitativo

La cuantificación de un compuesto se basa en la relación de proporcionalidad existente entre la absorbancia y la concentración del compuesto en estudio dada por la ley de Lambert-Beer. De este modo, la medida del área de la banda o de la altura de la banda de absorción puede correlacionarse con la cantidad de ese compuesto presente en la muestra. Sin embargo, el análisis cuantitativo aplicado al ámbito del patrimonio cultural se ha llevado a término de forma escasa debido a la dificultad en conseguir una longitud de celda uniforme y a la complejidad de los espectros, la escasa cantidad de muestra disponible y la dificultad de elaborar materiales de referencia de composición similar al objeto para construir la curva de calibrado. A pesar de ello, se han efectuado algunos trabajos en los que se ha estimado el contenido relativo de un pigmento o mineral en una muestra empleando el método de la relación de absorbancias. En este método, se asume que la composición de la muestra puede aproximarse a un sistema ideal binario y se construye una recta de calibrado a partir de mezclas binarias de esas dos sustancias a diferente concentración. En la curva de calibrado no se representan valores absolutos de absorbancia sino la medida de la relación de áreas o alturas de dos bandas correspondientes a cada uno de los compuestos integrantes de la muestra (figura 12.13).

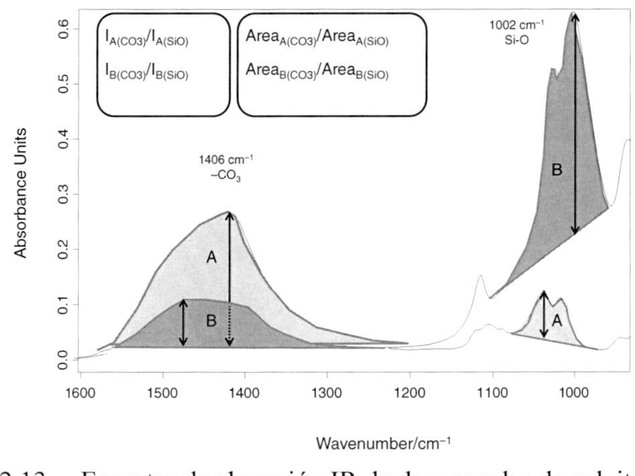

Figura 12.13. Espectro de absorción IR de dos mezclas de calcita y caolín a diferente concentración.

C) Propiedades estructurales

La espectroscopía FTIR puede utilizarse para evaluar el alcance de la organización de los átomos en las fases minerales que componen ciertos materiales. En la calcita, se ha comprobado que existe una correspondencia entre el grado de cristalinidad del mineral y su origen geogénico o antropogénico y esta característica se aprovecha para establecer la génesis de muestras arqueológicas (Regev *et al.*, 2010). El grado de cristalinidad puede determinarse a partir del cociente de intensidades de las bandas de flexión fuera del plano ν_2 a 872 cm^{-1} y flexión en el plano ν_4 a 712 cm^{-1} del grupo carbonato.

Un segundo ejemplo se encuentra en el *índice de cristalinidad* que es un parámetro que se establece en el bioapatito constituyente de huesos y dientes, el cual permite determinar el grado de maduración en una muestra *antemortem* y el avance de los procesos diagenéticos en una muestra arqueológica (Weiner y Bar-Yosef, 1990). Este parámetro se calcula a partir del cociente de intensidades de las bandas IR que constituyen el doblete principal de la vibración de tensión $\nu_4(PO_4^{3-})$ a 600 y 565 cm^{-1}.

12.4. Espectroscopía Raman

Los orígenes de la espectroscopía Raman se hallan en el estudio llevado a cabo por el físico inglés J. W. Strutt (3.er Barón Rayleigh) en 1871 sobre la dispersión de radiación monocromática que producen los materiales, si bien ya fue tratada previamente por Leonardo da Vinci en 1500. Posteriormente, en 1928, el físico indio C. V. Raman describió un nuevo tipo de dispersión de radiación con cambio en el número de onda que fue denominada *dispersión Raman*. Desde entonces, se han producido importantes avances tecnológicos en este campo cuyas aplicaciones en el ámbito del patrimonio cultural son descritas en este apartado.

12.4.1. Fundamentos de la espectroscopía Raman

La *espectroscopía Raman* utiliza el fenómeno de la dispersión Raman con fines analíticos y constituye actualmente una de las técnicas de análisis estructural con más amplia aplicación. En el estudio y conservación de patrimonio cultural se ha introducido con gran ímpetu en las últimas décadas configurándose actualmente como una de las metodologías más frecuentemente utilizadas en la caracterización de materiales y de sus productos de alteración.

A) Dispersión Rayleigh y dispersión Raman

Cuando un haz de radiación electromagnética interacciona con la materia, este es dispersado en todas direcciones del espacio independientemente de su longitud de onda (rayos X, luz visible, etc.). Este fenómeno, denominado *dispersión Rayleigh*, es bien conocido ya que es la causa del color azul del cielo. La *dispersión Rayleigh* es una interacción elástica lo que implica un cambio de energía neta entre la radiación y la molécula sin cambio en la longitud de onda. Esto es, la radiación dispersada posee la misma frecuencia que la radiación incidente. Sin embargo, la interacción que tiene lugar entre la radiación y la molécula puede ser inelástica. En este caso, la radiación incidente perturba la molécula abriendo la posibilidad de provocar transiciones espectroscópicas diferentes a una mera absorción. Este tipo de interacción es conocido como *dispersión Raman* y constituye la base de la espectroscopía Raman. Cabe señalar que la mayor parte de la radiación que llega a un objeto sufre dispersión Rayleigh y solo una pequeña parte de ella sufre dispersión Raman, de ahí que el estudio de este fenómeno no se llevó a cabo de forma exhaustiva hasta el advenimiento de los láseres ya que estas fuentes de radiación monocromática, dada su elevada densidad de energía, producen haces de radiación lo suficientemente intensos para detectar este fenómeno.

En la *dispersión Raman* se produce una absorción virtual de energía por parte de la molécula debido al carácter inelástico de la interacción con el fotón, de modo que el estado excitado al que pasa la molécula es considerado un estado virtual puesto que la energía del fotón incidente no corresponde a ninguna transición de energía permitida en la molécula.

Como se ilustra en el diagrama de la figura 12.14, en el fenómeno de dispersión Raman una molécula tiene la posibilidad de emitir pares de radiación con frecuencias del tipo $\nu_0 \pm \nu_M$ (que expresado en número de onda, dada la proporcionalidad entre ambas magnitudes sería, $\tilde{\nu}_0 \pm \tilde{\nu}_M$) siendo el número de onda $\tilde{\nu}_M$ del rango de radiaciones asociado a las transiciones entre niveles de energía rotacionales, vibracionales y electrónicos específicos de la molécula responsable de la dispersión. Las *líneas Raman Stokes* tienen un número de onda menor que $\tilde{\nu}_0$ dado por $\tilde{\nu}_0 - \tilde{\nu}_M$ y son originadas al regresar la molécula desde el estado excitado virtual a un estado de energía superior al que se hallaba inicialmente. Las *líneas Raman anti-Stokes* tienen un número de onda mayor que $\tilde{\nu}_0$ dado por $\tilde{\nu}_0 + \tilde{\nu}_M$ y se producen cuando una molécula, que estaba inicialmente en un estado de energía superior al fundamental, regresa desde el estado excitado virtual a un estado de energía inferior al que se hallaba inicialmente.

Finalmente, cabe señalar dos aspectos importantes relacionados con la dispersión Raman. Por una parte, la intensidad de la radiación dispersada Raman viene dada por la ley de la cuarta potencia Rayleigh de modo que la dispersión Raman Stokes es proporcional a $(\tilde{\nu}_0 - \tilde{\nu}_M)^4$ y la intensidad de la dispersión Raman anti-Stokes es proporcional a $(\tilde{\nu}_0 + \tilde{\nu}_M)^4$. En segundo lugar, la espectroscopía Raman solamente es activa con las transiciones en que cambia la polarizabilidad de la molécula. Ello hace que esta técnica sea complementaria a la espectroscopía IR en la que las bandas activas suponen un cambio en el momento dipolar de la molécula. De este modo, una molécula que produce una banda intensa en la región IR exhibe bandas débiles en su espectro Raman y viceversa.

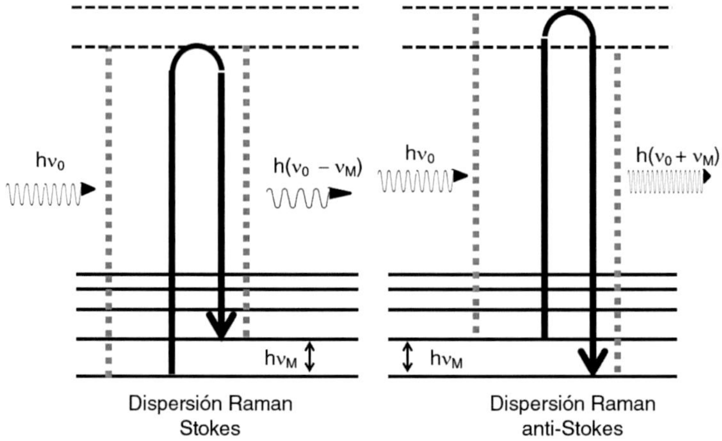

Figura 12.14. Diagrama de niveles de energía de una molécula para los procesos de dispersión Raman. Las líneas discontinuas horizontales representan estados de energía vibracional virtuales de la molécula, mientras que las líneas continuas representan estados de energía vibracional reales, las flechas representan el proceso completo que incluye la extinción del fotón incidente y la posterior creación de un nuevo fotón. Las líneas discontinuas verticales corresponden a la energía de los fotones incidente y dispersado.

B) Espectro Raman

De modo similar a los espectros UV-Vis e IR, el espectro Raman es un diagrama bidimiensional en el que se representa la intensidad de la señal asociada a la banda Raman frente al número de onda. En un experimento en el que se obtiene un espectro Raman completo, como el mostrado en la figura 12.15, las bandas aparecen a valores absolutos de número de onda $\tilde{\nu}'$ que están desplazados un determinado incremento $\Delta\tilde{\nu} = \tilde{\nu}_0 - \tilde{\nu}'$ con respecto al número de onda de la radiación $\tilde{\nu}_0$ que ha producido la excitación, que se corresponde con la banda asociada a la dispersión Rayleigh. Este incremento $\Delta\tilde{\nu}$ adopta un valor positivo para las bandas correspondientes a la dispersión Raman Stokes para las que $\tilde{\nu}' = \tilde{\nu}_0 - \tilde{\nu}_M$, mientras que el valor del incremento $\Delta\tilde{\nu}$ es negativo para las bandas asociadas a la dispersión Raman anti-Stokes para las cuales $\tilde{\nu}' = \tilde{\nu}_0 + \tilde{\nu}_M$. Por tanto, el incremento $\Delta\tilde{\nu} = \tilde{\nu}_M$ es característico de cada molécula ya que está directamente relacionado con la transición entre niveles de energía propios de esa molécula. Además, este desplazamiento es independiente del valor de la frecuencia de excitación $\tilde{\nu}_0$, lo cual significa que se puede obtener un mismo valor de $\Delta\tilde{\nu}$ con fuentes láser que emiten a diferente longitud de onda.

Por otra parte, según la ley de Botlzmann (capítulo 11, anexo 11.1) una gran mayoría de las moléculas se encuentra en el estado vibracional fundamental por lo que la probabilidad de que se produzca una transición asociada a dispersión Stokes es aproximadamente unas 100 veces mayor que la de una transición adscrita a dispersión anti-Stokes. Esta es la razón por la que, en la práctica, se opera únicamente con las transiciones de dispersión Stokes.

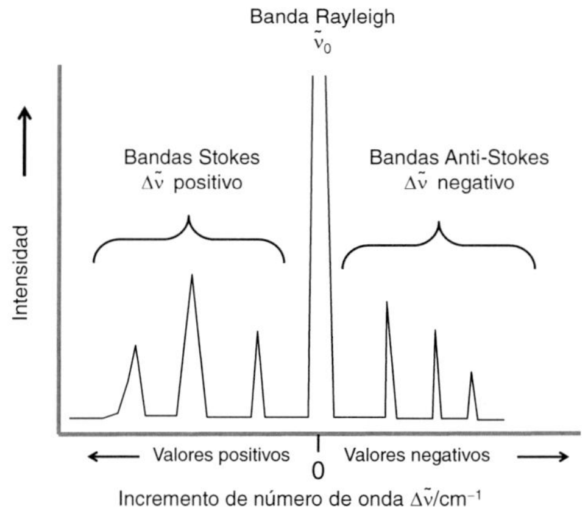

Figura 12.15. Espectro Raman completo.

Por estos motivos, y siguiendo las recomendaciones de la IUPAC (capítulo 2, apartado 2.2), los espectros Raman se presentan como diagramas bidimensionales en los que la magnitud $\Delta\tilde{\nu}$ (cm^{-1}) se representa en el eje de abscisas haciendo que $\Delta\tilde{\nu}$ tenga sentido creciente hacia la izquierda. En el eje de ordenadas se representa la intensidad, genéricamente, con una flecha en sentido ascendente que indica la dirección creciente de esa magnitud o bien mostrando la unidad específica.

12.4.2. Instrumentación

La creciente aplicación, en las últimas décadas, de la espectroscopía Raman en el estudio de patrimonio cultural se ha debido, en gran medida, a las mejoras en la tecnología instrumental. Al igual que sucede con la espectroscopía FTIR, a partir de los espectrómetros Raman convencionales se han desarrollado sistemas de microscopía Raman y equipos portátiles que permiten el análisis no invasivo de objetos *in situ*.

A) Espectroscopía Raman dispersiva y espectrometría Raman por transformada de Fourier

En la figura 12.16a se muestra un esquema básico de los componentes de un espectrómetro Raman convencional que incluye: la fuente láser que emite la radiación que genera la dispersión Raman en el material objeto de estudio, un conjunto de elementos ópticos mediante los cuales el haz láser se dirige y enfoca adecuadamente sobre la muestra, el dispositivo portamuestras, un sistema de lentes que configura y optimiza la señal emitida por la muestra. Dicha señal pasa al procesador de señal en el que es descompuesta en sus diferentes componentes que son dirigidas al detector que finalmente las convierte en una nueva señal eléctrica que es enviada al procesador de datos o unidad computarizada.

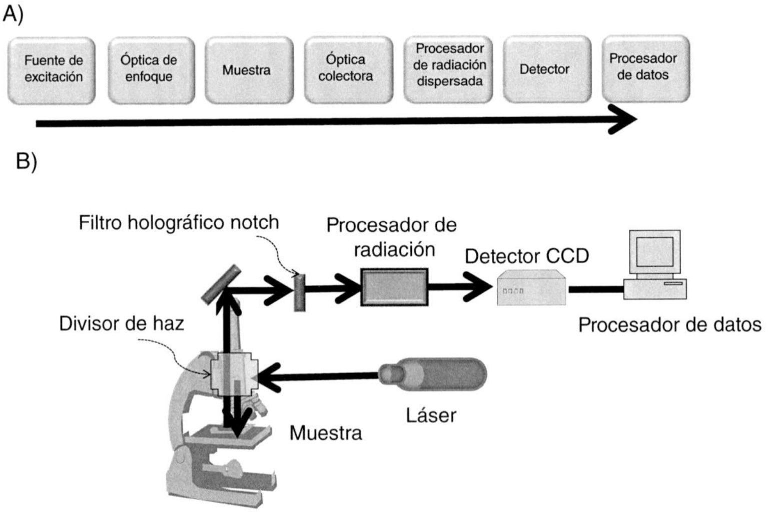

Figura 12.16. A) Esquema de los componentes básicos de un espectrómetro Raman; B) esquema de un equipo micro-Raman.

A partir de este esquema básico la tecnología ha evolucionado derivando en dos diferentes sistemas: los *espectrómetros Raman dispersivos* y los *espectrómetros Raman por transformada de Fourier* (FT-Raman, *Fourier transform-Raman*). La principal diferencia entre ambos sistemas radica en el procesador de señal, el cual para los espectrómetros dispersivos es un monocromador con sistema doble o triple para poder eliminar la radiación Rayleigh, mientras que en los espectrómetros FT-Raman es un interferómetro de Michelson con su correspondiente procesador por transformada de Fourier. La fuente de radiación también suele ser diferente de unos sistemas a otros. En los espectrómetros Raman dispersivos se utilizan láseres emitiendo en la región visible tales como láser de Ar^+ (488 nm o 514 nm) o He/Ne (632,8 nm), mientras que en el espectrómetro FT-Raman se utiliza el láser de Nd:YAG láser (1064 nm), en el NIR. Este último es idóneo para el análisis de muestras orgánicas, ya que elimina la mayor parte de la fluorescencia emitida por estos materiales en la región visible. El sistema detector también varía de un tipo de espectrómetro al otro de modo que los instrumentos dispersivos utilizan dispositivos PMT o CCD multicanal, mientras que los espectrómetros FT-Raman utilizan detectores hechos de materiales semiconductores tales como Ge e InGaAs.

B) Espectroscopía micro-Raman

Un primer sistema de espectroscopía micro-Raman (μRaman) se ha basado en acoplar un microscopio a un espectrómetro Raman convencional de modo que la señal de excitación producida por la fuente láser es transmitida y enfocada a través del microscopio hasta la muestra y la radiación dispersada es, entonces, enviada al procesador de señal. Sin embargo, este sistema no tiene una gran eficiencia. Los actuales espectrómetros micro-Raman (figura 12.16b) incorporan óptica de enfoque que lleva el haz láser, por ejemplo, Ar^+ (514 nm, 488 nm), Kr^+ (647 nm), He-Ne (632,8 nm) o láser diodo (780-800 nm), a la óptica del microscopio que está dotado de un objetivo adecuado y de un divisor de haz que permite el paso de la radiación dispersada por la muestra hasta un *filtro notch*. Este filtro está fabricado con tecnología holográfica que suprime la radiación dispersada elásticamente que emite la fuente láser. De este modo, se pueden utilizar dispositivos monocromadores simples en lugar de dobles o triples. El detector es un dispositivo CCD multicanal de alta sensibilidad. También se diseñan instrumentos con fibra óptica que permiten el análisis remoto o equipados con microscopio confocal que dan la posibilidad de obtener perfiles de composición en profundidad en la región superficial del objeto en áreas de muestras de (5×5) μm.

C) Espectrómetros Raman portátiles

Los láseres de estado sólido y los equipos de fibra óptica han permitido el desarrollo de la instrumentación móvil (portátil). Existe una gran variedad de diseños que se están aplicando en el estudio *in situ* de objetos arqueológicos y obras de arte. Se han propuesto clasificaciones que, en función del peso, discriminan entre equipos *transportables*, los cuales no están pensados para ser trasladados con frecuencia, *móviles*, con pesos que oscilan entre 30 kg y 2 kg e instrumentos *de mano* de pequeño tamaño. Estos instrumentos, dependiendo del modelo, presentan diferente resolución espectral, relación señal/ruido y LOD (capítulo 2, apartado 2.5.1). También hay variación en la facilidad de enfoque, en la reducción de la potencia láser y la distancia de trabajo.

D) Espectroscopía Raman de resonancia intensificada por superficie

La *espectroscopía Raman de resonancia intensificada por superficie* (SERRS, *surface-enhanced resonance Raman scattering*) combina la resonancia Raman y la *espectroscopía Raman intensifacada o amplificada por superficie* (SERS, *surface-enhanced Raman scattering*), lo que permite aumentar notablemente la sensibilidad del análisis. En el ámbito del estudio de patrimonio cultural se ha utilizado fundamentalmente en la identificación de colorantes textiles. La especie química que se va a analizar es adsorbida sobre una superficie metálica de oro, plata o cobre con una rugosidad por debajo del µm o sobre la superficie de nanopartículas metálicas (por ejemplo, plata) preparadas en forma de coloide, de modo que la señal Raman se refuerza hasta 10^{10}, o más, gracias a fenómenos físicos asociados a la interacción que se produce entre el campo eléctrico de la radiación incidente y los electrones de la superficie del metal y a fenómenos químicos asociados a un efecto de transferencia de carga entre la superficie del metal y la molécula luminiscente. Otra ventaja añadida es que esta técnica también consigue eliminar notablemente los efectos de fluorescencia de los compuestos orgánicos. El principal inconveniente es la dificultad en la preparación de los sustratos metálicos nanoestructurados.

12.4.3. Aplicaciones analíticas

La identificación de un material se basa en el hecho de que su espectro Raman está constituido por un patrón de bandas que son características de sus moléculas. Por consiguiente, la comparación de la posición, intensidad y anchura de las bandas a partir de espectros obtenidos en materiales de referencia permite reconocer el material sujeto a análisis. Como ejemplo se muestra, en la figura 12.17, el espectro Raman del pigmento azul ultramar natural, el cual es fácilmente reconocible por su señal intensa a 549 nm y su señal moderada a 378 nm. La espectroscopía Raman, por tanto, se está utilizando en la caracterización de todo tipo de materiales tanto orgánicos (madera, cuero, textil, huesos, marfil, etc.), como inorgánicos (pigmentos, morteros, revocos, cerámica, vidrio, roca, etc.) y en la identificación de productos de corrosión de objetos diversos, en particular, metálicos. Una recopilación de los valores de número de onda de las principales líneas de emisión Raman de pigmentos históricos puede consultarse en el anexo 12.3 en www.sintesis.com. La interpretación, más detenida, de las características del espectro Raman permite, además, determinar la cantidad relativa de material, el espesor de capas o la cristalinidad, entre otras propiedades del material.

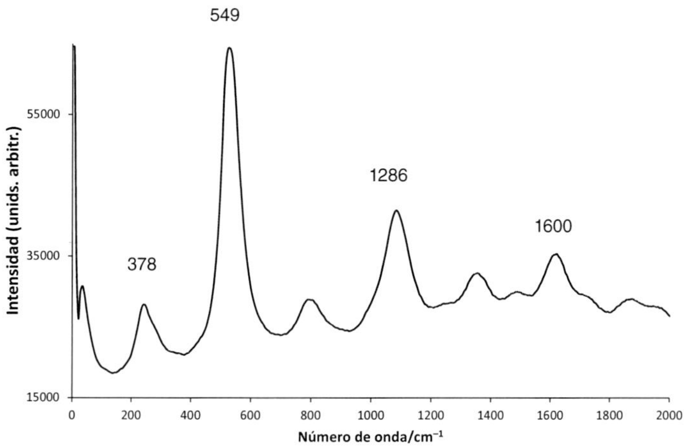

Figura 12.17. Espectro Raman del pigmento natural azul ultramar natural.

Las principales ventajas que ofrece la espectroscopía Raman en el análisis de bienes culturales son su carácter no invasivo y la posibilidad de efectuar estudios *in situ* de objetos de gran tamaño con equipos portátiles. Además, cuando se utiliza instrumentación que exige la toma de muestras, esta última no requiere pretratamiento alguno más allá de eliminar la suciedad superficial que puede interferir en el análisis. Ni tan siquiera es necesario desecar la muestra gracias a la débil dispersión Raman que produce el agua. Si se opera con microscopios Raman, es posible obtener espectros Raman de partículas de pigmento individuales del orden de 1-2 μm. Por otra parte, la espectroscopía Raman permite la identificación de pigmentos de tipo óxido o sulfuro cuya identificación mediante espectroscopía FTIR no es siempre posible.

Entre los inconvenientes de la técnica se halla la interferencia asociada a la fluorescencia que emiten los biomateriales entre 400-520 nm, la cual puede reducirse trabajando con láseres que emiten a 1064 nm, si bien trabajar a esta mayor longitud de onda tiene el inconveniente de reducir notablemente la intensidad de las bandas. Otro inconveniente de la técnica, cuando se analizan biomateriales, es la posibilidad de alterar estos por la elevada potencia del láser, especialmente si se trabaja con un microscopio Raman.

Finalmente debe señalarse la dificultad de efectuar análisis cuantitativo debido a la gran dependencia de la señal con las condiciones de trabajo del instrumento.

Preguntas de autoevaluación

12.1. Las técnicas de espectrofotometría UV-Vis están basadas en:

a) Transiciones electrónicas entre niveles de energía en átomos aislados.
b) Transiciones electrónicas entre niveles de energía en moléculas.
c) Transiciones entre niveles de energía rotacionales.

12.2. ¿A qué se debe que en espectrofotometría UV-Vis se obtengan bandas anchas y no picos definidos?

12.3. A partir de su espectro de reflectancia, describe las características cromáticas del pigmento.

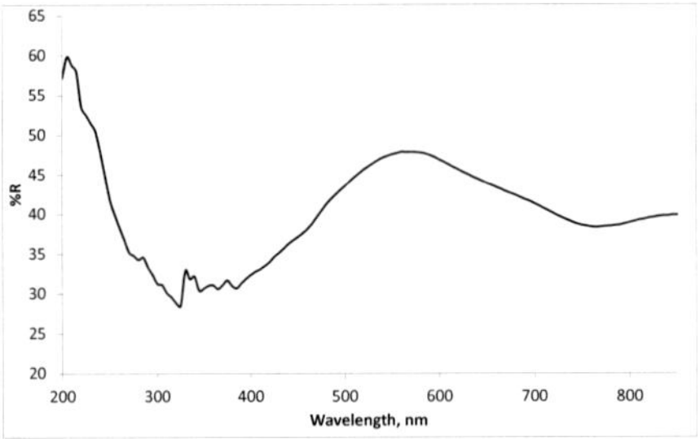

12.4. ¿Cuál es la relación entre las magnitudes frecuencia y número de onda?

12.5. Indica cuáles de las siguientes afirmaciones son correctas:

a) Las vibraciones de tensión hacen variar la longitud de los enlaces;
b) En la vibración de balanceo el movimiento tiene lugar fuera del plano de la molécula.

12.6. Con ayuda del anexo 12.3 identifica el mineral correspondiente al espectro de absorción IR siguiente:

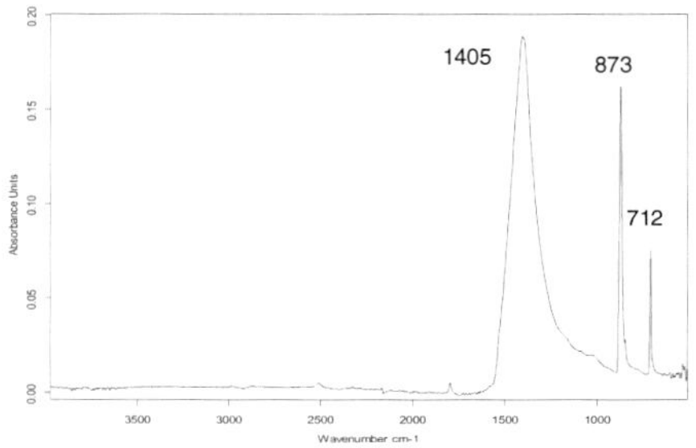

12.7. Explica el significado de "dispersión inelástica" inherente a la dispersión Raman.

12.8. En los espectros Raman se muestran las transiciones:

a) Stokes.
b) Anti-Stokes.

12.9. Con ayuda del anexo 12.3, identifica el pigmento amarillo correspondiente al espectro Raman siguiente:

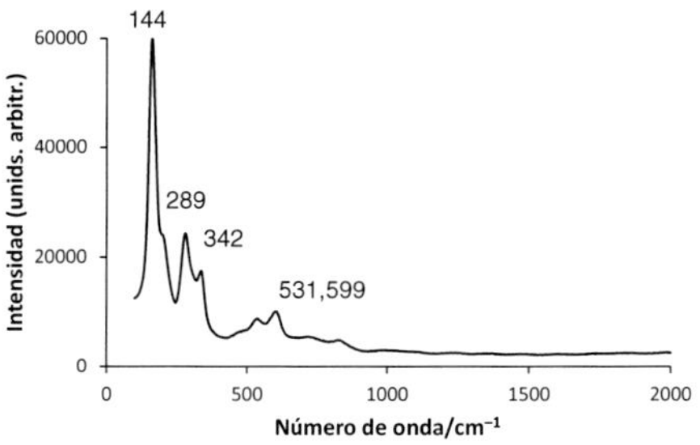

12.10. Asocia las magnitudes momento dipolar y polarizabilidad a las correspondientes técnicas espectroscópicas.

13
Resonancia magnética

En este capítulo se describen dos técnicas analíticas basadas en las propiedades mecanocuánticas de los átomos y en el efecto que los campos magnéticos producen sobre ellos. En la técnica de *resonancia magnética nuclear* (NMR, *nuclear magnetic resonance*) el fenómeno de la resonancia magnética se debe a los núcleos atómicos, mientras que en la técnica de *resonancia de spin electrónico* (ESR, *electron spin resonance*), también conocida como *resonancia paramagnética electrónica* (EPR, *electron paramagnetic resonance*) o *resonancia magnética electrónica* (EMR, *electron magnetic resonance*), es un electrón el responsable. La diferencia entre ambos fenómenos radica en la intensidad y el signo de las interacciones magnéticas involucradas.

13.1. Fundamentos de la resonancia magnética

Los antecedentes de esta técnica hay que buscarlos en los experimentos de P. Zeeman quien, en 1896, evidencia el desdoblamiento de líneas en espectros ópticos debido al momento angular del electrón, y en el posterior trabajo de O. Stern y W. Gerlach que confirma la existencia del spin electrónico y del momento magnético. Tras una serie de intentos fallidos de demostración del fenómeno de la resonancia magnética por C. J. Gortler, en 1939, I. I. Rabi consigue observar, por primera vez, el fenómeno de la resonancia magnética en haces moleculares carentes de spin electrónico y llega a determinar el momento magnético del protón. Sin embargo, el descubrimiento de la resonancia de spin electrónico tuvo lugar en 1944 cuando Y. Zavoisky obtiene el primer espectro de spin electrónico. Un año después, F. Bloch y E. M. Purcell, trabajando separadamente, refinaron la técnica y consiguieron, por primera vez, detectar resonancia magnética en fase sólida condensada (Junk, 2012).

13.1.1. Momento magnético

La condición para que se produzca el fenómeno de la resonancia magnética en un sistema es que este posea momento magnético μ y este último depende de la existencia de spin. En el caso de un núcleo atómico, el spin nuclear I depende de su carga y su masa, de manera que los núcleos que tienen número másico impar o número atómico impar tienen también spin, por ejemplo, $^{1}_{1}H$, $^{2}_{1}H$, $^{13}_{6}C$, mientras que el spin en $^{12}_{6}C$ adopta el valor 0.

El valor del momento magnético del núcleo viene dado por la expresión:

$$\mu_N = g_N \beta_N I \qquad [13.1]$$

donde, g_N es una constante adimensional denominada *factor nuclear* y β_N es el *magnetón nuclear* que viene definido por la ecuación:

$$\beta_N = \frac{eh}{4\pi Mc} \qquad [13.2]$$

donde e y M son la carga y la masa del protón, h es la constante de Planck ($6{,}626 \cdot 10^{-34}$ J s) y c es la velocidad de la luz.

Por otra parte, el electrón tiene un spin S cuyo valor es ½. Análogamente al núcleo atómico, el momento magnético para un electrón de spin S viene dado por la expresión:

$$\mu_e = -g_e \beta S \qquad [13.3]$$

donde g_e es una constante adimensional denominada *factor espectroscópico* del electrón cuyo valor es 2,0023192778 (≈2,00) y β es una constante denominada *magnetón de Bohr* definida por:

$$\beta = -\frac{eh}{4\pi mc} \qquad [13.4]$$

donde $-e$ y m son la carga y la masa del electrón. Como el electrón tiene carga negativa su momento es negativo.

13.1.2. Comportamiento en un campo magnético

Un núcleo como $^{1}_{1}H$ (un protón) es una carga giratoria que genera un campo magnético asociado a su momento magnético μ_N. Este núcleo puede considerarse como un dipolo magnético (un pequeño imán) de modo que, en presencia de un campo magnético externo intenso, se comportará como una brújula intentando alinear su momento magnético con el del campo externo. En ausencia de campo magnético todos los protones están orientados al azar. Sin embargo, en presencia de un campo magnético externo intenso B_0, la orientación del spin de un núcleo $^{1}_{1}H$ se cuantiza adoptando los correspondientes niveles de energía que, en este caso, son dos ya que el número cuántico de spin es ½, dicho de otro modo, adopta dos diferentes orientaciones con respecto al campo magnético externo entre las cuales hay una diferencia de energía que viene dada por la expresión:

$$\Delta E = \frac{\gamma_N h B_0}{2\pi} \qquad [13.5]$$

Donde γ_N es la *razón giromagnética*, la cual es específica para cada núcleo.

Algo similar ocurre con un electrón que también adopta dos valores para el número cuántico magnético (+1/2) y (−1/2). Este efecto de desdoblamiento de niveles de energía es conocido como *efecto Zeeman*. La diferencia de energía entre los dos niveles viene dada por:

$$\Delta E = g_e \beta B_0 \qquad [13.6]$$

La figura 13.1a muestra el diagrama de niveles de energía para un núcleo de $^{1}_{1}H$. Las diferencias entre niveles de energía ΔE_1 y ΔE_2, de acuerdo con la ecuación [13.5], serán proporcionales al valor del campo magnético externo B_0 (B_{01}, B_{02}). De modo similar, la figura 13.1b muestra el desdoblamiento de niveles de energía de un electrón desapareado en presencia de un campo magnético B_0. El estado de menor energía, denominado *estado paralelo*, corresponde al del electrón desapareado cuyo momento magnético está alineado con el campo magnético externo con proyección del spin paralela a la dirección del campo magnético, mientras que en el estado antiparalelo el momento magnético es opuesto al campo magnético externo.

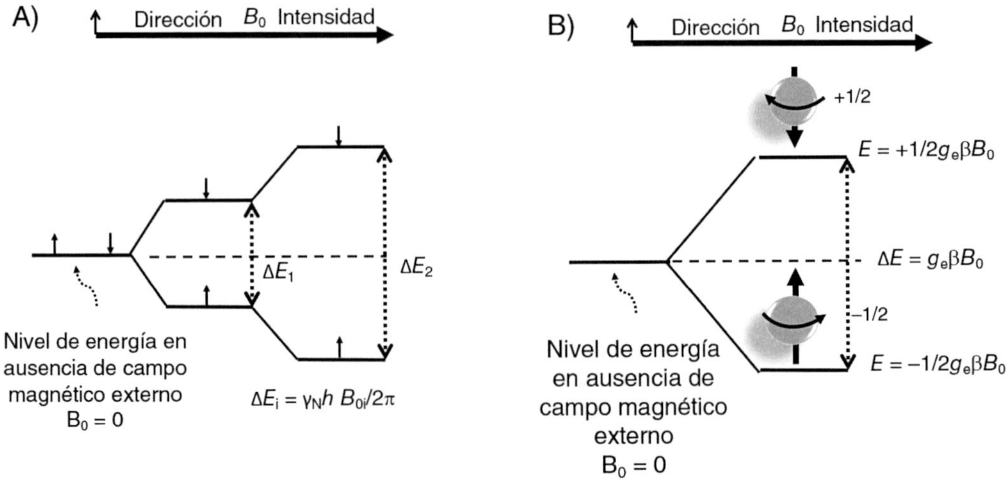

Figura 13.1. Variación de la separación entre niveles en función de la intensidad del campo magnético: A) diagrama de niveles de energía de spin para ^1_1H en presencia de un campo magnético; B) diagrama de niveles de energía de spin inducidos en un electrón desapareado por un campo magnético.

Sin embargo, cuando se considera el comportamiento del electrón desapareado hay que añadir un efecto adicional asociado a que el electrón, por el hecho de desplazarse alrededor del núcleo del átomo, está siendo sometido a un segundo campo magnético (δB_0) originado por el núcleo que es una carga positiva en movimiento relativo con respecto al electrón. De este modo, la ecuación [13.6] pasaría a ser:

$$\Delta E \propto g_e \beta B_0 + g_n \beta \delta B_0 = (g_e + \delta g_n)\beta B_0 \propto g \beta B_0 \qquad [13.7]$$

El término $g_e + \delta g_n$ se denomina *factor g* y su valor es de gran interés ya que está vinculado a la energía de ligadura de ese electrón en el átomo o en la molécula y, por consiguiente, proporciona información sobre las características del enlace y de la estructura electrónica de la molécula.

13.2. Resonancia magnética nuclear ^1_1H

Entre los núcleos susceptibles de desarrollar el fenómeno de la resonancia magnética, el ^1_1H es el que proporciona información más abundante por lo que en este capítulo se revisa esta técnica específicamente.

13.2.1. Espectros de resonancia magnética

En presencia de un campo magnético B_0, el tránsito de un núcleo, en el caso de NMR desde el estado de menor energía al de mayor energía tiene lugar por absorción de un fotón de frecuencia v y cuya energía, de acuerdo a la ecuación de Planck (capítulo 10, ecuación [10.1]), sea igual a la diferencia de energía entre ambos niveles desdoblados:

$$\Delta E = hv \qquad [13.8]$$

Los espectros de resonancia magnética nuclear muestran bandas que corresponden a las absorciones de radiación que dan lugar a dichas transiciones. En NMR la frecuencia del fotón es del orden de MHz, que corresponde a la región de las radiofrecuencias en el espectro electromagnético (capítulo 10, figura 10.1). Se trata de una cantidad de energía bastante baja ($6 \cdot 10^{-3}$ cal mol^{-1}) por lo que, a temperatura ambiente, hay un número apreciable de moléculas en el estado excitado. Ello explica por qué las señales producidas en esta técnica analítica, que son proporcionales al número de núcleos que llevan a cabo la transición, sean mucho más débiles que en otras técnicas espectroscópicas tales como espectroscopía IR o UV-Vis.

13.2.2. Apantallamiento de los núcleos de hidrógeno y desplazamiento químico

El interés analítico de la técnica de NMR radica en que las transiciones entre niveles de energía del núcleo de ${}^1_1H$ dependen de su entorno químico, esto es, de los átomos con los que está enlazado y del tipo de enlace que los une. Esto es lo que se conoce como *apantallamiento* del núcleo de ${}^1_1H$. Este fenómeno se debe a que el campo magnético externo aplicado induce una circulación electrónica alrededor del núcleo de ${}^1_1H$ que, por tratarse de carga negativa en movimiento, genera un campo magnético $B_{inducido}$ que se opone al externo B_0 en unas ocasiones (apantallamiento) y en otras se suma a este último. En esta última circunstancia se dice que los electrones desapantallan al núcleo. De modo general, el núcleo ${}^1_1H$ está sometido a un campo magnético neto B_{neto}:

$$B_{neto} = B_0 - B_{inducido} \qquad [13.9]$$

Esto implica que en el espectro NMR de esa sustancia, la banda correspondiente a ese núcleo aparecerá a un valor de campo magnético diferente al que se esperaría para un núcleo ^1_1H aislado. Como el campo B_{inducido} depende del entorno químico, el desplazamiento del valor de B_{neto} puede correlacionarse con el entorno químico en el que se encuentra el núcleo ^1_1H y a esto se le puede dar una utilidad analítica si se refiere dicho valor al de una sustancia patrón que se toma como referencia.

En la práctica común de NMR el tetrametilsilano (TMS, $(CH_3)_4Si$) se utiliza como patrón interno (capítulo 2, apartado 2.5.2) ya que son muy pocos los compuestos químicos que absorben a frecuencias más altas que este, dado que el Si es un átomo más electropositivo que los átomos que habitualmente acompañan al H en los compuestos orgánicos. Por consiguiente, el ^1_1H está menos apantallado en el resto de sustancias. De esta forma, se define el *desplazamiento químico* como la diferencia entre la fuerza del campo a la que absorbe los núcleos ^1_1H en la muestra y la correspondiente al patrón. Al TMS se le asigna el valor 0,000. Se suele utilizar la escala δ que se expresa en partes por millón (ppm) a partir de la ecuación:

$$\delta = \frac{Frecuencia_{\text{desplazamiento}}}{Frecuencia_{\text{espectómetro}}} 10^6 \qquad [13.10]$$

Una relación de los valores de desplazamiento químico más habituales en compuestos orgánicos puede consultarse en el anexo 13.1 en www.sintesis.com.

13.2.3. Instrumentación

La figura 13.2a muestra el esquema de un equipo de NMR. Básicamente está compuesto por un electroimán que genera un potente campo magnético B_0 que se hace variar progresivamente y en cuyo interior se coloca la muestra disuelta en un disolvente que no contenga átomos de ^1_1H tal como CCl_4 o disolventes orgánicos deuterados.

La muestra se rodea de una bobina que genera un segundo campo de radiofrecuencias de manera que, cuando B_0 alcanza el valor que hace corresponder la radiofrecuencia aplicada con la diferencia entre los niveles de energía desdoblados, se produce la absorción de energía que genera un voltaje inducido, el cual es captado y registrado por el equipo NMR. Alternativamente, se puede trabajar manteniendo el campo magnético B_0 constante y efectuando un barrido de radiofrecuencias. Las técnicas de *resonancia magnética nuclear de rotación en ángulo mágico* (MAS NMR, *magic angle spinning* NMR) consiguen espectros más agudos en muestras sólidas policristalinas.

En la actualidad también se comercializan equipos portátiles de tipo relaxómetro de superficie adaptado para excitar ^1_1H (*relaxometría 2D de NMR* ^1_1H).

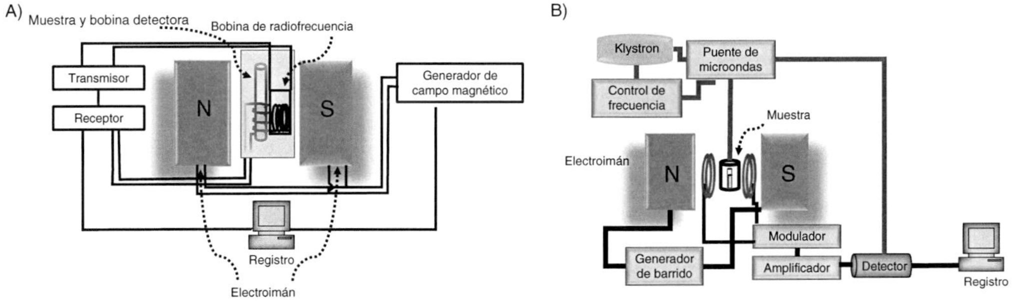

Figura 13.2. A) Esquema de un equipo NMR; B) esquema de un equipo ESR.

13.2.4. Aplicaciones analíticas

La figura 13.3 muestra un espectro NMR típico ya procesado en el cual las diferentes bandas que exhibe el compuesto analizado se representan en un diagrama bidimensional que muestra la intensidad de señal frente al desplazamiento químico. Como en otras técnicas de espectroscopía, el área de la banda es proporcional a la concentración del compuesto, de modo que la relación de áreas correspondientes a protones situados en posiciones no equivalentes en la molécula es indicativa del número relativo de protones de cada tipo.

En el ámbito del patrimonio cultural la técnica NMR de $^{1}_{1}H$ se ha aplicado en la caracterización de aglutinantes orgánicos, alteraciones experimentadas por aglutinantes de tipo aceite secante debidas a envejecimiento natural, procesos diagenéticos de carbón asociados a estudios paleoambientales y estudios de penetración de agua en soportes porosos sometidos a diferentes tratamientos de consolidación, entre otros.

Menos frecuentemente se hallan referencias al uso de otras técnicas NMR como NMR $^{13}_{6}C$ aplicada al estudio de diagénesis de huesos y alteraciones de cuero, NMR $^{27}_{13}Al$ aplicada en el estudio de la eficacia de agentes consolidantes de monolitos prehispánicos o NMR $^{31}_{15}P$ aplicada al análisis de madera arqueológica.

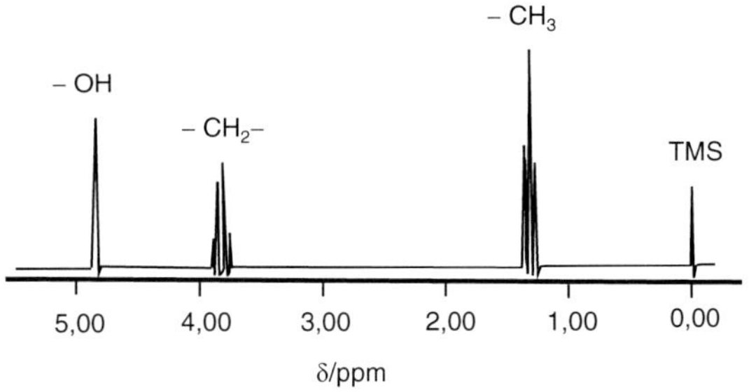

Figura 13.3. Espectro de NMR de etanol.

13.3. Resonancia de spin electrónico

A diferencia de la NMR, de aplicación mayoritaria en el análisis de compuestos orgánicos, la ESR tiene su principal aplicación en el análisis de materiales inorgánicos. Ello es debido a que la condición de la presencia de electrones desapareados se cumple en radicales libres tanto orgánicos como inorgánicos, en electrones atrapados en defectos cristalinos y, en una gran mayoría de casos, en compuestos que contienen metales de transición, entre otras especies químicas.

13.3.1. Instrumentación

En la figura 13.2b se muestra un esquema de un espectrómetro de ESR convencional de onda continua. En ESR se opera aplicando una frecuencia fija en el rango de microondas (GHz) mientras se efectúa un barrido del campo magnético, que es generado por dos electroimanes entre los cuales se inserta la muestra en el interior de una cámara o cavidad resonante de metal. La muestra puede ser sólida, líquida o gaseosa. En muestras en polvo debe procurarse que no haya orientaciones preferenciales mediante una adecuada molienda y homogeneización.

El generador de radiación electromagnética en la región de las microondas es un oscilador electrónico denominado *Klystron* que, junto con el detector, está englobado en el denominado *puente de microondas*. La detección se suele llevar a cabo mediante la técnica conocida como *detección sensible de fase* que se logra modulando sinusoidalmente la intensidad del campo magnético generado por los electroimanes a una determinada frecuencia (100 kHz). El detector suele ser un diodo que amplifica la señal modulada, la cual es comparada con otra de referencia para eliminar las interferencias eléctricas y el ruido de fondo.

13.3.2. Aplicaciones analíticas

En la figura 13.4 se muestra la señal de absorción, representada en trazo continuo, obtenida a partir de los electrones desapareados presentes en los átomos de la muestra que son excitados al nivel superior de energía. Dicha curva constituye una señal analítica característica de ese tipo de electrones desapareados. El diagrama también muestra la primera derivada de dicha curva de absorción (línea de trazo discontinuo) que es la forma habitual en la que se representan los resultados de un experimento con ESR ya que mejora la precisión en la identificación del fenómeno de absorción. Por consiguiente, el espectro de ESR es la representación de la primera derivada de la absorción frente al campo magnético externo.

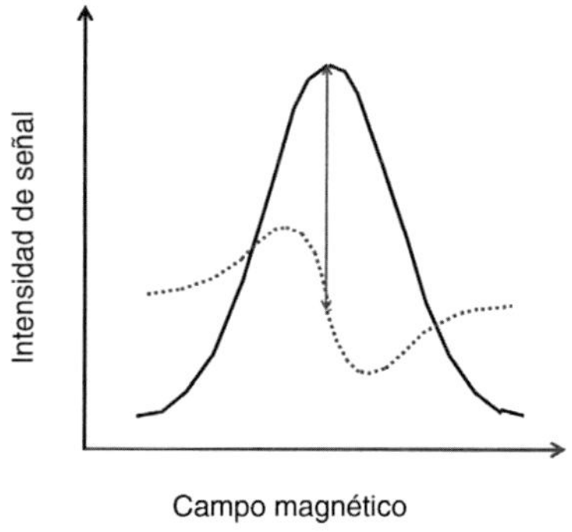

Figura 13.4. Espectro de ESR. La curva en trazo continuo corresponde a la absorción, mientras que la línea en trazo discontinuo muestra la primera derivada de la absorción.

El factor *g* (ecuación [13.7]), que depende de la condición de resonancia y es independiente del campo magnético y de la frecuencia aplicada, es de interés por la información química que proporciona. En arqueometría es utilizado en la datación de calcita estalagmítica, depósitos de travertino y, sobre todo, de huesos y esmalte de dientes ya que este parámetro está relacionado con el número de electrones desapareados, generados por radiactividad natural, que se han ido acumulando en defectos del retículo cristalino de estos materiales. En ocasiones la ESR se combina con la técnica de las series de uranio y las series combinadas $^{230}Th/^{234}U$. También se ha aplicado en la determinación de temperaturas de carbonización de madera y materiales afines ya que estos, al quemarse por debajo de 800 °C, adquieren paramagnetismo debido a la formación de radicales libres asociados a compuestos aromáticos.

Otras aplicaciones incluyen la caracterización de pigmentos con paramagnetismo, las alteraciones inducidas en pigmentos a consecuencia de la irradiación con rayos γ, el estudio de la formación de radicales libres en papel tras exposición a tratamientos de envejecimiento acelerado, la influencia de iones metálicos en la degradación de cuero y la identificación de impurezas de mármol.

Preguntas de autoevaluación

13.1. Indica cuáles de los siguientes núcleos pueden desarrollar el fenómeno de la resonancia magnética: a) $^{16}_{8}O$, b) $^{14}_{7}N$; c) $^{17}_{8}O$.

13.2. El efecto Zeeman es:

a) El desdoblamiento de niveles de energía del núcleo $^{1}_{1}H$ en presencia de un campo magnético.

b) El desdoblamiento de niveles de energía del núcleo $^{13}_{6}C$ en presencia de un campo magnético.

c) El desdoblamiento de niveles de energía del electrón desapareado en presencia de un campo magnético.

13.3. ¿Qué requisitos deben cumplir necesariamente los disolventes empleados en NMR?

13.4. ¿Cuál es la información proporcionada por un espectro NMR $^{1}_{1}H$ de un compuesto?

13.5. Indica cuáles de las siguientes afirmaciones son correctas:

a) La unidad de medida del desplazamiento químico es el milímetro.

b) Un desplazamiento químico de 1,3 ppm corresponde a una concentración de dicho compuesto de 1,3 µg g^{-1}.

c) Un compuesto con $\delta=0,5$ está más apantallado que un compuesto con $\delta=2,3$.

13.6. ¿Es aplicable la técnica NMR a compuestos inorgánicos?

13.7. Indica qué interés analítico tiene el parámetro *g* en ESR.

13.8. ¿Qué precauciones deben ser adoptadas en ESR con muestras en polvo?

13.9. ¿Qué ventaja ofrece el uso de la primera derivada en lugar de la absorción en los espectros ESR?

13.10. Indica cuáles de las siguientes muestras son apropiadas para efectuar un análisis por ESR:

a) Pigmento natural que contiene iones Fe.

b) Goma arábiga.

c) Aceite secante sometido a irradiación con luz UV.

14
Colorimetría

Las obras de arte, en una gran mayoría, y muchos restos arqueológicos son objetos policromáticos realizados con pigmentos y colorantes que, con el paso del tiempo, han sufrido procesos de alteración por lo que su aspecto visual se ha modificado. Por otra parte, muchos tratamientos que se realizan en los procesos de conservación y restauración incluyen operaciones de limpieza y la incorporación de adhesivos, consolidantes o películas de protección que pueden modificar también el aspecto visual del objeto. La colorimetría se ha convertido, en las últimas décadas, en una herramienta indispensable para el control de los cambios cromáticos experimentados por el patrimonio cultural debido tanto al envejecimiento como a las intervenciones llevadas a cabo por el conservador y restaurador. En este capítulo se revisan los fundamentos de esta metodología, así como la instrumentación y aplicaciones más frecuentes.

14.1. Colorimetría: el problema de la medida del color

Según el Comité de Colorimetría de la Optical Society of America "el color se compone de aquellas características de la luz distintas de espacio y tiempo; siendo la luz aquel aspecto de la energía radiante que el hombre percibe a través de las sensaciones visuales que se producen en el estímulo de la retina". De esta definición se desprende que el concepto de *color* está vinculado a magnitudes psicofísicas. El flujo luminoso provoca la sensación de *claridad*. La longitud de onda dominante tiene que ver con el *tono* o cualidad que proporciona la sensación de color y la pureza está relacionada con la *saturación* del color o sensación que diferencia este del gris neutro o acromático.

La *colorimetría* puede definirse como la ciencia usada para cuantificar y describir físicamente la percepción del color por el ser humano. Esta rama de la óptica se distingue de la espectrofotometría porque trabaja con los *valores triestímulo* y las cantidades relacionadas en espacios de color tales como las establecidas por la Comisión Internacional de Iluminación (CIE, Commission Internationale d'Éclairage), que son consideradas las correlaciones físicas de la percepción humana del color correspondientes al espectro electromagnético proyectado por un objeto.

Por otra parte, diversos organismos relacionados con las industrias vinculadas a los pigmentos y colorantes han desarrollado sistemas de catalogación de materiales coloreados que resultan de gran utilidad a la hora de identificar y clasificar dichas sustancias atendiendo a su color. Una descripción breve de estos sistemas puede encontrarse en el anexo 14.1 en www.sintesis.com.

14.1.1. Notacion Munsell

El espacio de color tridimensional creado en 1905 por A. H. Munsell es un método utilizado en la industria y en las bellas artes para caracterizar colores. Se trata de un sistema espacial que se divide en 267 bloques definidos por sus tres valores de tono Munsell, valor y croma que se relacionan con las magnitudes psicofísicas tono, claridad y saturación. A cada pigmento se le puede asociar un color universal en notación Munsell que se obtiene por comparación directa con la Carta Munsell de colores (*Munsell Book of Colors*) o por medida espectrofotométrica con los subsiguientes cálculos. Una descripción del uso de la Carta Munsell se puede encontrar en el anexo 14.2 en www.sintesis.com.

14.1.2. Espacio CIE 1931 (Yxy)

En 1931 la Comisión Internacional de Iluminación estandarizó los sistemas de ordenación del color especificando iluminantes y método de observación, de modo que permitiesen describir cuantitativamente el color. A partir de esta ordenación se obtiene el *diagrama de cromaticidad* (xy) CIE 1931, basado en los *coeficientes tricromáticos* x e y, que conforman la *curva lugar del espectro,* la cual caracteriza los colores (figura 14.1a). Como se indica en el diagrama, en los puntos del perímetro de la curva se representa la longitud de onda, mientras que la saturación varía desde el centro del diagrama, que correspondería al gris acromático, hacia la periferia. El modelo tridimensional se completa con el valor Y que corresponde a la claridad. Una descripción más detallada se puede encontrar en el anexo 14.3 en www.sintesis.com.

*14.1.3. Espacio CIE 1976 (L*a*b* o CIELAB) y CIELCH (L*C*ho)*

En el espacio CIE $L^*a^*b^*$ (figura 14.1b) cada color, que es observado bajo unas determinadas condiciones de iluminación, viene definido mediante tres coordenadas cartesianas: *claridad* de color (L^*), que se representa en el eje vertical, y las *coordenadas* *cromáticas* a^* y b^* que se disponen en un plano perpendicular al eje de la claridad y que expresan la desviación, con respecto al punto acromático situado en el eje vertical, hacia el rojo ($a^*>0$), verde ($a^*<0$), amarillo ($b^*>0$) y azul ($b^*<0$). El color total E^* viene definido por la expresión:

$$E^* = \sqrt{L^{*2} + a^{*2} + b^{*2}} \quad [14.1]$$

Una descripción más detallada de este modelo se puede encontrar en el anexo 14.3 en www.sintesis.com.

El sistema CIELCH utiliza coordenadas cilíndricas en lugar de las coordenadas cartesianas empleadas en el sistema CIELAB. Junto a la coordenada L^*, aquí la coordenada C^* caracteriza el croma, y el tono viene definido por el ángulo h equivalente al arctg a^*/b^*.

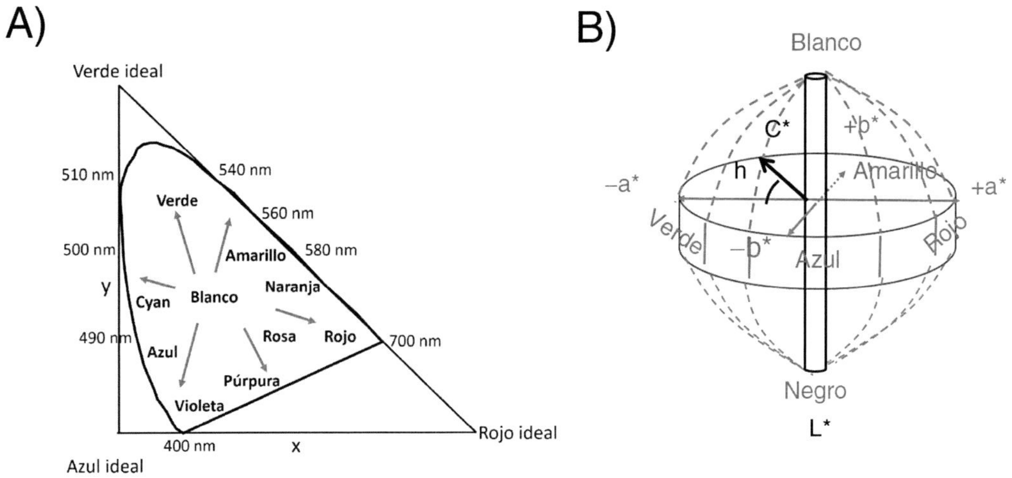

Figura 14.1. A) Diagrama de cromaticidad (*xy*) CIE 1931 donde aparece representada la curva lugar del espectro; B) diagramas de croma métrico CIELAB y CIELCH.

14.2. Instrumentación

La determinación del color reflejado por la superficie de un objeto se puede llevar a cabo con instrumentos tales como colorímetros, espectrocolorímetros o espectrofotómetros. La caracterización completa del aspecto visual del objeto incluye el uso de otros instrumentos tales como espectroradiómetros, densitómetros, brillómetros, etc. Además, en las últimas décadas, se han desarrollado espectrofotómetros adaptados a las necesidades de la conservación del patrimonio que combinan espectrofotómetros y ensayos de fotoenvejecimiento acelerado.

14.2.1. Colorímetro, espectrocolorímetro y espectrofotómetro

El colorímetro es el instrumento más sencillo que se emplea en la medición del color ya que consiste en un dispositivo dotado de tres filtros rojo, verde y azul que reproducen la respuesta del ojo humano a la radiación policromática. Tiene el inconveniente de no poder efectuar corrección del metamerismo. Los espectrocolorímetros combinan las características de los colorímetros y espectrofotómetros.

El instrumento que habitualmente se utiliza para la medición del color reflejado por los objetos es el espectrofotómetro. No debe confundirse este instrumento con los espectrofotómetros de laboratorio, diseñados para efectuar mediciones de la transmitancia de líquidos o películas finas transparentes, los cuales fueron descritos en el capítulo 12, apartado 12.2.2. Existen tres tipos de espectrofotómetro: 45°/0°, de esfera o difuso 8° y multiángulo. En los espectrofotómetros de 45°/0° (figura 14.2a), el primer valor angular se refiere al ángulo de iluminación, esto es, el haz de luz se emite formando un ángulo de 45° con respecto a la perpendicular a la superficie del objeto. El segundo valor angular se refiere al ángulo de observación o detección de la luz reflejada que llega perpendicular a la superficie del objeto formando, por tanto, un ángulo de 0°. Como se muestra en la figura 14.2b, el espectrofotómetro de esfera básicamente es una esfera hueca que se pone en contacto con la superficie del objeto a través de una apertura en su base de diámetro variable (~4-8 mm). El instrumento también incluye una fuente luminosa, una trampa de luz y dos sistemas de lentes con fibra óptica que se acoplan a sendos sensores espectrales de tipo matriz de fotodiodos con un sistema de filtros. Con estos últimos se lleva a cabo la monitorización de la iluminación y la medición de la luz reflejada por el objeto.

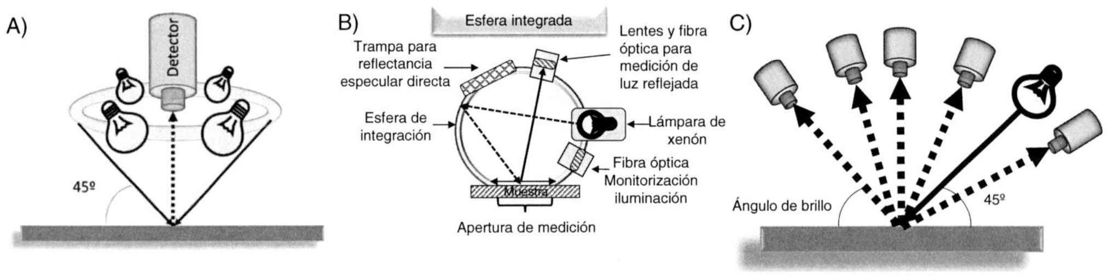

Figura 14.2. Esquema de espectrofotómetro: A) 45°/0°; B) esfera o difuso 8° y C) multiángulo.

El espectrofotómetro multicanal incorpora varios detectores dispuestos a diferentes ángulos que recogen la luz emitida por una lámpara a 45° y reflejada por la superficie de la muestra en una sección de 12 mm de apertura (figura 14.2c). Estos instrumentos procesan varios paquetes de coordenadas cromáticas simultáneamente, lo cual es de interés en la caracterización del color de superficies con efectos especiales tales como pinturas metalizadas o nacaradas.

Los espectrofotómetros comerciales están pensados para llevar a cabo medidas *in situ* de modo no invasivo. Estos equipos, en general, incorporan diferentes iluminantes tales como el iluminante A, que es un cuerpo negro radiante a temperatura de 2856 K y el iluminante standard CIE D_{65} que corresponde a luz solar con temperatura de color de 6500 K. Estos equipos también permiten escoger entre modo de observación standard 2° y 10°.

14.2.2. Máquina de microensayos de fotodecoloración

Este instrumento, de carácter microinvasivo, está diseñado para poder llevar a cabo estudios *in situ* de la capacidad de un objeto coloreado para decolorarse con el paso del tiempo a causa de la acción de la luz natural o artificial. Básicamente está constituido por un espectrocolorímetro capaz de monitorizar en continuo el objeto en un área muy pequeña (∅ 0,4 mm) mientras es irradiado con una fuente luminosa intensa (~4000 klx), por ejemplo, una lámpara de arco de xenón de 75 w, durante un determinado periodo de tiempo que suele oscilar entre 8-12 min, proporcionando exposiciones de 500-800 klx h. A partir de este ensayo de envejecimiento acelerado se puede predecir, de una forma muy fiable, la mayor o menor resistencia a la fotodegradación ya que el ensayo se efectúa directamente sobre el objeto. Con esta metodología se obtienen gráficas ΔE^*, Δa^* y Δb^* *vs.* tiempo que permiten establecer las mejores condiciones de exhibición y almacenaje en función de la mayor o menor fotosensibilidad de cada objeto (Del Hoyo y Mecklenburg, 2010).

14.3. Aplicaciones analíticas

Las aplicaciones analíticas de la colorimetría en el ámbito del estudio y conservación de patrimonio cultural son numerosas, lo cual está favorecido por el hecho de que la instrumentación analítica utilizada es no invasiva o microinvasiva, como se ha mencionado en el apartado anterior. El control de las condiciones de exhibición de objetos en museos y exposiciones, a través de la medición periódica del color de los objetos, es una de las más frecuentes. También se llevan a cabo investigaciones relacionadas con la caracterización del color de obra pictórica o escultórica y cualquier obra coloreada.

Otras aplicaciones se refieren a la evaluación del cambio de color que puede introducir en una obra la aplicación de un producto adhesivo, consolidante, hidrofugante o un barniz. Este último tipo de estudio puede llevarse a cabo *in situ* o puede desarrollarse a través de ensayos de laboratorio realizados en probetas que, opcionalmente, se pueden someter a envejecimiento acelerado de todo tipo: térmico, en atmósfera contaminada (CO_2, SO_2, etc.) o fotoquímico.

Preguntas de autoevaluación

14.1. Indica cuáles son las tres características de la luz vinculadas al color.
14.2. ¿Cuáles son las tres características del color que utiliza la carta Munsell?
14.3. ¿Qué magnitudes físicas se representan en el diagrama de cromaticidad 2D CIE1931?
14.4. ¿Qué tipo de coordenadas se emplean en el diagrama 3D CIE1976?
14.5. ¿Qué dos coordenadas se representan en el plano ecuatorial del diagrama 3D del espacio CIELAB 1976?
14.6. ¿Qué coordenada es indicativa del tono en el espacio CIELCH?
14.7. La medición del color en dos objetos A y B da el siguiente resultado: A, L* 40, a* 5, b* 20 y L* 40, a* −20, b* 20. Indica qué objeto tiene un tono más rojizo.
14.8. La medición del color en dos objetos A y B da el siguiente resultado: A, L* 40, a* 5, b* 20 y L* 60, a* −20, b* 20. Indica qué objeto tiene una mayor claridad.
14.9. Haciendo uso de la información contenida en el anexo 14.2, indica de qué color es un objeto 5G 6/2.
14.10. Indica las diferencias principales entre un espectrofotómetro utilizado en colorimetría y el usado para efectuar análisis químicos.

15
Difracción de rayos X

Aunque los rayos X fueron descubiertos por W. C. Röentgen en 1895, hasta principios del siglo XX no se consiguió llevar a cabo una determinación precisa de su longitud de onda. Fue M. von Laue, en colaboración con W. Friedrich y P. Knipping, quien observó, por primera vez en 1912, el fenómeno de la difracción de rayos X en un cristal, confirmando así su carácter ondulatorio. Poco después, W. L. Bragg y W. H. Bragg enunciaron las condiciones que rigen la difracción de rayos X en sustancias cristalinas, lo cual, a su vez, sentó las bases de los estudios estructurales de materiales mediante la técnica de difracción de rayos X. Una década después, la difracción de rayos X era ya aplicada en campos tan diversos como la mineralogía, la metalurgia o la bioquímica.

15.1. El fenómeno de la difracción de rayos X

El fenómeno de la *difracción* tiene lugar cuando los rayos X son dispersados coherentemente, esto es, elásticamente por una red o retículo de partículas (átomos, iones, etc.) de modo que se producen interferencias constructivas a determinados ángulos, las cuales resultan en un haz difractado con la misma longitud de onda que el haz incidente (figura 15.1a). Este fenómeno es posible porque la longitud de onda de los rayos X es del mismo orden que las distancias entre átomos en el retículo cristalino. La relación entre ambas magnitudes viene establecida por la ley de Bragg:

$$\lambda = 2d_{\mathrm{hkl}}\mathrm{sen}\theta \qquad [15.1]$$

Donde λ es la longitud de onda de los rayos X y θ es el ángulo formado por los rayos X dispersados y cada familia de planos. Esta última está caracterizada por el valor d_{hkl} del espaciado entre dos planos sucesivos dentro del retículo. Los parámetros *h*, *k* y *l* se denominan índices de Miller. En cristalografía estos parámetros permiten definir cada conjunto de planos imaginarios, paralelos entre sí, que se pueden trazar en el retículo cristalino en función del conjunto de átomos que se considere. Para cada familia de planos los valores de los índices de Miller se definen como los valores recíprocos de las intersecciones con los tres ejes de coordenadas del plano más próximo al origen de coordenadas que atraviesa la celda unidad del cristal (figura 15.1b).

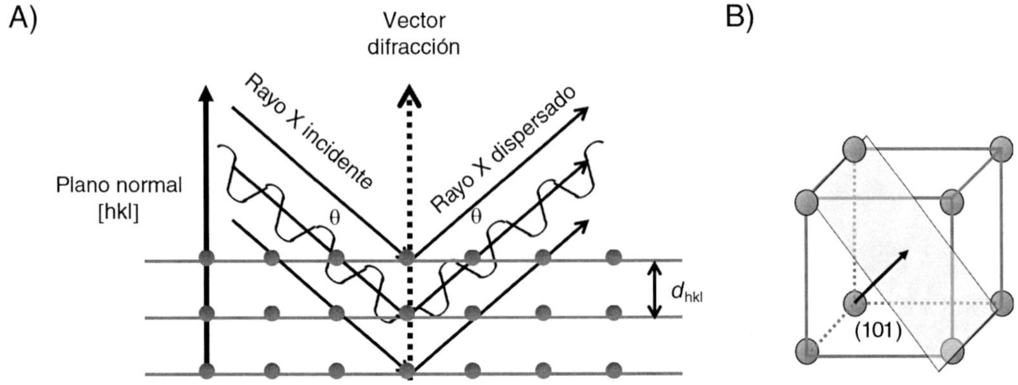

Figura 15.1. A) Representación esquemática de la ley de Bragg;
B) plano con sus índices de Miller representado en la celda unidad de un cristal.

15.2. Fundamentos de la técnica de difracción de rayos X

Si mediante un dispositivo adecuado (*difractómetro*) se hace incidir un haz de rayos X monocromático sobre una determinada sustancia, el conjunto de rayos X resultante conforma un patrón de difracción que contiene información sobre la organización de los átomos dentro del cristal. El registro que se obtiene tras un adecuado procesado de las señales de rayos X difractadas recibe el nombre de *difractograma*. La posición de cada señal en el difractograma está determinada por la red cristalina (geometría de difracción) de modo que dos sustancias diferentes, con retículos cristalinos con distinta geometría, producirán patrones de difracción distintos. Por ejemplo, cuarzo y cristobalita son dos minerales con idéntica fórmula empírica (SiO_2), sin embargo, producen patrones de difracción diferentes porque tienen retículos cristalinos distintos, esto es, celdas unidad con diferente geometría (sistema cristalino) y dimensiones (parámetros de red). La figura 15.2a muestra un patrón de difracción en el que se observa que cada una de las señales o picos corresponde a una cierta familia de planos (figura 15.2b). La posición de cada pico está determinada por la distancia entre planos paralelos de una misma familia (d_{hkl}), mientras que la intensidad de los picos en un patrón de difracción está determinada por el tipo de átomos, por su disposición en la celda unidad y por cómo están estos distribuidos en los planos de la red cristalina.

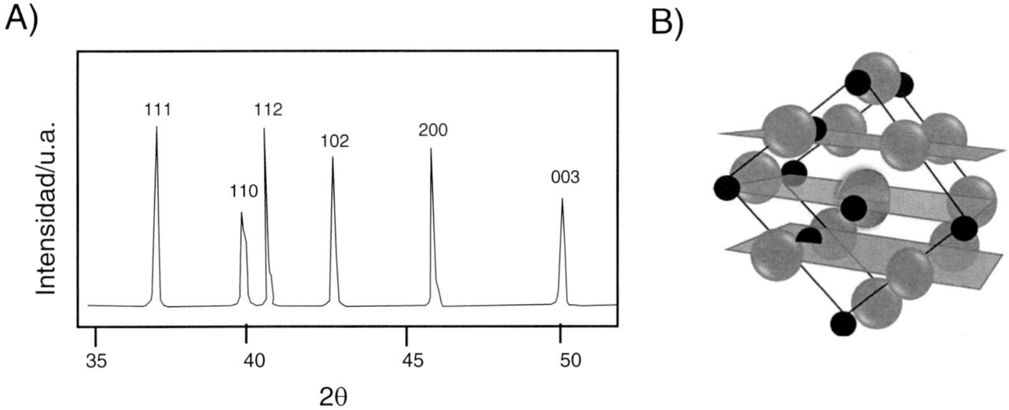

Figura 15.2. A) Patrón de difracción generado por una sustancia cristalina; B) familia de planos paralelos en un cristal.

15.3. Instrumentación

De las dos técnicas convencionales de *difracción de rayos X* (XRD, *x-ray diffraction*), monocristal y polvo (XRPD, *x-ray powder diffraction*), la segunda ha sido mayoritariamente utilizada en el ámbito del estudio científico del patrimonio cultural. En la técnica de XRPD la muestra analizada se presenta finamente pulverizada de modo que las partículas se orientan aleatoriamente exponiendo al haz incidente de rayos X todas las posibles orientaciones. En el esquema de la figura 15.3 se muestra un difractómetro de polvo correspondiente a la denominada *geometría parafocal de Bragg-Brentano*. El haz de rayos X primarios generado por la fuente, que es un tubo de rayos X con ánodo de cobre, incide sobre la muestra y es difractado en diferentes direcciones. Mediante una serie de dispositivos ópticos situados entre la fuente y la muestra y entre la muestra y el detector se focaliza y se ajusta la monocromaticidad de la radiación. Mediante movimientos del tubo, o de la muestra y el detector, se consigue variar el ángulo 2θ entre la radiación incidente y el haz difractado, de modo que la intensidad de este último es registrada como una función del ángulo de difracción (figura 15.2a). Este sistema mejora notablemente la intensidad y la resolución angular. Las antiguas películas fotográficas han sido actualmente reemplazadas por detectores muy diversos: centelleo, proporcional de flujo, semiconductores, dispositivos de unión de carga (CCD, *charge-coupled device*), etc.

El inconveniente de requerir muestras de cierto volumen en la XRPD se reduce notablemente en la técnica de *microdifracción de rayos X* (μXRD, *micro x-ray diffraction)* con la que se consigue el análisis cuasi no invasivo. En esta instrumentación se utilizan dispositivos portamuestras especiales tales como monocapilares que permiten la investigación de áreas de muestra inferiores a 1 mm^2. Este tipo de equipamientos se ha desarrollado en formatos portátiles que pueden combinarse con otras técnicas tales como la XRF.

La instrumentación también ha mejorado incorporando el sincrotrón como fuente de radiación primaria (SR-XRD, *synchrotron x-ray diffraction*). El sincrotrón permite aumentar en intensidad el haz primario de rayos X y reducir su sección.

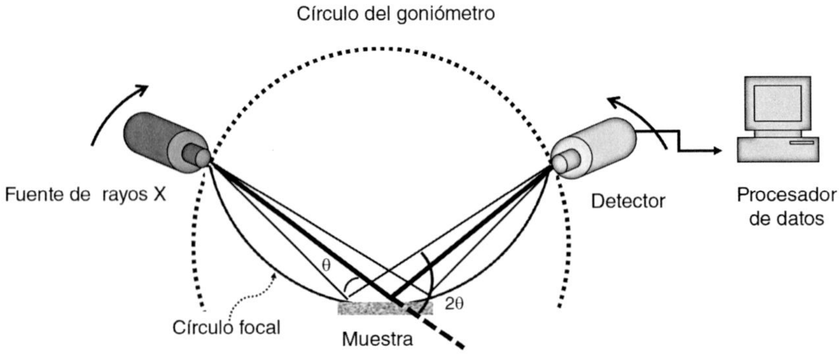

Figura 15.3. Esquema de la geometría Bragg-Brentano habitualmente utilizada en XRPD.

15.4. Aplicaciones analíticas

En XRPD, el difractograma se presenta como un registro de la intensidad de las señales generadas por los haces de rayos X difractados a diferentes ángulos de Bragg (2θ) (figura 15.2). Dado que el ángulo 2θ depende de las características técnicas de cada equipo, resulta más adecuado representar la intensidad relativa de pico frente al espaciado d (figura 15.4).

En campos de aplicación tales como la cristalografía y la bioquímica el patrón de difracción de un cristal proporciona información estructural muy útil sobre los parámetros de la celda unidad del retículo y la simetría de la red de Bravais así como de epitaxia/textura/orientación, tamaño y microtensión del cristal.

Desde un punto de vista analítico, esta técnica tiene interés, pues permite el análisis cualitativo y cuantitativo de las fases que constituyen un material cristalino, si bien, el análisis cuantitativo no tiene tanta aplicación en el análisis de bienes culturales dada la complejidad de los materiales que los integran. Sin embargo, la aplicación de la difracción de rayos X en el análisis cualitativo de patrimonio cultural es muy amplia y variada: pigmentos, rocas, revestimientos murales, eflorescencias, pastas cerámicas, productos de corrosión de metales, etc. En materiales orgánicos y materiales híbridos orgánico-inorgánicos se utiliza para identificar su grado de cristalinidad, como por ejemplo en materiales celulósicos o en hueso y marfil arqueológico. Con la técnica de µXRD es posible obtener mapas de composición de fases 2D con una resolución inferior a 0,1 µm (Janssens *et al.*, 2010).

La identificación cualitativa de las fases cristalinas se basa en que el patrón de difracción para cada fase es único, incluso para minerales polimorfos, por lo que puede ser considerado como su huella dactilar. Además, el patrón de difracción de una mezcla de sustancias es la suma de los difractogramas de cada una de las fases componentes. De este modo, la identificación de una especie cristalina es llevada a cabo por comparación con patrones de referencia contenidos en extensas bases de datos que vienen incorporadas en los instrumentos. Dichas bases de datos incluyen, comúnmente, más de 300.000 compuestos. En el anexo 15.1, accesible en www.sintesis.com, se pueden consultar las intensidades de las tres principales líneas de difracción referidas al espaciado *d* del compuesto coloreado predominante en los principales pigmentos históricos.

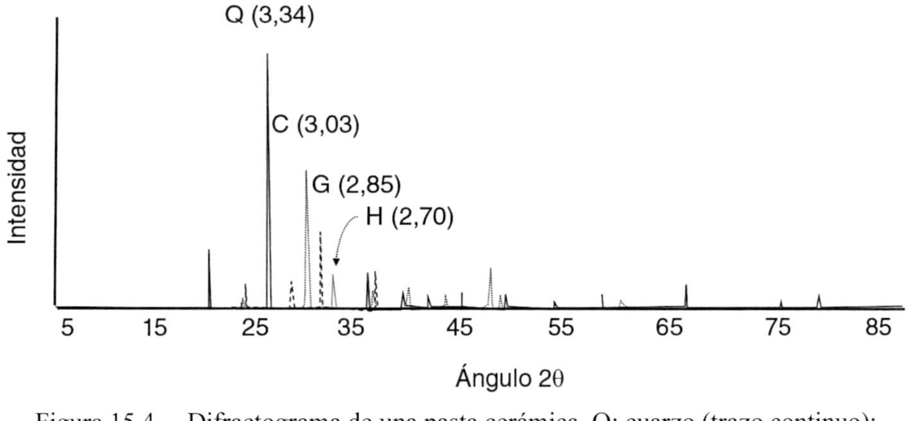

Figura 15.4. Difractograma de una pasta cerámica. Q: cuarzo (trazo continuo); C: calcita (trazo punteado); G: ghelenita (trazo con guiones); H: hematita (trazo en gris). Entre paréntesis se indica el valor del espaciado *d* (Å).

Preguntas de autoevaluación

15.1. El fenómeno de difracción está correlacionado con:

a) Absorción.
b) Dispersión.
c) Transmisión.

15.2. ¿Por qué la difracción de un cristal solo puede tener lugar con rayos X?
15.3. Indica el significado de las magnitudes λ y θ en la ecuación de Bragg.
15.4. ¿Qué información proporcionan los índices de Miller?
15.5. Indica cómo se debe preparar la muestra en XRPD.
15.6. ¿Qué ventajas reporta el uso del sincrotrón como fuente de rayos X en µXRD?
15.7. ¿Cuál es la principal aplicación de la XRD en cristalografía y ciencias afines?
15.8. ¿Cuál es la principal aplicación de la XRD en el estudio de bienes culturales?
15.9. ¿Es posible discriminar dos formas polimorfas de un mismo mineral mediante XRD?
15.10. Con ayuda de los datos proporcionados en el anexo 15.1, indica el pigmento mayoritariamente presente en una muestra pictórica cuyo difractograma mostraba un pico con intensidad del 100% a $d = 3{,}067$ Å.

Parte VI

Técnicas basadas en efectos sobre el núcleo de los átomos, termoanalíticas, basadas en la determinación de la relación masa/carga y de separación

16
Técnicas termoanalíticas

Las *técnicas termoanalíticas* conforman un conjunto de metodologías instrumentales basadas en el estudio de las variaciones con la temperatura de ciertas propiedades físicas de las sustancias o de sus productos de reacción. Aunque estas técnicas están dirigidas a conocer el efecto que tiene la energía calorífica en los materiales, también proporcionan información acerca de la composición de las sustancias y, por este motivo, se han aplicado en un amplio conjunto de campos de la ciencia y, en particular, en ingeniería y ciencia de materiales. En el presente capítulo se revisan tres técnicas termoanalíticas de amplio uso y de gran interés en el ámbito del patrimonio cultural como son el análisis termogravimétrico, el análisis térmico diferencial y la calorimetría de barrido diferencial.

16.1. Termogravimetría

Una de las primeras observaciones documentadas de un proceso termoquímico, fue llevada a cabo en 27 a. C. por Vitruvio, quien determinó la pérdida de peso experimentada por la piedra caliza sometida a calentamiento para obtener cal. Sin embargo, el desarrollo de las técnicas termoanalíticas, como tales, se inicia con los trabajos de Lavoisier (1789-1799) acerca del comportamiento térmico de la materia. En 1833 ya se utilizaban termobalanzas en la industria textil y en 1903 se presenta el primer dispositivo termogravimétrico diseñado por H. Nernst y E. H. Riesenfeld.

16.1.1. Fundamentos de la termogravimetría

Una sustancia o sistema material puede experimentar procesos químicos y físicos que transcurren con intercambio de calor con el entorno. En función de que el sistema material reciba o ceda el calor del entorno el proceso se denomina *endotérmico* o *exotérmico*. En algunos de estos procesos la sustancia o sistema material se transforma parcialmente en un producto en estado gaseoso que deja el sistema con la consiguiente pérdida de masa. Entre los procesos de este tipo se incluyen cambios de estado como la vaporización o la sublimación u otros procesos como la deshidratación, desolvatación, desorción, reacciones sólido-sólido o ciertas reacciones de descomposición que dan lugar a productos en estado gaseoso. En otros casos el sistema material puede asimilar otra sustancia del entorno, que se encuentra en estado gaseoso, incrementando su masa. Ejemplos de procesos en los que el sistema incrementa su masa son las adsorciones o absorciones o las reacciones solido-gas.

El *análisis termogravimétrico* (TG, *thermogravimetric analysis*) permite reconocer estos procesos a partir de la medida de las variaciones de masa que experimenta una sustancia a consecuencia de estos. Dado que cada proceso físico o químico se inicia a una temperatura característica, en unas determinadas condiciones de presión, la medición de la temperatura permite identificar el tipo de proceso.

La unidad computarizada de la termobalanza monitoriza en continuo la masa registrada en la balanza cuyos valores, procesados en función de la temperatura o del tiempo, son presentados en forma de tabla o registro gráfico como se ilustra en la figura 16.1a para el oxalato de calcio monohidrato. Este diagrama es denominado *curva termogravimétrica* o curva TG. En los tramos horizontales de la curva TG la muestra no experimenta ningún cambio significativo. Los intervalos estrechos de temperatura en los que se producen pérdidas de masa corresponden a procesos químicos en los que el material se transforma. A 187,12 °C se produce la pérdida de agua de cristalización, a 521,68 °C la molécula de oxalato de calcio anhidro pierde CO y se transforma en carbonato de calcio que, finalmente, a 757,16 °C pierde dióxido de carbono para transformarse en óxido de calcio.

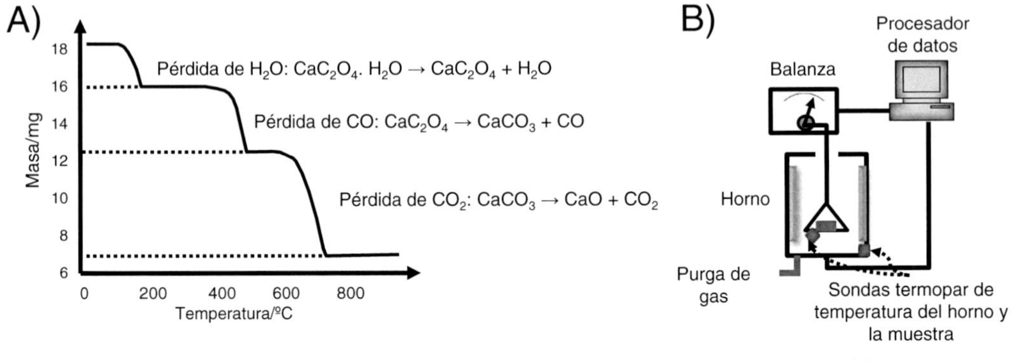

Figura 16.1. A) Curva termogravimétrica del oxalato de calcio monohidrato; B) esquema de una termobalanza.

16.1.2. Instrumentación

El instrumento utilizado para efectuar un análisis termogravimétrico es la termobalanza. La figura 16.1b ilustra esquemáticamente sus principales componentes. Como se aprecia en el diagrama, la muestra, del orden de mg, se dispone en un recipiente, normalmente cilíndrico, de 5-8 mm de diámetro y 2-10 mm de altura hecho de aluminio, platino, alúmina o cuarzo. El conjunto se sitúa en el plato de la balanza que está situado en el interior del horno cuya temperatura es programada desde la unidad computarizada. La temperatura de la muestra y del horno se controlan mediante dos sondas de temperatura de tipo termopar. Los hornos abarcan intervalos de temperatura entre – 125 °C hasta 2400 °C y las velocidades de calentamiento y enfriamiento suelen oscilar entre 5-20 °C min^{-1}, aunque pueden llegar incluso hasta 1000 °C min^{-1}. Asimismo, proporcionan un control preciso de condiciones isotermas. Las condiciones en el interior del horno pueden ser también diversas desde presión ambiente hasta vacío o alta presión, aunque en estos dos últimos casos se requiere instrumentación especial. Del mismo modo, se puede operar con atmósfera inerte o gases corrosivos.

16.2. Análisis térmico diferencial y calorimetría diferencial de barrido

Los diseños de instrumentos termoanalíticos a lo largo del siglo XX han ido evolucionando, a partir de las termobalanzas, hasta llegar a equipos más complejos como el dispositivo termogravimétrico diferencial de W. A. Kaiser en 1953 y el derivatógrafo de J. y F. Paulik y G. Liptay en la década de los años ochenta. Estos equipos son los precursores de los actuales instrumentos utilizados en las técnicas de análisis térmico diferencial y calorimetría de barrido diferencial.

16.2.1. Fundamentos de las técnicas

Las técnicas de *análisis térmico diferencial* (DTA, *differential thermal analysis*) y *calorimetría de barrido diferencial* (DSC, *differential scanning calorimetry*) tienen por objeto estudiar los procesos físicos o químicos, de tipo endotérmico o exotérmico, en los que el sistema intercambia calor con el entorno tales como cambios de estado, procesos de curado, desorciones, adsorciones, desolvataciones, descomposiciones, reacciones catalíticas, reacciones de polimerización y reacciones, en general, que transcurren en una única fase o en dos diferentes fases, abarcando, por tanto, un rango más amplio de procesos físicos y químicos que la TG.

En un DTA la muestra está sujeta a un programa de calentamiento o enfriamiento junto con un material de referencia inerte que no experimenta ningún tipo de proceso físico ni reactivo en el intervalo de temperaturas ensayado. Durante el ensayo, mientras la muestra no sufre ningún cambio, ambas temperaturas de muestra (T_m) y material de referencia (T_r) serán muy similares y, por tanto, la diferencia de temperatura entre ambos $T_m - T_r$, será prácticamente nula ($\Delta T \approx 0$). Cuando la muestra inicia un proceso endotérmico, la temperatura de la muestra se incrementa más lentamente que lo hace el material de referencia por lo que $\Delta T < 0$. Un incremento de temperatura $\Delta T > 0$ tiene lugar si la muestra sufre un proceso exotérmico debido al aumento más rápido de la temperatura de la muestra. De este modo, el registro de ΔT frente al tiempo o frente a la temperatura (figura 16.2a) permite reconocer los procesos que la muestra va experimentando a medida que avanza el programa de temperaturas.

La técnica DSC se basa en que el área encerrada bajo la curva DTA para un determinado proceso está directamente relacionada con la entalpía del mismo, esto es, el cambio de energía que tiene lugar en el proceso, y con el tamaño de la muestra. Los instrumentos actuales están preparados para procesar los valores de ΔT y transformarlos en valores de flujo de calor asociado al proceso. La figura 16.2b muestra una típica curva DSC de un polímero sintético que exhibe diversos procesos que sufre este a medida que se aumenta la temperatura: transición vítrea, cristalización, fusión, oxidación. Cada uno de ellos se corresponde con una señal positiva (exotérmico) o negativa (endotérmico).

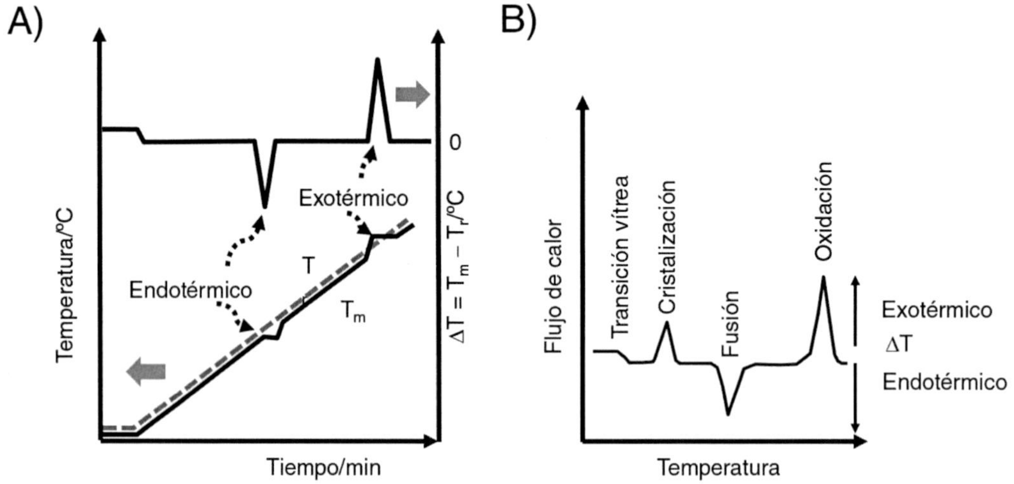

Figura 16.2. A) Curva DTA para una sustancia que sufre un proceso endotérmico seguido de otro exotérmico; B) curva DSC que muestra procesos característicos de los polímeros.

16.2.2. Instrumentación

En la figura 16.3 se muestra un esquema de un instrumento utilizado para efectuar DTA y DSC. A diferencia de la termobalanza, en este instrumento hay dos platos en los que se sitúan la muestra y el material de referencia, que generalmente es alúmina, en una cantidad que varía desde 1-200 mg en recipientes metálicos o cerámicos. El termopar mide la diferencia de temperatura entre ambos materiales en cada instante y los datos son procesados en la unidad computarizada que los muestra en forma de registro gráfico. La actual instrumentación puede cubrir rangos de temperatura desde –150 °C hasta 2500 °C.

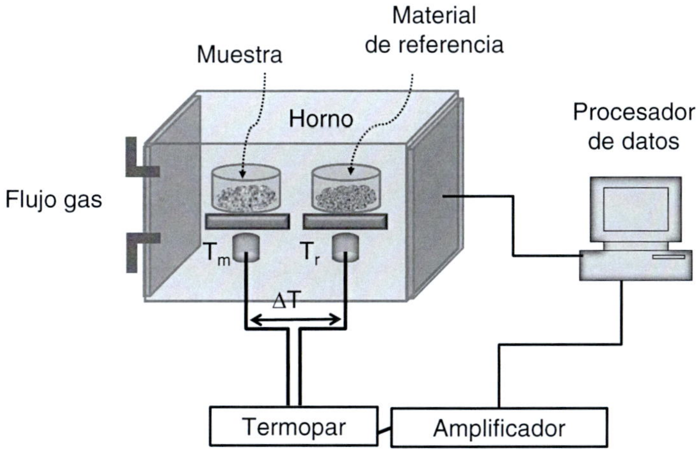

Figura 16.3. Esquema de equipo DTA.

16.3. Aplicaciones analíticas

En el ámbito del patrimonio cultural las técnicas termoanalíticas se han aplicado en estudios arqueométricos de determinación del contenido de materia orgánica en restos arqueológicos, estudios de procedencia de restos humanos, estudios paleodietarios, discriminación de carbones por su origen, en el estudio de los procesos de transformación experimentados por las arcillas y materias primas empleadas en la manufactura de cerámica durante la cocción y el posterior enfriamiento, en la caracterización de morteros, enlucidos y pigmentos antiguos como el azul Maya y en la determinación del contenido en minerales accesorios de pigmentos antiguos.

Las técnicas termoanalíticas también se han aplicado en la caracterización de las propiedades de polímeros sintéticos utilizados como aglutinantes de pinturas y tintas y como materiales de conservación. Propiedades tales como la temperatura de transición vítrea, cristalinidad, eficiencia del proceso de curado, contenido en plastificantes, etc., pueden ser fácilmente caracterizadas. Entre las aplicaciones de estas técnicas también se incluye la identificación de aglutinantes (Odlyha, 1995), el estudio de pinturas sometidas a envejecimiento artificial o utilizadas como sensores-dosímetros para el control del ambiente en museos, en el estudio del efecto de la humedad en lienzos, cuero o pergamino, en el estudio de procesos de separación de fase observados en aglutinantes mixtos aceite secante-resina natural debidos a envejecimiento natural, en la evaluación del comportamiento térmico de materiales diversos utilizados en conservación tales como madera, consolidantes de papel preparados con derivados celulósicos y óxidos refractarios (ZnO) o consolidantes de adobe como el nopal, etc.

Preguntas de autoevaluación

16.1. Indica cuál de las dos expresiones siguientes es correcta:

a) El cambio de estado de una sustancia pura tiene lugar con variación de temperatura a una presión dada.
b) El cambio de estado de una sustancia pura tiene lugar con intercambio de calor con el entorno.

16.2. Indica si los siguientes procesos tienen lugar con pérdida o ganancia de masa:

a) Sublimación.
b) Adsorción.
c) Deshidratación.

16.3. ¿De qué orden de magnitud son las muestras en TG, DTA y DSC?
16.4. ¿Qué rango de velocidades de calentamiento se suele emplear en la termobalanza?
16.5. En un análisis TG una arcilla de composición desconocida experimenta una pérdida de masa de entre 100-110 °C. Describe de qué proceso se trata.
16.6. ¿Por qué se utiliza un dispositivo de tipo termopar para medir la temperatura en las técnicas termoanalíticas?
16.7. ¿Qué papel desempeña el material de referencia en las técnicas DTA y DSC?
16.8. Explica por qué se escoge la alúmina como material de referencia en la técnica DTA.
16.9. Indica si el proceso de fusión de un polímero es exotérmico o endotérmico.
16.10. ¿Qué interés tienen las técnicas termoanalíticas en estudios arqueométricos de cerámica antigua?

17

Técnicas basadas en la determinación de la relación masa/carga

En este capítulo se presenta un conjunto de metodologías basadas en la determinación de la relación masa/carga de iones generados a partir de compuestos orgánicos o inorgánicos. Estas técnicas también se conocen como *espectrometría de masas* (MS, *mass spectrometry*). Esta denominación tiene un origen histórico ya que los primeros instrumentos que se desarrollaron para separar iones por su relación masa/carga fueron denominados *espectrógrafos* o *espectrómetros* de masas por analogía a los espectrógrafos y espectrómetros que separaban las diferentes componentes monocromáticas de un haz de radiación. Sin embargo, dicha denominación no debe inducir al error de considerar que las técnicas de espectrometría de masas son técnicas espectroscópicas ya que en ellas no interviene la radiación electromagnética. Gracias al desarrollo de nuevos componentes, la instrumentación ha mejorado y se ha diversificado notablemente originando una gran variedad de técnicas analíticas. La selección realizada aquí obedece al criterio del mayor interés y aplicación en el campo de los estudios arqueométricos y de conservación de patrimonio.

17.1. Principios básicos de la espectrometría de masas

Las técnicas de espectrometría de masas se basan en la generación de iones a partir de compuestos inorgánicos u orgánicos, los cuales son separados en razón de su diferente relación masa/carga (m/z). La relación m/z es adimensional ya que se calcula a partir de su número de masa m y del número de cargas z. Para la mayoría de casos el valor de z es la unidad por lo que el valor de m/z es el mismo que el de m. Ulteriormente, estos iones son cuantificados en función de su abundancia relativa (figura 17.1a). La transformación en iones de las moléculas o especies químicas del material analizado puede efectuarse de diversas maneras. Si la muestra es gaseosa, la ionización es directa pero si el material que se va a analizar es un sólido, o un líquido o disolución, debe ser volatilizado adecuadamente lo cual se consigue de diferentes formas, que se sirven de energía térmica o por bombardeo con fotones o iones, entre otros métodos (figura 17.1b). Esto puede llevarse a cabo simultáneamente a la ionización o en una etapa previa. La posterior separación de los iones formados también puede efectuarse de formas diversas. Todo este abanico de metodologías da lugar a muy variadas configuraciones de espectrómetros de masas que serán descritas en los siguientes apartados.

Cabe enfatizar que en un espectrómetro de masas los procesos tienen lugar, en su mayoría, en condiciones de alto vacío por lo que, una vez formados los iones en la fuente, las reacciones entre ellos son poco probables. Por consiguiente, los procesos químicos que tienen lugar son aquellos propios de especies químicas aisladas, esto es, reacciones unimoleculares de isomerización o disociación. La *teoría del cuasiequilibrio* se ha establecido como una aproximación teórica que permite describir los procesos de descomposición unimolecular de iones y, por ende, todas las fragmentaciones que, como se verá más adelante, constituyen el *espectro de masas* de una sustancia. Según el modelo mecanicista en el que se basa la interpretación de los espectros de masas, el factor principal que determina la probabilidad de un determinado proceso de fragmentación es la mayor estabilidad del *ion fragmento* producido.

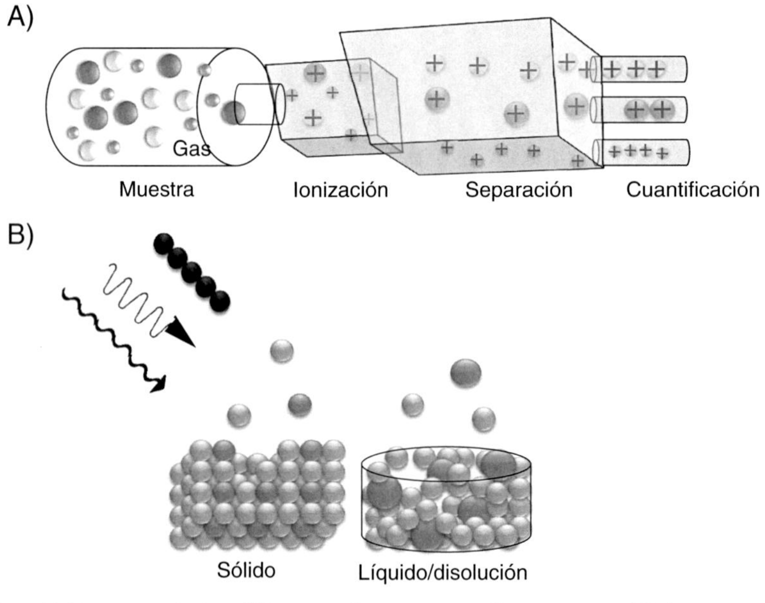

Figura 17.1. A) Esquema de las diferentes fases que conforman un análisis por espectrometría de masas; B) las muestras sólidas y líquidas requieren una previa vaporización, proyección o desorción llevada a cabo térmicamente o bien mediante radiación o bombardeo con partículas aceleradas.

17.2. Instrumentación

La observación de rayos anódicos en descargas de un gas a baja presión por E. Goldstein en el año1886 puede considerarse el experimento precursor de la espectrometría de masas. J. J. Thomson, basándose en los trabajos previos de W. Wien consigue, ya en 1913, conducir un haz de neón ionizado a través de campos magnéticos y eléctricos y medir su deflexión interponiendo una placa fotográfica en su trayectoria. Sin embargo, los comienzos de la moderna espectrometría de masas, entendida como técnica de análisis estructural, se remontan a las décadas de 1920-1940 con los trabajos de F. W. Aston, A. J. Demster y A. Nier. A partir de ese momento se suceden los avances en el desarrollo de nuevos componentes para los espectrómetros de masas y de sistemas instrumentales hibridados. Entre los hitos más relevantes cabe destacar que en la década de 1950 se desarrollan los sistemas de trampa de iones, tiempo de vuelo y cuadrupolo y los primeros equipos en los que el espectrómetro de masas se acopla como detector a un cromatógrafo de gases. En la década de 1970 se introduce la desorción láser para volatilizar macromoléculas. En 1988 J. Fenn y M. Yamashita desarrollan la técnica de ionización por *electrospray* y en ese mismo año M. Karas, y F. Hillenkamp desarrollan la técnica de ionización/desorción láser asistida por matriz.

17.2.1. Componentes básicos de un espectrómetro de masas

La figura 17.2 muestra los componentes principales de un espectrómetro de masas. La generación de iones se realiza en un dispositivo denominado *fuente de iones*. La fuente de iones puede estar precedida de un sistema *inyector* que, en función del estado de agregación de la muestra (gas, líquido o sólido) o dependiendo de las características de la fuente de iones, puede ir desde una simple sonda hasta una interfaz que conecta la fuente de iones con un sistema cromatográfico u otro sistema que suministra muestra. Los espectrómetros de masas comerciales suelen estar equipados con varias de estas fuentes de iones que pueden ser intercambiadas. Seguidamente los iones formados, positivos o negativos, dependiendo de las características de la fuente, son separados en razón de su diferente relación *m/z* en otro dispositivo, denominado genéricamente *analizador*, el cual permite su posterior identificación mediante un detector que también los cuantifica en función de su abundancia relativa.

Todos estos componentes deben mantenerse en condiciones de alto vacío, por debajo de los 10^{-5} torr, para evitar que los iones formados desvíen sus trayectorias o modifiquen su composición debido a colisiones con las moléculas presentes en el aire. El instrumento se completa con un dispositivo de lectura y procesado de datos.

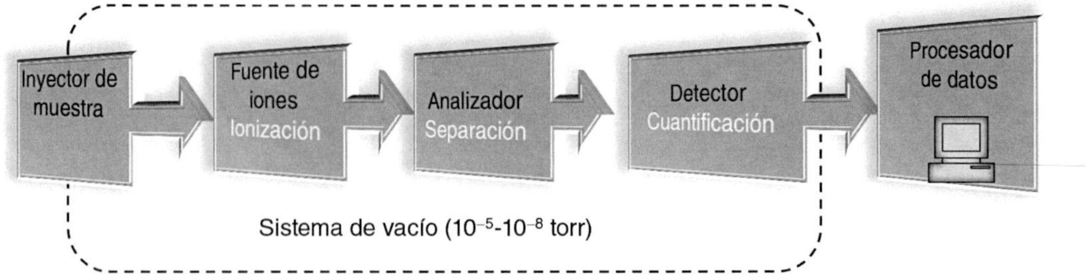

Figura 17.2. Esquema que muestra los componentes básicos que integran un equipo de espectrometría de masas.

17.2.2. Sistemas de introducción de la muestra

El sistema de introducción de muestra está determinado por el estado de agregación de esta y por su composición, en particular, si se trata de una sustancia pura o de una mezcla compleja ya que, en este último caso, puede ser necesaria una separación previa. Por otra parte, el muestreo puede efectuarse de modo manual o automático. Estos últimos sistemas permiten la toma de muestras multipunto y secuencial. El cuadro 17.1 resume los sistemas de inyección de muestra más comúnmente empleados.

Cuadro 17.1. Sistemas de inyección de muestras

Muestra	*Tipo de inyector*	*Descripción*
Gas	Orificio/depósito	El depósito donde se encuentra la muestra se comunica con la fuente iónica mediante un orificio que permite su difusión progresiva hacia esta
	Capilar calentado	Consiste en un tubo capilar flexible, hecho de un material inerte como la sílice, y dotado de calefacción para evitar condensaciones
	Inmersión directa	Si la muestra se encuentra ya en condiciones de alto vacío, la fuente de iones se introduce directamente dentro del recinto portamuestras. Este sistema de inyección restringe el uso de analizadores a los de tipo cuadrupolo
	Difusión diferencial de *jet* o chorro	En los sistemas combinados de cromatografía de gases-espectrometría de masas la muestra se introduce transportada en el seno de un flujo abundante de un gas portador. El inyector incluye un sistema de eliminación del exceso de gas portador que aprovecha la mayor inercia de las moléculas más pesadas de muestra, mientras que las del gas portador son succionadas por un orificio conectado al sistema de vacío

[.../...]

Cuadro 17.1. (Continuación)

Muestra	*Tipo de inyector*	*Descripción*
LÍQUIDO	Sonda de introducción directa	Tubo capilar de cuarzo que se introduce en la fuente de iones. Estas sondas permiten el análisis de compuestos relativamente no volátiles gracias a la baja presión en el área próxima a la fuente de iones. Estas de sondas pueden estar automatizadas o acopladas a brazos robotizados que manipulan automáticamente las muestras. En la técnica denominada *espectrometría de masas por resolución directa de temperaturas* (DTMS, *direct temperature resolved mass spectrometry*) se acopla a la sonda un filamento, por ejemplo, de Pt/Rh en el que se deja evaporar la muestra. Seguidamente se realiza una rampa de temperaturas continua, o bien, se programa esta de manera que el calentamiento se interrumpe cuando se volatiliza un componente y se prosigue hasta alcanzar la temperatura de volatilización del siguiente
	Depósito calentado	Consiste en un tubo de cuarzo (*inlet*) separado del exterior mediante un tapón de goma (*septum*) que es atravesado por la aguja de la jeringa para introducir la muestra. La temperatura del depósito se eleva para favorecer la vaporización de la muestra que se introduce en la fuente por el otro extremo del depósito conectado a un orificio o válvula de entrada. Utilizado también en cromatografía de gases (capítulo 18, apartado 18.2)
	Aghis	Se utiliza con mezclas complejas y consiste en una sonda con un extremo de cuarzo y con una depresión o pocillo donde se coloca la muestra que se comunica con un receptáculo esférico de cuarzo que se calienta. A través de un capilar la muestra vaporizada pasa a la fuente
	Membrana	Una membrana de silicona se coloca en contacto con la fuente de iones y permite la difusión separada de los componentes de la muestra. Se aprovecha la propiedad de ciertas membranas de silicona para solubilizar diferencialmente tanto compuestos orgánicos como inorgánicos
SÓLIDO	Sonda de sólidos	Idéntica a la sonda de introducción directa de líquidos. Se puede utilizar un dispositivo pirolítico que calienta la muestra sólida en atmósfera inerte a temperaturas entre 500-800 °C en la técnica de *pirolisis-espectrometría de masas* (DPMS, *direct pyrolysis mass spectrometry*) y en pirolisis-cromatografía de gases (capítulo 18, apartado 18.2)
	Ablación láser	Este procedimiento, que utiliza la radiación láser, se describirá en el apartado 17.2.3

17.2.3. Sistemas de ionización

Se han desarrollado diferentes procedimientos de ionización de muestras que se clasifican atendiendo a los fenómenos fisicoquímicos en los que están basados.

A) Ionización electrónica

El sistema de ionización más ampliamente utilizado es la fuente de *ionización electrónica* (EI, *electron ionization*) o ionización por impacto electrónico. Aquí, las moléculas de la muestra, introducida ya en fase gas, son bombardeadas por un haz de electrones acelerados de modo que una parte de ellas adquieren la energía suficiente para ionizarse:

$$M + e^{-} \rightarrow M^{-\bullet} + e^{-} + e^{-} \qquad [17.1]$$

La molécula $M^{+\bullet}$, que ha perdido un electrón y, por tanto, tiene un electrón desapareado, se convierte en el *ion molecular*. Aunque muchas moléculas se ionizan en el intervalo 7-15 eV con escasa fragmentación, habitualmente se opera con electrones de 70 eV porque este valor de energía garantiza la ionización de cualquier molécula y proporciona una gran reproducibilidad que permite el uso de bases de datos espectrales obtenidas con diferentes espectrómetros de masas.

B) Sistemas de ionización "blandos"

Tras la ionización electrónica a 70 eV, el ion molecular todavía conserva la energía suficiente para descomponerse en diferentes fragmentos reduciendo así su abundancia. En muchas ocasiones, dicha fragmentación puede resultar excesiva dificultando la identificación de la especie química analizada. Por este motivo se han buscado otros métodos de ionización que no induzcan tan extensivamente dichos procesos secundarios de descomposición del ion molecular. Entre los métodos de ionización "blanda" se incluye la *ionización por campo* (FI, *field ionization*). Este procedimiento se basa en la capacidad del campo eléctrico intenso que se crea entre un emisor de campo (ánodo) y un electrodo de trabajo (cátodo) para modificar el potencial eléctrico de los electrones de un átomo o molécula en fase gaseosa y distorsionar sus orbitales externos hasta conseguir llevar a la especie química a un estado de supraexcitación que finalmente le conduce a la autoionización.

$$M \rightarrow M^{-\bullet} + e^{-} \qquad [17.2]$$

A diferencia de lo que sucede con la EI, en la FI no se transfiere ningún exceso de energía al ion molecular, por lo que la disociación es mínima. Esta técnica admite dos modalidades, en la FI la muestra se introduce en el interior de la fuente a través de una sonda convencional evaporándose por calefacción, mientras que en el método de *desorción por campo* (FD, *field desorption*) la muestra se coloca directamente en la superficie del emisor de campo en fase líquida o bien en fase sólida y suspendida en un disolvente que se volatiliza en primer lugar. En esta modalidad las etapas de ionización y desorción se combinan minimizando el riesgo de descomposición térmica previo a la ionización.

La *ionización química* (CI, *chemical ionization*), desarrollada en las décadas de 1950 y 1960, es otro tipo de ionización "blanda" en la que los iones moleculares se consiguen mediante bombardeo en estado gaseoso de la muestra con reactivos que contienen especies cargadas eléctricamente. Por consiguiente, se trata de un proceso bimolecular que, para que sea eficiente, requiere la producción del suficiente número de colisiones entre los iones del gas reactivo y las moléculas de la muestra. El método más común es la *ionización química de iones positivos* (PICI, *positive-ion chemical ionization*), pero también se han desarrollado sistemas de *ionización química de iones negativos* (NICI, *negative-ion chemical ionization*). Básicamente la ionización química se puede conseguir mediante cuatro diferentes tipos de procesos bimoleculares:

a) Transferencia de un protón

$$M + [AH]^+ \rightarrow [M + H]^+ + A \qquad [17.3]$$

b) Adición electrofílica

$$M + R^+ \rightarrow [M + R]^+ \qquad [17.4]$$

c) Abstracción de anión

$$M + R^+ \rightarrow [M - B]^+ + BR \qquad [17.5]$$

d) Transferencia de carga

$$M + R^{+\bullet} \rightarrow M^{+\bullet} + R \qquad [17.6]$$

En el proceso de transferencia protónica, generalmente, se forma el ion molecular protonado $[M+H]^+$, pero si la muestra contiene especies ácidas pueden producirse también iones $[M-H]^-$. En el método de adición electrofílica la especie ionizada se forma por combinación del ion reactivo, por ejemplo, NH_4^+, con la molécula de analito. En el proceso de abstracción de anión, por ejemplo, un alcohol alifático transfiere un átomo de hidrógeno cargado negativamente al ion reactivo. Las reacciones de transferencia de carga producen iones de tipo radicalario con un electrón desapareado.

C) Ionización por bombardeo con partículas aceleradas

La formación de iones a partir de sustancias sólidas o líquidas puede conseguirse mediante el bombardeo de la muestra con átomos o iones acelerados. En general todas estas técnicas permiten la ionización directa de la muestra en fase líquida o sólida sin la etapa previa de evaporación ya que producen una desorción continua de iones característicos desde la superficie de la muestra. Atendiendo a la energía de los iones se establecen dos grupos, los sistemas que utilizan partículas de alta energía (MeV) y los que utilizan partículas de baja energía (keV). En el primer caso se utilizan partículas procedentes de aceleradores de partículas o partículas de fisión de elementos radiactivos como el ^{252}Cf en la *espectrometría de masas por desorción por plasma* (PDMS, *plasma desorption mass spectrometry*). Entre las técnicas por bombardeo con partículas de baja energía se incluye la técnica SIMS que emplea un haz focalizado de iones (capítulo 7, apartado 7.2) o las que se basan en el *bombardeo con átomos neutros acelerados* (FAB, *fast atom bombardment*) sobre la muestra disuelta en un disolvente líquido utilizado como matriz. Estas últimas son particularmente útiles en el estudio de moléculas y macromoléculas no volátiles y térmicamente lábiles.

D) Técnicas de desorción

En la técnica de *ionización química por desorción* (DCI, *desorption chemical ionization*) se combina la CI con la desorción de iones de la superficie de una muestra sólida depositada en el extremo de la sonda mediante calefacción rápida.

E) Plasma de acoplamiento inductivo y descarga luminiscente

Estos sistemas de ionización permiten el análisis multielemental de muestras. Si el material que se va a analizar es soluble en agua o en disolventes orgánicos puede conseguirse su vaporización e ionización mediante *antorcha de plasma acoplado inductivamente* (capítulo 11, apartado 11.1.2) dando lugar a la técnica de *antorcha de plasma por acoplamiento inductivo-espectrometría de masas* (ICP-MS, *inductively coupled plasma-mass spectrometry*). En la técnica denominada de *espectrometría de masas por descarga luminiscente* (GD-MS, *glow discharge [ion source]-mass spectrometry*) se genera un plasma a baja presión (~0,5 mbar) en el seno de un gas noble mediante un potencial aplicado entre dos electrodos uno de los cuales, el cátodo, lo constituye la muestra sólida metálica. Se pueden utilizar fuentes de radiofrecuencia que permiten el análisis de muestras metálicas y no metálicas.

F) Ionización y desorción/ionización por láser

La ionización de muestras sólidas mediante láser puede ser fotónica, por desorción y por ablación. En la *ionización multifotónica* (MPI, *multiphotonic ionization*) la molécula en fase gaseosa absorbe fotones y, tras sucesivos estados de excitación, alcanza su potencial de ionización. En las técnicas de *espectrometría de masas por desorción* y *desorción/ionización con láser* (LDMS, *laser desorption-mass spectrometry*; LDIMS, *laser desorption/ionization-mass spectrometry*), un haz de radiación coherente con la densidad fotónica adecuada consigue desorber iones a partir de la superficie de la muestra en estado sólido. El haz láser se ajusta para que la densidad de fotones esté por encima del umbral de desorción pero por debajo del umbral de ablación. El proceso de ionización tiene lugar, principalmente, mediante dos diferentes mecanismos. Por una parte, el haz láser, dada la elevada densidad fotónica, actúa simultáneamente como agente de desorción y fotoionización dando lugar a la formación de iones radicales ($M^{+\bullet}$ y $M^{-\bullet}$). En este proceso resulta inevitable un cierto grado de fragmentación molecular. Un segundo mecanismo incluye ionización, simultáneamente, en la fase condensada y en la fase gaseosa. También tienen lugar una serie de reacciones ion-molécula en las que se forman iones secundarios tales como moléculas cationizadas $[M+R]^+$ y *clusters* $[2M+R]^+$ (donde R: H, Na y K). Este último mecanismo se ve intensificado en la técnica de *ionización por desorción de la matriz asistida por láser* (MALDI, *matrix-assisted laser desorption/ionization*) basada en la utilización de una sustancia fuertemente absorbente de la radiación y con bajo punto de ebullición como matriz líquida o sólida en la que se incorpora la muestra. De este modo, se previene la descomposición térmica del material en estudio y el proceso de obtención de iones moleculares es optimizado al inducirse una eficiente vaporización y una moderada excitación de las moléculas de analito (Wyplosz, 2003).

En las técnicas de ablación la densidad fotónica supera el umbral de ablación y produce la atomización y la eyección o proyección de fragmentos macroscópicos de la superficie de la muestra. La técnica de ablación más utilizada combina la ablación con la antorcha de plasma por acoplamiento inductivo (LA-ICP-MS, *laser ablation*-ICP-MS).

Las técnicas láser descritas emplean todo tipo de láseres con longitud de onda en las regiones UV a IR lejano.

G) Cromatografía combinada con espectrometría de masas

La combinación de un cromatógrafo (capítulo 18) con un espectrómetro de masas da lugar a una técnica extraordinariamente eficaz al unir la capacidad para separar mezclas complejas de sustancias de la primera con la capacidad de identificación de la segunda. Las dos técnicas cromatográficas que se acoplan a espectrómetros de masas son la *cromatografía de gases* (GC-MS, *gas chromatography-mass spectrometry*) y la *cromatografía líquida de alta resolución* (HPLC-MS, *high performance liquid chromatography-mass spectrometry*). La principal dificultad en el acoplamiento de ambas obedece a que el efluente que emerge de la columna lo hace a presión atmosférica, mientras que el espectrómetro de masas trabaja en alto vacío. En los sistemas GC-MS capilar, de uso mayoritario actualmente, la muestra disuelta se inyecta en un sistema de depósito calentado o, si está en estado sólido, se dispone en un dispositivo pirolítico. En ambos casos, los compuestos gaseosos separados a través de la columna se introducen directamente en la fuente de iones que suele ser de tipo EI y, menos frecuentemente, CI.

El acoplamiento de un sistema HPLC con un MS se agrava ya que el efluente que emerge de la columna es un líquido a presión atmosférica. La muestra líquida puede ser introducida directamente en la fuente de iones, como en el caso del dispositivo *haz de partículas* (PB, *particle beam*), pero la mayoría de la instrumentación utilizada actualmente emplea dispositivos de acoplamiento que actúan simultáneamente como sistema de introducción y fuente de iones. Las técnicas de *ionización a presión atmosférica* (API, *atmospheric pressure ionization*) son ampliamente utilizadas. En la técnica de *ionización por electrospray* (ESI, *electrospray ionization*), la disolución que contiene los iones en estudio es transformada en aerosol con ayuda de una aguja hipodérmica sometida a un potencial eléctrico de 3-4 kV. El disolvente se evapora (desolvatación) mediante una corriente de nitrógeno y los iones son llevados hasta la entrada del analizador mediante un fino tubo capilar. En la *ionización química a presión atmosférica* (APCI, *atmospheric pressure chemical ionization*), mediante una potente descarga, se genera un plasma que contiene iones reactivos del disolvente, los cuales producen la ionización de la muestra por adición o cesión de un protón. También se utilizan sistemas de ionización mediante *termonebulización* (TSP, *thermospray*), FAB o SIMS.

17.2.4. El proceso de separación de iones

La eficiencia analítica del espectrómetro de masas se sustenta en la capacidad de separar los iones generados en la fuente de iones, para su posterior identificación y cuantificación, mediante un dispositivo detector apropiado. Este proceso de discriminación de iones se lleva a cabo en el analizador. Pueden establecerse seis tipos diferentes de analizadores atendiendo al principio físico en el que se basan según se resume en el cuadro 17.2.

Cuadro 17.2. Analizadores utilizados en espectrometría de masas

Tipo	*Fundamento*
Tiempo de vuelo (TOF, *time-of-flight*)	Separación por el diferente tiempo de vuelo a través de un recorrido libre de campos eléctricos de los iones emitidos desde la fuente, en un pulso, y acelerados mediante un campo eléctrico. Rango de masas muy elevado
Sector magnético (B) y doble sector magnético	Los iones de masa m_i generados en la fuente son separados por el diferente momento ($m_i v_i$) que exhiben al atravesar un campo magnético (B) con dirección perpendicular a la velocidad inicial del ion v_i. Posee una elevada resolución
Cuadrupolo lineal (Q) o filtro de masas de cuadrupolo	Separación de iones a partir de un haz continuo por la estabilidad de sus trayectorias en un campo eléctrico cuadrupolar estático al que se superpone un campo de corriente alterna de radiofrecuencia. Utilizado en análisis de rutina de baja resolución. En algunos casos se utiliza un dispositivo con tres cuadrupolos situados en línea denominado *triple cuadrupolo* (QqQ)
Trampa de iones lineal cuadrupolar (LIT, *linear ion trap*)	Separación mediante incrementos de radiofrecuencia de los iones de un haz continuo que se acumulan en el interior de la trampa y describen trayectorias entre electrodos en forma de anillo
Trampa de iones cuadrupolo tridimensional (QIT, *quadrupole ion trap*)	Iones atrapados cuya separación tiene lugar por la estabilidad de sus trayectorias al atravesar un campo cuadrupolar de radiofrecuencias tridimensional
Resonancia iónica ciclotrónica por transformada de Fourier (FT-ICR, *Fourier transform ion cyclotron resonance*)	Se basa en la diferente frecuencia ciclotrónica con la que se mueve un ion que describe órbitas circulares por la acción de un campo magnético

17.2.5. Detección

De forma similar a lo que sucede con las fuentes de iones y con los analizadores, diferentes sistemas de detección pueden ser utilizados en un espectrómetro de masas tal como se resume en el cuadro 17.3.

Cuadro 17.3. Detectores utilizados en espectrometría de masas

Tipo	*Fundamento*
Copa de Faraday	Consiste en un electrodo en forma de copa en el que los iones depositan su carga, lo que genera una corriente eléctrica que circula a través de un resistor de elevada impedancia
Multiplicador de electrones secundarios (SEM, *secondary electron multiplier*)	Utilizan la capacidad de ciertos metales y semiconductores tales como BeCu para emitir electrones secundarios cuando un ion impacta en su superficie. Un conjunto de dínodos discretos, dispuestos en línea, consigue formar, de este modo, una avalancha de electrones, la cual genera una corriente eléctrica que es procesada en un amplificador
Channeltron o multiplicador de electrones por canales (CEM, *channel electron multiplier*)	Una avalancha de electrones secundarios puede formarse en un tubo continuo de vidrio dopado con plomo en cuya superficie interna se dispone una capa conductora de óxido de plomo recubierta de otra más externa emisiva de dióxido de silicio
Detector microcanal o multicanal (MCP, *micro-channel plate*)	Este detector está constituido por un conjunto de millones de channeltrones miniaturizados que proporcionan el mismo resultado que un CEM
Conversión fotónica o dínodos de conversión	En espectrómetros de masa con analizadores de tipo cuadrupolo es necesario instalar enfrente del SEM o CEM una placa dínodo de conversión para aumentar la sensibilidad de los iones con masa elevada que se desplazan a velocidad más baja. El dínodo de conversión actúa como un dispositivo de postaceleración que permite que todos los iones alcancen el detector
Detector de plano focal o detector *array* (FPD, *focal plane detector*)	Se trata de un dispositivo electroóptico multicanal que puede detectar simultáneamente iones en un rango pequeño de *m/z*. Este dispositivo incluye una placa MCP sobre la que impactan los iones que inmediatamente son convertidos en fotones en una pantalla de fósforo situada detrás. La imagen luminosa es guiada mediante fibra óptica a un detector de unión de carga CCD o matriz de fotodiodos

17.2.6. Sistemas de vacío

El vacío requerido en los espectrómetros de masas se consigue, al igual que en las técnicas de microscopía electrónica u otras técnicas instrumentales que requieren alto vacío, mediante bombas. En general, el grado de vacío requerido se adquiere mediante el uso de una *bomba mecánica o rotatoria* que, por una parte, lleva el instrumento al estado adecuado para que comience a actuar la bomba de alto vacío y, una vez conseguido esto, complementa a la bomba de alto vacío.

Básicamente hay dos tipos de bombas que se utilizan para conseguir el alto vacío en espectrometría de masas: las bombas difusoras y las bombas turbomoleculares. Las *bombas difusoras* consiguen el vacío mediante aceite llevado a ebullición y forzado a circular a velocidad supersónica por unos conductos, arrastrando moléculas de aire en su camino de retorno al depósito. Las *bombas turbomoleculares* poseen un rotor dotado de aspas que giran a velocidad elevada, del mismo orden que la velocidad de agitación térmica de las moléculas de aire, de modo que estas chocan contra las aspas y son lanzadas hacia una cámara de la que son evacuadas con ayuda de la bomba rotatoria.

17.2.7. Métodos hibridados

En el ámbito de los estudios arqueométricos y de patrimonio cultural hay un tipo de sistemas hibridados de interés: la espectrometría secuencial de masas o *espectrometría de masas en tándem* (MS/MS, *tandem mass spectrometry*). Los equipos MS/MS consisten en dos espectrómetros de masas dispuestos en línea y permiten el estudio en detalle de un determinado compuesto ya que cada ion formado en el primer instrumento, denominado *ion progenitor*, es fragmentado en el segundo, pudiendo ser estudiados los iones hijos formados.

17.3. Espectros de masas

Un *espectro de masas* como los mostrados en la figura 17.3 es un diagrama de barras que se obtiene a partir de las señales generadas en el detector por cada ion, las cuales tienen una anchura de banda, mayor o menor, que está determinada por el poder de resolución del espectrómetro de masas, esto es, su capacidad para discriminar dos iones con valor *m/z* diferente. En el eje de abscisas se representa cada uno de los iones en función de su valor de *m/z* y en el eje de ordenadas se representa su abundancia relativa que siempre está referida al ion de mayor intensidad denominado *ion base* o pico base, el cual no necesariamente coincide con el *ion molecular* al que genéricamente se le asigna la letra M.

Dependiendo de la fuente de iones utilizada, un determinado compuesto dará lugar a espectros de masas con perfiles distintos como el ejemplo mostrado en las figuras 17.3a,b en el que el éster metílico del ácido esteárico se ha analizado por las técnicas de EI y CI. En el espectro de masas o *fragmentograma* obtenido con un sistema GC-MS mediante EI (figura 17.3a) se aprecia la casi ausencia de iones moleculares $[M]^+$ (*m/z*, 298) y la presencia de un gran número de *iones fragmento* producidos a consecuencia del exceso de energía recibido por las moléculas con el impacto electrónico. Entre los fragmentos formados se reconoce el ion $[CH_3]^+$ con *m/z* 15, el ion $[C_2H_5]^+$ con *m/z* 29 y el ion $[C_3H_7]^+$ con *m/z* 43. En cambio, el espectro de masas obtenido mediante ionización química, mostrado en la figura 17.3b, es mucho más sencillo presentando el pico base correspondiente al ion $[M+H]^+$ (*m/z*, 299) y escasa fragmentación.

Los modelos de fragmentación que tienen lugar en la técnica de EI han sido estudiados exhaustivamente de modo que la identificación de los iones fragmento en el espectro de masas de un compuesto desconocido permite su identificación. Así por ejemplo, moléculas de tipo cetona, amina, éter, alcohol, etc., sufren la denominada *ruptura-α* que da lugar a iones fragmento característicos de cada familia. Los hidrocarburos saturados experimentan disociaciones que dan lugar a series de iones de fórmula general $[C_nH_{2n+1}]^+$. La *reacción de Retro-Diels-Alder* tiene lugar en moléculas de tipo ciclohexeno, las cuales se fragmentan formando una mono- y una diolefina. En moléculas orgánicas con heteroátomos el proceso de fragmentación es más complejo, como en la denominada *reorganización de McLafferty* de compuestos carbonílicos como aldehídos y cetonas, que da lugar a la pérdida de un fragmento de tipo alqueno con transferencia de un átomo de hidrógeno en posición γ a un átomo ligado por un doble enlace mediante un estado de transición de seis miembros con ruptura en el carbono β.

En la técnica PICI el ion $[M+H]^+$ denominado *ion cuasimolecular* es, habitualmente, el pico base formado mediante procesos bimoleculares entre iones y moléculas neutras que se denominan genéricamente *reacción de autoprotonación*. Ocasionalmente se pueden producir iones $[M-H]^+$. El pico base en la CI negativa o NICI puede obtenerse también por desprotonación de analitos acídicos como los ácidos carboxílicos o los fenoles o por adición de un anión.

Los espectros de masas por FI se caracterizan por un ion molecular muy intenso y escasos iones fragmento lo cual, de alguna manera, puede dificultar la obtención de datos estructurales del compuesto.

La técnica MALDI, de aplicación en el análisis de macromoléculas, proporciona espectros de masas con presencia de los iones moleculares intactos pero que exhiben distinto número de cargas así como especies dímeras, tal como se muestra en el ejemplo mostrado en la figura 17.3c, correspondiente a una proteína comercial.

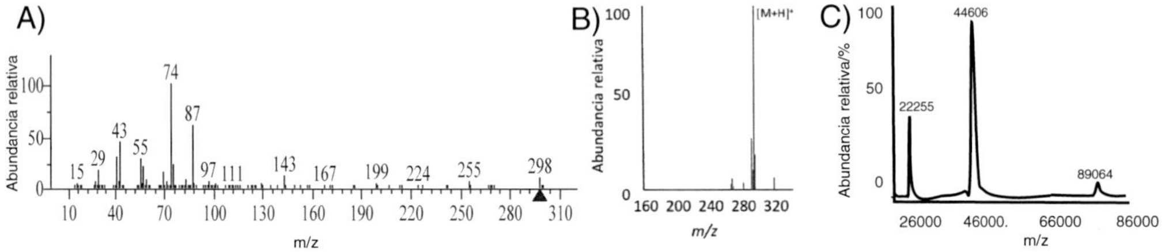

Figura 17.3. Espectro de masas del octadecanoato de metilo mediante: A) impacto electrónico a 70 eV, y B) ionización química con metano; c) espectro de masas MALDI-TOF de una proteína ovoalbúmina comercial exhibiendo el ion con monocarga (masa molecular 44.606), el ion con doble carga (masa molecular 22.255) y el dímero (masa molecular 89.064).

17.4. Aplicaciones analíticas

La espectrometría de masas, en sus diferentes variantes instrumentales, tiene un gran número de aplicaciones en el ámbito del estudio de patrimonio cultural. Las técnicas APCI-MS y APCI-MS/MS se han aplicado en el estudio de barnices. DTMS se ha aplicado al estudio de resinas sintéticas, mientras que con DTMS/MS se ha conseguido la separación térmica y la ionización de pigmentos orgánicos sintéticos. SIMS, FAB y LDMS se han utilizado en el estudio de pigmentos orgánicos. Con esta última técnica también se han desarrollado mapas de distribución de macromoléculas orgánicas en superficies sólidas. La técnica MALDI se ha aplicado al análisis de macromoléculas tales como las contenidas en aglutinantes proteicos, resinas di- y triterpénicas y pigmentos orgánicos naturales y sintéticos.

En LA-ICP-MS se ha avanzado con el desarrollo de instrumentos portátiles. Debe tenerse en cuenta que, al igual que ICP-MS, esta técnica proporciona análisis multielemental cuantitativo, de interés en el estudio de restos humanos, materiales pétreos, estucos, metales y aleaciones, cerámica y vidrio o documentos, con la particularidad de que pueden ser monitorizados distintos isótopos de un mismo elemento simultáneamente.

La técnica GC-MS se ha aplicado de forma extensiva en el análisis de compuestos orgánicos por su capacidad para separar las mezclas complejas que, a menudo, constituyen los restos arqueológicos de naturaleza orgánica (proteínas de huesos, pieles, restos de alimentos, fibras, ungüentos, etc.) y los aglutinantes y barnices de obras de arte y por su eficiencia para identificar cada uno de sus componentes y sus productos de alteración. Estas mismas aplicaciones tienen la HPLC-MS y la *cromatografía líquida de ultrarresolución* (UPLC-MS, *ultra performance liquid chromatography*) que, además, se han utilizado extensivamente en el análisis de colorantes y pigmentos orgánicos.

Por su uso en estudios de arqueología y en la identificación taxonómica de materiales proteicos en obras de arte, si bien más escasamente aplicadas, deben mencionarse también las técnicas de proteómica y de extracción de ADN que combinan instrumentación de cromatografía y espectrometría de masas tal como, por ejemplo, MALDI-TOF y *nanocromatografía líquida/nanoionización por electrospray/cuadrupolo-cuadrupolo tiempo de vuelo espectrometría de masas en tándem* (nanoLC/nanoESI/Q-q-TOF MS/MS, *nanoliquid chromatography/nanoelectrospray ionization/quadrupole-quadrupole-time of flight tandem mass spectrometry*).

Preguntas de autoevaluación

17.1. ¿En qué se diferencia una técnica espectroscópica de la espectrometría de masas?

17.2. ¿Por qué es esencial en la espectrometría de masas la ionización de las especies que se van a analizar?

17.3. Señala las diferencias más significativas entre la ionización por impacto electrónico llevada a cabo a 70 eV y a 20 eV.

17.4. Indica cuáles de las siguientes técnicas de ionización son "blandas":

a) Impacto electrónico.
b) Química.
c) Por campo.

17.5. Señala cuáles de las siguientes técnicas permiten el análisis de muestras sólidas:

a) LDIMS.
b) ESI.
c) DPMS.

17.6. Indica cuáles de las siguientes técnicas consiguen la formación de iones mediante bombardeo con partículas:

a) LDIMS.
b) SIMS.
c) FAB.

17.7. Señala cuáles de las siguientes técnicas permiten el análisis de macromoléculas:

a) MALDI.
b) ESI.
c) GC-MS.

17.8. Indica qué proceso de fragmentación se ha producido en el análisis de una sustancia cuyo ion molecular tenía un valor $m/z = 58$ y ha dado lugar a un fragmento con relación $m/z = 43$.

17.9. ¿Cuál de los siguientes espectros de masas se ha obtenido mediante la técnica de EI y cuál mediante CI?

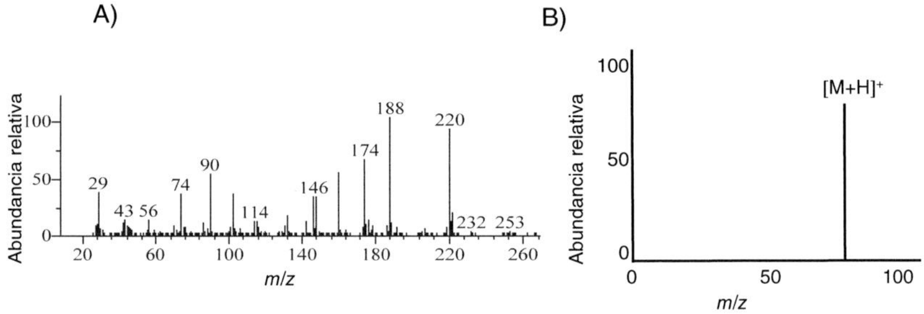

17.10. ¿Cuáles de las siguientes técnicas de MS serían idóneas para determinar la composición elemental cuantitativa de una pasta cerámica?

a) ICP-MS.
b) HPLC-MS.
c) MALDI.

18
Técnicas de separación cromatográfica y de electroseparación

Muchos de los materiales integrantes de una obra de arte o resto arqueológico son mezclas complejas de sustancias como, por ejemplo, un barniz preparado con aceite secante, cera y una o varias resinas terpénicas o como una pintura constituida por uno o varios pigmentos y el aglutinante de naturaleza orgánica. Además, algunos de los componentes de estos barnices y aglutinantes son polímeros naturales como las proteínas o las gomas vegetales o sustancias que polimerizan durante el proceso de secado como los aceites o las resinas terpénicas. La identificación y cuantificación de todos ellos va a requerir la liberación de los monómeros y la separación de los mismos, para lo cual resultan de gran utilidad las *técnicas cromatográficas*. Estas técnicas, así como las de *electroseparación*, se incluyen dentro de un conjunto más amplio de técnicas instrumentales, denominadas genéricamente *técnicas de separación*, que tienen gran aplicación no solo en el campo de la química analítica, sino también en el campo de la química preparativa, donde los distintos componentes del material objeto de investigación son purificados y recogidos, uno a uno, gracias al proceso de separación para posteriores estudios o tratamientos. En su aplicación analítica, la muestra objeto de análisis es separada en sus componentes individuales que son detectados en línea con el sistema separativo, lo que permite su identificación y cuantificación y, posteriormente, son descartados. Por este motivo, estas técnicas son consideradas destructivas si bien, dada la escasa cantidad de muestra requerida y la valiosa información de carácter estructural que proporcionan, son de extraordinaria utilidad en el estudio de bienes culturales. En el presente capítulo se van a considerar las aplicaciones analíticas de técnicas cromatográficas tales como la cromatografía en capa fina, la cromatografía líquida, la cromatografía de gases, la cromatografía de exclusión o la cromatografía iónica, así como de la técnica de electroseparación denominada *electroforesis capilar*, todas ellas de uso frecuente en el ámbito de la conservación y el estudio de patrimonio cultural.

18.1. Fundamentos de la cromatografía

Los orígenes de la cromatografía se remontan a 1850 con el experimento de F. F. Runge en el que se logra la separación de los componentes de un pigmento. Una década después, en 1861 C. F. Schönbein y F. Goppelsroeder consiguen realizar el primer análisis capilar. Sin embargo, habría que esperar varias décadas para que se desarrollasen las primeras teorías sobre filtración y cromatografía gracias a los trabajos de D. T. Day, en 1900, y M. S. Tswett, en 1905, respectivamente. A partir de ese momento se desarrollaría la cromatografía como técnica preparativa y analítica. En 1927 R. E. Liesegang efectúa, por primera vez, un análisis mediante cromatografía en papel y diez años después N. A. Izmailov y N. S. Shraiber preparan adsorbentes fijados en un soporte plano en lugar del papel. Los fundamentos de la cromatografía de reparto y de capa fina son establecidos en la década de 1940 por A. J. P. Martin y R. L. M. Synge, lo cual les hace merecedores del Premio Nobel. Esa misma década A. W. K. Tiselius acopla un detector detrás de la columna en un cromatógrafo líquido lográndose así los primeros análisis mediante cromatografía líquida. En la década de 1950 la cromatografía en capa fina experimenta un gran desarrollo gracias a los trabajos de E. Stahl, A. J. P. Martin, A. H. Gordon, R. Consden y J. G. Kirshner y en esa misma década se inicia la andadura de la cromatografía gas-líquido como técnica analítica, implementada por A. J. P. Martin y A. T. James, la cual dará inicio a numerosos avances en instrumentación analítica en cromatografía y electroforesis. En la década de 1960 se desarrolla la cromatografía líquida de alta resolución y a partir de 2004 la cromatografía líquida de ultrarresolución.

18.1.1. Principios teóricos de las técnicas cromatográficas

Las técnicas cromatográficas están basadas en un fenómeno de equilibrio entre dos fases: una *fase móvil* fluida y una *fase estacionaria*. La muestra, que está integrada por los diferentes componentes que se desea separar, es transportada por la fase móvil y percola a través de la fase estacionaria de modo que cada uno de sus componentes establece un equilibrio entre las dos fases controlado por una constante de equilibrio específica, lo cual hace que cada componente avance a través del sistema bifásico a una velocidad característica y se logre así su separación (figura 18.1).

La fase móvil es un fluido, esto es, un gas, un líquido o un fluido supercrítico. Dado que la mayoría de la instrumentación cromatográfica opera mediante el método de elución, a la fase móvil se le suele denominar *eluyente* y los componentes de la muestra que migrarán con él son, por tanto, eluidos. La fase estacionaria, la cual se presenta en forma de un volumen de partículas que rellena una columna o bien como una capa que reviste el interior de esta o de una placa plana, debe ser compatible con la fase móvil, lo que implica que no sea soluble en esta última. Además, la fase estacionaria debe proporcionar una extensa y homogénea área interfacial. El cuadro 18.1 resume los tipos de fase móvil y estacionaria utilizados en diferentes técnicas cromatográficas.

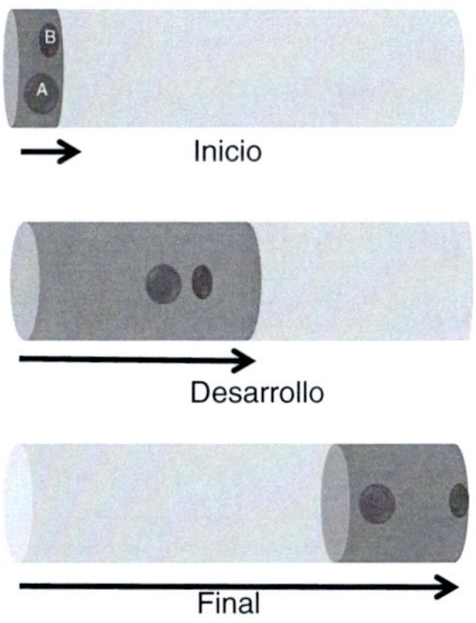

Figura 18.1. Esquema del proceso cromatográfico. Los componentes A y B de la muestra se introducen en la columna cromatográfica (gris claro) simultáneamente y, transportados por la fase móvil (gris oscuro), son progresivamente separados debido a la diferente constante de equilibrio de las moléculas A y B entre la fase móvil y la fase estacionaria.

Cuadro 18.1. Fases móviles y estacionarias comúnmente utilizadas en los diferentes tipos de técnicas cromatográficas

Técnica cromatográfica	*Fase móvil*	*Fase estacionaria*
Cromatografía en capa fina	Mezclas de disolventes	Placa de vidrio, plástico o aluminio recubierta de una capa de gel de sílice, alúmina, celulosa, poliamida o un intercambiador iónico
Cromatografía líquida normal o en fase reversa	Mezcla de líquidos: agua, disoluciones acuosas y disolventes orgánicos miscibles entre sí o con agua	Sílice o polímeros de tipo polisacárido o poliestireno alojados en una columna
Cromatografía iónica	Disoluciones acuosas de ácidos, bases o sales, en ocasiones modificadas con ciertos disolventes orgánicos miscibles	Resina de intercambio iónico, resina de sílice modificada o polímero de tipo estireno-divinilbenceno alojado en una columna
Cromatografía de exclusión	Disolvente o mezcla de disolventes	Material microporoso de poliestireno o sílice recubierta de una capa hidrofílica alojado en una columna
Cromatografía de gases	Gas (He, N_2, H_2)	Película de líquido viscoso, como los polialquilsiloxanos, que reviste el interior de una columna o adsorbente sólido de sílice, alúmina, tamiz molecular o polímero poroso empacado en una columna

El sistema cromatográfico se completa con un dispositivo que permite la introducción o inyección de la muestra en la columna y un dispositivo de detección que identifica y cuantifica los diversos componentes de la muestra a medida que son eluidos. El detector reconoce la presencia de los componentes separados que se eluyen por la columna, denominados *efluentes*, mediante la medida de alguna propiedad física o química como la absorción de luz, corriente eléctrica, conductividad térmica, etc. También se puede conectar el extremo de la columna con la fuente de iones de un espectrómetro de masas (capítulo 17, apartado 17.2.3).

18.1.2. Mecanismos de interacción en cromatografía

Es posible establecer diferentes tipos de cromatografía en función del mecanismo de interacción entre los componentes de la muestra o *solutos* que atraviesan la columna y la fase estacionaria:

- *Cromatografía de adsorción:* las moléculas de soluto son adsorbidas en la superficie de la fase estacionaria.
- *Cromatografía de partición:* las moléculas de soluto se disuelven en la fase estacionaria, que es una película líquida que reviste el interior de la columna. Se establece un equilibrio de reparto entre la fase móvil y la fase estacionaria.
- *Cromatografía de intercambio iónico:* la muestra está constituida por iones (aniones o cationes) que son retenidos por los centros activos de la resina intercambiadora de iones que constituye la fase estacionaria.
- *Cromatografía de exclusión molecular:* la fase estacionaria es un sólido poroso que permite el paso de las moléculas de soluto en función de su tamaño.
- *Cromatografía de afinidad:* la fase estacionaria es un material que puede establecer enlaces específicamente con un determinado tipo de moléculas de soluto.

18.1.3. Parámetros cromatográficos

Cuando se utiliza un detector que efectúa mediciones de una propiedad física o química (por ejemplo, absorbancia) en continuo se obtiene un registro de los cambios en la magnitud de esta a medida que los diferentes componentes de la muestra llegan a él. Este registro, convenientemente procesado y presentado en forma gráfica, se denomina *cromatograma* (figura 18.2).

Como normalmente se trabaja en condiciones de velocidad de flujo de eluyente constante, el cromatograma muestra, en el eje de abscisas, el volumen de eluyente o, más habitualmente, el tiempo equivalente considerado desde el momento en que se introduce la muestra. En unas determinadas condiciones operativas cada compuesto tarda un tiempo característico en atravesar el sistema cromatográfico y llegar al detector, el cual es denominado *tiempo de retención* t_R. También se define el *tiempo de retención ajustado* t'_R, que corresponde al tiempo de retención considerado sustrayendo el tiempo t_m que necesita la fase móvil para recorrer el sistema cromatográfico. En ocasiones, junto con la muestra, se introduce una sustancia patrón cuyo $t_{Rpatrón}$ es bien conocido, de modo que los t_R de los compuestos integrantes de la muestra son referidos a este.

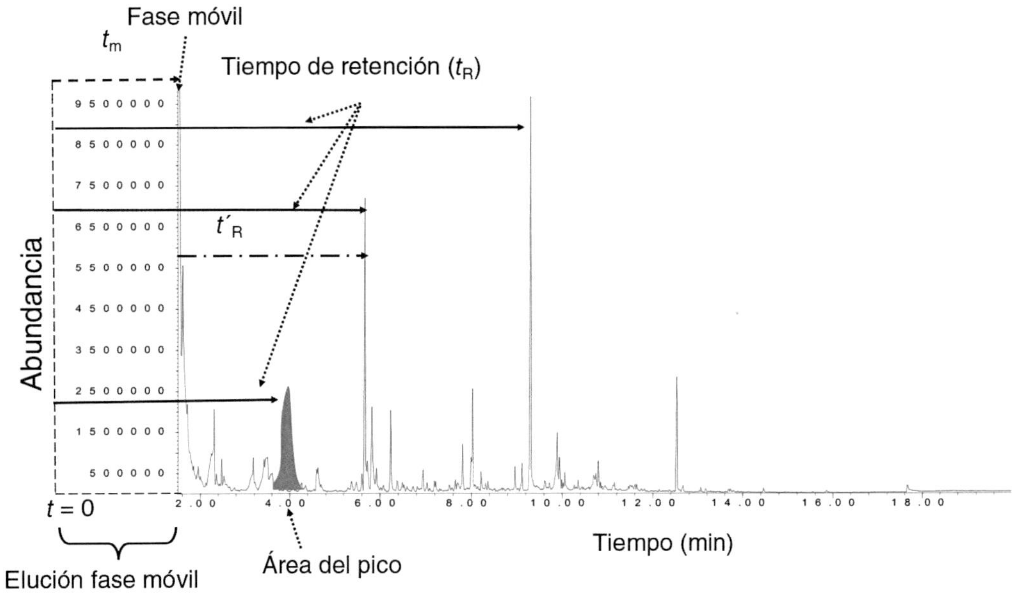

Figura 18.2. Cromatograma obtenido mediante cromatografía de gases.

En el eje de ordenadas se representa la respuesta del detector en unidades arbitrarias. Dicha respuesta es proporcional a la concentración de la sustancia y permite efectuar determinaciones cuantitativas de los diferentes efluentes con la adecuada calibración del sistema.

Como se puede observar en la figura 18.2, los picos correspondientes a cada componente de la muestra, en realidad, son bandas con diferente anchura. En una situación ideal cada componente generaría un pico infinitamente estrecho que avanzaría por la columna a una determinada velocidad sin ensancharse. Sin embargo, en la práctica se observa que los picos se ensanchan adoptando formas gaussianas regulares o asimétricas con formación de colas, con la mayor concentración de soluto en el máximo de la banda. La eficiencia del sistema cromatográfico dependerá, por tanto, de su capacidad para eluir los componentes de la muestra en forma de picos estrechos de manera que no se solapen entre ellos. Una de las principales causas que produce el ensanchamiento de los picos cromatográficos es la difusión del soluto en la fase móvil. Cada soluto posee un coeficiente de difusión característico en una determinada fase móvil, razón por la que los picos de los diferentes componentes de una muestra exhiben distintas formas y anchuras. Por otra parte, debe tenerse en cuenta que dentro de una columna empacada con partículas de fase estacionaria el soluto puede seguir itinerarios con diferente longitud. El espacio muerto situado al final de ciertas columnas también contribuye al ensanchamiento del pico. Entre las causas que contribuyen al ensanchamiento de los picos cromatográficos también cabe señalar factores externos a la columna debido a que el soluto no puede ser introducido en un área infinitesimal.

Se han desarrollado diversos modelos teóricos para explicar el proceso cromatográfico. Mediante modelos estadísticos se ha podido correlacionar el ensanchamiento de los picos cromatográficos con la eficiencia de la columna. Los modelos de *balance de masas* (equilibrio dispersivo y cinética agrupada) se desarrollan a partir del enunciado de una ecuación de balance de masa diferencial para explicar la interacción del soluto con la fase estacionaria. El modelo de *índice general* analiza en detalle cada etapa del proceso cromatográfico estableciendo una serie de balances de masa y diversas ecuaciones cinéticas para los procesos de adsorción/desorción y transferencia de masa. Por analogía a las técnicas de destilación fraccionada, en cromatografía se ha establecido un modelo empírico denominado *modelo de platos*. Según este, la columna estaría integrada por un número finito N de platos idénticos entendidos como porciones virtuales de la columna que contienen un volumen específico de fase móvil y estacionaria, lo cual caracteriza su tamaño (*altura del plato, H*). La altura del plato H es proporcional a la anchura de los picos cromatográficos de modo que, cuanto más estrechos son los picos, menor es el valor de la altura del plato. Por consiguiente, los mejores sistemas cromatográficos son aquellos que tienen valores de altura de plato bajos y un número de platos elevado, ya que la resolución de la columna, esto es, la capacidad para separar dos picos, es proporcional a la raíz cuadrada del número de platos. Un resumen de las ecuaciones cromatográficas de mayor interés asociadas a este modelo puede ser consultado en el anexo 18.1 en www.sintesis.com.

18.2. Cromatografía de gases

En la *cromatografía de gases* (GC, *gas chromatography*) tanto la fase móvil, denominada *gas portador*, como la muestra se encuentran en estado gaseoso. En función del mecanismo cromatográfico que tiene lugar en la columna se establecen dos tipos principales de GC:

a) *Cromatografía de adsorción gas-sólido* en la que los componentes de la muestra son adsorbidos en la superficie de las partículas que rellenan la columna y que constituyen la fase estacionaria.
b) *Cromatografía de partición gas-líquido* que utiliza columnas capilares cuya pared interior está revestida con un líquido no volátil que constituye la fase estacionaria o columnas empacadas con partículas cuya superficie se recubre con la fase estacionaria líquida.

Este segundo tipo es de amplio uso en el ámbito de los bienes culturales por lo que este apartado se dedica a la descripción en detalle de su instrumentación y sus aplicaciones analíticas.

18.2.1. Instrumentación

En la figura 18.3a se muestra un esquema con los componentes básicos de un cromatógrafo de gases que, esencialmente, se compone de un *sistema de inyección* o introducción de la muestra, la *columna* que se dispone en el interior de un horno con temperatura programable, un *sistema de detección* y la correspondiente unidad computarizada que lleva a cabo el procesado de datos y también controla electrónicamente todo el sistema cromatográfico.

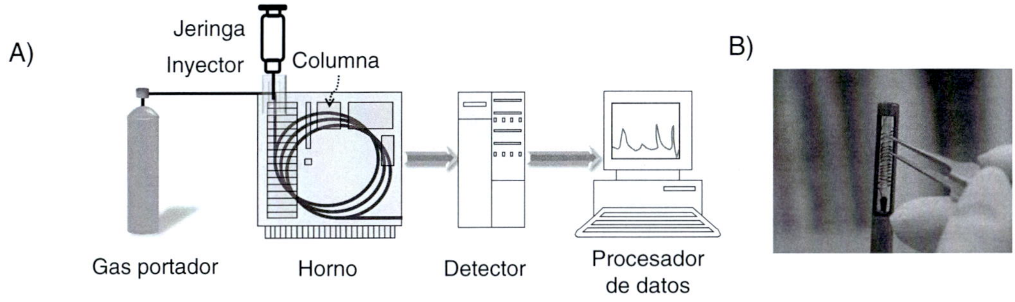

Figura 18.3. A) Esquema de los componentes básicos de un cromatógrafo de gases; B) detalle de la sonda de pirolisis de filamento.

A) Preparación de la muestra

Si la muestra objeto de análisis por GC es un gas o un líquido volátil se puede inyectar directamente en el cromatógrafo. Sin embargo, en el ámbito del patrimonio cultural, la mayoría de muestras de interés analítico son sustancias orgánicas poco volátiles que se encuentran en estado sólido y que, además, pueden tener estructura polimérica y venir acompañadas de pigmentos u otros materiales inorgánicos no aptos para el análisis por GC. Por esta razón es necesario someter la muestra a una o varias etapas previas que la hagan apta para su análisis. Tres tipos diferentes de pretratamientos de la muestra se han implementado en GC: hidrólisis, derivatización y supresión de interferentes.

La *hidrólisis* es un proceso químico que se aplica a aquellas muestras en las que hay aglutinantes proteicos, polisacáridos o aceites secantes polimerizados. Dichas sustancias pueden reaccionar con moléculas de agua de modo que los enlaces peptídicos, glucósidicos, etc., se rompen liberando los correspondientes aminoácidos o monosacáridos. Para que esta reacción tenga lugar de forma eficiente es necesaria la intervención de un agente de catálisis que, generalmente, suele ser un ácido inorgánico (HCl en proteínas y aceites polimerizados, HCl o ácido trifluoroacético para polisacáridos, etc.). También se han utilizado enzimas tales como la tripsina para proteínas. La reacción se lleva a cabo a temperaturas que oscilan entre los 100 y 150 °C durante tiempos que pueden llegar a las 24 horas. Se puede llevar a cabo en estufa de laboratorio, bloques calefactores o puede estar asistida por microondas, lo que permite reducir notablemente el tiempo de reacción.

Alternativamente a la hidrólisis se puede llevar a cabo otro tipo de reacciones tales como la *saponificación* mediante una base (KOH, NaOH, etc.) disuelta en una mezcla de metanol:agua para aceites secantes o la reacción de *esterificación* con cloruro de acetilo y metanol para polisacáridos o con metanol, etanol o isopropanol catalizado con HCl, TFA, BF_3 o metóxido de sodio para aceites secantes y ceras.

La *derivatización* es un pretratamiento de la muestra necesario para poder analizar compuestos que tienen una baja volatilidad por su elevada masa molecular o por la naturaleza eminentemente polar de sus moléculas, como ciertos componentes de las resinas di- y triterpénicas de los barnices tradicionales o los monosacáridos, aminoácidos y ácidos grasos que se liberan a partir de polisacáridos, proteínas y aceites secantes polimerizados o ceras, respectivamente, tras los tratamientos de hidrólisis. Para aumentar su volatilidad estos compuestos se hacen reaccionar con reactivos derivatizantes que transforman los grupos más polares (hidroxilos, carboxilos) en otros con menor polaridad. Este proceso, en ocasiones, puede implicar dos reacciones consecutivas. Los aminoácidos liberados de las proteínas mediante una hidrólisis previa son transformados en ésteres N-trifluoroacetilmetílicos, propílicos o butílicos en un proceso que incluye una primera etapa de esterificación de los grupos ácidos y una posterior trifluoroacetilación de los grupos amina. Otro procedimiento de derivatización consiste en transformar los compuestos en derivados sililados (trimetilsililados o terbutildimetilsililados). La ventaja de este procedimiento es que la derivatización se produce simultáneamente en los grupos ácido, amina y alcohol por lo que estos reactivos derivatizantes son aptos para el análisis de proteínas, polisacáridos, aceites secantes y resinas terpénicas. Un método alternativo que posibilita el análisis simultáneo de aceites secantes y proteínas en una misma muestra consiste en la formación de los correspondientes derivados de tipo N(O,S)-etoxicarbonil/éster etílico con cloroformato de etilo disuelto en etanol:piridina:agua.

Si el análisis por GC se combina con la *pirolisis* (fragmentación térmica controlada en atmósfera inerte) previa de la muestra, en la denominada *cromatografía pirolítica* (Py-GC, *pyrolysis-gas chromatography*), se puede llevar a cabo una metilación e hidrólisis asistida térmicamente con sales de N-metilamonio cuaternario o una trimetilsililación en línea que da lugar a los correspondientes ésteres metílicos y derivados trimetilsililados, respectivamente. Un listado de reactivos derivatizantes más comúnmente utilizados en el análisis de patrimonio cultural puede consultarse en el anexo 18.2 en www.sintesis.com.

Los procedimientos de *supresión de interferencias* se aplican principalmente en el análisis de proteínas ya que, cuando se liberan por hidrólisis los aminoácidos en presencia de pigmentos parcialmente solubles en medio ácido, se forman fácilmente complejos metálicos con los aminoácidos que impiden la derivatización de estos últimos. Para evitar este problema se ha propuesto la extracción previa de los aminoácidos con agua o con disoluciones alcalinas. Un método alternativo consiste en eliminar los interferentes con ayuda de una resina de intercambio catiónico. Una tercera alternativa consiste en secuestrar los iones metálicos con un agente complejante potente tal como la sal tetrasódica del ácido etilendiaminotetraacético (EDTA).

La mayoría de resinas sintéticas y las fracciones poliméricas de ciertas resinas naturales no responden a ningún tipo de reacción que permita su fragmentación en los correspondientes monómeros por lo que se recurre a la pirolisis (Py-GC). Este tratamiento consiste en el calentamiento de la muestra a elevada temperatura, normalmente entre 500-800 °C en atmósfera inerte durante un breve lapso de tiempo de unos pocos segundos. La descomposición térmica que tiene lugar produce fragmentos característicos con el suficiente grado de volatilidad para penetrar en la columna.

B) Sistemas de introducción de la muestra

Si la muestra que se va a analizar por GC es un gas o un líquido volátil, se puede inyectar directamente mediante una jeringa que atraviesa un disco de goma resistente a temperaturas en torno a 300 °C. Este disco se denomina *septum* y da entrada al puerto de entrada al cromatógrafo o *inyector*, el cual se mantiene a temperatura elevada para facilitar la volatilización de la muestra sin que llegue a pirolizar. Sin embargo, cada vez es más frecuente el uso de sistemas automáticos de inyección en los que el émbolo manual de la jeringa es reemplazado por un dispositivo neumático o electrónico. Las muestras sólidas, previamente tratadas según alguno de los procedimientos anteriormente descritos, también pueden ser disueltas en un disolvente orgánico volátil tal como hexano o cloroformo e inyectadas. El volumen de muestra inyectado, en cualquier caso, suele estar en torno a 1 μL. Este material se introduce a través del *septum* en una cánula de vidrio silanizado donde, debido a la mayor temperatura del puerto (250 °C), se vaporiza y entra en contacto con el gas portador que lo arrastra hacia la entrada de la columna. Si los analitos constituyen más del 0,1% de la muestra es conveniente operar en modo de *inyección con derivación (split)*, que consiste en eliminar la mayor parte del volumen inyectado de manera que solo el 0,2-2% de la muestra penetra en la columna. Se suele usar razones de derivación variables, entre 20:1 hasta 600:1, dependiendo de la muestra. Si el analito está presente a nivel traza (<0,01%) se opera en modo *sin derivación (splitless)*.

La *cromatografía pirolítica* se puede llevar a cabo mediante tres tipos de sistemas de pirolisis: los instrumentos basados en el *punto de Curie* usan un conductor ferromagnético que interacciona por medio de una elevada radiofrecuencia para alcanzar la temperatura prefijada para la pirolisis. En el *pirolizador de horno* la muestra se inserta en un tubo de acero que se introduce en un horno a la temperatura prefijada. Por último, en el *pirolizador de filamento* (figura 18.3b) la muestra se introduce dentro de un pequeño tubo de cuarzo que se inserta dentro de un filamento de platino con elevada resistencia por el que se hace pasar la corriente eléctrica.

Tanto en GC como en Py-GC, el gas portador suele ser He ya que es compatible con la mayoría de detectores. También se utiliza H_2 con detectores de conductividad térmica y N_2 en los detectores de ionización de llama y captura electrónica. El flujo de gas portador se regula habitualmente a un valor de velocidad fijo, si bien también se puede trabajar en condiciones de presión constante.

C) La columna cromatográfica

Actualmente, en la mayoría de análisis en el ámbito del estudio de patrimonio cultural se utilizan *columnas capilares tubulares abiertas de pared recubierta* (WCOT, *wall coated open tubular*) hechas de sílice fundida y recubiertas de una capa protectora de poliamida resistente a temperaturas de 350 °C. Estas columnas son capilares de diámetro interno que oscila entre 0,1 y 0,5 mm, y longitudes desde 15 a 100 m, si bien normalmente se trabaja con columnas de 25-30 m. La fase estacionaria líquida que recubre la pared interior en las columnas de pared recubierta suele tener un espesor comprendido entre 0,1 y 5 µm. Menos frecuentemente se utilizan *columnas de soporte recubierto* (SCOT, *support-coated open tubular*) en las que partículas finas, a las que se fija una película de fase estacionaria líquida, recubren la pared interior o *columnas de capa porosa* (PLOT, *porous layer open tubular*) en las que las partículas sólidas constituyen la fase estacionaria. Los métodos que hacen uso de columnas empaquetadas están muy poco extendidos.

La elección de la columna de pared recubierta se efectúa atendiendo a la polaridad de la fase estacionaria líquida. Dado que la mayoría de los analitos son derivatizados y, por consiguiente, son transformados en compuestos con bajo grado de polaridad, se suele trabajar con columnas no polares o de baja polaridad (n=0-0,65) cuya fase líquida es de tipo $(\text{difenil})_n(\text{dimetil})_{1-n}$ polisiloxano.

Cabe mencionar las columnas con fases estacionarias *quirales* que permiten separar compuestos enantiómeros (isómeros ópticos) y son utilizadas en el método de datación basado en la racemización de aminoácidos.

El orden de elución de los componentes de la muestra en una columna no polar viene determinado, principalmente, por la volatilidad de dichos compuestos, de modo que los tiempos de retención más bajos corresponden a los componentes más volátiles. A medida que la polaridad de la columna se incrementa, los compuestos polares serán más fuertemente retenidos y, por tanto, tendrán t_R mayores.

Para favorecer la separación de los componentes de una muestra la columna se instala en el interior de un horno con temperatura regulable. La temperatura en la columna se programa partiendo de un valor mínimo (50-150 °C) y se va aumentando a una velocidad constante (0,5-20 °C min^{-1}). Los programas más complejos incluyen varias rampas de temperatura separadas por intervalos en los que la temperatura se mantiene constante. La programación de la temperatura a lo largo del proceso cromatográfico favorece la separación de los diferentes componentes al aumentar progresivamente su presión de vapor evitando solapamientos de picos entre los compuestos más volátiles y reduce el tiempo de análisis ya que los compuestos menos volátiles eluyen antes. Para evitar la pérdida de la fase estacionaria o sangrado de la columna, la temperatura máxima programada se sitúa 20-50 °C por debajo de la temperatura máxima que soporta la columna.

D) Detectores

Actualmente, la mayoría de análisis de componentes orgánicos de bienes culturales efectuados mediante GC se realiza con detectores de tipo espectrómetro de masas (MS, *mass spectrometry*) (capítulo 17, apartado 17.2.3) que ofrecen la ventaja de proporcionar el espectro de masas de cada componente eluido lo cual aporta una confirmación de su identificación que se añade a la medida del t_R.

Otros detectores también disponibles son el detector de *conductividad térmica* (TCD, *thermal conductivity detector*), apto para cualquier tipo de muestra y basado en la variación de la conductividad térmica que experimenta un filamento de tungsteno al ser atravesado por cada efluente. En el detector de *ionización de llama* (FID, *flame ionization detector*) el efluente se quema en una mezcla de H_2 y aire de manera que los productos de la combustión modifican la corriente eléctrica que se establece entre un ánodo (base de la llama) y un cátodo situado al otro extremo. La corriente generada es proporcional a la concentración de los iones CHO^+ formados en la combustión de cada efluente. En el detector *de captura electrónica* (ECD, *electron capture detector*) el gas portador que penetra en la cámara del detector se ioniza mediante rayos β emitidos por un compuesto radiactivo (^{63}Ni o tritio) de manera que la corriente de electrones decrece proporcionalmente a la concentración de efluente.

Detectores de tipo *termoiónico de llama* (FTD, *flame thermoionic detector*), *fotoionización* (PID, *photoionization detector*), *fotométrico de llama* (FPD, *flame photometric detector*) o *emisión atómica* (AED, *atomic emission detector*) son menos frecuentemente utilizados.

18.2.2. Aplicaciones analíticas

Las aplicaciones de la GC abarcan el análisis de un amplio abanico de compuestos orgánicos que constituyen aglutinantes, películas protectoras, adhesivos y consolidantes así como cualquier materia orgánica integrante de restos arqueológicos (suelos, alimentos, huesos, madera, textil, documentos, etc.). Las sustancias proteicas, lipídicas, polisacáridas y terpenoides son preferentemente analizadas por GC-MS, mientras que las resinas sintéticas requieren el análisis por Py-GC-MS si bien, actualmente, se han implementado metodologías, sirviéndose de esta última técnica, para analizar cualquier tipo de sustancia orgánica. La técnica de datación de racemización de aminoácidos se basa en el uso de columnas quirales.

En la figura 18.4a se muestra un *cromatograma de iones totales* (TIC, *total ion chromatogram*) obtenido mediante GC-MS. Las señales de diferente intensidad generadas por cada componente eluido se representan frente al tiempo de retención como picos de mayor o menor área dependiendo de la sensibilidad de cada componente y de su concentración en la muestra. El instrumento también proporciona los espectros de masas obtenidos en cada barrido (ciclos de ~1 s) a lo largo del cromatograma. Se puede efectuar una *monitorización de iones seleccionados*, como las mostradas en las figuras 18.4b y 18.4c, en las cuales aparecen solamente picos correspondientes a aquellos compuestos que exhiben un ion fragmento con un determinado valor de *m/z*. Este tipo de gráficos resulta muy útil cuando se desea confirmar la presencia de un componente en baja concentración.

Los cromatogramas que se obtienen con la técnica de Py-GC se denominan *pirogramas* y tienen idénticas características a los obtenidos por GC. Los pirogramas suelen contener un mayor número de picos cromatográficos ya que, durante el proceso de pirolisis, las moléculas se rompen dando lugar a numerosos fragmentos. Además, el uso de reactivos derivatizantes en línea puede dar lugar a reacciones secundarias que, a su vez, generan nuevos compuestos que también aparecen en el pirograma. En los pirogramas de resinas sintéticas es corriente observar grupos de picos que aparecen a tiempos de retención crecientes, presentándose en primer lugar el correspondiente a la fracción de monómeros, seguido por las fracciones de sesquímeros-dímeros, trímeros, etc. Los pirogramas de resinas terpénicas con elevado grado de polimerización como la sandáraca exhiben fracciones de monoterpenoides, diterpenoides y una fracción de productos de pirolisis de la fracción polimérica.

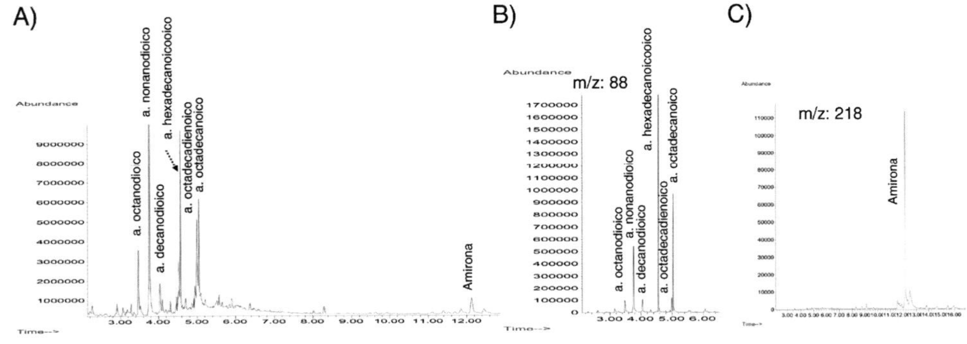

Figura 18.4. A) Cromatograma TIC de un barniz que contiene aceite secante y resina triterpénica; B) cromatograma correspondiente a la monitorización del ion con *m/z* 88 característico de ácidos grasos; C) cromatograma de la monitorización del ion con *m/z* 218 característico de la amirona, componente característico de una resina triterpénica. Escala de tiempo en minutos.

El análisis de resinas terpénicas mediante GC también proporciona cromatogramas en los que aparecen agrupados, en primer lugar, los mono- y sesquiterpenoides a los que les sucede la fracción correspondiente a los di- y triterpenoides en resinas di- y triterpénicas, respectivamente. Eventualmente aparecen productos de oxidación y de degradación que varían dependiendo del proceso de envejecimiento al que estuvo sometido el barniz o estrato pictórico.

El análisis de aglutinantes lipídicos, proteicos y polisacáridos se efectúa mediante la determinación de las concentraciones de sus ácidos grasos, aminoácidos y monosacáridos, respectivamente, lo cual permite discriminar entre los diferentes tipos de aglutinantes: colas, huevo o caseína para proteínas, diversas gomas vegetales para polisacáridos o distintos aceites secantes para lípidos. Como la señal analítica es proporcional a la concentración de cada monómero, esta última se puede obtener mediante la medición del área encerrada bajo el pico cromatográfico correspondiente gracias a un proceso matemático denominado *integración* (figura 18.2).

Si se dispone de patrones de referencia de los monómeros (aminoácidos, monosacáridos…) se pueden preparar curvas de calibrado (capítulo 2, apartado 2.5.2) a partir de las que se podrían obtener las concentraciones absolutas de cada monómero en la muestra. Otro método más simple, que no exige la construcción de curvas de calibrado, consiste en la comparación de valores relativos de área de pico integrados para cada monómero en la muestra y en los correspondientes materiales de referencia. Los diferentes aceites secantes se discriminan muy bien a partir de la determinación de la relación del contenido en ácido palmítico y ácido esteárico, mientras que el grado de alteración viene indicado por la presencia de ácido azelaico. En la figura 18.5a se muestra el cromatograma correspondiente a una muestra de aglutinante proteico en la que se identifican perfectamente los principales derivados N(O,S)-etoxicarbonil/éster etílico de los aminoácidos. En la figura 18.5b se muestra un diagrama bidimensional en el que se han representado las razones de área de pico del producto derivatizado de la prolina y la alanina frente a las correspondientes a la glicina/alanina, para los patrones de huevo, gelatina y caseína. Este tipo de diagramas constituye un modo simple y efectivo de identificación. Sin embargo, actualmente se prefiere recurrir al análisis por componentes principales (capítulo 2, apartado 2.6.5) para llevar a cabo el reconocimiento del tipo de aglutinante (figura 18.5c).

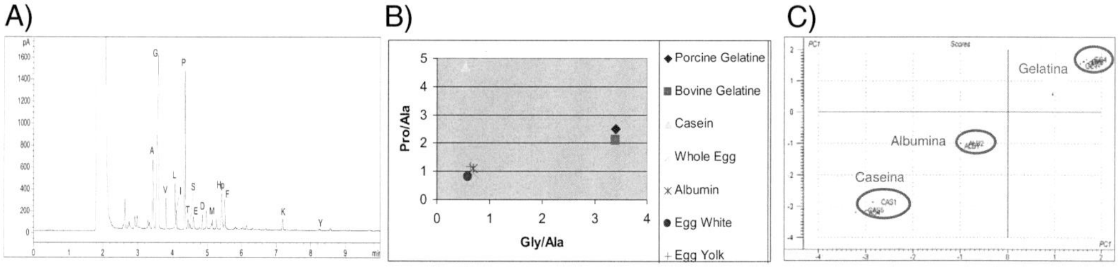

Figura 18.5. A) Cromatograma de una muestra pictórica que contiene una cola animal derivatizada con cloroformato de etilo. Escala de tiempo en minutos; B) diagrama cociente de área de pico prolina/alanina *vs* glicina/alanina de la misma muestra y de aglutinantes proteicos conocidos; C) diagrama PCA de diferentes aglutinantes proteicos.

18.3. Cromatografía líquida

La *cromatografía líquida* (LC, *liquid chromatography*) ha dado lugar a una gran variedad de técnicas instrumentales que se clasifican conforme a muy diversos criterios. El criterio más general se basa en el tipo de interacción que se establece entre el analito y la fase estacionaria, el cual da lugar a la cromatografía en fase normal, en fase reversa, de intercambio iónico, de exclusión y de afinidad. Atendiendo al formato de la fase estacionaria se discrimina entre cromatografía en columna, en capa fina y capilar. Otro criterio de clasificación obedece al tipo de soluto que se analiza, es el caso de la cromatografía iónica. También se puede hacer una distinción relativa a la eficiencia de la separación, estableciéndose la cromatografía (líquida o de capa fina) de alta resolución. En este apartado se presentan las técnicas de cromatografía líquida más comúnmente empleadas en el análisis de patrimonio cultural, utilizando las denominaciones con las que se las conoce corrientemente. Estas denominaciones, como se comprobará, responden a diversos criterios de clasificación.

18.3.1. Cromatografía líquida en columna

Actualmente están en uso diferentes técnicas de cromatografía líquida en columna que se caracterizan por incorporar en el sistema cromatográfico una fase estacionaria presentada en forma de columna y que se diferencian entre ellas por el tipo de mecanismo de interacción. Todas ellas, mayoritariamente, operan en modo de alta resolución por lo que utilizan una presión muy elevada que permite a la fase móvil líquida atravesar columnas cerradas con partículas de fase estacionaria muy finas (3-10 μm) y densamente empaquetadas que proporcionan una resolución muy elevada. Además de la cromatografía en fase normal y reversa, se utiliza abundantemente la cromatografía iónica y la cromatografía de exclusión. En este apartado se consideran, en primer lugar, los componentes de la instrumentación comunes a todas ellas para tratar, seguidamente, los aspectos específicos de cada una, finalizando con una revisión de las principales aplicaciones analíticas.

A) Instrumentación

Un equipo de *cromatografía líquida de alta resolución* (HPLC, *high performance liquid chromatography*), como se muestra en la figura 18.6, consta esencialmente de una serie de bombas (comúnmente dos) que impulsan los eluyentes cuyo caudal, que se regula y programa desde la unidad computarizada, se mezcla en una válvula de mezclado situada antes del dispositivo o puerto de inyección a través del cual se inyecta manual o automáticamente la muestra mediante una jeringa. Seguidamente se dispone el sistema de columnas que está integrado por una precolumna o columna de protección, realizada con el mismo material que la columna y que retiene aquellas moléculas que podrían adsorberse fuertemente en la columna evitando que la contaminen. Dicha precolumna debe ser cambiada periódicamente. Tras la precolumna y, dependiendo del tipo de cromatografía, se sitúa una o varias columnas dispuestas en línea. Estas columnas pueden estar alojadas en el interior de un horno que permite efectuar un control y programación de temperatura. Tras las columnas se dispone el detector o detectores, también dispuestos en línea, y el correspondiente sistema de procesado y registro de datos que, habitualmente, se integra con la unidad computarizada que controla electrónicamente todo el sistema cromatográfico.

Las bombas utilizadas en HPLC poseen válvulas reguladoras que proporcionan flujos de varios mL min^{-1} a presiones que oscilan entre 7-40 MPa y pueden construir gradientes de hasta cuatro disolventes.

La válvula de inyección posee un bucle que permite la introducción de un volumen fijo de muestra que suele oscilar entre 2 y 1000 µL mediante una jeringa.

El proceso de elución cromatográfico puede llevarse a cabo de dos diferentes modos atendiendo a las características de la fase móvil empleada. En el método de elución *isocrático* se utiliza un único disolvente que eluye de forma constante, si bien, el eluyente puede ser una mezcla de disolventes con la adecuada fuerza eluyente. Una forma de mejorar la resolución y reducir el tiempo es aplicar una elución por *gradiente* que consiste en introducir una fase móvil con una composición cambiante añadiendo cantidades crecientes de un disolvente B a un disolvente A, de modo que se crea un gradiente cuyo perfil puede segmentarse para alcanzar la adecuada separación de los diferentes solutos que forman parte de la muestra.

Las partículas que integran la fase estacionaria varían en función del tipo de cromatografía, esto es, del mecanismo de interacción, como será descrito en los siguientes apartados. El pequeño tamaño de las partículas que conforman las columnas en HPLC es una de las principales causas de la elevada resolución que poseen estas técnicas ya que proporcionan flujos muy uniformes de analito a lo largo de la columna, lo que reduce el número de caminos múltiples dando picos cromatográficos muy estrechos. Por otra parte, la difusión del soluto en la fase móvil también disminuye con el tamaño de partícula de fase estacionaria. Las columnas en HPLC suelen ser metálicas o de plásticos resistentes y tienen una longitud de unas pocas decenas de centímetros con diámetros de escasamente unos centímetros o inferiores, proporcionando miles de platos teóricos. Sin embargo, la gran densidad de partículas de pequeño tamaño empacadas en una columna de tamaño tan reducido exige la aplicación de presiones elevadas del orden de MPa para que los solutos puedan atravesarla transportados por la fase móvil. La presión puede reducirse calentando la columna, lo que reduce la viscosidad de la fase móvil, rebaja los tiempos de retención y mejora la resolución. Sin embargo, el incremento de temperatura está limitado por la alteración de la fase estacionaria que puede tener lugar si se supera un cierto valor.

Se han desarrollado diferentes tipos de detector en cromatografía líquida. El *detector UV-Vis*, basado en la medida de absorbancias, ha sido muy utilizado ya que muchos compuestos presentan bandas de absorción características en la región ultravioleta o visible. Los *fotodiodos* suelen utilizar una matriz de fotodiodos (DAD, *diodo array detector,* PAD, *photodiodo array detector*) que registra el espectro completo UV-Vis de cada efluente. Otro tipo de detectores frecuentemente utilizado es el de *fluorescencia.* En estos dispositivos, muy sensibles, se excita el efluente mediante una fuente luminosa apropiada y se mide la fluorescencia que emite. El proceso de detección se favorece mediante un tratamiento de derivatización de la muestra para incorporar grupos fluorescentes (Colombini y Modugno, 2004). Un listado de reactivos derivatizantes utilizados en HPLC para análisis de patrimonio cultural puede ser consultado en el anexo 18.3 en www.sintesis.com. El detector de *índice de refracción*, mucho menos sensible que los detectores UV y de fluorescencia, es utilizado en cromatografía de exclusión ya que responde a cualquier tipo de soluto. En este dispositivo se mide el cambio en el índice de refracción con respecto al valor correspondiente a la fase móvil que se produce cuando es eluido un soluto. Dependiendo de si el soluto posee un índice de refracción mayor o menor que la fase móvil se obtendrán señales (bandas) positivas o negativas. En el detector de *dispersión de luz* el efluente se nebuliza en corriente de N_2 y, tras la evaporación del disolvente, las partículas sólidas formadas a partir de las microgotas son detectadas con un fotodetector a través de la luz que proyecta un haz láser. El detector *electroquímico* o *amperométrico* se utiliza con especies electroactivas, esto es, con capacidad para ser oxidadas o reducidas en un electrodo de trabajo, por ejemplo, de cobre, carbono vitrificado o de gota de mercurio, al cual se hacen llegar. La señal proporcionada por este detector corresponde a la intensidad de la corriente eléctrica que circula entre el electrodo de trabajo y un electrodo auxiliar cuando se aplica un potencial seleccionado en el electrodo de trabajo. En el detector de *conductividad* se mide el cambio en la conductividad de la fase móvil debido a la presencia del efluente.

Con el desarrollo de las fuentes de ionización por *electrospray* asistido neumáticamente (ESI) y la ionización química a presión atmosférica (APCI) (capítulo 17, apartado 17.2.3) se han podido resolver los problemas que presentaba la introducción de grandes volúmenes de muestra líquida que llegan desde la columna a la interfaz del espectrómetro de masas con lo que, actualmente, la técnica HPLC-MS está, cada vez, más extendida.

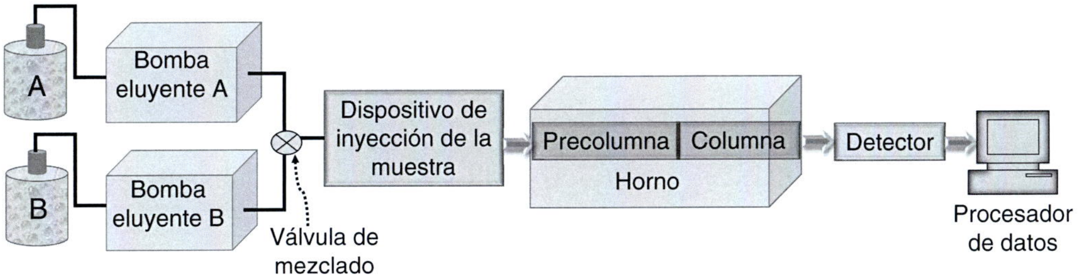

Figura 18.6. Componentes básicos de un equipo de cromatografía líquida.

B) *Cromatografía en fase normal y reversa*

Esta técnica cromatográfica se basa en el equilibrio que se establece entre las moléculas de analito al ser adsorbidas en mayor o menor medida en la fase estacionaria sólida en función de su similitud y afinidad estructural (polaridad, capacidad de adsorción, etc.). En la cromatografía en fase normal, la fase estacionaria es más polar que la fase móvil, mientras que en la cromatografía en fase reversa la fase móvil es la más polar.

La *fase estacionaria normal* es un material polimérico a base de sílice hidratada o alúmina hidratada en forma de finas partículas con porosidad de varios nm por lo que el área superficial es muy elevada. La actividad de dicha fase, con base de sílice, depende de los grupos silanol (Si–OH) que haya disponibles en la superficie. La capacidad de separación de la fase estacionaria se puede mejorar fijando grupos de átomos a la superficie de las partículas de sílice en lo que se conoce como *fases ligadas* (por ejemplo, $(CH_2)_3NH_2$, $(CH_2)_3CN$). En este tipo de cromatografía el eluyente desempeña un papel importante ya que, en función de su capacidad de solvatación, competirá en mayor o menor medida con la fase estacionaria y, por tanto, el soluto eluirá más o menos rápidamente. Las *series eluotrópicas* clasifican los disolventes en función de su capacidad para eluir solutos en fases estacionarias concretas. En general, se suele trabajar combinando un disolvente orgánico (acetonitrilo, metanol o tetrahidrofurano) con agua o con una solución tampón acuosa. Estas mezclas proporcionan gran capacidad de solvatación por establecimiento de interacciones dipolares y por puente de hidrógeno con un gran número de compuestos.

La *fase estacionaria reversa* es también un material polimérico de sílice al que se le incorporan grupos no polares ($–CH_3$, $–C_8H_{17}$, $–C_{18}H_{37}$) de modo que ahora el sistema se comporta como si las partículas estuvieran recubiertas por una fina película de disolvente orgánico y el mecanismo de interacción que rige el proceso cromatográfico es una extracción líquido-líquido entre la fase móvil y la película superficial de la fase estacionaria.

C) Cromatografía iónica

En la *cromatografía iónica* (IC, *ionic chromatography*) el mecanismo de interacción es el intercambio iónico que se establece entre el soluto, constituido por iones, y los centros activos de tipo iónico que se sitúan en la superficie del material polimérico que conforma el soporte de la fase estacionaria. Si el analito es de tipo aniónico, se utiliza un intercambiador con centros activos en la fase estacionaria de tipo catiónico, mientras que si el analito es catiónico la fase estacionaria tendrá centros activos de tipo aniónico.

Existen numerosos tipos de intercambiadores iónicos que se clasifican en cuatro grandes grupos: fuertemente ácidos (por ejemplo, grupo activo $–SO_3^-$) que operan en un intervalo de pH amplio (1-14), fuertemente básicos (p.e., grupo activo $–N^+(CH_3)_3$) con rango amplio de pH 1-12, débilmente ácidos (p.e., grupo activo $–CO_2^-$) con rango más reducido de pH (p.e., 5-14) y débilmente básicos (p.e., grupo activo $–C_2H_4N(C_2H_5)_2$) con rango más reducido de pH (p.e., 1-9). El material de soporte del intercambiador puede ser también de composición diversa: poliestirénica (copolímero de estireno o acrílico y divinilbenceno), celulosa, dextrano, agarosa o poliacrilamida.

El detector utilizado en este tipo de cromatografía es de conductividad. En estos detectores el límite de detección viene determinado por la conductividad de la fase móvil, que actuaría como interferente. Por este motivo, es corriente incluir un dispositivo de *supresión* entre la columna y el detector cuyo objetivo es eliminar los iones presentes en la fase móvil que podrían interferir en la detección del analito. Los límites de detección pueden alcanzar las partes por billón (ppb).

D) Cromatografía de exclusión

La *cromatografía de exclusión* (SEC, *size exclusion chromatography*), también denominada *de filtración en gel* o *de permeación en gel*, se basa en la capacidad de separación de las moléculas de la muestra por su diferente tamaño cuando atraviesan una fase estacionaria de tipo gel con abundantes poros. Las moléculas de tamaño superior al de los poros de la fase estacionaria, al no poder atravesarlos, son eluidas directamente con el eluyente sin atravesar la fase estacionaria, por lo que son las primeras en salir, mientras que las moléculas de menor tamaño, al atravesar la fase estacionara en forma de gel poroso, son retenidas y tardan más en eluirse. De las moléculas que entran en los poros, las más pequeñas son las que más tardan en eluir ya que tienen un volumen accesible más grande dentro del poro.

Uno de los materiales que se utiliza como fase estacionaria en este tipo de cromatografía es el poliestireno (copolímeros de estireno-divinilbenceno) en forma de esferas cuyos poros tienen tamaños en el rango de µm a nm. Sílice recubierta por una capa hidrofílica, que minimiza los procesos de adsorción que podrían competir con el mecanismo de exclusión, es otro de los materiales empleados, sin embargo, este tipo de material tiene limitado el rango de pH a valores superiores a 8. Existen columnas comerciales preparadas para utilizarse tanto con fases móviles acuosas como no acuosas. Dado que las columnas comerciales tienen rangos de tamaño de poro concretos, para cubrir un intervalo de separación por tamaños moleculares mayor al de una columna específica se pueden utilizar varias columnas dispuestas en línea que, normalmente, también van precedidas de una precolumna. Las moléculas de menor tamaño serán retenidas en la primera columna con límite de exclusión menor, mientras que las de mayor tamaño la atravesarán directamente con la fase móvil, por ejemplo, tetrahidrofurano. En una segunda columna quedará retenido otro grupo de moléculas de mayor tamaño que, de este modo, se separarán de las anteriores y así sucesivamente hasta alcanzar la separación de todas las moléculas por tamaños o, aproximadamente, por masas moleculares. Con esta técnica cromatográfica se pueden separar moléculas en rangos amplios de masa molecular hasta 20.000.000 Da.

Para una columna con un determinado tamaño nominal de poro hay un intervalo en el cual el volumen de elución del analito está relacionado linealmente con el logaritmo de su masa molecular. De esta forma, se puede caracterizar el tamaño de una sustancia desconocida si previamente se han eluido por el sistema cromatográfico sustancias patrón, estableciéndose sus tiempos de retención. No obstante, hay que tener en cuenta que sustancias con la misma masa molecular pero con geometría diferente eluirán de forma distinta.

Uno de los detectores que habitualmente se utiliza con este tipo de cromatografía es el detector de índice de refracción. Como ya se señaló previamente, el tamaño del pico cromatográfico únicamente es una indicación de la diferencia entre los índices de refracción de la fase móvil y de cada efluente que llega al detector.

E) Aplicaciones analíticas

Como en cualquier otra técnica analítica, los cromatogramas obtenidos mediante cromatografía líquida pueden proporcionar información cualitativa y cuantitativa. Básicamente, la posición de los picos cromatográficos, dada por su tiempo de retención (t_R), permite la identificación de los componentes de la muestra, mientras que el área del pico, convenientemente integrada, permite cuantificar el contenido de los mismos si se ha efectuado un calibrado previo.

La figura 18.7a muestra el cromatograma obtenido en el análisis de colorantes orgánicos con un equipo HPLC-DAD en el que la absorbancia registrada por cada efluente en el detector, obtenida a una determinada longitud de onda a la que absorben todos los efluentes, por ejemplo 254 nm, se representa frente al tiempo de retención. El uso del fotodiodo permite efectuar una detección multidimensional como se pone de manifiesto en las figuras 18.7b,c en las que se muestra el diagrama longitud de onda *vs.* t_R y el diagrama tridimensional correspondiente a esa misma muestra en el que se incluye una tercera magnitud física, la longitud de onda en la región UV-Vis. En la figura 18.7b se muestra también el diagrama absorbancia *vs.* longitud de onda correspondiente al compuesto eluido a t_R 2,46 min. Dicho perfil de bandas es característico del ácido elágico y permite su identificación.

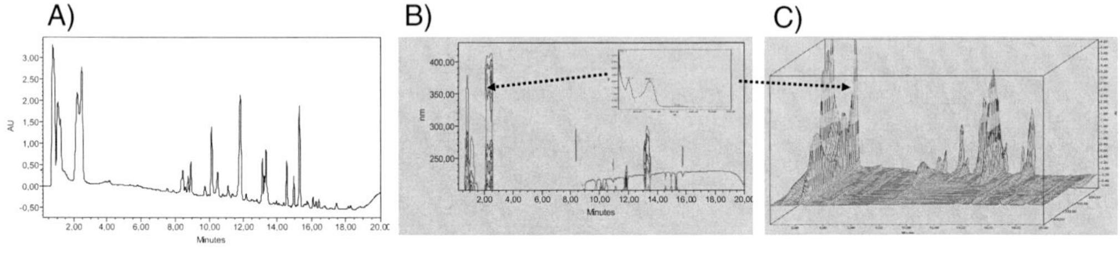

Figura 18.7. A) Cromatograma obtenido mediante HPLC-DAD a 254 nm de una muestra de extracto de corteza arbórea eluido mediante gradiente con acetonitrilo-disolución acuosa de ácido fórmico al 0,1%; B) diagrama longitud de onda *vs.* tiempo de retención del extracto de corteza; en la parte superior se muestra el espectro UV-Vis correspondiente al compuesto eluido a t_R 2,46 min. C) diagrama tridimensional absorbancia-tiempo-longitud de onda del extracto de corteza.

La figura 18.8 muestra sendos cromatogramas correspondientes al análisis de sales solubles extraídas de los sillares de un edificio histórico (figura 18.8a), llevado a cabo mediante cromatografía iónica, y de una muestra envejecida de pintura al óleo, llevado a cabo mediante cromatografía de exclusión (figura 18.8b). En el primer ejemplo los t_R caracterizan todos los iones identificados en el edificio y el área de pico integrada permite determinar su contenido. En el segundo ejemplo, son identificadas moléculas de tipo mono-, di- y triglicérido, resultantes de la descomposición de los aceites secantes polimerizados así como moléculas de mayor tamaño que se asocian a dímeros y oligómeros segregados también del aceite polimerizado a consecuencia de su envejecimiento.

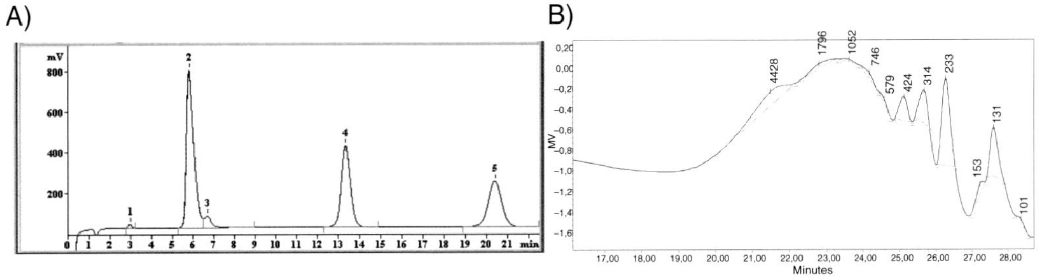

Figura 18.8. A) Cromatograma obtenido mediante IC de los aniones presentes en un extracto acuoso de un sillar de piedra de un edificio histórico. 1: fluoruros; 2: cloruros; 3: nitratos; 4: sulfatos; 5: fosfatos; B) cromatograma obtenido mediante SEC de un extracto en metanol de una muestra de pintura al óleo envejecida mostrando la masa molecular de las fracciones separadas cromatográficamente.

Las aplicaciones de la técnica de cromatografía líquida en columna en el estudio de patrimonio cultural son muy abundantes. Las técnicas HPLC-DAD y HPLC-MS han sido abundantemente aplicadas al estudio de colorantes y pigmentos orgánicos utilizados en textiles, documentos, etc. Para el análisis de aglutinantes lipídicos y terpenoides se ha propuesto la técnica de HPLC-DAD y con detección por fluorescencia en fase normal. HPLC-MS también ha sido aplicada en el análisis de colorantes, aglutinantes y barnices que contienen compuestos lipídicos y terpenoides. Para el análisis de aglutinantes proteicos se ha empleado la HPLC en fase reversa. Diferentes métodos de hidrólisis y derivatización para detectores DAD y de fluorescencia han sido desarrollados específicamente para cada tipo de compuesto orgánico. También se han diseñado métodos más avanzados basados en las técnicas de proteómica para la identificación de aglutinantes proteicos con indicación de su origen (especie animal de procedencia) a partir del reconocimiento de secuencias individuales de péptidos y de la identificación de proteínas específicas tales como ovotransferina, ovoalbúmina y vitelogenina que hacen uso de *nanocromatografía líquida/nanoionización por electrospray/cuadrupolo-cuadrupolo tiempo de vuelo espectrometría de masas en tándem* (nanoLC-nanoESI-Q-qTOF-MS-MS, *nanoliquid chromatography/nanoelectrospray ionization/quadrupole-quadrupole-time of flight tandem mass spectrometry*).

Para el análisis de aglutinantes proteicos se ha empleado la IC con intercambiadores iónicos catiónicos, mientras que los intercambiadores aniónicos se han aplicado en el análisis de polisacáridos. La IC es actualmente un método de análisis de rutina en la caracterización de sales solubles en todo tipo de materiales (cerámica, pétreos, morteros, etc.) y en los tratamientos de eliminación de sales solubles en estos materiales así como en los de decloruración de objetos metálicos.

La técnica SEC se ha aplicado con éxito al estudio de barnices naturales con alto grado de polimerización como el copal de Manila y en los procesos de envejecimiento de barnices y resinas. En particular, se ha estudiado el grado de entrecruzamiento de resinas acrílicas. También se ha aplicado al estudio de materiales extractados con el envejecimiento de los aceites secantes empleados en la pintura al óleo.

Finalmente, cabe señalar las separaciones quirales que, al igual que sucedía en GC, son utilizadas en el método de datación basado en la racemización de aminoácidos. A tal fin se utilizan reactivos quirales que, añadidos al eluyente, reaccionan selectivamente con los estereoisómeros permitiendo la separación.

18.3.2. Cromatografía líquida en capa fina

La *cromatografía en papel* (PC, *paper chromatography*) fue, hasta la mitad del siglo XX, de interés en el análisis de patrimonio cultural por la escasa cantidad de muestra que requería. Sin embargo, a partir de la década de 1960 fue rápidamente reemplazada por la cromatografía en capa fina debido a la reducción del tiempo de trabajo y a la mayor resolución, sensibilidad y resistencia ácida que ofrecían sus adsorbentes.

A) Instrumentación

A diferencia de la LC, en la *cromatografía en capa fina* (TLC, *thin layer chromatography*) la fase estacionaria es una capa de partículas de unos pocos milímetros de espesor que se aplica sobre un soporte rígido de vidrio, aluminio o plástico de escasas decenas de centímetros de longitud. Los materiales utilizados para la fase estacionaria son, en general, los mismos que los utilizados en la cromatografía en columna, sílice, alúmina, celulosa, alquilsilanos enlazados, etc. La muestra (unos pocos μL o μg) se aplica con una microjeringa o aplicador automatizado en un extremo de la placa y, en paralelo, se aplican los patrones o compuestos de referencia (ver figura 18.9a). La fase móvil, bien un disolvente puro o una combinación de varios, se dispone en una cubeta en la base de la placa de modo que la muestra y los patrones avanzan con el frente de la fase móvil ascendente recorriendo diferentes distancias d_i en función de su mayor o menor afinidad con la fase estacionaria. Cada compuesto separado en la muestra viene caracterizado por la distancia recorrida desde el punto inicial hasta la posición final de la mancha. Sin embargo, el parámetro que se suele utilizar en TLC para caracterizar cada compuesto separado es el denominado *factor de retención* o *índice de retención* R_F, que viene definido por la expresión:

$$R_F = \frac{\text{distancia desde el punto de aplicación hasta la posición final del compuesto separado } (d_i)}{\text{distancia desde la posición inicial hasta el frente de la fase móvil } (d_d)} \qquad [18.1]$$

La resolución del análisis puede mejorar realizando desarrollos cromatográficos sucesivos (*desarrollos múltiples*) entre cada uno de los cuales la placa se seca. También se puede llevar a cabo la denominada cromatografía en capa fina en dos dimensiones (TLC 2D) como se muestra en la figura 18.9b. Una vez ha finalizado el proceso cromatográfico primero (figura 18.9a) se deja secar la placa y se aplica una nueva fase móvil paralela a las posiciones que ocupan las manchas correspondientes a los compuestos separados de la muestra y perpendicularmente al frente de avance de la primera fase móvil. Esta segunda cromatografía permite la separación de compuestos que, con la primera, no se habían resuelto o quedaban solapados (por ejemplo, en figura 18.9b compuesto resuelto en otros dos con distancias d_{5a} y d_{5b}).

Atendiendo al tamaño de las partículas de la fase estacionaria se discrimina entre TLC, con partículas del orden de 20 μm, y *TLC de alta resolución* (HRTLC *high resolution thin layer chromatography*) con tallas del orden de 5 μm. Ello permite una reducción significativa de la altura de los platos teóricos.

La detección en TLC puede efectuarse bien observando la diferente coloración o fluorescencia de los compuestos separados o bien observando el cambio de color o de fluorescencia producido en cada compuesto gracias a un reactivo gaseoso (yodo, amoníaco, etc.) o un indicador fluorescente adicionado a la fase estacionaria. Se suele utilizar reactivos fluorescentes de revelado tales como ninhidrina, ninhidrina-colidina, naftoresorcinol, etc. En el caso de las detecciones por fluorescencia la observación se realiza bajo luz UV. Menos frecuentemente se utilizan otros reactivos específicos de grupos o metales, los cuales se rocían en la placa o se efectúan detecciones radioquímicas.

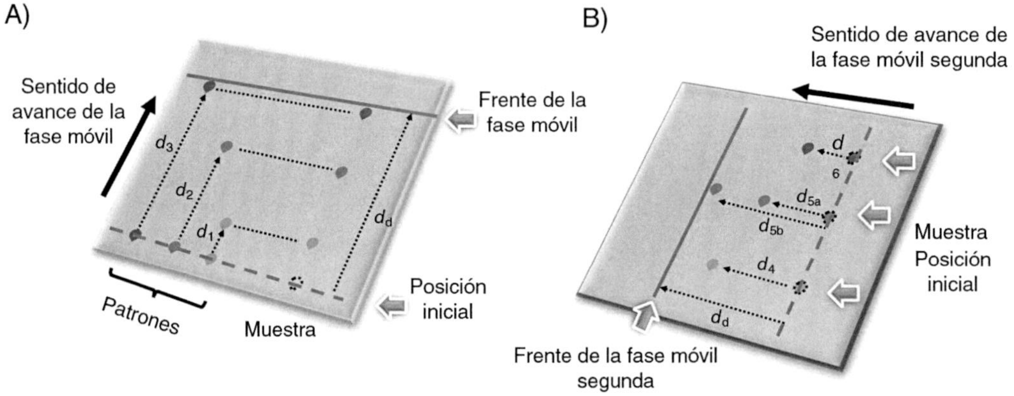

Figura 18.9. Placa de TLC desarrollada: a) en una dimensión, y B) en dos dimensiones (TLC 2D).

B) Aplicaciones analíticas

Las aplicaciones analíticas de la TLC en el ámbito del estudio y conservación de patrimonio cultural se refieren principalmente a identificaciones cualitativas ya que la cuantificación con esta técnica es menos precisa que con otras técnicas cromatográficas.

La TLC se ha aplicado al análisis de polisacáridos, proteínas, lípidos y resinas naturales. Para el análisis de polisacáridos y proteínas se requiere una hidrólisis previa que libera los monosacáridos y aminoácidos constituyentes, respectivamente.

18.4. Fundamentos de la electroseparación

El fundamento de las técnicas de electroseparación se asienta en el diferente comportamiento que exhiben las especies iónicas en presencia de un campo eléctrico aplicado externamente. Como es bien sabido, los iones positivos tienen tendencia a migrar hacia potenciales negativos, mientras que los iones negativos lo hacen hacia los potenciales positivos. Además, la velocidad de migración es proporcional a la carga del ion y también al potencial eléctrico aplicado, lo cual se puede aprovechar para separar diferentes especies iónicas presentes en una misma muestra. La ecuación general que describe el movimiento de un ion en un campo eléctrico externo puede expresarse como:

$$v = \frac{\mu V}{L} \qquad [18.2]$$

Donde v es la velocidad del ion, L es la distancia a la que se aplica la diferencia de potencial y μ es un coeficiente de movilidad iónica característico de cada ion y que indica su mayor o menor facilidad para desplazarse en el seno del fluido en el que se halla disuelto, la cual, a su vez, está directamente relacionada con la sección transversal del ion. Por consiguiente, iones de pequeño tamaño se moverán más velozmente que iones poliatómicos de gran tamaño. Así pues, las técnicas de electroseparación o electroforesis se fundamentan en la separación de los iones según su diferente relación carga-tamaño.

En paralelo a la electroforesis clásica en gel, se han desarrollado otros tipos de electroforesis como la electroforesis capilar, la cromatografía capilar electrocinética micelar, la electroforesis Doppler láser o la espectrometría de movilidad iónica. El siguiente apartado se ha centrado en la electroforesis capilar como técnica de electroseparación principalmente aplicada en el estudio de patrimonio cultural.

18.5. Electroforesis capilar

Aunque tradicionalmente considerada técnica de separación, la electroforesis está basada en principios electroquímicos. La electroforesis capilar fue descrita ya en 1981 por J. W. Jorgenson. Actualmente recibe las denominaciones de *electroforesis capilar* o *electroforesis capilar de zona.*

18.5.1. Fundamentos de la electroforesis capilar

En la *electroforesis capilar* (CE, *capillary electrophoresis*) los iones se desplazan a través de un tubo capilar, lo que minimiza el calentamiento del sistema por efecto Joule y permite aplicar diferencias de potencial mayores, lo cual favorece la separación de acuerdo con la ecuación [18.2]. Por otra parte, debe tenerse en cuenta que el flujo de un líquido a través de un tubo capilar, en el que existe una diferencia de potencial, genera un *flujo electroosmótico* cuya velocidad, proporcional al potencial aplicado y a la viscosidad del líquido, depende de la carga en la superficie interior del capilar. Esta velocidad se suma a la velocidad de electroforesis de los iones, por lo que si incluimos la componente electroosmótica la ecuación [18.2] se transforma en:

$$v = (\mu + \mu_{eo})\frac{V}{L} \qquad [18.3]$$

Siendo μ_{eo} un coeficiente característico de la electroósmosis. El flujo electroosmótico permite la separación y detección de cationes y aniones simultáneamente ya que, de otro modo, solo cationes o aniones migrarían en el sentido correcto dirigiéndose hacia el detector.

La electroforesis capilar ofrece ciertas ventajas con respecto a las técnicas cromatográficas. Al no utilizar fase estacionaria se elimina el problema de la transferencia de masa asociada al tiempo finito que el soluto requiere para equilibrarse entre la fase móvil y la fase estacionaria. Al utilizarse tubos capilares abiertos se elimina el problema de los itinerarios múltiples con lo cual la resolución esta únicamente limitada por el ensanchamiento longitudinal de las bandas. Ello redunda en una reducción de la altura del plato teórico que, a su vez, tiene incidencia en un aumento de la resolución. El principal inconveniente que presenta la EC es que, al trabajar con tubos capilares, los volúmenes de los componentes separados son muy pequeños, del orden de nL o incluso inferiores, lo cual requiere el uso de detectores con la suficiente sensibilidad.

18.5.2. Instrumentación

La figura 18.10 muestra el esquema de un equipo de electroforesis capilar operando en modo normal, esto es, con el ánodo (+) en el extremo inicial del capilar y el cátodo (–) en el extremo final. El dispositivo incluye un generador de campo eléctrico constante o en gradiente que puede crear potenciales de ~ 10-20 kV con baja intensidad de corriente del orden de μA. El tubo capilar está en contacto con el electrolito de fondo por el que se desplazarán los iones y está situado en el interior de un dispositivo termostatado que controla la temperatura durante todo el análisis. Se utilizan tubos capilares con diámetros internos de 50-100 μm y longitudes que oscilan entre 50 cm y 1 m, que están realizados en sílice fundida con una abertura interna de 25-75 μm de diámetro y un recubrimiento externo de poliamida de 15 μm de espesor. En la superficie interna del capilar hay abundantes grupos silanol (–Si–OH) que, por encima de pH = 2, se hallan desprotonados ($–Si–O^-$). Estos grupos negativos generan una primera capa de cationes del electrolito fuertemente adsobidos que neutralizan parcialmente la carga negativa y una segunda capa, más externa, de cationes con cierta movilidad que acaba de neutralizar la carga negativa de los grupos silanol, constituyendo una doble capa que permite que, por la parte central del capilar, discurra el flujo de iones de la solución inyectada sin perturbaciones.

La muestra se introduce de dos modos denominados *inyección hidrostática* e *inyección electroforética* aprovechando la diferencia de presión entre los extremos del capilar, en el primer caso, y el flujo electroforético, en el segundo.

La detección se lleva a cabo con dispositivos similares a los utilizados en HPLC en los que se modifica el diseño adaptándolo a capilares estrechos. Entre los sistemas de detección más habituales está el detector ultravioleta, de fluorescencia, amperométrico, conductimétrico o la espectrometría de masas con fuente de iones por *electrospray*. Con la mayoría de detectores mencionados se puede llevar a cabo la denominada detección indirecta, que consiste en añadir al electrolito de fondo un compuesto que genere una señal constante de modo que, cuando el analito pasa por el detector, disminuye la señal.

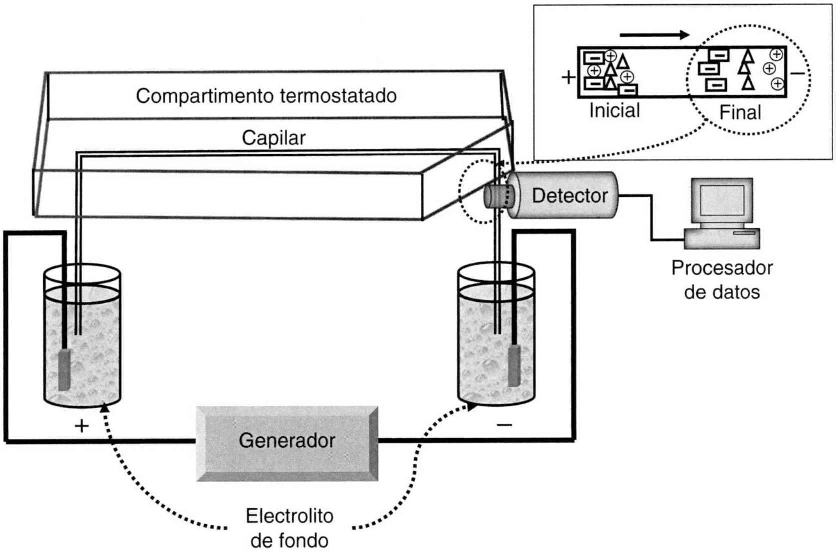

Figura 18.10. Esquema de un equipo de electroforesis capilar.
En la parte superior derecha se muestra, en detalle, la posición de los iones al inicio del capilar y, una vez separados, en el extremo final del tubo capilar.

18.5.3. Aplicaciones analíticas

La representación gráfica de la respuesta del detector en función del tiempo para cada una de las especies iónicas identificadas se denomina *electroferograma* o, simplemente, ferograma, como el mostrado en la figura 18.11. Al igual que en las técnicas cromatográficas la integración de las áreas de pico permite efectuar cuantificaciones.

La CE se ha aplicado al análisis de proteínas, gomas y mucílagos vegetales, resinas terpénicas, aceites secantes y ceras. Excepto las resinas terpénicas, el resto de aglutinantes pictóricos requieren un tratamiento previo de hidrólisis al igual que sucedía en las técnicas cromatográficas. La identificación se realiza previo calibrado con patrones. Los aminoácidos de las proteínas son detectados conductimétricamente. Los monosacáridos se analizan como alcoholatos a pH elevado. Los compuestos diterpenoides presentes en las resinas diterpénicas se analizan como complejos de ciclodextrina aniónicos, mientras que los ácidos grasos de las ceras y aceites secantes se determinan mediante detector conductimétrico y con detección indirecta UV.

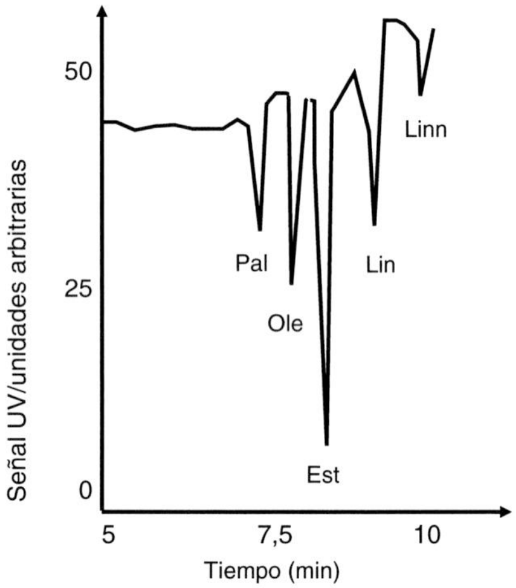

Figura 18.11. Electroferograma de los principales ácidos grasos del aceite de linaza. Pal: a. palmítico; Ole: a. oleico; Est: a. esteárico; Lin: a. linoleico; Linn: a. linolénico.

Preguntas de autoevaluación

18.1. Indica la diferencia entre los métodos cromatográficos y los de electroseparación.

18.2. ¿Cuáles de los siguientes términos son propios de las técnicas cromatográficas, cuáles corresponden a la electroseparación y cuáles son comunes a ambas técnicas separativas?

a) Fase estacionaria.
b) Plato teórico.
c) Pirograma.
d) Ferograma.

18.3. ¿Cuál es la aplicación de los siguientes compuestos utilizados en la preparación de muestras para el análisis cromatográfico?

a) Cloroformato de etilo.

b) Ácido clorhídrico.
c) EDTA.

18.4. Indica qué tipo de equilibrio químico es predominante en cada una de las siguientes técnicas cromatográficas:

a) GC.
b) SEC.
c) IC.

18.5. ¿Cuál es la diferencia entre un cromatograma y un pirograma?
18.6. ¿Cuál es la finalidad del reactivo derivatizante en GC y en LC?
18.7. ¿Cuáles son las principales aplicaciones de la IC y la SEC en el estudio de bienes culturales?
18.8. Indica cuáles de los siguientes términos son propios de TLC:

a) Tiempo de retención.
b) Ninhidrina.
c) Factor de retención.

18.9. ¿Qué ventajas reporta la electroforesis capilar frente a la electroforesis en gel?
18.10. Indica la posición del ánodo y el cátodo en un equipo de electroforesis capilar operando en modo normal.

19
Técnicas basadas en efectos sobre el núcleo de los átomos

En este capítulo se aborda el estudio de dos técnicas analíticas cuyo fundamento físico lo constituye el efecto que se produce en el núcleo de los átomos cuando estos son sometidos a ciertas influencias externas. En la técnica de activación neutrónica se aprovecha el efecto de la irradiación con neutrones de baja energía para inducir la emisión de rayos γ por sus núcleos. En la espectroscopía Mössbauer la irradiación con rayos γ característicos produce un efecto de absorción resonante de los núcleos atómicos de ciertos elementos presentes en materiales en estado sólido, lo cual permite conocer las características del entorno químico en el que se hallan dichos núcleos.

19.1. Análisis por activación neutrónica

La técnica de *análisis por activación neutrónica* (NAA, *neutron activation analysis*) surge en el año 1936 a partir de los experimentos de G. Hevesy y H. Levi en los que expusieron una muestra, que contenía elementos raros, a una fuente radiactiva de Ra(Be) y observaron que las reacciones nucleares producidas podían ser usadas en su determinación. Con el avance experimentado durante los años cuarenta a sesenta del siglo XX en la construcción de reactores nucleares y aceleradores de partículas, esta técnica experimentó un importante avance iniciándose, en esa época, los primeros estudios analíticos en el campo de la geoquímica. La primera aplicación de esta técnica en arqueometría tiene lugar en 1954 cuando R. Oppenheimer sugiere a R. W. Dodson que utilice el NAA para analizar elementos traza en cerámica arqueológica y así establecer su procedencia. En la actualidad, el NAA es utilizado como método de referencia para validar nuevos métodos de análisis elemental.

19.1.1. Fundamentos de la técnica

El NAA se basa en la irradiación de una muestra con neutrones procedentes de una fuente de neutrones. La reacción que más frecuentemente se utiliza en NAA es la captura de un neutrón o la reacción (n, γ). En este proceso el neutrón procedente de la fuente radiactiva experimenta una colisión inelástica con el núcleo de un átomo de la muestra, integrado por protones y neutrones. Como resultado de esta interacción, el átomo pasa a un estado excitado asociado a la energía de unión de los neutrones en el núcleo (figura 19.1). La transición instantánea desde el estado excitado a un estado más estable de menor energía conlleva la emisión de fotones de alta energía denominados *rayos γ inmediatos característicos*. En muchas ocasiones la nueva configuración pasa a ser un núcleo radiactivo que, a su vez, decae emitiendo partículas tales como partículas β y *rayos γ característicos retardados*, ya que se emiten progresivamente de acuerdo a la vida media del nucleido, esto es, el tiempo que este tarda en desintegrarse, el cual varía desde una fracción de segundos a años, según la especie.

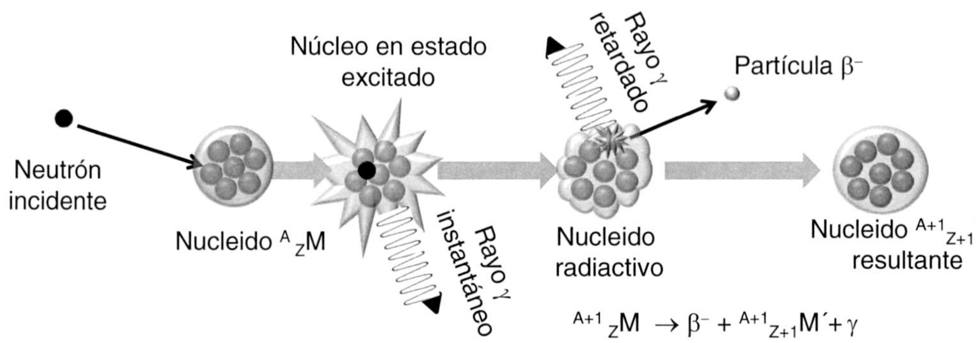

Figura 19.1. Esquema del proceso de captura de un neutrón por un núcleo atómico y los efectos resultantes de la colisión. *Fuente:* adaptado de Nuclear Science Division and Contemporary Physics Education Project 2000.

Ambos efectos de emisión de rayos γ instantáneos y retardados se aprovechan para la identificación de los elementos componentes de la muestra y para determinar la cantidad en la que se hallan presentes en ella. Los rayos γ instantáneos se miden durante la irradiación, mientras que los retardados se analizan posteriormente de acuerdo a las características de desintegración radiactiva del elemento.

La identificación de elementos químicos es posible ya que la energía (longitud de onda) de los rayos γ emitidos por un determinado elemento es característica al estar relacionada con la estructura particular de su núcleo. La velocidad de emisión de rayos γ retardados de un determinado isótopo $^{A+1}{}_{Z}M$ está relacionada con la masa del isótopo estable de ese elemento que había originalmente en la muestra y puede ser calculada directamente si se conocen las condiciones de trabajo concretas en las que se lleva a cabo el análisis. Sin embargo, en la mayoría de casos, se suele irradiar simultáneamente un material de referencia de modo que, una vez fijados los tiempos de irradiación y contaje y el decaimiento radiactivo, la concentración del elemento en la muestra se determina a partir de la expresión:

$$c_{\text{muestra}} = c_{\text{patrón}} \frac{M_{\text{patrón}}}{M_{\text{muestra}}} \frac{A_{\text{muestra}}}{A_{\text{patrón}}} \qquad [19.1]$$

donde c_{muestra} y $c_{\text{patrón}}$ son las concentraciones del elemento en muestra y patrón, respectivamente, M_{muestra} y $M_{\text{patrón}}$ son las masas de muestra y patrón y A_{muestra} y $A_{\text{patrón}}$ son las actividades (número de cuentas registradas) para muestra y patrón.

19.1.2. Instrumentación

Un sistema de análisis por activación neutrónica está compuesto de una fuente de neutrones y un adecuado detector de rayos γ. Un flujo de neutrones con energía apropiada puede ser producido por medio de un reactor nuclear por fisión de uranio, un acelerador o un emisor de neutrones isotópicos. Aunque los aceleradores producen haces de neutrones rápidos monoenergéticos, su facilidad para inducir reacciones nucleares y la baja eficiencia de producción de rayos γ es la razón por la que la gran mayoría de análisis de bienes culturales utilizan un *reactor nuclear de investigación*. Estos reactores de tipo tanque se basan en la reacción de fisión de uranio y se usan fundamentalmente como fuente de neutrones. El reactor cuenta con un sistema de tubo neumático de vacío para inyectar las muestras dentro del núcleo central radiactivo. Aunque el tipo de reactor y la posición de la muestra dentro del reactor condicionan el flujo de neutrones, la mayoría de reactores poseen distribuciones bastante amplias de neutrones según su energía. Estas distribuciones suelen incluir los neutrones térmicos que constituyen el 90-95% del flujo y tienen una energía baja, de 0,5 eV, los neutrones epiteliales (2% flujo) con energías en el rango 0,5 eV a 0,5 MeV y los neutrones rápidos (5% flujo) y energías elevadas, superiores a 0,5 MeV. Estos dos últimos tipos de neutrones contribuyen escasamente a la emisión de rayos γ en la muestra.

El sistema de detección empleado es un detector multicomponente de tipo semiconductor como, por ejemplo, el *detector de germanio intrínseco o hiperpuro* (HPGe, *high purity germanium*) que está refrigerado con nitrógeno líquido y puede detectar rayos γ en el intervalo de energías de 60 eV a 3,0 MeV. La resolución varía con el valor de energía del rayo γ. Por ejemplo, para radiación del orden de 100 keV se obtiene una resolución de 1,0 keV que aumenta a 1,8 keV para radiación de 1300 keV.

En arqueometría se suele aplicar procedimientos analíticos puramente instrumentales, de ahí que a la técnica se la denomine *análisis instrumental por activación neu-*

trónica (INAA, *instrumental neutron activation analysis*). Si tras la irradiación se efectúa separación de interferentes o concentración del analito en la muestra, la técnica es denominada *análisis radioquímico por activación neutrónica* (RNAA, *radiochemical neutron activation analysis*).

19.1.3. Aplicaciones analíticas

La figura 19.2 muestra la estructura típica de un espectro de rayos γ retardados en el que la intensidad de la radiación emitida por la muestra se representa en función de la energía del fotón γ. El espectro representado presenta señales en forma de picos agudos que aparecen a los valores de energía característicos del elemento químico, lo que posibilita su identificación. Cabe señalar que con la técnica INAA es posible identificar radiaciones en un intervalo muy amplio de energías desde 60 keV a 3MeV. En el espectro se acostumbra a incluir las condiciones en las que se llevó a cabo el análisis, a saber, duración de la irradiación de la muestra, intervalo de tiempo transcurrido desde la irradiación hasta el momento en el que se efectúa la media e intervalo de tiempo en el que el detector efectúa la medición.

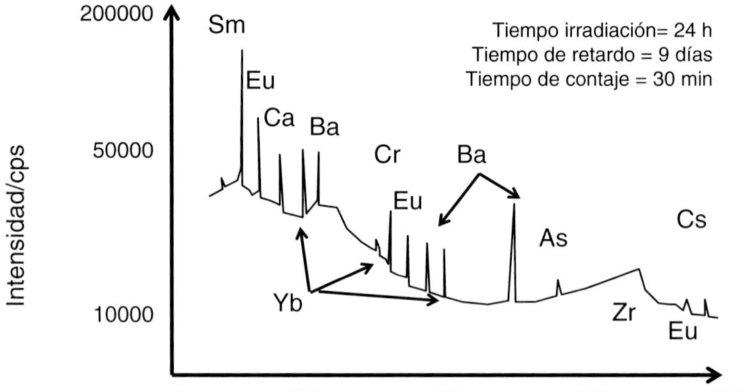

Figura 19.2. Espectro de rayos γ.

El límite de detección varía de unos elementos a otros desde 1 pg para los elementos Dy y Eu hasta 10^7 pg para Pb y S, ya que no todos tienen el mismo tipo de radiactividad y, en algunos casos, tienen tiempos de vida media muy cortos (varios segundos) que dificultan o impiden el análisis. A pesar de ello, actualmente es posible identificar 70 elementos usando neutrones térmicos.

Aunque la técnica INAA es muy útil para el análisis cualitativo de la muestra, la mayoría de estudios arqueométricos llevados a cabo son determinaciones cuantitativas de los elementos constituyentes del material. De particular interés son los estudios de procedencia de objetos cerámicos y rocas empleadas en la fabricación de utensilios y armas prehistóricas (obsidiana, basalto, caliza) así como objetos metálicos de interés arqueológico a partir de su composición en elementos mayoritarios, minoritarios y traza. En estos casos, a los resultados de la determinación se les suele aplicar algún método de análisis multivariado (capítulo 2, apartado 2.6.5) que permite su clasificación (Glascock, 2000).

19.2. Espectroscopía Mössbauer

Aunque la observación del fenómeno de las transiciones nucleares que involucran rayos γ fue sugerida por W. Kuhn en 1929, no es hasta 1957-1958 que esta técnica se origina a partir de los experimentos desarrollados por R. Mössbauer con el isótopo ^{191}Ir. La observación de ciertas irregularidades en las emisiones de rayos γ de este elemento dio origen a esta técnica. El descubrimiento de la absorción nuclear resonante (fluorescencia) de rayos γ hizo merecedor a su autor del premio Nobel de Física en 1961. Desde entonces se han observado transiciones nucleares de más de 40 elementos químicos. En la actualidad, aunque las aplicaciones de la espectroscopía Mössbauer se restringen a unos 15 o 20 elementos, estas son muy variadas y entre ellas se incluyen algunos tipos de estudios arqueométricos.

19.2.1. Fundamentos de la espectroscopía Mössbauer

Para describir de forma sencilla el fundamento físico de la espectroscopía Mössbauer hay que referirse al fenómeno de la *resonancia*. Si se hace vibrar un diapasón frente a otro ajustado con el mismo tono, este último comenzará a vibrar también en la misma nota musical (figura 19.3a). Si trasladamos este ejemplo al efecto Mössbauer, el diapasón que emite el sonido es un núcleo radiactivo que emite un fotón de radiación γ como consecuencia de una transición desde un estado excitado al estado fundamental y el diapasón que resuena es un segundo núcleo atómico de similares características al primero que se encuentra en el estado fundamental y absorbe ese fotón para pasar a un estado excitado del cual, seguidamente, retorna al estado fundamental emitiendo un segundo fotón γ el cual constituye la emisión de fluorescencia de resonancia (figura 19.3b).

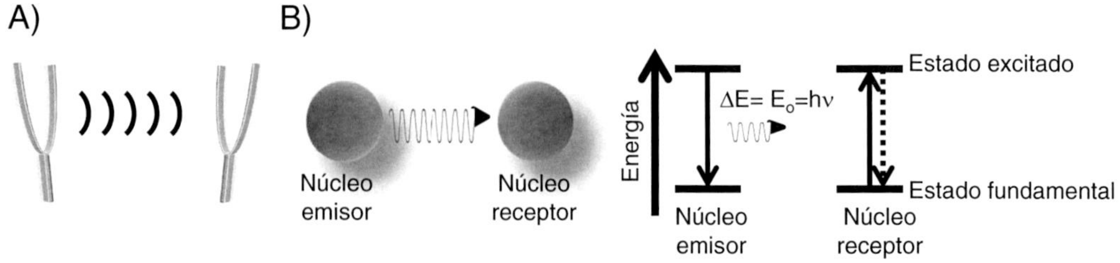

Figura 19.3. A) Vibración de diapasón en modo resonante;
B) diagrama de niveles de energía para el fenómeno de resonancia de núcleos atómicos.

A) Efecto de retroceso

En núcleos de átomos aislados la energía del fotón de radiación γ emitido y absorbido por el segundo núcleo no coincide. Ello es debido al denominado *efecto de retroceso* que tiene lugar cuando el núcleo emisor libera el fotón γ, el cual se ilustra de manera sencilla con el movimiento de retroceso que sufre un arma de fuego al salir el proyectil. De forma similar, el núcleo emisor ejecuta un movimiento que se traduce en que parte de la energía E_0 de que disponía el núcleo se consume en energía cinética asociada al retroceso E_r por lo que el fotón γ emitido tendrá una energía ($E_0 - E_r$) y, por consiguiente, el rayo γ absorbido por el núcleo resonante requerirá una energía ($E_0 + E_r$) para efectuar la transición desde el estado fundamental al estado excitado, esto es, la energía E_0 más la energía de retardo E_r que se genera por el movimiento del núcleo resonante en la misma dirección que el fotón γ. Experimentalmente esto se traduce en que la posición de la línea correspondiente a la emisión de rayos γ y la línea correspondiente a la absorción están situadas a una distancia $2E_r$, siendo E_r del orden de 10^{-2}-10^{-3} eV. En átomos aislados (en estado gaseoso) esta diferencia entre líneas es 10^6 veces el ancho de bandas espectrales por lo que estas no llegan a solaparse y, por tanto, los fotones γ emitidos nunca llegan a tener energía suficiente para excitar el nuevo núcleo y la resonancia nunca llega a tener lugar.

B) Efecto Mössbauer

En el estado sólido los átomos están unidos entre sí mediante fuerzas de enlace de distinta naturaleza formando un retículo en el cual estos átomos están vibrando según diferentes modos. Cuando un núcleo en un material en estado sólido emite un fotón γ, una buena parte de la energía de retroceso se transfiere al retículo sólido como energía vibracional. Sin embargo, como la energía vibracional está cuantizada, hay cierta probabilidad de que el valor de la energía de retroceso E_r no coincida con ningún valor del incremento de energía entre niveles vibracionales y, por consiguiente, no se produzca esta transferencia de energía de retroceso al retículo. En esas circunstancias, el fotón γ emitido tendrá una energía E_o y, por tanto, el fenómeno de la resonancia podrá tener lugar. Este fenómeno, observado por primera vez por Mössbauer, se denomina *efecto Mössbauer*.

C) Efecto Doppler

Sin embargo, para comprender perfectamente el efecto Mössbauer hay que añadir un segundo aspecto en el ejemplo musical. Si el primer diapasón ejecuta un movimiento relativo de alejamiento o aproximación al segundo diapasón, mientras está vibrando, la velocidad relativa a la que la onda sonora se desplaza con respecto al diapasón receptor cambiará, lo que hará que el sonido que llega al diapasón receptor tenga una frecuencia mayor en la aproximación o menor en el alejamiento relativo. Este fenómeno es conocido como *efecto Doppler*.

En la espectroscopía Mössbauer se aplica un movimiento relativo entre el núcleo emisor y el receptor de modo que cuando el movimiento es de aproximación relativa, el fotón γ recibe una energía adicional de modulación por efecto Doppler (E_D) por lo que la energía de emisión ($E_{\gamma emisión}$) se incrementa (E_o+E_D) (figura 19.4a). Por el contrario, si el movimiento es de alejamiento relativo $E_{\gamma emisión}$ se reduce (E_o-E_D). Las líneas de emisión y absorción ahora ya no coinciden, por lo que la intensidad de la radiación transmitida en ambos casos disminuirá. Esto determina la forma de las bandas observadas en los espectros Mössbauer (figura 19.4b). No obstante, debe tenerse en cuenta que la absorción resonante solo ocurre si las líneas de emisión y absorción están lo suficientemente solapadas.

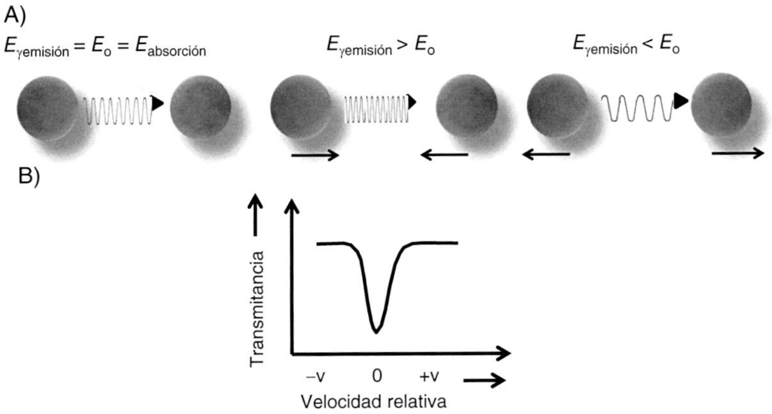

Figura 19.4. A) Representación esquemática del efecto Doppler; B) espectro Mössbauer.

19.2.2. Instrumentación

En un experimento Mössbauer el material que contiene los núcleos atómicos emisores se sitúa alineado con la muestra de material que contiene los núcleos que van a entrar en resonancia y, tras esta última, se sitúa el detector que registra la intensidad de la radiación γ emitida por el receptor, esto es, aquella radicación que no ha sido absorbida por la muestra. Por tanto, los componentes principales que integran un espectrómetro Mössbauer son la fuente que contiene el material emisor de radiación γ que lleva acoplado un servosistema de movimiento, la muestra, el detector con los correspondientes sistema de amplificación y analizador multicanal y, por último, el procesador de datos (figura 19.5).

Como se detallará en el apartado siguiente, la mayoría de aplicaciones en el ámbito del patrimonio se desarrollan con el elemento hierro en lo que se denomina *espectroscopía Mössbauer de ^{57}Fe*. La fuente emisora está hecha de ^{57}Co que se genera en un ciclotrón y se difunde en una matriz de estructura cúbica de Pd, Pt o Rh que normalmente está recubierta por un blindaje de plomo, de modo que la radiación solo pasa a través de una abertura de colimación. El ^{57}Co puede transmutarse mediante un proceso de captura electrónica en una forma excitada de ^{57}Fe que, al pasar a un segundo estado excitado de menor energía, emite rayos γ de 122 keV, los cuales pueden ser absorbidos por los átomos de Fe en la muestra. La temperatura de esta última puede variarse mediante un horno o un criostato ya que las mediciones a diferentes temperaturas pueden correlacionarse con procesos tales como transiciones magnéticas. El detector de rayos γ de baja energía puede ser un contador proporcional de flujo, un detector de centelleo de NaI:T1, o un detector de estado sólido de Ge(Li).

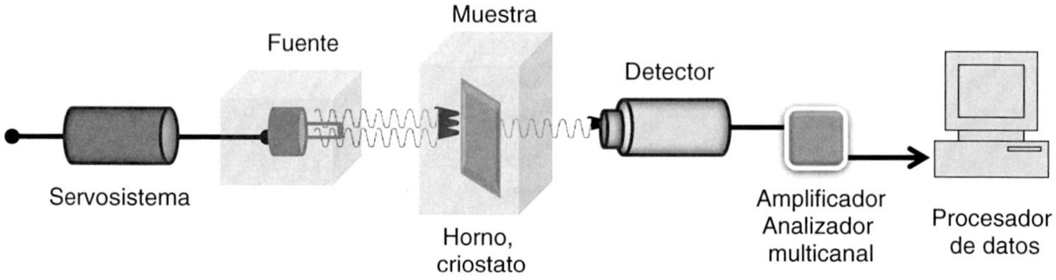

Figura 19.5. Esquema de un espectrómetro Mössbauer.

19.2.3. Aplicaciones analíticas

Los núcleos atómicos aptos para esta técnica deben tener estados excitados con tiempos de vida media en el rango 10^{-6} a 10^{-11} s y energías de transición entre 5 y

180 keV. Aunque se dispone de un gran número de isótopos que pueden dar lugar a efecto Mössbauer, la mayoría de la producción científica se limita, aproximadamente, a ocho núcleos, de los cuales, indiscutiblemente, el ^{57}Fe es el más extensivamente estudiado.

En un espectro Mössbauer, como el mostrado en la figura 19.4b, se representa la intensidad de radiación emitida desde la fuente y transmitida a través de la muestra frente a la velocidad relativa a la que se desplaza la fuente emisora, adoptándose el convenio de dar valores positivos a las velocidades correspondientes al movimiento de aproximación relativa y negativos a las de alejamiento relativo. El interés de esta técnica radica en que la radiación emitida tiene una extraordinaria definición (prácticamente monocromática), de modo que con ella es posible estudiar las interacciones del núcleo atómico en el material en estudio debidas a la nube de carga electrónica y a los iones que rodean el núcleo resonante. Una recopilación de la información proporcionada por cada una de las interacciones hiperfinas más importantes en el ^{57}Fe se muestra en el cuadro 19.1.

Cuadro 19.1. Información proporcionada por las interacciones hiperfinas en la espectroscopía Mössbauer del ^{57}Fe

Parámetro	*Tipo de interacción*	*Información química*
Desplazamiento isomérico δ (m s^{-1})	*Monopolo eléctrico:* interacción culombiana entre la nube electrónica y la carga nuclear, la cual produce un desplazamiento de la velocidad cero en la línea de absorción	Estado de oxidación Carácter del enlace Electronegatividad de ligandos Spin
Desdoblamiento cuadrupolar ΔE_Q (mm s^{-1})	*Cuadrupolo eléctrico:* interacción cuadrupolar eléctrica entre el momento cuadrupolar y el gradiente de campo eléctrico generado en el entorno del núcleo lo que resulta en un desdoblamiento de la línea de resonancia en el ^{57}Fe	Simetría molecular Estado de oxidación Carácter de los enlaces Spin
Desdoblamiento magnético ΔE_M (mm s^{-1})	*Dipolo magnético:* interacción dipolar magnética entre los momentos magnéticos del núcleo y un campo magnético externo o interno que se traduce en un desdoblamiento de la línea en otras seis para el ^{57}Fe	Ferromagnetismo Antiferromagnetismo

En arqueometría y conservación de patrimonio cultural la espectroscopía Mössbauer ha sido utilizada en el estudio de todo tipo de materiales que contienen hierro tales como pigmentos de tipo tierra natural presentes en pintura de caballete, mural e incluso arte rupestre. En estos materiales se logra discriminar los diferentes estados de oxidación (Fe^{2+} y Fe^{3+}) en óxidos y oxohidróxidos de hierro que componen estos minerales. También se ha podido identificar la localización de los iones de hierro en minerales arcillosos de tipo silicato asociada a transformaciones que llevan estos minerales a estados metaestables, así como los índices de coordinación de los iones hierro en materiales vítreos, el grado de orden-desorden en piroxenos y la estructura exacta de plagioclasas. En el campo de los estudios arqueométricos de cerámica esta técnica se ha dado en denominar *termómetro mineralógico* ya que ha permitido estudiar las transformaciones que sufre la arcilla durante el proceso de cocción de cerámica que conducen a la aparición de fases minerales de neoformación tales como hercinita, espinelas o hierro metálico. En vidrios coloreados se han identificado iones hierro con diferentes índices de coordinación (Fe^{2+} y Fe^{3+} en coordinación octaédrica y Fe^{2+} en coordinación tetraédrica), lo que se ha asociado a las características cromáticas que exhibe el vidrio. El análisis de documentos ha permitido identificar Fe^{2+} y Fe^{3+} asociados a tintas ferrogálicas que demuestra que se han producido procesos de degradación oxidativa como mecanismo principal responsable de su deterioro.

Preguntas de autoevaluación

19.1. Indica la diferencia entre proceso "radiativo" y "radiactivo".

19.2. Compara el espectro de rayos X del ejercicio 10.7 y el espectro de rayos γ de la figura 19.2 y establece las principales semejanzas y diferencias entre ambos.

19.3. La concentración 3 ppm corresponde a:

- *a)* 3 $\mu g\ g^{-1}$.
- *b)* 3 μg.
- *c)* 3 $ng\ g^{-1}$.

19.4. Define el tiempo de vida de un nucleido.

19.5. De los tres tipos de neutrones que produce un reactor nuclear, en la técnica de activación neutrónica se usan neutrones térmicos. Justifícalo.

19.6. En un análisis mediante INAA, para determinar el contenido en estroncio en una cerámica arqueológica, se utiliza una misma masa de material cerámico de referencia que contiene un 0,05% de Sr y se observa que la actividad de rayos γ retardados de la muestra es la cuarta parte que la del patrón. Indica la concentración de Sr en la muestra.

19.7. En el espectro Mössbauer de la figura 19.4 el valor de transmitancia mínimo se produce cuando la velocidad relativa entre la fuente de radiación y la muestra es 0. Justifícalo.

19.8. Indica qué interacción hiperfina en espectroscopía Mössbauer aporta información sobre propiedades magnéticas de materiales con ayuda del cuadro 19.1.

19.9. Justifica por qué la espectroscopía Mössbauer solo es aplicable a un reducido número de elementos químicos.

19.10. Indica cuáles de los siguientes objetos serían susceptibles de análisis por espectroscopía Mössbauer de ^{57}Fe:

a) Ocre amarillo.
b) Escultura de madera sin policromar.
c) Objeto de madera sumergido.

PARTE VII
Ensayos de materiales

20
Ensayos de materiales

Como se introdujo en el capítulo 2, el estudio y caracterización científica de patrimonio cultural es un campo amplio que abarca métodos de examen y análisis muy variados. En capítulos sucesivos han sido descritas las técnicas de examen basadas en la obtención de imágenes a partir de señales electromagnéticas y acústicas, así como los métodos químicos y fisicoquímicos, estos últimos basados en el uso de técnicas instrumentales. Se hizo también mención en el capítulo 2 a los ensayos de materiales, así como a normas y ensayos normalizados. Estos últimos son elaborados por organismos nacionales e internacionales que establecen estrictos protocolos operativos. En ocasiones, estos ensayos pueden incluir el uso de algún instrumento o dispositivo experimental que debe atenerse a unos requisitos determinados para que, de este modo, los resultados obtenidos en diferentes laboratorios puedan ser comparables. Muchos de estos ensayos han sido redactados por organismos específicamente competentes en el estudio del patrimonio cultural. En otros casos, se aplican ensayos de materiales originalmente elaborados para su aplicación en otros sectores como el de la construcción, metal, materiales cerámicos, plásticos y polímeros, etc. En el presente capítulo se establece una clasificación general de sus diferentes tipologías y se presenta una selección de aquellos ensayos de materiales, en su mayoría, sujetos a normalización, de amplio uso en el estudio y caracterización de patrimonio cultural.

20.1. Clasificación de los ensayos de materiales

Los ensayos de materiales se pueden clasificar atendiendo a diferentes criterios. En el cuadro 20.1 se listan algunos de los criterios más comunes:

Cuadro 20.1. Tipos de ensayos de materiales

Criterio de clasificación	*Tipos*
Naturaleza del ensayo	Químicos Físicos Mecánicos
Utilidad de la pieza después de ser sometida al ensayo	Destructivos No destructivos
Velocidad de aplicación de las fuerzas	Estáticos Dinámicos

Un determinado material tal como piedra, cerámica, metal, polímero sintético, etc., puede venir caracterizado por todo un conjunto de ensayos abarcando todas o casi todas las tipologías previamente indicadas. Además, hay una buena parte de los ensayos de materiales que, salvando las características y especificaciones inherentes a cada tipo de material, son aplicables a cualquiera de ellos. Por ejemplo, el ensayo de resistencia a la tracción es adaptable tanto a un metal como a una roca, cerámica o polímero sin más que establecer unas especificaciones relativas a las probetas y a la máquina de ensayos que la ajuste al rango de fuerzas requerido por ese material.

En el cuadro 20.2 se listan algunos de los ensayos más comunes con aplicación en diferentes tipos de materiales de interés en el estudio de patrimonio cultural. La mayoría de estos ensayos se encuentran incluidos en los repertorios de ensayos normalizados que diversos organismos de normalización establecen para diferentes tipos de materiales. Debe ponerse énfasis en que esta lista es orientativa y no incluye la totalidad de los ensayos de materiales que es posible utilizar en el estudio de patrimonio cultural.

Cuadro 20.2. Tipos de ensayos de materiales

Denominación
ENSAYOS PARA DEFINIR LA ESTRUCTURA DEL MATERIAL
Porosidad accesible al agua Determinación de la masa real y aparente Permeabilidad al aire Distribución del volumen de poros por succión Distribución del volumen de poros mediante porosímetro de mercurio

[.../...]

Cuadro 20.2. (Continuación)

Denominación
Ensayos para caracterizar las propiedades térmicas, conductoras y ópticas del material
Constante dieléctrica Resistencia dieléctrica Índice de refracción Transmitancia luminosa, turbiedad Medida del color Coeficiente lineal de expansión térmica Conductividad térmica Temperatura de fragilidad Temperatura de flujo Temperatura de deflexión Velocidad de flujo del fundido, termoplástico
Ensayos para caracterizar las propiedades mecánicas y reológicas del material
Elongación Resistencia a la tracción Resistencia a la compresión Resistencia a la flexión Resistencia a la cizalla Resistencia a la fatiga Resistencia al arco Resistencia al impacto Resistencia al rasgado Deformación de carga Deformación por compresión Fluencia
Ensayos para caracterizar las propiedades de la superficie del material
Ensayo de dureza (durómetro, Rockwell, Vickers, Brinell, etc.) Ensayo de resistencia a la abrasión Ensayo de adherencia Rugosidad superficial
Ensayos para caracterizar las propiedades hídricas del material
Coeficiente de conductividad del vapor de agua Absorción de agua a baja presión Curva de evaporación Coeficiente de absorción de agua (capilaridad) Dilatación lineal por absorción de agua Absorción por gotas

[.../...]

Cuadro 20.2. (Continuación)

Denominación
Ensayos para caracterizar procesos de corrosión y otras alteraciones del material
Ensayo por líquidos penetrantes Ensayo con partículas magnéticas Ensayo por corrientes inducidas Ensayo de crecimiento de grieta Ensayos de corrosión y de envejecimiento acelerado: *spray* salino (NNS, *neutral salt spray*), *spray* de sal de ácido acético (AASS, *acetic acid salt spray*), niebla salina cuproacética (CASS, *copper accelerated acetic acid salt spray*), radiación UV (Q-UV), Kesternich, condensación, corrosión cíclica, corrosión atmosférica (capítulo 9, apartado 9.6.3)
Ensayos de durabilidad
Cristalización por inmersión total Cristalización por inmersión parcial Tenencia de hielo
Ensayos específicos de juntas adhesivas
Ensayos de pelado y desgarro (resistencia al pelado, *peel*, pelado en T, ruptura en cuña, resistencia a la escisión) Ensayos de impacto (impacto de cizalla, resistencia dinámica al agrietamiento de uniones)

20.2. Organismos dedicados a la elaboración de normas y ensayos normalizados

La redacción de ensayos sujetos a estrictas normas metodológicas de ejecución surge en los diferentes sectores industriales para garantizar la calidad de los productos y la seguridad de las actividades de las empresas que los fabrican. Trasladado este objetivo al ámbito de la conservación del patrimonio, la aplicación de ensayos normalizados a materiales y procedimientos de intervención sobre patrimonio constituye una garantía de que dicha intervención se va a llevar a cabo con un adecuado control de calidad. El cuadro 20.3 muestra una clasificación de los más relevantes organismos nacionales e internacionales que redactan normas de interés en el estudio de patrimonio cultural.

Cuadro 20.3. Organismos nacionales e internacionales de normalización

ORGANISMOS NACIONALES	*Denominación de la norma*
Asociación Española de Normalización y Certificación (AENOR) <www.aenor.es>	UNE
Instituto Alemán para la Normalización <www.din.de>	DIN
Comité Italiano Normal	NORMAL
ORGANISMOS INTERNACIONALES	*Denominación de la norma*
Comité Europeo de Normalización (CEN): Comité Técnico 346 de conservación del patrimonio cultural Comité Técnico CTN 41-Construcción <www.cen.eu>	Especificaciones técnicas CEN/TC 346
Asociación Internacional de Normalización y Ensayo de Materiales (ASTM) <www.astm.org>	ASTM
Organización Internacional de Normalización (ISO) (red de organismos nacionales de normas) <www.iso.org>	ISO
Reunión Internacional de Laboratorios de Ensayo e Investigación (RILEM) <www.rilem.net>	RILEM

20.2.1. Comité Europeo de Normalización

El Comité Europeo de Normalización es un organismo internacional que establece estándares europeos de calidad y redacta especificaciones técnicas e informes técnicos sobre materiales y procedimientos, a partir de resultados validados, que garantizan la reproducibilidad de las metodologías testadas en el marco europeo. Este organismo está integrado por 397 comités técnicos que, a su vez, se subdividen en 57 subcomités y 1622 grupos de trabajo. En el ámbito específico de la conservación de patrimonio cabe destacar el Subcomité Nacional 8 (SC8) del Comité Técnico CTN 41-Construcción que, junto con la división de normalización de AENOR, es responsable desde 2002 de la redacción de ensayos normalizados en el área de la rehabilitación. El Comité Técnico 346 se crea en 2004 y es responsable de la elaboración de las especificaciones técnicas (CEN/TC 346) sobre conservación del patrimonio cultural con aplicación en la caracterización de metodologías de la conservación de patrimonio cultural tangible. Estas especificaciones incluyen materiales, procesos, prácticas y documentación, así como procesos de deterioro y condiciones ambientales y de mantenimiento, promoviendo, de este modo, el interés hacia la protección del patrimonio. El Comité Técnico 346 se subdivide en grupos de trabajo que se organizan conforme a planes trienales:

- GT1. Metodología y terminología general.
- GT2. Caracterización y análisis de materiales inorgánicos porosos constituyentes del patrimonio cultural.
- GT3. Evaluación de métodos y productos para trabajos de conservación sobre materiales inorgánicos porosos constituyentes del patrimonio cultural.
- GT4. Protección de colecciones.
- GT5. Embalaje y transporte.
- GT6. Iluminación de la exhibición del patrimonio cultural.
- GT7. Especificaciones y medición del clima interior/exterior.
- GT8. Eficiencia energética de edificios históricos.
- GT9. Madera sumergida.
- GT10. Estructuras históricas de carpintería.
- GT11. Procesos de conservación.

El cuadro 20.4 muestra algunas de las normas ya redactadas en los diferentes grupos de trabajo. Cada norma viene designada por un código que incluye las siglas indicativas del organismo a cargo de su redacción (por ejemplo, Asociación Española de Normalización y Certificación (UNE) y Comité Europeo de Normalización (EN)), seguidas de un número que identifica esa norma y del año de su publicación.

Cuadro 20.4. Normas EN

Norma	*Denominación*
UNE-EN 15898:2012	Conservación del patrimonio cultural. Principales términos generales y definiciones
EN 16095:2012	Conservación del patrimonio cultural. Información del estado de los bienes muebles del patrimonio cultural
EN 16096:2012	Conservación del patrimonio cultural. Evaluación del estado e informe de los bienes inmuebles del patrimonio cultural
UNE-EN 16085:2014	Conservación del patrimonio cultural. Metodología para la toma de muestras de materiales del patrimonio cultural. Reglas generales
UNE-EN 16141:2014	Conservación del patrimonio cultural. Guía para la gestión de las condiciones ambientales. Centros de conservación: definiciones y características de los espacios dedicados a la conservación y gestión

[.../...]

Cuadro 20.4. (Continuación)

Norma	*Denominación*
UNE-EN 16242:2014	Conservación del patrimonio cultural. Procedimientos e instrumentos para la medición de la humedad del aire y los intercambios de humedad entre el aire y el patrimonio cultural
UNE-EN 41809:2014	Estructuras de madera existentes. Uso del penetrómetro para diagnóstico de los elementos de madera en edificios existentes
UNE-EN 16141:2013	Conservación del patrimonio cultural. Pautas para la gestión de las condiciones ambientales. Centro de almacenamiento abierto: definiciones y características de centros de colecciones dedicados a la conservación y gestión del patrimonio cultural
prEN 15999-1	Conservación del patrimonio cultural. Pautas para la gestión de las condiciones ambientales. Recomendaciones para vitrinas usadas en la exposición y conservación del patrimonio cultural. Parte 1: Requisitos generales
prEN 15999-2	Conservación del patrimonio cultural. Pautas para la gestión de las condiciones ambientales. Recomendaciones para vitrinas usadas en la exposición y conservación del patrimonio cultural. Parte 2: Requisitos técnicos
UNE-EN 15946:2012	Conservación del patrimonio cultural. Condiciones de embalaje para el transporte
UNE-EN 15757:2011	Conservación del patrimonio cultural. Especificaciones de temperatura y humedad relativa para limitar los daños mecánicos causados por el clima a los materiales orgánicos higroscópicos
UNE-EN 15758:2011	Conservación del patrimonio cultural. Procedimientos e instrumentos para la medición de las temperaturas del aire y de las superficies de los objetos
UNE-EN 15759:2012	Conservación del patrimonio cultural. Parte 1: Recomendaciones para la calefacción de capillas, iglesias y otros lugares de culto
UNE-EN 16242:2013	Conservación del patrimonio cultural. Parte 1: Procedimientos e instrumentos para la medición de la humedad del aire y los intercambios de humedad entre el aire y el patrimonio cultural

20.2.2. Reunión Internacional de Laboratorios de Ensayo e Investigación

La RILEM se organiza mediante comités técnicos con diferentes temáticas:

a) Prestaciones mecánicas y fractura.
b) Métodos de ensayo, caracterización y procesamiento de materiales.

c) Diseño y vida útil.
d) Durabilidad y mecanismos de deterioro.
e) Materiales y componentes para construcciones especiales.

De particular importancia es la Comisión para la Protección y Erosión de Monumentos (25-PEM) que ha redactado ensayos normalizados para la evaluación del deterioro de materiales pétreos y para comprobar la efectividad de los tratamientos de conservación. Todos estos ensayos se agrupan en:

a) Ensayos para definir la estructura.
b) Ensayos para detectar la presencia y movimiento de agua.
c) Ensayos para determinar la cohesión interna de la piedra.
d) Ensayos para medir las propiedades mecánicas superficiales.
e) Ensayos de durabilidad.
f) Miscelánea de ensayos.

Preguntas de autoevaluación

20.1. ¿Cuál es la diferencia entre un ensayo de materiales y un ensayo normalizado?
20.2. Indica cuáles son las características de un ensayo no destructivo, físico y dinámico.
20.3. Asigna categoría a los siguientes ensayos de materiales:

a) Pelado.
b) Resistencia a tracción.
c) Absorción de agua.
d) Conductividad térmica.

20.4. Pon un ejemplo de ensayo de caracterización de propiedades reológicas de entre los listados en el cuadro 20.1.
20.5. Indica, mediante una búsqueda en Internet, el código correspondiente a ensayo de resistencia a la tracción de algún material (polímeros, metales, cerámica, piedra) de interés en patrimonio cultural.
20.6. Indica qué organismo ha emitido cada una de las siguientes normas:

a) DIN.
b) EN.
c) UNE.
d) ASTM.

20.7. ¿Cuáles de las siguientes normas han sido elaboradas por organismos nacionales y cuáles por organismos internacionales?

a) DIN.
b) ASTM.
c) NORMAL.
d) RILEM.

20.8. ¿Qué organismo normalizador internacional está constituido por una red de organismos nacionales?
20.9. ¿Qué organismo normalizador internacional ha elaborado, exclusivamente, normas específicas para patrimonio cultural?
20.10. Describe el significado del código: UNE-EN 16085:2014.

Bibliografía

Abraham, E., Fukunaga, K. (2015). "Terahertz imaging applied to the examination of artistic objects". *Studies in Conservation*, 60, 343-352.

Adriaens, A., Dowsett, M. G. (2006). "Applications of SIMS to cultural heritage studies". *Applied Surface Science*, 252, 7096-7101.

Ambrosini, D., Paoletti, D. (2004). "Holographic and speckle methods for the analysis of panel paintings. Developments since the early 1970s". *Reviews in Conservation*, 5, 38-48.

Cano, E., Crespo, A., Lafuente, D., Ramirez Barat, B. (2014). "A novel gel polymer electrolyte cell for in-situ application of corrosion electrochemical techniques". *Electrochemistry Communications,* 41, 16-19.

Colombini, M. P., Modugno F. C. (2004). "Characterization of proteinaceous binders in artistic paintings by chromatographic techniques". *Journal of Separation Science,* 27, 147-160.

Christofides, C., Castellon, B., Othonos, A., Polikreti, K., de Deyne, C. (2004). "Fine art painting characterization by spectroscopic ellipsometry: preliminary measurements on varnish layers". *Thin Solid Films*, 455-456, 207-212.

Dass, Ch. (2007). *Fundamentals of Contemporary Mass Spectrometry.* New Jersey: Editorial John Wiley and Sons Inc.

Del Hoyo-Meléndez, J. M., Mecklenburg, M. F. (2010). "A survey on the light-fastness properties of organic-based Alaska Native artifacts". *Journal of Cultural Heritage,* 11, 493-499.

Derrick, M. R., Stulik, D. C., Landry, M. J. (1999). *Infrared Spectroscopy in Conservation Science*. Los Angeles: Editorial Getty Conservation Institute.

Doménech-Carbó, M. T., Buendia-Ortuño, M., Pasies-Oviedo, T., Osete-Cortina, L. (2016). "Analytical study of waterlogged ivory from the Bajo de la campana site (Murcia, Spain)". *Microchemical Journal*, 126, 381-405.

Doménech-Carbó, A., Doménech-Carbó, M. T., Más-Barberá, X. (2007). "Identification of lead pigments in nanosamples from ancient paintings and polychromed sculptures using voltammetry of nanoparticles/atomic force microscopy". *Talanta*, 71, 1569-1579.

Doménech, A., Doménech-Carbó, M. T., Vázquez de Agredos-Pascual, M. L. (2011). "From Maya Blue to 'Maya Yellow': A Connection between Ancient Nanostructured Materials from the Voltammetry of Microparticles". *Angewandte Chemie International Edition*, 50, 5741-5744.

Doménech-Carbó, A., Doménech-Carbó, M. T., Capelo, S., Pasíes, T., Martínez-Lázaro, I. (2014). "Dating archaeological copper/bronze artifacts by using the voltammetry of microparticles". *Angewandte Chemie International Edition*, 53, 9262-9266.

Doménech-Carbó, M. T., Osete-Cortina, L. (2016). "Another beauty of analytical chemistry: chemical analysis of inorganic pigments of art and archaeological objects". *ChemTexts,* 2, 14.

Doménech-Carbó, A., Doménech-Carbó, M. T., Costa V. (2009). *Electrochemical methods in Archaeometry, Conservation and Restoration.* Series: Monograph in Electrochemistry (ed. Scholz F.). Berlin: Editorial Springer.

Doménech-Carbó, M. T. (2008). "Novel analytical methods for characterization of binding media and protective coatings in artworks". *Analytica Chimica Acta,* 621,109-139.

Edwards, H. G. M., Chalmers, J. M. (2005). *Raman Spectroscopy in Archaeology and Art History*. Cambridge: Editorial RCS.

Feigl, F., Anger V. (1972). *Spot tests in inorganic analysis.* (6.ª ed.). Amsterdam: Editorial Elsevier.

Fischer, C. Kakoulli, I. (2006). "Multispectral and hyperspectral imaging technologies in conservation: current research and potential applications". *Reviews in Conservation*, 7, 3-16.

Gauglitz, G., Vo-Dinh, T. (2003). *Handbook of Spectroscopy.* Weinheim: Editorial Wiley-VCH Verlag GmbH & Co. KGaA.

Glascock, M. D. (2000). "The Status of activation analysis in archaeology and geochemistry". *Journal of Radioanalytical and Nuclear Chemistry*, 244, 537-541.

Goldstein, J., Newbury, D., Joy, D., Lyman, Ch., Sawyer, L., Michael, J., (2003). *Scanning Electron Microscopy and X-Ray Microanalysis*. New York: Kluwer Academic/Plenum Publishers.

Gomez, M. A. (1998). *La Restauración. Examen científico aplicado a la conservación de obras de arte*. Madrid: Editorial Cátedra.

Gross, J. H. (2004). *Mass Spectrometry*. Berlin Heidelberg: Editorial Springer-Verlag.

Grunenwald, A., Keyser, C., Sautereau, A. M., Crubezy, E., Ludes. B., Drouet, C. (2014). "Revisiting carbonate quantification in apatite (bio)minerals: a validated FTIR methodology". *Journal of Archaeological Science*, 49, 134-141.

Günzler, H., Williams, A. (eds.) (2001). *Handbook of Analytical Techniques*. New York: Editorial Wiley VCH.

Haynes, W. M. (ed.) (2015). *Handbook of Chemistry and Physics.* CRC press.

Heerbrugg, W. (1979). *Macro y Microfotografía Práctica*. Heerbrugg: Heerbrug SA.

Janssens, K. (2005). "A survey of the recent use of x-ray beam methods for non-destructuve investigations in the cultural heritage sector". En Van Grieken, R. y Janssens, K. (coords.). *Cultural Heritage Conservation and Environmental Impact Assessment by Non-Destructive Testing and Micro-Analysis.* Londres: Balkema Publishers, 265-308.

Janssens, K., Dik, J., Cotte, M., Susini, J. (2010). "Photon-Based Techniques for Nondestructive Subsurface Analysis of Painted Cultural Heritage Artifacts". *Accounts of Chemical Research*, 43, 814-825.

Junk, M. J. N. (2012). *Assessing the Functional Structure of Molecular Transporters by EPR Spectroscopy.* Springer Theses. Berlin Heidelberg: Springer-Verlag.

Kokkinaki, O., Mihesan, C., Velegrakis, M., Anglos, D. (2013). "Comparative study of laser induced breakdown spectroscopy and mass spectrometry for the analysis of cultural heritage materials". *Journal of Molecular Structure*, 1044, 160-166.

Lahanier, C. (1991). "Scientific methods applied to the study of art objects". *Mikrochimica Acta*, II, 245-254.

Locke, D. C., Riley, O. H. (1970). "Chemical analysis of paint samples using the Weisz ring oven technique". *Studies in Conservation*, 15, 94-101.

Lohner, T., Agócs, E., Petrik, P., Zolnai, Z., Szilágyi, E., Kovács, I., Szőkefalvi-Nagy, Z., Tóth, L., Tóth, A. L., Illés, L., Bárson, I. (2014). "Spectroellipsometric and ion beam analytical studies on a glazed ceramic object with metallic lustre decoration". *Thin Solid Films*, 571, 715-719.

Mairinger, F., Schreiner, M. (1982). "New methods of chemical analysis – a tool for the conservator. Science and Technology in the service of conservation". London: *International Institute for Conservation,* 5-13.

Matteini, M., Moles, A. (1986). *Sciencia e Restauro. Metodi di Indagine.* (2.ª ed.). Florencia: Editorial Nardini.

Montero Ruiz, I., García Heras, M., López-Romero, E. (2007). "Arqueometría: cambios y tendencias actuales". *Trabajos de prehistoria*, 64, 23-40.

Morales, A. J. (1996). "Patrimonio histórico-artístico". Madrid: *Historia 16,* Información e Historia SL.

Nadolny, J. (2003). "The first century of published scientific analyses of the materials of historical painting and polychromy, circa 1780-1880". *Reviews in Conservation*, 4, 39-51.

Naumkin, A. V., Kraut-Vass, A., Gaarenstroom, S. W., Powell, C. J. *NIST X-ray Photoelectron Spectroscopy Database NIST Standard Reference Database 20, Version 4.1.* Disponible en <https://srdata.nist.gov/xps/DataDefinition.aspx>. Consultada en 10-05-2018.

Odlyha, M. (1995). "Investigation of the binding media of paintings by thermoanalytical and spectroscopic techniques". *Thermochimica Acta*, 269/270, 705-727.

Patnaik, P. (2004). *Dean's Analytical Chemistry Handbook.* (2.ª ed.). Editorial McGraw-Hill.

Plesters J. (1956). "Cross-sections and Chemical Analysis of Paint Samples". *Studies in Conservation,* 2, 110-157.

Pradell, T., Fernandes, R., Molina, G., Smith, A. D., Molera, J., Climent-Font, A., Tite, M. S. (2018). "Technology of production of Syrian lustre (11th to 13th century)". *Journal of the European Ceramic Society*, 38, 2716-2727.

Reedy T. J., Reedy Ch. L. (1988). *Statistical Analysis in Art Conservation.* Marina del Rey: Editorial The Getty Conservation Institute.

Regev, L., Poduska, K. M., Addadi, L., Weiner, S., Boaretto, E. (2010). "Distinguishing between calcites formed by different mechanisms using infrared spectrometry: archaeological applications". *Journal of Archaeological Science*, 37, 3022-3029.

Rubinson, K. A., Rubinson, J. F. (2001). *Análisis Instrumental [Contemporary Instrumental Analysis].* Madrid: Pearson Education-Prentice Hall.

San Andrés Moya, M., Viña Ferrer, S. (2004). *Fundamentos de química y física para la conservación y restauración.* Madrid: Editorial Síntesis.

SCHOLZ, F., SCHRÖDER, U., GULABOWSKI, R., DOMÉNECH-CARBÓ, A. (2014). *Electrochemistry of Immobilized Particles and Droplets.* 2nd edit. Berlin-Heidelberg: Springer.

SETTLE, F. A. (1997). *Handbook of Instrumental Techniques for Analytical Chemistry*. New Jersey: Editorial Prentice Hall Inc.

WEINER, S., BAR-YOSEF, O. (1990). "States of preservation of bones from prehistoric sites in the Near East: a survey". *Journal of Archaeological Science*, 17, 187-196.

WISSING, C., MATZERATH, S., TURNER, E., BOCHERENS, H. (2015). "Paleoecological and climatic implications of stable isotope results from late Pleistocene bone collagen, Ziegeleigrube Coenen. Germany". *Quaternary Research*, 84, 96-105.

WYPLOSZ, N. (2003). *Laser desorption mass spectrometric studies of artists' organic pigments*. Amsterdam: AMOLF-FOM.

Yuri A. W. Shardt
Department of Automation Engineering
Technical University of Ilmenau
Ilmenau, Germany

ISBN 978-3-030-83189-9 ISBN 978-3-030-83190-5 (eBook)
https://doi.org/10.1007/978-3-030-83190-5

This Springer imprint is published by the registered company Springer Nature Switzerland AG
The registered company address is: Gewerbestrasse 11, 6330 Cham, Switzerland

The textbook is written so that the chapters flow from the basic to the most advanced material with minimal assumptions about the background of the reader. Nevertheless, multiple different course can be organised based on the material presented here depending on the time and focus of the course. Assuming a single semester course of 39 h, the following would be some options:

(1) **Introductory Course to Statistics and Data Analysis**: The foundations of statistics and regression are introduced and examined. The main focus would be on Chap. 1: Introduction to Statistics and Data Visualisation, Chap. 2: Theoretical Foundation for Statistical Analysis, and parts of Chap. 3: Regression, including all of linear regression. This course would prepare the student to take the Fundamentals of Engineering Exam in the United States of America, a prerequisite for becoming an engineer there.

(2) **Deterministic Modelling and Design of Experiments**: In-depth analysis and interpretation of deterministic models, including design of experiments, is introduced. The main focus would be on Chap. 3: Regression and Chap. 4: Design of Experiments. Parts of Chap. 2: Theoretical Foundation for Statistical Analysis may be included if there is a need to refresh the student's knowledge of background information.

(3) **Stochastic Modelling of Dynamic Processes**: In-depth analysis and interpretation of stochastic models, including both time series and prediction error methods, is examined. The main focus would be on Chap. 5: Modelling Stochastic Processes with Time Series Analysis and Chap. 6: Modelling Dynamic Processes. As necessary, information from Chap. 2: Theoretical Foundation for Statistical Analysis and Chap. 3: Regression could be used. The depth in which these concepts would be considered would depend on the orientation of the course: either a theoretical emphasis can be made, by focusing on the theory and proofs, or an application emphasis can be made, by focusing on the practical use of the different results.

As appropriate, material from Chap. 7: Using MATLAB® for Statistical Analysis and Chap. 8: Using Excel® to do Statistical Analysis could be introduced to show and explain how the students can implement the proposed methods. It should be emphasised that this material should not overwhelm the students nor should it become the main emphasis and hence avoid thoughtful and insightful analysis of the resulting data.

The author would like to thank all those who read and commented on previous versions of this textbook, especially the members of the process control group at the University of Alberta, the students who attended the author's course on process data analysis in the Spring/Summer 2012 semester, the members of the Institute of Control Engineering and Complex Systems (Institute für Automatisierungstechnik und komplexe Systeme) at the University of Duisburg-Essen, the members of the Department of Automation Engineering (Fachgebiet Automatisierungstechnik) at the Technical University of Ilmenau (Technische Universität Ilmenau), and the students who attended the course "System Identification" at the Technical University of Ilmenau. The author would specifically wish to thank Profs. Steven X. Ding and

Symbols and Abbreviations

This section summarises the key symbols and abbreviations found in the book. Please note that despite attempts to limit symbols to single meaning and use, it is occasionally necessary to have multiple meanings assigned to a given symbol. This cases are clarified by pointing out which meaning is used in which chapter. Symbols are always written in italics or using special fonts, while abbreviations are written in uppercase, not in italics, and using normal Latin letters. Symbols and abbreviations are in normal alphabetical order.

Symbols

$\lfloor \cdot \rfloor$	Round-down function
A	A-polynomial
$\mathcal{A}$	Regression matrix (Chaps. 3, 4); state matrix (Chap. 5)
B	B-polynomial
$\mathscr{B}$	Input matrix
$\mathfrak{B}(1, q)$	Bernoulli distribution
$\mathfrak{B}(n, q)$	Binomial distribution
C	C-polynomial
$\mathbb{C}$	Complex numbers
$\mathcal{C}$	Output matrix
D	D-polynomial; seasonal differencing order (both Chap. 5)
d	Differencing order
$\mathcal{D}$	Throughput matrix
D_i	Cook's Distance
E	Expectation operator
e	(White, Gaussian) noise
e_t	Disturbance signal
F	F-polynomial
f	Frequency

$\mathscr{F}$	Fisher information matrix
$\mathbb{F}$	Space of all possible events
$f(x)$	Probability density function; probability mass function
f_{X1}	Marginal probability density function
$f_{Y\vert x}$	Conditional probability density function
$\mathfrak{F}$	Fourier transform
$\mathfrak{F}(\nu_1, \nu_2)$, $F_{\nu 1, \nu 2}$	F-distribution
(ω)	Power spectrum; spectral density
G	General transfer function
G_a	Actuator model
G_c	Controller model
G_l	Disturbance model
G_p	Process model
G_s	Sensor model
$g_{\hat{\theta}}$	Efficiency
h	Impulse response coefficients
H_0	Null hypothesis
H_1	Alternative hypothesis
I	Identity matrix
$\mathcal{J}$	Jacobian matrix
$\mathcal{J}'$	Grand Jacobian matrix
$\mathcal{J}_t$	Kalman smoother gain
k	Factor (Chap. 4); discrete time ϵ $\mathbb{N}$ (Chaps. 5, 6)
l	Level
$L(\theta\vert x)$	Likelihood function
$\ell(\theta\vert x)$	Log-likelihood function
m	Number of data points for regression, in a time series
m_i	Uncentred moment
$\bar{m}_i$	Centred moment
n	Number of samples, parameters
$\mathbb{N}$	Set of natural numbers
$\mathfrak{N}(\mu, \sigma_2)$	Gaussian (normal) distribution
n_C	Number of centre point replicates
n_R	Number of replicates
P	Probability measure function; order of the seasonal autoregressive polynomial (Chap. 5)
p	Order of the autoregressive polynomial (Chap. 5)
(λ)	Poisson distribution
$P(Y\vert X)$	Conditional probability
p_l	Left probability
p_r	Right probability
q	Order of the moving-average polynomial
Q	Order of the seasonal moving-average polynomial
r	Residual
$\mathbb{R}$	Set of real numbers

R^2	Pearson's coefficient of regression
$r_{critical}$	Critical value
r_t	Reference signal
S	Sensitivity
s	Seasonal order
$\mathbb{S}$	Sample space
SSE	Sum of squares due to the error
SSR	Sum of squares due to regression
SSR_i	Sum of squares due to regression for the *i*th parameter
$t(\nu)$, t_ν	Student's *t*-distribution
TSS	Total sum of squares
u	Input
u_t	Input signal
w	Weight
X	Data point; random variable
x	Regressor; state (Chaps. 5, 6)
y	Observation
$\hat{y}_\infty$	Infinite-horizon predictor / infinite-step-ahead predictor
y_t	Output signal
$\hat{y}_{t+\tau\|t}$	τ-step-ahead predictor
z	Forward shift operator/z-operator
Z	Standard normal distribution; *Z*-score
$\mathbb{Z}$	Set of integers
z^{-1}	Backward shift operator/z^{-1}-operator
α	False positive rate; confidence level
β	False negative rate (Chap. 2); parameter (Chaps. 3, 4)
β_0	Mean response
γ	Autocorrelation; skew (Chap. 2)
Γ	Autocovariance matrix
γ_{ij}	Experimental coefficients (Chap. 4)
$\gamma_{XY}(\tau)$	Cross-covariance
δ	Bias
Δ	Difference
ε	Error
$\varepsilon_{t+\tau\|t}$	Prediction error
θ	Regressive coefficients; time delay (Chap. 6)
κ	Basis function
μ	Mean
ν	Degrees of freedom
ρ	Autocovariance
$\rho_{X\|Z}(\tau)$	Partial autocorrelation
$\rho_{X1,\,X2}$	Correlation
$\rho_{XY\|Z}$	Partial correlation
Σ	Covariance matrix
σ	Standard deviation

σ^2	Variance
σ_{MAD}	Median absolute deviation
τ_s	Sampling time
ϕ	Moving-average coefficients
$\chi^2(\nu)$, $\chi^2{}_\nu$	χ^2-distribution
ψ	Sensitivity function
Ω	Probability space
◌̅ (U+0305)	Mean value
◌̂(U+0302)	Estimated value
◌⃗ (U+20D7)	Vector
◌̃(U+0303)	Normalised value

Abbreviations

AIC	Akaike's Information Criterion
ANOVA	Analysis of variance
AR	Autoregressive model
ARMA	Autoregressive, moving-average, exogenous model
ARX	Autoregressive exogenous model
BIC	Bayesian or Schwarz Information Criterion
BJ	Box–Jenkins Model
CCD	Central composite design
CDF	Cummulative distribution function
CI	Confidence interval
CTL	Central limit theorem
I	Integrating model
IR	Impulse response model
MA	Moving-average model
ME	Mean error
MSE	Mean-squared error
MVE	Minimum variance estimator
NLARX	Nonlinear autoregressive exogenous model
OE	Output-error model
OLS	Ordinary least squares
PACF	Partial autocorrelation function
pdf	Probability density function
RBS	Random binary signal
SARIMA	Seasonal, autoregressive, integrated, moving-average model
SNR	Signal-to-noise ratio
tf	Transfer function
WLS	Weighted least squares

Contents

List of Figures

List of Tables

Chapter 1
Introduction to Statistics and Data Visualisation

Εἰκὸς γὰρ γίνεσθαι πολλὰ καὶ παρὰ τὸ εἰκός.
It is likely that unlikely things should happen.
Aristotle, Poetics, 1456a, 24

Although it is a common perception that statistics seeks to quantify and categorise uncertainty and unlikely events, it is actually a much broader and more general field. In fact, statistics is the science of collecting, analysing, interpreting, and displaying data in an objective manner. Built on a strong foundation in probability, the application of statistics has expanded to consider such topics as curve fitting, game theory, and forecasting. Its results are applied in many different fields, including biology, market research, polling, economics, cryptography, chemistry, and process engineering.

Basic statistical methods have been traced back to the earliest times in such forms as the collection of data regarding a farmer's livestock, the amount, quality, and type of grain in the city granaries, or the phases of the moon by early astronomers. With these simple data sets, graphs could be created, summary values computed, and patterns could be detected and used. Greek philosophers, such as Aristotle (384−322 B.C.), pontificated on the meaning of probability and its different realisations. Meanwhile, ancient astronomers, such as Ptolemy (*c.* A.D. 90−168) and Al-Biruni (973−1048), were developing methods to deal with the randomness and inherent errors in their astronomical measurements. By the start of the late Middle Ages around 1300, rudimentary probability was being developed and applied to break codes. With the start of the seventeenth century and spurned by a general interest in games of chance, the foundations of statistics probability were developed by Abraham de Moivre (1667−1754), Blaise Pascal (1623−1662), and Jacob Bernoulli (1655−1705). These scientists sought to resolve and determine optimal strategies for such games of chance. The nascent nation-states also took a strong interest in the collection and interpretation of economic and demographic information. In fact, the word *statistics*, first used by the German philosopher Gottfried Achenwall (1719−1772) in 1749, is derived from the Neolatinate term *statisticum collegium*, meaning *council of the state*, referring to the fact that even then the primary use of the collected information was to provide insight (*council*) about the

Y. A. W. Shardt, *Statistics for Chemical and Process Engineers*,
https://doi.org/10.1007/978-3-030-83190-5_1

nation-state (Varberg 1963). In the early nineteenth century, among others, works by Johann Carl Friedrich Gauss (1777–1855), Pierre-Simon Laplace (1749–1827), and Thomas Bayes (1701–1761) led to the development of new theoretical and practical ideas. Theoretically, the grounding of statistics in probability theory, especially the development of the Gaussian distribution, allowed for many practical applications, including curve fitting and linear regression. Subsequent work, by such researchers as Andrei Kolmogorov (1903–1987) and Andrei Markov (1856–1922), solidified the theoretical underpinning and developed new ways of understanding randomness and methods for quantifying its behaviour. From these foundations, Karl Pearson (1857–1936) and Ronald Fisher (1890–1962) developed hypothesis testing, the χ^2-distribution, principal component analysis, design of experiments, analysis of variance, and the method of maximum likelihood, which continue to be used today. Subsequently, these ideas were used by George Box (1919–2013), Gwilym Jenkins (1932–1982), and Lenart Ljung (1946–) to develop stochastic modelling and advanced probabilistic models with applications in economics, biology, and process control. With the advent of computers, many of the previously developed methods can now be realised efficiently and quickly to analyse enormous amounts of data. Furthermore, the increasing availability of computers has led to the use of new methods, such as Monte Carlo simulations and bootstrapping.

Even though statistics still remains solidly applied to the study of economics and demographics, it has broadened its scope to cover almost every human endeavour. Some of the earliest modern applications were to the design and analysis of agricultural experiments to show which fertilisers and watering methods were better despite uncontrollable environmental differences, for example, the amount of sunlight received or local soil conditions. Later these methods were extended to analyse various genetic experiments. Currently, with the use of powerful computers, it is possible to process and unearth unexpected statistical relationships in a data set given many thousands of variables. For example, advertisers can now accurately predict changes in consumer behaviour based on their purchases over a period of time.

Another area where statistics is used greatly is the chemical process industry, which seeks to understand and interpret large amounts of industrial data obtained from a given (often, chemical) process in order to achieve a safer, more environmentally friendly, and more profitable plant. The process industry uses a wide range of statistics, ranging from simple descriptive methods through to linear regression and on to complex topics such as system identification and data mining. In order to appreciate the more advanced methods, there is a need to thoroughly understand the fundamentals of statistics. Therefore, this chapter will start the exploration with some fundamental results in statistical analysis of data sets coupled with a thorough analysis of the different methods for visualising or displaying data. Subsequent chapters will provide a more theoretical approach and cover more complex methods that will always come back to use the methods presented here. Finally, as a side note, it should be noted that the focus of this book is on presenting methods that can be used with modern computers. For these reasons, heavy emphasis will be made on matrices and generalised approaches to solving the problems. However, except for the last two chapters dedicated to MATLAB® and Excel®, little to no emphasis will be placed on any specific software as a computational tool; instead, the theoretical and implementation aspects will be examined in depth.

1.1 Basic Descriptive Statistics

The most basic step in statistical analysis of a data set is to describe it descriptively, that is, to compute properties associated with the data set and to display the data set in an informative manner. A data set consists of a finite number of **samples** or data points. In this book, a data set will be denoted using either set notation, that is, $\{x_1, x_2,\ldots, x_n\}$ or vector notation, that is, as $\vec{x} = \langle x_1, x_2, \ldots, x_n\rangle$. Set notation is useful for describing and listing the elements of a data set, while vector notation is useful for mathematical manipulation. The size of the data set is equal to n. The most common descriptive statistics include measures of **central tendency** and **dispersion**.

1.1.1 Measures of Central Tendency

Measures of central tendency provide some information about the central or typical value in the data set. The basic measures of central tendency include the **mean**, **mode**, and **median**. Since the most common such measure is the **mean**, which is often colloquially called the average, all of these measures are often referred to as **averages**. A summary of the basic properties of these measures is provided in Table 1.1.

The **mean** is a measure of the central value of the set of numbers. It is often denoted as an overbar ($\bar{\circ}$) over a variable, for example, the mean of $\vec{x}$ would be written as $\bar{x}$. The most common **mean** is simply the sum of all the values divided by the total number of data points, n, that is,

$$\bar{x} = \frac{\sum_{i=1}^{n} x_i}{n}. \tag{1.1}$$

Table 1.1 Summary of the main properties of the measures of central tendency

Measure	Formula	Advantages	Disadvantages
Mean	$\bar{x} = \frac{\sum_{i=1}^{n} x_i}{n}$	Easy to compute and interpret	Can easily be influenced by extreme values
Mode	Most common entries in the data set	Easy to interpret	May do not accurately represent the data set
Median	Middle entry of the ordered data set	Robust and easy to interpret	Not necessarily easy to compute

Alternatively, a weighted mean can be computed, where for each value a weight w is assigned, that is,

$$\overline{x} = \frac{\sum_{i=1}^{n} w_i x_i}{\sum_{i=1}^{n} w_i}. \tag{1.2}$$

The weighted mean can be used when the accuracy of some of the values is suspected to be less than that of others. Although the mean is a commonly used measure of central tendency and hence widely reported when describing data, it is not necessarily a robust measure, that is, the mean can be heavily skewed by one or two numbers that are significantly different from the others. For example, if we have the data set of three numbers, $\{2, 3, 4\}$, whose mean is $\overline{x} = 3$, and replace the 4 by 10, the mean becomes $\overline{x} = 5$, which is larger than two of the other numbers.

The **mode** represents the most common entry in a given data set. Multiple entries can be tied for the mode, in which case, the data set is said to be **multimodal**.[1] For the following set of numbers, $\{2, 4, 5, 5, 5, 6, 7, 10, 10, 10, 11\}$, there are two modes: 5 and 10, as both occur exactly three times. Although, in general, the mode is less sensitive to minor changes in the data set, it is still relatively easy to skew the results by adding too many identical values to create a new modal value. Furthermore, the most common entry need not be in any way descriptive of the overall properties of the data set. This can especially be the case if one of the extreme values occurs slightly more often than the other numbers and hence becomes the modal value.

The **median** represents the middle value of an ordered data set. If the number of data points is odd, then the median will represent the middle value. On the other hand, if the number of data points is even, then the median will be the mean value of the two middle values. Although it can happen that the median value is equal to a value in the data set, this is not necessarily always true. For the set given as {2, 4, 5, 10, 14, 14, 16, 17}, the median value would be 12 (= ½(10 + 14)). The main advantage of the median value is that it represents the middle value of a given set and is robust to single extreme values.

1.1.2 Measures of Dispersion

Measures of dispersion seek to provide some information about how the values in a given data set are distributed, that is, are all the values clustered about one number or are they spread out across a large range of numbers. The basic measures of dispersion include **range**, **standard deviation** or **variance**, **skew**, and **median absolute deviation** (**MAD**). A summary of the basic properties of these measures is provided in Table 1.2.

---

[1] If the specific number of tied entries is known, then the data set can be referred to by that number, for example, **bimodal** for a data set with two modes or **trimodal** for three modes.

Table 1.2 Summary of the main properties of the measures of dispersion

Measure	Formula	Advantages	Disadvantages	Comment
Range	max – min or [min, max]	Easy to compute	Can be easily influenced by extreme values	
Standard deviation	$\hat{\sigma} = \sqrt{\frac{\sum_{i=1}^{n}(x_i-\overline{x})^2}{n-1}}$	Commonly used and easy to interpret	Can be easily influenced by extreme values	Squaring it gives the variance
Median absolute difference	$\hat{\sigma}_{MAD} =$ $\text{median}(\lvert x_i - \overline{x}_{median}\rvert)$	Robust estimate		Can be converted to an estimate of the standard deviation
Skew	$\hat{\gamma} = \frac{\frac{1}{n}\sum_{i=1}^{n}(x_i-\overline{x})^3}{\left(\frac{1}{n}\sum_{i=1}^{n}(x_i-\overline{x})^2\right)^{1.5}}$	Measures the spread of the extreme values		Rarely used in practice

The **range** of a data set is simply defined as the difference between the largest and smallest values within the data set. It is also possible to report the range as the two numbers representing the extreme data set values. It provides a simple, but not very meaningful, interpretation of the spread of the values. The larger the range, the more spread out the values are. Clearly, the range is affected adversely by large extreme values, since they would be directly used in its computation.

The **standard deviation**, σ, and **variance**, σ^2, are two related measures of the spread of the data set. The variance is always equal to the second power of the standard deviation. The larger the standard deviation, the more spread out the data set is. The variance can be computed as

$$\hat{\sigma}^2 = \frac{\sum_{i=1}^{n}(x_i - \overline{x})^2}{n-1}. \tag{1.3}$$

The standard deviation can then be computed by taking the square root of the value obtained using Eq. (1.3). In statistics, the circumflex ($\hat{\circ}$) over a value shows that it is estimated or computed from a data set, rather than some theoretical value, for example, in Eq. (1.3), $\hat{\sigma}^2$ is the estimated value of the true variance, σ^2, given the data set. Even if the variance for the data set were the same, taking different data points will lead to some variation in the computed value. It can be noted that the variance is sensitive to extreme values. Occasionally, the variance can be denoted as the function *var*, for example, var(x) is the variance of x.

A method to avoid the sensitivity of the standard deviation to extreme values is to compute the **median absolute deviation (MAD)**, denoted by σ_{MAD}, which replaces the mean by the robust median. It can be computed as follows:

$$\hat{\sigma}_{MAD} = \text{median}(|x_i - \overline{x}_{median}|), \tag{1.4}$$

where *median* is the function that determines the median value given a data set and $\overline{x}_{median}$ is the median value for the data set. It is possible to convert $\hat{\sigma}_{MAD}$ to a robust estimate of the standard deviation. However, it requires knowing the underlying distribution in order to compute the conversion factor. For a normal distribution, the robust estimate of the standard deviation can be written as

$$\hat{\sigma} = 1.48226\hat{\sigma}_{MAD}. \tag{1.5}$$

The **skew**, denoted by γ, measures the amount of asymmetry in the distribution. Skewness is determined by examining the relationship in the clustering of extreme values, that is, the tails. If more of the data set is clustered towards the smaller extreme values, then it is said that the system has **positive** or **right skewness**. On the other hand, if the data set is clustered towards the larger extreme values, then it is said that the system has **negative** or **left skewness**. The skew of a data set can be computed as

$$\hat{\gamma} = \frac{\frac{1}{n}\sum_{i=1}^{n}(x_i - \overline{x})^3}{\left(\frac{1}{n}\sum_{i=1}^{n}(x_i - \overline{x})^2\right)^{1.5}}. \tag{1.6}$$

Graphically, the skewness can be seen from a histogram, which plots the frequency of a value against the value. Examples of left and right skewness are shown in Fig. 1.1.

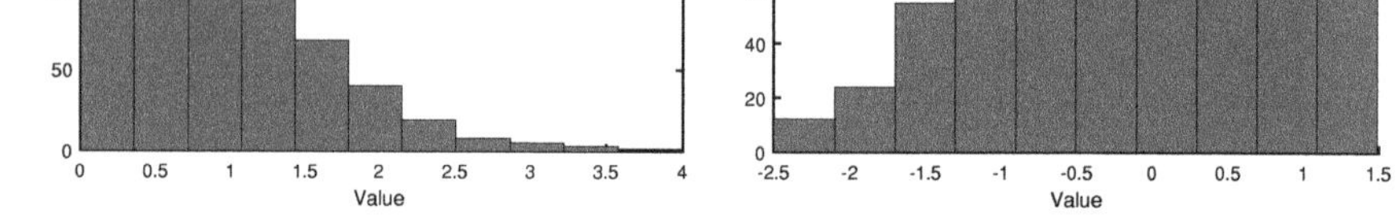

Fig. 1.1 (Left) Right-skewed and (right) Left-skewed data set

1.1.3 Other Statistical Measures

In addition to the measures of central tendency and dispersion, there exist other ways of quantifying a particular data set. This section will briefly review the two most common such methods: **quantiles** and **outliers**.

1.1.3.1 Quantiles

A **quantile** is a way of dividing the data set into segments based on the ordered rank of the data set. Common quantiles are the median (two segments with the split at 50%), **quartiles** (four segments at 25, 50, and 75%), **quintiles** (five segments at 20, 40, 60, and 80%), and **percentiles** (100 segments). In order to obtain a meaningful division, there should be at least as many different data points as there are segments.

Partitioning a data set into quantiles can be accomplished using the following steps:

(1) **Order** the data set from smallest to largest.
(2) **Obtain** an estimate of the boundaries for each of the segments using the following formula (Hyndman and Fan 1996):

$$\begin{aligned} h &= (n-1)p+1 \\ Q_p &= x_{\lfloor h \rfloor} + (h - \lfloor h \rfloor)\left(x_{\lfloor h \rfloor + 1} - x_{\lfloor h \rfloor}\right)' \end{aligned} \tag{1.7}$$

where n is the number of data points, $p = k \,/\, q$, k and q are defined as the kth q-tile, x_i is the ith data point of the ordered data set, and $\lfloor \cdot \rfloor$ is the floor function, that is, round down any number to its nearest integer. When $p = 1$, then $Q_p = x_n$.

Different formulae for computing the sample quantile can be obtained by changing the equation for h. Two other common formulations are:

(1) **Exclusive Formulation**: $h = (n + 1)p + 1$, with both p and Q_p computed the same way as before.
(2) **Linear Interpolation Formulation**: $h = np + ½$, with both p and Q_p computed the same way as before.

The differences in the estimated values are in most cases quite minimal. A comparison of the above methods is given in Table 1.6 in the context of an example (see Sect. 1.3.3, p. 28).

It can be noted that in all versions of Excel® the method defined by Eq. (1.7) is available (as either the function quartile or quartile.inc). Newer versions of Excel® (2010 or newer) also support option 1 (as quartile.exc). All versions of MATLAB® implement option 2.

1.1.3.2 Outliers

Outliers are data points that seem to be quite different from surrounding values and expected behaviour. Outliers can be caused by many different factors, including data entry or data collection errors or caused by randomness inherent in the system. Whenever a point is suspected to be an outlier, it is always useful to check that it has been correctly recorded and collected. Determining whether a point is an outlier is ultimately subjective and relies on intuition. Common rules for determining outliers include (Lin et al. 2007):

(1) **Visual Tests**: Visual inspection to determine which values are located far from the bulk of the data, for example, in the set $\{1, 2, 1, 2, 3, 0, 2, -10\}$, -10 could be considered to be an outlier. Displaying the data using graphs can be a very useful approach. Graphs, such as the box-and-whisker plot, line charts, and scatter plots, can be useful for determining outliers.

(2) **3σ Edit Rule**: Data points whose *Z*-score is large (>3), where the *Z*-score is given as

$$Z_i = \frac{x_i - \overline{x}}{\sigma}, \tag{1.8}$$

x_i is the data point of interest, Z_i is the corresponding *Z*-score, $\overline{x}$ is the mean value of the data set, and σ is the standard deviation of the data set. This approach only works if it can be assumed that the data set comes from a normal distribution. It is not very robust.

(3) **Hampel identifier** (Davies & Gather, 1993): The Hampel identifier assumes that points lie outside the band $x_{median} \pm 3\hat{\sigma}_{rob}$, where $\hat{\sigma}_{rob}$ is defined as

$$\hat{\sigma}_{rob} = 1.4826\text{median}(|x_i - x_{median}|) \tag{1.9}$$

and *median* is the function that determines the median value of the given data set. This equation represents the median absolute difference and is a robust manner of estimating the spread of the data. The constant is selected such that $\hat{\sigma}_{rob}$ is equal to σ for a normal distribution. In fact, for a normal distribution, the Hampel identifier and the 3σ edit rules will produce the same results.

1.2 Data Visualisation

Data visualisation is the science and art of displaying information in a visual manner that not only displays the relevant information accurately but also in a visually appealing way. There exist many different methods for visualising a given data set, including graphs and tables. Each method has its advantages and disadvantages when it comes to displaying the data. In general, the following principles can be followed to determine which method is best to display the data:

(1) **Density of Information**: How much information is to be presented? Are there only a few points that need to be summarised, or are there multiple points that need to be shown?
(2) **Comparison**: What is the point of showing the values? What types of relationships between the data are to be highlighted?
(3) **Efficiency**: Which method shows the desired relationships the best? How well is the information displayed? Are the desired relationships visible clearly?
(4) **Display Scheme**: What kind of display scheme will be required? Will you need to use different colours? If so, how many? Will you need to use multiple different symbols? If so, which ones? Can they all be distinguished easily in the figure? What if the figure is printed in black and white? What type of scale will be used: normal or logarithmic?

Irrespective of the method selected, it is important that the following information, as appropriate, be included:

(1) **Titles/Captions**: Each figure or group of figures should have a clear title or caption that briefly explains the information in the figure.
(2) **Labels**: Appropriate labels should be included. This should include, as appropriate, the full name of what is being shown, abbreviations, and units. All axes and legend headings should be considered. For axes, an acceptable and very useful approach would be to use the following label: "*Full Name*, *Abbreviation* (*Units*)", for example, "Temperature, T (°C)". A legend should be provided if multiple types of information are plotted on the same graph.
(3) **Display**: Are the different symbols used clearly distinguishable? Consider the fact that many figures will end up in black-and-white publications. This implies that relying solely on colour to distinguish different aspects of a figure can be difficult. Furthermore, data points should not be connected by lines unless there is a reason for connecting the points. This implies that experimental data in many cases should be entered as single points, while theoretical values should be connected with a single continuous line.

A good discussion of the art of data visualisation, as well as some ideas on how to implement it, can be found in the books by Tufte (1997, 2001).

1.2.1 Bar Charts and Histograms

A **bar chart** is a graph that contains vertical or horizontal bars whose length is proportional to the value. Bar charts compare by their nature discrete information. One axis will contain the category or discrete item, while the other axis will contain the value axis. Typical bar charts are shown in Fig. 1.2. Although 3-D bar charts are

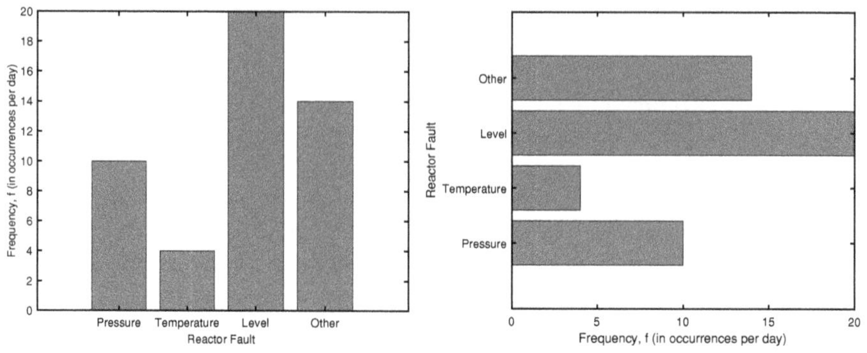

Fig. 1.2 (Left) Vertical bar chart and (right) Horizontal bar chart

possible, they do not provide any advantage for displaying the information accurately or efficiently.

A **histogram**, similar to a bar chart, shows the frequency of a given range of values that occur in the data set. Thus, a histogram records continuous data but presents it in a similar manner. A histogram is constructed by first creating bins or ranges of numbers. Next, the number of times a value from the data set falls within each of the ranges is determined and noted. Once this has been completed, a vertical bar chart is plotted using the bins as the category and the occurrences as the value. It should be noted that the bins are normally assigned so that they are of equal size (except for the two endpoints) and are continuous, that is, two adjacent bins share the same endpoint. A four-bin example could be $x < 3$, $3 \leq x < 5$, $5 \leq x < 7$, and $x \geq 7$. A typical histogram is shown in Fig. 1.3. Not all software provides methods for directly creating a histogram. In some cases, it is necessary to manually bin the data and then create the corresponding bar graph.

Fig. 1.3 Typical histogram

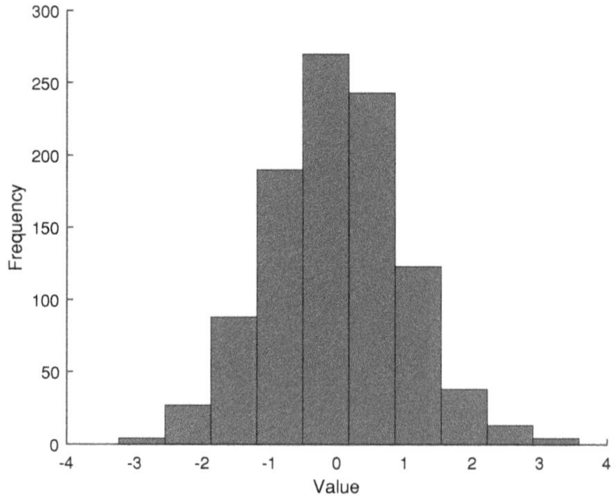

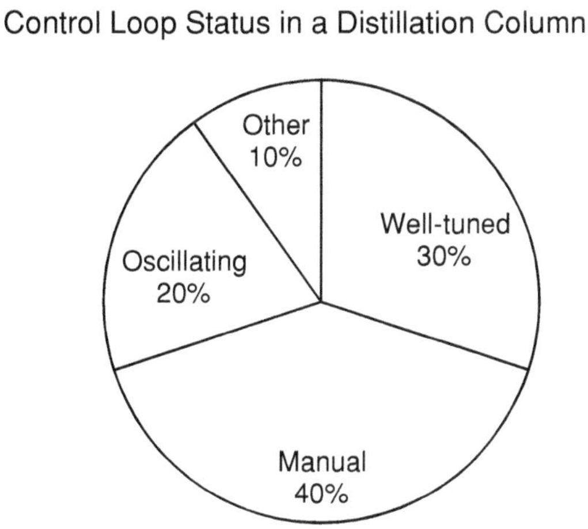

Fig. 1.4 Typical pie chart

1.2.2 Pie Charts

A **pie chart** is a circle whose arc length has been divided up into different proportions. It is named after how a pie is cut. Pie charts can be used to display the relationships of parts to a whole, for example, components of a budget. However, too many different items in a pie chart can lead to difficulties with representing the items effectively, as the number of available colours and amount of space can be limited. As well, a pie chart tends to require more space than would ideally be needed to display the information. A typical pie chart is shown in Fig. 1.4.

1.2.3 Line Charts

A **line chart** is a graph that contains individual data points connected by a line. Very often, the horizontal, or *x*-axis, will represent time and the vertical, or *y*-axis, will represent the value of some variable over time. For this reason, a line chart is often called a **time-series plot**. A line chart is very effective in showing how a variable(s) changes over time. However, too many competing lines can make the figure difficult to read and understand. A typical line chart is shown in Fig. 1.5.

1.2.4 Box-and-Whisker Plots

A **box-and-whisker plot**, or more simply a **boxplot**, is a complex graph that is based on quartiles to conveniently display multiple different properties of the data set. It can conveniently be used to compare different data sets. A box-and-whisker plot consists

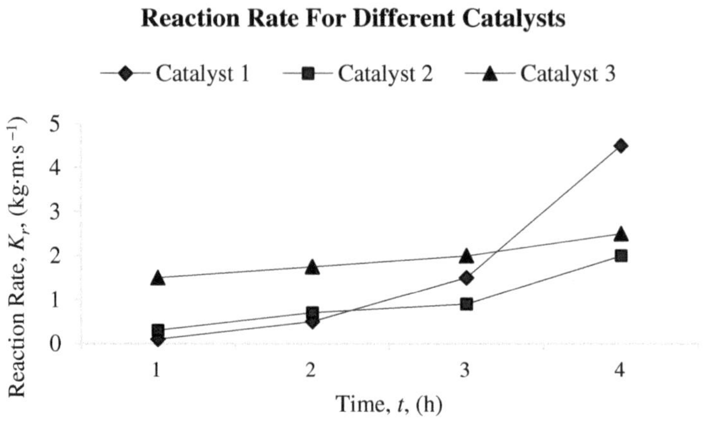

Fig. 1.5 Typical line chart

of two parts: the box and the whiskers. The box is formed by the 25th (Q1) and 75th (Q3) percentile boundaries with the middle line invariably being the median (Q2). The whisker limits are defined using any of the following rules:

(1) Maximum and minimum of the data set.
(2) Lowest data point located within 1.5 of the interquartile range from the lower quartile and the largest data point located within 1.5 of the interquartile range above the upper quartile. The interquartile range is defined as the difference between Q3 and Q1. Such a plot is often called a **Tukey boxplot**.
(3) The 9th and 91st percentiles.
(4) The 2nd and 98th percentiles.

In all cases, data points lying outside the whisker limits are conventionally denoted by crosses or dots, often in another colour. Such points can be labelled as **outliers**. Of the available definitions, the most commonly encountered box-and-whisker plots use whisker bounds defined by the first two rules. Typical box-and-whisker plots are shown in Fig. 1.6. These box-and-whisker plots were created using the interquartile range for the data points.

1.2.5 Scatter Plots

A **scatter plot** shows the values obtained using some mark. These marks are not connected and hence it looks like all the values are scattered around. A scatter plot is useful when it is desired to show the relationship between two variables, but the values vary quite a bit between each sample. Often, the true or predicted values can be superimposed using a line. The selection of the appropriate mark can be important, especially when there are many data points to show. Ideally, each data

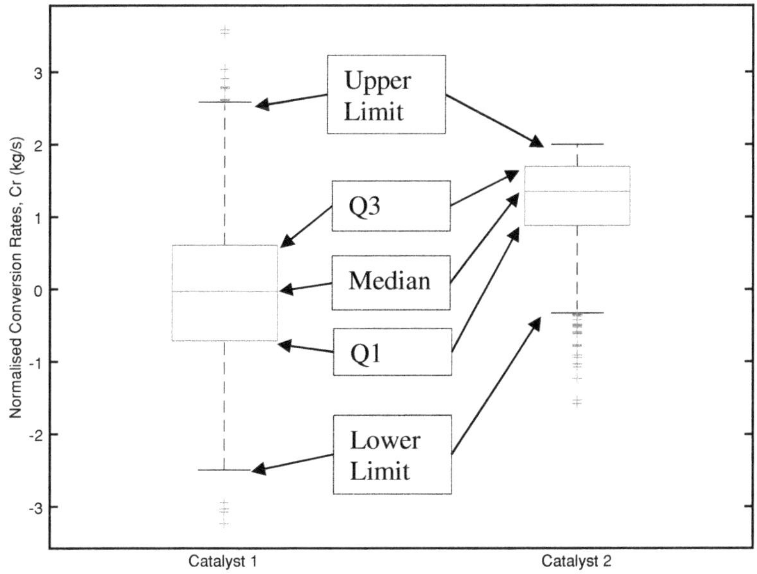

Fig. 1.6 Typical box-and-whisker plots

point should be clearly visible. In some cases, it may be useful to show data from multiple experiments or runs together on a single plot. Again, the various marks need not only be individually distinguishable but also distinguishable from each other. A typical scatter plot is shown in Fig. 1.7.

1.2.6 Probability Plots

A **probability plot** is a graph that compares the data set against some expected statistical distribution by comparing the actual quantiles against the theoretical quantiles. Such probability plots are also often called $Q - Q$ or $P - P$ plots. The most common statistical distribution for comparison is the normal distribution. The exact values plotted on each of the axes depend on the desired graph and software used. In general, the theoretical values are plotted on the x-axis, while the actual values are plotted on the y-axis. Occasionally, the actual values are modified in order to emphasise certain properties. A generalised probability plot can be constructed using the following steps:

(1) For each data point, compute its rank, denoted by R_i.

(2) Compute an approximation of the quantile position using the following formula:

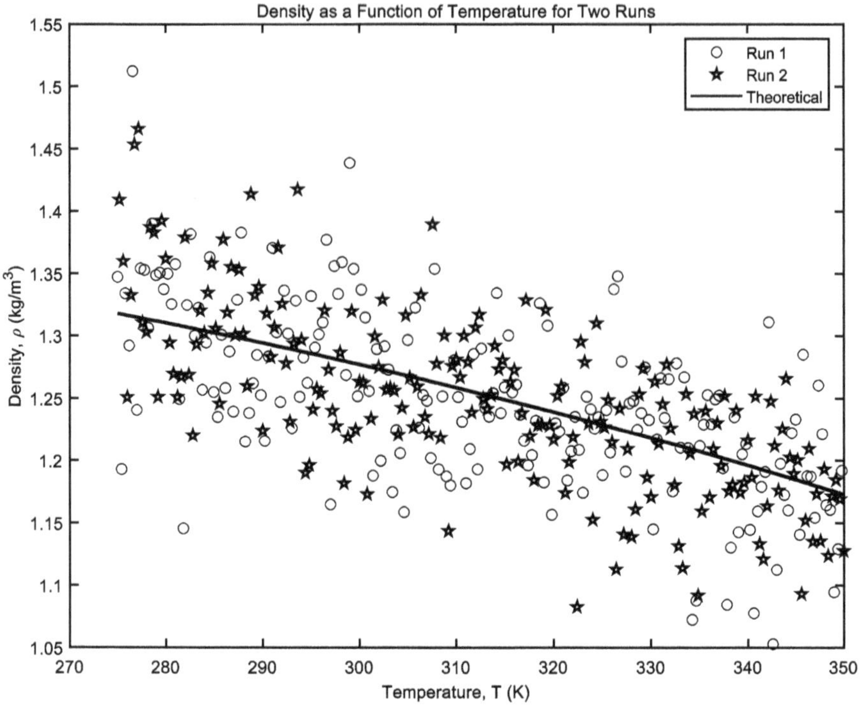

Fig. 1.7 Typical scatter plot

$$U_{Ri} = \begin{cases} 1 - 0.5^{\frac{1}{n}} & i = 1 \\ \frac{i-0.3175}{n+0.365} & i = 2, 3, \ldots, n-1 \; . \\ 0.5^{\frac{1}{n}} & i = n \end{cases} \tag{1.10}$$

It can be noted that any of the many different formulae can be used here. The simplest formula is given as

$$U_{Ri} = \frac{i - 0.5}{n}. \tag{1.11}$$

The final results will be very similar, irrespective of the actual formula used.

(3) Compute the N-score for each rank, N_{Ri}, using the following formula:

$$N_{Ri} = \text{icdf}(U_{Ri}), \tag{1.12}$$

where *icdf* is the inverse of the cumulative distribution function of the desired distribution (further information about distribution functions can be found in Sect. 2.3).

(4) If desired, transform the actual data. Two common transformations are:

a. ***Z*-score**: If the theoretical distribution is assumed to be normal, then it can be convenient to transform the data into the corresponding Z-score. This will minimise the need to know the true mean and standard deviation of the data set. The formula for the Z-score is

$$Z_i = \frac{x_i - \overline{x}}{\hat{\sigma}}. \tag{1.13}$$

b. ***Quantiles***: Another option is to plot the quantiles corresponding to the data set on the y-axis rather than the actual values. Any of the formulae for computing the quantile can be used. The most common one in this case is Eq. (1.11). This will give a cumulative distribution feel to the data set. Some software, such as MATLAB®, uses this approach to produce its probability plots.

(5) Plot N_{Ri} on the x-axis and x_i on the y-axis to construct the normal probability plot.

The interpretation of this probability plot is based on the following theoretical observations:

(1) The data should lie on a straight line, which, in the ideal case, is $y = x$.
(2) If the straight line given by the data is shifted vertically by a fixed amount, then this represents the difference in the mean between the assumed distribution and the actual, data distribution.
(3) If the straight line given by the data has a different slope ($\neq 1$), then the standard deviation of the data set is different from the assumed distribution's standard deviation.

This is shown graphically in Fig. 1.8, for the case of a normal distribution with different means and variances compared against a normal distribution with a mean of zero and a variance of 1. It can be seen that the straight line's slope and y-intercept match well with the theoretical values. Therefore, based on these observations, it can be useful to include a straight line (line of best fit) to give an estimate of the true mean and standard deviation.

From these theoretical observations, this means that the points in the probability plot should all lie along a straight line. The exact slope and y-intercept are not all that important. Deviations from a straight line are indications that the data may not come from the proposed theoretical distribution. The most common deviations are:

(1) **Outliers**, or extreme values, at the endpoints.
(2) **Tails at the endpoints**, or curvature, that is, one tail is below the straight line and the other is above the straight line. This implies that the true distribution of the data set has a different distribution than the target distribution. Practically, if the left tail is below and the right tail is above the straight line, then the distribution in the tails is larger than in the target distribution. On the other hand, if the left tail is above and the right tail is below the straight line, then the data distribution in the tails is smaller than in the target distribution.

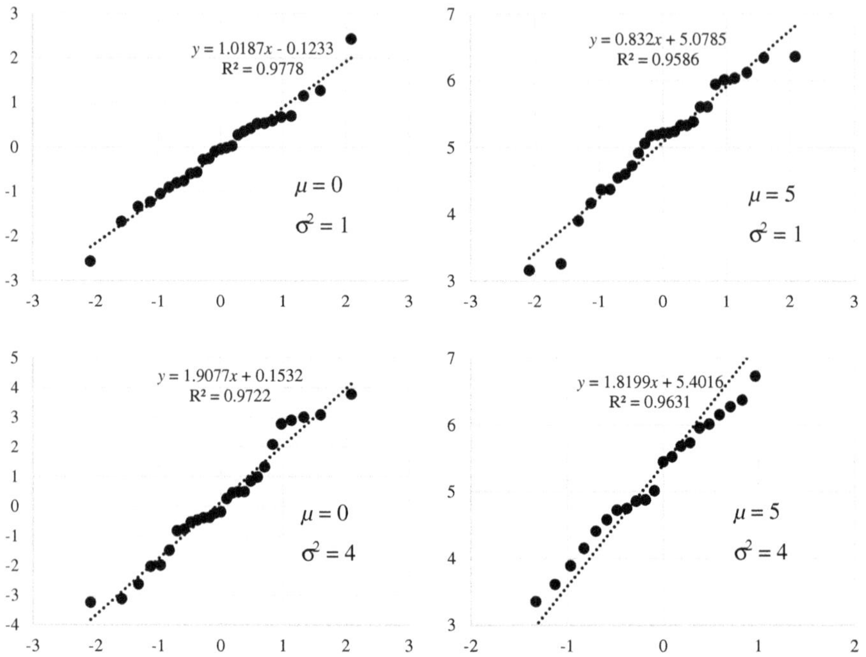

Fig. 1.8 Probability plots and the effect of the location parameters (μ and σ^2)

(3) **Convex or concave curvature** in the centre, that is, the given data set is not symmetric compared with the target distribution.

(4) **Plateaus, gaps, or horizontal data**, that is, the data seem to fall only within certain values. This is most likely to be the result of rounding errors introduced during measurement, storage, or data manipulation.

Figure 1.9 shows examples of how these kinds of problems can appear on a probability plot. Figure 1.9a shows a normal probability distribution with a mean of 0 and a variance of 1 with two outliers (circled). Notice how the outliers can cause some of the adjacent points to also be skewed from the ideal location. Figure 1.9b shows the case where the tails of the distribution do not match. In this case, a two-degrees-of-freedom Student's t-distribution was compared against the normal distribution. The t-distribution has larger tails than the normal distribution. This can be clearly seen by the deviations on both sides from the central line. Figure 1.9c shows the case where there is convex curvature in the centre. In this case, the asymmetric F-distribution was compared with the normal distribution. In such a case, drawing the desired straight line can be quite difficult since there can be potentially two or more "best" regions. Figure 1.9d shows the case where there are horizontal plateaus combined with gaps. In this case, the normal distribution with mean of 5 and variance of 4 was rounded down to three decimal places. This clearly shows the gaps and plateaus that rounding can induce in the results. Furthermore, it should be noted that drawing the straight

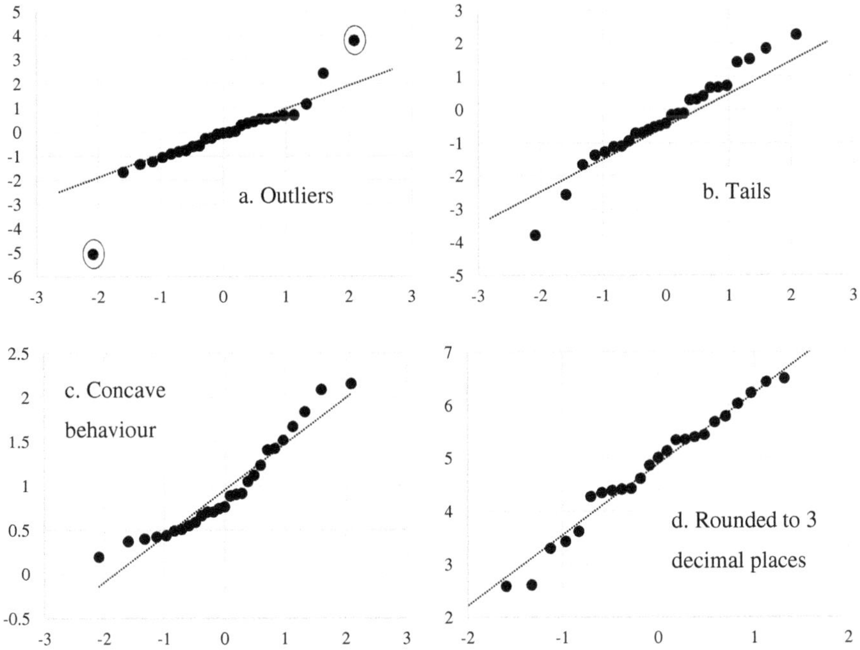

Fig. 1.9 Issues with probability plots

line for comparison can be difficult when the data set does not match the underlying distribution.

Finally, when dealing with small samples (say less than about thirty points), less ideal behaviour in the extreme regions (tails) can be tolerated. The extent and amount of tolerated deviations will depend on where the normal probability plot is being used. Figure 1.10 shows the normal probability plot for nine different realisations of eight data points drawn from the standard normal distribution. It can be seen that all samples show varying amounts of curvature and tails. Detailed comparisons of the effect of data size on normal probability plots can be found in Daniel and Wood (1980).

1.2.7 Tables

A **table** is a textual way of displaying information that consists of rows and columns. A table is useful to present a small amount of data whose exact values are important. It can be used to give information about summary statistics, such as the mean, mode, and standard deviation. Every table should have headers for its columns and rows. This can be formatted similarly to graph axes, by including the name of the variable, its symbol, and units. A well-designed table will contain all the relevant information

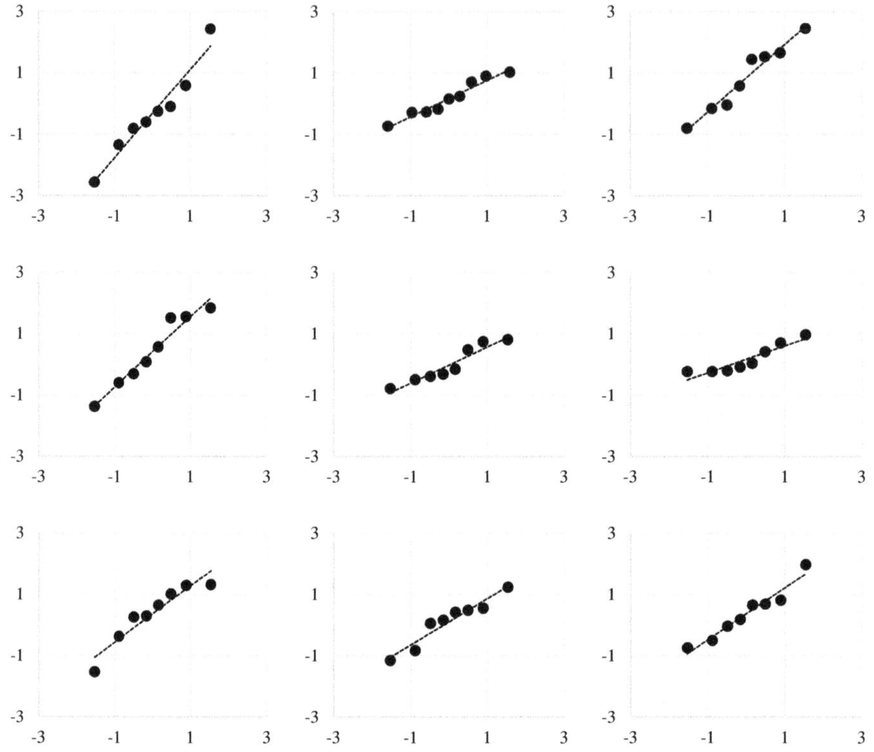

Fig. 1.10 Nine probability plots of eight samples drawn from a standard normal distribution

within it and be self-explanatory. Numbers should be properly formatted and not taken straight from the software used. There is no need to display more than about three or four digits (unless special circumstances warrant) with spacing between groups of three digits (on both sides of the decimal place). Scientific notation should be used as appropriate, for example, the number obtained from a calculator as 1.25896321532e3 could be written as either 1.259×10^3 (using scientific notation) or 1,259. A typical table is shown in Table 1.3.

Table 1.3 Typical table formatting

Treatment	Mean thickness, δ (μm)	Variance σ^2 (μm^2)	Range [lower, upper] (μm)
A	1.25	0.25	[0.25, 5.00]
B	1.50	0.10	[0.50, 2.25]
C	2.25	0.50	[0.50, 10.0]

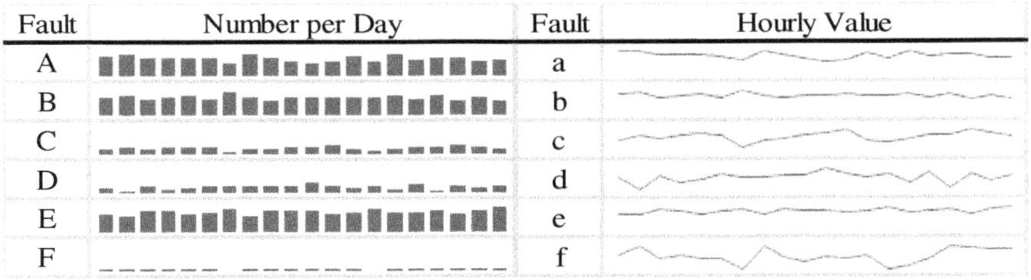

Fig. 1.11 (Left) Spark bar graph showing the number of times a given fault occurs over the course of many days and (right) Sparkline showing the hourly process value for six different variables from a single unit over the course of a day

1.2.8 Sparkplots

Sparkplots or **profile plot** are various ways of summarising information so that only the trends and comparison between different data sets are compactly shown. They often do not have explicit axes or category markings. Sparkplots can be either line graphs (known as sparklines) or bar graphs (known as spark bar graphs). It is common to use sparklines to show the behaviour of multiple process variables in order to understand which variables could be influencing others. Spark bar graphs are often used as histograms to show the distribution of variables and at the same show the individual values. Typical examples are shown in Fig. 1.11.

1.2.9 Other Data Visualisation Methods

The above sections have presented the most common data visualisation methods for a given data set. More complex forms can be created by combining different simple data visualisation methods into a final integrated plot. Alternatively, the data could be transformed (changed in some manner) before being plotted. The different techniques that are available to accomplish this depend strongly on the intended application and will be introduced in the relevant sections in later chapters. Often such plots are created when there is multiple information that needs to be displayed, for example, one is interested in determining which of twenty variables are important for your analysis.

Two typical integrated data visualisation methods are presented in Figs. 1.12 and 1.13. In Fig. 1.12, the linear relationship between 100 different variables is plotted to determine which variables are most related to each other. This plot involves taking the data, transforming it, and then computing the correlation between each pair of the transformed data. A strong linear relationship is denoted by one (or a red colour), while a weak linear correlation is denoted by zero (or a dark blue colour). Obviously, the variables themselves are strongly related to each other and so the diagonal is always equal to one in such plots. More information on creating and

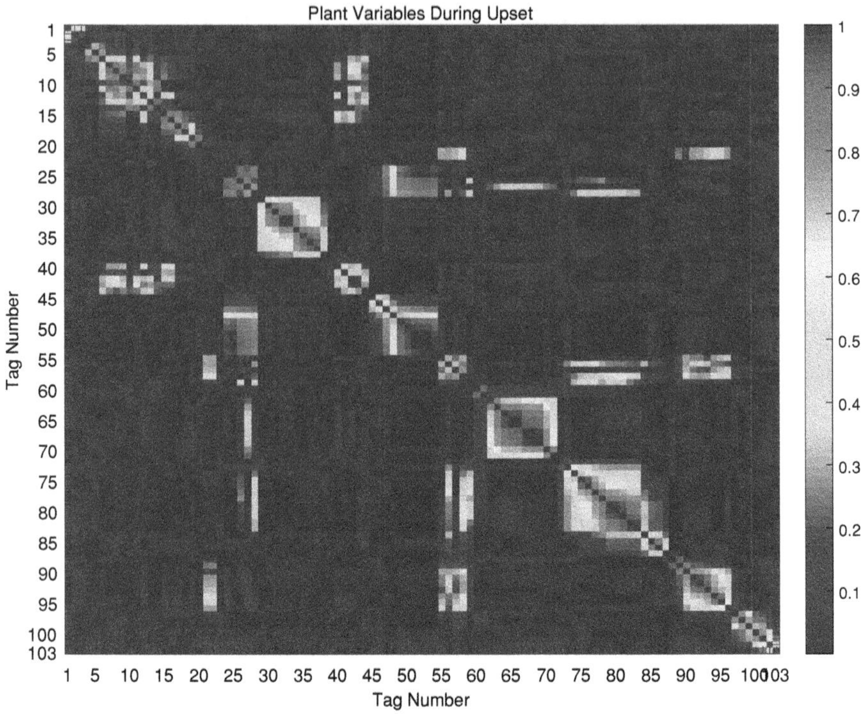

Fig. 1.12 Complex data visualisation example: A cross-correlation plot

plotting such figures can be found in Chap. 5. In Fig. 1.13, two variables are plotted against each other as a scatter plot with histograms to show the distribution of the individual variables. These plots can be useful for seeing and understanding complex interactions between different variables and how best to interpret them later. In this particular example, it can be seen that both variables are skewed to the left, with a rather large right tail.

1.3 Friction Factor Example

In this section, experimental data from a friction factor experiment will be considered. This data set consists of four separate runs performed on different pipe diameters collected on different days (often with a large separation in time).

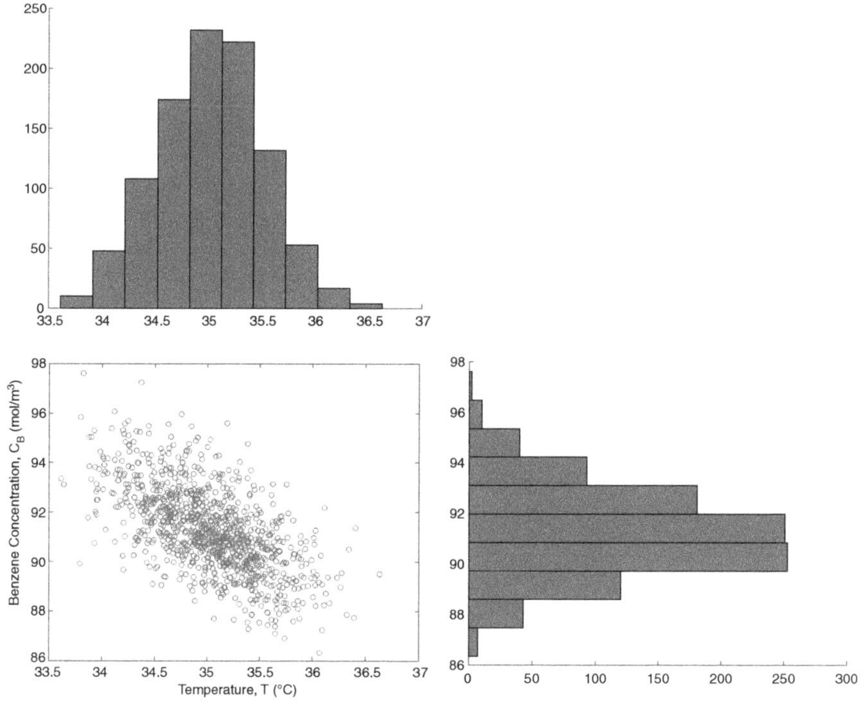

Fig. 1.13 Complex data visualisation example: Combining multiple plot types

1.3.1 Explanation of the Data Set

In the friction factor experiment, the flow of water through a pipe is changed to determine the pressure drop across a length of pipe for pipes with different diameters. In order to compare the results across multiple different diameters, the data are converted into two dimensionless numbers: the Reynolds number (Re), which represents the flow, and is defined as

$$\mathrm{Re} = \frac{\rho v D}{\mu}, \tag{1.14}$$

where ρ is the density of the fluid, v is the velocity, D is the pipe diameter, and μ is the dynamic viscosity of the fluid; and the friction factor (f), which represents the pressure drop in the pipe, and is defined as

$$f = \frac{2D\Delta P}{\rho v^2 L}, \tag{1.15}$$

where L is the length of the pipe and ΔP is the pressure drop.

The relationship between the friction factor and Reynolds number can be written as (Gerhart et al. 1992)

$$f = K\,\mathrm{Re}^{\beta}, \tag{1.16}$$

where K and β are parameters to be fit. For turbulent flow, where 4,000 < Re < 100,000, the Blasius equation predicts that $K = 0.316$ and $\beta = -0.25$ (Gerhart et al. 1992).

The experiment consisted of data collected on multiple days for different pipe diameters and flow rates using water as the fluid. Sample data are presented in Table 1.4. Runs 1 and 2 were performed on the same day, but with different pipe diameters: 4.9 mm for Run 1 and 6.1 mm for Run 2. Run 3 was performed on another day with a pipe diameter of 7.8 mm. Finally, Run 4 was some historical data obtained six years previously using the same equipment and a pipe diameter of 4.9 mm. The data are presented sequentially in the order in which the experiments were run, that is, for example, in Run 1, the experiment with a Re = 6,478 was run first, followed by the experiment with Re = 11,7785. Replicates were performed at some of the values, for example, in Run 1, there are two cases with a Re $\approx$ 11,800.

Table 1.4 Data from friction factor experiments

Run 1		Run 2		Run 3		Run 4	
Re	*f*	Re	*f*	Re	*f*	Re	*f*
6,478	0.0355	19,476	0.0268	20,701	0.0251	11,529	0.0308
11,785	0.0303	13,439	0.0293	13,248	0.0286	9,993	0.0318
5,485	0.0369	15,844	0.0281	18,409	0.0266	9,340	0.0329
9,075	0.0321	5,251	0.0369	5,602	0.0351	3,187	0.042
11,815	0.0302	11,980	0.0303	14,251	0.0281	6,248	0.0362
7,246	0.0343	17,732	0.0272	18,978	0.0261	4,838	0.0387
10,403	0.0309	6,366	0.0352	9,787	0.0309	4,427	0.0394
13,364	0.0292	15,115	0.0283	6,638	0.0339	9,567	0.0327
10,811	0.031	7,461	0.0345	10,748	0.0302	7,141	0.0351
7,730	0.0334	10,227	0.0314	16,813	0.027	5,750	0.0371
9,938	0.0316	13,240	0.0296	12,730	0.029	11,187	0.0312
11,581	0.0305	13,987	0.0291	8,794	0.0319	3,925	0.0405
8,432	0.0327	16,606	0.0277	15,041	0.0278		
12,546	0.0297	11,152	0.0307	12,060	0.0292		
9,051	0.0325	5,226	0.0377	6,937	0.0337		
9,470	0.0317			4,895	0.0364		

1.3.2 Summary Statistics

The mean, median, standard deviation, range, and median absolute difference will be determined for all four runs. Sample computations will be shown for Run 4 using the Reynolds number values. The results are summarised in Table 1.5.

For Run 4 and the Re values, the mean would be computed using Eq. (1.1) to give

$$\overline{\text{Re}} = \frac{\sum_{i=1}^{n} x_i}{n} = \frac{\begin{matrix}11{,}529 + 9{,}993 + 9{,}340 + 3{,}187 + 6{,}248 + 4{,}838 \\ +4{,}427 + 9{,}567 + 7{,}141 + 5{,}750 + 11{,}187 + 3{,}925\end{matrix}}{12} = 7{,}261. \tag{1.17}$$

Similarly, the median would be computed by first ordering the data set from smallest to largest and then finding the average of the two midpoint values (since there is an even number of values present), that is,

$$3{,}187;\ 3{,}925;\ 4{,}427;\ 4{,}838;\ 5{,}750;\ \underbrace{6{,}248;\ 7{,}141}\ ;\ 9{,}340;\ 9{,}567;\ 9{,}993;\ 11{,}187;\ 11{,}529.$$

$$\boxed{\begin{aligned}\text{median} &= \frac{6{,}248 + 7{,}141}{2} \\ &= 6{,}694.5\end{aligned}} \tag{1.18}$$

The standard deviation can be computed using a modified form of Eq. (1.3) commonly used for manual computations to give

$$\begin{aligned}\sigma_{\text{Re}} &= \sqrt{\frac{\sum_{i=1}^{n} x_i^2 - \frac{1}{n}\left(\sum_{i=1}^{n} x_i\right)^2}{n-1}} = \sqrt{\frac{\left(\sum_{i=1}^{n} x_i^2\right) - n\overline{x}^2}{n-1}} \\ &= \sqrt{\frac{\begin{pmatrix}11{,}529^2 + 9{,}993^2 + 9{,}340^2 + 3{,}187^2 + 6{,}248^2 + 4{,}838^2 \\ +4{,}427^2 + 9{,}567^2 + 7{,}141^2 + 5{,}750^2 + 11{,}187^2 + 3{,}925^2\end{pmatrix} - 12(7{,}261)^2}{12-1}} \cdot \\ &= 2{,}900\end{aligned} \tag{1.19}$$

Table 1.5 Summary statistics for the friction factor data set

Summary Statistic	Run 1		Run 2		Run 3		Run 4	
	Re	f	Re	f	Re	f	Re	f
Mean	9,700	0.0320	12,200	0.0309	12,200	0.0300	7,260	0.0357
Median	9,700	0.0317	13,200	0.0296	12,400	0.0291	6,700	0.0357
σ	2,300	0.0021	4,500	0.0036	4,900	0.0034	2,900	0.0039
Range	7,880	0.0077	14,300	0.0109	15,800	0.0113	8,340	0.0112
σ_{MAD}	1,900	0.0012	3,000	0.0018	4,000	0.0023	2,700	0.0034

The range can be found by determining the largest and smallest values and subtracting them. Thus, the maximum value is 11,529 and the minimum value is 3,187. Therefore, the range is 11,529 – 3,187 = 8,340.

The median absolute difference can be computed by first ordering the absolute value of the difference between the data point and the median to give

$$3{,}507.5;\ 2{,}769.5;\ 2{,}267.5;\ 1{,}856.5;\ 944.5;\ 446.5;\ 446.5;\ 2{,}645.5;\ 2{,}872.5;\ 3{,}298.5;\ 4{,}492.5;\ 4{,}834.5. \tag{1.20}$$

The ordered list then becomes

$$446.5;\ 446.5;\ 944.5;\ 1{,}856.5;\ 2{,}267.5;\ \underbrace{2{,}645.5;\ 2{,}769.5}_{\boxed{\text{median} = 2{,}707.5}};\ 2{,}872.5;\ 3{,}298.5;\ 3{,}507.5;\ 4{,}492.5;\ 4{,}834.5. \tag{1.21}$$

The median of the residuals is therefore 2,707.5.

It should be noted that all of the values have been rounded to three decimal places, except for the standard deviation, which has been rounded to two decimal places, in order to improve the presentation. It should be noted that the original mass flow rated and pressure drops used to compute the Reynolds number and friction factor were recorded to only three decimal places.

1.3.3 Data Visualisation

In this particular case, a scatter plot showing all the four runs together and a box-and-whisker plot of each run separately will be plotted. Detailed code for creating these graphs is given in Chap. 7 for MATLAB® and Chap. 8 for Microsoft Excel®. Figure 1.14 shows a scatter plot of the data showing each of the runs separately, while Fig. 1.15 gives the box-and-whisker plots for both the Reynolds number and the friction factor. The theoretical values using the Blasius equation have also been included in Fig. 1.14 to provide some reference point against which to compare the data set.

In order to illustrate the procedure for constructing a box-and-whisker plot by hand and determining the appropriate quartile boundaries, the Reynolds numbers from Run 4 will be used. For a box-and-whisker plot, it is necessary to determine the values located at $Q_{0.25}$, $Q_{0.5}$ (median), and $Q_{0.75}$. Equation (1.7) gives a general formula for computing these values. For $Q_{0.25}$, the first quartile, setting $n = 12$ and $p = 0.25 = ¼$ in the formula gives

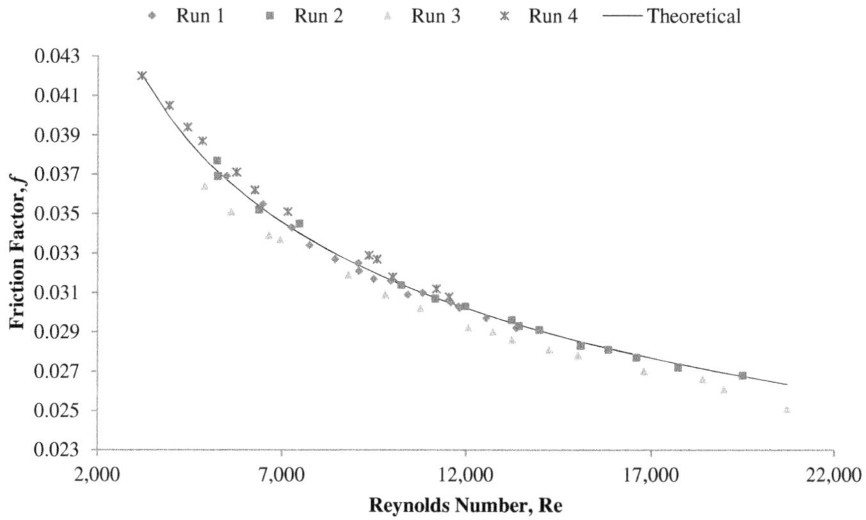

Fig. 1.14 Scatter plot of the friction factor as a function of Reynolds number for all four runs

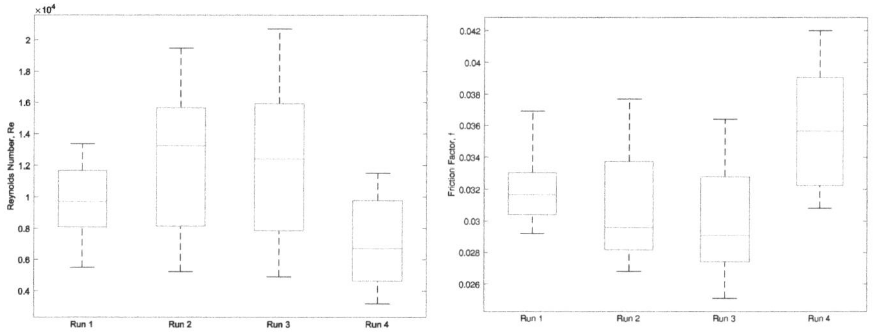

Fig. 1.15 Box-and-whisker plots for the friction factor experiment for the (left) Reynolds number and (right) Friction factor

$$\begin{aligned} h &= (12-1)0.25+1=\frac{15}{4}=3.75 \\ Q_{0.25} &= x_{\lfloor 3.75\rfloor}+(3.75-\lfloor 3.75\rfloor)\left(x_{\lfloor 3.75\rfloor+1}-x_{\lfloor 3.75\rfloor}\right) \\ &= x_3+(3.75-3)(x_4-x_3) \\ &= 4{,}427+0.75(4{,}838-4{,}427) \\ &= 4{,}735 \end{aligned} \quad . \qquad (1.22)$$

Similarly, $Q_{0.5}$ can be computed as

Table 1.6 Computing quartiles with different software packages

Quartile	Manual	Excel® (quartile.inc)	Excel® (quartile.exc)	MATLAB® 2019
1	4,735	4,735	4,530	4,633
2	6,695	6,695	6,695	6,695
3	9,674	9,674	9,887	9,780

$$\begin{aligned} h &= (12-1)0.5+1 = \frac{13}{2} = 6.5 \\ Q_{0.5} &= x_{\lfloor 6.5 \rfloor} + (6.5 - \lfloor 6.5 \rfloor)\left(x_{\lfloor 6.5 \rfloor + 1} - x_{\lfloor 6.5 \rfloor}\right) \\ &= x_6 + (0.5)(x_7 - x_6) \\ &= 6{,}248 + 0.5(7{,}141 - 6{,}248) \\ &= 6{,}695 \end{aligned} \quad (1.23)$$

It can be noted that, after rounding, this value is identical to that previously computed for the median. This should be always the case.

Similarly, $Q_{0.75}$ can be computed as

$$\begin{aligned} h &= (12-1)0.75+1 = \frac{37}{4} = 9.25 \\ Q_{0.75} &= x_{\lfloor 9.25 \rfloor} + (9.25 - \lfloor 9.25 \rfloor)\left(x_{\lfloor 9.25 \rfloor + 1} - x_{\lfloor 9.25 \rfloor}\right) \\ &= x_9 + (0.25)(x_{10} - x_9) \\ &= 9{,}567 + 0.25(9{,}993 - 9{,}567) \\ &= 9{,}674 \end{aligned} \quad (1.24)$$

For comparison, the values computed above are compared with the values obtained using different software in Table 1.6. It can be seen that each software package can compute the same value differently. In all cases, the median will be computed in the same way since it is a fixed value. As was previously mentioned, this verifies that the quartile.inc function in Excel® is equivalent to the values obtained manually based on Eq. (1.7), while the `quartile.exc` function in Excel® is based on option 1 for Eq. (1.7). Finally, MATLAB® uses option 2 for Eq. (1.7). Nevertheless, all values are relatively close to each other and would not impact too greatly the overall results.

1.3.4 Some Observations on the Data Set

First, consider the results in Table 1.5, which presents the summary statistics for the data set. It can be noted that for Runs 2 and 3, which both have a similar mean Reynolds number, the median is quite different for each. This suggests that the distribution is different. Looking at Fig. 1.15 for these two runs, it can be seen that Run 3 has more extreme values (in both directions) than Run 2, which will balance out both the mean and median values. On the other hand, Fig. 1.15 shows that for Run 2, the size of the Q2–Q3 area is much smaller than for Run 3, suggesting that 25% of the data are compactly located in a small area. On the other hand, for Run 1, the mean and median are more closely aligned, which suggests that the data are more evenly distributed. This is confirmed by looking at Fig. 1.15 for Run 1, where the size of the two boxes is almost equal. Run 4 for the friction factor has a similar even distribution. In all cases, Table 1.5 shows that a larger range implies that the standard deviation will also be larger.

Next, consider the scatter plot shown in Fig. 1.14, where a scatter plot of the data by run and the theoretical values are presented. Note that each run is denoted by a symbol that appears distinct even if there is no colour. From here, it can be observed that Run 3 is consistently below the theoretical value. This suggests that this run could potentially be some sort of outlier. Furthermore, Run 4 seems to have been performed at much lower Reynolds numbers than the rest of the experiments. This difference is even evident from the summary statistics.

1.4 Further Reading

The following are references that provide additional information about the topic:

(1) **History of Statistics**:

a. Hald, A. (2003). *A History of Probability and Statistics and Their Application before 1750*. Hoboken, New Jersey, United States of America: John Wiley & Sons.
b. Sheynin, O. (2004). *History of the Theory of Probability to the Beginning of the 20th Century*. Berlin, Germany: NG Verlag.
c. Varberg, D. E. (1963). The development of modern statistics. *The Mathematics Teacher*, 56(4), 252–257.

(2) **Data Analysis**:

a. Barnett, V., & Lewis, T. (1994). *Outliers in Statistical Data* (3rd ed.). Chichester, England, United Kingdom: John Wiley & Sons.
b. Daniel, C., & Wood, F. S. (1980). *Fitting Equations to Data* (2nd ed.). New York, New York, United States of America: John Wiley & Sons, Inc.
c. Davies, L., & Gather, U. (1993). The Identification of Multiple Outliers. *Journal of the American Statistical Association*, 88(423), 782–792.
d. Hawkins, D. M. (1980). *Identification of Outliers*. London, England, United Kingdom: Chapman and Hall.
e. Hodge, V. J., & Austin, J. (2004). A Survey of Outlier Detection Methodologies. *Artificial Intelligence Review, 22*, 85–126.
f. Hyndman, R. J., & Fan, Y. (1996). Sample Quantiles in Statistical Packages. *The American Statistician*, 50(4), 361–365.

g. Lin, B., Recke, B., Knudsen, J. K., & Jørgensen, S. B. (2007). A systematic approach for soft sensor development. *Computers and Chemical Engineering*, 31, 419–425.

(3) **Data Visualisation**:

a. Tufte, E. R. (1997). *Visual and Statistical Thinking: Displays of Evidence for Making Decisions*. Cheshire, Connecticut, United States of America: Graphics Press LLC.
b. Tufte, E. R. (2001). *The Visual Display of Quantitative Information*. Cheshire, Connecticut, United States of America: Graphics Press LLC.

1.5 Chapter Problems

Problems at the end of the chapter consist of three different types: (a) Basic Concepts (True/False), which seek to test the reader's comprehension of the key concepts in the chapter; (b) Short Exercises, which seek to test the reader's ability to compute the required parameters for a simple data set using simple or no technological aids. This section also includes proofs of theorems; and (c) Computational Exercises, which require not only a solid comprehension of the basic material, but also the use of appropriate software to easily manipulate the given data sets.

1.5.1 Basic Concepts

Determine if the following statements are true or false and state why this is the case.

(1) The mean is a robust measure of central tendency.
(2) A trimodal data set has four modes.
(3) The median measures the middle value of a data set.
(4) The median and the mean will always be the same.
(5) The variance is equal to the standard deviation squared.
(6) The range is a useful measure of the spread of the data.
(7) The median absolute difference is a robust measure of dispersion.
(8) A left-skewed data set has many values in the left tail.
(9) The skewedness of a data set measures how symmetric the data set is.
(10) Sextiles partition a data set into six parts.
(11) Outliers are data points whose values are abnormal.
(12) A graph should have clearly labelled axes and an appropriate legend.
(13) Graphs containing many different symbols distinguished solely by colour are well designed.
(14) Pie charts are the foundation upon which histograms are constructed.
(15) Sparkplots are useful for describing trends and general behaviour of a data set.

(16) Tables are useful for summarising important information, such as mean and variance, of a data set.
(17) Taking a numeric value directly from the software and placing it unformatted into a table is a good idea.
(18) A probability plot is useful for comparing the data set against some theoretical distribution.
(19) Transforming a data set can lead to a more meaningful graph.
(20) Combining different types of graphs together can create a graph with more information.

1.5.2 Short Exercises

These questions should be solved using only a simple, nonprogrammable, nongraphical calculator combined with pen and paper.

(21) For the data set {1, 3, 5, 2, 5, 7, 5, 2, 8, 5},

a. Compute the mean, mode, and median.
b. Compute the variance, median absolute difference, and range.
c. Compute the first, second, and third quartiles.
d. Plot a box-and-whisker plot.
e. Plot a histogram with bins $x < 2$, $2 \leq x < 4$, $4 \leq x < 6$, $6 \leq x < 8$, and $x \geq 8$.

(22) For the data set {2.3, 1.2, 3.4, 4.5, 3.4, 1.2, 3.4, 4.0, 1.1},

a. Compute the mean, mode, and median.
b. Compute the variance, median absolute difference, and range.
c. Compute the first, second, third, and fourth quintiles.
d. Plot a box-and-whisker plot.
e. Plot a histogram with bins $x < 2$, $2 \leq x < 3$, $3 \leq x < 4$, and $x \geq 4$.

1.5.3 Computational Exercises

The following problems should be solved with the help of a computer and appropriate software packages, such as MATLAB® *or* Excel®.

(23) Consider the data in Table 1.7 that shows the different faults (problems) associated with running a reactor over a thirty-day period. A fault can occur multiple times in a given timeframe. Compute appropriate summary statistics and create appropriate graphs to summarise the data. (*Hint: There is no one single correct solution.*)

(24) Consider the data in Table 1.8 that shows the flow rate of steam in kg/h through a pipe. Due to the presence of stiction and other nonlinearities in the control

Table 1.7 Reactor fault types by shift (for Question 23)

Fault Type	Number of Faults by Shift			
	Night (Midnight to 6:00 A.M.)	Morning (6:00 A.M. to Noon)	Afternoon (Noon to 6:00 P.M.)	Evening (6:00 P.M. to Midnight)
High reactor level	5	6	2	6
Abnormal pressure	10	2	2	5
Explosion	2	0	0	0
Low temperature	5	2	10	5
High temperature	5	8	0	10
Others	2	10	5	0

Table 1.8 Steam control data with two different methods (for Question 24)

Time (min)		5	10	15	20	25	30	35	40	45	50	55	60
Base	1 h	8.5	8.7	8.4	8.6	8.2	8.7	8.9	8.5	8.5	8.4	8.3	8.6
	2 h	8.2	8.4	8.3	8.2	8.4	8.5	8.8	8.3	8.6	8.7	8.5	8.3
New	1 h	8.4	8.5	8.4	8.5	8.6	8.3	8.6	8.7	8.2	8.3	8.4	8.5
	2 h	8.5	8.6	8.4	8.3	8.4	8.6	8.7	8.5	8.5	8.5	8.3	8.4

valve, a new control algorithm is being proposed. The engineer in charge of making the change has to evaluate whether the new algorithm is better. A better algorithm is defined as one that reduces the variance of the steam flow rate and can keep the process closer to the desired setpoint of 8.5 kg/h. The original and new control methods are both tested for 2 h and the data are collected every 5 min. Plot the available data and analyse it. Without using any formal statistical tests, suggest whether the proposed control algorithm is better than the original, base case.

(25) Take any large data set that is of interest to you and analyse it using the methods presented in this chapter. The data set should have at least 1,000 data points and two variables. You can then use this data set in subsequent chapters to perform additional analysis.

Chapter 2
Theoretical Foundation for Statistical Analysis

Having examined briefly the application of statistics to describe and visualise a given data set, it is now necessary to examine and understand the theoretical foundation underpinning most statistical methods. With such a theoretical foundation, it is then possible to apply statistics to solving such problems as regression and design of experiments.

2.1 Statistical Axioms and Definitions

Consider a measurable probability space, Ω, defined by three variables: $\mathbb{S}$, $\mathbb{F}$, and P, denoted as $\Omega = (\mathbb{S}, \mathbb{F}, P)$, which defines a complete σ-algebra for statistical manipulation. Let $\mathbb{S}$ be defined as the **sample space**, which includes all **possible outcomes**. Let $\mathbb{F}$ be defined as the σ-algebra that contains all **possible events** for a given situation. It is most often a power set of $\mathbb{S}$. $\mathbb{F}$ must satisfy the following properties[1]:

(1) It contains the empty set { } or Ø;
(2) It is closed under complementation, that is, if an event $\mathbb{E} \subseteq \mathbb{S}$ is an element in $\mathbb{F}$, or $\mathbb{E} \in \mathbb{F}$, then the set $\mathbb{S}$ excluding $\mathbb{E}$ is also an element of $\mathbb{F}$, or $\mathbb{S} \backslash \mathbb{E} \in \mathbb{F}$.
(3) It is closed under union, that is, the union of countable many elements of $\mathbb{F}$ is in $\mathbb{F}$.

Finally, let P be the measure function, called the **probability measure function**,[2] that assigns a real number to all the members of $\mathbb{F}$. In most cases, it provides the likelihood that a given event will occur. The measure function must satisfy Kolmogorov's axioms: for any event, $\mathbb{E} \in \mathbb{F}$,

(1) $P(\mathbb{E}) \geq 0$,

---

[1] A review of set theory is provided in Appendix A2, at the end of this chapter.

[2] Also called a *probability measure*, a *probability function*, or even just *probability*.

Y. A. W. Shardt, *Statistics for Chemical and Process Engineers*,
https://doi.org/10.1007/978-3-030-83190-5_2

(2) $P(\mathbb{S}) = 1$,

(3) $P(\mathbb{E}_1 \cup \mathbb{E}_2 \cup \mathbb{E}_3 \cup \cdots \cup \mathbb{E}_n) = \sum_{i=1}^{n} P(\mathbb{E}_i)$, where each event $\mathbb{E}_i$ is pairwise disjoint (that is mutually exclusive).

Example 2.1: *Determining the Probability Space*

Determine the probability space, $\Omega = (\mathbb{S}, \mathbb{F}, P)$, for tossing a fair coin.

Solution: Tossing a coin has two outcomes: either the coin lands *heads* or it lands *tails*. Thus, the sample space $\mathbb{S}$ is defined as $\mathbb{S} = \{\text{heads, tails}\}$.

The event set, $\mathbb{F}$, is defined as the power set of $\mathbb{S}$. A power set is simply a new set created from all possible combinations (subsets) of the original set, that is, it contains all combinations of the elements of $\mathbb{S}$ drawn singly, doubly, in threes, etc. If there are n elements in the original set, then there will be 2^n elements in the power set. Since $\mathbb{S}$ has two elements, this implies that $\mathbb{F}$ will have $2^2 = 4$ elements. Irrespective of the situation, $\mathbb{F}$ will always contain the empty set, $\{\}$, and $\mathbb{S}$. This is a consequence of the requirements on $\mathbb{F}$. Therefore, in this example, $\mathbb{F}$ would be defined as $\mathbb{F} = \{\{\}, \{\text{heads}\}, \{\text{tails}\}, \{\text{heads, tails}\}\}$.

For each of the four events in $\mathbb{F}$, the following values would be assigned:

$$P(\{\}) = 0$$
$$P(\{\text{heads}\}) = \tfrac{1}{2}$$
$$P(\{\text{tails}\}) = \tfrac{1}{2}$$
$$P(\{\text{heads, tails}\}) = 1.$$

It can be noted that when tossing a coin one of two options must occur.[3] Therefore, it is impossible for none of the options to occur, that is, the probability of the empty set is zero! This is the case in all situations. Similarly, the likelihood that either heads or tails occurs is certain, as the coin will land on one of these two options. Therefore, $P(\{\text{heads, tails}\}) = P(\mathbb{S}) = 1$. This once again will always hold.

Let X be a **random variable** that assigns to each outcome in $\mathbb{S}$ a real number, that is, $X\colon \mathbb{S} \rightarrow \mathbb{R}$ for which $\{s\colon X(s) \le x\} \in \mathbb{F}, \forall x \in \mathbb{R}$. Let the observed outcome at some given point be denoted by x. It should be noted that by convention random variables are denoted by capital letters, while the observations themselves are denoted by the corresponding lowercase letter. Thus, a random variable allows us to assign to each outcome in $\mathbb{S}$ a numeric value and, hence, compute various statistical properties, such as mean and variance. A random variable can be either discrete or continuous. A discrete random variable can only take certain values within a countable set (for example, flipping a coin), while a continuous random variable can take any values within (some subset of) $\mathbb{R}$. Often for continuous variables, the values assigned to the random variable are equal to the numeric values in $\mathbb{S}$. The process of obtaining

[3] At least under normal circumstances!

an observation is called **sampling**. In the simplest case, the random variable can be viewed as assigning to a coin flip a payout based on the outcome, for example, we could assign \$1 for heads and −\$1 for tails. The individual observations would be determined based on the flips of the coin, for example, if heads was obtained, then $x_1 = \$1$.

Finally, the probability of obtaining a given observation can still be found using the probability measure function, P. Often, for discrete random variables, we write this probability as $P(X = x)$, where we mean the probability that the random variable X takes the specific value x. For continuous variables, we most commonly deal with intervals. The most common case is to seek the probability that the random variable will be less than or equal to a specific value x, that is, $P(X \leq x)$. For both discrete and continuous variables, other intervals can also be used, for example, $P(x_1 \leq X \leq x_2)$, where we wish to determine the probability that the value of the random variable will lie between two values, x_1 and x_2.

Furthermore, it is now possible to define two functions $f_X(x)$ and $F_X(x)$ whose name and definition depend on whether we are dealing with discrete or continuous random variables. For a discrete random variable, we have that $f_X(x)$ is called the **probability mass function** and is defined as[4]

$$f_X(x) = \begin{cases} P(X = x) \text{ if } X(s) = x \text{ for some } s \in \mathbb{S} \\ 0 \qquad\qquad\qquad\qquad \text{otherwise} \end{cases}, \tag{2.1}$$

and $F_X(x)$ is called the **cumulative distribution function** (**cdf**) and is defined as

$$F_X(x) = P(X \leq x) = \sum_{x_i \leq x} f_X(x) = \sum_{x_i \leq x} P(X = x_i). \tag{2.2}$$

For a continuous random variable, we first define the cumulative distribution function, $F_X(x)$, as

$$F_X(x) = P(X \leq x). \tag{2.3}$$

Then, the **probability density function (pdf),** $f_X(x)$, is defined as

$$f_X(x) = \frac{dF_X(x)}{dx}. \tag{2.4}$$

In practice, it is the probability density function that is first defined and then integrated to obtain the cumulative distribution function, that is,

[4] Alternatively, we could define this function using indicator (or with a slight abuse of notation Dirac δ-) functions. This would then unify discrete and continuous variables when it comes to the computation of further properties.

$$P(X \leq a) = \int_{-\infty}^{a} f(x)dx. \tag{2.5}$$

It can be noted that the subscript on the probability density function is often not written unless it is desired to emphasis the associated random variable.

By Kolmogorov's axiom that $P(\mathbb{S}) = 1$, the probability density function has the following property:

$$\int_{-\infty}^{\infty} f(x)dx = 1. \tag{2.6}$$

Furthermore, by Kolmogorov's axiom that $P(\mathbb{E}) \geq 0$,

$$f(x) \geq 0 \text{ for all } x. \tag{2.7}$$

The properties given by Eqs. (2.6) and (2.7) are useful for determining if a given candidate function is in fact a probability density function or if the result obtained is indeed correct.

In order to describe the resulting space for the random variable, it is useful to consider two terms previously introduced that will now be formally defined: **mean** and **variance**. For a discrete function, the mean, μ, is defined as

$$\mu = \sum_{\substack{\forall x : X(s) = x \\ \text{for some } s \in \mathbb{S}}} xP(X = x). \tag{2.8}$$

The **variance**, σ^2, is defined as

$$\sigma^2 = \sum_{\substack{\forall x : X(s) = x \\ \text{for some } s \in \mathbb{S}}} (x - \mu)^2 P(X = x). \tag{2.9}$$

The standard deviation would be defined as the square root of the variance.

For continuous functions, the mean would be computed as

$$\mu = \int_{-\infty}^{\infty} xf(x)dx, \tag{2.10}$$

while the variance would be computed as

$$\text{var}(x) = \sigma^2 = \int_{-\infty}^{\infty} (x - \mu)^2 f(x)dx.$$

$$= \int_{-\infty}^{\infty} x^2 f(x)dx - \mu^2 \tag{2.11}$$

The variance can either be denoted by σ^2 or by *var*. It is common to use *var* when it is desired to treat the variance as an operator and perform additional manipulations with it.

Finally, the *i*th **uncentred moment** of the probability density function $f(x)$, written as m_i, is

$$m_i = \int_{-\infty}^{\infty} x^i f(x)dx. \tag{2.12}$$

It can be noted that the first moment is equivalent to the mean. In certain cases, centred moments are preferred. In such cases, the *i*th **centred moment** for the probability density function $f(x)$, written as $\overline{m}_i$ is

$$\overline{m}_i = \int_{-\infty}^{\infty} (x - \mu)^i f(x)dx. \tag{2.13}$$

The second centred moment, $\overline{m}_2$, is equivalent to the variance.

For a random variable, we denote the underlying probability space using a tilde, for example, $X \sim \mathfrak{N}(0, 1)$ means that the random variable X is based on a normal distribution with a mean of zero and a variance of 1. Formally, we can state this as

$$P(X \le a) = \int_{-\infty}^{a} f_N(x)dx, \tag{2.14}$$

where f_N is the probability density function for the normal distribution.

Example 2.2: *Determining Acceptable Probability Density Functions*

Determine if the following functions can be used as probability density functions:

(1) $f(x) = x^2$ for $0 \le x \le 2$, zero otherwise;
(2) $f(x) = N^{-1}$ for $0 \le x \le N$, zero otherwise; N a positive number.

If a candidate function cannot be used, suggest how to make it a valid probability density function.

Solution

The graph of the function given by $f(x) = x^2$ for $0 \le x \le 2$, zero otherwise is shown in Fig. 2.1. From Fig. 2.1, it can be seen that the function satisfies the condition $f(x) \ge 0$ for all x (Eq. 2.7). In order to determine, if the other constraint given by Eq. (2.6) is satisfied, it is necessary to integrate the given function, that is,

$$\int_{-\infty}^{\infty} f(x)dx = \int_{-\infty}^{0} 0dx + \int_{0}^{2} x^2 dx + \int_{2}^{\infty} 0dx.$$
$$= \frac{1}{3}x^3\Big|_0^2 = \frac{1}{3}(2^3 0^3) = \frac{8}{3} \neq 1$$

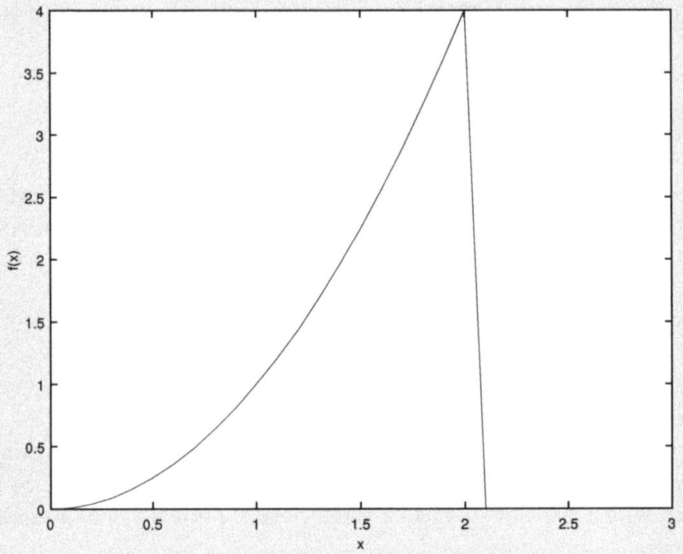

Fig. 2.1 Plot of the probability density function 1 in Example 2.2

Since the integral does not equal 1, the given function is not a probability density function. In order to make it one, it is necessary to divide the function by the inverse of what was obtained above, that is,

$$f(x) = \frac{3}{8}x^3 \text{ for } 0 \leq x \leq 2, \text{ zero otherwise.}$$

In general, if the value of the integral is $K\,(\neq 0)$ for a candidate function f, then $K^{-1}f$ will be a probability density function assuming that Eq. (2.7) is satisfied. The procedure is commonly used and is called **normalisation**.

For the function given by $f(x) = N^{-1}$ for $0 \leq x \leq N$, zero otherwise, with N a positive number, it is easy to verify that Eq. (2.7) holds. To verify Eq. (2.6), integration gives

$$\int_{-\infty}^{\infty} f(x)dx = \int_{-\infty}^{0} 0dx + \int_{0}^{N} N^{-1}dx + \int_{N}^{\infty} 0dx.$$

$$= \frac{1}{N}x\Big|_0^N = 1$$

Since the integral equals 1, this implies that Eq. (2.6) is satisfied. Since both conditions are satisfied, this is a candidate probability density function.

Example 2.3: *Computing Mean and Variance from the Probability Density Function*

For the corrected probability density function from Example 2.2, compute the mean, standard deviation, and variance.

Solution

Since we have that $f(x) = 3x^2 / 8$ for $0 \le x \le 2$, the mean can be found as follows:

$$\mu = \int_{-\infty}^{\infty} xf(x)dx = \frac{3}{8}\int_0^2 xx^2dx = \frac{3}{(8)4}x^4\Big|_0^2 = \frac{3}{(8)4}2^4 = 1.5.$$

The variance can be found as

$$\begin{aligned}\sigma^2 &= \int_{-\infty}^{\infty} x^2 f(x)dx - \mu^2 = \frac{3}{8}\int_0^2 x^2x^2dx - 1.5^2 \\ &= \frac{3}{(8)5}x^5\Big|_0^2 - 1.5^2 = \frac{3}{(8)5}2^5 - 1.5^2 = 0.15\end{aligned}$$

The standard deviation can be written as $\sigma = \sqrt{0.15}$.

Therefore, for the given probability density function, the mean is 1.5, the variance is 0.15, and the standard deviation is $\sqrt{0.15}$.

2.2 Expectation Operator

In order to simplify some of the mathematical operations that are required in manipulating statistical properties, the concept of the **expectation operator**, E, needs to be introduced. The expectation operator determines the mean, or expected, value, of a distribution and is defined as

$$E(X) = \int_{-\infty}^{\infty} xf(x)dx = \mu. \tag{2.15}$$

For the discrete case, the expectation operator can be computed as

$$E(X) = \sum_{x \in \mathbb{S}} x P(X = x) = \mu. \tag{2.16}$$

For any two random variable X and Y, and $c \in \mathbb{R}$, the expectation operator has the following properties:

(1) $E(X + c) = E(X) + c$;
(2) $E(cX) = cE(X)$;
(3) $E(X + Y) = E(X) + E(Y)$;
(4) $E(g(X)) = \int_{-\infty}^{\infty} g(x) f(x) dx$;
(5) $E(XY) = E(X)E(Y) + \text{covar}(X, Y)$, where *covar* is the covariance (or the degree of relationship between) of X and Y. Note that if two variables are **independent** of each other, then their covariance is zero. The covariance of the same variable, that is $\text{cov}(X, X)$ or the autocovariance, is by definition equal to the variance of the variable, that is, σ_X^2.

Properties 1, 2, and 3 show that the expectation operator is a linear operator.

Example 2.4: *Using the Expectation Operator*

Consider two variables X ($\mu = 5$ and $\sigma^2 = 4$) and Y ($\mu = 2$ and $\sigma^2 = 2$), with covariance, covar(X, Y) = 2, compute the following values:

1) $E(2X - 5)$;
2) $E(3XY)$.

Solution

For part 1, we have that

$$E(2X - 5) = 2E(X) - 5 = 2(5) - 5 = 5$$

and for part 2, we have that

$$E(3XY) = 3E(XY) = 3(E(X)E(Y) + \text{covar}(X, Y)) = 3((5)(2) + 2) = 36.$$

Both results are obtained by a straightforward application of the rules for the expectation operator.

2.3 Multivariate Statistics

So far it has been assumed that there is only a single variable that governs the behaviour of the probability space. However, in many cases, it is useful to deal with multivariate probability spaces where multiple variables determine the outcome. In general, all of the univariate results generalise straightforwardly to the multivariate case. In order to simplify the presentation, all results will be derived first for the bivariate ($n = 2$) situation. The extension to an arbitrary n simply requires adding additional integrations.

Assume that $\vec{X} = \langle X_1, X_2 \rangle$ and $\vec{x}$ is similarly defined. Let the **joint probability density function**, $f_{\vec{X}}(\vec{x})$, be defined over the region $\mathbb{R}^2$. The joint probability density function satisfies the following three properties:

(1) $f_{\vec{X}}(\vec{x}) \geq 0$, for all $\vec{x} \in \vec{X}$;
(2) $\int_{-\infty}^{\infty} \int_{-\infty}^{\infty} f_{\vec{X}}(\vec{x}) d\vec{x} = 1$; and
(3) $P\left(\vec{X} \in \mathbb{H}\right) = \int_{-\infty}^{x_1} \int_{-\infty}^{x_2} f_{\vec{X}}(\vec{x}) d\vec{x}$, where $\mathbb{H}$ is some subspace (region) of the $\mathbb{R}^2$ space.

The **marginal probability density function** represents the probability for a subset of random variables in the original joint probability density function. The subset considered is used as the subscript for the function, for example, $f_X(x)$ would be the marginal probability density function for X. The marginal probability density function is obtained by integrating out all the remaining variables, that is,

$$f_{X_1}(x_1) = \int_{-\infty}^{\infty} f_{\vec{X}}(\vec{x}) dx_2. \tag{2.17}$$

The process of removing some subset of random variables is called **marginalisation** and the removed variables (x_2 in this case) are said to be **marginalised out**.

The **conditional probability** represents the probability, given information about some of the other variables, for example, if there are two variables X and Y, then once the value of X is determined, what is the probability of obtaining a given Y. Using probability notation, the conditional probability of Y given X is defined as

$$P(Y|X) = \frac{P(X \cap Y)}{P(X)}. \tag{2.18}$$

The **conditional probability density function** for Y given $X = x$ is written as

$$f_{Y|x}(y) = \frac{f_{\vec{X}}(\vec{x})}{f_X(x)}. \tag{2.19}$$

Since this is a probability density function, it will satisfy all the usual properties.

The mean value of X_1 can be obtained as

$$\mu_{X_1} = E(X_1) = \int_{-\infty}^{\infty} x_1 f_{X_1}(x_1) dx_1. \tag{2.20}$$

Similarly, the **conditional mean** of X_2 given $X_1 = x_1$ can be written as

$$\mu_{X_2|x_1} = E(X_2|x_1) = \int_{-\infty}^{\infty} x_2 f_{X_2|x_1}(x_2) dx_2. \tag{2.21}$$

The variance of each variable would be defined similarly to the means. The **covariance, σ_{XY}** or **cov(X, Y)**, represents the degree of linear relationship between two variables and is defined as

$$\sigma_{X_1X_2} = \int_{-\infty}^{\infty}\int_{-\infty}^{\infty} x_1 x_2 f_{X_1X_2}(x_1, x_2) dx_1 dx_2 - \mu_{X_1}\mu_{X_2}. \tag{2.22}$$

The **covariance matrix**, Σ, is defined as the $n \times n$ matrix whose elements are the covariances of the given variables, that is, $\Sigma_{ij} = \text{cov}(X_i, X_j)$. It should be noted that σ_{XX} is equal to the variance of X. Formally, the covariance matrix is defined as

$$\Sigma = E\left(\vec{X}^T \vec{X}\right) - E\left(\vec{X}^T\right) E\left(\vec{X}\right), \tag{2.23}$$

where $\vec{X}$ is the $1 \times n$ vector of random variables. The **correlation** is the normalised covariance and is defined as

$$\text{corr}(X_1, X_2) = \rho_{X_1X_2} = \frac{\sigma_{X_1X_2}}{\sigma_{X_1}\sigma_{X_2}} = \frac{\sigma_{X_1X_2}}{\sqrt{\sigma_{X_1}^2 \sigma_{X_2}^2}}. \tag{2.24}$$

The correlation is bounded between -1 and 1.

Two (or more) variables are said to be **independent** if the following hold:

(1) $f_{\vec{X}}(\vec{x}) = \prod_{i=1}^{n} f_{X_i}(x_i)$for all x_i;
(2) $f_{X_j|x_i}(x_j) = f_{X_j}(x_j)$for all x_i and x_j with $f_{X_j}(x_j) > 0$; and
(3) $P(X_1 \in \mathbb{B}_1, \mathrm{X}_2 \in \mathbb{B}_2, \ldots, \mathrm{X_n} \in \mathbb{B}_\mathrm{n}) = \prod_{i=1}^{n} P(X_i \in \mathbb{B}_\mathrm{i})$ for any sets $\mathbb{B}_\mathrm{i}$ in the range of x_i.

When dealing with a multivariate distribution, the computation of the marginal and conditional probabilities is more complex. Let $\vec{D} = \langle D_1, D_2, \ldots, D_m \rangle$ be an m-dimensional subset of the n-dimensional vector $\vec{X}$, and let $\vec{d}$ be defined similarly. Let $\vec{X}_r$ be defined such that it contains all the variables in $\vec{X}$ that are not in $\vec{D}$ and let $\vec{x}_r$ be defined similarly. Let $\mathbb{D}$ be the subset of $\mathbb{R}^n$ for the $\vec{D}$ vector. The marginal probability density function can then be written as

$$f_{\vec{D}}\left(\vec{d}\right) = \int_{\mathbb{R}^n \setminus \mathbb{D}} f_{\vec{X}}(\vec{x}) d\vec{x}_r, \tag{2.25}$$

where the integration is performed on the interval $]-\infty, \infty[$ for all the variables not in $\vec{D}$.

The conditional probability for $\vec{D}$ given $\vec{D}'$, such that there are no variables in common with both vectors, is defined as

$$f_{\vec{D}|\vec{d}}\left(\vec{d}\right) = \frac{f_{\vec{D}\vec{D}'}\left(\vec{d}, \vec{d}\right)}{f_{\vec{D}'}\left(\vec{d}\right)}. \tag{2.26}$$

Equations (2.25) and (2.26) reduce to the bivariate examples provided previously.

Example 2.5: *Dealing with a Multivariate Distribution*

Consider the following multivariate distribution

$$f_{XYZ}(x, y, z) = 40e^{-5x-2y-4z} \quad x > 0, y > 0, z > 0$$

and compute the following information:

(1) $f_X(x)$.
(2) $f_{YZ}(y, z)$.
(3) $f_{YZ|x}(y, z)$. Does the value depend on x?
(4) Compute the covariance between Y and Z.
(5) Determine if the variables are independent.

Solution

For (1), let $\vec{D} = \langle X \rangle, \vec{d} = \langle x \rangle, \vec{X}_r = \langle Y, Z \rangle$, and $\vec{x}_r = \langle y, z \rangle$. $\mathbb{D}$ will be $]0, \infty[$. Equation (2.25) can then be rewritten as

$$\begin{aligned} f_X(x) &= \int_0^\infty \int_0^\infty f_{XYZ}(x, y, z) dy dz = \int_0^\infty \int_0^\infty 40e^{-5x-2y-4z} dy dz \\ &= 40e^{-5x} \int_0^\infty e^{-2y} dy \int_0^\infty e^{-4z} dz = 40e^{-5x}(0.5)(0.25). \\ &= 5e^{-5x} \end{aligned}$$

It should be noted that $\int_0^\infty e^{-cz} dz = c^{-1}$.

For (2), let $\vec{D} = \langle Y, Z \rangle, \vec{d} = \langle y, z \rangle, \vec{X}_r = \langle X \rangle$, and $\vec{x}_r = \langle x \rangle$. $\mathbb{D}$ will be $]0, \infty[\times]0, \infty[$. Equation (2.25) can then be rewritten as

$$f_{YZ}(y,z) = \int_0^\infty f_{XYZ}(x,y,z)dx = \int_0^\infty 40e^{-5x-2y-4z}dx.$$
$$= 8e^{-2y-4z}$$

For (3), let $\vec{D}' = \langle X\rangle, \vec{d} = \langle x\rangle, \vec{D} = \langle Y, Z\rangle$, and $\vec{d} = \langle y, z\rangle$. Equation (2.26) can then be rewritten as

$$f_{YZ|x}(y,z) = \frac{f_{XYZ}(x,y,z)}{f_X(x)} = \frac{40e^{-5x-2y-4z}}{5e^{-5x}} = 8e^{-2y-4z}.$$

It can be seen that the conditional probability does not depend on x.

For (4), first compute the mean value of both Y and Z:

$$\mu_Y = \int_0^\infty y f_Y(y)dy = \int_0^\infty 2ye^{-2y}dy = 2\times\frac{1}{4} = 0.5,$$

$$\mu_Z = \int_0^\infty z f_Z(z)dy = \int_0^\infty 4ze^{-4z}dz = 4\times\frac{1}{16} = 0.25.$$

Note that $\int_0^\infty ze^{-cz}dz = c^{-2}$. Then, the covariance between Y and Z can be determined as

$$\sigma_{YZ}^2 = \int_0^\infty\int_0^\infty yz f_{YZ}(y,z)dydz - (0.5)(0.25) = \int_0^\infty\int_0^\infty yz\left(8e^{-2y-4z}\right)dydz - 0.125$$
$$= 8\int_0^\infty ye^{-2y}dy\int_0^\infty ze^{-4z}dz - 0.125 = 8\times\frac{1}{4}\times\frac{1}{16} - 0.125.$$
$$= 0$$

For (5), note that $f_{XYZ} = f_X f_Y f_Z$, which corresponds to the first statement for independence. Since it is satisfied, we can conclude that all three variables are independent of each other. Note that f_{YZ} and $f_{YZ|x}$ are the same, which should be the case if the variables are independent.

When computing the variance and covariance matrices using vectors, there can be some confusion about the order in which the transposes are placed (on the first or second member). Part of the confusion stems from the fact that depending on the particular application, the same vector can be used to obtain two different values: either a scalar variance value or a matrix covariance value. The following rules can be used to resolve any potential issues:

(1) **Scalar column vector rule**: Consider $\vec{X}$ to be a $1\times n$ vector of random variables, for which it is desired to compute the second moment, m_2. In such a case, the

correct formula is given as $m_2 = E\left(\vec{X}\vec{X}^T\right)$, where T is the transpose operator. It is easy to verify that this will give a scalar value.

(2) **Scalar row vector rule**: Consider $\vec{X}$ to be an $n\times 1$ vector of random variables, for which it is desired to compute the second moment, m_2. In such a case, the correct formula is given as $m_2 = E\left(\vec{X}^T\vec{X}\right)$, where T is the transpose operator. It is easy to verify that this will give a scalar value.

(3) **Matrix column vector rule**: Consider $\vec{X}$ to be a $1\times n$ vector of random variables, for which it is desired to compute the covariance matrix, Σ. In such a case, the correct formula is given as $\Sigma = E\left(\vec{X}^T\vec{X}\right)$, where T is the transpose operator. It is easy to verify that this will give a matrix value.

(4) **Matrix row vector rule**: Consider $\vec{X}$ to be a $n\times 1$ vector of random variables, for which it is desired to compute the covariance matrix, Σ. In such a case, the correct formula is given as $\Sigma = E\left(\vec{X}\vec{X}^T\right)$, where T is the transpose operator. It is easy to verify that this will give a matrix value.

(5) **Product of vector rule**: Consider two vectors $\vec{X}_1$ and $\vec{X}_2$ that are multiplied together. It is desired to determine the second moment for the product of these two vectors $\vec{X}_1\vec{X}_2$. In such a case, the first vector in the product will determine which of the two rules apply. For example, if $\vec{X}_1$ is a column vector and $\vec{X}_2$ the corresponding row vector, then the second moment would be computed as follows, $m_2 = E\left(\vec{X}\vec{X}^T\right) = E\left(\vec{X}_1\vec{X}_2\left(\vec{X}_1\vec{X}_2\right)^T\right) = E\left(\vec{X}_1\vec{X}_2\vec{X}_2^T\vec{X}_1^T\right)$, where the last manipulation results from the property of transpose and inverse for matrices, that is,

$$(AB)^T = B^T A^T. \tag{2.27}$$

where A and B are two appropriately sized matrices. *Mutatis mutandis* for the inverse.

2.4 Common Statistical Distributions

In statistics, a commonly encountered generalised probability space, given by either actual probabilities or a probability density function, is called a **distribution**. Such distributions show how a variable is distributed among all possible available values. In this section, the following common distributions will be considered: **normal**, **Student's *t*-**, χ^2**-**, ***F*-**, **binomial**, and **Poisson** distributions. Except for the last two distributions which are discrete, all the other distributions are continuous.

The swing dash (~) is used to denote that a random variable follows a given distribution, for example, $y \sim \mathfrak{N}(0, \sigma^2)$ means that the random variable y follows a normal distribution with mean zero and variance σ^2. In general, a capital Fraktur letter will be used to refer to a specific distribution. Occasionally, due to historical precedent, a different symbol may be used. In many applications, it is desired to find the x-value corresponding to a specific probability for the given distribution. In general, this will be denoted using the same symbol as before, but with the addition of a subscript probability value, that is, $\mathfrak{N}_{p,\mu,\sigma^2}$ would represent the x-value of the normal probability density function with parameters μ and σ^2, such that the area under the curve equals p, that is, finding the x-value for the cumulative probability function for the normal distribution with parameters μ and σ^2 given a probability of p. In general, this problem does not have a closed-form solution.

2.4.1 Normal Distribution

The **normal** (or **Gaussian**) distribution, denoted by $\mathfrak{N}\left(\mu, \sigma^2\right)$, is the most common distribution in statistics. It can be fully described by the mean, μ, and standard deviation, σ. It is a symmetric distribution centred on the mean. The spread of values is determined by the standard deviation. The larger the standard deviation, the more spread out the values are. The following are some useful rules of thumb regarding a normal distribution:

(1) 68% of all values drawn from a normal distribution lie within the interval $\mu \pm \sigma$.
(2) 95% of all values drawn from a normal distribution lie within the interval $\mu \pm 2\sigma$.
(3) 99.7% of all values drawn from a normal distribution lie within the interval $\mu \pm 3\sigma$.
(4) 999,999 out of one million values drawn from a normal distribution lie within the interval $\mu \pm 6\sigma$. This observation is the origin for 6σ process control and analysis.

Common properties of the normal distribution are summarised in Table 2.1, while Fig. 2.2 gives a probability plot of the normal distribution.

The **standard normal distribution**, denoted by Z, is defined as a normal distribution with $\mu = 0$ and $\sigma = 1$. A variable following any normal distribution can be standardised as follows:

$$Z = \frac{x - \mu}{\sigma} \tag{2.28}$$

where Z is often called the Z-score for the given variable. This normalisation allows for easier comparison between variables drawn from different distributions. The cumulative distribution function for the standard normal distribution, denoted by

Table 2.1 Useful properties of the normal distribution

Property	Value	
Notation	$\mathfrak{N}(\mu, \sigma^2)$	
	$\mathfrak{N}(0, 1)$ is denoted by Z	
Probability density function	$f(x) = \frac{1}{\sigma\sqrt{2\pi}} e^{\frac{-(x-\mu)^2}{2\sigma^2}}$	
Mean	μ	
Variance	σ^2	
Probability density function	MATLAB®	`normpdf` (x, μ, σ)
	Excel®	`norm.dist` (x, μ, σ, `false`)
Generate Numbers Drawn From Given Distribution	MATLAB®	`normrnd` (n, p, *Size*)
Inverse cumulative distribution function	MATLAB®	`norminv` (p, μ, σ)
	Excel®	`norm.inv` (p, μ, σ)

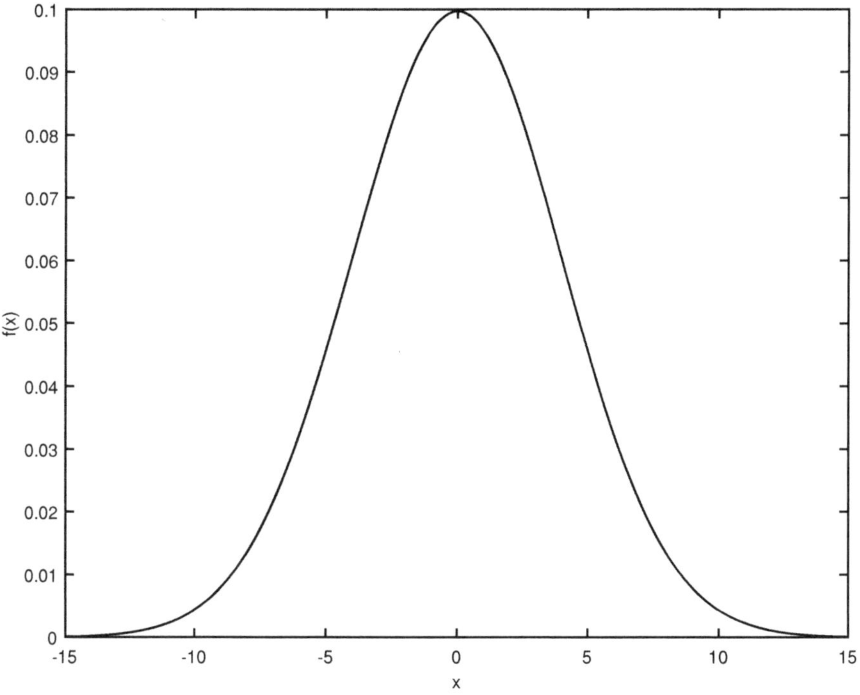

Fig. 2.2 Probability density function for the normal distribution where $\mu = 0$ and $\sigma = 4$

$\Phi(z)$, is

$$\Phi(z) = P(X \leq z) = \frac{1}{\sqrt{2\pi}} \int_{-\infty}^{z} e^{\frac{-x^2}{2}} dx. \tag{2.29}$$

The normal distribution is commonly encountered when performing regression analysis, system identification, or analysing systems in process control. As well, due to the behaviour of large numbers and means, it is used to describe the distribution of many common parameters, including heights and weights of people, grades, and machine errors.

In some cases, the multivariate normal distribution is useful. For a vector of random variables, $\vec{X}$, with a mean vector $\vec{\mu}$ and a covariance matrix Σ, then the multivariate normal distribution is

$$f(\vec{x}) = (2\pi)^{-\frac{n}{2}} |\Sigma|^{-0.5} e^{-\frac{1}{2}(\vec{x}-\vec{\mu})^T \Sigma (\vec{x}-\vec{\mu})}, \tag{2.30}$$

where $|\cdot|$ is the determinant function. The shape and behaviour of the multivariate normal distribution is the same as the univariate normal distribution.

2.4.2 *Student's* t-*Distribution*

The **Student's *t*-distribution**, denoted as $t(\nu)$ or more commonly as t_ν, is a statistical distribution that is used for dealing with the estimation of the mean of a normal distribution when the sample size is small and the population standard deviation is unknown. It approaches the normal distribution as the number of degrees of freedom, ν, approaches infinity. In general, the Student's *t*-distribution has larger tails than the normal distribution. Useful properties of the Student's *t*-distribution are summarised in Table 2.2, while Fig. 2.3 compares the Student's *t*-distribution with the normal distribution.

2.4.3 χ^2-*Distribution*

The **χ^2-distribution**, denoted as $\chi^2(\nu)$ or χ^2_ν, is a distribution that can be used to model the distribution of standard deviations. It depends on the number of degrees of freedom, ν, for the given set of observations. Useful properties of the χ^2-distribution are summarised in Table 2.3, while Fig. 2.4 gives a plot of the probability density function for the χ^2-distribution for different values of ν.

Table 2.2 Useful properties of the Student's *t*-distribution

Property	Value	
Notation	$t(\nu)$ or t_ν	
Probability density function	$f(x)=\frac{\Gamma\left(\frac{\nu+1}{2}\right)}{\Gamma\left(\frac{\nu}{2}\right)\sqrt{\nu\pi}}\left(1+\frac{x^2}{\nu}\right)^{-\frac{\nu+1}{2}}$, where Γ is the gamma function	
Mean	0 for $\nu > 1$	
Variance	$\nu/(\nu - 2)$ for $\nu > 2$	
Probability density function	MATLAB®	`tpdf (x, ν)`
	Excel®	`t.dist (x, ν, false)`
Generate numbers drawn from given distribution	MATLAB®	`trnd(ν, Size)`
Inverse cumulative distribution function	MATLAB®	`tinv (p, ν)`
	Excel®	`t.inv (p, ν)`

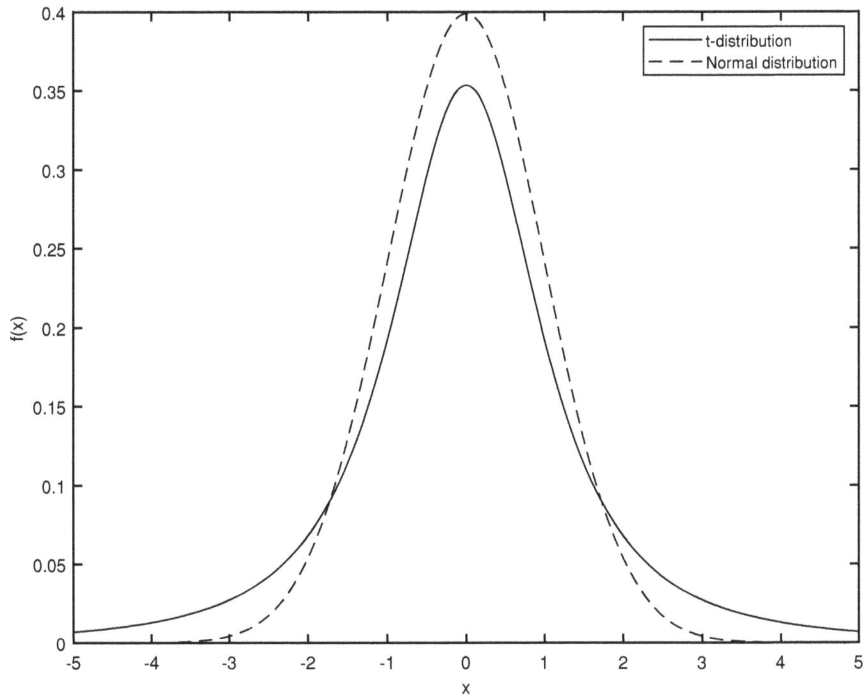

Fig. 2.3 Comparison between the *t*-distribution with two degrees of freedom and the standardised normal distribution

Table 2.3 Useful properties of the χ^2-distribution

Property	Value	
Notation	$\chi^2(\nu)$ or χ_ν^2	
Probability density function	$f(x) = \frac{1}{\Gamma(\frac{\nu}{2})2^{\frac{\nu}{2}}} x^{\frac{\nu}{2}-1} e^{-\frac{x}{2}}$, where Γ is the gamma function	
Mean	ν	
Variance	2ν	
Probability density function	MATLAB®	`chi2pdf (x, ν)`
	Excel®	`chisq.dist(x, ν, false)`
Generate Numbers Drawn From Given Distribution	MATLAB®	`chi2rnd (ν, Size)`
Inverse cumulative distribution function	MATLAB®	`chi2inv(p, ν)`
	Excel®	`chisq.inv(p, ν)`

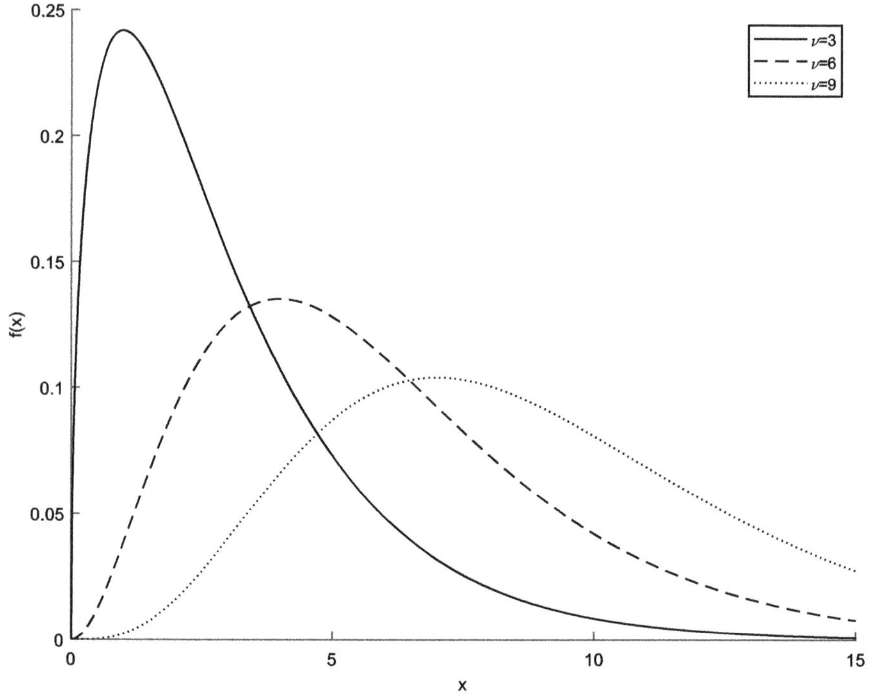

Fig. 2.4 Probability density function for the χ^2-distribution as a function of the degrees of freedom

Table 2.4 Useful properties of the F-distribution

Property	Value	
Notation	$\mathfrak{F}(\nu_1, \nu_2)$ or F_{ν_1,ν_2}	
Probability density function	$f(x) = \dfrac{\sqrt{\dfrac{(\nu_1 x)^{\nu_1}\nu_2^{\nu_2}}{(\nu_1 x+\nu_2)^{\nu_1+\nu_2}}}}{xB(\frac{\nu_1}{2},\frac{\nu_2}{2})}$, where B is the beta function	
Mean	$\nu_2 / (\nu_2 - 2)$ for $\nu_2 > 2$	
Variance	$\frac{2\nu_2^2(\nu_1+\nu_2-2)}{\nu_1(\nu_2-2)^2(\nu_2-4)}$ for $\nu_2 > 4$	
Probability density function	MATLAB®	`fpdf (x, ν1, ν2)`
	Excel®	`f.dist(x, ν1, ν2, false)`
Generate Numbers Drawn From Given Distribution	MATLAB®	`frnd(ν1, ν2, Size)`
Inverse cumulative distribution function	MATLAB®	`finv (p, ν1, ν2)`
	Excel®	`f.inv(p, ν1, ν2)`

2.4.4 F-*Distribution*

The ***F*-distribution**, denoted as $\mathfrak{F}(\nu_1, \nu_2)$ or F_{ν_1,ν_2}, is a distribution that can be used to model the distribution of ratios. Its shape depends on the number of degrees of freedom for both the numerator, ν_1, and denominator, ν_2, of the ratio. Useful properties of the F-distribution are summarised in Table 2.4, while Fig. 2.5 gives a plot of the probability density function for the F-distribution.

2.4.5 *Binomial Distribution*

The **binomial distribution**, denoted by $\mathfrak{B}(n, q)$, is a discrete distribution used to model the outcome of a series of binary (0 and 1 or *yes* and *no*) events. For each trial or realisation, the value 1 can occur with probability q and the value 0 with probability $1 - q$. It is assumed that there are n trials and the number of 1's is k. The order in which the events occur is not important, only their total number, for example, {1, 0, 0, 1} and {1, 1, 0, 0} would be equivalent, since each has cases of 1 and two cases of 0. The meaning assigned to 1 and 0 can be arbitrary as long as the outcome is binary. For example, 1 could represent success and 0 failure; or 1 heads and 0 tails. Useful properties of the binomial distribution are summarised in Table 2.5.

Setting $n = 1$, that is, only a single trial occurs, we get the **Bernoulli distribution**. It models the probability of a single trial given two possibilities. Historically, this distribution was first proposed and then generalised to the binomial distribution.

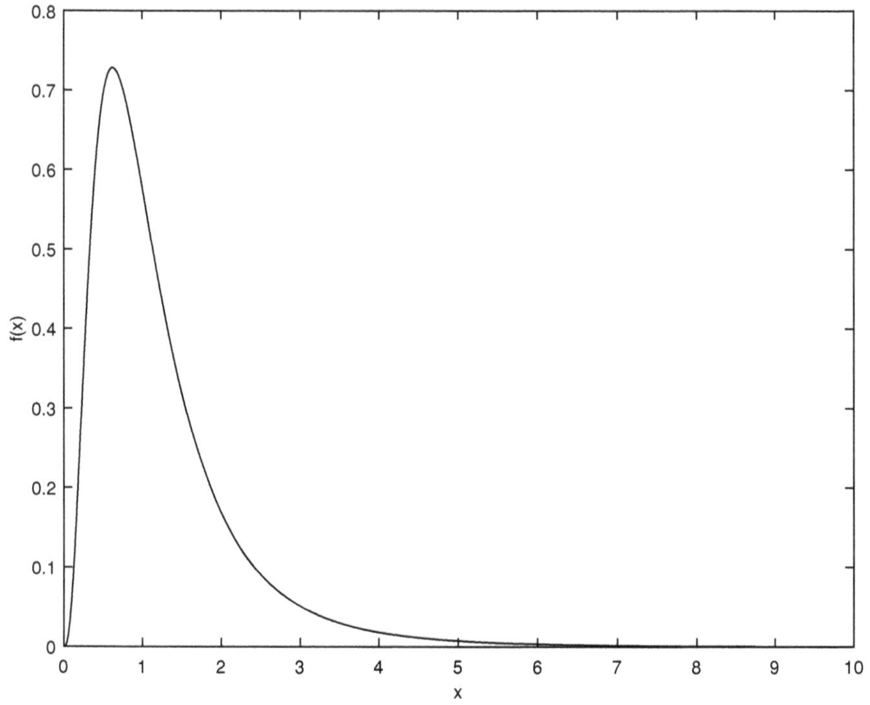

Fig. 2.5 Probability density function for the F-distribution for $\nu_1 = 8$ and $\nu_2 = 10$

Table 2.5 Useful properties of the binomial distribution

Property	Value	
Notation	$\mathfrak{B}(n, q)$	
Probability measure function	$P(X = k) = \binom{n}{k} q^k (1 - q)^{n-k}$, where n is the total number of trials and k is the number of trials with outcome 1	
Mean	nq	
Variance	$nq(1 - q)$	
Probability measure function	MATLAB®	`binopdf (k, n, q)`
	Excel®	`binom.dist(k, n, q, false)`
Generate Numbers Drawn From Given Distribution	MATLAB®	`binornd (n, q, Size)`
Inverse	MATLAB®	`binoinv (p, n, q)`
	Excel®	`binom.inv(n, q, p)`

Finally, it should be noted that it is possible to approximate the binomial distribution using the standard normal distribution if $np > 5$ and $n(1 - p) > 5$. In this case,

$$Z = \frac{X - np}{\sqrt{np(1 - p)}} \tag{2.31}$$

is approximately a standard normal variable. When computing probabilities, it is normal to add a correction factor to deal with the fact that the binomial distribution is discrete, while the normal distribution is continuous. The correction can be written as

$$\begin{aligned} P(X < x) &\approx P\left(Z < \frac{x + 0.5 - np}{\sqrt{np(1 - p)}}\right) \\ P(X > x) &\approx P\left(Z > \frac{x - 0.5 - np}{\sqrt{np(1 - p)}}\right) \end{aligned} \tag{2.32}$$

It can be noted that in both cases the final probability will be larger than if no correction factor had been used.

2.4.6 *Poisson Distribution*

The **Poisson distribution**, denoted by $\mathfrak{p}(\lambda)$,[5] is a discrete distribution used to model the occurrence of independent events in a given time interval or space. It is the result of taking the binomial distribution and extending the number of trials to infinity. The Poisson distribution is encountered in reliability engineering to model the time occurrences of failure and used in queuing theory to model the behaviour of a queue. Useful properties of the Posson distribution are summarised in Table 2.6.

It should be noted that, as for the binomial distribution from which it is derived, it is possible to approximate the Poisson distribution using the standard normal distribution. If $\lambda > 5$,

$$Z = \frac{X - \lambda}{\sqrt{\lambda}} \tag{2.33}$$

is approximately a standard normal variable.

[5] Note a lowercase Fraktur p is used as the symbol here.

Table 2.6 Useful properties of the Poisson distribution

Property	Value	
Notation	$\mathrm{p}(\lambda)$	
Probability Measure Function	$P(X = k) = \frac{\lambda^k}{k!}e^{-\lambda}$, where $k \geq 0$ is an integer	
Mean	λ	
Variance	λ	
Probability Measure Function	MATLAB®	`poisspdf(k, λ)`
	Excel®	`poisson.dist(k, λ, false)`
Generate Numbers Drawn From Given Distribution	MATLAB®	`poissrnd (λ, Size)`
Inverse	MATLAB®	`poissinv(p, λ)`

2.5 Parameter Estimation

Parameter estimation is the name given to the procedure used to estimate, or approximate, the true population parameters, based on a sample of the population. This is commonly encountered when, after running some experiment or other data collection method, it is necessary to obtain estimated values for the parameters. Since the true parameter values are not known, a method needs to be developed for estimating the values so that they are as close to the true values as possible.

In general, the estimated parameter is denoted by placing a circumflex ($\hat{\circ}$) over the theoretical or population parameter, for example, $\hat{\mu}$ is the estimated value for the mean μ. Very often, an arbitrary parameter is denoted by θ and its estimated value is given as $\hat{\theta}$.

2.5.1 Considerations for Parameter Estimation

When estimating the value of a parameter, the following points should be borne in mind:

(1) **Bias**: A good estimate of a parameter should be **unbiased**, that is, $E(\hat{\theta}) = \theta$. The bias, δ, in a parameter estimate is defined as:

$$\delta = E\left(\hat{\theta}\right) - \theta. \tag{2.34}$$

(2) **Variance**: The variance of the parameter should be as small as possible. A parameter estimate with the smallest variance over all possible parameter estimates is called the **minimum variance estimator** (MVE) for that parameter.

(3) **Mean-squared error (MSE)**: The mean-squared error of a parameter is defined as

$$\mathrm{MSE}\left(\hat{\theta}\right) = \mathrm{E}\left(\left(\hat{\theta} - \theta\right)^2\right) = \sigma_{\hat{\theta}}^2 + \delta^2, \tag{2.35}$$

where $\sigma_{\hat{\theta}}^2$ is the variance of the parameter estimate. If the estimate is unbiased, then the mean-squared error is equal to the variance. A minimum mean-squared-error estimate for a parameter need not be equal to its minimum variance estimator.

(4) **Consistency**: This says that as the number of samples used to estimate the parameter goes to infinity, then the estimate of the parameter goes to the true value of the parameter with probability one, that is,

$$\operatorname*{plim}_{n \to \infty} \hat{\theta}_n = \theta, \tag{2.36}$$

where $\hat{\theta}_n$ is the parameter estimate using n data points and *plim* denotes convergence in a probabilistic manner, that is, given a sequence $\{X_n\}$, it is said to converge in a probabilistic manner to the random variable X, if for any ε,

$$\lim_{n \to \infty} P(|X_n - X| \geq \varepsilon) = 0. \tag{2.37}$$

The **Cramér–Rao lower bound** for a parameter estimate provides a bound on how low the variance of the estimated parameters can be. Achieving the lower bound implies that we have a minimum variance estimate. The Cramér–Rao lower bound is defined as

$$\sigma_{\hat{\theta}}^2 \geq \mathcal{F}(\theta)^{-1}, \tag{2.38}$$

where $\mathcal{F}$ is the Fisher information matrix defined as

$$\mathcal{F}(\theta) = -E\left(\frac{\partial^2 \log(L(x, \theta))}{\partial \theta^2}\right) \tag{2.39}$$

and $L(\theta|x)$ is the likelihood function for the parameter estimates. The Cramér–Rao lower bound can be used to define the **efficiency** of a parameter estimate, that is, how close does the parameter estimate come to the lower bound. Let the efficiency of a parameter estimate, $g_{\hat{\theta}}$, be defined as

$$g_{\hat{\theta}} = \frac{\mathcal{F}(\theta)^{-1}}{\sigma_{\hat{\theta}}^2} \leq 1. \tag{2.40}$$

A parameter estimator achieving the Cramér–Rao lower bound will have an efficiency of 1.

2.5.2 *Methods of Parameter Estimation*

In general, there are three different methods that can be used to estimate a parameter:

(1) **Method of Moments**, where the parameter estimates are obtained by calculating the moments of the sample and comparing them with the theoretical moments.
(2) **Maximum Likelihood Method**, where the likelihood function given the data set is optimised to determine the optimal parameter values.
(3) **Regression**, where the error between the estimated and actual data points is minimised to determine the parameter estimates. Since this method is so commonly used, the following chapter (Chap. 3: Regression) is devoted to examining this concept further.

2.5.2.1 Method of Moments

In the **method of moments** approach, theoretical expressions for the moments of the distribution are determined. Using the sample obtained, the sample moments are then computed and compared with the theoretical expressions. Solving the resulting system of equations for the unknown parameters will give the method of moments parameter estimates. If there are m parameters that describe a given distribution, then at least the first m moments will need to be computed. The sample moments can be computed as follows:

$$\hat{m}_k = \frac{1}{n}\sum_{i=1}^{n} x_i^k. \tag{2.41}$$

The method of moments can provide easy to obtain parameter estimates for a distribution. However, the parameter estimates may be biased. As well, solving the system of equations can be difficult.

Example 2.6: *Method of Moments for a Normal Distribution*

Consider estimating the mean and standard deviation for a normal distribution using the method of moments. Are the parameter estimates biased?

Solution

The theoretical expressions for the two moments are

$$m_1 = \mu, m_2 = \sigma^2 + \mu^2.$$

Let the sample moments be given as

$$\hat{m}_1 = \frac{1}{n}\sum_{i=1}^{n} x_i, \hat{m}_2 = \frac{1}{n}\sum_{i=1}^{n} x_i^2.$$

Equating the corresponding moments gives

$$\hat{m}_1 = \frac{1}{n}\sum_{i=1}^{n} x_i = \mu \Rightarrow \hat{\mu} = \frac{1}{n}\sum_{i=1}^{n} x_i$$

$$\hat{m}_2 = \frac{1}{n}\sum_{i=1}^{n} x_i^2 = \sigma^2 + \mu^2 \Rightarrow \hat{\sigma}^2 = \frac{1}{n}\sum_{i=1}^{n} x_i^2 - \left(\frac{1}{n}\sum_{i=1}^{n} x_i\right)^2.$$

To determine the **bias** of the parameter estimates, take the expected value of the equations obtained above, namely,

$$E(\hat{\mu}) = E\left(\frac{1}{n}\sum_{i=1}^{n} x_i\right) = \frac{1}{n}\sum_{i=1}^{n} E(x_i) = \frac{1}{n}\sum_{i=1}^{n} \mu = \mu \quad \text{(unbiased!)}.$$

$$E\left(\hat{\sigma}^2\right) = E\left(\frac{1}{n}\sum_{i=1}^{n} x_i^2 - \left(\frac{1}{n}\sum_{i=1}^{n} x_i\right)^2\right) = \frac{1}{n}E\left(\sum_{i=1}^{n} x_i^2 - \frac{1}{n}\left(\sum_{i=1}^{n} x_i\right)^2\right)$$

$$= \frac{1}{n}\sum_{i=1}^{n} E\left(x_i^2 - \frac{2}{n}x_i\sum_{j=1}^{n} x_j + \frac{1}{n^2}\sum_{j=1}^{n} x_j \sum_{k=1}^{n} x_k\right)$$

$$= \frac{1}{n}\sum_{i=1}^{n} \frac{n-2}{n}E\left(x_i^2\right) - \frac{2}{n}\sum_{j\neq i}^{n} E(x_i x_j) + \frac{1}{n^2}\sum_{j=1}^{n}\sum_{k\neq j}^{n} E(x_j x_k) + \frac{1}{n^2}\sum_{j=1}^{n} E\left(x_j^2\right)$$

$$= \frac{1}{n}\sum_{i=1}^{n} \frac{n-2}{n}\left(\sigma^2 + \mu^2\right) - \frac{2(n-1)}{n}\mu^2 + \frac{n-1}{n}\mu^2 + \frac{1}{n}\left(\sigma^2 + \mu^2\right)$$

$$= \frac{1}{n}\sum_{i=1}^{n} \frac{n-2}{n}\left(\sigma^2\right) + \frac{1}{n}\left(\sigma^2\right)$$

$$= \frac{n-1}{n}\sigma^2 \quad \text{(biased!)}$$

Therefore, the estimate for the mean is unbiased, while for the variance the estimate is biased.

2.5.2.2 Maximum Likelihood Method

The **maximum likelihood method** seeks to maximise the likelihood function for the parameters given the data set. The **likelihood function** for the parameters θ given the data set $\vec{x}$, $L(\theta|\vec{x})$, can be written as[6]

$$L(\theta|\vec{x}) = f(\vec{x}, \theta), \tag{2.42}$$

where $f(\vec{x}, \theta)$ is the assumed probability density function from which the data set came. If it can be assumed that the individual data points are independent of each other, then Eq. (2.42) reduces to

$$L(\theta|\vec{x}) = \prod_{i=1}^{n} f(x_i, \theta), \tag{2.43}$$

where $f(x, \theta)$ is the corresponding univariate probability density function and n is the number of samples or data points. Since it is difficult to deal with a product, the logarithm of the likelihood function is most often used for optimisation. The **log-likelihood function**, $\ell(\theta|\vec{x})$, is defined as

$$\boxed{\ell(\theta|\vec{x}) = \log L(\theta|\vec{x}) = \sum_{i=1}^{n} \log f(x_i, \theta).} \tag{2.44}$$

Maximisation is performed by setting the derivatives of ℓ with respect to the parameters to zero and solving the resulting system of equations, that is,

$$\boxed{\hat{\theta}_{MLE} = \arg\max_{\theta} \ell(\theta|\vec{x}).} \tag{2.45}$$

The maximum likelihood method has the following asymptotic properties:

[6] The likelihood function is similar in form to a probability density function, but the relationship between the parameters and data points is reversed, that is, the probability density function assumes the parameters and seeks the data points, while the likelihood function assumes the data points and seeks the parameters.

(1) $E(\hat{\theta}) \approx \theta$;
(2) The variance of the estimate attains the Cramér–Rao lower bound;
(3) The estimate is consistent;
(4) The estimate is efficient; and
(5) $\hat{\theta}$ is approximately normally distributed.

Asymptotic means that these properties are attained as the number of samples approaches infinity ($n \to \infty$). Furthermore, the maximum likelihood estimate has the advantage that a function of a parameter estimate is also a maximum likelihood estimate of the function of the true values, that is, if $\hat{\theta}$ is the maximum likelihood estimate for θ, then $g(\hat{\theta})$ is the corresponding estimate for $g(\theta)$. This is called the transformative property.

The main problem with the maximum likelihood method is that a closed-form solution cannot always be obtained for the parameter estimates. Solving such a system numerically may not always be easy.

Example 2.7: *Maximum Likelihood Estimates for a Normal Distribution*

Consider the problem of finding the maximum likelihood estimates given X_1, X_2,..., X_n random, independent samples drawn from a normal distribution. Determine the maximum likelihood parameter estimates.

Solution

The probability density function of interest can be written as

$$f(x, \mu, \sigma^2) = \frac{1}{\sigma\sqrt{2\pi}} e^{\frac{-(x-\mu)^2}{2\sigma^2}}.$$

Therefore, given n samples the log-likelihood function can be written as

$$\begin{aligned}\ell(\theta|\vec{x}) &= \sum_{i=1}^{n} \log\left(\frac{1}{\sigma\sqrt{2\pi}} e^{\frac{-(x_i-\mu)^2}{2\sigma^2}}\right) = \sum_{i=1}^{n} log\left(\frac{1}{\sigma\sqrt{2\pi}}\right) - \frac{(x_i-\mu)^2}{2\sigma^2}.\\ &= -\frac{n}{2}\log 2\pi - n\log\sigma - \frac{\sum_{i=1}^{n}(x_i-\mu)^2}{2\sigma^2}\end{aligned}$$

Taking the derivative of the log-likelihood function with respect to μ gives

$$\frac{\partial \ell}{\partial \mu} = \frac{\partial\left(-\frac{n}{2}\log 2\pi - n\log\sigma - \frac{\sum_{i=1}^{n}(x_i-\mu)^2}{2\sigma^2}\right)}{\partial \mu} = -\frac{\sum_{i=1}^{n}(x_i-\mu)}{\sigma^2}.$$

Equating to zero and solving for μ gives

$$-\frac{\sum_{i=1}^{n} x_i - n\mu}{\sigma^2} = 0 \Rightarrow \hat{\mu} = \frac{\sum_{i=1}^{n} x_i}{n}.$$

Taking the derivative with respect to σ, equating to zero, and solving the resulting equation for σ gives

$$\frac{\partial \ell}{\partial \sigma} = \frac{\partial\left(-\frac{n}{2}\log 2\pi - n\log\sigma - \frac{\sum_{i=1}^{n}(x_i-\mu)^2}{2\sigma^2}\right)}{\partial \sigma} = -\frac{n}{\sigma} + \frac{\sum_{i=1}^{n}(x_i-\mu)^2}{\sigma^3} = 0$$
$$\Rightarrow \hat{\sigma}^2 = \frac{\sum_{i=1}^{n}\left(x_i - \hat{\mu}\right)^2}{n}.$$

It can be noted that both parameter estimates are equivalent to the method of moment estimator. This is not necessarily true in general. Finally, note that the estimate for the variance is biased. An exploration of the meaning of this is given in Sect. 2.5.3.

2.5.3 Remarks on Estimating the Mean, Variance, and Standard Deviation

As can be seen from the above results for the normal distribution, the estimate of the mean is unbiased irrespective of the method selected.

Unfortunately, the same cannot be said about the variance, which is biased. The bias in the variance is

$$\delta = E\left(\hat{\theta}\right) - \theta = \frac{n-1}{n}\sigma^2 - \sigma^2 = -\frac{\sigma^2}{n}. \tag{2.46}$$

It can thus be seen that the variance will be underestimated using the maximum likelihood or method of moment values. Furthermore, note that as $n \to \infty$, $n^{-1} \to 0$, so that the bias will decrease to zero. This clearly shows that the estimate is an asymptotically unbiased estimator. In order to obtain an unbiased estimator, the formula needs to be changed using Bessel's correction. The unbiased estimate of the variance is then

$$\sigma^2 = \frac{\sum_{i=1}^{n}\left(x_i - \hat{\mu}\right)^2}{n-1}, \tag{2.47}$$

where the n in the original denominator is replaced by $n - 1$. One way to explain this change is to note that since the true mean is not known, one degree of freedom is used to compute its value. Therefore, the variance does not have n, but rather $n - 1$

degrees of freedom. This correction should only be used if both the population mean and variance are being estimated from the same data set. If the population mean is known, then there is no need to use the correction.

Since the standard deviation is equal to the square root of the variance, it follows that the corrected standard deviation would be

$$\sigma = \sqrt{\frac{\sum_{i=1}^{n}\left(x_i - \hat{\mu}\right)^2}{n-1}}. \tag{2.48}$$

However, unlike the variance, this estimate will be biased. In fact, since the standard deviation is equal to the square root of the variance, the bias will only be corrected by using a different estimator for standard deviation. It can be noted that asymptotically the bias will go to zero as given by the transformation property of the maximum likelihood method.

2.6 Central Limit Theorem

The **central limit theorem** is an important result concerning the behaviour of the mean of any distribution computed from multiple different samplings of the original distribution.

Theorem 2.1 *Given* $\{X_1, X_2, \ldots, X_n\}$*, a set of random variables that are independent and identical, with mean* μ *and finite variance* $\sigma^2 \neq 0$*. Let* $S_n = X_1 + X_2 + \ldots + X_n$*, then*

$$\lim_{n\to\infty} P\left(\frac{S_n - n\mu}{\sigma\sqrt{n}} \leq z\right) = \Phi(z) \tag{2.49}$$

that is the probability density function of S_n *converges to the standard normal distribution.*

The result of the central limit theorem explains why many observations can be treated as coming from a normal distribution. Specifically, for the mean, which is computed as the sum of all observations divided by the number, *n*, we get

$$\lim_{n\to\infty} P\left(\frac{\hat{\mu} - \mu}{\sigma/\sqrt{n}} \leq z\right) = \Phi(z). \tag{2.50}$$

This can be obtained from Eq. (2.49) by dividing both the numerator and denominator by n and noting that $S_n / n = \hat{\mu}$. This implies that the estimated mean comes from a normal distribution with $\mu = \hat{\mu}$ and $\sigma^2 = \hat{\sigma}^2 / n$.

2.7 Hypothesis Testing and Confidence Intervals

One of the most common applications of statistics is to test different "questions" about the relationship between the true (or assumed) value and the estimated value obtained after sampling some population. Hypothesis testing always consists of two parts: the **null hypothesis**, H_0, which represents the default position and the **alternative hypothesis**, H_1, which represents the other option. If it is assumed that the true parameter is θ and the corresponding estimated parameter value is $\hat{\theta}$, then the null hypothesis can be written as

$$H_0 : \hat{\theta} = \theta. \tag{2.51}$$

There are three different possibilities for the alternative hypothesis:

(1) **Case 1**: $H_1 : \hat{\theta} \neq \theta$;
(2) **Case 2**: $H_1 : \hat{\theta} < \theta$; and
(3) **Case 3**: $H_1 : \hat{\theta} > \theta$.

Case 1 is often referred to as a **two-sided** or **two-tailed** test, while Cases 2 and 3 are often called **single-sided** or **single-tailed** tests. The hypothesis test is performed at some confidence level $100(1 - \alpha)\%$, where α is the **α-error, Type I error,** or **false positive rate**, which is the fraction of times with which the null hypothesis will be rejected even though the estimated parameter value did indeed come from the sample space. The opposite situation of accepting the null hypothesis, even though the alternative hypothesis is correct, is called a **Type II error, β-error,** or **false negative rate**. The confidence level typically determines what critical value should be used to determine which hypothesis better describes the obtained estimate. It should be noted that if the alternative hypothesis is **rejected** based on the test statistic and the critical value, then the null hypothesis is more likely, and it is said that the null hypothesis **may be** correct, since some other untested hypothesis may be an even better fit with the relationship between the true and estimated parameters. On the other hand, if the null hypothesis is **rejected**, then it is said that the alternative hypothesis is **accepted**.

Consider the probability density functions shown in Fig. 2.6, where the solid, black curve is the probability density function for the null hypothesis, and the dashed, green curve is the probability density function for the alternative hypothesis. The black line represents the selected critical value (r_{critical}). The area to the right of this line and under the solid, black curve represents the likelihood of rejecting the null hypothesis even if it is true. This region is called the α-error (or Type I error) region. On the other hand, the area to the left of this line and under the dashed, green curve represents the likelihood of rejecting the alternative hypothesis even if it is true. This region is called the β-error (or Type II error) region. Ideally, it would be nice to reduce the size of both regions simultaneously. However, this is not practical, as decreasing the α-error, by shifting the critical value (denoted by the black line) to the right, will

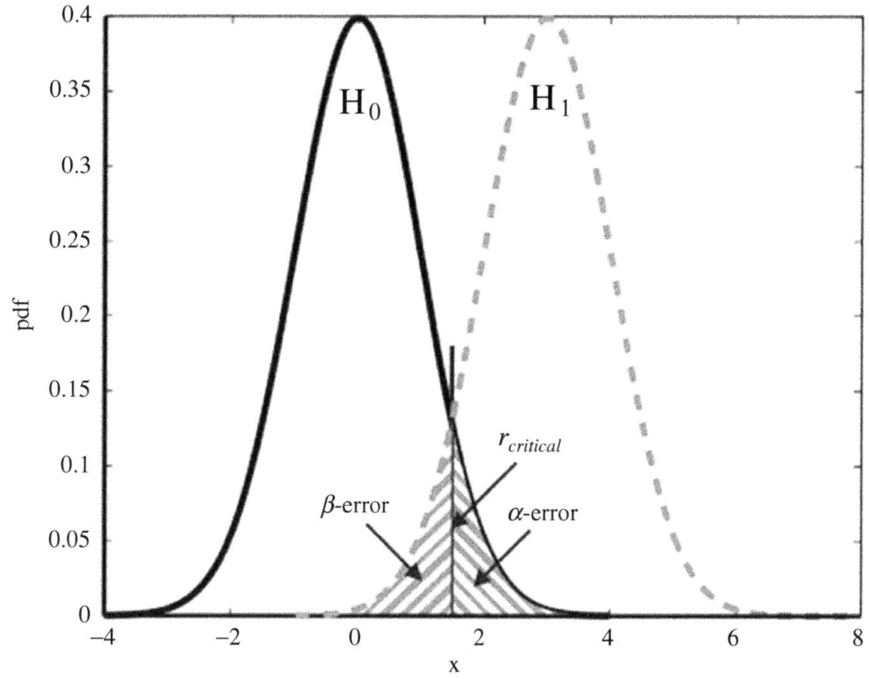

Fig. 2.6 Probability densities for the two hypotheses

lead to an increase in the β-error. Therefore, there is a trade-off between the two objectives.

To illustrate this trade-off, Fig. 2.7 shows three different distributions and how they overlap with each other. From this figure, it can be seen that if we take the solid curve as the basis (or null hypothesis) and compare it with the dashed curves, we see that only the dash-dot curve with $\mu = 10$ is substantially different from the null hypothesis. This shows the importance of the variance and mean on the tests. If the mean changes substantially, then, even if the variance is large, the difference will be clearer. On the other hand, to detect small changes in the process requires that the parameter variance also be small. One way in which the parameter variance can be decreased is to increase the number of data points used to estimate the given value.

The general procedure for hypothesis testing can be written as

(1) Determine an appropriate **test statistic** for the problem at hand. The test statistic is some transformation of the available data that leads to a parameter that follows a known distribution.
(2) Compute the value of the test statistic using the available data.
(3) Determine the critical value based on the value of α, the number of data points, and any other relevant criteria.
(4) Compare the test statistic with the critical value.

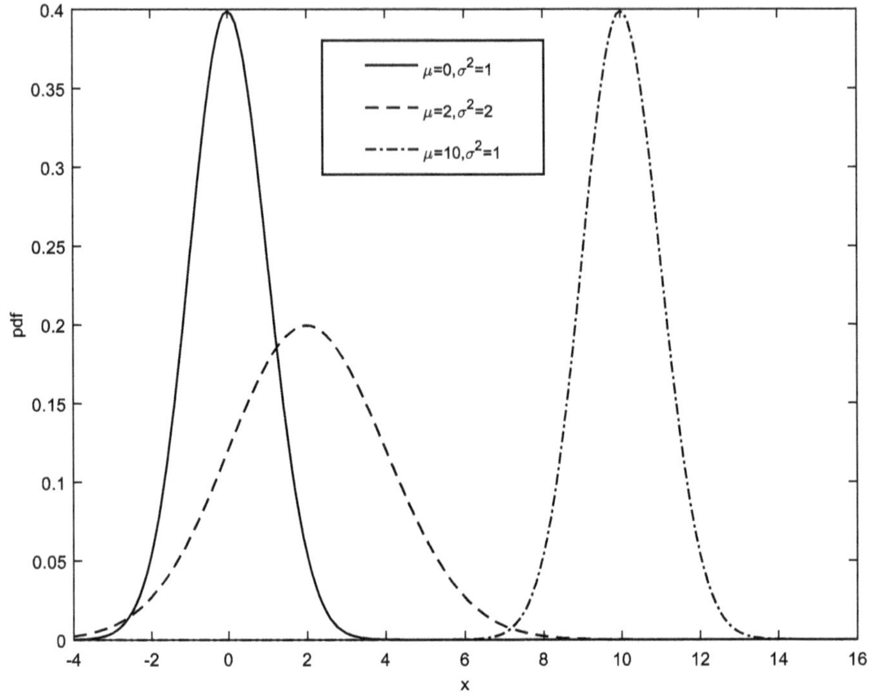

Fig. 2.7 Three different distributions and their overlap

(5) Draw the appropriate conclusion given the relationship between the test statistic, the critical value, and the hypotheses being considered.

A **100(1-α)% confidence interval** for a parameter represents the region in which it would be expected to find the true parameter value. Confidence intervals exist for all three cases, of which the confidence interval obtained from the first case is the most common. For case 1, the corresponding confidence interval is

$$\boxed{\hat{\theta} - r_{lower}\sigma_{\theta} \le \theta \le \hat{\theta} + r_{upper}\sigma_{\theta},} \tag{2.52}$$

where r_{lower} is the lower bound critical value, r_{upper} is the upper bound critical value, and σ_{θ} is the standard deviation of the parameter estimate. For case 2, the corresponding confidence interval is

$$\boxed{\hat{\theta} - r_{lower}\sigma_{\theta} \le \theta.} \tag{2.53}$$

For case 3, the corresponding confidence interval is

$$\boxed{\theta \le \hat{\theta} + r_{upper}\sigma_{\theta}.} \tag{2.54}$$

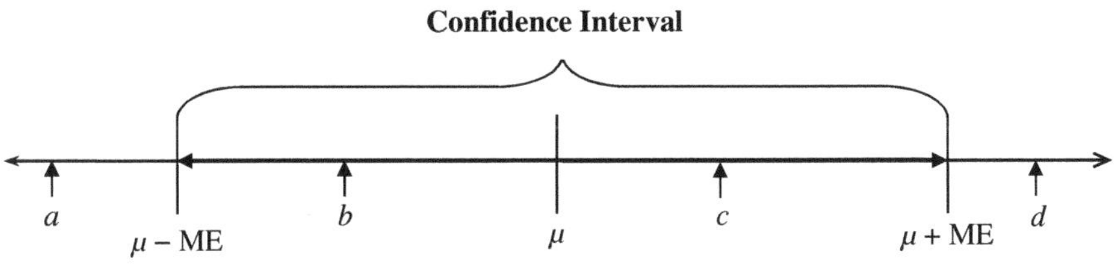

Fig. 2.8 Confidence intervals and covering a value (ME $= r_{crit}\sigma_\theta$)

A confidence interval is said to **cover** a value at the given confidence value α, if the given value lies within the given confidence bounds. Consider the confidence interval shown in Fig. 2.8. Points b and c are inside the confidence interval and hence it would be said that the confidence interval covers the given values. On the other hand, points a and d are outside the confidence interval, which implies that the points are not covered by the confidence interval. A point inside the confidence interval can be considered to be equal to the value expressed by the confidence interval. For example, if the true value is 5 and the estimated value is 6±3 (95% confidence interval), then it can be concluded that the estimated value covers the true value, and hence, it is likely that the values are the same. On the other hand, if we had 10±2 (95% confidence interval) and the same true value, then we can conclude that the true value and the estimated value are different.

2.7.1 Computing the Critical Value

In order to compute the critical values for the test statistics, there is a need to understand the difference between left and right probabilities. Define the **left probability, p_l,** to be

$$p_l = \int_{-\infty}^{r_{critical}} f(x)dx, \tag{2.55}$$

where $r_{critical}$ is the desired critical value. Define the **right probability, p_r,** to be

$$p_r = \int_{r_{critical}}^{\infty} f(x)dx. \tag{2.56}$$

In all cases, the following relationship holds

$$p_l + p_r = 1. \tag{2.57}$$

Figure 2.9 shows the difference between left and right probabilities.

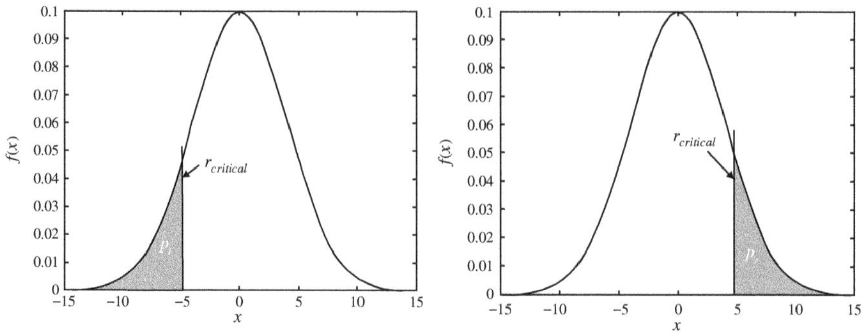

Fig. 2.9 Difference between (**left**) left and (**right**) right probabilities

Table 2.7 Different software and the probability values they return

Software	Left Probability	Right Probability
MATLAB®	`finv`, `tinv`, `chi2inv`, `norminv`	—
Excel®*	`t.inv`, `f.inv`, `norm.inv`, `chi2.inv`	—
Statistical Tables	—	Always give right probabilities

*The old Excel® functions, such as `finv`, `chiinv`, and `tinv`, give right-side probabilities with unusual definitions, for example, `tinv` is designed to be used to solve two-tailed problems.

The need to distinguish between left and right probabilities arises from the way different software and books tabulate the relationship between α (a probability) and the critical value. Table 2.7 summarises the different software and the location returned. It should be noted that this textbook strives to consistently use left probabilities in defining all relationships.

2.7.2 *Converting Confidence Intervals*

It can happen that the variable for which the confidence intervals have been computed is not the variable that is actually desired. This can happen often when there is a need to transform one variable (or set of variables) into another in order to obtain a better statistical result. Such transformations are often encountered in regression analysis.

Consider the case, where the parameter for which the confidence interval has been computed, β, is some function of the desired parameter, α, for example, $\beta = f(\alpha)$. If the confidence interval is obtained as $\beta_L \leq \beta \leq \beta_U$, then the following three different cases can be distinguished for converting the given confidence interval into the desired confidence interval:

(1) If $f(\alpha)$ is a **one-to-one, monotonic function**, then the desired confidence interval can be given as $f^{-1}(\beta_L) \leq \alpha \leq f^{-1}(\beta_U)$, where $f^{-1}(\beta)$ is the inverse function for $f(\alpha)$. In this context, a one-to-one function is simply a function that contains a unique inverse. For example, $y = x^2$ is not one-to-one, while $y = x$ is. A **monotonic function** is a function that on a given interval is either constant and increasing or constant and decreasing. For example, $y = x$ is monotonic everywhere, while $y = x^2$ is monotonic over the regions $[0, +\infty[$ and $]-\infty, 0]$, but not over $]-\infty, +\infty[$.

(2) If $f(\alpha)$ is a **one-to-one function, but not necessarily monotonic**, then the maximum and minimum values of the function need to be determined over the given region, that is, the following three steps need to be performed:

   a. Find the values of $f^{-1}(\beta_L)$ and $f^{-1}(\beta_U)$.
   b. Determine whether $\frac{df^{-1}(\beta_i)}{d\beta_i} = 0$ over the interval $\beta_L \leq \beta \leq \beta_U$ and determine the value of the function at these points.
   c. Take the maximum and minimum of the values for α obtained in the above steps to be the confidence intervals for the parameter, α.

(3) If none of the above holds, then the following method can be used to obtain an estimate for the converted confidence interval. This method can also be used if the function depends on more than one of the parameters. The general formula is given as

$$\sigma_\alpha^2 = \sum_{i=1}^{l} \left(\left| \frac{df^{-1}\left(\alpha, \vec{\beta}\right)}{d\beta_i} \right| \hat{\sigma}_i^2 \right), \tag{2.58}$$

where $\hat{\sigma}_i^2$ is the variance associated with the ith parameter, and σ_α^2 is the variance associated with the parameter of interest.

2.7.3 Testing the Mean

For testing hypotheses involving the mean, the test statistic is

$$t_{computed} = \frac{\hat{\mu} - \mu}{\hat{\sigma}/\sqrt{n}}, \tag{2.59}$$

where n is the number of data points. Invariably, the correct critical value can be obtained from the Student's t-distribution. If the true population standard deviation is known or $n > 30$, then the normal distribution can be used instead. Strictly speaking, this test only applies to samples drawn from a normal distribution. However, by

Table 2.8 Summary of the required critical values, bounds, and confidence intervals for testing hypotheses about the mean

Case	H_1	Probability (p)		Test to reject H_0	Confidence Intervals
		Left	Right		
1	$\hat{\mu} \neq \mu$	$1 - \alpha / 2$	$\alpha / 2$	$\lvert t_{computed} \rvert > t_{p,\, n-1}$	$\hat{\mu} \pm t_{p,n-1} \frac{\hat{\sigma}}{\sqrt{n}}$
2	$\hat{\mu} < \mu$	α	$1 - \alpha$	$t_{computed} < t_{p,\, n-1}$	$\hat{\mu} - t_{p,n-1} \frac{\hat{\sigma}}{\sqrt{n}}$
3	$\hat{\mu} > \mu$	$1 - \alpha$	α	$t_{computed} > t_{p,\, n-1}$	$\hat{\mu} + t_{p,n-1} \frac{\hat{\sigma}}{\sqrt{n}}$

the central limit theorem, this result can be used even for nonnormal distributions provided that a relatively large number of samples is available (say $n > 30$).

Table 2.8 summarises the appropriate probabilities, critical values, testing conditions, and corresponding confidence intervals for the different hypothesis cases. In all cases, the t-score can be replaced by the Z-score if the true population variance is known (in which it should be used in lieu of $\hat{\sigma}$) or $n > 30$.

Example 2.8: *Testing the Mean—Computing a Confidence Interval*

Consider the following data that are claimed to come from a normal distribution with a mean of 1 and a standard deviation of 1. Compute a 95% confidence interval and determine if it covers the true mean.

$$\mathbb{X} = \{2.16, 2.71, 1.09, 0.40, 1.47, 1.13, 1.97\}$$

Solution

The mean is

$$\begin{aligned}\hat{\mu} &= \frac{2.16 + 2.71 + 1.09 + 0.40 + 1.47 + 1.13 + 1.97}{7} \\ &= \frac{10.93}{7} \\ &= 1.56\end{aligned}$$

Since the population standard deviation is known, $Z_{1 - \alpha / 2}$ will be used, which in this case is 1.96 (useful number to memorise). Therefore, the confidence interval is

$$\hat{\mu} \pm Z_p \frac{\sigma}{\sqrt{n}}$$

$$1.56 \pm 1.96 \frac{1}{\sqrt{7}}.$$

$$1.56 \pm 0.741$$

Since the confidence interval includes the true value of 1, it can be concluded that the true value is covered by the mean.

Example 2.9: *Testing the Mean—Hypothesis Testing*

Consider the same data and set-up as in Example 2.8, but now perform the following hypothesis test:

$$H_0 : \hat{\mu} = \mu$$
$$H_1 : \hat{\mu} \neq \mu.$$

Solution

Since we are dealing with case 1, a two-tailed test will be performed. Since the population standard deviation is known, the Z-test will be used. The computed statistic can be written as

$$Z_{computed} = \frac{1.56 - 1}{\frac{1}{\sqrt{7}}} = 1.48.$$

The critical value of Z_{crit} is 1.96. Since $|Z_{computed}| < Z_{crit}$, the null hypothesis cannot be rejected. Note that the same conclusion was reached with the confidence interval.

Example 2.10: *Testing the Mean—Unknown Variances*

Consider the same data and set-up as in Example 2.8, but now assume that the standard deviation is unknown. Perform the following hypothesis test:

$$H_0 : \hat{\mu} = \mu$$
$$H_1 : \hat{\mu} \neq \mu.$$

Solution

Since we are dealing with case 1, a two-tailed test will be performed. Since the sample space standard deviation is unknown, the *t*-test will be used. The estimated standard deviation is 0.78. The computed statistic can be written as

$$t_{computed} = \frac{1.56 - 1}{\frac{0.78}{\sqrt{7}}} = 1.90.$$

The critical value of t_{crit} with $7 - 1 = 6$ degrees of freedom is 2.97. Since $|t_{computed}| < t_{crit}$, the null hypothesis cannot be rejected. Note that the value of the t-score is much larger than the corresponding Z-score, since we are dealing with a very small sample.

Example 2.11: *Testing the Mean—Detailed Example*

As a plant engineer of a bitumen processing plant, you have specified in the supplier's contract that the delivered processed bitumen must have a purity of at least 99.0% at a 95% confidence level. You obtain a shipment of bitumen which you test. With 200 samples, you obtain a mean purity of 98.6% with a standard deviation of 0.5%. The company claims that this is sufficiently close that the shipment should be accepted. Should the shipment be rejected at the 95% confidence level?

Solution

The statistical set-up is

$$H_0{:}\hat{\mu} = \mu$$
$$H_1{:}\hat{\mu} < \mu$$

which implies that we are dealing with Case 2. Since there are more than 30 samples (precisely 200 samples), the Z-score can be used. The computed value is given as

$$Z_{computed} = \frac{98.6 - 99.0}{\frac{0.5}{\sqrt{200}}} = -11.3.$$

Since the value of $Z_{critical}$ is -1.64 (single-tail, left probability with a p-value of 0.05) and $Z_{computed} < Z_{critical}$, it can be concluded that the mean is indeed less than the specified value and the shipment should be rejected.

2.7.4 Testing the Variance

For testing hypotheses involving the variance, the test statistic is

$$\chi^2_{computed} = \frac{(n-1)\hat{\sigma}^2}{\sigma^2}, \tag{2.60}$$

where n is the number of data points. Invariably, the correct critical value can be obtained from the χ^2-distribution. It should be noted that this assumes that the underlying distribution is normal.

Table 2.9 summarises the appropriate probabilities, critical values, testing conditions, and corresponding confidence intervals for the different hypothesis cases.

Example 2.12: *Testing the Variance*

You have been hired to design a new control strategy for a temperature controller. In order to show that your controller is better, you need to show that the variance of the new control strategy has been decreased. Historically speaking, the previous controller had a variance of 2 K^2. Upon implementing the new control strategy for 100 samples, the variance is 1.2 K^2. At an $\alpha = 0.05$, has the new control strategy decreased the variance of the temperature controller?

Solution

The statistical set-up is

$$H_0 : \hat{\sigma}_u^2 = \sigma^2$$
$$H_1 : \hat{\sigma}^2 < \sigma^2$$

which implies that we are dealing with Case 2. The correct test statistic is the χ^2-test. The computed value is

Table 2.9 Summary of the required critical values, bounds, and confidence intervals for testing hypotheses about the variance

Case	H_1	Probability (p) Left	Probability (p) Right	Test to Reject H_0	Confidence Interval
1	$\hat{\sigma}^2 \neq \sigma^2$	$p_1 = 1 - 0.5\alpha$ $p_2 = 0.5\alpha$	$p_1 = 0.5\alpha$ $p_2 = 1 - 0.5\alpha$	$\chi^2_{computed} > \chi^2_{p_1,n-1}$ **OR** $\chi^2_{computed} < \chi^2_{p_2,n-1}$	$\frac{(n-1)\hat{\sigma}^2}{\chi^2_{p_1,n-1}} \le \sigma^2 \le \frac{(n-1)\hat{\sigma}^2}{\chi^2_{p_2,n-1}}$
2	$\hat{\sigma}^2 < \sigma^2$	α	$1 - \alpha$	$\chi^2_{computed} < \chi^2_{p,n-1}$	$\frac{(n-1)\hat{\sigma}^2}{\chi^2_{p,n-1}}$
3	$\hat{\sigma}^2 > \sigma^2$	$1 - \alpha$	α	$\chi^2_{computed} > \chi^2_{p,n-1}$	$\frac{(n-1)\hat{\sigma}^2}{\chi^2_{p,n-1}}$

$$\chi^2_{computed} = \frac{(n-1)\hat{\sigma}^2}{\sigma^2} = \frac{(100-1)(1.2)}{2} = 59.4.$$

The critical value of the χ^2-test with 100 – 1 = 99 degrees of freedom at a p-value of 0.05 is 77.0. Comparing the critical value with the computed value it can be seen that 59.4 < 77.0, which implies that the null hypothesis should be rejected and the alternative hypothesis accepted. Thus, it can be concluded that the variance of the process has improved (decreased).

2.7.5 *Testing a Ratio or Proportion*

For testing hypotheses involving binomial proportions, r, then the appropriate test statistic is

$$Z_{computed} = \frac{x - nr}{\sqrt{nr(1-r)}} = \frac{\hat{r} - r}{\sqrt{n^{-1}r(1-r)}}, \tag{2.61}$$

where n is the number of data points and x is the number of successes. In order to apply the normal approximation to the binomial distribution, $nr \geq 5$ and $n(1-r) \geq 5$ should hold.

Table 2.10 summarises the appropriate probabilities, critical values, testing conditions, and corresponding confidence intervals for the different hypothesis cases.

Table 2.10 Summary of the required critical values, bounds, and confidence intervals for testing hypotheses about a ratio

Case	H_1	Probability (p)		Test to reject H_0	Confidence interval
		Left	Right		
1	$\hat{r} \neq r$	$1 - \alpha/2$	$\alpha/2$	$\lvert Z_{computed}\rvert > Z_p$	$\hat{r} \pm Z_p\sqrt{\frac{\hat{r}(1-\hat{r})}{n}}$
2	$\hat{r} < r$	α	$1 - \alpha$	$Z_{computed} < Z_p$	$\hat{r} - Z_p\sqrt{\frac{\hat{r}(1-\hat{r})}{n}}$
3	$\hat{r} < r$	$1 - \alpha$	α	$Z_{computed} > Z_p$	$\hat{r} + Z_p\sqrt{\frac{\hat{r}(1-\hat{r})}{n}}$

Example 2.13: *Testing a Ratio*

As the plant engineer, you have been monitoring the incidences of faults in your plant. Historically, you have observed that the hourly rate of faults is 30%. After implementing a new process management technique, you noticed that the hourly rate of faults has decreased to 25% over a period of 200 h, that is, there were some type of faults during 40 h of operation. You have been asked by your boss to determine if the rate of incidence of faults has decreased?

Solution

The statistical set-up is

$$H_0 : \hat{r} = r$$
$$H_1 : \hat{r} < r$$

which implies that we are dealing with case 2. The correct test statistic is the Z-test. The computed value is

$$\begin{aligned} Z_{computed} &= \frac{\hat{r} - r}{\sqrt{n^{-1} r(1 - r)}} \\ &= \frac{0.25 - 0.30}{\sqrt{200^{-1}(0.3)(1 - 0.3)}}. \\ &= -1.54 \end{aligned}$$

The critical value the Z-test at a p-value of 0.05 is -1.64. Comparing the critical value with the computed value it can be seen that $-1.64 < -1.54$, which implies that the null hypothesis cannot be rejected. Thus, it can be concluded that the new process management software has not necessarily improved the hourly fault rate.

2.7.6 *Testing Two Samples*

So far all the examples considered have examined testing some value against some reference or known benchmark value. However, in many cases, it is interesting to compare two estimated values against each other to determine if they are different. This section will consider the tests required to obtain such conclusions.

2.7.6.1 Testing the Mean

When comparing two sample means, there is a need to carefully consider not only the available information, but also the experimental set-up. In all cases, it is assumed that the underlying distribution is normal for both samples and that the two samples are distinct and mutually independent of each other. Five different cases can be distinguished:

(I) The true (population) variances for both samples are known.
(II) The two variances are unknown, but a large number of data points was used for both samples (n_1 and n_2 both greater than about 30). This case can be treated as if the variances were known for both samples and analysed using the first approach.
(III) The two variances are unknown but can be assumed to be equal.
(IV) The two variances are unknown and cannot be assumed to be equal.
(V) The mean has been obtained by taking the difference between two samples, that is, paired data are being used.

The null hypothesis for cases I–IV can be stated as H_0: $\mu_1 - \mu_2 = \Delta$, while for case V, it can be stated as H_0: $\mu_D = 0$, where μ_D is the mean value of all the differences. Paired tests are useful when the individual characteristics of an object may vary from sample to sample and it is desired to determine the overall effect on the system.

For case I, where the true variances, are known, or case II, where the variances are unknown, but the sample sizes are large, the test statistic can be written as

$$Z_{computed} = \frac{\hat{\mu}_1 - \hat{\mu}_2 - \Delta}{\sqrt{\frac{\sigma_1^2}{n_1} + \frac{\sigma_2^2}{n_2}}}, \tag{2.62}$$

where the subscripts refer to the two data sets being compared. The required critical values and testing conditions are shown in Table 2.11.

For case III, where the true variances are unknown but equal, the test statistic can be written as

Table 2.11 Summary of the required critical values and bounds for testing hypotheses about a difference when the true variances are known

Case	H_1	Probability (p)		Test to reject H_0
		Left	Right	
1	$\hat{\Delta} \neq \Delta$	$1 - \alpha / 2$	$\alpha / 2$	$\lvert Z_{computed} \rvert > Z_p$
2	$\hat{\Delta} < \Delta$	α	$1 - \alpha$	$Z_{computed} < Z_p$
3	$\hat{\Delta} > \Delta$	$1 - \alpha$	α	$Z_{computed} > Z_p$

Table 2.12 Summary of the required critical values and bounds for testing hypotheses about a difference when the true variances are unknown, but assumed equal

Case	H_1	Probability (p)		Test to reject H_0 $\nu = n_1 + n_2 - 2$
		Left	Right	
1	$\hat{\Delta} \neq \Delta$	$1 - \alpha / 2$	$\alpha / 2$	$\lvert t_{computed}\rvert > t_{p,\nu}$
2	$\hat{\Delta} < \Delta$	α	$1 - \alpha$	$t_{computed} < t_{p,\nu}$
3	$\hat{\Delta} > \Delta$	$1 - \alpha$	α	$t_{computed} > t_{p,\nu}$

$$t_{computed} = \frac{\hat{\mu}_1 - \hat{\mu}_2 - \Delta}{\hat{\sigma}_p \sqrt{\frac{1}{n_1} + \frac{1}{n_2}}}, \tag{2.63}$$

where the subscripts refer to the two data sets being compared and $\hat{\sigma}_p$ is the pooled standard deviation computed from

$$\hat{\sigma}_p^2 = \frac{(n_1 - 1)\hat{\sigma}_1^2 + (n_2 - 1)\hat{\sigma}_2^2}{n_1 + n_2 - 2}. \tag{2.64}$$

The degrees of freedom (ν) for this test are equal to $n_1 + n_2 - 2$. The required critical values and testing conditions are shown in Table 2.12.

For case IV, where the true variances are unknown and cannot be assumed equal, the test statistic can be written as

$$t_{computed} = \frac{\hat{\mu}_1 - \hat{\mu}_2 - \Delta}{\sqrt{\frac{\hat{\sigma}_1^2}{n_1} + \frac{\hat{\sigma}_2^2}{n_2}}}, \tag{2.65}$$

where the subscripts refer to the two data sets being compared. The degrees of freedom (ν) for this test are computed from

$$\nu = \left\lfloor \frac{\left(\frac{\hat{\sigma}_1^2}{n_1} + \frac{\hat{\sigma}_2^2}{n_2}\right)^2}{\frac{\hat{\sigma}_1^4}{n_1^2(n_1-1)} + \frac{\hat{\sigma}_2^4}{n_2^2(n_2-1)}} \right\rfloor, \tag{2.66}$$

where $\lfloor \cdot \rfloor$ is the floor or round down function, that is, $\lfloor -1.23 \rfloor$ would be -2 and $\lfloor 1.86 \rfloor$ would be 1. The required critical values and testing conditions are the same as those shown in Table 2.12, except that ν would be computed using Eq. (2.66).

Finally, for case V, where a paired difference is being considered, the test statistic can be written as

$$t_{computed} = \frac{\hat{\mu}_D - \mu_D}{\hat{\sigma}_D / \sqrt{n}}, \tag{2.67}$$

Table 2.13 Summary of the required critical values, bounds, and confidence intervals for testing hypotheses about a paired mean value

Case	H_1	Probability (p)		Test to reject H_0	Confidence interval
		Left	Right		
1	$\hat{\mu}_D \neq \mu_D$	$1-\alpha/2$	$\alpha/2$	$\lvert t_{computed}\rvert > t_{p,\,n-1}$	$\hat{\mu}_D \pm t_{p,n-1}\frac{\hat{\sigma}_D}{\sqrt{n}}$
2	$\hat{\mu}_D < \mu_D$	α	$1-\alpha$	$t_{computed} < t_{p,\,n-1}$	$\hat{\mu}_D - t_{p,n-1}\frac{\hat{\sigma}_D}{\sqrt{n}}$
3	$\hat{\mu}_D > \mu_D$	$1-\alpha$	α	$t_{computed} > t_{p,\,n-1}$	$\hat{\mu}_D + t_{p,n-1}\frac{\hat{\sigma}_D}{\sqrt{n}}$

where $\hat{\sigma}_D$ is the standard deviation of the differences and n is the number of differences available. In most cases, $\mu_D = 0$, since we are testing whether the pair differences are significant. The required critical values, testing conditions, and corresponding confidence intervals are shown in Table 2.13.

Example 2.14: *Testing Differences in Means—Variances Known.*

Two separate samples from the same batch were taken and tested by two different operators. As the plant engineer, you are interested in knowing if the two operators provide similar test results. Historically, it has been determined that the variability of the test results is 4.0. It can be assumed that the variability will be the same for both operators as the samples are drawn from the same batch. The first operator performed ten tests and obtained the following values: 9.6, 9.9, 8.9, 12.0, 10.4, 13.8, 10.8, 10.3, 9.2, and 9.3. The second operator performed ten tests and obtained: 10.8, 11.0, 11.1, 11.2, 7.6, 9.8, 14.0, 7.8, 8.6, and 8.4. Are the two operators similar? Assume $\alpha = 0.05$.

Solution

In order to answer the question, we will need to compute the mean value for the two operators:

$$\hat{\mu}_1 = \frac{9.6+9.9+8.9+12.0+10.4+13.8+10.8+10.3+9.2+9.3}{10} = 10.4,$$

$$\hat{\mu}_2 = \frac{10.8+11.0+11.1+11.2+7.6+9.8+14.0+7.8+8.6+8.4}{10} = 10.0.$$

Since we are testing to determine if there is a difference between the two operators, $\Delta = 0$. The statistical set-up is

$$H_0 : \hat{\Delta} = \Delta$$

$$H_1 : \hat{\Delta} \neq \Delta .$$

Since the variance is known, this is case I and the test statistic can be computed as

$$Z_{computed} = \frac{10.4 - 10.0 - 0}{\sqrt{\frac{4.0}{10} + \frac{4.0}{10}}} = 0.4602.$$

The critical value is $Z_{crit} = 1.96$. Comparing the critical and computed values gives, $|Z_{computed}| < Z_{crit}$, which suggests that the null hypothesis cannot be rejected. Therefore, it can be concluded that the two operators give similar results.

Example 2.15: *Testing the Difference in Means—Unknown, Common Variance*

As a plant engineer, you are testing a new drying procedure for the plant. Two options exist: A and B. Option A is currently in place, while option B is a faster new method. It is desired to determine whether option B should be implemented. The criterion for implementation is that the quality of the material being dried should not decrease by more than 0.1 at an $\alpha = 0.05$. This value has been determined based on a cost–benefit analysis of the costs of drying compared with the costs of production. It will be assumed that the variance for both options is the same.

Option A gave the following product quality: 95.6, 97.3, 95.6, 95.4, 99.4, 97.2, 92.2, 92.8, 94.3, and 92.6. Option B gave the following product quality: 89.2, 94.2, 93.9, 93.2, 94.7, 91.7, 93.2, 92.4, 91.8, and 91.5.

Solution

Before performing the tests, compute the mean and variance for both options.

$$\begin{aligned}
\hat{\mu}_A &= \frac{95.6 + 97.3 + 95.6 + 95.4 + 99.4 + 97.2 + 92.2 + 92.8 + 94.3 + 92.6}{10} \\
&= 95.24, \\
\hat{\sigma}_A^2 &= \frac{90,755.3 - (10)95.24^2}{10 - 1} = 5.41 \\
\hat{\mu}_B &= \frac{89.2 + 94.2 + 93.9 + 93.2 + 94.7 + 91.7 + 93.2 + 92.4 + 91.8 + 91.5}{10} \\
&= 92.58. \\
\hat{\sigma}_B^2 &= \frac{85,734.2 - (10)92.58^2}{10 - 1} = 2.626.
\end{aligned}$$

Since we are testing to determine if the observed difference is significant to warrant a change in operating conditions, $\mu_A - \mu_B = \Delta = 0.1$. The statistical set-up is

$$H_0: \hat{\Delta} = \Delta$$
$$H_1: \hat{\Delta} > \Delta.$$

This is a single-sided test since we only care about degradation in process quality. Should Option B increase product quality then it is another reason to implement it. Note that it is very important to carefully state all the definitions at this point as there are multiple equivalent approaches that one can take. In this particular example, it has been assumed that the difference is defined as $\mu_A - \mu_B$, which implies that if this difference is greater than 0.1, then it can be assumed that the new drying option is not good. If the difference had been defined as $\mu_B - \mu_A$ then the alternative hypothesis would have been defined as H_1: $\hat{\Delta} < \Delta$, with $\Delta = -0.1$.

Since the true variances are not known, this is case III of the options for testing sample means. Thus, we need to compute the pooled standard deviation. The formula gives

$$\hat{\sigma}_p^2 = \frac{(n_A - 1)\hat{\sigma}_A^2 + (n_B - 1)\hat{\sigma}_B^2}{n_A + n_B - 2} = \frac{(10-1)(5.41) + (10-1)(2.626)}{10 + 10 - 2}$$
$$= 4.018.$$

The test statistic can be computed as

$$t_{computed} = \frac{95.24 - 92.58 - 0.1}{\sqrt{4.015}\sqrt{\frac{1}{10} + \frac{1}{10}}} = 2.857.$$

The degrees of freedom are $10 + 10 - 2 = 18$. The critical value is $t_{crit,\,18} = 1.73$. Comparing the critical and computed values gives $t_{computed} > t_{crit}$, which suggests that the null hypothesis can be rejected. Therefore, option B decreases product quality and hence should not be implemented.

Example 2.16: *Testing Two Means—Unknown Variance*

Consider the same data as in Example 2.15. This time assume that the variances cannot be assumed to be equal. Determine if option B should be implemented.

Solution

Since the required mean and variance have already been computed, we can proceed to the next step. The statistical set-up will be identical to before, that is,

$$H_0 : \hat{\Delta} = \Delta$$
$$H_1 : \hat{\Delta} > \Delta .$$

This is a single-sided test for case IV. The test statistic can be written as

$$t_{computed} = \frac{95.24 - 92.58 - 0.1}{\sqrt{\frac{5.41}{10} + \frac{2.626}{10}}} = \frac{2.56}{\sqrt{0.08036}} = 2.856.$$

The degrees of freedom can be computed as

$$\nu = \left\lfloor \frac{\left(\frac{5.41}{10} + \frac{2.626}{10}\right)^2}{\frac{(5.41)^2}{(10)^2(10-1)} + \frac{(2.626)^2}{10^2(10-1)}} \right\rfloor = \left\lfloor \frac{0.64577}{0.04018} \right\rfloor = \lfloor 16.071 \rfloor = 16.$$

The critical value $t_{crit,\,16} = 1.75$. Comparing the critical and computed values gives $t_{computed} > t_{crit}$, which suggests that the null hypothesis can be rejected. Therefore, option B decreases product quality and hence should not be implemented. Notice that the same conclusion has been reached irrespective of whether the variances were assumed to be equal. In practice, the equality of the two sample variances could be tested using the method presented in Sect. 2.7.6.2.

Example 2.17: *Testing a Paired Mean*

You have been asked to test whether two different approaches to testing a sample of wood to determine heat capacity are the same. Each wood sample is divided in two and tested with each approach. Since the sample is burnt afterwards, a new sample is required to repeat the procedure. However, the individual properties of each sample could be sufficiently different that the values of the heat capacity obtained are different. Therefore, it is desired to use the difference between each sample to determine whether the methods are the same at a level of $\alpha = 0.05$. The data are provided below.

Sample	Approach 1 ($J{\cdot}g^{-1}{\cdot}K^{-1}$)	Approach 2 ($J{\cdot}g^{-1}{\cdot}K^{-1}$)	Difference ($J{\cdot}g^{-1}{\cdot}K^{-1}$)
1	1.75	1.73	0.02
2	1.65	1.64	0.01
3	1.67	1.67	0.00
4	1.53	1.51	0.02
5	1.76	1.74	0.02
6	1.72	1.70	0.02
7	1.78	1.77	0.01
8	1.68	1.65	0.03

Solution

In order to solve the question, it is first necessary to compute the mean and variance of the differences. Doing so, gives

$$\hat{\mu} = \frac{0.02 + 0.01 + 0.00 + 0.02 + 0.02 + 0.02 + 0.01 + 0.03}{8} = 0.01625$$

$$\hat{\sigma}^2 = \frac{0.0027 - (8)0.01625^2}{8 - 1} = 8.39 \times 10^{-5}.$$

Since we are testing a paired difference, this is case V. The statistical set-up will be

$$H_0 : \hat{\mu}_D = \mu_D = 0.$$
$$H_1 : \hat{H}_D \neq \mu_D$$

This is a two-sided test for case V. The test statistic can be written as

$$t_{computed} = \frac{0.01625 - 0}{\sqrt{8.39 \times 10^{-5}}/\sqrt{8}} = 5.017.$$

The degrees of freedom, ν, is $8 - 1 = 7$. The corresponding critical value is $t_{crit,7} = 2.36$ (at $p = 0.975$, since this is a two-sided test). Since $|t_{computed}| > t_{crit}$, it can be concluded that the null hypothesis should be rejected and the alternative hypothesis accepted. Therefore, it can be concluded that there is a (statistical) difference between the two approaches to determining the heat capacity of the wood samples.

2.7.6.2 Testing Two Variances

In order to compare the variance of two normally distributed samples, it is useful to form a ratio of the two variances and compare them against 1. If the ratio is close to 1, then it can be concluded that the two variances are the same; otherwise there is a difference. The null hypothesis in this case is

$$H_0 : \sigma_1^2 = \sigma_2^2.$$

The test statistic can be written as

$$F_{computed} = \frac{\hat{\sigma}_1^2}{\hat{\sigma}_2^2}. \tag{2.68}$$

Table 2.14 summarises the appropriate probabilities, critical values, and testing conditions for the different hypothesis cases. Testing two sample variances forms the foundation for various methods that can be used to compare different data subsets to determine their significance.

Example 2.18: *Testing Two Sample Variances*

Consider the same data as in Example 2.15 and test to determine if the variances could be assumed to be the same.

Solution

The statistical set-up will be

$$H_0 : \sigma_1 = \sigma_2$$
$$H_1 : \sigma_1 \neq \sigma_2.$$

This is a two-sided test. The test statistic can be written as

Table 2.14 Summary of the required critical values and bounds for testing hypotheses about the two variances

Case	H_1	Probability (p)		Test to reject H_0
		Left	Right	
1	$\sigma_1^2 \neq \sigma_2^2$	$p_1 = 1 - \alpha / 2$ $p_2 = \alpha / 2$	$p_1 = \alpha / 2$ $p_2 = 1 - \alpha / 2$	$F_{computed} > F_{p_1,n_1-1,n_2-1}$ **OR** $F_{computed} < F_{p_2,n_1-1,n_2-1}$
2	$\sigma_1^2 > \sigma_2^2$	$1 - \alpha$	α	$F_{computed} > F_{p,n_1-1,n_2-1}$

$$F_{computed} = \frac{\hat{\sigma}_1^2}{\hat{\sigma}_2^2} = \frac{5.41}{2.626} = 2.06.$$

The two required degrees of freedom are $\nu_1 = 10 - 1 = 9$ and $\nu_2 = 9$. The critical values are $F_{1,9,9} = 4.026$ and $F_{2,9,9} = 0.2484$. Since $F_2 < F_{computed} < F_1$, the null hypothesis cannot be rejected. This suggests that the two variances are actually the same. This result agrees with the previously observed results that showed that assuming that the variances were the same gave very similar results to assuming that they were not.

2.7.6.3 Testing Two Proportions

In order to test two sample proportions, assume that a large number of samples has been taken, so that the normal approximation to the binomial distribution can be used. The null hypothesis can be written as.

$$H_0 : r_1 = r_2.$$

The appropriate test statistic can then be written as

$$Z_{computed} = \frac{\hat{r}_1 - \hat{r}_2}{\sqrt{\hat{r}_p(1 - \hat{r}_p)\left(n_1^{-1} + n_2^{-1}\right)}}, \tag{2.69}$$

where $\hat{r}_p$ is the common or pooled proportion computed as follows:

$$\hat{r}_p = \frac{n_1\hat{r}_1 + n_2\hat{r}_2}{n_1 + n_2}. \tag{2.70}$$

Table 2.15 summarises the appropriate probabilities, critical values, and testing conditions for the different hypothesis cases.

Table 2.15 Summary of the required critical values and bounds for testing hypotheses about two proportions

Case	H_1	Probability (p)		Test to Reject H_0
		Left	Right	
1	$r_1 \neq r_2$	$1 - \alpha / 2$	$\alpha / 2$	$\lvert Z_{computed} \rvert > Z_p$
2	$r_1 < r_2$	α	$1 - \alpha$	$Z_{computed} < Z_p$
3	$r_1 > r_2$	$1 - \alpha$	α	$Z_{computed} > Z_p$

Example 2.19: *Testing Two Proportions.*

A test for defects was performed on two different batches of drugs. In the first batch, out of fifty samples, there were twenty defects. In the second batch, out of forty samples, there were fifteen defects. Is the proportion of defects in the two batches different? Assume $\alpha = 0.10$.

Solution

The statistical set-up for this problem can be written as

$$H_0 : r_1 = r_2$$
$$H_1 : r_1 \neq r_2.$$

The pooled proportion is

$$\hat{r}_p = \frac{n_1\hat{r}_1 + n_2\hat{r}_2}{n_1 + n_2} = \frac{20 + 15}{50 + 40} = \frac{7}{18} \approx 0.389.$$

The respective proportions are $\hat{r}_1 = 20 / 50 = 0.40$ and $\hat{r}_2 = 15 / 40 = 0.375$. The test statistic can be written as

$$Z_{computed} = \frac{0.40 - 0.375}{\sqrt{\frac{7}{18}\left(1 - \frac{7}{18}\right)\left(50^{-1} + 40^{-1}\right)}} = \frac{0.025}{\sqrt{\frac{77}{7200}}} = 0.2417.$$

The two-tailed critical value is $Z_{crit,\,0.95} = 1.65$. Since $|Z_{computed}| < Z_{crit}$, we cannot reject the null hypothesis and conclude that the defects in the two batches are indeed the same.

2.8 Further Reading

The following are references that provide additional information about the topic:

(1) **Statistical Theory**:

a. Varberg, D. E. (1963). The development of modern statistics. *The Mathematics Teacher*, 56(4), 252–257.

b. Kallenberg, O. (2002). *Foundations of Modern Probability.* New York, New York, United States of America: Springer-Verlag.

c. Ogunnaike, B. A. (2010). *Random Phenomena: Fundamentals of Probability and Statistics for Engineers.* Boca Raton, Florida, United States of America: CRC Press.

(2) **Introduction to Statistics**:

a. Box, G. E., Hunter, W. G., & Hunter, J. S. (1978). *Statistics for Experimenters: An Introduction to Deisgn, Data Analysis, and Model Building.* New York, New York, United States of America: John Wiley & Sons, Inc.

b. Johnson, R. A., & Wichern, D. W. (2007). *Applied Multivariate Statistical Analysis* (6th ed.). Upper Saddle River, New Jersey, United States of America: Prentice Hall.

c. Montgomery, D. C., & Runger, G. C. (2007). *Applied Statistics and Probability for Engineers* (4th ed.). Hoboken, New Jersey, United States of America: John Wiley & Sons, Inc.

d. Sokal, R. R., & Rohlf, F. J. (1995). *Biometry: The Principles and Practice of Statisics in Biological Research* (3rd ed.). New York, New York, United States of America: W. H. Freeman and Company.

e. Steel, R. G., & Torrie, J. H. (1980). *Principles and Procedures of Statistics: A Biometrical Approach* (2nd ed.). Tokyo, Japan: McGraw-Hill Kogakusha, Ltd.

2.9 Chapter Problems

Problems at the end of the chapter consist of three different types: (a) Basic Concepts (True/False), which seek to test the reader's comprehension of the key concepts in the chapter; (b) Short Exercises, which seek to test the reader's ability to compute the required parameters for a simple data set using simple or no technological aids. This section also includes proofs of theorems; and (c) Computational Exercises, which require not only a solid comprehension of the basic material, but also the use of appropriate software to easily manipulate the given data sets.

2.9.1 *Basic Concepts*

Determine if the following statements are true or false and state why this is the case.

(1) If the covariance of two variables X and Y is zero, then they are independent.

(2) The function $f(x) = \sin(x)$ is a probability density function.

(3) The function $f(x) = 2x$, $0 \leq x \leq 1$, zero otherwise is a probability density function.

(4) The function $f(x) = 0.25|\cos(x)|$ for $0 \leq x \leq 2\pi$, zero otherwise, is a probability density function.

(5) If X has a mean value of 5, then $E(2X) = 10$.

(6) If $E(X) = 1$ and $E(X^2) = 2$, then the variance is 2.

(7) If two variables are independent, then their joint probability density function is equal to the product of their individual probability density functions.

(8) If $f_{XY|z} = f_{XY}$ for all z, then it can be concluded that variables X and Y are independent of Z.

(9) A two-tailed test is necessary when testing the following alternative hypothesis: $H_1\colon \mu \geq \hat{\mu}$.

(10) If $E(\hat{a}) = a + 1$, then it can be said that the parameter estimate of a is unbiased.

(11) If $E(\hat{g}) = g$, then it is said that the parameter estimator for g is unbiased.

(12) If ten samples were taken and a mean calculated, then the appropriate test statistic is the t-test with nine degrees of freedom.

(13) An unbiased, minimum variance estimator is also a minimum mean-squared-error estimator.

(14) In order to compute the confidence intervals for variance, the χ^2-distribution is required.

(15) When testing the hypothesis $H_1\colon \hat{\mu} > 0$ with ten samples at a 90% confidence level, the appropriate test statistic is the t-score with nine degrees of freedom at a value of 0.05.

(16) If the 95% confidence interval is [0.95, 4], then at a 95% confidence level it can be concluded that the data set comes from a population with a mean of 3.

(17) If a parameter and its 95% confidence interval can be written as 5±6.2 m, then this parameter does not equal zero at a 95% confidence level.

2.9.2 *Short Exercises*

These questions should be solved using only a simple, nonprogrammable, nongraphical calculator combined with pen and paper.

(18) Consider a game of Three Card Monte, where three cards, Q♥, Q♠, and Q♣, are shown and it is desired to select, after shuffling, the Queen of Hearts (Q♥). Answer the following questions:

a. What are $\mathbb{S}$, $\mathbb{F}$, and P?
b. What is the probability of winning?
c. If each win is worth \$2 and each loss is worth −\$1 (you lose money), what is the expected (or mean) payout? What is the variance of this payout?

(19) Consider the case of flipping a single biased coin where heads will turn up 70% of the time. Answer the following questions for this case:

a. What are $\mathbb{S}$, $\mathbb{F}$, and P?
b. If heads are worth \$1 and tails are worth −\$2 (you lose money), what is the expected (or mean) payout? Will you make money in the long run?
c. What is the break-even point, that is, the point at which the expected value is zero?

(20) Consider the case of flipping two coins A and B. Coin A is biased and will turn up heads 60% of the time, while Coin B is unbiased and will turn up heads 50% of the time. Answer the following questions for this case:

a. What are $\mathbb{S}$, $\mathbb{F}$, and P?
b. If heads are worth \$2 and tails are worth \$1, what is the expected (or mean) payout?
Hint: The possible outcomes can be denoted as HH (for heads A, heads B), HT (for heads A, tails B), and so on.

(21) Consider the following potential probability density functions. Determine if they can be used as probability density functions and if so compute the mean, variance, and $E(|x|)$):

a. $f(x) = \cos(x)$ for $-\pi \leq x \leq \pi$, zero otherwise.
b. $f(x) = \sin(x)$ for $0 \leq x \leq \pi$, zero otherwise.
c. $f(x) = N^{-1}$ for $0 \leq x \leq N$, zero otherwise.

(22) Consider a variable Y whose probability density function is

$$f(y) = \frac{\sqrt{2}}{\sigma\sqrt{\pi}} \exp\left(-\frac{y^2}{2\sigma^2}\right), \quad y \geq 0 \tag{2.71}$$

Answer the following questions:

a. Compute $\mu = E(Y)$.
b. Compute the variance.
c. Consider a normal variable X drawn from a zero-mean normal distribution and compute $E(|X|)$. (*Hint: Split the integral into two parts, one from $-\infty$ to 0 and the other from 0 to $+\infty$. Note that* |x| *can be written as* –x *if* x $\leq$ *0 and* x *if* x $\geq$ *0.*)
d. Explain how the result from c) compares with that from a).

(23) Consider two independent variables X ($\mu = 1$ and $\sigma^2 = 2$) and Y ($\mu = 2$ and $\sigma^2 = 1$), compute the following values: $E(2X - 4Y)$, $E(3XY)$, and $E(X^2)$.

(24) Consider the gamma distribution

$$f(x) = \frac{x^{\alpha-1}e^{-x/\beta}}{\beta^\alpha\Gamma(\alpha)}, x > 0, \tag{2.72}$$

with the following moments

$$E(X) = \alpha\beta$$
$$E\left(X^2\right) = \beta^2\alpha(1+\alpha). \tag{2.73}$$

Derive the method of moment estimators for α and β.

(25) Devise a method for estimating the mean of n samples drawn from an arbitrary distribution so that the parameter estimate:

a. Is biased but consistent.
b. Is unbiased but not consistent.

(26) Consider the production of glass sheets in a plant. Every day, twenty samples of these sheets are randomly taken and tested for quality. Based on historical considerations, the distribution of quality is normally distributed with a mean 0.85 and a variance of 0.2. Assume that the sample is an independent random variable.

a. What is the probability that quality is below 0.75 for five samples in a row?
b. What is the probability that the quality is above 0.90 for all twenty samples?

(27) Consider estimating the mean of a variable drawn from a population with mean μ and standard deviation σ, using the following formulae:

$$\hat{\mu}_1 = x_1$$

$$\hat{\mu}_2 = \frac{x_1 + x_2}{2}$$

$$\hat{\mu}_3 = \frac{x_1 + 2x_2}{2}$$

$$\hat{\mu}_4 = \frac{x_1 + x_2}{3}$$

$$\hat{\mu}_5 = \frac{\sum_{i=1}^{n} x_i}{n}$$

Assume that in all cases the individual estimates x_i are independent of each other. Determine the bias, variance, and mean-squared error for each of the estimators. Which ones are biased?

(28) You are an engineer working in the process control department of a petrochemical plant. You have hired George, a postdoctoral fellow, to improve the performance of your control system. George has proposed a new control algorithm that involves the use of soft sensors. It gives a mean of 0.9855 for the purity with a standard deviation of 0.005 on a test of 1,000 samples. Historically, the process has been run at 0.985 with a standard deviation of 0.01. Answer the following questions:

a. Has the performance of the process been degraded by introducing this new control algorithm? Performance would be degraded if the mean value is less than the historical one. Formulate an appropriate hypothesis and test it with an $\alpha = 0.05$.
b. Has the performance of the process improved? Formulate appropriate hypotheses and test them with an $\alpha = 0.05$.
c. Is the new variance significantly different from historical one? Compute the 95% confidence interval for the sample variance.
d. Would you implement the new control algorithm?

(29) For the following experiments, compute the 95% confidence intervals and determine whether the data comes from the stated population.

a. $\mathbb{X} = \{3, 2.3, 4.5, 1.2, 5.6, 2.3, 4.5\}$, $\mu = 3$.
b. $\hat{\mu} = 4.2, \hat{\sigma} = 1.2, n = 100, \mu = 3$.
c. $\hat{\mu} = 0.2, \hat{\sigma} = 5, n = 10, \mu = 3$.
d. $\hat{\sigma} = 1.5, n = 10, \sigma = 5$.

(30) Given the data, resolve the following hypotheses with $\alpha = 0.05$.

a. $H_1 : \mu > \hat{\mu}$, for $\hat{\mu} = -5, \hat{\sigma} = 1.2, \mu = 2, n = 100$.
b. $H_1 : \mu \neq \hat{\mu}$, for $\hat{\mu} = -5, \hat{\sigma} = 1.2, \mu = 2, n = 100$.

2.9.3 Computational Exercises

The following problems should be solved with the help of a computer and appropriate software packages, such as MATLAB® *or* Excel®.

(31) Consider the following distributions and their key parameters. Plot each distribution on a single plot and compare how the distribution changes the given parameter is changed.

a. **Normal distribution**: Change the standard deviation from 0.5 to 5 in increments of at least 0.5.
b. **Student's *t*-distribution**: Change the value of ν from 2 to 50 in increments of 2. Compare against each other as well as the standard normal distribution. How do the two distributions compare as $\nu \to \infty$.
c. **χ^2-distribution**: Change the value of ν from 3 to 20 in increments of at least 2.
d. ***F*-distribution**: Change of the value of ν_1 from 1 to 20, keeping ν_2 fixed at 5. Repeat with ν_2 between 1 and 20 and ν_1 fixed at 5. Compare the results. What happens to the two graphs?

(32) Verify the central limit theorem for the following distributions: normal, χ^2-, and F-distributions. Compute the mean value for multiple samplings of these distributions. Do they converge to the normal distribution?

(33) Compute the maximum likelihood estimators for the gamma distribution (see Question 24), Eq. (2.72) for the probability density function). Using a numerical solver, obtain parameter estimates for the following data set: 8.1864, 8.7553, 18.0286, 22.4389, 8.0564, 2.1472, 9.1224, 4.1870, 8.3551, 12.4235, 6.9026, 11.3712, 9.4377, 8.8809, 5.3927, 9.9001, 6.5891, 6.8874, 6.5011, and 7.3799.

(34) Consider the following probability density function

$$f(x) = \begin{cases} 0.5\sin(x) & 0 \leq x \leq \pi \\ 0 & \text{otherwise} \end{cases}$$

and address the following questions:

a. Show that $f(x)$ is indeed a probability density function.
b. Compute the mean value of this distribution.
c. If a parameter ψ is well-described by this distribution, compute the 95% confidence interval for ψ given $\hat{\psi} = 1$ and $\hat{\sigma}_{\hat{\psi}} = 1.0$. Could the true value of ψ be 0.5?
d. After sampling the above distribution 200 times, the mean value was obtained to be 1.1 with a variance of 0.5. Formally, test at the 95% level ($\alpha = 0.05$) whether this result equals the true value obtained in b). Note that you should clearly state what the null and alternative hypotheses are and what test needs to be performed.
e. Compute $P(0.25 < x < 0.5)$ for this probability density function.

Appendix A2: A Brief Review of Set Theory and Notation

In mathematics, sets are defined as a collection of objects that share some type of property. A set is delimited using curly brackets "{ }" and often denoted using double struck letters ($\mathbb{A}$, $\mathbb{B}$, $\mathbb{C}$,…). Common sets include:

(1) $\mathbb{R}$ (U + 211D),[7] which is the set of all real numbers;
(2) $\mathbb{N}$ (U + 2215), which is the set of all natural numbers and defined as $\mathbb{N} = \{0, 1, 2, \ldots\}$;
(3) $\mathbb{Z}$ (U + 2124), which is the set of all integers;
(4) $\mathbb{C}$ (U + 2102), the set of complex numbers; and
(5) {} or Ø (U + 2205), the empty set. This is used to represent a set that contains no members or elements.

[7] The values in brackets are the Unicode code points that will allow the given character to be easily entered on the keyboard.

The **element** operator $\in$ (U + 2208) states that a given variable is a member or **element** of the set, for example, $1 \in \mathbb{N}$, states that 1 belongs to (or is an element of) the set of natural numbers. The **exclusion** operator \ states that some given set is to be excluded, for example $\mathbb{N}\backslash\{0\}$ is the set of natural numbers excluding zero.

There are two common set operations: **union** and **intersection**. The **union** of two sets, denoted as $\cup$ (U + 222A), is the set that contains all elements found in both sets, while the **intersection** of two sets, denoted as $\cap$ (U + 2229), is the set that contains only those elements that are common (found) in both sets. For example, if $\mathbb{A} = \{1, 2, 3, 4\}$ and $\mathbb{B} = \{4, 5, 6, 7\}$, then $\mathbb{A} \cup \mathbb{B} = \{1, 2, 3, 4, 5, 6, 7\}$, while $\mathbb{A} \cap \mathbb{B} = \{4\}$.

Chapter 3
Regression

Regression is the method by which a set of data is fit to a relationship with unknown parameter values by minimising some criterion. The most common criterion is least squares, where the sum of the square of the residuals, that is the difference between the measured and predicted values, is minimised. Regression can be subdivided into two broad categories: **linear regression**, where the model of interest can be written as the sum of linear functions, and **nonlinear regression**, where this is not the case. In turn, there are two main methods to deal with regression: **ordinary, least-squares** and **weighted, least-squares** analysis.

3.1 Regression Analysis Framework

The regression analysis framework, shown in Fig. 3.1, is an iterative procedure that seeks to determine the best model for the data. Before the procedure can be started, three things must be determined:

(1) **Data**: what information is available about the system of interest and which variables can be measured? If no data sets are readily available, then it may be necessary to perform experiments to obtain the required data (see Chap. 4: Design of Experiments for further information).
(2) **Model**: what model (relationship) will be fit? How many parameters will be considered? The selection of an appropriate model is neither a trivial nor easy task. Luckily in many processes applications there may be some idea of what the model should like based on a theoretical analysis of the system.
(3) **Regression Method**: which method will be used to determine the model parameters? The selection of the correct method will impact the validity of the model obtained and what type of analysis can be performed.

Once these three aspects have been determined, the regression framework consists of three steps:

Y. A. W. Shardt, *Statistics for Chemical and Process Engineers*,
https://doi.org/10.1007/978-3-030-83190-5_3

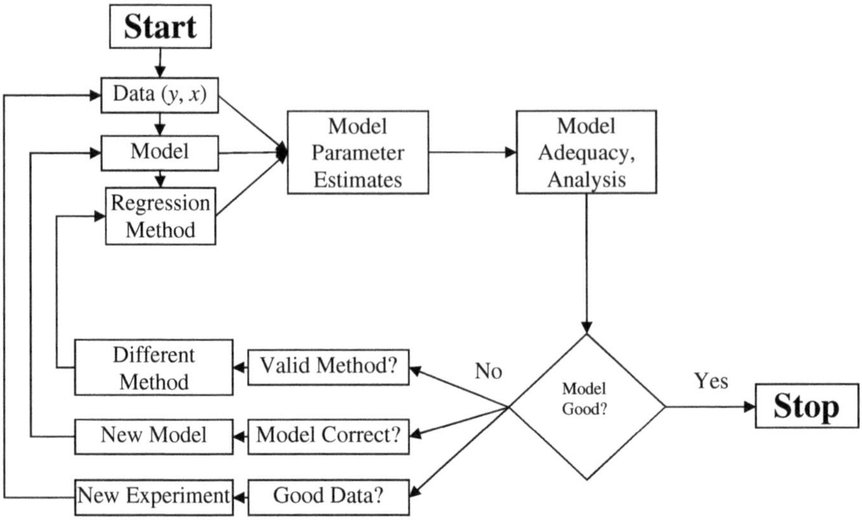

Fig. 3.1 Flowchart for regression analysis

(1) **Parameter Determination**: In this step, the model parameters are determined using an appropriate regression method. Values required for further analysis can also be computed at this point.

(2) **Model Validation**: In this step, the adequacy of the model is determined by considering two different aspects: the assumptions of the regression model and the overall fit. It is important to verify that the resulting regression satisfies the assumptions. Failure to satisfy the assumptions means that subsequent analysis may be incorrect. Assessing the overall fit seeks to determine how well the model fits the data.

(3) **Decision**: Based on the desired use of the model, the time available, and any other relevant factors, a decision needs to be made whether to accept the model as it currently is or to improve the model. Improving the model considers changing any of the three initial inputs: data, model, and regression method. For example, additional experiments could be performed to provide more data and help make a better decision or a more complex model could be selected in order to improve model performance.

3.2 Regression Models

Consider the following generalised representation of the regression problem

$$\boxed{y = g\left(\vec{\beta}, \vec{x}, \varepsilon\right)} \tag{3.1}$$

where.

(1) y is the **output** (or dependent) variable. This is the variable that we seek to model or describe. Often in process engineering, it will be a variable of importance such as concentration or quality.
(2) $\vec{x}$ is an $l\times 1$ vector containing the **regressor** (or independent) variables. These are the variables that can be used to describe how the output will behave. In many cases, irrelevant variables may be considered in order to be certain that a complete model has been obtained. The regressors need not have any physical relationship with the output; rather, they may solely be correlated with the output variable. If they are correlated, then the quality of the model may suffer once the correlation no longer holds.
(3) $\vec{\beta}$ is an $n\times 1$ vector containing the **parameters**, which are model constants whose values will be determined during regression. The parameters will most often be treated as statistical variables coming from a normal distribution, so that the significance of the results can be obtained.
(4) ε is the **error**. In practical situations, the output values obtained are subject to variability, that is, under the same conditions, it is unlikely that the same output values will be obtained due to measurement error, analysis errors, or the like. These errors mean that the predicted value given by g will be different from the measured values. The error is often assumed to be a stochastic, that is, random, variable whose values follow the normal distribution.
(5) g is the complete model that describes the relationship between the regressors, parameters, errors, and the output. The form of the model determines what type of analysis can be performed.

In order to simplify calculation, the complete model, g, is often split into two components. The first component, denoted as $f\left(\vec{\beta}_x, \vec{x}\right)$, and called the **regression model**, deals solely with the relationship between the inputs and outputs. For this reason, it is often called the **deterministic component** of the model. The second component, denoted as $k\left(\vec{\beta}_\varepsilon, \varepsilon\right)$, and called the **error structure or model**, deals solely with the relationship between the error and output. For this reason, it is often called the **stochastic component** of the model. There are two main ways to relate these two components to the complete model:

(1) **Additive Approach**: In the additive approach, it is assumed that $g = f + k$. This implies that the error is added solely to the output. In regression analysis, this is the only acceptable model.
(2) **Multiplicative Approach**: In the multiplicative approach, it is assumed that $g = fk$. This implies that the magnitude of the error depends on the value of the deterministic component. In regression analysis, this type of model must be re-arranged into an additive model in order to obtain a solution.

Although the stochastic component is important for analysing the results obtained using regression, it is useless from the perspective of using the model, as the exact value of the stochastic component can never be known. Therefore, although specifying the stochastic component is important for obtaining and analysing model parameters, it is often ignored when using the model to predict future or new values. In many applications, the two components can be modelled separately. The methods for modelling the stochastic component using the residuals will be presented in Chap. 5: Modelling Stochastic Processes. An application to the identification of a process for application in process control will be presented in Chap. 6: Modelling Dynamic Process. As well, some cases where both components need to be simultaneously modelled will be considered in that chapter.

Finally, assume that $m \geq n$ experiments were performed. Thus, there are m data points to be fit with n unknown parameter values. Once again, estimated values will be denoted using a circumflex ($\hat{\circ}$).

3.2.1 *Linear and Nonlinear Regression Functions*

A model is said to be **linear** if the first derivative of the regression model with respect to the parameters $\vec{\beta}$ is not a function of any of the parameters. A regression model whose first derivatives with respect to the parameters depend on the parameters is called a **nonlinear** model. For example, $y = \beta_0 + \beta_1 x + \beta_2 x^2$ is a linear model in terms of the parameters, since none of the derivatives with respect to the parameters depend on the parameters. On the other hand, $y = \beta_0 \mathrm{e}^{-\beta x}$ is nonlinear since the derivatives with respect to the parameters depend on the parameter estimates (*e.g.* $\frac{\partial y}{\partial \beta_0} = e^{-\beta x}\Big)$.

A nonlinear model can occasionally be converted into a linear model by transforming the model to obtain a linear model. However, it should be noted that transforming the model introduces problems into the model by changing the error structure, which may imply that the assumptions of linear regression are not satisfied. In this case, the parameter estimates obtained from a linearised model can then be used as the initial guess for the nonlinear regression case.

Example 3.1 Linearising Nonlinear Models

Consider the following nonlinear models. Linearise them so that linear regression methods can be applied. Explain in which cases the error structure will be that of the standard, linear model (additive error) and where it will not be.

(1) **Arrhenius's Equation I**: $K = Ae^{\varepsilon}e^{-\frac{E_a}{RT}}$, where K is the reaction rate, A the reaction constant, E_a the activation energy, R the universal gas constant, and T the temperature.

(2) **Arrhenius's Equation II**: $K = Ae^{-\frac{E_a}{RT}} + \varepsilon$, where K is the reaction rate, A the reaction constant, E_a the activation energy, R the universal gas constant, and T the temperature.

(3) **Michaelis–Menten Equation**: $K = \frac{K_{\max}S}{K_m+S} + \varepsilon$, where $K_{\max}$ is the maximum reaction rate, S the substrate concentration, and K_m a reaction constant.

(4) $\boldsymbol{y = A\varepsilon x^b}$, where y is the output, A a constant, and b the exponent. Show that this is a nonlinear equation.

Solution

(1) **Arrhenius's Equation I**: For the first equation, taking the natural logarithm of this equation will give

$$\ln K = \ln\left(Ae^{\varepsilon}e^{-\frac{E_a}{RT}}\right) = \ln A + \ln e^{\varepsilon} + \ln e^{-\frac{E_a}{RT}} = \ln A - \frac{E_a}{RT} + \varepsilon$$

which by defining

$$\vec{y} = \langle \ln K \rangle, \vec{\beta} = \left\langle \ln A \quad -\frac{E_a}{R} \right\rangle^T, \vec{x} = \langle 1 \; T^{-1} \rangle$$

can be written in the standard linear regression format. Therefore, if we assume that the original error structure is lognormal, as in this example, then the system will be linearisable, and the linear regression methods will completely apply.

(2) **Arrhenius's Equation II**: The second equation, which is the same as the first equation, except that the error structure is different now: it is additive rather than multiplicative. Therefore, when the logarithm is taken, the error term will remain inside the logarithm, namely,

$$\ln K = \ln\left(Ae^{-\frac{E_a}{RT}} + \varepsilon\right)$$

and the complete sum cannot be simplified in order to obtain a solution that includes the error. In such cases, it is common to simply ignore the error structure and proceed to linearise the equation. The final result will be the same as was obtained for (1).

(3) **Michaelis–Menten Equation**: Since this is a very common equation in biochemical engineering, different forms of linearisation have been devised. In this example, two different linearisation will be considered.

Form 1: The following steps can be taken to linearise the equation:

$$K = \frac{K_{\max}S}{K_m + S} + \varepsilon$$
$$KS = K_{\max} - KK_m + (K_m + S)\varepsilon.$$

Let

$$\vec{y} = \langle K S \rangle, \vec{\beta} = \left\langle K_{\max} \; K_m \right\rangle^T, \vec{x} = \left\langle 1 \; -K \right\rangle.$$

Note that the error structure, although additive, has a variance that depends on the value of the unknown parameter K_m.

Form 2: Take the following steps to linearise the equation

$$\frac{1}{K} = \frac{K_m + S}{K_{\max} S + (K_m + S)\varepsilon}$$
$$\frac{1}{K} = \frac{K_m}{K_{\max} S + (K_m + S)\varepsilon} + \frac{1}{K_{\max} + \frac{(K_m+S)}{S}\varepsilon}.$$

If we ignore the fact that the error is in the denominator and proceed by dropping it, we can see that

$$\vec{y} = \left\langle K^{-1} \right\rangle, \vec{\beta} = \left\langle K_{\max}^{-1} \; K_m K_{\max}^{-1} \right\rangle^T, \vec{x} = \left\langle 1 \; S^{-1} \right\rangle.$$

This approach is called the Lineweaver–Burk plot. It can be seen that the error structure is not additive and there is a need to take the inverse of potentially small numbers which can introduce further errors. In general, none of the methods is very good at obtaining accurate parameter values, and nonlinear regression is better.

(4) $\boldsymbol{y = A\varepsilon x^b}$: For this equation, take the following steps to linearise it

$$\begin{aligned} \log y &= \log A + \log \varepsilon + \log x^b \\ &= \log A + \log \varepsilon + b \log x. \end{aligned}$$

Let

$$\vec{y} = \langle \log y \rangle, \vec{\beta} = \left\langle \log A \; b \right\rangle^T, \vec{x} = \left\langle 1 \; \log x \right\rangle.$$

Note that the error structure, although additive, has a different form. It is no longer a normal distribution. As well, there can be issues with negative numbers, as although the original equation can deal with them, the linearised version cannot.
To show that the given equation is nonlinear, compute the derivatives of the function with respect to the parameters, that is,

$$\frac{\partial y}{\partial A} = \varepsilon x^b$$

$$\frac{\partial y}{\partial b} = Ab\varepsilon x^{b-1}.$$

From these two equations, it is obvious that the derivatives depend on the parameters, and so the resulting system is nonlinear.

3.3 Linear Regression

In linear regression, it is assumed that the function of interest can be written as:

$$\boxed{y = \sum_{i=1}^{n} \beta_i f_i(\vec{x}) + \varepsilon = \vec{a}\vec{\beta} + \varepsilon} \tag{3.2}$$

where the individual functions f_i are all known, and $\vec{a}$ is the vector containing the values of the functions, that is, $\vec{a} = \langle f_1(\vec{x}), f_2(\vec{x}), \ldots, f_n(\vec{x})\rangle$. Assume that there are $m \geq n$ data points that are to be fit to the model given by Eq. (3.2). The data points are given as $\vec{x}_j$, where $j = 1, 2, 3, \ldots, m$, and the individual parameters are given as β_i, where $i = 1, 2, 3, \ldots, n$.

3.3.1 *Ordinary, Least-Squares Regression*

This is the most common type of linear regression. In ordinary, least-squares regression, the objective function to be optimised is given as

$$\min_{\vec{\beta}}\left(\left(\vec{y} - \mathcal{A}\vec{\beta}\right)^T \left(\vec{y} - \mathcal{A}\vec{\beta}\right)\right) \tag{3.3}$$

where $\mathcal{A}$, denoted as the **regression matrix**, is defined as

$$\mathcal{A} = \begin{bmatrix} f_1(\vec{x}_1) & f_2(\vec{x}_1) & \cdots & f_n(\vec{x}_1) \\ f_1(\vec{x}_2) & f_2(\vec{x}_2) & \cdots & f_n(\vec{x}_2) \\ \vdots & & \ddots & \vdots \\ f_1(\vec{x}_m) & f_2(\vec{x}_m) & \cdots & f_n(\vec{x}_m) \end{bmatrix} \tag{3.4}$$

and

$$\vec{\beta} = \langle \beta_1, \beta_2, \ldots, \beta_n\rangle^T \tag{3.5}$$

$$\vec{y} = \langle y_1, y_2, \ldots, y_m \rangle^T \tag{3.6}$$

Theorem 3.1 *The solution for Eq. (3.3) is*

$$\hat{\vec{\beta}} = \left(\mathcal{A}^T \mathcal{A}\right)^{-1} \mathcal{A}^T \vec{y}. \tag{3.7}$$

Proof In order to find the solution to the optimisation problem given by Eq. (3.3), it is necessary to determine the points at which the derivative of the objective function is zero and then solve for the desired unknown values.

Therefore, taking the derivative of Eq. (3.3) with respect to the unknown parameters, $\vec{\beta}$, gives

$$\begin{aligned}\frac{\partial}{\partial \vec{\beta}}\left(\vec{y} - \mathcal{A}\vec{\beta}\right)^T\left(\vec{y} - \mathcal{A}\vec{\beta}\right) &= \frac{\partial}{\partial \vec{\beta}}\left(\vec{y}^T\vec{y} - \vec{y}^T\mathcal{A}\vec{\beta} - \vec{\beta}^T\mathcal{A}^T\vec{y} + \vec{\beta}^T\mathcal{A}^T\mathcal{A}\vec{\beta}\right) \\ &= -2\mathcal{A}^T\vec{y} + 2\mathcal{A}^T\mathcal{A}\vec{\beta}.\end{aligned} \tag{3.8}$$

Setting Eq. (3.8) equal to zero and assuming that $\mathcal{A}^T\mathcal{A}$ is full-rank, that is, invertible, gives

$$\begin{aligned}-2\mathcal{A}^T\vec{y} + 2\mathcal{A}^T\mathcal{A}\vec{\beta} &= 0 \\ \mathcal{A}^T\mathcal{A}\vec{\beta} &= \mathcal{A}^T\vec{y} \\ \vec{\beta} &= \left(\mathcal{A}^T\mathcal{A}\right)^{-1}\mathcal{A}^T\vec{y},\end{aligned} \tag{3.9}$$

which is equivalent to Eq. (3.7).

Q.E.D.

In order to analyse the resulting parameter estimates, it is necessary to make four assumptions about the underlying error structure:

(1) The errors have a mean of zero.
(2) The errors are independent.
(3) The errors are homoscedastic, that is, they have the same variance.
(4) The errors are normally distributed.

The first three assumptions are required to obtain an understanding of the properties of the least-squares estimate, while the last assumption allows for hypothesis testing to performed on the estimates, as well as making the regression estimates equal to the maximum likelihood parameter estimates.

Theorem 3.2 *Under the assumptions stated above, the regression parameter estimates are unbiased.*

Proof To show that the parameter estimates are unbiased, $E(\hat{\theta}) = \theta$ must be satisfied. Substituting the parameter estimates given by Eq. (3.7) into this equation gives

$$E\left(\left(\mathcal{A}^T\mathcal{A}\right)^{-1}\mathcal{A}^T\vec{y}\right). \tag{3.10}$$

Substituting the true model $\vec{y} = \mathcal{A}\vec{\beta} + \varepsilon$ into Eq. (3.10) and simplifying gives

$$\begin{aligned} E\left(\left(\mathcal{A}^T\mathcal{A}\right)^{-1}\mathcal{A}^T\left(\mathcal{A}\vec{\beta}+\varepsilon\right)\right) &= E\left(\left(\mathcal{A}^T\mathcal{A}\right)^{-1}\mathcal{A}^T\mathcal{A}\vec{\beta} + \left(\mathcal{A}^T\mathcal{A}\right)^{-1}\mathcal{A}^T\varepsilon\right) \\ &= \vec{\beta} + E\left(\left(\mathcal{A}^T\mathcal{A}\right)^{-1}\mathcal{A}^T\varepsilon\right). \end{aligned} \tag{3.11}$$

Since it has been assumed that $E(\varepsilon) = 0$, Eq. (3.11) becomes $\vec{\beta}$, which is the true parameter value. This shows that the parameter estimates are unbiased.

Q.E.D.

Theorem 3.3 *Under the assumptions stated above, the covariance matrix of the regression parameter estimates is*

$$\sigma^2_{\hat{\vec{\beta}}} = \sigma^2\left(\mathcal{A}^T\mathcal{A}\right)^{-1} \tag{3.12}$$

where σ^2 is the variance of the error.

Proof From Eq. (2.23), the variance of the parameters can be written as

$$\sigma^2_{\hat{\vec{\beta}}} = E\left(\hat{\vec{\beta}}\hat{\vec{\beta}}^T\right) - E\left(\hat{\vec{\beta}}\right)E\left(\hat{\vec{\beta}}\right)^T. \tag{3.13}$$

Making the same substitutions as in Theorem 3.2 for $\hat{\vec{\beta}}$, and noting that from that theorem we have the value for $E\left(\hat{\vec{\beta}}\right)$ gives

$$\sigma^2_{\hat{\vec{\beta}}} = E\left(\left(\mathcal{A}^T\mathcal{A}\right)^{-1}\mathcal{A}^T\left(\mathcal{A}\vec{\beta}+\varepsilon\right)\left(\left(\mathcal{A}^T\mathcal{A}\right)^{-1}\mathcal{A}^T\left(\mathcal{A}\vec{\beta}+\varepsilon\right)\right)^T\right) - \vec{\beta}\vec{\beta}^T. \tag{3.14}$$

Multiplying out and simplifying gives

$$\sigma^2_{\hat{\vec{\beta}}} = E\left(\left(\mathcal{A}^T\mathcal{A}\right)^{-1}\mathcal{A}^T\left(\mathcal{A}\vec{\beta}+\varepsilon\right)\left(\mathcal{A}\vec{\beta}+\varepsilon\right)^T\mathcal{A}\left(\left(\mathcal{A}^T\mathcal{A}\right)^{-1}\right)^T\right) - \vec{\beta}\vec{\beta}^T$$

$$\sigma^2_{\hat{\vec{\beta}}} = E\begin{pmatrix} \vec{\beta}\vec{\beta}^T + \vec{\beta}\varepsilon^T\mathcal{A}\left(\mathcal{A}^T\mathcal{A}\right)^{-1} \\ +\left(\mathcal{A}^T\mathcal{A}\right)^{-1}\mathcal{A}^T\varepsilon\vec{\beta}^T \\ +\left(\mathcal{A}^T\mathcal{A}\right)^{-1}\mathcal{A}^T\varepsilon\varepsilon^T\mathcal{A}\left(\mathcal{A}^T\mathcal{A}\right)^{-1} \end{pmatrix} - \vec{\beta}\vec{\beta}^T. \tag{3.15}$$

Applying the linearity of the expectation operator gives

$$\sigma_{\hat{\vec{\beta}}}^2 = E\left(\vec{\beta}\vec{\beta}^T\right) + E\left(\vec{\beta}\varepsilon^T \mathcal{A}\left(\mathcal{A}^T\mathcal{A}\right)^{-1}\right) + E\left(\left(\mathcal{A}^T\mathcal{A}\right)^{-1}\mathcal{A}^T\varepsilon\vec{\beta}^T\right) \\ + E\left(\left(\mathcal{A}^T\mathcal{A}\right)^{-1}\mathcal{A}^T\varepsilon\varepsilon^T\mathcal{A}\left(\mathcal{A}^T\mathcal{A}\right)^{-1}\right) - \vec{\beta}\vec{\beta}^T. \tag{3.16}$$

Since $E(\varepsilon) = 0$, the above equation simplifies to

$$\sigma_{\hat{\vec{\beta}}}^2 = E\left(\left(\mathcal{A}^T\mathcal{A}\right)^{-1}\mathcal{A}^T\varepsilon\varepsilon^T\mathcal{A}\left(\mathcal{A}^T\mathcal{A}\right)^{-1}\right). \tag{3.17}$$

Since it is assumed that the individual errors (residuals) are independent, have a mean of zero, and have the same error covariance, the error covariance can be rewritten as

$$\sigma_\varepsilon^2 = E\left(\varepsilon\varepsilon^T\right) = \sigma^2\mathcal{I}. \tag{3.18}$$

Therefore, the covariance of the parameters can be rewritten as

$$\sigma_{\hat{\vec{\beta}}}^2 = \sigma_\varepsilon^2\left(\mathcal{A}^T\mathcal{A}\right)^{-1}\mathcal{A}^T\mathcal{A}\left(\mathcal{A}^T\mathcal{A}\right)^{-1} \\ = \sigma^2\left(\mathcal{A}^T\mathcal{A}\right)^{-1}. \tag{3.19}$$

Q.E.D.

Further, if it is assumed that the errors follow a normal distribution, Theorem 3.3 allows the confidence intervals for the parameter estimates to be established, that is,

$$\hat{\beta}_i \pm t_{1-\frac{\alpha}{2},m-n}\hat{\sigma}\sqrt{\left(\mathcal{A}^T\mathcal{A}\right)_{ii}^{-1}} \tag{3.20}$$

where i refers to the ith parameter estimate, $\left(\mathcal{A}^T\mathcal{A}\right)_{ii}^{-1}$ represents the entry in the ith column and row of the $\left(\mathcal{A}^T\mathcal{A}\right)^{-1}$ matrix, and $\hat{\sigma}$ is the estimated value of the error standard deviation.

Having established the properties of the parameter estimates, it will now be useful to look at the predictive properties of the overall model: what are the values and confidence intervals for a given prediction. Given a new data point, $\vec{x}_d$, there are two different measures for answering this question: the **mean response** and the **predicted response confidence intervals**. The mean response represents the average value at a given point given the available data, that is, $E(y|\vec{x}_d)$. Essentially, this represents the value that would be obtained if multiple experiments are repeated at similar conditions with the same input values. The predicted response represents the value obtainable from a single new experiment. In all cases, the confidence interval for a predicted response will be larger than that of the mean response, since there is additional uncertainty in the predicted value.

Theorem 3.4 *Under the assumptions stated above, the mean response and its confidence interval for the point $\vec{x}_d$ are given as.*

$$\vec{a}_{\vec{x}_d}\hat{\vec{\beta}} \pm t_{1-\frac{\alpha}{2},m-n}\hat{\sigma}\sqrt{\vec{a}_{\vec{x}_d}(\mathcal{A}^T\mathcal{A})^{-1}\vec{a}_{\vec{x}_d}^T} \tag{3.21}$$

where $\vec{a}_{\vec{x}_d} =< f_1(\vec{x}_d), f_2(\vec{x}_d), \ldots, f_n(\vec{x}_d) >$.

Proof This requires showing two things: the mean response value and its associated confidence interval. First, consider the mean response value given by $E(y|\vec{x}_d) = \mu_{Y|\vec{x}_d}$. The best estimate for this value is the mean value obtained from the regression equation, that is,

$$E\left(y|\vec{a}_{\vec{x}_d}\right) = \vec{a}_{\vec{x}_d}\hat{\vec{\beta}}. \tag{3.22}$$

This is an unbiased estimate for the mean response since from Theorem 3.2 we have that $\hat{\vec{\beta}}$ is an unbiased estimate of $\vec{\beta}$. This establishes the best estimate of the mean response.

Next, consider the confidence interval. In order to do this, we need to determine the variance of the mean response estimate, that is, $\sigma^2_{\mu_{Y|\vec{x}_d}}$,

$$\sigma^2_{\mu_{Y|\vec{x}_d}} = E\left(\vec{a}_{\vec{x}_d}\hat{\vec{\beta}}\left(\vec{a}_{\vec{x}_d}\hat{\vec{\beta}}\right)^T\right) - E\left(\vec{a}_{\vec{x}_d}\hat{\vec{\beta}}\right)E\left(\vec{a}_{\vec{x}_d}\hat{\vec{\beta}}\right)^T. \tag{3.23}$$

Simplifying Eq. (3.23) by noting that $\vec{a}_{\vec{x}_d}$ is a constant gives

$$\sigma^2_{\mu_{Y|\vec{x}_d}} = \vec{a}_{\vec{x}_d}E\left(\hat{\vec{\beta}}\hat{\vec{\beta}}^T\right)\vec{a}_{\vec{x}_d}^T - \vec{a}_{\vec{x}_d}E\left(\hat{\vec{\beta}}\right)E\left(\hat{\vec{\beta}}\right)^T\vec{a}_{\vec{x}_d}^T. \tag{3.24}$$

Rewriting Eq. (3.24) by noting that the variance of the parameters can be written as $\sigma^2_{\hat{\vec{\beta}}} = E\left(\hat{\vec{\beta}}\hat{\vec{\beta}}^T\right) - E\left(\hat{\vec{\beta}}\right)E\left(\hat{\vec{\beta}}\right)^T$ gives

$$\sigma^2_{\mu_{Y|\vec{x}_d}} = \vec{a}_{\vec{x}_d}\sigma^2_{\hat{\vec{\beta}}}\vec{a}_{\vec{x}_d}^T. \tag{3.25}$$

Theorem 3.3, which gives the parameter variance in terms of the variance of the errors, allows Eq. (3.25) to be rewritten as

$$\sigma^2_{\mu_{Y|\vec{x}_d}} = \sigma^2\vec{a}_{\vec{x}_d}\left(\mathcal{A}^T\mathcal{A}\right)^{-1}\vec{a}_{\vec{x}_d}^T. \tag{3.26}$$

This establishes the variance of the mean response. In practice, σ^2 is not known and must be replaced by its estimated value, $\hat{\sigma}^2$. It can be noted that since the parameter estimates themselves are normally distributed (under the assumption that the errors themselves are normally distributed) then the confidence interval can be written as

$$\vec{a}_{\vec{x}_d}\hat{\vec{\beta}} \pm t_{1-\frac{\alpha}{2},m-n}\hat{\sigma}\sqrt{\vec{a}_{\vec{x}_d}(\mathcal{A}^T\mathcal{A})^{-1}\vec{a}_{\vec{x}_d}^T}. \tag{3.27}$$

Q.E.D.

Theorem 3.5 *Under the assumptions stated above, the predicted response and its confidence interval for the point $\vec{x}_d$ is given as*

$$\vec{a}_{\vec{x}_d}\hat{\vec{\beta}} \pm t_{1-\frac{\alpha}{2},m-n}\hat{\sigma}\sqrt{1+\vec{a}_{\vec{x}_d}(\mathcal{A}^T\mathcal{A})^{-1}\vec{a}_{\vec{x}_d}^T} \tag{3.28}$$

where $\vec{a}_{\vec{x}_d} = < f_1(\vec{x}_d), f_2(\vec{x}_d), \ldots, f_n(\vec{x}_d) >$.

Proof This requires showing two things: the predicted response value and its associated confidence interval. First, the predicted response value will be the same as for the mean response value and so will be unbiased.

For the confidence interval, consider the difference between the true value, y, and the predicted value, $\hat{y}$, at the point, that is,

$$\varepsilon_p = y - \hat{y}. \tag{3.29}$$

The variance of ε will determine the variance of the predicted value estimate. The required variance can be obtained as follows

$$\begin{aligned} \sigma_{\varepsilon_p}^2 &= E\Big((y-\hat{y})(y-\hat{y})^T\Big) - E(y-\hat{y})E(y-\hat{y})^T \\ &= \sigma_y^2 + \sigma_{\hat{y}}^2. \end{aligned} \tag{3.30}$$

From Theorem 3.4, the value of $\sigma_{\hat{y}}^2$ will be equal to that given by Eq. (3.26). The only remaining term will be the variance due to the true value given by σ_y^2. This can be computed as follows:

$$\begin{aligned} \sigma_y^2 &= E\big(yy^T\big) - E(y)E(y)^T \\ &= E\Big(\big(\vec{a}\vec{\beta}+\varepsilon\big)\big(\vec{a}\vec{\beta}+\varepsilon\big)^T\Big) - E\big(\vec{a}\vec{\beta}+\varepsilon\big)E\big(\vec{a}\vec{\beta}+\varepsilon\big)^T \\ &= E\Big(\vec{a}\vec{\beta}\vec{\beta}^T\vec{a}^T + \varepsilon\vec{\beta}^T\vec{a}^T + \vec{a}\vec{\beta}\varepsilon^T + \varepsilon\varepsilon^T\Big) - E\big(\vec{a}\vec{\beta}+\varepsilon\big)E\big(\vec{a}\vec{\beta}+\varepsilon\big)^T. \end{aligned} \tag{3.31}$$

It can be noted that the terms that do not contain ε are all constant. Furthermore, by assumption, ε has a mean value of 0. Therefore, Eq. (3.31) can be rewritten as

$$\sigma_y^2 = \vec{a}\vec{\beta}\vec{\beta}^T\vec{a}^T + \varepsilon\varepsilon^T - \vec{a}\vec{\beta}\vec{\beta}^T\vec{a}^T$$
$$= \varepsilon\varepsilon^T = \sigma^2. \quad (3.32)$$

Thus, the variance of the predicted response value can be written as

$$\sigma_{\varepsilon_p}^2 = \sigma^2 + \sigma^2\vec{a}_{\vec{x}_d}\left(\mathcal{A}^T\mathcal{A}\right)^{-1}\vec{a}_{\vec{x}_d}^T = \sigma^2\left(1 + \vec{a}_{\vec{x}_d}\left(\mathcal{A}^T\mathcal{A}\right)^{-1}\vec{a}_{\vec{x}_d}^T\right). \quad (3.33)$$

In practice, σ^2 is not known and must be replaced by its estimated value, $\hat{\sigma}^2$. Similarly to the mean response, noting that both the parameter estimates and the errors are normally distributed, then the confidence interval can be written as

$$\vec{a}_{\vec{x}_d}\hat{\vec{\beta}} \pm t_{1-\frac{\alpha}{2},m-n}\hat{\sigma}\sqrt{1 + \vec{a}_{\vec{x}_d}(\mathcal{A}^T\mathcal{A})^{-1}\vec{a}_{\vec{x}_d}^T}. \quad (3.34)$$

Q.E.D.

The **residual** is defined as the difference between the predicted and measured values, that is,

$$\vec{\varepsilon} = \vec{y} - \hat{\vec{y}} = \vec{y} - \mathcal{A}\hat{\vec{\beta}} = \vec{y} - \mathcal{A}\left(\mathcal{A}^T\mathcal{A}\right)^{-1}\mathcal{A}^T\vec{y} = \left(\mathcal{I} - \mathcal{A}\left(\mathcal{A}^T\mathcal{A}\right)^{-1}\mathcal{A}^T\right)\vec{y} \quad (3.35)$$

where $\mathcal{I}$ is the appropriately sized identity matrix.

3.3.2 Analysis of Variance of the Regression Model

Analysis of variance is an approach to determining the significance and validity of a regression model using variances obtained from the data and model. The goal is to simultaneously test multiple means in order to determine the overall significance. Unfortunately, the naïve approach of simply comparing pairwise each mean can easily lead to too large an overall α-error. For this reason, the analysis of variance approach seeks to decompose the total variability in the data into various orthogonal components that can then be independently analysed. For the purposes of analysing the regression, let the **total sum of squares**, denoted by *TSS*, be defined as

$$TSS = \sum(y_i - \bar{y})^2 = \left\|\vec{y} - \bar{y}\vec{1}\right\|^2 \quad (3.36)$$

where $\vec{1}$ is the unit column vector, that is, $\vec{1} = \langle 1, 1, 1, \ldots, 1\rangle^T$ and $\|\cdot\|$ is the standard, vector two-norm. Let the **sum of squares due to regression**, *SSR*, be defined as

$$SSR = \sum\left(\hat{y}_i - \bar{y}\right)^2 = \left\|\hat{\vec{y}} - \bar{y}\vec{1}\right\|^2. \quad (3.37)$$

Let the **sum of squares due to the error**, *SSE*, be defined as

$$SSE = \sum (y_i - \hat{y}_i)^2 = \|\vec{\varepsilon}\|^2 = \left\|\vec{y} - \hat{\vec{y}}\right\|^2. \tag{3.38}$$

Theorem 3.6 *SSR and SSE are an orthogonal decomposition of TSS.*

Proof In order to simplify the computations, the proof will be performed using suitable vector manipulations. By definition, we can rewrite the total sum of squares as

$$\begin{aligned} TSS &= \left\|\vec{y} - \overline{y}\vec{1}\right\|^2 \\ &= \left\|\vec{y} - \overline{y}\vec{1} + \hat{\vec{y}} - \hat{\vec{y}}\right\|^2 \\ &= \left\|\left(\vec{y} - \hat{\vec{y}}\right) + \left(\hat{\vec{y}} - \overline{y}\vec{1}\right)\right\|^2. \end{aligned} \tag{3.39}$$

By the polarisation identity between norms and dot products $\|a + b\|^2 = \|a\|^2 + \|b\|^2 + 2b^T a$,[1] Eq. (3.39) can be rewritten as

$$TSS = \left\|\left(\vec{y} - \hat{\vec{y}}\right)\right\|^2 + \left\|\left(\hat{\vec{y}} - \overline{y}\vec{1}\right)\right\|^2 + 2\left(\vec{y} - \hat{\vec{y}}\right)^T\left(\hat{\vec{y}} - \overline{y}\vec{1}\right). \tag{3.40}$$

It is now necessary to show that the last term in Eq. (3.40) equals zero. This can be accomplished by writing the last term as

$$\left(\vec{y} - \hat{\vec{y}}\right)^T\left(\hat{\vec{y}} - \overline{y}\vec{1}\right) = \left(\vec{y} - \hat{\vec{y}}\right)^T\hat{\vec{y}} + \left(\vec{y} - \hat{\vec{y}}\right)^T\overline{y}\vec{1}. \tag{3.41}$$

Since $\hat{\vec{y}} = \mathcal{A}\hat{\vec{\beta}}$, the first part of the last term simplifies to

$$\begin{aligned} \left(\vec{y} - \hat{\vec{y}}\right)^T\mathcal{A}\hat{\vec{\beta}} &= \left(\left(\mathcal{I} - (\mathcal{A}^T\mathcal{A})^{-1}\mathcal{A}^T\right)\vec{y}\right)^T\mathcal{A}\hat{\vec{\beta}} = \vec{y}^T\left(\mathcal{I} - \mathcal{A}(\mathcal{A}^T\mathcal{A})^{-1}\right)\mathcal{A}\hat{\vec{\beta}} \\ &= \vec{y}^T\left(\mathcal{A} - \mathcal{A}(\mathcal{A}^T\mathcal{A})^{-1}\mathcal{A}^T\mathcal{A}\right)\hat{\vec{\beta}} \\ &= \vec{y}^T(\mathcal{A} - \mathcal{A})\hat{\vec{\beta}} = 0. \end{aligned} \tag{3.42}$$

For the second part of the last term, it can be noted that $\sum \varepsilon_i = \left(\vec{y} - \hat{\vec{y}}\right)^T\vec{1} = 0$, by the assumptions of linear regression. This shows that the second part is also equal to zero. Thus, the last term in Eq. (3.40) is equal to zero. This shows that

[1] For two column vectors a and b, the dot product $a \cdot b$ can be defined as the matrix multiplication $a^T b$ or $b^T a$.

$$TSS = \left\| \left(\vec{y} - \hat{\vec{y}} \right) \right\|^2 + \left\| \left(\hat{\vec{y}} - \bar{y}\vec{1} \right) \right\|^2 = SSE + SSR. \tag{3.43}$$

Q.E.D.

It can be noted that the sum of squares due to regression can be further partitioned if an orthogonal basis is used to define the regression parameters. This will be explored in greater detail in Chap. 4, including how to define an orthogonal basis for regression.

In the analysis of variance approach, the ***F*-statistic** can be calculated as follows:

$$\boxed{F = \frac{SSR/k}{SSE/m - n}} \tag{3.44}$$

where k is defined as follows. If there is a function, such that $f_i(x) = 1$ for all values of x, then $k = n-1$; otherwise, $k = n$. This value should be compared to the critical F-value computed as $F_{1-\alpha,\, k,\, m-n}$, where α is the α-error. The F-statistic computed using Eq. (3.44) should be greater than the critical value to conclude that the parameter estimates are significant compared to the noise in the system. Basically, the analysis of variance seeks to determine which of the two components, the regression model or the noise variance, is greater. A good regression model should give a larger *SSR* value than a bad regression model.

Another useful measure of the regression model is **Pearson's coefficient of regression**, R^2. It can be calculated as follows:

$$\boxed{R^2 = \frac{SSR}{TSS} = 1 - \frac{SSE}{TSS}}. \tag{3.45}$$

The closer the value is to 1, the better the regression model is. Furthermore, R^2 measures the fraction of the total variance in the model explained by the regression with the given variables. The value of R^2 lies between [0, 1]. Unfortunately, this parameter has the tendency that, as the number of parameters is increased, the value of R^2 approaches 1. This would suggest that the model is improved by an increase in the number of parameters. However, if there are exactly n data points, then any n-parameter model will fit the data quite closely. A possible approach to fix this problem is to calculate the adjusted R^2, which is given as

$$\boxed{R^2_{adj} = 1 - \frac{SSE/m - n}{TSS/m - 1} = 1 - \left(1 - R^2\right)\left(\frac{m-1}{m-n}\right)}. \tag{3.46}$$

It should be noted that the adjusted R^2 is not constrained to lie in the interval [0, 1]. Thus, negative values can be expected using this measure.

3.3.3 Useful, Formulae for Ordinary, Least-Squares Regression

This section provides a convenient summary of all the equations required for ordinary, least-squares regression.

For the regression model given by

$$\boxed{y = \sum_{i=1}^{n} \beta_i f_i(\vec{x}) + \varepsilon = \vec{a}\vec{\beta} + \varepsilon} \tag{3.47}$$

the solution can be obtained by solving the following equation for the unknown, estimated coefficients, $\hat{\vec{\beta}}$:

$$\boxed{\mathcal{A}^T \mathcal{A}\hat{\vec{\beta}} = \mathcal{A}^T \vec{y}} \tag{3.48}$$

where

$$\mathcal{A} = \begin{bmatrix} f_1(\vec{x}_1) & f_2(\vec{x}_1) & \cdots & f_n(\vec{x}_1) \\ f_1(\vec{x}_2) & f_2(\vec{x}_2) & \cdots & f_n(\vec{x}_2) \\ \vdots & & \ddots & \vdots \\ f_1(\vec{x}_m) & f_2(\vec{x}_m) & \cdots & f_n(\vec{x}_m) \end{bmatrix} \tag{3.49}$$

$$\hat{\vec{\beta}} = < \beta_1, \beta_2, ..., \beta_n >^T \tag{3.50}$$

$$\vec{y} = < y_1, y_2, \ldots, y_m >^T . \tag{3.51}$$

The **standard deviation** for this model is given by

$$\boxed{\hat{\sigma} = \sqrt{\frac{\vec{y}^T\vec{y} - \hat{\vec{\beta}}^T \mathcal{A}^T \vec{y}}{m-n}} = \sqrt{\frac{\vec{\varepsilon}^T\vec{\varepsilon}}{m-n}}} \tag{3.52}$$

where $\vec{\varepsilon}$ are the residuals given as

$$\vec{\varepsilon} = \vec{y} - \hat{\vec{y}} = \vec{y} - \mathcal{A}\hat{\vec{\beta}} = \vec{y} - \mathcal{A}(\mathcal{A}^T\mathcal{A})^{-1}\mathcal{A}^T\vec{y} = \left(\mathcal{I} - \mathcal{A}(\mathcal{A}^T\mathcal{A})^{-1}\mathcal{A}^T\right)\vec{y}. \tag{3.53}$$

The **100(1−α)% Confidence Interval for β_i** is given by

$$\boxed{\hat{\beta}_i \pm t_{1-\frac{\alpha}{2},m-n}\hat{\sigma}\sqrt{(\mathcal{A}^T\mathcal{A})^{-1}_{ii}}} \tag{3.54}$$

where $(\mathcal{A}^T\mathcal{A})^{-1}_{ii}$ represents the value located at (i, i) in the matrix $(\mathcal{A}^T\mathcal{A})^{-1}$.

The **100(1−α)% Mean Response Confidence Intervals**, that is, the region within which the mean value of repeated measurements will lie 100(1−α)% of the time, for the point $\vec{x}_d$ is given by

$$\boxed{\vec{a}_{\vec{x}_d}\hat{\vec{\beta}} \pm t_{1-\frac{\alpha}{2},m-n}\hat{\sigma}\sqrt{\vec{a}_{\vec{x}_d}(\mathcal{A}^T\mathcal{A})^{-1}\vec{a}^T_{\vec{x}_d}}} \tag{3.55}$$

where $\vec{a}_{\vec{x}_d} =< f_1(\vec{x}_d), f_2(\vec{x}_d), \ldots, f_n(\vec{x}_d) >$. It can be noted that if the parameter estimates are obtained using some transformed equation, then the mean response confidence interval cannot be converted into the original units.

The **100(1−α)% Predictive Confidence Intervals**, that is, the region within which the actual value will lie 100(1−α)% of the time, for the point $\vec{x}_d$ is given by

$$\boxed{\vec{a}_{\vec{x}_d}\hat{\vec{\beta}} \pm t_{1-\frac{\alpha}{2},m-n}\hat{\sigma}\sqrt{1+\vec{a}_{\vec{x}_d}(\mathcal{A}^T\mathcal{A})^{-1}\vec{a}^T_{\vec{x}_d}}}. \tag{3.56}$$

The **sum of squares due to regression**, *SSR*, can be calculated as follows:

$$\boxed{SSR = \sum(\hat{y}_i - \bar{y})^2 = \left\|\hat{\vec{y}} - \bar{y}\vec{1}\right\|^2 = \hat{\vec{\beta}}^T\mathcal{A}^T\vec{y} - \frac{1}{m}\left(\vec{y}^T\vec{1}\vec{1}^T\vec{y}\right)} \tag{3.57}$$

where $\vec{1}$ is the unit column vector of size $m\times 1$, that is, $\vec{1} = \langle 1, 1, 1, \ldots, 1\rangle^T$.

The **sum of squares due to the errors**, *SSE*, can be calculated as follows:

$$\boxed{SSE = \sum(y_i - \hat{y}_i)^2 = \left\|\vec{y} - \hat{\vec{y}}\right\|^2 = \vec{y}^T\vec{y} - \hat{\vec{\beta}}^T\mathcal{A}^T\vec{y}}. \tag{3.58}$$

The **total sum of squares**, *TSS*, can be calculated as follows:

$$\boxed{TSS = \sum(y_i - \bar{y})^2 = \left\|\vec{y} - \bar{y}\vec{1}\right\|^2 = \vec{y}^T\vec{y} - \frac{1}{m}\left(\vec{y}^T\vec{1}\vec{1}^T\vec{y}\right)}. \tag{3.59}$$

Appendix A3.1 presents a traditional, nonmatrix, approach to performing univariate (one variable), linear, least-squares regression.

3.3.4 Computational Example Part I: Determining the Model Parameters

Consider the problem of trying to estimate the yield strength of a new steel compound based on the addition of compounds A and B. A series of experiments were performed for different amounts of compounds A and B and the yield strength of the resulting compound was measured. Based on previous knowledge, it is known that the yield strength can be modelled as

$$\sigma_y = \beta_0 + \beta_1 x_A + \beta_2 x_B \tag{3.60}$$

where σ_y is the yield strength, x_A the amount of compound A in mg that was added, and x_B the amount of compound B in mg that was added. The data are provided in Table 3.1. Using these data, determine the parameter estimates and their confidence intervals, the standard deviation of the model, for the point, $x_A = 5.00$ mg and $x_B = 10.00$ mg, determine the mean and predictive confidence intervals for the yield, obtain *SSR*, *TSS*, *SSE*, R^2, and the F-statistic, and provide the model significance at $\alpha = 0.05$.

Solution

The first step in obtaining a solution is to convert the given problem into its corresponding mathematical description using the standard notation, which gives

$$\begin{aligned} y &= \sigma_y \\ \vec{\beta} &= \langle \beta_0, \beta_1, \beta_2 \rangle^T \\ \vec{a} &= \langle 1, x_A, x_B \rangle. \end{aligned} \tag{3.61}$$

Therefore, writing the matrices for the ten data points gives

Table 3.1 Yield strength data

Yield strength, σ_y (MPa)	Compound A, x_A (mg)	Compound B, x_B (mg)
105.3	1.00	0.25
104.8	3.00	2.25
104.2	4.00	4.00
101.3	6.00	9.00
99.5	7.00	12.20
97.2	8.00	16.00
91.5	10.00	25.00
88.1	11.00	30.20
84.2	12.00	36.00
75.4	14.00	49.00

$$\vec{y} = \begin{bmatrix} 105.3 & 104.8 & 104.2 & 101.3 & 99.5 & 97.2 & 91.5 & 88.1 & 84.2 & 75.4 \end{bmatrix}^T$$

$$\mathcal{A} = \begin{bmatrix} 1 & 1.00 & 0.25 \\ 1 & 3.00 & 2.25 \\ 1 & 4.00 & 4.00 \\ 1 & 6.00 & 9.00 \\ 1 & 7.00 & 12.20 \\ 1 & 8.00 & 16.00 \\ 1 & 10.00 & 25.00 \\ 1 & 11.00 & 30.20 \\ 1 & 12.00 & 36.00 \\ 1 & 14.00 & 49.00 \end{bmatrix}. \tag{3.62}$$

The value of m is 10 (as there are ten data points) and n is 3 (as there are three parameters of interest).

The least-squares parameter estimates are given by

$$\begin{aligned}
\hat{\vec{\beta}} &= \left(\mathcal{A}^T\mathcal{A}\right)^{-1}\mathcal{A}^T\vec{y} \\
&= \left(\begin{bmatrix} 1 & 1.00 & 0.25 \\ 1 & 3.00 & 2.25 \\ 1 & 4.00 & 4.00 \\ 1 & 6.00 & 9.00 \\ 1 & 7.00 & 12.20 \\ 1 & 8.00 & 16.00 \\ 1 & 10.00 & 25.00 \\ 1 & 11.00 & 30.20 \\ 1 & 12.00 & 36.00 \\ 1 & 14.00 & 49.00 \end{bmatrix}^T \begin{bmatrix} 1 & 1.00 & 0.25 \\ 1 & 3.00 & 2.25 \\ 1 & 4.00 & 4.00 \\ 1 & 6.00 & 9.00 \\ 1 & 7.00 & 12.20 \\ 1 & 8.00 & 16.00 \\ 1 & 10.00 & 25.00 \\ 1 & 11.00 & 30.20 \\ 1 & 12.00 & 36.00 \\ 1 & 14.00 & 49.00 \end{bmatrix}\right)^{-1} \begin{bmatrix} 1 & 1.00 & 0.25 \\ 1 & 3.00 & 2.25 \\ 1 & 4.00 & 4.00 \\ 1 & 6.00 & 9.00 \\ 1 & 7.00 & 12.20 \\ 1 & 8.00 & 16.00 \\ 1 & 10.00 & 25.00 \\ 1 & 11.00 & 30.20 \\ 1 & 12.00 & 36.00 \\ 1 & 14.00 & 49.00 \end{bmatrix}^T \begin{bmatrix} 105.3 \\ 104.8 \\ 104.2 \\ 101.3 \\ 99.5 \\ 97.2 \\ 91.5 \\ 88.1 \\ 84.2 \\ 75.4 \end{bmatrix} \\
&= \begin{bmatrix} 1.191 & -0.318 & 0.072 \\ -0.318 & 0.107 & -0.027 \\ 0.072 & -0.027 & 0.007 \end{bmatrix} \begin{bmatrix} 951.500 \\ 6\,868.500 \\ 16\,033.645 \end{bmatrix} \\
&= \begin{bmatrix} 104.91 \\ 0.5545 \\ -0.7602 \end{bmatrix}.
\end{aligned} \tag{3.63}$$

Units should always be included in the final answer. It is rare that a parameter in engineering does not have some physical units attached. The number of decimals to display is determined by the confidence interval, which will be determined later. Intermediate results should contain a reasonable amount of digits. All digits should be used to perform the calculations.

The standard deviation of the model can be obtained from

$$
\begin{aligned}
\hat{\sigma} &= \sqrt{\frac{\vec{y}^T\vec{y} - \hat{\vec{\beta}}^T \mathcal{A}^T\vec{y}}{m-n}} \\
&= \sqrt{\frac{\begin{bmatrix}105.3\\104.8\\104.2\\101.3\\99.5\\97.2\\91.5\\88.1\\84.2\\75.4\end{bmatrix}^T \begin{bmatrix}105.3\\104.8\\104.2\\101.3\\99.5\\97.2\\91.5\\88.1\\84.2\\75.4\end{bmatrix} - \begin{bmatrix}104.91\\0.5545\\-0.7602\end{bmatrix}^T \begin{bmatrix}1 & 1.00 & 0.25\\1 & 3.00 & 2.25\\1 & 4.00 & 4.00\\1 & 6.00 & 9.00\\1 & 7.00 & 12.20\\1 & 8.00 & 16.00\\1 & 10.00 & 25.00\\1 & 11.00 & 30.20\\1 & 12.00 & 36.00\\1 & 14.00 & 49.00\end{bmatrix}^T \begin{bmatrix}105.3\\104.8\\104.2\\101.3\\99.5\\97.2\\91.5\\88.1\\84.2\\75.4\end{bmatrix}}{10-3}} \\
&= \sqrt{\frac{91447.21 - 91447.18}{10-1}} \\
&= 0.067\,668
\end{aligned}
\tag{3.64}
$$

The standard deviation of the model, $\hat{\sigma}$, is 0.067 MPa. The 95% confidence intervals for the parameters can be can be obtained using

$$
\hat{\beta}_i \pm t_{1-\frac{\alpha}{2},m-n}\hat{\sigma}\sqrt{(\mathcal{A}^T\mathcal{A})_{ii}^{-1}} \tag{3.65}
$$

where $t_{0.975,\,10\text{–}3} = 2.365$. This gives the following confidence intervals:

$$
\begin{aligned}
&\beta_0 \\
&104.91 \pm 2.365(0.067\,668)\sqrt{1.191} \\
&104.91 \pm 0.175 \text{ MPa} \\
&\beta_1 \\
&0.5545 \pm 2.365(0.067\,668)\sqrt{0.107} \\
&0.5545 \pm 0.0523\frac{\text{MPa}}{\text{mg}} \\
&\beta_2 \\
&-0.7602 \pm 2.365(0.067\,668)\sqrt{0.007} \\
&-0.7602 \pm 0.0136\frac{\text{MPa}}{\text{mg}}
\end{aligned}
\tag{3.66}
$$

$$
= \begin{bmatrix} 105.3 \\ 104.8 \\ 104.2 \\ 101.3 \\ 99.5 \\ 97.2 \\ 91.5 \\ 88.1 \\ 84.2 \\ 75.4 \end{bmatrix}^T \begin{bmatrix} 105.3 \\ 104.8 \\ 104.2 \\ 101.3 \\ 99.5 \\ 97.2 \\ 91.5 \\ 88.1 \\ 84.2 \\ 75.4 \end{bmatrix} - \frac{1}{10} \left(\begin{bmatrix} 105.3 \\ 104.8 \\ 104.2 \\ 101.3 \\ 99.5 \\ 97.2 \\ 91.5 \\ 88.1 \\ 84.2 \\ 75.4 \end{bmatrix}^T \begin{bmatrix} 1 \\ 1 \\ 1 \\ 1 \\ 1 \\ 1 \\ 1 \\ 1 \\ 1 \\ 1 \end{bmatrix} \begin{bmatrix} 1 \\ 1 \\ 1 \\ 1 \\ 1 \\ 1 \\ 1 \\ 1 \\ 1 \\ 1 \end{bmatrix}^T \begin{bmatrix} 105.3 \\ 104.8 \\ 104.2 \\ 101.3 \\ 99.5 \\ 97.2 \\ 91.5 \\ 88.1 \\ 84.2 \\ 75.4 \end{bmatrix} \right)
$$

$$
\begin{aligned}
&= 91447.2 - \frac{1}{10}(905352.3) \\
&= 911.985.
\end{aligned} \tag{3.70}
$$

Since $TSS = SSE + SSR$, SSR can be found by subtraction that is,

$$
\begin{aligned}
911.985 &= 0.0321 + SSR \\
SSR &= 911.953.
\end{aligned} \tag{3.71}
$$

Since $R^2 = SSR \,/\, TSS$, for which we have both values, it gives that $R^2 = 911.953 \,/\, 911.985 \approx 1$. Since the F-statistic is defined as

$$
F = \frac{SSR/k}{SSE/m-n} \tag{3.72}
$$

where k is defined as the number of nonconstant functions (which in this case is 2), the value of the F-statistic is

$$
F = \frac{911.953/2}{0.0321/(10-3)} = 99\,580 \tag{3.73}
$$

The critical F-value has two degrees of freedom in the numerator and seven in the denominator, which gives $F_{0.95,\,2,\,7} = 4.74$. Since it is much smaller than the calculated F-value, it can be concluded that the model is significant.

3.3.5 *Model Validation*

Model validation is the process by which the least-squares model is examined to determine whether it is sufficiently good. Although many aspects can be formalised mathematically, some amount of intuition and experience is required in order to

Table 3.2 Sample, normal probability plots

	Ideal (Large) Sample	Small Sample
Good Normal Probability Plot	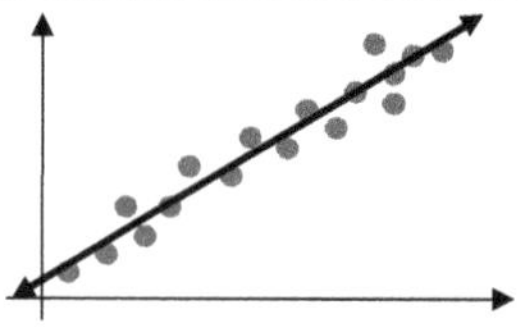	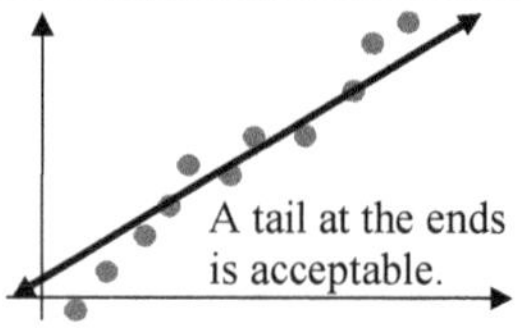
Bad Normal Probability Plots For All Cases (For large samples, the small sample example would count as well.)	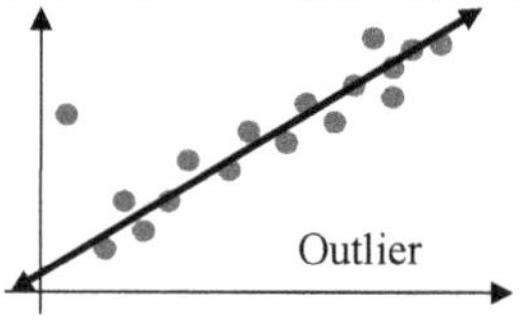	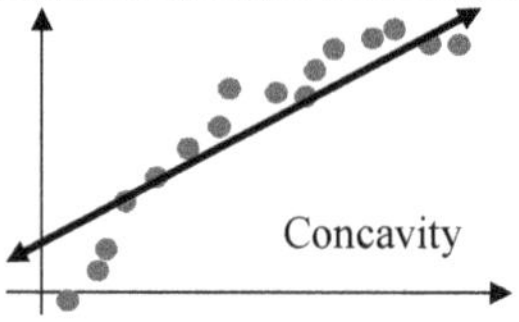
	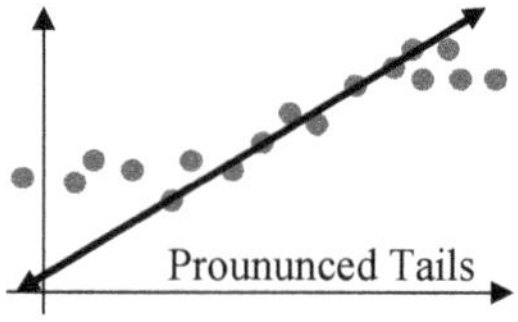	

respect to the x-axis value. If the x-axis is a regressor, then it can be suggested that the error model depends on the given regressor and weighted, least-squares may need to be used. Similarly, if the x-axis represents time, then it can be concluded that the variance of the residuals depends on time. Graph (c) shows a sinusoidal pattern that suggests that a sinusoidal behaviour was missed when fitting the data. Graph (d) shows that the residuals are drifting as the x value increases. This suggests that either there were process issues or that the x value should be included in the analysis. Graph (e) shows a U-shaped (or quadratic) curve that potentially a quadratic term may be missing from the analysis. Finally, Graph (f) shows the results for a multivariate case, where multiple values were obtained at a single point. It can be seen here that the residuals at each of the points do not cluster about zero. Rather there seem to be points where they are smaller and points where they are larger.

3.3.5.2 Testing for Model Adequacy

Having determined that the residuals are well-behaved, it is now necessary to examine the quality of the model. The following methods can be used to achieve this.

1. **Using the confidence interval for each of the parameters, β_i:** If the confidence interval includes 0, then the parameter can be removed from the model. Ideally, a new regression analysis excluding that parameter would need to be performed and continued until there are no more parameters to remove.

Table 3.3 Sample scatter plots

	Ideal (Large) Sample	Small Sample
Good Scatter Plots	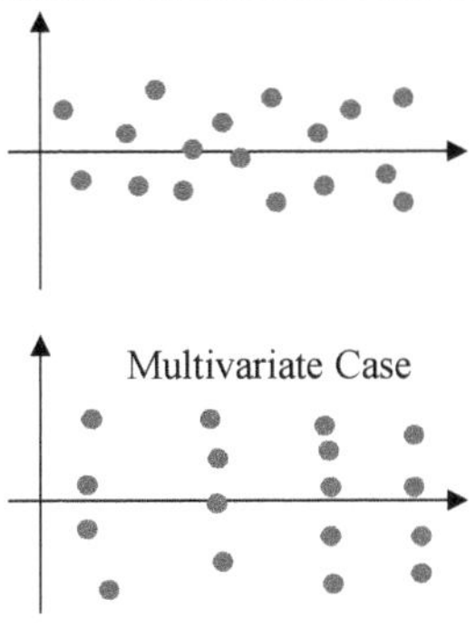	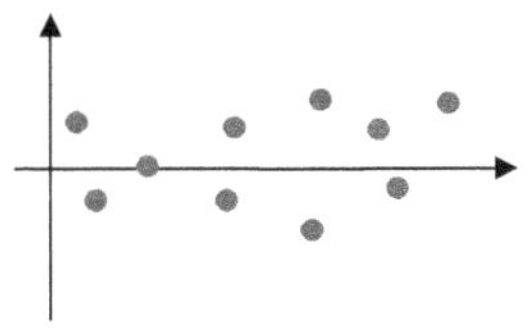
Bad Scatter Plots For All Cases (For large samples, the small sample example would count as well.)	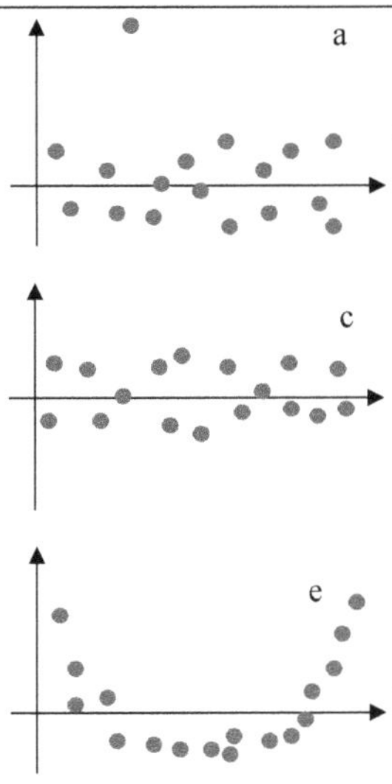	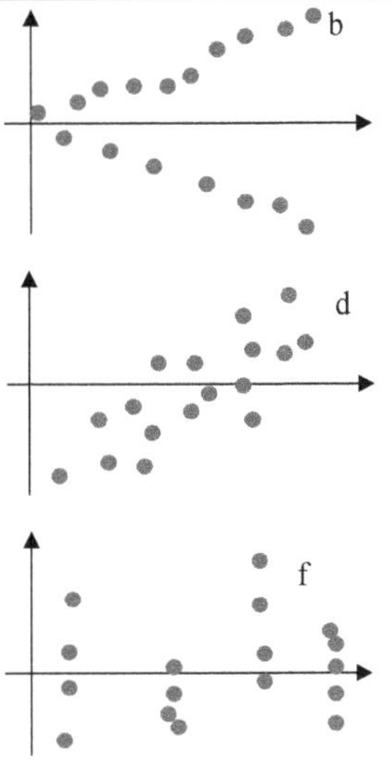

2. **Calculating Pearson's coefficient of regression**: The closer the value is to 1; the better the regression is. This coefficient gives what fraction of the observed behaviour can be explained by the given variables.
3. **Examining the observational and prediction confidence intervals**: The smaller they are the better. Note that if few samples or replicates are available, then the confidence intervals may be large purely due to the small sample size.
4. **Computing the *F*-statistic**: The *F*-test or analysis of variance (ANOVA) test considers which component, the variance in the error or the variance explained by the regression, is more prominent. If the error term is more significant, then the regression is likely to be spurious or unimportant.

5. **Examining outliers**: **Outliers** are defined as points that have residuals whose values differ greatly from surrounding values. Possible causes for outliers include typos when entering the data into the computer or errors in obtaining the data. Outliers tend to increase the confidence intervals producing "worse" results. Outliers can be spotted from any of the above plots that are used to check the model assumptions as points that are far from the expected behaviour. If a point is suspected to be an outlier, it should be removed and the regression redone.
6. **Examining influential points**: Some of the data points may strongly influence the regression model. Often this is a result of the fact that the given data points lie much further from the rest of the data. If the estimated model parameters change dramatically when such points are removed, then it can be stated that these points are influential. Formally, this can be determined using **Cook's Distance, D_i**, which is defined as

$$D_i = \frac{\left(\hat{\beta}_i - \vec{\beta}\right)^T \mathcal{A}^T \mathcal{A}\left(\hat{\beta}_i - \vec{\beta}\right)}{n\hat{\sigma}^2} \tag{3.74}$$

where $\hat{\beta}_i$ is the model parameters estimated by removing the ith data point. Practically, Cook's Distance can be calculated as follows

$$D_i = \frac{\varepsilon_i^2 h_{ii}}{n\hat{\sigma}^2(1 - h_{ii})^2} \tag{3.75}$$

where h_{ii} is the (i, i) entry in the $\mathcal{H}$-matrix, which is defined as

$$\mathcal{H} = \mathcal{A}\left(\mathcal{A}^T \mathcal{A}\right)^{-1} \mathcal{A}^T \tag{3.76}$$

If $D_i > 1$, then the given point can be considered to be influential, and the appropriateness of the model should be reconsidered.

7. **Examining the parity plot:** Plotting the predicted values as a function of y (the true values) can be very useful for dealing with large data sets. It can reveal which predicted values differ greatly from the measured values. Theoretically speaking, all the data should lie on the $y = x$ axis. Practically, due to noise, data points will lie in an ellipse or oval around the line. Table 3.4 shows some typical predicted as a function of measured value plots. Common problems include (the letters correspond to the graphs shown in Table 3.4 as problem graphs):

   a. **Outlier**: The presence of an outlier is easy to spot, as it will be located far from the $y = x$ line.
   b. **Cluster**: A cluster of points that lie far from the $y = x$ line is common when dealing with historical industrial data that does not contain any

Table 3.4 Sample, predicted as a function of true value plots

	Examples
Good Plot	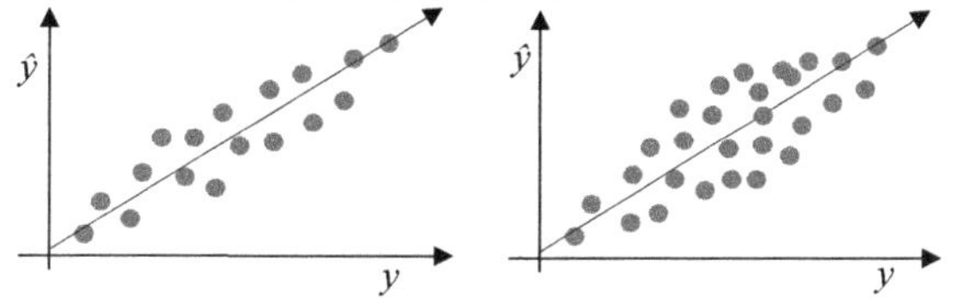
Problem Plots	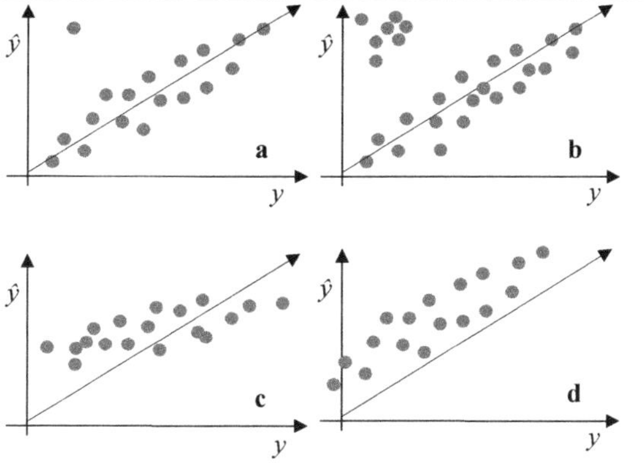

planned experiments. Such a cluster suggests that the operating conditions are different from the main set of data. This could be due to a plant shut-down, changes in process conditions, or other factors that should be investigated before removing the points from the data set.

c. **Calibration**: In this case, the slope of the points is not 1. This suggests that either terms are missing from the model or that different models apply for different values of the measured values, since some of the values are overpredicted, while others are underpredicted.

d. **Bias**: This suggests that the values obtained differ by some constant from the expected values. In linear regression, such a problem should not occur. However, it can happen with other more complex methods.

3.3.5.3 Taking Corrective Action

If the above tests fail or give inconclusive results or the assumptions in the model are not verified, then the analyst is left with the following options:

1. **Changing the model** by adding additional parameters suggested by the analysis of the residual plots, using a completely different model, or changing the error structure.

a. **Regressor Selection**: Selecting appropriate regressors based on the data set provided is a complex subject that involves combining intuition or previous knowledge with various data mining methods. There are two main approaches to regressor selection:
   i. **Forward Selection**: In forward selection, the parameter estimates for the simplest model are first determined. If the resulting model analysis suggests that the model is sufficient for the required application, then it is adopted. Otherwise, additional regressors are added to the model until the model fit is adequate. The benefit of this approach is that a simple model is likely to be found. However, an important regressor could have been missed if it was not selected in the initial or subsequent steps.
   ii. **Backward Selection**: In backward selection, the full set of regressors is used to estimate the model. Regressors are then removed until the model is simplified to the smallest available model. The advantage of this approach is that all relevant regressors are likely to be in the model. However, the model could be larger than required for good fit.

b. **Error Structure**: In least-squares analysis, it is assumed that the error structure is additive and only applies to the measured output variable (y). In many engineering applications both the regressor and output variables are measured and can contain errors. Furthermore, the error may be proportional to some percentage of the measured value, which means that the error is not additive, but rather multiplicative. One way to correct for this error is to use weighted, least squares.

2. **Changing the regression method** by using either weighted, least-squares analysis, if the variance is not homoscedastic, or nonlinear, least-squares analysis to determine the parameter values.
3. **Obtaining more data** by running additional experiments, which can be useful if few experiments were performed and the results are ambiguous. Obtaining additional data helps resolve two potential issues:

   a. **Sample Size**: Small sample size can lead to large confidence intervals, especially if there is some noise in the original data. Increasing sample size can improve the accuracy of the parameter estimates. This helps to minimise **Type II** errors, which seeks to minimise the probability of rejecting the alternative hypothesis, even if it is true.
   b. **Replicates or Reproducibility**: Repeating an experiment at the same conditions allows a more accurate determination of the variance associated with the given point. As well, replicates can show how reproducible the results are at any one given point and if any additional factors could affect the results. Often, in practical cases, it may not be possible to obtain exactly the same conditions. However, if the conditions are similar then the results can be treated as replicates.

One area that needs to be considered when obtaining additional data is **experimental design**, that is, how is the procedure for obtaining the data are defined. Given the importance of this concept a separate chapter, Chap. 4, is devoted to this topic. One area of concern is **multicollinearity**. Multicollinearity is defined as a relationship between the columns of the $\mathcal{A}$ matrix. This multicollinearity can detract from finding the desired relationship between the regressors and the output and lead to a poor estimate of the individual parameters. It can be noted that the overall model may still be useful. Often multicollinearity may not be suspected by the experimenter or it can hold approximately. Multicollinearity is common in experiments were the variables cannot all be independently varied, for example mixture experiments where the total sum of component fractions must total 1.

A further area of concern is **data scaling**. This is an important issue, especially in nonlinear, least-squares analysis, where the orders of magnitude of the different regressors may be quite different. Since the optimisation routines will seek to minimise the absolute error, the parameter estimates corresponding to the larger order of magnitude regressors will be less accurate than those corresponding to smaller order of magnitude regressors, as their contribution to the overall error will be less. Consider the case where temperature ranges from 270 to 400 K and level ranges from 0.01 to 0.40 m are used. In this case, the levels are at least 10^3 times smaller than the temperatures. Furthermore, poorly scaled data may lead to issues with inverting the matrix in order to obtain the parameter estimates. There are two main methods by which scaling can be performed:

1. **Normalisation**: A common method is to introduce scaling with the following formula

$$\tilde{x} = \frac{x - \overline{x}}{\sigma} \tag{3.77}$$

where $\tilde{x}$ is the scaled variable, $\overline{x}$ is the mean value of x, and σ is the standard deviation of x. The mean and standard deviation can be determined based on all the values of x available for the regression.

2. **Centring the data**: The following formula, commonly encountered in analysis of variance (ANOVA), centres the data so that it lies between –1 and 1:

$$\tilde{x} = \frac{x - 0.5(x_{\text{max}} + x_{\text{min}})}{0.5(x_{\text{max}} - x_{\text{min}})}. \tag{3.78}$$

3.3.6 Computational Example Part II: Model Validation

Continuing with the yield strength example from Sect. 3.3.4, model validation will now be performed by examining the residuals, the model quality, and taking appropriate corrective action.

Figure 3.2 shows the residuals as a function of amount of compound A, the yield strength, and the previous residual. In all cases, it seems that the residuals associated with a higher yield strength are larger than those associated with a smaller yield strength. This can clearly be seen in the large deviations for small values of x_A. This suggests that perhaps the error structure may need additional investigation.

The normal probability plot of the residuals is shown in Fig. 3.3. There does not seem to be any strong deviations from normality.

In order to determine model adequacy, all the previous computed data will be collected and then examined. The values are

$$F = 99,581 > 4.74$$
$$R^2 \approx 1.$$

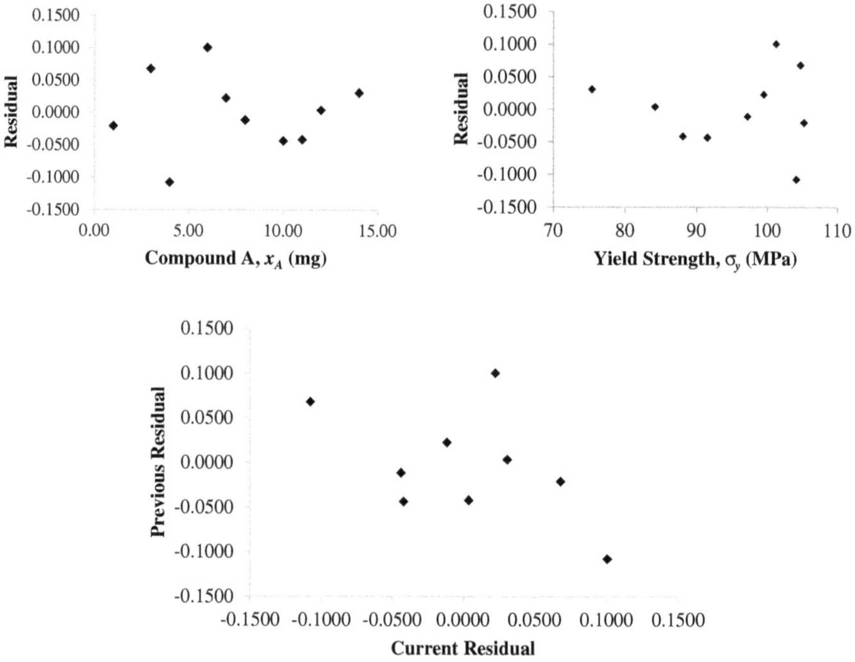

Fig. 3.2 Residuals as a function of the (top, left) Amount of compound A, (top, right) Yield strength, and (bottom) Previous residual

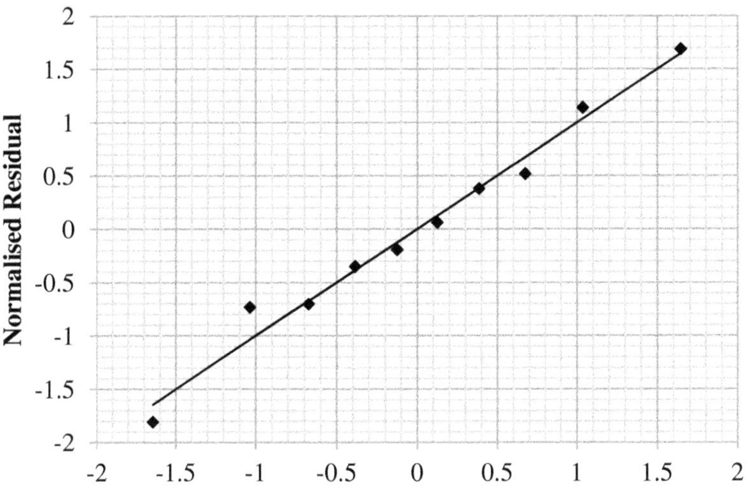

Fig. 3.3 Normal probability plot of the residuals

Influential analysis, using Cook's distance is given below. Cook's distance for each of the points is given in Table 3.5. It can be seen that none of the points is individually influential as all the values are less than 1.

Although there does seem to be some small issues with the residuals especially at high yield strengths, given the high value of R^2, the fact that the F-test is passed, and that the confidence intervals are small, it can be concluded that the model adequately describes the data.

Table 3.5 Calculating Cook's distance

σ_y (MPa)	x_A (mg)	x_B (mg)	Residual	Residual^2	Influence
105.3	1.00	0.25	−0.0208	4.34×10^{-4}	0.217
104.8	3.00	2.25	0.0680	46.18×10^{-4}	0.259
104.2	4.00	4.00	−0.1078	116.15×10^{-4}	1.97×10^{-4}
101.3	6.00	9.00	0.1006	101.11×10^{-4}	1.05×10^{-5}
99.5	7.00	12.20	0.0226	5.11×10^{-4}	6.55×10^{-6}
97.2	8.00	16.00	−0.0114	1.30×10^{-4}	3.64×10^{-6}
91.5	10.00	25.00	−0.0437	19.10×10^{-4}	2.00×10^{-10}
88.1	11.00	30.20	−0.0419	17.60×10^{-4}	0.152
84.2	12.00	36.00	0.0037	0.14×10^{-4}	2.17×10^{-12}
75.4	14.00	49.00	0.0308	9.51×10^{-4}	2.04×10^{-3}

3.3.7 Weighted, Least-Squares Regression

In weighted, least-squares analysis, it is assumed that the variance of the individual data points may be variable. In order to reduce this problem to the standard linear regression framework, a **weight,** w_i, is introduced for each observation that reflects how "good" the data point is. Thus, the regression model for weighted, least squares is

$$\boxed{y = \sum_{i=1}^{n} \beta_i f_i(\vec{x}) + w^{-0.5}\varepsilon = \vec{a}\vec{\beta} + w^{-0.5}\varepsilon}. \tag{3.79}$$

This implies that the objective function to be optimised in weighted, least squares is given as

$$\min_{\vec{\beta}}\left(\left(\mathcal{W}^{1/2}\vec{y} - \mathcal{W}^{1/2}\mathcal{A}\vec{\beta}\right)^T\left(\mathcal{W}^{1/2}\vec{y} - \mathcal{W}^{1/2}\mathcal{A}\vec{\beta}\right)\right). \tag{3.80}$$

Following a similar procedure as for the ordinary, least-squares case, Eq. (3.80) can be solved to obtain the unknown, estimated coefficients, $\hat{\vec{\beta}}$:

$$\boxed{\mathcal{A}^T\mathcal{W}\mathcal{A}\hat{\vec{\beta}} = \mathcal{A}^T\mathcal{W}\vec{y}} \tag{3.81}$$

where

$$\mathcal{A} = \begin{bmatrix} f_1(\vec{x}_1) & f_2(\vec{x}_1) & \cdots & f_n(\vec{x}_1) \\ f_1(\vec{x}_2) & f_2(\vec{x}_2) & \cdots & f_n(\vec{x}_2) \\ \vdots & & \ddots & \vdots \\ f_1(\vec{x}_m) & f_2(\vec{x}_m) & \cdots & f_n(\vec{x}_m) \end{bmatrix} \tag{3.82}$$

$$\hat{\vec{\beta}} = <\beta_1, \beta_2, \ldots, \beta_n>^T \tag{3.83}$$

$$\vec{y} = <y_1, y_2, \ldots, y_m>^T \tag{3.84}$$

$$\mathcal{W} = \begin{bmatrix} w_1 & 0 & \cdots & 0 \\ 0 & w_2 & 0 & 0 \\ 0 & 0 & \ddots & 0 \\ 0 & \cdots & 0 & w_m \end{bmatrix}. \tag{3.85}$$

The weighted **residual** is defined as the difference between the predicted and measured values, that is,

$$\vec{\varepsilon} = \mathcal{W}^{1/2}\vec{y} - \mathcal{W}^{1/2}\hat{\vec{y}} = \mathcal{W}^{1/2}\vec{y} - \mathcal{W}^{1/2}\mathcal{A}\hat{\vec{\beta}} = \mathcal{W}^{1/2}\vec{y} - \mathcal{W}^{1/2}\mathcal{A}\left(\mathcal{A}^T\mathcal{W}\mathcal{A}\right)^{-1}\mathcal{A}^T\mathcal{W}\vec{y}$$
$$= \mathcal{W}^{1/2}\left(\mathcal{I} - \mathcal{A}\left(\mathcal{A}^T\mathcal{W}\mathcal{A}\right)^{-1}\mathcal{A}^T\mathcal{W}\right)\vec{y} \tag{3.86}$$

where $\mathcal{J}$ is the appropriately sized identity matrix.

The **standard deviation** for this model is given by

$$\boxed{\hat{\sigma} = \sqrt{\frac{\vec{y}^T\mathcal{W}\vec{y} - \hat{\vec{\beta}}^T\mathcal{A}^T\mathcal{W}\vec{y}}{m-n}}}. \tag{3.87}$$

The **100(1−α)% Confidence Interval for β_i** is given by

$$\boxed{\hat{\beta}_i \pm t_{1-\frac{\alpha}{2},m-n}\hat{\sigma}\sqrt{(\mathcal{A}^T\mathcal{W}\mathcal{A})_{ii}^{-1}}} \tag{3.88}$$

where $(\mathcal{A}^T\mathcal{W}\mathcal{A})_{ii}^{-1}$ represents the value located at (i,i) in the matrix $(\mathcal{A}^T\mathcal{W}\mathcal{A})^{-1}$.

The **100(1−α)% Mean ResponseConfidence Intervals**, that is, the region within which the mean value of repeated measurements will lie 100(1−α)% of the time, for the point $\vec{x}_d$ is given by

$$\boxed{\vec{a}_{\vec{x}_d}\hat{\vec{\beta}} \pm t_{1-\frac{\alpha}{2},m-n}\hat{\sigma}\sqrt{\vec{a}_{\vec{x}_d}(\mathcal{A}^T\mathcal{W}\mathcal{A})^{-1}\vec{a}_{\vec{x}_d}^T}} \tag{3.89}$$

where $\vec{a}_{\vec{x}_d} =< f_1(\vec{x}_d), f_2(\vec{x}_d), \ldots, f_n(\vec{x}_d) >$.

The **100(1−α)% Predictive Confidence Intervals**, that is, the region within which the actual value will lie 100(1−α)% of the time, for the point $\vec{x}_d$ is given by

$$\boxed{\vec{a}_{\vec{x}_d}\hat{\vec{\beta}} \pm t_{1-\frac{\alpha}{2},m-n-n_\sigma}\hat{\sigma}\sqrt{\frac{1}{w_0} + \vec{a}_{\vec{x}_d}(\mathcal{A}^T\mathcal{W}\mathcal{A})^{-1}\vec{a}_{\vec{x}_d}^T}} \tag{3.90}$$

where w_0 is the predicted weight at $\vec{x}_d$ found based on the model with n_σ parameters (see Sect. 3.3.7.1 for additional information about creating models for the weights).

The sum of squares due to regression, *SSR*, can be calculated as follows:

$$\boxed{SSR = \sum w_i(\hat{y}_i - \bar{y})^2 = \hat{\vec{\beta}}^T\mathcal{A}^T\mathcal{W}\vec{y} - \frac{1}{m}\left(\vec{y}^T\mathcal{W}^{1/2}\vec{1}\vec{1}^T\mathcal{W}^{1/2}\vec{y}\right)} \tag{3.91}$$

where $\vec{1}$ is the unit column vector with size $m \times 1$.

The error sum of squares, *SSE*, can be calculated as follows:

$$\boxed{SSE = \sum w_i (y_i - \hat{y}_i)^2 = \vec{y}^T \mathcal{W} \vec{y} - \hat{\vec{\beta}}^T \mathcal{A}^T \mathcal{W} \vec{y}}. \tag{3.92}$$

The total sum of squares, *TSS*, can be calculated as follows:

$$\boxed{TSS = \sum w_i (y_i - \overline{y})^2 = \vec{y}^T \mathcal{W} \vec{y} - \frac{1}{m} \left(\vec{y}^T \mathcal{W}^{1/2} \vec{1} \vec{1}^T \mathcal{W}^{1/2} \vec{y} \right)}. \tag{3.93}$$

Pearson's coefficient of regression, R^2, and the adjusted R^2 are calculated the same way as in ordinary, least-squares analysis. The same can be said of the F-statistic.

Model validation is performed the same way as for ordinary, least-squares analysis, replacing the residuals by their weighted residual values.

3.3.7.1 Determining the Weights

One of the hardest things in weighted, least-squares analysis is to determine the appropriate weights. There are two principle ways in which this can be achieved:

(1) **Replicates**: If for the same conditions, two or more values of y are obtained, then it is possible to calculate the variance of the values at the given point. The variance would be determined using Eq. (71). The weight would then be given as $w_i = 1 / \text{var}(y_i)$.

(2) ***A-Priori* Model**: If the model for the variance is known ahead of time, then it can be used to determine the appropriate weight. The weight would then be given as $w_i = 1 / \text{var}(x, y)$. If no suitable model can be determined, then an arbitrary model can be assumed, for example $w_i = 1 / x$ or $w_i = 1 / x^2$.

In predicting the actual response at x_l using Eq. (3.90), a model is required for the weights. If an *a-priori* model has been used, then it is relatively easy to calculate the "predicted" future weight value. If for this model, the value of the parameters is known ahead of time and is not estimated from the data obtained, then $n_\sigma = 0$. On the other hand, if the data or variances are used to estimate the *a-priori* model parameters using regression, then n_σ will equal the number of parameters in that model. If replicates are used, then a model needs to be fit to the variances or weights to obtain an appropriate model. The number of parameters in this model would equal n_σ.

Example 3.2 Determining the Weights for Weighted, Least-Squares Regression. Consider the following situations and determine appropriate weights for the given data sets.

Table 3.6 Replicated data for determining the weights

Run	h	Replicate 1	Replicate 2	Replicate 3
1	2	10.54	10.22	10.01
2	4	28.65	28.25	25.74
3	6	46.74	46.12	47.71

(1) The experiment with replicates shown in Table 3.6, and give appropriate weightings for each point.
(2) Assume that the standard deviation of the error is proportional to the square root of the height. What would be the appropriate weightings for each data point?

Solution

For the data shown in Table 3.6, calculate the mean of each run and then determine the variance of each point using the following formula

$$\mathrm{var}(y_i) = (y_i - \overline{y})^2.$$

The weights for each point would then be 1 / var(y_i). The results are summarised in Table 3.7. It can be seen that those points which are located far from the mean have very small weights (consider replicates 2 and 3 of Run (3), while cases with generally large variability have small weights as well (consider Run 2, as an example).

Table 3.7 Weights for the example

Run	Mean	Variance of point			Weights		
1	10.25	0.082	9×10^{-4}	0.058	12.20	1,111	17.24
2	27.55	1.21	0.49	3.28	0.826	2.04	0.305
3	46.86	0.014	0.546	0.723	71.43	1.83	1.38

Therefore, the weighting matrix would be written as

$$\vec{y} = \langle y_{11}, y_{12}, y_{13}, y_{21}, y_{22}, y_{23}, y_{31}, y_{32}, y_{33}, \rangle^T$$
$$\mathcal{W} = \mathrm{diag}(\langle 12.20,\ 1111,\ 17.24,\ 0.826,\ 2.04,\ 0.305,\ 71.43,\ 1.83,\ 1.38 \rangle).$$

For the second example, the weights would be $w = 1 / h$, since the variance would be proportional to h (as variance is the standard deviation squared). Therefore, the weighting matrix would be diagonal with the entry $1 / h$ evaluated for the corresponding value of the height.

3.4 Nonlinear Regression

In many cases, it may not be possible to obtain a valid linear regression model and it may be necessary to perform **nonlinear regression**. In general, since nonlinear regression can handle an arbitrarily complex function, there is really no need to make any simplifications about the form of the regression model. Therefore, the model to be identified can be written as

$$y = g\left(\vec{\beta}, \vec{x}, \varepsilon\right). \tag{3.94}$$

This ability to deal with general models means that much of the linear regression analysis cannot be performed exactly, since the underlying assumptions are not valid any more. Nevertheless, most of the linear regression results hold if the number of data points is much larger than the number of parameters to be estimated. The optimisation algorithm can be written as

$$\min_{\vec{\beta}} \sum_{i=1}^{m} w_i\left(y_i - g\left(\vec{\beta}, \vec{x}_i, \varepsilon_i\right)\right)^2 \tag{3.95}$$

where w_i is the weight. In most cases, $w_i = 1$ and the weights can be ignored.

All nonlinear regression approaches use numerical methods, such as the Gauss–Newton or Levenberg–Marquardt algorithms, to search for the optimal point.

The derivative matrix of this problem, called the grand Jacobian matrix, $\mathcal{J}$, plays a role similar to that of the $\mathcal{A}$ matrix in linear regression. The Jacobian, $\mathcal{J}'$, for the system can be calculated as

$$\mathcal{J}' = \left[\frac{\partial g\left(\vec{\beta}, \vec{x}, \varepsilon\right)}{\partial \beta_1} \; \frac{\partial g\left(\vec{\beta}, \vec{x}, \varepsilon\right)}{\partial \beta_2} \; \cdots \; \frac{\partial g\left(\vec{\beta}, \vec{x}, \varepsilon\right)}{\partial \beta_n}\right]. \tag{3.96}$$

The value of $\mathcal{J}'$ is determined for each of the data points present to obtain the grand Jacobian matrix, $\mathcal{J}$. Thus, $\mathcal{J}$ can be written as

$$\mathcal{J} = \begin{bmatrix} \mathcal{J}_1' \\ \mathcal{J}_2' \\ \vdots \\ \mathcal{J}_m' \end{bmatrix} = \begin{bmatrix} \frac{\partial g(\vec{\beta},\vec{x}_1,\varepsilon)}{\partial \beta_1} & \frac{\partial g(\vec{\beta},\vec{x}_1,\varepsilon)}{\partial \beta_2} & \cdots & \frac{\partial g(\vec{\beta},\vec{x}_1,\varepsilon)}{\partial \beta_n} \\ \frac{\partial g(\vec{\beta},\vec{x}_2,\varepsilon)}{\partial \beta_1} & \frac{\partial g(\vec{\beta},\vec{x}_2,\varepsilon)}{\partial \beta_2} & \cdots & \frac{\partial g(\vec{\beta},\vec{x}_2,\varepsilon)}{\partial \beta_n} \\ \vdots & \vdots & & \vdots \\ \frac{\partial g(\vec{\beta},\vec{x}_m,\varepsilon)}{\partial \beta_1} & \frac{\partial g(\vec{\beta},\vec{x}_m,\varepsilon)}{\partial \beta_2} & \cdots & \frac{\partial g(\vec{\beta},\vec{x}_m,\varepsilon)}{\partial \beta_n} \end{bmatrix}. \tag{3.97}$$

3.4.1 Gauss–Newton Solution for Nonlinear Regression

In order to show the numerical approach and understand some of the issues involved with solving nonlinear regression problems, the Gauss–Newton numerical solution will be examined. The Gauss–Newton method presented here is the generalisation to the multivariate case of the standard Newton method for finding roots of univariate functions. Using the grand Jacobian matrix, the values of the parameters are determined as follows:

(1) Using the initial guess for the parameters, $\vec{\beta}^{(0)}$, the grand Jacobian matrix is evaluated, and the predicted values are determined,

$$\hat{\vec{y}} = \begin{bmatrix} g\left(\vec{\beta}^{(0)}, \vec{x}_1\right) \\ g\left(\vec{\beta}^{(0)}, \vec{x}_2\right) \\ \vdots \\ g\left(\vec{\beta}^{(0)}, \vec{x}_m\right) \end{bmatrix}. \tag{3.98}$$

(2) Next, the difference between the predicted values, $\hat{\vec{y}}$, and the actual, measured values is determined, that is,

$$\Delta\vec{y} = \vec{y} - \hat{\vec{y}}. \tag{3.99}$$

(3) Using an appropriate numerical method, the following system of equation is solved for $\Delta\vec{\beta}$,

$$\mathcal{J}^T \mathcal{J} \Delta\vec{\beta} = \mathcal{J}^T \Delta\vec{y}. \tag{3.100}$$

(4) Finally, the new estimated value for the parameters is determined as

$$\vec{\beta}^{(k+1)} = \vec{\beta}^{(k)} + \Delta\vec{\beta}. \tag{3.101}$$

(5) The new value of the parameters, $\vec{\beta}^{(k+1)}$, then becomes the new guess, and the above procedure is repeated from Step 1. This procedure continues until the difference in values between the parameters from two consecutive steps is less than some predetermined accuracy or a certain number of iterations has been reached.

As with many numerical methods, the following are some common issues:

(1) **Initial Guess**: Determining the initial guess can have a large impact on how quickly and accurately the values are obtained. If the function can be linearised, then a suitable initial guess can be the linearised parameter estimates. On the other hand, if the function cannot be linearised, then knowledge about the range of possible parameter values given the problem at hand can be used to provide reasonable initial estimates. The final option is to use multiple initial guesses and select the one providing the smallest objective value.
(2) **Determining the Minimal Value**: As with any numerical method, the Gauss–Newton method only finds those points at which the derivative is zero. However, a derivative of zero does not necessarily imply that the point is the global minimum; instead it could be a local minimum. Therefore, one way around this problem is to use multiple initial guesses and then select the point that provides the lowest value.

3.4.2 Useful Formulae for Nonlinear Regression

Unlike in linear regression where exact results can be obtained under the stated assumptions, in nonlinear regression the results are only approximate. Furthermore, there do not exist nice matrix-based solutions for the various parameters. This section provides a convenient summary of the useful equations for nonlinear regression. In general, to compute the approximate confidence intervals for a nonlinear regression problem the final grand Jacobian matrix, $\mathcal{J}$, can be used in place of $\mathcal{A}$ and $\mathcal{J}'$ in place of $\vec{a}_{\vec{x}_d}$ in the linear regression formulae.

The model residuals can be computed as

$$\boxed{\varepsilon_i = y_i - \hat{y}_i = y_i - g\left(\hat{\vec{\beta}}, \vec{x}_i\right)}. \tag{3.102}$$

The standard deviation for this model, $\hat{\sigma}$, can be obtained as follows

$$\hat{\sigma} = \sqrt{\frac{\sum_{i=1}^{m} \left(y_i - \hat{y}_i\right)^2}{m - n}}. \tag{3.103}$$

The approximate **100(1−α)% Confidence Interval for β_i** is given by

$$\boxed{\hat{\beta}_i \pm t_{1-\frac{\alpha}{2},m-n}\hat{\sigma}\sqrt{(\mathcal{J}^T\mathcal{J})^{-1}_{ii}}}. \tag{3.104}$$

where $(\mathcal{J}^T\mathcal{J})^{-1}_{ii}$ represents the value located at (i, i) in the grand Jacobian matrix $(\mathcal{J}^T\mathcal{J})^{-1}$.

The approximate **100(1−α)% Mean ResponseConfidence Intervals**, that is, the region within which the mean value of repeated measurements will lie $100(1-\alpha)\%$ of the time, for the point $\vec{x}_d$ is given by

$$\boxed{f\left(\vec{x}_d, \hat{\vec{\beta}}\right) \pm t_{1-\frac{\alpha}{2},m-n}\hat{\sigma}\sqrt{\mathcal{J}'(\mathcal{J}^T\mathcal{J})^{-1}(\mathcal{J}')^T}}. \tag{3.105}$$

where $\mathcal{J}'$ is the value of the Jacobian evaluated at the point $\vec{x}_d$ and $\hat{\vec{\beta}}$.

The approximate **100(1−α)% Predictive Confidence Intervals**, that is, the region within which the actual value will lie $100(1-\alpha)\%$ of the time, for the point $\vec{x}_d$ is given by

$$\boxed{f\left(\vec{x}_d, \hat{\vec{\beta}}\right) \pm t_{1-\frac{\alpha}{2},m-n}\hat{\sigma}\sqrt{1+\mathcal{J}'(\mathcal{J}^T\mathcal{J})^{-1}(\mathcal{J}')^T}}. \tag{3.106}$$

The **sum of squares due to regression**, *SSR* and the **sum of squares due to the error**, *SSE*, are calculated using the definitions given by Eqs. (3.37) and (3.38). The **total sum of squares**, *TSS*, can be calculated as follows:

$$\boxed{TSS = \sum(y_i - \bar{y})^2 = \vec{y}^T\vec{y} - \frac{1}{m}\left(\vec{y}^T\vec{1}\vec{1}^T\vec{y}\right)}. \tag{3.107}$$

Model validation would be performed in the similar manner as that for ordinary, least-squares analysis bearing in mind that the computed confidence intervals are only approximate. R^2 cannot be used as a measure of performance in nonlinear regression, since the relationship between the sums of squares is no longer orthogonal.

3.4.3 Computational Example of Nonlinear Regression

In the development of a new drug, you are investigating the previously unknown reaction between two compounds *X* and *Y* to produce a valuable intermediary *Z*. One of the important tasks is to characterise the reaction properties. Luckily, *X* and *Y* are relatively easy to produce and so that multiple runs and trials could be performed. At each of the temperatures, three separate runs were performed. The results obtained are shown in Table 3.8. It is desired to fit Arrhenius's Equation to

Table 3.8 Reaction rate data

Temperature (K)	Reaction Rate (K, cm^3·s^{-1})		
	Run 1	Run 2	Run 3
200	122.9	122.5	121.9
250	145.5	146.6	146.0
300	163.9	165.5	164.5
350	180.4	179.4	179.3
400	191.9	191.5	191.4
450	201.4	199.8	201.0

this data set and determine the reaction constant and activation energy. Perform both linear and nonlinear regressions and compare the results using $\alpha = 0.05$.

Solution

The results will be presented without showing all the detailed calculations as they are relatively straightforward. From Example 3.1, we have that Arrhenius's reaction can be linearised as

$$\ln K = \ln A - \frac{E_a}{RT} \tag{3.108}$$

where $R = 8.314$ J·mol^{-1}·K^{-1}. Using Eq. (3.108), the linearised parameters are $\ln A = 5.700\,84 \pm 0.006\,53$ and $-E_a R^{-1} = -178.84 \pm 1.893\,51$. In order to obtain the original parameter estimates, there is a need to convert the values. Since both functions are monotonic, the conversion is relatively simple.

For A, the mean value can be computed as $\hat{A} = e^{5.70084} = 299.12$. The confidence interval can be computed by converting each of the bounds using the same formula. This gives $\hat{A}_{lower} = e^{5.700\,84 - 0.006\,53} = 297.2$ and $\hat{A}_{upper} = e^{5.700\,84 + 0.006\,53} = 301.08$. Therefore, the confidence for A can be written as [297, 301] cm^3·s^{-1}. It should be mentioned that the confidence interval is not symmetric about the mean value. This is because the exponential function does not preserve distance.

For E_a, the mean value can be computed as $\hat{E}_a = -8.314 \times -178.84 = 1{,}486.91$. The confidence interval becomes $1.893\,51 \times -8.314 = (-)15.74$. Therefore, the confidence interval for E_a is 1,490±16 J·mol^{-1}. Notice that, in this case, the confidence interval remains symmetric about the mean value. Model validation graphs will be shown combined with the nonlinear regression results.

For the nonlinear regression, the required derivatives are

$$\begin{aligned}\frac{\partial K}{\partial A} &= e^{-\frac{E_a}{RT}} \\ \frac{\partial K}{\partial E_a} &= -\frac{Ae^{-\frac{E_a}{RT}}}{RT}.\end{aligned} \tag{3.109}$$

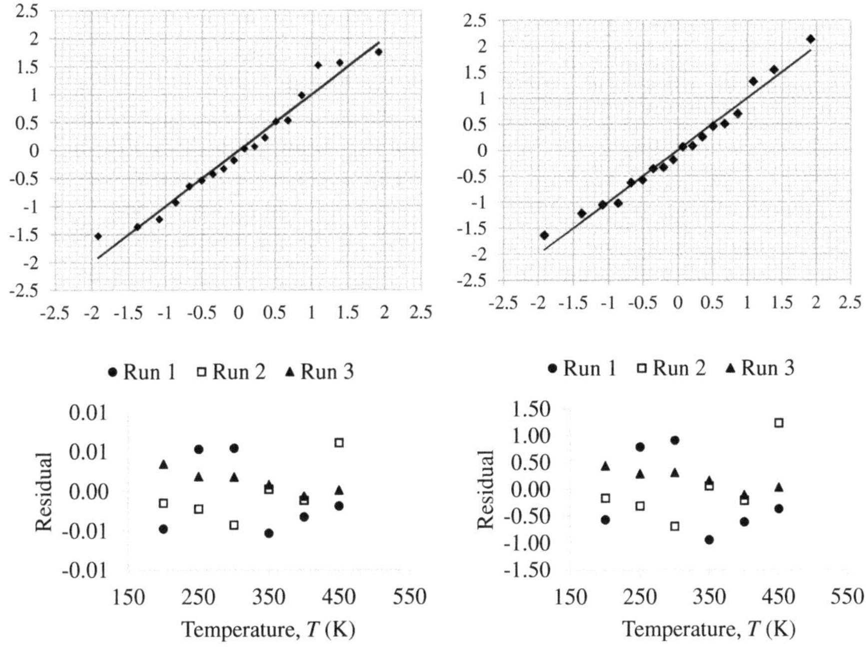

Fig. 3.4 (top) Normal probability plots of the residuals and (bottom) Residuals as a function of temperature for (left) Linearised and (right) Nonlinear models

After setting up the problem,[2] the following values are obtained: $\hat{A} = 299\pm2$ $cm^3{\cdot}s^{-1}$ and $\hat{E}_a = 1{,}490\pm18$ $J{\cdot}mol^{-1}$. Approximate confidence intervals were computed based on the linearised formulae. The value of $\mathcal{J}^T\mathcal{J}$ is

$$\left(\mathcal{J}^T\mathcal{J}\right) = \begin{bmatrix} 2.483\,498 & 21.198\,8 \\ 21.198\,824 & 194.414 \end{bmatrix} \tag{3.110}$$

First, it can be seen that, in this case, the results are quite similar both in the estimated value and the confidence intervals. Secondly, Fig. 3.4 shows the normal probability plots and the residuals as a function of the temperature for both cases. From the normal probability plots, it would seem that the residuals for both models are quite similar. On the other hand, there do seem to be more abnormal points in the linearised model case, suggesting that the residuals may violate the assumption of normality. Examining the residual as a function of temperature plots shows some interesting results. Firstly, for the linearised model, Run 2 has a different behaviour from the other two runs. Secondly, there are few, if any, positive deviations compared with the large number of negative deviations. Based solely on the linearised model, one

[2] A detailed example on solving the nonlinear regression problem is given in Sect. 7.8.2 : Nonlinear Regression Example for MATLAB® and Sect. 8.7.2 : Nonlinear Regression Example for Excel®.

would have to conclude that Run 2 was abnormal, and the collection of the data would warrant additional scrutiny. On the other hand, when the nonlinear case is used, the results are quite different and a different pattern emerges. First, Run 2 is no longer usual, and there are now both positive and negative residuals in equal magnitude. Second, it would seem that the residuals depend on the temperature with a lower value around 350–400 K and higher values at the extremes. Since Arrhenius's equation is an accepted model for the observed behaviour, this feature could potentially be attributed to issues in experimental design, that is, the conditions and methods by which the data were obtained, for example, faulty measurements or an incomplete procedure.

It is interesting to note that, although both the linear and nonlinear methods provided similar parameter estimates and confidence intervals, the residual analysis is quite different. In the linear case, it would be concluded that Run 2 had some abnormal residuals and would require additional analysis. In the nonlinear case, it would be concluded that there seems to be some temperature dependency of the residuals. This shows the importance of selecting an appropriate method for the given problem.

3.5 Models and Their Use

Once regression analysis has been performed, it is often desired to use the model for predicting the behaviour of the system at other conditions. However, the validity of the results needs to be carefully examined. Firstly, the model should be used for **interpolation**, that is, to predict values that lie within the original region. The opposite term, **extrapolation**, denotes using the model outside the original region. However, determining whether or not extrapolation is an issue is not necessarily easy, especially in the multivariate case. Consider for example, the two variables shown in Fig. 3.5. The model was fit based on the data denoted as black circles in Fig. 3.5, which gives a range of [10°C, 40°C] for the temperature (T) and [10 m, 20 m] for the height (h). It can be seen that, for whatever reason, the temperatures and heights were not randomly selected across the range; rather they seem to fall in a certain region. If the resulting model was then used to predict the value for the green triangle, the results could be erroneous, as the point is located far outside the original region of the data. However, it can be noted that the point selected lies inside both of the ranges and would often be assumed to be okay. This means that it is necessary to check whether the selected data point lies within the original regression space.

3.6 Summative Regression Example

In order to apply all that has been considered in this chapter, a single summative example will be examined.

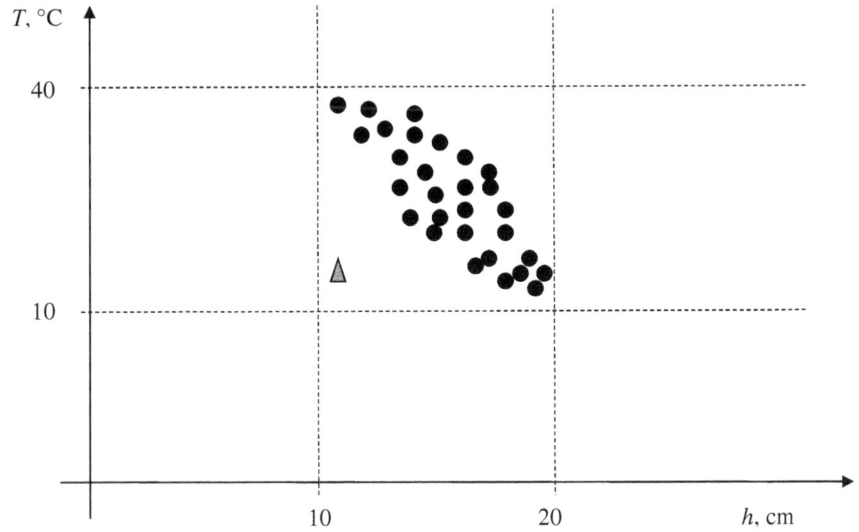

Fig. 3.5 Extrapolation in multivariate analysis

3.6.1 Data and Problem Statement

For the efficient and profitable operation, especially during the summer months, of electrical generating plants, there is a need to forecast the expected peak power load (P^*) as accurately as possible given the anticipated peak temperature. The data set in Table 3.9 is a random sample of thirty daily high temperatures (T, °F) and the peak power demand (P^*, MW). Perform the following analysis:

1. Fit a linear model ($P^* = aT + b$) to the data. Is the data set well-described by this model?
2. Fit a quadratic model ($P^* = aT^2 + bT + c$). Is the data set well-described by this model?
3. Using the best model, predict the peak power at $T = 50$°F and $T = 105$°F? Compute the 95% mean response confidence intervals, which value you do trust more? Why?

3.6.2 Solution

3.6.2.1 Simple Linear Model

First, consider the simple linear model $P^* = aT + b$. The parameter estimates are obtained using ordinary, least-squares regression. The parameter estimates with 95% confidence intervals are

Table 3.9 Peak power and temperature

Temperature, T (°F)	Peak power, P^* (MW)	Temperature, T (°F)	Peak power, P^* (MW)
95	140.7	79	106.2
88	116.4	76	100.2
84	113.4	87	114.7
106	178.2	92	135.1
94	136.0	68	96.3
108	189.3	85	111.4
90	132.0	100	143.6
100	151.9	74	103.9
71	92.5	89	116.5
96	131.7	86	105.1
67	96.5	75	99.6
98	150.1	70	97.7
97	153.2	69	97.6
67	101.6	82	107.3
89	118.5	101	157.6

(*Data taken from Babutnde A. Ogunnaike (2010),* Random Phenomena, Fundamentals of Probability and Statistics for Engineers)

$$a = 1.947 \pm 0.303$$
$$b = -44.54 \pm 26.3$$

R^2 is 0.8612 and the F-statistic is 173 ($F_{critical} = 4.195$). The residuals as a function of the temperature are shown in Fig. 3.6, while the normal probability plot of the residuals is shown in Fig. 3.7.

From Fig. 3.6, a quadratic pattern to the residuals is quite evident. This strongly suggests that a quadratic term is missing from the model and should be added. Notice how the confidence intervals are also quite large, especially for the intercept.

Fig. 3.6 Residuals as a function of temperature

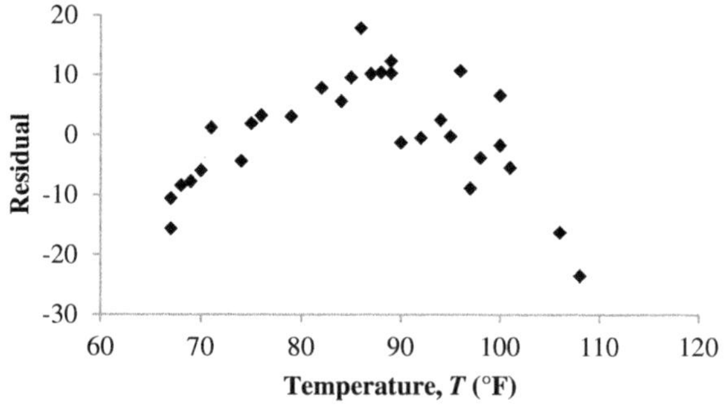

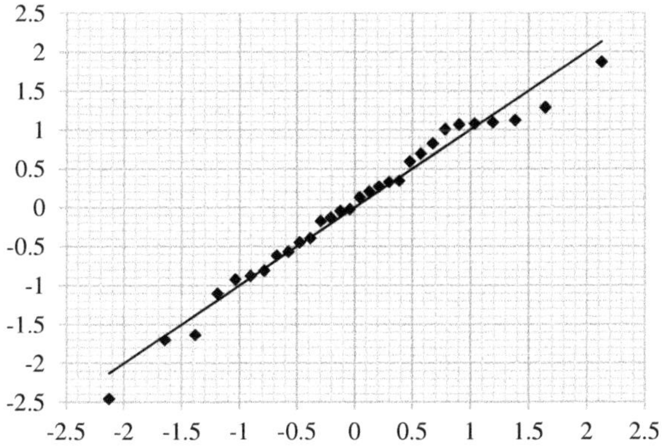

Fig. 3.7 Normal probability plot of the residuals

3.6.2.2 Quadratic Model

For the quadratic model $P^* = aT^2 + bT + c$, the parameter estimates with 95% confidence intervals are

$$a = 0.0598 \pm 0.0133$$
$$b = -8.295 \pm 2.27$$
$$c = 385.1 \pm 96.2$$

R^2 is 0.9667 and the F-statistic is 392.2 ($F_{critical} = 4.21$). The residuals as a function of the temperature are shown in Fig. 3.9, while the normal probability plot of the residuals is shown in Fig. 3.8.

It can be noted that adding a quadratic term has improved the size of the parameter estimate confidence intervals, as well as increasing R^2. Furthermore, the normal probability plot of the results seems to suggest that there could be some problems due to the clustering of values. The residuals as a function of temperature plot does

Fig. 3.8 Normal probability plot of the residuals for the quadratic case

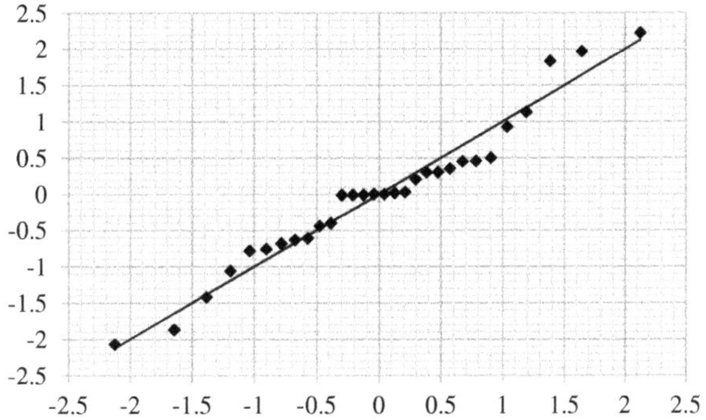

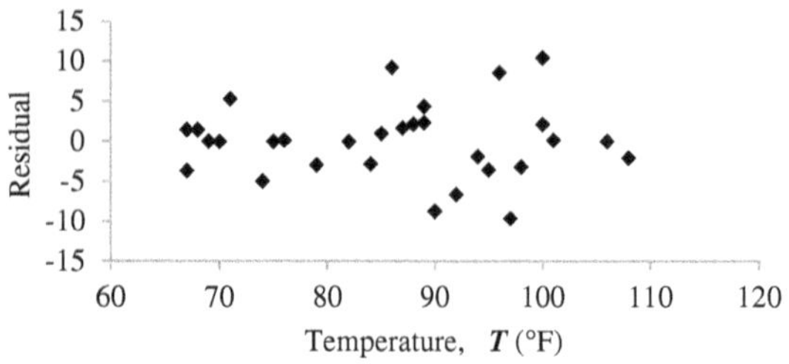

Fig. 3.9 Residuals as a function of the regressor for the quadratic case

not show any real issues. There does seem to be a small increase in variability of the values as the temperature increases. There are no discernible parameters that would improve the fit.

3.6.2.3 Mean Response Intervals

For $T = 50°F$, the predicted peak power and its 95% confidence interval is

$$120 \pm 15 \text{ MW},$$

while for $T = 105°F$, the predicted peak power and its 95% confidence interval is

$$173.9 \pm 4.6 \text{ MW}.$$

The prediction for $T = 105°F$ is more reliable, since it has a smaller confidence interval and there is no extrapolation. On the other hand, for $T = 50°F$, there is extrapolation and the confidence interval is larger.

3.7 Further Reading

The following are references that provide additional information about the topic:

(1) **General Modelling and Linear Regression**:

a. Montgomery, D. C., & Peck, E. A. (1982). *Introduction to Linear Regression Analysis* (1st ed.). New York, New York, United States of America: John Wiley & Sons.

b. Ogunnaike, B. A. (2010). *Random Phenomena: Fundamentals of Probability and Statistics for Engineers.* Boca Raton, Florida, United States of America: CRC Press.

(2) **Weighted Regression**:

a. Zorn, M. E., Gibbons, R. D., & Sonzogni, W. C. (1997). Weighted Least-Squares Approach To Calculating Limits of Detection and Quantification by Modeling Variability as a Function of Concentration. *Analytical Chemistry, 69*(15), 3069–3075.

(3) **Nonlinear Regression**:

a. Seber, G. A., & Wild, C. J. (1989). *Nonlinear Regression.* New York, New York, United States of America: John Wiley & Sons.

3.8 Chapter Problems

Problems at the end of the chapter consist of three different types: (a) Basic Concepts (True/False), which seek to test the reader's comprehension of the key concepts in the chapter; (b) Short Exercises, which seek to test the reader's ability to compute the required parameters for a simple data set using simple or no technological aids. This section also includes proofs of theorems; and (c) Computational Exercises, which require not only a solid comprehension of the basic material, but also the use of appropriate software to easily manipulate the given data sets.

3.8.1 Basic Concepts

Determine if the following statements are true or false and state why this is the case.

(1) If the residuals are distributed so that they are increasing in magnitude as the x value increases, then it can be concluded that the model is adequate.
(2) Weighted, least-squares can correct for the error structure.
(3) If $R^2 \approx 0$, then it can be concluded that there is no relationship between the parameters of interest.
(4) If the residuals are normally distributed, then the calculated confidence intervals are valid.
(5) If the current residual depends on the past value of the residuals, then the regression analysis is valid.
(6) In order to analyse statistically the least-squares estimates, the residuals must be normally distributed.
(7) If the residuals as a function of the regressors have a quadratic pattern, then it can be concluded that a quadratic term should be added to the model.
(8) If the mean of the residuals is 7, then it can be concluded that the parameters are unbiased.
(9) If $\hat{b} = 1.25 \pm 10.5$ m, then it can be concluded that this parameter should be included in the model.

(10) If there are more parameters than data points, then an estimate of the parameters cannot be obtained.
(11) Linearising a nonlinear equation will always provide worse parameter estimates then performing nonlinear regression.
(12) With nonlinear regression, exact confidence intervals can be found for the parameters.
(13) When solving nonlinear regression using the Gauss–Newton method, the final parameter estimates are sensitive to the initial guesses.
(14) In nonlinear regression, a good initial guess for the parameters is to use those obtained from a linear solution of the linearised model.
(15) In nonlinear regression, all the regular tests apply, but they need not be satisfied for the model to be acceptable.
(16) Especially in nonlinear regression, scaling can improve the results.
(17) Decreasing the sample size will provide smaller confidence intervals.
(18) Replicates allow for detecting outliers and potential issues with the error structure.
(19) Multicollinearity implies that there are hidden relationships in the data that could impact on the invertibility of the information matrix $(\mathcal{A}^{\mathrm{T}}\mathcal{A})-1$.
(20) If the error structure is incorrect, then the least-squares parameters estimates are biased.

3.8.2 Short Exercises

These questions should be solved using only a simple, nonprogrammable, nongraphical calculator combined with pen and paper.

(21) Derive the traditional, least-squares formulae shown in Section A3.1 for the two parameter case.
(22) Derive the traditional, weighted, least-squares formulae shown in Section A3.2 for the two parameter case.
(23) Consider the problem of trying to fit data to the following model

$$y_t + \alpha_1 y_{t-1} + \alpha_2 y_{t-2} = \beta_1 u_{t-1} + \beta_2 u_{t-2} + e_t \tag{3.111}$$

where α and β are coefficients to be determined, t is a subscript representing the time of measurement, that is, t represents the current time and $t-1$ represents the time one sampling unit in the past. Show how this model can be set up in the standard least-squares system in order to estimate a sample of data (y_t, u_t) starting at $t = 1$ and going up until $t = 100$. (Note that not every entry need be listed).

(24) Consider trying to verify the resistance of a resistor by measuring the voltage at different currents. The model of interest is based on Ohm's Law and can be written as

Table 3.10 Current and voltage for an unknown resistor (for Question 24)

Current (I) (Amp)	Voltage (V) (V)
1	1.95
2	3.78
3	6.21
7	13.98
8	16.61
10	22.83

$$V = IR + \varepsilon \tag{3.112}$$

where V is the voltage in Volts (V), I the current in Amperes (Amp), and R the resistance in Ohms (Ω). The data you obtained from the experiment is given in Table 3.10.Answer the following questions using this data set:

a. Set this problem up in the standard matrix-based, ordinary, linear regression format for an arbitrary number of data points.
b. Show that for the given model, the ordinary, least-squares estimate of the resistance ($\hat{R}$) is $\hat{R} = \frac{\sum_{i=1}^{m} I_i V_i}{\sum_{i=1}^{m} I_i^2}$ and $\hat{\sigma} = \sqrt{\frac{\sum_{i=1}^{m} V_i^2 - \hat{R}\sum_{i=1}^{m} I_i V_i}{m-n}}$.
c. Calculate $\hat{R}$ and $\hat{\sigma}$ using the derived equations.
d. Obtain the 95% confidence interval for the parameter estimate.
e. The stated resistance is 2 Ω. Does the experimental value obtained confirm the stated resistance?
f. You fit the model and obtained the residuals shown in Fig. 3.10. Is the fit good? If not, what could be the cause of the observed pattern?

(25) Continuing with the data in Table 3.10, but now consider the case where the variance of the errors is proportional to the current squared ($\text{var}(\varepsilon) \propto I^2$). Answer the following questions.

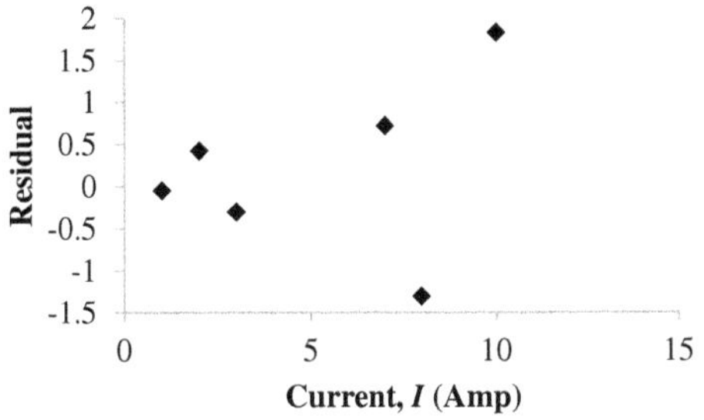

Fig. 3.10 Residuals as a function of current (for Question 24)

a. What is the weighting matrix? Set up this problem in the standard matrix-based weighted, least-squares, linear regression format for an arbitrary number of data points.
b. Show that, in this case, the estimate of the resistance can be calculated as $\hat{R} = \frac{1}{m}\sum_{i=1}^{m}\frac{V_i}{I_i}$. Calculate $\hat{R}$ using the derived equation.
c. How would you determine whether the provided data set is better described by the ordinary, least-squares estimate (Question 24) or the result obtained using weighted, least-squares?
d. When would this weighted, least-squares model be appropriate? Suggest why when computing the resistance, it is so common to simply take the average of all the available values.

(26) Using the data from Sect. 3.4.3, perform a more detailed analysis of the effect of linearisation on the model. Consider how linearisation changes the distribution of the original data points and how this could impact the parameter estimates obtained. What kind of transformations will cause this behaviour?

(27) Consider the problem of modelling the flow out of an orifice, where the relationship can be written as

$$\dot{m} = R\sqrt{h} \tag{3.113}$$

where $\dot{m}$ is the mass flow rate, R the resistance coefficient, and h the height in the tank. The data are provided in Table 3.11. Using these data, answer the following questions:

a. Determine the parameter estimates and their confidence intervals.
b. Validate the model.
c. Determine if there are any outliers and their impact on the regression.
d. Compute for the point, $x = 0.225$ m, the mean and predictive confidence intervals for the flow rate out of the tank.

Assume that $\alpha = 0.05$. Note that this problem can be solved without the use of complex matrix manipulations.

Table 3.11 Height and flow rate data

Height, h (m)	Flow Rate, $\dot{m}$ (kg/min)
0.35	16.4
0.30	15.4
0.25	14.3
0.20	12.7
0.15	11
0.10	9.6
0.05	6.4

Table 3.12 Freezing point of different ethylene glycol—water mixtures (for Question 28)

Mole percent ethylene glycol	Freezing point (K)
0.00	273.15
5.09	267.46
11.30	258.50
15.47	251.72
20.94	241.58
30.97	225.28
31.22	225.49
36.62	228.03
42.76	229.89
48.00	230.50
49.34	230.54
51.36	230.37
56.36	232.12
59.05	234.62

(Data taken from J. Bevan Ott, J. Rex Goates, and Hohn D. Lamb (1972), "Solid-liquid phase equilibria in water + ethylene glycol", Journal of Chemical Thermodynamics, 4, pp. 123–126)

3.8.3 Computational Exercises

The following problems should be solved with the help of a computer and appropriate software packages, such as MATLAB® *or* Excel®.

(28) Consider fitting a cubic (third-order) polynomial to determine the relationship between the freezing point of ethylene glycol and the weight percent of ethylene glycol in a water solution shown in Table 3.12.

a. Determine the coefficients of the cubic polynomial using linear regression.
b. Determine the 95% confidence intervals for the parameters.
c. When we have 33.3 wt% of ethylene glycol in a solution, what is the freezing point? Calculate the 95% mean and predictive confidence intervals for the estimate. In general, why are the predictive confidence intervals larger?
d. Plot the residuals as a function of weight percent and as a function of the freezing point. Include a normal probability plot of the residuals. Are there any issues with the model assumptions?
e. Compute the R^2 and F-score for the model. Is the model good? Are there any physical explanations that could be provided for the observed behaviour?

(29) Consider trying to determine the calibration curve for gas chromatography based on some sample measurements with known ratios. Assume that the

Table 3.13 Gas chromatography calibration data (for Question 29)

Measured ratio (y)	Known ratio (x)
1.000	0.2
0.987	0.3
1.347	0.6
2.856	1.3
4.476	2.6
5.148	4.0

Table 3.14 Time constant (τ) as a function of the water level (h) (for Question 30)

Time constant, τ (s)	Level, h (m)
51.7	0.1
82.8	0.15
91	0.2
97.2	0.25
101.4	0.3
107.6	0.35

variance is proportional to x^2. Use the data provided in Table 3.13 to fit a linear model to the data. Analyse the residuals and model adequacy to determine how good the fit is

(30) Consider the data shown in Table 3.14, which seeks to determine the relationship between the time constant (residence time) in a tank and water level in the tank. Fit the following model to the data

$$\tau = Kh^b \tag{3.114}$$

where τ is the time constant, K a parameter of interest, h the water level, and b the unknown power. Theoretically, the value of b should be 0.5 and $K = 2\rho A \,/\, R$, where ρ is the density, A the cross-sectional area of the tank, and R is the resistance coefficient.

a. Linearise the model given by Eq. (3.114) (ignore any error structure issues).
b. Fit the data to the linearised model to obtain the linearised parameter estimates.
c. Determine the confidence intervals of the linearised parameters.
d. Convert the linearised parameters into the true values. Can you obtain a confidence interval for the true value of K?
e. Compute R^2 and $\hat{\sigma}$.
f. Plot the time-series plot of the residuals and a normal probability plot of the residuals.
g. Is the value of $\hat{b}$ equal to 0.5?
h. If $\rho = 1{,}000$ kg/m^3 and $A = 0.0469$ m^2, compute R.

Table 3.15 Partial pressures of toluene at different temperatures (for Question 32)

Temperature, T (°C)	Vapour Pressure, P^{vap} (mm Hg)	
	Run 1	Run 2
−4.4	5.05	5.15
6.4	10.0	9.89
18.4	20.1	21.9
31.8	39.9	40.8
40.3	59.8	62.5
51.9	99.9	97.8
69.5	200	206
89.5	400	415
110.6	760	747
136.5	1502	1512

i. Repeat the above exercise for the original, nonlinear model. Obtain parameter estimates and confidence intervals for the nonlinear parameters. Compute R^2 and $\hat{\sigma}$. Plot the time-series plot of the residuals and a normal probability plot of the residuals.
j. Using the nonlinear model, determine if the value of $\hat{b}$ is equal to 0.5? Compute R using the nonlinear model if $\rho = 1{,}000$ kg/m^3 and $A = 0.0469$ m^2.
k. Compare the linearised results with the nonlinear ones? What are the main differences between the two fits. Plot both fits with the original data on the same plot and compare the results. Which fit is better?

(31) Using the friction factor data presented in Sect. 1.3, fit the nonlinear model and assess the quality of the result model. Pay special attention to the results of the different runs.

(32) Consider fitting the Antoine Equation to some vapour pressure as a function of temperature data that was obtained using toluene given in Table 3.15. The general form of the Antoine Equation can be written as

$$P^{vap} = 10^{A+\frac{B}{C+T}} \tag{3.115}$$

where A, B, and C are parameters, T is the temperature in °C, and P^{vap} is the vapour pressure of toluene in mm Hg. Two separate runs were performed using two different makes of measurement devices. By fitting a linearised model, a nonlinear model obtained by taking the $\log_{10}$ of Eq. (3.115), and a nonlinear model obtained using Eq. (3.115) to the data, and analysing the residuals, answer the following questions:

a. Are the errors for the two runs the same? How can this be determined?

b. Obtain separate parameter estimates for each of the runs and models. Which model best describes the data for the given run? What does this suggest about the appropriate error structure for each run?
c. Using the best parameter estimates for *A*, *B*, and *C*, compare them against the theoretical values of $A = 6.954\ 64$, $B = -1{,}344.8°C$, and $C = 219.482°C$ (Dean, 1999). Are the experimental values close to the accepted values?

Hint: For the nonlinear models, it is suggested that the estimates obtained using the linearised model be used as the initial guess for the nonlinear method.

Appendix A3: Nonmatrix Solutions to the Linear, Least-Squares Regression Problem

A3.1 Nonmatrix Solution for the Ordinary, Least-Squares Case

The nonmatrix solution only applies to the case of solving a simple model that can be written as

$$y = a + bx. \tag{3.116}$$

Note that x can be replaced by $f(x)$ here and in all the following equations.

The ordinary, least-squares problem can be solved by first computing the following two quantities:

$$\begin{aligned} s_x^2 &= \frac{m\sum x^2 - \left(\sum x\right)^2}{m} \\ s_y^2 &= \frac{m\sum y^2 - \left(\sum y\right)^2}{m}. \end{aligned} \tag{3.117}$$

Then, the linear regression coefficients can be calculated as follows:

$$\begin{aligned} \hat{b} &= \frac{m\sum xy - \sum x \sum y}{m\sum x^2 - \left(\sum x\right)^2} \\ \hat{a} &= \frac{\sum y - \hat{b}\sum x}{m}. \end{aligned} \tag{3.118}$$

The correlation coefficient is calculated using

$$R^2 = \frac{\left[m\sum xy - (\sum x)(\sum y)\right]^2}{\left[m\sum x^2 - (\sum x)^2\right]\left[m\sum y^2 - (\sum y)^2\right]}. \tag{3.119}$$

The standard deviation of the model is given as

$$\hat{\sigma} = \frac{1}{m-2}\left(s_y^2 - \hat{b}^2 s_x^2\right). \tag{3.120}$$

The standard deviation for coefficient b is given as

$$\hat{\sigma}\sqrt{\left(\mathcal{A}^T\mathcal{A}\right)_{22}^{-1}} = s_b = \frac{\hat{\sigma}}{s_x}. \tag{3.121}$$

The standard deviation of coefficient a is given as

$$\hat{\sigma}\sqrt{\left(\mathcal{A}^T\mathcal{A}\right)_{11}^{-1}} = s_a = \frac{\hat{\sigma}}{s_x}\sqrt{\frac{\sum x^2}{m}}. \tag{3.122}$$

The confidence interval for the mean response at a value of x_d is given by

$$\hat{y} \pm t_{1-\frac{\alpha}{2},m-2}\hat{\sigma}\sqrt{\frac{1}{m} + \frac{\left(x_d - \frac{1}{m}\sum x\right)^2}{s_x^2}}. \tag{3.123}$$

The confidence interval for the prediction at a value of x_d is given by

$$\hat{y} \pm t_{1-\frac{\alpha}{2},m-2}\hat{\sigma}\sqrt{1 + \frac{1}{m} + \frac{\left(x_d - \frac{1}{m}\sum x\right)^2}{s_x^2}}. \tag{3.124}$$

The total sum of squares would then be calculated using

$$TSS = \sum_{i=1}^{m}(y_i - \bar{y})^2 = \sum y^2 - \frac{1}{m}\left(\sum y\right)^2. \tag{3.125}$$

A3.2 Nonmatrix Solution for the Weighted, Least-Squares Case

The nonmatrix solution only applies to the case of solving a simple model that can be written as

$$y = a_w + b_w x. \tag{3.126}$$

Note that x can be replaced by $f(x)$ here and in all the following equations.

The weighted, least-squares problem can be solved by first computing the following two quantities:

$$\begin{aligned} s_{x_w}^2 &= \frac{\sum w \sum wx^2 - \left(\sum wx\right)^2}{\left(\sum w\right)} \\ s_{y_w}^2 &= \frac{\sum w \sum wy^2 - \left(\sum wy\right)^2}{\left(\sum w\right)}. \end{aligned} \tag{3.127}$$

Then, the linear regression coefficients can be calculated as follows:

$$\begin{aligned} \hat{b}_w &= \frac{\left(\sum w\right) \sum wxy - \sum wx \sum wy}{\left(\sum w\right) \sum wx^2 - \left(\sum wx\right)^2} \\ \hat{a}_w &= \frac{\sum wy - \hat{b}_w \sum wx}{\left(\sum w\right)}. \end{aligned} \tag{3.128}$$

The correlation coefficient is calculated using

$$R^2 = \frac{\left[\left(\sum w\right) \sum wxy - \left(\sum wx\right)\left(\sum wy\right)\right]^2}{\left[\left(\sum w\right) \sum wx^2 - \left(\sum wx\right)^2\right]\left[\left(\sum w\right) \sum wy^2 - \left(\sum wy\right)^2\right]}. \tag{3.129}$$

The standard deviation of the model is given as

$$\hat{\sigma}_w = \frac{1}{m-2}\left(s_{y_w}^2 - \hat{b}_w^2 s_{x_w}^2\right). \tag{3.130}$$

The standard deviation of coefficient b_w is given as

$$\hat{\sigma}\sqrt{\left(\mathcal{A}^T \mathcal{W} \mathcal{A}\right)_{22}^{-1}} = s_{b_w} = \frac{\hat{\sigma}_w}{s_{x_w}} \tag{3.131}$$

The standard deviation of coefficient a is given as

$$\hat{\sigma}\sqrt{\left(\mathcal{A}^T \mathcal{W} \mathcal{A}\right)_{11}^{-1}} = s_a = \frac{\hat{\sigma}_w}{s_{x_w}}\sqrt{\frac{\sum wx^2}{\sum w}}. \tag{3.132}$$

The confidence interval for the mean response at a value of x_d is given by

$$\hat{y} \pm t_{1-\frac{\alpha}{2},m-2}\hat{\sigma}_w \sqrt{\frac{1}{\left(\sum w\right)} + \frac{\left(x_d - \frac{1}{\left(\sum w\right)} \sum wx\right)^2}{s_{x_w}^2}}. \tag{3.133}$$

The confidence interval for the prediction at a value of x_d is given by

$$\hat{y} \pm t_{1-\frac{\alpha}{2},m-2-n_\sigma}\hat{\sigma}_w \sqrt{\frac{1}{w_d} + \frac{1}{\left(\sum w_i\right)} + \frac{\left(x_d - \frac{1}{\left(\sum w_i\right)} \sum w_i x_i\right)}{s_x^2}}. \tag{3.134}$$

It should be noted that the predicted weight at the given point, w_d, should be determined from a model with n_σ unknown parameters.

The total sum of squares would then be calculated using

$$TSS = \sum_{i=1}^{m} w_i (y_i - \overline{y})^2 = \sum wy^2 - \frac{1}{\left(\sum w_i\right)}\left(\sum wy\right)^2. \tag{3.135}$$

Chapter 4
Design of Experiments

Given the power of regression analysis, it would be great to design experiments or ways of obtaining the process information so that as much useful information is obtained with the smallest number of experiments. In any real system, running experiments costs money and wastes resources, since the process will not necessarily be producing at its optimal levels. The question is how to design experiments so that the maximal amount of information can be extracted and used in regression analysis. Basically, this problem reduces to developing various designs for the regression matrix. When the designed regression matrix contains certain desirable properties, then the computation and analysis of the parameters can be performed faster and better.

4.1 Fundamentals of Design of Experiments

In order to understand the methods by which optimal experiments may be designed, it is necessary to understand some of the factors that affect the results. The most important topics are **sensitivity**, **confounding and correlation between parameters**, **blocking**, and **randomization**. In general, the question in the design of experiments reduces to determining whether $\mathcal{A}^T\mathcal{A}$ is invertible and well conditioned. A well-conditioned matrix is required when performing computations on a computer, since there will always be inevitable round-off errors. In a well-conditions matrix, such round-off errors do not have a disproportionate impact on the final result.

4.1.1 Sensitivity

The **sensitivity**, *S*, is a measure of how easy it is to estimate a given parameter. The sensitivity of the process with respect to a given parameter β_i is

Y. A. W. Shardt, *Statistics for Chemical and Process Engineers*,
https://doi.org/10.1007/978-3-030-83190-5_4

$$\vec{S}_{\beta_i} = \frac{\partial \vec{f}\left(\vec{x}, \vec{\beta}\right)}{\partial \beta_i}, \tag{4.1}$$

where $\vec{f}\left(\vec{x}, \vec{\beta}\right)$ is the regression function. The larger the value, the easier it is to estimate the parameters. Basically, if the sensitivity is small, then a large change is required in the regressors to obtain a statistically significant result. On the other hand, if the sensitivity is large, then a smaller change in the regressors is required to obtain a statistically significant result. This implies that the information matrix will be well conditioned.

Sensitivity is also important because there will always be noise (or unwanted changes) in the system that cannot be accounted for. In these cases, if the change in the system is not noticeable given the input then it will be difficult to identify the system effectively, that is, the **signal-to-noise** ratio needs to be larger for insensitive systems. Large (input or regressor) signals can have practical issues, in that they may not be feasible due to safety or process constraints, for example, a tank cannot be filled to more than its capacity or a valve cannot be opened to more than 100% (or fully open).

4.1.2 Confounding and Correlation Between Parameters

Correlation between parameters represents the degree to which two separate parameters can be identified independently of each other. Issues with correlation often arise when fitting theoretical models. For example, consider the following relationship

$$y = \mathrm{e}^{-\frac{a}{bT}}, \tag{4.2}$$

where it is desired to estimate both a and b. In this example, one cannot estimate both parameters separately as they are completely correlated with one another. In such a situation, it is said that the two parameters are **confounded** with each other.

On the other hand, the situation where there is no correlation between the different parameters is referred to as **orthogonality**. The benefits of orthogonality are that it allows for easy analysis of the resulting models, including the effects of adding or removing parameters. In many experimental designs, orthogonality is a much sought-after quality of a model.

The correlation between parameters can be determined by an analysis of the $(\mathcal{A}^T\mathcal{A})$ matrix. If the off-diagonal entries of a given parameter are nonzero, then the variable is correlated with this other parameter. For example, for the matrix given as

$$\left(\mathcal{A}^T\mathcal{A}\right) = \begin{bmatrix} 2 & 0 & 1 \\ 0 & 3 & 0 \\ 1 & 0 & 1 \end{bmatrix} \tag{4.3}$$

the first parameter is correlated with the third parameter, while the second parameter is not correlated with any of the other two. If two or more columns are a linear combination of each other, then the parameters are said to be confounded with each other. In most cases, this will be seen as two columns that are multiples of each other.

4.1.3 Blocking

Blocking seeks to minimize the effect of known but uncontrollable variables that could obscure the desired relationships. The effect of these variables depends on the type of experiment being performed. In chemical engineering, uncontrollable variables can include changes in the daily feed composition, ambient conditions (changes in the seasons), and differences between different analysis methods. Depending on the type of experiment designed, the importance of and ways to implement blocking will be different.

A **block** is a single group of experiments that is run under nearly identical conditions, with separate blocks having potentially different conditions. The importance of blocking can be illustrated by the following examples.

4.1.3.1 Rabbit Weight Experiment

Consider an experiment designed to determine the effects of diets A and B on rabbits. There are eight cages arranged as shown in Fig. 4.1. There are a total of eight rabbits of the same species of which four are male and four female. Based on previous experiments, it is known that the sex of the rabbits and the location of the rabbit in the room will influence the weight of the rabbit. The question is how to design an experiment that will minimize the effect of the undesired variables (location and sex) and maximize the effect of the desired variables (diet) on the rabbits' weights.

If a diet regime is assigned randomly to each rabbit, which is then randomly assigned to the cages, it can easily be seen that it is possible that most of the females get Diet A and the males get Diet B. Since males gain more weight than females, the effect of the diets could be confounded with the effect of sex. A similar situation could apply to the partitioning of the rabbits in the different cages.

Another approach to take is to assign a pair of identical rabbits (same sex) to each station and then give one of the rabbits Diet A and the other Diet B. The analysis would then be performed by considering the difference between the two rabbits at each station. Since it can be assumed that each station has two, nearly identical rabbits

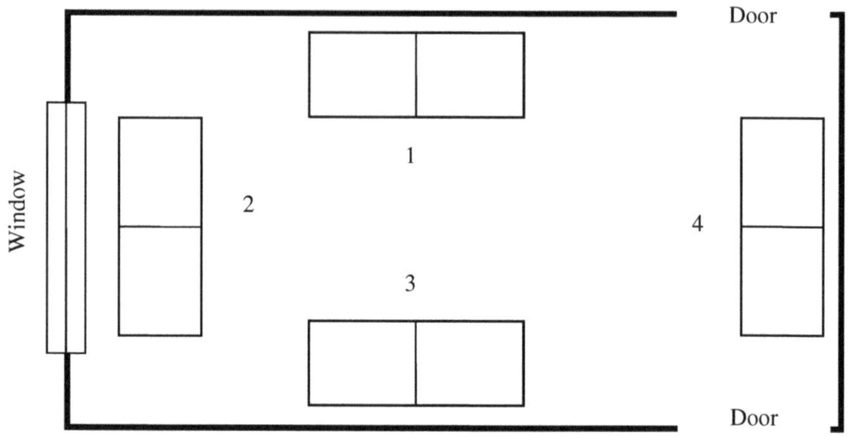

Fig. 4.1 Layout of the cages

with very similar environmental factors, the effect of these environmental variables on the two rabbits should be the same (or similar). Therefore, any difference between the pair can be attributed to the difference between the diets.

It should be noted that blocking has reduced the number of data points from 8 (in the naïve implementation) to 4 (in the blocked version). This reduction of available samples is often the result of implementing blocking. However, blocking can lead to an improvement in uncovering the relationship.

4.1.3.2 Shoe Wear Example

Consider the case of trying to determine whether a new material for the sole of a shoe is better than the previous material (Box, Hunter, & Hunter, 1978). In this case, it is obvious that the amount of wear a shoe experiences depends on the person. Therefore, giving one person either a shoe with the new material or the old material will not account for this problem. An ingenious solution to the problem is to give each person a pair of shoes where one sole is made of the new material and the other sole is of the old material, and then analyse the difference in wear between the two soles. Furthermore, randomizing on which foot (left or right) the new material will be used will allow for an even better analysis of the results.

4.1.4 Randomization

Randomization is the procedure by which the order of the runs in the experiment is determined randomly. This allows the effect of any *nuisance* or uncontrollable factors on the experiment to be minimized. This is especially true with replicates, as running a set of replicates one after another can often eliminate the benefit of having performed replication, since the conditions will often remain the same.

4.2 Types of Models

In the chemical and process industry, there exist three broad categories of models that can be used:

(1) **White-box or First-principle models**, which are developed based on a theoretical analysis of the system using mass and energy balances, as well as known physical constants. These models have the advantage that they are very general and can be applied to a wide range of similar system. Their main disadvantage is that often various limiting assumptions need to be taken in order to obtain a useful solution. As well, obtaining exact values for the parameters may be difficult.

(2) **Black-box models**, which are developed solely from experimental data. These models can accurately describe the given operating point, but cannot be applied to new conditions or operating points of the system.

(3) **Grey-box models**, which combine the first-principles models with experimental data. In these types of models, the general form of the model is obtained using a first-principles approach, and then experimental data are used to obtain the values of the different constants. The advantage of this approach is that it combines the advantages of the other approaches. It is a very common approach in chemical engineering.

4.2.1 Model Use

The models that are developed can be used for two different goals: **analysing (past) performance** or **forecasting future performance**. Depending on the goal, the methods used to validate the model, that is, show that it is sufficient, will be different. For the first goal of analysing performance, the method previously presented will be sufficient. However, when developing models for forecasting future performance, it is necessary to show that the model can accurately forecast future values using data that were not originally part of the model creation step. In many cases, a model that is sufficient for analysing performance may not give good forecasting performance. This topic is explored in greater detail in Chap. 6, where the development of black-box models for process control is considered.

4.3 Framework for the Analysis of Experiments

Irrespective of the type of experiment being analysed, the following procedure can be followed:

(I) **Pre-analysis**, which lays the groundwork for the following parts. In many ways, this is both the most difficult and the most important step in the whole framework. It consists of the following steps:

  a. Determine the type of experiment that was performed and relevant information about the model.
  b. Write down the model that will be estimated given the above information.
  c. If desired, determine an appropriate orthogonal or orthonormal basis for the model.

(II) **Calculating the values**, using appropriate formulae compute the parameter estimates, the normal probability plot of the parameters, and if appropriate, the SSR_i and F-value for each of the parameters.

(III) **Model reduction**, which seeks to remove all unnecessary parameters from the model. Three main methods can be used:

  a. **Normal probability plot of the parameters**, which seeks to determine which parameters are most significant based on their deviation from normality. This approach works as long as an orthonormal basis has been selected for the model.
  b. **F_i-test for the parameters**, which seeks to determine which parameters are most significant based on an analysis of variance method. This approach works as long as an orthogonal basis has been selected for the model and there are replicates with which to compute an estimate of the model variance.
  c. **Confidence intervals for the parameters**, which seeks to determine which confidence intervals of the parameters cover zero and hence should be rejected. This approach works as long as there are replicates with which to compute an estimate of the model variance.

(IV) **Residual analysis**, using the reduced model, the resulting residuals should be analysed to determine whether the assumptions underlying regression have been satisfied. If the residuals suggest problems, then further experiments or analysis may need to be performed to resolve the issue.

(V) **Conclusions**, which seek to answer based on the reduced model whatever questions the objectives of the exercise gave, for example, determining the optimal operating point.

4.4 Factorial Design

Factorial design seeks to determine a black-box model of the system that can accurately describe the behaviour of the system in the region studied that also includes interactions or combinations of the different variables (e.g. x_1x_2). Factorial designs have the advantage that changes in the variables are not made sequentially, but following some type of pattern, so that interactions between the different variables can also be measured.

The basic factorial design consists of ***k*** **factors**, or independent variables, and ***l*** **different levels** or points at which the system will be tested. A factorial experiment with l levels and k factors is called an l^k factorial experiment. For the purposes of this discussion, it will be assumed that all factors have the same number of levels. The complete experimental design will be repeated n_R times, which is referred to as the **number of replicates**. A **treatment** refers to a single run of the factorial design with given values for each factor.

Traditionally, the factors are encoded using the centring formula presented as Eq. (175), so that the largest value of a factor has an encoded value of $+1$, and the smallest value of the factor has an encoded value of -1. Discrete or qualitative variables can be encoded by arbitrarily assigning a given value with a specific encoded value, for example, *cast iron* could be given a value of $+1$ and *stainless steel* a value of -1. For a two-level factorial design, it is traditional to denote the two levels as $-$ 1 and $+1$, which provides an orthonormal basis for regression analysis. For a three-level factorial design, it is traditional to denote the three levels as -1, 0, and $+1$. Unfortunately, such a coding is not orthogonal.

4.4.1 *Factorial Design Models*

The model that will be fit in factorial designs can be written abstractly as

$$y_i = \mu + \sum_{j=1}^{k} \tau_{ij} + \sum \gamma_{ig} + e_i, \tag{4.4}$$

where μ is the mean response, τ_{ij} is the main effect of the jth factor at the ith treatment level, and γ_{ig} is the gth interaction, y_i the observed output at the ith treatment level, and e is the error. Practically, the abstract model given by Eq. (4.4) can be rewritten as

$$y_i = \beta_0 + \sum_{j=1}^{k}\sum_{d=1}^{l-1}\beta_{j^d}x_j^d + \prod_{\substack{\text{in twos,}\\ \text{threes,}\\ \ldots,\\ \text{groups of } k}} \left(\beta_{..}\sum_{j=1}^{k}\sum_{d=1}^{l-1}x_j^d\right) + e_i, \tag{4.5}$$

where β are the parameters to be estimated, β_{j^d} is short-hand for writing $\beta_{\underbrace{j\ldots j}_{d-times}}$, and the product term represents the main effects taken in groups of two, three, and so on until a single group of all k parameters is taken. For an l^k experiment, there should be a total of l^k parameters to be estimated. For a two-level experiment, the model fit is given as

$$y = \beta_0 + \sum_{i=1}^{k}\beta_i x_i + \sum_{j=1}^{k}\sum_{p=j+1}^{k}\beta_{jp}x_j x_p + \ldots + \beta_{\prod_{i=1}^{k} i}\prod_{i=1}^{k}x_i. \tag{4.6}$$

The **order of an interaction** is defined as the sum of the powers of the variables that multiply together to give the particular interaction. Thus, for example, the interaction given by x_1 has order 1, or is a first-order interaction, while the interaction given by $x_1x_2x_3$ has order 3, or is a third-order interaction. Likewise, $x_1^2x_2$ has order 3, since x_1 is raised to the second power and x_2 is raised to the first power, which totals 3. First-order interactions are often referred to as the **main effects**. The zero-order interaction is commonly referred as the **mean response**. The coefficients for each interaction are denoted as follows: β_1 is the coefficient multiplying the interaction given by x_1, while β_{123} is the coefficient multiplying the interaction given by $x_1x_2x_3$. Note that the order of an interaction has nothing to do with the **order of a model**. The order of a model is defined as the highest power of a factor present in the model.

Therefore, based on the above discussion of the model to be determined, for a 2^3-factorial design, the model can be written as

$$y = \beta_0 + \beta_1x_1 + \beta_2x_2 + \beta_3x_3 + \beta_{12}x_1x_2 + \beta_{13}x_1x_3 + \beta_{23}x_2x_3 + \beta_{123}x_1x_2x_3 \tag{4.7}$$

This implies that a single row of the $\mathcal{A}$-matrix can be written as

$$\begin{aligned}\mathcal{A} &= \left[\, 1\ k\ factors\ groups\, of\ 2\ groups\, of\ 3\ \cdots\ all\, k\ factors \,\right]\\ &= \left[\, 1\ x_1\ x_2\ x_3\ x_1x_2\ x_1x_3\ x_2x_3\ x_1x_2x_3 \,\right]\end{aligned} \tag{4.8}$$

The values to the factors are assigned so that all possible combinations of levels and factors are obtained. For a 2^3-factorial experiment (i.e. there are two levels with three factors), the regression matrix ($\mathcal{A}$) would look like this:

$$\mathcal{A} = \left[\begin{array}{cccc|cccc} \overbrace{1} & \overbrace{A} & \overbrace{B} & \overbrace{C} & \overbrace{AB} & \overbrace{AC} & \overbrace{BC} & \overbrace{ABC} \\ 1 & 1 & 1 & 1 & 1 & 1 & 1 & 1 \\ 1 & 1 & 1 & -1 & 1 & -1 & -1 & -1 \\ 1 & 1 & -1 & 1 & -1 & 1 & -1 & -1 \\ 1 & 1 & -1 & -1 & -1 & -1 & 1 & 1 \\ 1 & -1 & 1 & 1 & -1 & -1 & 1 & -1 \\ 1 & -1 & 1 & -1 & -1 & 1 & -1 & 1 \\ 1 & -1 & -1 & 1 & 1 & -1 & -1 & 1 \\ 1 & -1 & -1 & -1 & 1 & 1 & 1 & -1 \end{array}\right],$$

where $+1$ refers to one level (normally high) and -1 refers to the other level (normally low). Only the columns with the individual factors need to be entered separately. The rest can be calculated.

The output can be stored as follows. Define:

$$\hat{\vec{y}} = \begin{bmatrix} y_{11} & \cdots & y_{1n_R} \\ \vdots & & \vdots \\ y_{l^k 1} & \cdots & y_{l^k n_R} \end{bmatrix}, \tag{4.9}$$

where y_{ij} are the individual replicate results corresponding to treatments given in $\mathcal{A}$. Furthermore, define

$$\bar{\vec{y}} = \frac{1}{n_R} \begin{bmatrix} \sum_{i=1}^{n_R} y_{1i} \\ \vdots \\ \sum_{i=1}^{n_R} y_{l^k i} \end{bmatrix}. \tag{4.10}$$

Example 4.1 *Full Factorial Design*

Consider a 2^2 full factorial experiment with two replicates and answer the following questions:

(1) How many levels and factors are there in this example?
(2) What model will be fit to the data?

(3) Which parameter(s) represent the mean response, the first-order interactions, and the second-order interactions?
(4) How many experiments will be run in this example?
(5) What is the regression matrix ($\mathcal{A}$) for this example?

Solution

(1) There are two levels and two factors. Traditionally, the factors are denoted using uppercase Latin letters in sequential order, that is A represents the first factor, B the second, C the third, and so on.
(2) The following model will be fit to the data:

$$y_t = \beta_0 + \beta_1 x_1 + \beta_2 x_2 + \beta_{12} x_1 x_2.$$

(3) The mean response is denoted by β_0, the first-order interactions by β_1 and β_2, and the second-order interaction by β_{12}.
(4) A total of $2^2 = 4$ experiments will be run in each replicate. Since there are two replicates, a grand total of eight experiments will be run.
(5) The regression matrix for this example is

$$\mathcal{A} = \begin{bmatrix} \overbrace{}^{1} & \overbrace{}^{A} & \overbrace{}^{B} & \overbrace{}^{AB} \\ 1 & 1 & 1 & 1 \\ 1 & 1 & -1 & -1 \\ 1 & -1 & 1 & -1 \\ 1 & -1 & -1 & 1 \end{bmatrix}$$

4.4.2 *Factorial Analysis*

It is possible to analyse the model based on an F-test analysis and matrices. A nonmatrix approach is presented in Appendix A4. Let:

$$\overline{\mathcal{A}} = \begin{bmatrix} \mathcal{A} \\ \vdots \\ n_R \, times \\ \mathcal{A} \end{bmatrix} \tag{4.11}$$

$$\vec{y} = \begin{bmatrix} \hat{\vec{y}}(1^{\text{st}} \text{ column}) \\ \hat{\vec{y}}(2^{\text{nd}} \text{ column}) \\ \vdots \\ \hat{\vec{y}}(n_R^{th} \text{ column}) \end{bmatrix} \tag{4.12}$$

$$\hat{\vec{\beta}} = (\overline{\mathcal{A}}^T\overline{\mathcal{A}})^{-1}\overline{\mathcal{A}}^T\vec{\mathcal{Y}}. \tag{4.13}$$

Then the standard deviation is defined as follows:

$$\boxed{\hat{\sigma} = \sqrt{\frac{\vec{\mathcal{Y}}^T\vec{\mathcal{Y}} - \hat{\vec{\beta}}^T\overline{\mathcal{A}}^T\vec{\mathcal{Y}}}{l^k(n_R - 1)}}}. \tag{4.14}$$

The sum of squares due to errors, *SSE*, is given by

$$\boxed{SSE = \vec{\mathcal{Y}}^T\vec{\mathcal{Y}} - \hat{\vec{\beta}}^T\overline{\mathcal{A}}^T\vec{\mathcal{Y}}}. \tag{4.15}$$

If an orthogonal basis is used for the levels, then the sum of squares due to each regressor, SSR_i, is given by

$$\boxed{SSR_i = \left(\overline{\mathcal{A}}^T\overline{\mathcal{A}}\right)_{ii}\hat{\beta}_i^2}, \tag{4.16}$$

where $\left(\overline{\mathcal{A}}^T\overline{\mathcal{A}}\right)_{ii}$ is the (i, i) (diagonal) entry in the $\left(\overline{\mathcal{A}}^T\overline{\mathcal{A}}\right)$ matrix. If an orthonormal basis is used to encode the variables and their levels, then[1]

$$\left(\overline{\mathcal{A}}^T\overline{\mathcal{A}}\right) = l^k n_R \mathcal{I}. \tag{4.17}$$

When $l = 2$ and the proposed ± 1 encoding is used, then, by definition, the basis is orthonormal, and Eq. (4.17) reduces to

$$\left(\overline{\mathcal{A}}^T\overline{\mathcal{A}}\right) = 2^k n_R \mathcal{I}. \tag{4.18}$$

The total sum of squares, *TSS*, is given by

$$\boxed{TSS = SSE + \sum_{i=1}^{l^k}\left(\overline{\mathcal{A}}^T\overline{\mathcal{A}}\right)_{ii}\hat{\beta}_i^2}. \tag{4.19}$$

To determine whether a given regressor should be in the model, calculate for each regressor the F-statistic as follows:

[1] Determining an orthogonal or orthonormal basis for an arbitrary level is explained fully in Sect. 4.7.

$$\boxed{F_i = \frac{SSR_i}{\frac{SSE}{l^k(n_R-1)}}}. \tag{4.20}$$

The value obtained from Eq. (4.20) is compared with the critical F-value denoted as $F(1-\alpha, 1, l^k(n_R-1))$. If F_i is greater than F-critical, then the regressor should be kept in the model. Otherwise, the given regressor can be eliminated from the model. The **effect** due to an interaction is equal to twice the corresponding calculated regression parameter.

4.4.3 Selecting Influential Parameters (Effects)

Since factorial designs are orthogonal designs, it is possible to analyse the significance of the individual parameters by examining their distribution. The easiest approach is to plot the parameters on a normal probability plot. Those parameters that are far from being normal (that is, they are "outliers") are most likely to be significant and should be retained in the final model, while those parameters that are close to being normal should not be retained in the final model. For example, consider the estimated parameters for a 2^4-factorial experiment shown in Fig. 4.2.

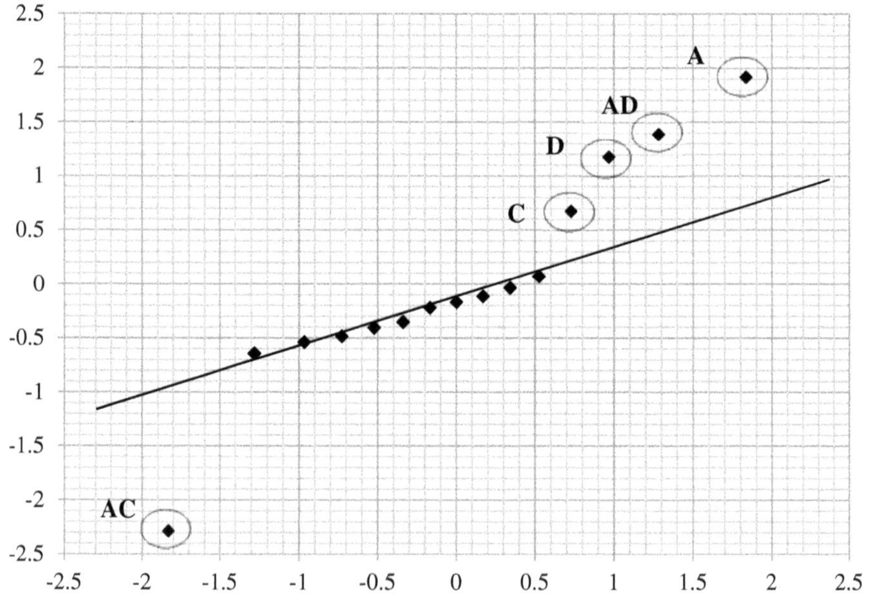

Fig. 4.2 Normal probability plot of parameters (effects) for a 2^4 experiment with significant points highlighted and labelled

Those points that have been circled and labelled are significant, in that they lie far from the main central cluster of points that define a line. Therefore, it can be seen that there are only five significant parameters (effects) that should be considered in the final model.

4.4.4 Projection

The property of **projection** states that if one of the factors is removed from a factorial experiment (due to whatever reasons), then the remaining experiment is still a factorial experiment. Formally, this can be stated that, if the original experiment is l^k and $p < k$ factors are removed, then the design becomes an l^{k-p} experiment with $p+1\ (= n_R)$ replicates. Consider the following 2^3 experiment where the first factor (x_1) is removed. Initially, the regression matrix can be written as

$$\mathcal{A} = \begin{bmatrix} \overbrace{\quad}^{1} & \overbrace{\quad}^{A} & \overbrace{\quad}^{B} & \overbrace{\quad}^{C} & \overbrace{\quad}^{AB} & \overbrace{\quad}^{AC} & \overbrace{\quad}^{BC} & \overbrace{\quad}^{ABC} \\ 1 & 1 & 1 & 1 & 1 & 1 & 1 & 1 \\ 1 & 1 & 1 & -1 & 1 & -1 & -1 & -1 \\ 1 & 1 & -1 & 1 & -1 & 1 & -1 & -1 \\ 1 & 1 & -1 & -1 & -1 & -1 & 1 & 1 \\ 1 & -1 & 1 & 1 & -1 & -1 & 1 & -1 \\ 1 & -1 & 1 & -1 & -1 & 1 & -1 & 1 \\ 1 & -1 & -1 & 1 & 1 & -1 & -1 & 1 \\ 1 & -1 & -1 & -1 & 1 & 1 & 1 & -1 \end{bmatrix}$$

Removing the columns that contain the A factor gives

$$\mathcal{A} = \begin{bmatrix} \overbrace{}^{1} & \cancel{\overbrace{}^{A}} & \overbrace{}^{B} & \overbrace{}^{C} & \cancel{\overbrace{}^{AB}} & \cancel{\overbrace{}^{AC}} & \overbrace{}^{BC} & \cancel{\overbrace{}^{ABC}} \\ 1 & \cancel{1} & 1 & 1 & \cancel{1} & \cancel{1} & 1 & \cancel{1} \\ 1 & \cancel{1} & 1 & -1 & \cancel{1} & \cancel{-1} & -1 & \cancel{-1} \\ 1 & \cancel{1} & -1 & 1 & \cancel{-1} & \cancel{1} & -1 & \cancel{-1} \\ 1 & \cancel{1} & -1 & -1 & \cancel{-1} & \cancel{-1} & 1 & \cancel{1} \\ 1 & \cancel{-1} & 1 & 1 & \cancel{-1} & \cancel{-1} & 1 & \cancel{-1} \\ 1 & \cancel{-1} & 1 & -1 & \cancel{-1} & \cancel{1} & -1 & \cancel{1} \\ 1 & \cancel{-1} & -1 & 1 & \cancel{1} & \cancel{-1} & -1 & \cancel{1} \\ 1 & \cancel{-1} & -1 & -1 & \cancel{1} & \cancel{1} & 1 & \cancel{-1} \end{bmatrix} \Rightarrow \begin{bmatrix} \overbrace{}^{1} & \overbrace{}^{B} & \overbrace{}^{C} & \overbrace{}^{BC} \\ 1 & 1 & 1 & 1 \\ 1 & 1 & -1 & -1 \\ 1 & -1 & 1 & -1 \\ 1 & -1 & -1 & 1 \\ \hline 1 & 1 & 1 & 1 \\ 1 & 1 & -1 & -1 \\ 1 & -1 & 1 & -1 \\ 1 & -1 & -1 & 1 \end{bmatrix}$$

where there are now two replicates of the new experiment. This feature is extremely useful because it means that removing an unnecessary factor does not mean that the experiment was wasted. In fact, the remaining factors can be analysed as if they had been taken from an original full factorial designed experiment with replicates.

Example 4.2 Analysis of a Full Factorial Experiment

A series of experiments have been performed on a plant distillation column to determine the effects of different parameters on the overall purity of the overhead product. The variables of interest are reboiler duty (A), feed temperature (B), reflux ratio (C), and feed location (D). The purity of the product is expressed in a proprietary scale where 150 is absolutely pure and 50 is 70% pure. The data obtained from this 2^4-factorial experiment with no replicates are shown in Table 4.1. Perform the following analysis of the data set:

Table 4.1 Factorial design data for a plant distillation column

y	A (x_1)	B (x_2)	C (x_3)	D (x_4)
45	−1	−1	−1	−1
71	1	−1	−1	−1
48	−1	1	−1	−1
65	1	1	−1	−1
68	−1	−1	1	−1
60	1	−1	1	−1
80	−1	1	1	−1
65	1	1	1	−1
43	−1	−1	−1	1
100	1	−1	−1	1
45	−1	1	−1	1
104	1	1	−1	1
75	−1	−1	1	1
86	1	−1	1	1
70	−1	1	1	1
96	1	1	1	1

(1) What is the full model being fit?
(2) Plot a normal probability plot of the effects. Which effects are significant? Which factor does not seem to influence the results at all?

(3) What simplified model could be fit?
(4) Analyse the simplified model and determine if it is sufficient?

Solution

(1) The model for the 2^4-factorial experiment can be written as

$$\begin{aligned} y = {} & \beta_0 + \beta_1 x_1 + \beta_2 x_2 + \beta_3 x_3 + \beta_4 x_4 + \beta_{12} x_1 x_2 + \beta_{13} x_1 x_2 + \beta_{14} x_1 x_4 + \beta_{23} x_2 x_3 \\ & + \beta_{24} x_2 x_4 + \beta_{34} x_3 x_4 + \beta_{123} x_1 x_2 x_3 + \beta_{124} x_1 x_2 x_4 + \beta_{134} x_1 x_3 x_4 + \beta_{234} x_2 x_3 x_4 \\ & + \beta_{1234} x_1 x_2 x_3 x_4 \end{aligned}$$

Since $2^4 = 16$, there should be 16 parameters in the model. The regression matrix can be written as

(1)	A	B	C	D	AB	AC	AD	BC	BD	CD	ABC	ABD	ACD	BCD	ABCD
1	−1	−1	−1	−1	1	1	1	1	1	1	−1	−1	−1	−1	1
1	1	−1	−1	−1	−1	−1	−1	1	1	1	1	1	1	−1	−1
1	−1	1	−1	−1	−1	1	1	−1	−1	1	1	1	−1	1	−1
1	1	1	−1	−1	1	−1	−1	−1	−1	1	−1	−1	1	1	1
1	−1	−1	1	−1	1	−1	1	−1	1	−1	1	−1	1	1	−1
1	1	−1	1	−1	−1	1	−1	−1	1	−1	−1	1	−1	1	1
1	−1	1	1	−1	−1	−1	1	1	−1	−1	−1	1	1	−1	1
1	1	1	1	−1	1	1	−1	1	−1	−1	1	−1	−1	−1	−1
1	−1	−1	−1	1	1	1	−1	1	−1	−1	−1	1	1	1	−1
1	1	−1	−1	1	−1	−1	1	1	−1	−1	1	−1	−1	1	1
1	−1	1	−1	1	−1	1	−1	−1	1	−1	1	−1	1	−1	1
1	1	1	−1	1	1	−1	1	−1	1	−1	−1	1	−1	−1	−1
1	−1	−1	1	1	1	−1	−1	−1	−1	1	1	1	−1	−1	1
1	1	−1	1	1	−1	1	1	−1	−1	1	−1	−1	1	−1	−1
1	−1	1	1	1	−1	−1	−1	1	1	1	−1	−1	−1	1	−1
1	1	1	1	1	1	1	1	1	1	1	1	1	1	1	1

The parameter estimates can be obtained by noting that $\mathcal{A}^T \mathcal{A} = 2^4 \mathcal{J}$ and that $\mathcal{A}^T y$ can be computed by taking the sign from the appropriate column in the above table and placing it in front of the y matrix. This gives

$$\begin{aligned} \hat{\vec{\beta}} &= 2^{-4} \mathcal{A}^T \vec{y} \\ &= \begin{bmatrix} 70.06 & 10.81 & 1.56 & 4.94 & 7.31 & 0.0625 & -9.06 & 8.31 & 1.19 & -0.188 & \ldots \\ & & & \ldots & & -0.563 & 0.938 & 2.063 & -0.813 & -1.32 & 0.688 \end{bmatrix}^T \end{aligned}$$

(b) A normal probability plot of the effects is shown in Fig. 4.3. The effects that lie far from the expected normal distribution values are those that are significant because they are not chance values. The most significant effects have been circled and labelled. Therefore, the significant effects are those denoted as A, C, D, AC, and AD. The effect due to B is negligible.

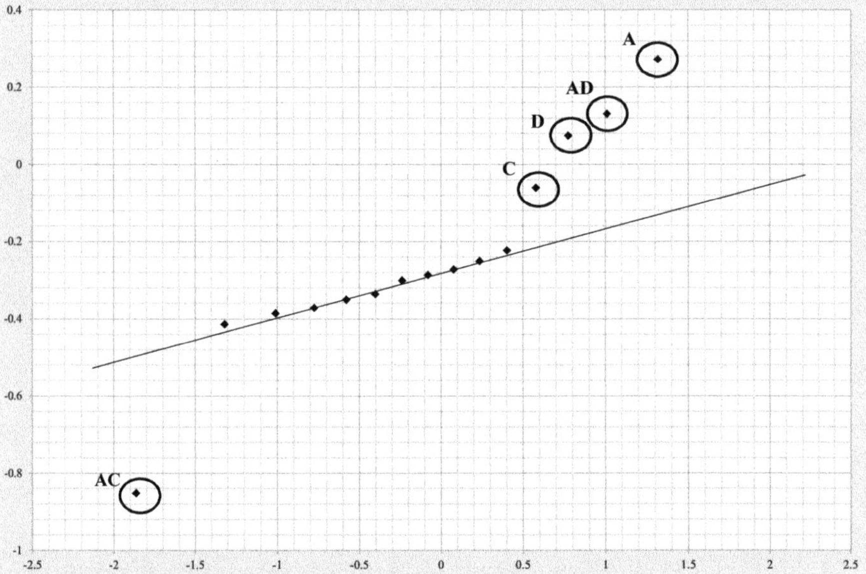

Fig. 4.3 Normal probability plot of the effects

(iii) Dropping the B factor will produce a 2^3-factorial experiment with two replicates. In addition to dropping the terms associated with the B factor, all other terms will also be dropped. Since the design is orthogonal, we can drop the terms, without needing to recalculate anything. Therefore, the simplified model is given as

$$y = 70.06 + 10.8x_1 + 4.94x_3 + 7.31x_4 - 9.06x_1x_3 + 8.31x_1x_4$$

(iv) The residuals for this case are shown in Fig. 4.4. It can be seen that they are more or less normally distributed. Furthermore, since the reduced model has an $R^2 = 0.966$ with all significant parameter values, it can be concluded that the results are probably good.

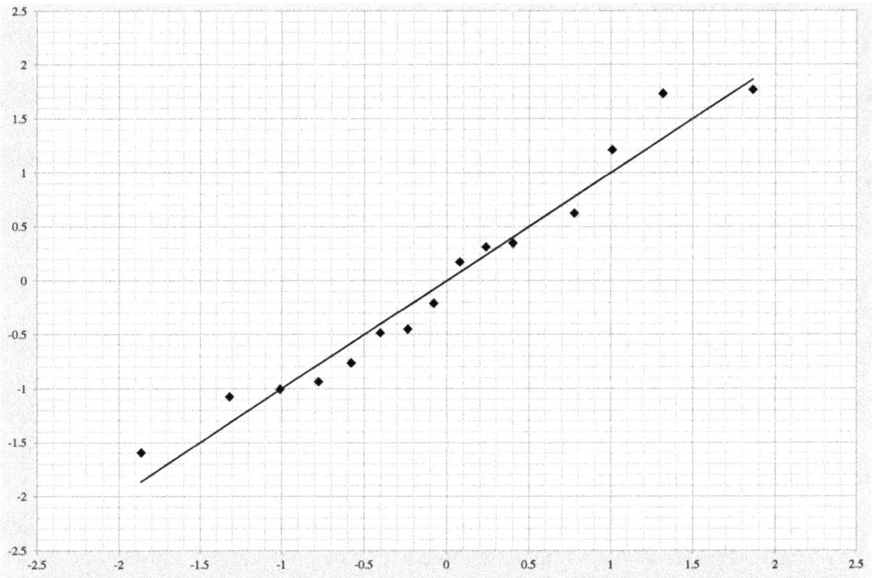

Fig. 4.4 Normal probability plot of the residuals for the reduced model

The solution to this problem using Excel® is presented in Sect. 8.7.3: Factorial Design Examples.

4.5 Fractional Factorial Design

For a large number of factors, it may be inconvenient to perform all the necessary experiments to determine a full fractional experiment, for example, for a 10-factor experiment, a total of $2^{10} = 1{,}024$ experiments need to be run. Since in many cases, a single experiment can take a few hours to run, then it could easily take more than two months to complete the experiment. At the same time, it may be known that many of the higher-order interactions may be negligible and can, thus, be ignored. This assumption is necessary, since by performing fewer experiments, some of the effects will be **confounded**, or **aliased**, with other measured effects. If the confounded interactions are small, then they will not affect the values obtained for the main effects. Therefore, the goal of this section is to determine the confounding pattern so that only the most important parameters are included in the model and the confounded parameters are kept to a minimum.

4.5.1 Notation for Fractional Factorial Experiments

Given l levels, k factors, and p fractions, then l^{k-p} interactions of the original l^k interactions can be estimated. For example, an experiment where $l = 2$, $k = 5$, and $p = 1$ is often called a half-fraction experiment, since half as many experiments will be performed.

4.5.2 Resolution of Fractional Factorial Experiments

The resolution of an experiment shows the manner in which the confounding in a given experiment occurs. The resolution is denoted using a subscripted Roman numeral, for example, 2_{IV}^{6-2} is a quarter fraction of a 2^6-factorial experiment with a resolution of IV. There are three common **resolutions**:

(1) **Resolution III:** In these experiments, no main effects are confounded with each other. However, some main effects may be confounded with second-order interactions. Finally, some second-order interactions may be confounded with each other.

(2) **Resolution IV:** In these experiments, no main effects are confounded with each other or second-order interactions. However, some second-order interactions are confounded with each other.

(3) **Resolution V:** In these experiments, no main effects or second-order interactions are confounded with each other. However, second-order interactions are confounded with third-order interactions.

Determining the resolution requires looking at the complete confounding pattern for the given fractional factorial experiment and determining the term with the smallest number of variables multiplied together.

4.5.3 Confounding in Fractional Factorial Experiments

One of the most important concepts in fractional factorial design is **confounding** or **aliasing**. Confounding occurs when two or more interactions share the same column space, that is, the column entries for the interactions are the same. Only a full factorial experiment does not have confounding. By reducing the number of experiments performed, not all of the parameters can be estimated. In a p-fractional experiment, $l^{k-p}(l^p-1)$ of the interactions will be confounded. Confounding implies that the estimate of a given parameter is actually the estimate of two or more unbiased (unaliased) parameters. However, if it is assumed that higher-order interactions are negligible, then the effect of the higher interactions on the lower interactions' estimates will be small, and the parameter that will be estimated will be close to the true lower-interaction value. This assumption can be made due to Occam's razor or the sparsity-of-effects principle, which states that the smaller the number of interactions, the more likely the model is to be a good description of the system.

4.5.3.1 Background Information

In order to determine the manner in which the different variables are confounded, it is first necessary to consider two mathematical concepts: identity vector and modular arithmetic.

For an orthogonal basis, let I be defined as a vector of 1's. The vector I forms the basis for the constant term, β_0, in the factorial experiment. Irrespective of the factorial design, the vector I can be treated as representing the identity vector for the system under pointwise multiplication denoted by $\odot$.[2]

Modular arithmetic denoted as x mod y, where x is the divisor and y is the dividend (or base) seeks to determine the remainder when x is divided by y, for example, 7 mod 2 will be equal to 1, since the remainder when 7 is divided by 2 is 1 ($7 = 3 \times 2 + 1$). When seeking to determine the confounding pattern in fractional factorial experiments and higher-order terms are encountered, then reduction of these terms is performed using l-base modular arithmetic, where l, as before, is the number of levels in the design.

Example 4.3 Modular Arithmetic

Consider a three-level design with the term $x_1^3x_2x_3^4$. Determine the reduced form.

Solution

Since this is a three-level experiment, all reductions will be performed using modular arithmetic with a base of 3. Therefore, the following reductions will be performed.

x_1: 3 mod 3 = 0 ⇒ $x_1 = I$.

x_2: 1 mod 3 = 1 ⇒ x_2 remains as is.

x_3: 4 mod 3 = 1 ⇒ x_3^4 becomes x_3.

Therefore, the reduced form for $x_1^3x_2x_3^4$ is x_2x_3.

[2] Pointwise multiplication of two vectors, also called the Schur or Hadamard product, and denoted in this work by $\odot$ (U + 2299), is defined as the multiplication of two vectors by taking each entry of the two vectors and multiplying them together, that is, $z_k = x_k y_k$, where k are the index locations.

4.5.3.2 Generators for Fractional Factorial Experiments

A **generator** is defined as a set of variables which when multiplied together will yield I. Ideally, it is desired that only the variable multiplied by itself will yield I. However, this can only occur in the case where a full factorial design is used. If a fractional factorial design is used, then some subset of the variables will yield I. The relationship showing this subset is called the **defining relationship**. The defining relationship can be determined from the method presented to create a fractional factorial experiment, by multiplying each generator by the new variable to yield I, for example, if the generator is $x_4 = x_1x_2x_3$, then, for $l = 2$, the defining relationship would be obtained as follows:

$$x_4 = x_1x_2x_3 \Rightarrow x_4x_4 = x_1x_2x_3x_4 \Rightarrow I = x_1x_2x_3x_4.$$

The term "$x_1x_2x_3x_4$" is called a **word**. The resolution of the design is equal to the number of terms (letters) in the smallest word that is used as a generator. Further note that each of the generators used must be independent generators. In any fractional factorial experiment, p **independent** generators will be required.

Although most experiments assume that the defining relationship is positive (as above), it is also possible to define it as a negative value, that is, $I = -x_1x_2x_3x_4$. Such a design is less commonly seen.

Example 4.4 Generators and Defining Relationships for a Fractional Factorial Design

Determine a suitable defining relationship and generator for an experiment where $l = 2$, $p = 1$, and $k = 5$.

Solution

For this experiment, since $p = 1$, there will be a need to determine a single generator. Although there are many different options, the best generator would be $x_5 = x_1x_2x_3x_4$, since it combines the largest number of variables together. This generator implies that the signs/levels for x_5 will be determined as the product of the signs of the other four variables.

The defining relationship would then be obtained by multiplying the generator by x_5 and reducing all powers by modulo 2 arithmetic. Therefore,

$$x_5x_5 = x_1x_2x_3x_4x_5 \Rightarrow I = x_1x_2x_3x_4x_5.$$

Note that x_5x_5 has a power of two, which becomes zero and hence drops out.

Since the length of the word is five, the resolution is V. It is always true that the resolution of a fractional factorial design is equal to the length of the smallest word in the defining relationship.

4.5.3.3 Complete Defining Relationship for Fractional Factorial Experiments

The **complete defining relationship** presents the **confounding pattern** for (or gives those variables that are confounded with) the mean response. It can be determined as follows. Since each defining relationship is equal to *I*, all the defining relationships can be equated (as they are confounded with the same parameter—the mean response). However, this does not determine all the possible defining relationships that are equal to *I*, since multiplying any two defining relationships will produce another defining relationship that equals *I*. Thus, if there are *n* defining relationships, then the **complete defining relationship** can be determined by taking all possible products of two defining relationships taken together, three defining relationships taken together, and continuing until all *n* defining relationships have been taken together. The equality as it stands will give one of the confounding patterns, stating that the mean response will be confounded with the given interactions.

4.5.3.4 Complete Confounding Pattern for Fractional Factorial Experiments

To determine the **complete confounding pattern**, the complete defining relationship is then multiplied by each of the variables singly and is reduced according to the rules. This will give the confounding between the first-order interactions and higher-order interactions. Next multiply the complete defining relationship by each of the variables taken in groups of two and simplify. If any group of *m* variables occurs in a word of length $m + 1$, then it can be ignored. This is repeated until, if *k* is even, (*k*/2) variables are being multiplied or, if *k* is odd, [(*k*–1)/2] variables are being multiplied.

It should be strongly emphasized that the parameters that are equated in the complete confounding pattern cannot be estimated independently. In practice, the lowest-order interaction is assumed to be the most significant and fit, while the higher-order interactions are assumed to be negligible (or zero). However, this lower-order interaction will be influenced by the value of the other interactions with which it is confounded, especially if they are not zero.

Example 4.5 Complete Defining Relationship and Confounding Pattern for a Half-Fractional Factorial Example

Continuing with the same fractional factorial experiment as in Example 4.4, determine the complete defining relationship and the complete confounding pattern for the experiment. The defining relationship is given as

$$I = x_1x_2x_3x_4x_5,$$

which happens to also be equal to the complete defining relationship. This states that the zero-order interaction, constant term, β_0, is confounded with the highest order interaction, β_{12345}. Multiplying by each of the variables singly gives

$$\begin{aligned}
x_1 I &= x_1(x_1x_2x_3x_4x_5) \Rightarrow x_1 = x_2x_3x_4x_5\\
x_2 I &= x_2(x_1x_2x_3x_4x_5) \Rightarrow x_2 = x_1x_3x_4x_5\\
x_3 I &= x_3(x_1x_2x_3x_4x_5) \Rightarrow x_3 = x_1x_2x_4x_5\\
x_4 I &= x_4(x_1x_2x_3x_4x_5) \Rightarrow x_4 = x_1x_2x_3x_5\\
x_5 I &= x_5(x_1x_2x_3x_4x_5) \Rightarrow x_5 = x_1x_2x_3x_4.
\end{aligned}$$

This states that β_1, a first-order interaction, is confounded with the fourth-order interaction, β_{2345}. Furthermore, β_2, which is also a first-order interaction, is confounded with the (different) fourth-order interaction, β_{1345}. A similar analysis can be performed with the remaining cases.

Multiplying the identity by each of the variables taken in pairs will give

$$\begin{aligned}
x_1x_2 I &= x_1x_2(x_1x_2x_3x_4x_5) \Rightarrow x_1x_2 = x_3x_4x_5\\
x_1x_3 I &= x_1x_3(x_1x_2x_3x_4x_5) \Rightarrow x_1x_3 = x_2x_4x_5\\
x_1x_4 I &= x_1x_4(x_1x_2x_3x_4x_5) \Rightarrow x_1x_4 = x_2x_3x_5\\
x_1x_5 I &= x_1x_5(x_1x_2x_3x_4x_5) \Rightarrow x_1x_5 = x_2x_3x_4\\
x_2x_3 I &= x_2x_3(x_1x_2x_3x_4x_5) \Rightarrow x_2x_3 = x_1x_4x_5\\
x_2x_4 I &= x_2x_4(x_1x_2x_3x_4x_5) \Rightarrow x_2x_4 = x_1x_3x_5\\
x_2x_5 I &= x_2x_5(x_1x_2x_3x_4x_5) \Rightarrow x_2x_5 = x_1x_3x_4\\
x_3x_4 I &= x_3x_4(x_1x_2x_3x_4x_5) \Rightarrow x_3x_4 = x_1x_2x_5\\
x_3x_5 I &= x_3x_5(x_1x_2x_3x_4x_5) \Rightarrow x_3x_5 = x_1x_2x_4\\
x_4x_5 I &= x_4x_5(x_1x_2x_3x_4x_5) \Rightarrow x_4x_5 = x_1x_2x_3.
\end{aligned}$$

This states that the β_{12}, a second-order interaction, is confounded with the third-order interaction, β_{345}. Likewise, β_{13} is confounded with β_{245}.

Since $k = 5$ and is odd, all the possible confounded variables have been found. Thus, the resolution of this method is V, since no second-order terms are confounded with each other. As well, note that the length of the smallest word in the complete defining relationship is 5, which is equal to the resolution. Such a relationship between the resolution and the smallest word in the complete defining relationship always holds.

Example 4.6 Confounding Pattern for a Quarter-Fractional Factorial Example

Determine the confounding pattern for a quarter-fractional factorial experiment, where $l = 2$, $p = 2$, and $k = 5$. Select a suitable set of generators.

Solution

Since $p = 2$, more than one generator is required. A suitable choice would be the following set of generators:

$$x_4 = x_1x_3 \text{ and } x_5 = x_1x_2$$

which give the defining relationship to be

$$I = x_1x_3x_4 \text{ and } I = x_1x_2x_5.$$

Setting the two defining relationships equal to each other will give the following equality:

$$I = x_1x_3x_4 = x_1x_2x_5.$$

In order to obtain the complete defining relation, the two generators can be multiplied together to give the complete defining relationship as

$$I = x_1x_3x_4 = x_1x_2x_5 = x_2x_3x_4x_5.$$

This implies that the zero-order interaction is confounded with two third-order interactions, β_{134} and β_{125} and one fourth-order interaction, β_{2345}. It also implies that the resolution of this experiment is III, since this is the length of the shortest word.

Multiplying the complete defining relationship by each of the variables singly gives

$$\begin{aligned}
x_1I &= x_1(x_1x_3x_4) = x_1(x_1x_2x_5) = x_1(x_2x_3x_4x_5) \Rightarrow x_1 = x_3x_4 = x_2x_5 = x_1x_2x_3x_4x_5\\
x_2I &= x_2(x_1x_3x_4) = x_2(x_1x_2x_5) = x_2(x_2x_3x_4x_5) \Rightarrow x_2 = x_1x_2x_3x_4 = x_1x_5 = x_3x_4x_5\\
x_3I &= x_3(x_1x_3x_4) = x_3(x_1x_2x_5) = x_3(x_2x_3x_4x_5) \Rightarrow x_3 = x_1x_4 = x_1x_2x_3x_5 = x_2x_4x_5\\
x_4I &= x_4(x_1x_3x_4) = x_4(x_1x_2x_5) = x_4(x_2x_3x_4x_5) \Rightarrow x_4 = x_1x_3 = x_1x_2x_4x_5 = x_2x_3x_5\\
x_5I &= x_5(x_1x_3x_4) = x_5(x_1x_2x_5) = x_5(x_2x_3x_4x_5) \Rightarrow x_5 = x_1x_3x_4x_5 = x_1x_2 = x_2x_3x_4.
\end{aligned}$$

This implies that the first-order interactions are confounded with both second-, fourth-, or fifth-order interactions. For example, β_3 is confounded with β_{14}, β_{245}, and β_{1235}.

Multiplying by pairs of the variables will give, after ignoring terms x_1x_2, x_1x_3, x_1x_4, x_1x_5, x_2x_5, and x_3x_4, which all can be found in the smallest words:

$$\left.\begin{array}{l} x_2x_3I = x_2x_3\left(x_1x_3x_4\right) = x_2x_3\left(x_1x_2x_5\right) = x_2x_3\left(x_2x_3x_4x_5\right) \Rightarrow x_2x_3 = x_1x_2x_4 = x_1x_3x_5 = x_4x_5 \\ \left.\begin{array}{l} x_2x_4I = x_2x_4\left(x_1x_3x_4\right) = x_2x_4\left(x_1x_2x_5\right) = x_2x_4\left(x_2x_3x_4x_5\right) \Rightarrow x_2x_4 = x_1x_2x_3 = x_1x_4x_5 = x_3x_5 \\ x_3x_5I = x_3x_5\left(x_1x_3x_4\right) = x_3x_5\left(x_1x_2x_5\right) = x_2x_4\left(x_2x_3x_4x_5\right) \Rightarrow x_3x_5 = x_1x_4x_5 = x_1x_2x_3 = x_3x_5 \end{array}\right\rangle \boxed{1} \\ x_4x_5I = x_4x_5\left(x_1x_3x_4\right) = x_4x_5\left(x_1x_2x_5\right) = x_4x_5\left(x_2x_3x_4x_5\right) \Rightarrow x_4x_5 = x_1x_3x_5 = x_1x_2x_4 = x_2x_3 \end{array}\right\rangle \boxed{2}$$

It should be noted that the first and last lines are the same, as are the two middle lines. Thus, the complete confounding pattern can be given as

Pattern	Number of Terms
$I = x_1x_3x_4 = x_1x_2x_5 = x_2x_3x_4x_5$	3
$x_1 = x_3x_4 = x_2x_5 = x_1x_2x_3x_4x_5$	3
$x_2 = x_1x_2x_3x_4 = x_1x_5 = x_3x_4x_5$	3
$x_3 = x_1x_4 = x_1x_2x_3x_5 = x_2x_4x_5$	3
$x_4 = x_1x_3 = x_1x_2x_4x_5 = x_2x_3x_5$	3
$x_5 = x_1x_3x_4x_5 = x_1x_2 = x_2x_3x_4$	3
$x_2x_3 = x_1x_2x_4 = x_1x_3x_5 = x_4x_5$	3
$x_2x_4 = x_1x_2x_3 = x_1x_4x_5 = x_3x_5$	3
Total	24

It should be noted that the number of terms confounded will always be equal to $l^{k-p}(l^p-1)$, which in this case is, $2^{5-2}(2^2-1) = 8 \times 3 = 24$. This is an easy way to check that all the confounded terms have been considered.

4.5.3.5 Higher-Level Designs

When dealing with higher-level designs, some of the rules and observations need to be changed slightly. The two biggest changes are

(1) Modulo l arithmetic must be used.
(2) The complete defining relationship is obtained by following the above procedure and adding the following step: once the defining relationship has been created as above, it must be augmented by all the powers of itself up to $l-1$. Thus, the complete defining relationship would be $I = I = I^2 = I^3 \ldots = I^{l-1}$.

Example 4.7 Complete Confounding Pattern for a Three-Level Experiment

Consider the following 3^{3-1} factorial experiment with a generator given as

$$x_3^2 = x_1x_2^2.$$

Determine the complete defining relationship, the complete confounding pattern, and the model that can be fit given the confounding pattern.

Solution

The complete defining relationship for this experiment can be found as follows. First, the given generator has to be converted to give

$$x_3\left(x_3^2 = x_1x_2^2\right) \Rightarrow I = x_1x_2^2x_3.$$

If this were a two-level experiment, then one would stop at this point. However, for higher-level experiments, powers of the above equation must be taken and reduced with modulo l arithmetic. Therefore, squaring this defining relationship and reducing everything modulo 3 gives

$$I^2 = x_1x_2^2x_3x_1x_2^2x_3 = x_1^2x_2x_3^2.$$

Therefore, the complete defining relationship is

$$I = x_1x_2^2x_3 = x_1^2x_2x_3^2.$$

The complete confounding pattern can be found as follows (Note that all reductions are modulo 3)

$$\begin{array}{cc}
x_1\left(I = x_1x_2^2x_3 = x_1^2x_2x_3^2\right) & x_2\left(I = x_1x_2^2x_3 = x_1^2x_2x_3^2\right) \\
x_1 = x_1^2x_2^2x_3 = x_2x_3^2\ (2) & x_2 = x_1x_3 = x_1^2x_2^2x_3^2\ (2) \\
x_3\left(I = x_1x_2^2x_3 = x_1^2x_2x_3^2\right) & x_1^2\left(I = x_1x_2^2x_3 = x_1^2x_2x_3^2\right) \\
x_3 = x_1x_2^2x_3^2 = x_1^2x_2\ (2) & x_1^2 = x_2^2x_3 = x_1x_2x_3^2\ (2) \\
x_2^2\left(I = x_1x_2^2x_3 = x_1^2x_2x_3^2\right) & x_3^2\left(I = x_1x_2^2x_3 = x_1^2x_2x_3^2\right) \\
x_2^2 = x_1x_2x_3 = x_1^2x_3^2\ (2) & x_3^2 = x_1x_2^2 = x_1^2x_2x_3\ (2) \\
x_1x_2\left(I = x_1x_2^2x_3 = x_1^2x_2x_3^2\right) & x_2x_3\left(I = x_1x_2^2x_3 = x_1^2x_2x_3^2\right) \\
x_1x_2 = x_1^2x_3 = x_2^2x_3^2\ (2) & x_2x_3 = x_1x_3^2 = x_1^2x_2^2\ (2)
\end{array}$$

$$\begin{array}{l}
x_1x_2^2x_3\left(I = x_1x_2^2x_3 = x_1^2x_2x_3^2\right) \\
x_1x_2^2x_3 = x_1^2x_2x_3^2 = I\ (2).
\end{array}$$

Therefore, a total of eighteen terms are confounded with the last entry being equal to the original confounding pattern. It can be noted that $l^{k-p}(l^p-1) = 3^{3-1}(3^1-1) = 9 \times 2 = 18$, which is as expected.

A second-order model can be fitted with the given experiment. Ignoring any higher-order terms that are confounded, the fitted model will have the form:

$$y = \beta_0 + \beta_1 x_1 + \beta_2 x_2 + \beta_3 x_3 + \beta_{11} x_1^2 + \beta_{22} x_2^2 + \beta_{33} x_3^2 + \beta_{12} x_1 x_2 + \beta_{23} x_2 x_3.$$

It can be noted that not all of the second-order interaction terms can be estimated (namely, $x_1 x_3$ is confounded with x_2). This shows that the design is of Resolution III. This can be confirmed by noting that the smallest word has length 3.

4.5.4 Design Procedure for Fractional Factorial Experiments

The following steps will allow the design of a fractional factorial experiment:

(1) Design a full l^{k-p} factorial experiment for the k–p variables. These k–p variables are called the **independent** or **basic** variables.

(2) Create p new variables, which are independent combinations of some or all of the $k-p$ factors. The combinations should be determined using the above information on confounding, resolution, confounding pattern, and any additional information known about the process.

(3) Add p columns to the table created in Step (1), each containing one of the combinations determined above. Set each of the p variables equal to one of the new columns. Determine the appropriate level for each new column by considering the combination chosen for that row. It should be noted that there are many different methods to accomplish this creation of the table.

(4) Thus, the actual experiment will consist of l^{k-p} runs (or treatments), where each row corresponds to a single run. For each run, the values of the factors are determined based on the corresponding column values in the table obtained in Step 3).

Example 4.8 Analysing the Structure of a Fractional Factorial Experiment

Consider the factorial design shown in Table 4.2. What are the independent factors, the dependent factors, the generators, the complete defining relationship, the resolution, and the aliases for A and for AB? What type of factorial design is it?

Table 4.2 Design for the fractional factorial experiment

Run	A	B	C	D	Value
1	−	−	−	−	219
2	+	−	−	+	214
3	−	+	−	+	154
4	+	+	−	−	150
5	−	−	+	+	124
6	+	−	+	−	132
7	−	+	+	−	114
8	+	+	+	+	134

Solution

Independentand Dependent Factors: Looking at the way the data is presented, it can be seen that one of the factors depends on the others. Since the first three factors have the form of the classical full factorial experiment, it will be assumed that factor D depends on the other factors. Therefore, the basic factors are A, B, and C, while the dependent factor is D.

Generator: The generator is D = ABC. Once it has been determined that D is the dependent factor, it is all that is required to try different combinations of the other factors to determine the appropriate generator.

Complete Defining Relationship: The complete defining relationship is obtained as follows:

$D \times D = D \times ABC \Rightarrow \mathbf{I = ABCD}$.

Resolution: Since the smallest word in the complete defining relationship is four letters (factors) long, the resolution is IV, that is, the second-order interactions are confounded with each other.

Aliases for A: They can be obtained by multiplying the defining relationship by A and reducing everything modulus 2, that is,

$A \times I = A \times ABCD \Rightarrow A = A^2BCD \Rightarrow \mathbf{A = BCD.}$

Aliases for AB: Similar to the aliases for A, the results are.

$AB \times I = AB \times ABCD \Rightarrow AB = A^2B^2CD \Rightarrow \mathbf{AB = CD.}$

This is expected because it was determined that second-order interactions can be confounded with each other. This implies that both AB and CD cannot be estimated simultaneously.

Complete Description: This is a 2_{IV}^{4-1} factorial experiment with the complete defining relationship I = ABCD. Note that a complete description requires that all the necessary parameters (*l*, *p*, resolution, and complete defining relationship) be provided.

4.5.5 Analysis of Fractional Factorial Experiments

Define, as before,

$$\overline{\mathcal{A}} = \begin{bmatrix} \mathcal{A} \\ \vdots \\ n_R \, times \\ \mathcal{A} \end{bmatrix} \tag{4.21}$$

$$\vec{\mathcal{Y}} = \begin{bmatrix} \hat{\vec{y}}(1^{\text{st}} \text{ column}) \\ \hat{\vec{y}}(2^{\text{nd}} \text{ column}) \\ \vdots \\ \hat{\vec{y}}(n_R^{th} \text{ column}) \end{bmatrix} \tag{4.22}$$

$$\hat{\vec{\beta}} = (\overline{\mathcal{A}}^T \overline{\mathcal{A}})^{-1} \overline{\mathcal{A}}^T \vec{\mathcal{Y}}. \tag{4.23}$$

Then the standard deviation is defined as follows:

$$\boxed{\hat{\sigma} = \sqrt{\frac{\vec{\mathcal{Y}}^T \vec{\mathcal{Y}} - \hat{\vec{\beta}}^T \overline{\mathcal{A}}^T \vec{\mathcal{Y}}}{l^{k-p}(n_R - 1)}}}. \tag{4.24}$$

The sum of squares due to errors, *SSE*, is given by

$$\boxed{SSE = \vec{\mathcal{Y}}^T \vec{\mathcal{Y}} - \hat{\vec{\beta}}^T \overline{\mathcal{A}}^T \vec{\mathcal{Y}}}. \tag{4.25}$$

If an orthogonal basis is used for the levels, then the sum of squares due to each regressor, SSR_i, is given by[3]

$$SSR_i = \left(\overline{\mathcal{A}}^T \overline{\mathcal{A}}\right)_{ii} \hat{\beta}_i^2. \tag{4.26}$$

where $\left(\overline{\mathcal{A}}^T \overline{\mathcal{A}}\right)_{ii}$ is the (*i*, *i*) (diagonal) entry in the $\left(\overline{\mathcal{A}}^T \overline{\mathcal{A}}\right)$ matrix. If an orthonormal basis is used to encode the variables and their levels, then

$$\left(\overline{\mathcal{A}}^T \overline{\mathcal{A}}\right)_{ii} = l^{k-p} n_R. \tag{4.27}$$

[3] Determining an orthogonal basis for an arbitrary level is explained fully in Sect. 4.7.

When $l = 2$ and the proposed ±1 encoding is used, then, by definition, the basis is orthonormal, and Eq. (4.27) reduces to

$$\left(\overline{\mathcal{A}}^T\overline{\mathcal{A}}\right)_{ii} = 2^{k-p}n_R. \tag{4.28}$$

The total sum of squares, *TSS*, is given by

$$\boxed{TSS = SSE + \sum_{i=1}^{l^{k-p}} \left(\overline{\mathcal{A}}^T\overline{\mathcal{A}}\right)_{ii}\hat{\beta}_i^2}. \tag{4.29}$$

To determine whether a given regressor should be in the model, calculate for each regressor the F-statistic as follows:

$$\boxed{F_i = \frac{SSR_i}{\frac{SSE}{l^{k-p}(n_R-1)}}}. \tag{4.30}$$

The value obtained from Eq. (4.30) is compared with the critical F-value denoted as $F(1\text{–}\alpha, 1, l^{k-p}(n_R\text{–}1))$. If F_i is greater than F-critical, then the regressor should be kept in the model. Otherwise, the given regressor can be eliminated from the model. The **effect** due to an interaction is equal to twice the corresponding calculated regression parameter.

4.5.6 Framework for the Analysis of Factorial Designs

The analysis of a factorial experiment can be summarized as follows:

(I) **Pre-analysis**, which characterizes the experiment and determines the appropriate method to be followed.

   a. Determine the number of factors, k, the number of levels, l, and the number of replicates, n_R.
   b. Determine the number of dependent variables, p.
   c. If $p \neq 0$, determine the generators, the complete defining relationship, and the complete confounding pattern.
   d. Write down the model that will be estimated given the above information.
   e. Determine an appropriate orthogonal or orthonormal basis for the model.

(II) **Calculating the values**, using appropriate formulae compute the parameter estimates, the normal probability plot of the parameters, and if appropriate, the SSR_i and F-value for each of the parameters.

(III) **Model reduction**, which seeks to remove all unnecessary parameters from the model. Three main methods can be used:

a. **Normal probability plot of the parameters**, which seeks to determine which parameters are most significant based on their deviation from normality. This approach works as long as an orthonormal basis has been selected for the model.

b. **F_i-test for the parameters**, which seeks to determine which parameters are most significant based on an analysis of variance method. This approach works as long as an orthogonal basis has been selected for the model and there are replicates with which to compute an estimate of the model variance.

c. **Confidence intervals for the parameters**, which seeks to determine which confidence intervals of the parameters cover zero and hence should be rejected. This approach works as long as there are replicates with which to compute an estimate of the model variance.

(IV) **Residual analysis**, using the reduced model, the resulting residuals should be analysed to determine whether the assumptions underlying regression have been satisfied. If the residuals suggest problems, then further experiments may need to be performed to resolve the issue.

(V) **Conclusions**, which seek to answer based on the reduced model whatever questions the objectives of the exercise had, for example, determining the optimal operating point.

Example 4.9 Detailed Analysis of a Fractional Factorial Experiment

Consider the following experiment to obtain the best beef stew rations. Note that the company does not care about the taste, but cares solely on how well the product can be cooked and hence the focus will be on the Heating Index. The following five factors will be considered: A = sauce viscosity; B = residual gas; C = solid/liquid ratio; D = net weight; and E = rotation speed. Given the large number of factors and limited number of available samples, a fractional factorial experiment has been conducted with a single replicate. The data are shown in Table 4.3. Answer the following questions:

Table 4.3 Preparing beef stew ration data

Heating Index		A	B	C	D	E
Replicate I	Replicate II					
8.46	9.61	−1	−1	−1	−1	1
15.68	14.68	1	−1	−1	−1	−1
14.94	13.09	−1	1	−1	−1	−1
12.52	12.71	1	1	−1	−1	1
17.00	16.36	−1	−1	1	−1	−1
11.44	11.83	1	−1	1	−1	1
10.45	9.22	−1	1	1	−1	1
19.73	16.94	1	1	1	−1	−1
17.7	16.36	−1	−1	−1	1	−1
14.98	11.93	1	−1	−1	1	1
8.40	8.16	−1	1	−1	1	1
19.08	15.40	1	1	−1	1	−1
13.07	10.55	−1	−1	1	1	1
18.57	20.53	1	−1	1	1	−1
20.59	21.19	−1	1	1	1	−1
14.03	11.31	1	1	1	1	1

(1) Using this data set, determine the generators, the complete defining relationship, and the type of experiment.
(2) Using a normal probability plot of the estimated model parameters, determine the significant parameters. Analyse this reduced model.
(3) Using the F-test approach to determining the significant parameters, find a reduced model and analyse its residuals ($\alpha = 0.05$). Compare with the results from part (2). Which method is better and when can each be used?

(*Data taken from R. C. Wurl and S. L. Albin (1999), "A Comparison of Multiresponse Optimization Sensitivity to Parameter Selection"*, Quality Engineering.)

Solutions

Question 1

After some experimentation, it can be determined that the basic factors are A, B, C, and D, while the dependent factor is E. The generator for this experiment can be written as E = ABCD. The complete defining relationship is then I = ABCDE. Based on the above analysis, it can be concluded that this is a ½-fractional factorial experiment with a resolution of V, that is, 2_V^{5-1}. It should be noted here that not all of the parameters can be estimated since they will be confounded with others. Without going into the details here, all of the zero-, first-, and second-order interactions are estimable. They will be confounded with various higher-order interactions.

Question 2

Without going into the details of the calculation of all of the values, as an Excel® spreadsheet was used to obtain the values, the summary results are presented here. The normal probability plot of the parameters is shown in Fig. 4.5. From this figure, it can be seen that there are two really significant values (which could well not be white noise), β_0 and β_5, which implies that the only significant factor is E. This suggests that the model can be written as

$$y = 14.7 - 3.1x_5.$$

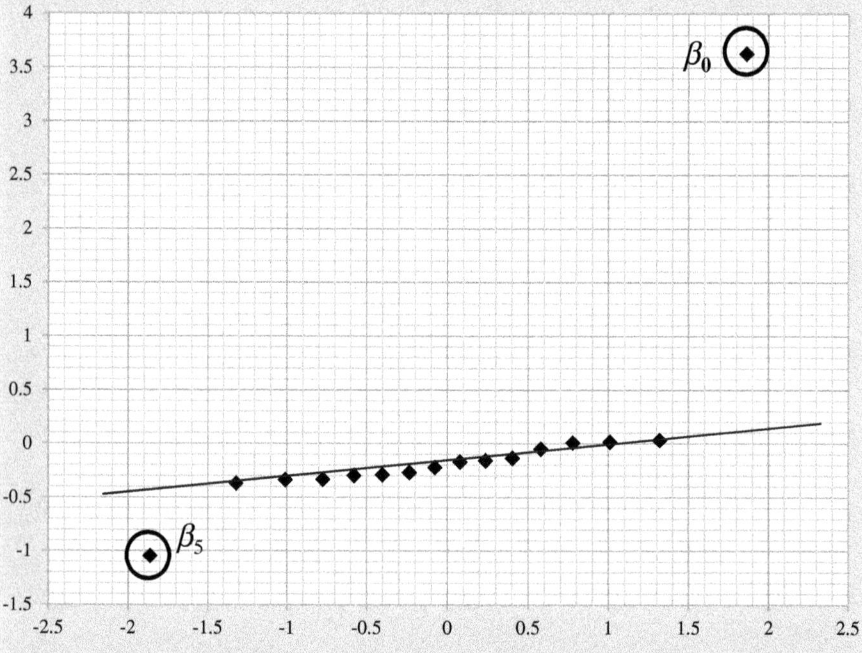

Fig. 4.5 Normal probability plot of the parameters

Table 4.4 Reduced model statistics for beef stew ration example

Statistic	Value	Statistic	Value
$\Sigma\varepsilon^2$	148	$\hat{\sigma}_{model}$	3.05
SSE	148	TSS	455
R^2	0.67	SSR	307
F-critical, model $F_{0.95,1,30}$	4.17	F-test, model	62

The analysis of the reduced model is shown in Fig. 4.6 and Table 4.4.

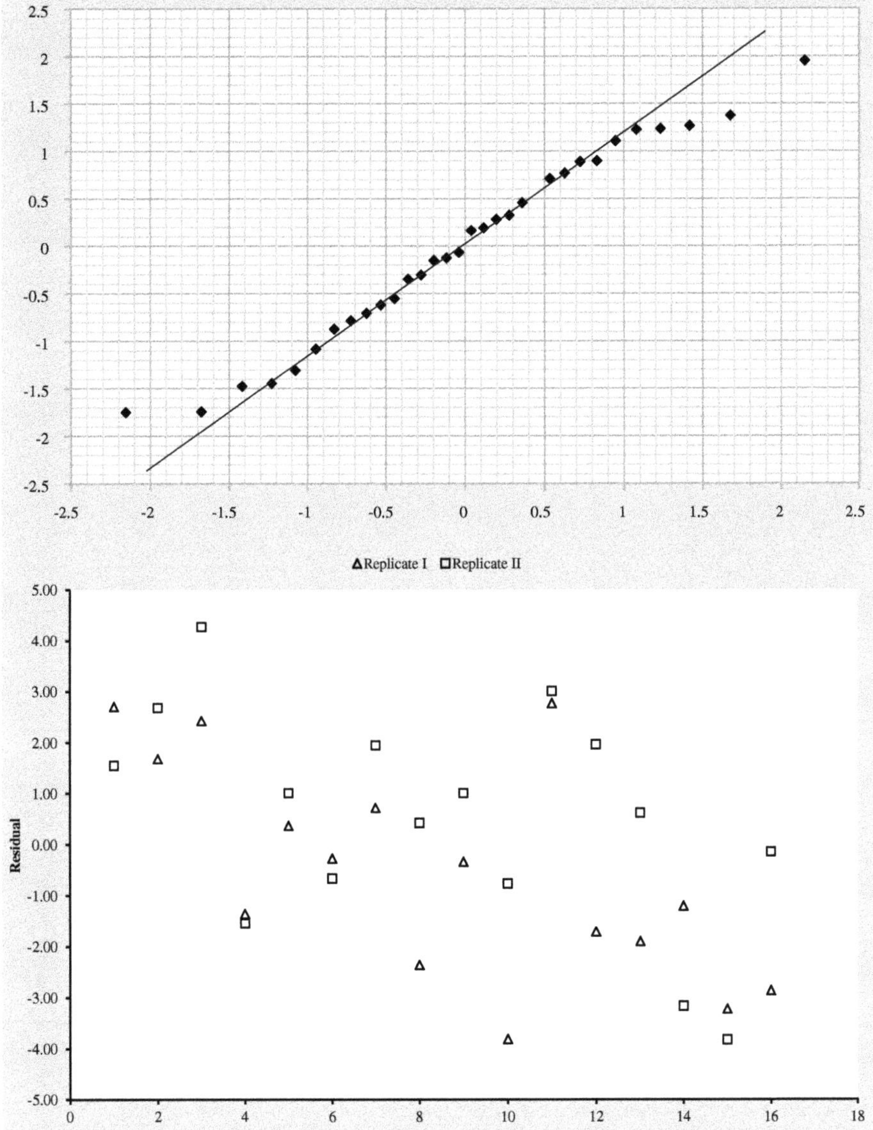

Fig. 4.6 (Top) Normal probability plot of the residuals and (bottom) Time-series plot of the residuals with the different replicates clearly shown

Table 4.5 Model parameters and statistical scores for the beef stew ration model reduced using the F-test

Parameters	Value	SSR_i	F_i
β_0	14.3	6610	**3580**
β_1	0.819	21.5	**11.8**
β_2	−0.031	0.03	0.02
β_3	0.910	26.5	**14.5**
β_4	0.850	23.1	**12.7**
β_5	−3.10	307	**168**
β_{12}	0.161	0.83	0.46
β_{13}	−0.447	6.40	3.51
β_{14}	−0.206	1.36	0.75
β_{15}	0.608	11.8	**6.49**
β_{23}	0.288	2.65	1.46
β_{24}	−0.315	3.17	1.74
β_{25}	−0.286	2.62	1.44
β_{34}	0.205	1.34	0.74
β_{35}	−0.589	11.1	**6.10**
β_{45}	−0.463	6.85	3.76
Statistic	Value	Statistic	Value
$\Sigma\varepsilon^2$	39.8	$\hat{\sigma}_{model}$	1.34
SSE	39.7	TSS	455
R^2	0.913	SSR	416
F-critical, model, $F_{0.95,\,15,\,16}$	2.34	F-test, model	25.5
F-critical, parameter, $F_{0.95,\,1,\,16}$	4.49		

Based on these figures, it can be seen that it does not look like the model captures all of the variation present in the data. Specifically, the residuals do not seem to be normally distributed because there is a significant tail especially at the top end. Furthermore, the residuals seem to be decreasing in value as the runs increase (that is, run 16 has consistently smaller variance than run 1). This could suggest that additional variables may need to be considered. On the other hand, the coefficient of regression is 0.67, and the F-test for the model suggests that the model is significant (as F-test > $F_{critical}$). If we desire a very simple model, this is it (one parameter to explain 67% of the variability in the data is quite good). On the other hand, there do seem to be some issues with the underlying model, since the residuals are not normally distributed.

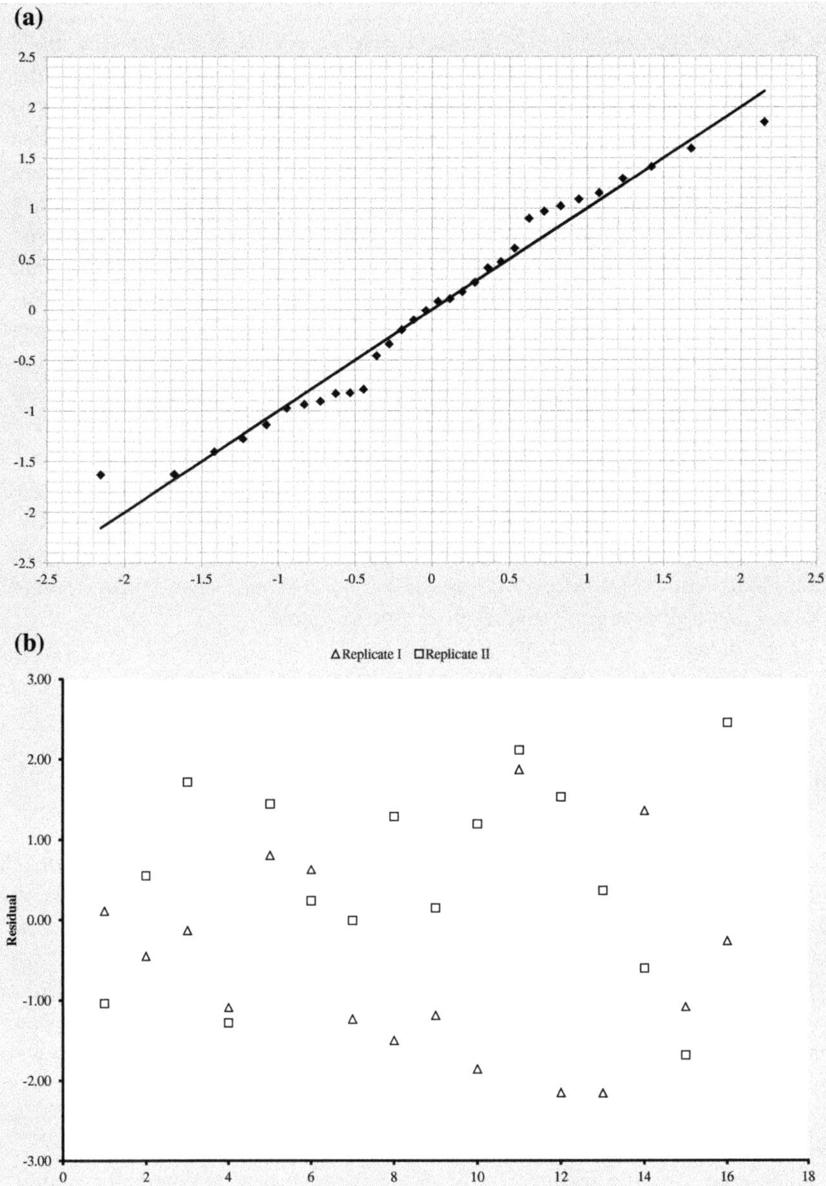

Fig. 4.7 (Top) Normal probability plot of the residuals and (bottom) Time-series plot of the residuals with the different replicates clearly shown for the model reduced using the F-test

Question 3

Repeating the analysis but using the F-test method gives the following results. The required values are given in Table 4.5. The critical value of the F-test is

4.49. Any F_i greater than this is a significant parameter. It can be seen that a much larger number of parameters is now significant. However, examining the "discarded" parameters, it can be seen that factor B is completely irrelevant to the experiment, as all its interactions are zero. Model analysis for this reduced model is shown in Fig. 4.7. It can be seen that the residuals are now more normally distributed and that there is no tail. On the other hand, the time-series plot of the residuals still seems to show some weird behaviour between the two different replicates. Now it seems to suggest that one replicate is different from the other. On the other hand, the coefficient of regression is now 0.91, and the model is significant given the F-test. On the whole, it would suggest that the model obtained by reducing the parameters using the F-test is better. However, it can be noted that the number of parameters selected is much more than in the normal probability plot method.

Finally, some brief comments regarding the different methods used. Firstly, it can be noted that the normal probability plot method can be used irrespective of whether replicates were performed. In this particular case, the method underestimates the number of significant parameters in the model. On the other hand, the F-test method produces a larger model and it would seem more accurate model, but it does require that replicates be available.

4.6 Blocking and Factorial Design

When blocking has to be implemented due to either a very large number of runs that need to be run over multiple days or equipment limitations that could make each individual run not be identical, it is necessary to develop an appropriate structure to minimize these effects on the overall design.

The easiest approach is to treat the blocking variable (day or run) as an additional factor in the experiment and then design a $l^{(k+1)-p-1}$ fractional factorial experiment, where the blocking factor will be treated as the dependent factor. The runs would then be segregated based on the values of the parameters, for example, $+1$ would represent all runs done on one day, and -1 would represent all runs done on another day.

When analysing the results, the blocking factor can be ignored. Including the blocking factor in the model will allow a determination of the effect of blocking on the overall system. The principles from fractional factorial design can be used to design the optimal blocking pattern.

Table 4.6 Design for a blocked, full factorial experiment. All experiments with (−) in the final column would be run on one day and those with a (+) in the final column would be run on another day

Run	A	B	C	D	E = ABC (blocking factor)
1	−	−	−	−	−
2	+	−	−	−	+
3	−	+	−	−	+
4	+	+	−	−	−
5	−	−	+	−	+
6	+	−	+	−	−
7	−	+	+	−	−
8	+	+	+	−	+
9	−	−	−	+	−
10	+	−	−	+	+
11	−	+	−	+	+
12	+	+	−	+	−
13	−	−	+	+	+
14	+	−	+	+	−
15	−	+	+	+	−
16	+	+	+	+	+

Example 4.10 Blocking and Full Factorial Design

Consider the case where we have a full 2^4-factorial experiment that must be run in two blocks of eight runs (two days). Assume that it is known that the ABC interaction is zero. Design an appropriate experiment that maximizes the information that can be extracted.

Solution

In general, whenever one is faced with a blocking issue with known variables, then the problem can be reduced and analysed as if it were a fractional factorial design with additional dummy variables. In this particular example, let the original factors be A, B, C, and D and let the blocking variable be an additional fifth factor, E. Since we have been told that the ABC interaction is zero, in order to minimize the confounding let E = ABC. All runs where E is positive (+) would be run on one day and all runs where E is negative (−) would run on the other day. The analysis would be performed using the original factors. The factor ABC that would be fit would basically represent the contribution of blocking to the design (and should hopefully be close to zero). Practically, this can be written as shown in Table 4.6.

Example 4.11 Blocking and Fractional Factorial Design

Consider a 2^{4-1} factorial experiment with the complete defining relationship I = ABCD. Determine an appropriate blocking pattern for this experiment given that AB is known to be zero and determine the new complete defining relationship.

Solution

Given the information, let the blocking variable be E. The generator will then be E = AB with the defining relationship being I = ABE. The new complete defining relationship can be obtained using the same procedure as before. First, setting the given defining relationships equal to each other,

$$\mathrm{I} = \mathrm{ABCD} = \mathrm{ABE}.$$

Second, multiplying together the last two members gives

$$\mathrm{ABCD} \times \mathrm{ABE} = \mathrm{A}^2\mathrm{B}^2\mathrm{CDE} = \mathrm{CDE}.$$

Therefore, the complete defining relationship is

$$\mathrm{I} = \mathrm{ABCD} = \mathrm{ABE} = \mathrm{CDE}.$$

It can be noted that the resolution of the experiment has decreased from IV to III by the introduction of a blocking variable. This is expected given the general nature of blocking.

4.7 Generalized Factorial Design

In order to effectively apply the proposed methods to solving higher-level experiments, there is a need to develop the tools for the creation of orthogonal bases for arbitrary polynomial functions. Such an approach has the benefit that the previously obtained results from linear regression can be applied to solving such problems. Therefore, this section will provide the methods for obtaining such as solution.

Consider an l-level experiment with a single factor x, which has been scaled so that its values lie between $[-1, 1]$. Furthermore, assume that the spacing between each of the treatment points is equal.The spacing between successive treatment points, δ_l, can be determined as follows:

$$\delta_l = \frac{2}{l-1}. \tag{4.31}$$

Finally, if there are replicates, assume that all treatments/runs have been replicated, so that $n_R l$ experiments have been performed, where n_R is the number of replicates. The model for such an experiment can be written as

$$y = \beta_0 + \beta_1 x + \beta_{11} x^2 + \beta_{111} x^3 + \cdots + \beta_{1^{l-1}} x^{l-1}. \tag{4.32}$$

If the $\mathcal{A}$-matrix is created for the problem as it is currently written, it is easy to see that the resulting $\mathcal{A}^T\mathcal{A}$ matrix will not be orthogonal. In order to obtain an orthogonal matrix, it is necessary to obtain an appropriate orthogonal basis for the set of polynomials given as $\{1, x, x^2, x^3, \ldots, x^{l-1}\}$. For example, for a three-level, single factor experiment, equally spaced treatment points would be -1, 0, and 1, and the model fit would be

$$y = \beta_0 + \beta_1 x + \beta_{11} x^2. \tag{4.33}$$

Therefore, there is a need to re-arrange Eq. (4.32) so that the individual terms are orthogonal to each other, that is

$$y = \beta_0 L_0(x) + \beta_1 L_1(x) + \beta_{11} L_2(x), \tag{4.34}$$

where L_0, L_1, and L_2 are some orthogonal functions on $[-1, 1]$ that depend on the original parameter x. In general, L_0 is always assumed to be the unit function, that is, $L_0 = 1$. The exact form of the remaining functions will now be determined.

4.7.1 Obtaining an Orthogonal Basis

In order for the basis to be orthogonal, it is necessary that the following two conditions hold:

$$\sum_{i=1}^{l} L_j(x_i) = 0, \forall j > 0 \tag{4.35}$$

$$\sum_{i=1}^{l} L_j(x_i) L_k(x_i) = \begin{cases} 0 & j \neq k \\ d & j = k \end{cases}, \tag{4.36}$$

where x_i is the coded value of the treatment point and d is any arbitrary value greater than zero. The first condition expresses the orthogonality of the zero-order, constant polynomial from all the other terms. Although it can be obtained from the second condition, it is useful to keep it separate. A polynomial basis where $d = l$ has computational and theoretical advantages. Such a basis, where $d = l$, is called an **orthonormal** basis. The values of the basis at the given treatment point will be referred to as the experimental coefficient, γ, that is,

$$\gamma_{ji} = L_j(x_i) \tag{4.37}$$

and the subscript on the polynomial basis refers to which power the polynomial is a basis. The general form of the polynomial can be written as[4]

$$L_j(x) = \begin{cases} \sum_{i=1}^{\frac{(j-1)}{2}+1} \beta_{ji} x^{2i-1} & j \text{ odd} \\ \sum_{i=0}^{\frac{j}{2}} \beta_{ji} x^{2i} & j \text{ even} \end{cases}. \tag{4.38}$$

Combining Eqs. (4.37) and (4.38) gives that for the case of an even power the individual experimental coefficients can be written as

$$\gamma_{ji} = \sum_{k=0}^{\frac{j}{2}} \beta_{jk} x_i^k. \tag{4.39}$$

The case for an odd power is similar, *mutatis mutandis.*

4.7.2 Orthogonal Bases for Different Levels

In general, if an l-level factorial design is of interest, then the orthogonal basis for this factorial design will be formed by the set of polynomials from 0 to l–1, evaluated at each of the treatment levels. The zero-order polynomial, L_0, will be used for the zero-order interaction (β_0). The first-order polynomial, L_1, will be used for the factors whose powers are 1. Similarly, the second-order polynomials, L_2, will be used for the factors whose powers are 2. The results can be obtained by solving Eqs. (4.35) and (4.36). In the following sections, the results for $l = 2$, 3, and 4 will be provided, as well as generalized orthonormal polynomials for $l = 2$ and 3. Examples will be provided as appropriate.

[4] The form of the polynomials is similar to the standard, discrete Gram polynomials.

4.7.2.1 Case $l = 2$

Consider first the situation of determining the orthogonal basis for the simplest factorial design with two levels. Since the two treatment points are -1 and 1, and the basis function has the form

$$L_1(x) = \beta_{11}x \tag{4.40}$$

the treatment coefficients can be written as

$$\begin{aligned}\gamma_{11} &= \beta_{11}x_1 = \beta_{11}(-1)\\ \gamma_{12} &= \beta_{11}x_2 = \beta_{11}(1).\end{aligned} \tag{4.41}$$

Note that, by condition (4.35), $\gamma_{11} + \gamma_{12} = 0$. This gives that Eq. (4.41) can be written as

$$\begin{aligned}\gamma_{11} &= \beta_{11}(-1)\\ -\gamma_{11} &= \beta_{11}(1)\end{aligned} \tag{4.42}$$

for which there is an infinite number of valid solutions. Taking the simplest solution $\gamma_{11} = -1$ and $\gamma_{12} = 1$, gives that $\beta_{11} = 1$. This is clearly the same result as before. Condition (4.36), which can be written as

$$\sum_{i=1}^{l} \gamma_{ji}^2 = d \tag{4.43}$$

gives that with this basis, $d = 2 = l$, which is good. Thus, for $l = 2$, the basis polynomial is orthonormal and can be written as

$$L_1(x) = x. \tag{4.44}$$

4.7.2.2 Case $l = 3$

Now, consider the case of determining the orthogonal basis for the factorial design with three levels. The three equispaced coded treatment points are $-1, 0,$ and 1 ($\delta_l = 1$). Ignoring the zero-order basis function, there will be two additional basis functions of the general form:

$$\begin{aligned}L_1(x) &= \beta_{11}x\\ L_2(x) &= \beta_{21}x^2 + \beta_{20}.\end{aligned} \tag{4.45}$$

For the factors raised to the first power, the treatment coefficients can be written as

$$\begin{aligned}\gamma_{11} &= \beta_{11}x_1 = \beta_{11}(-1)\\ \gamma_{12} &= \beta_{11}x_2 = \beta_{11}(0)\\ \gamma_{13} &= \beta_{11}x_3 = \beta_{11}(1).\end{aligned} \tag{4.46}$$

Since the situation is similar to that previously obtained for the two-level case, the following values can be obtained[5]:

$$\gamma_{11} = -1, \gamma_{12} = 0, \gamma_{13} = 1, \beta_{11} = 1. \tag{4.47}$$

However, note that $d = 2$, which means that this basis is not orthonormal. An orthonormal basis can be determined by solving the following system of equations

$$\begin{cases} \gamma_{11}^2 + \gamma_{13}^2 = 3 \\ \gamma_{11} + \gamma_{13} = 0 \end{cases} \tag{4.48}$$

which gives after substitution of the second equation into the first

$$\gamma_{11} = -\sqrt{\frac{3}{2}}, \gamma_{13} = \sqrt{\frac{3}{2}}. \tag{4.49}$$

This implies that $\beta_{11} = 1.5^{0.5}$.

L_2, which forms the basis for the second-power terms, can be obtained by first noting that the treatment coefficients can be written as

$$\begin{aligned}\gamma_{21} &= \beta_{21}x_1^2 + \beta_{20} = \beta_{21}(-1)^2 + \beta_{20}\\ \gamma_{22} &= \beta_{21}x_2^2 + \beta_{20} = \beta_{21}(0)^2 + \beta_{20}\\ \gamma_{23} &= \beta_{21}x_3^2 + \beta_{20} = \beta_{21}(1)^2 + \beta_{20}\end{aligned} \tag{4.50}$$

which can be rewritten as the following system of equations

$$\begin{aligned}\gamma_{21} &= \beta_{21} + \beta_{20}\\ \gamma_{22} &= \beta_{20}\\ \gamma_{23} &= \beta_{21} + \beta_{20}\end{aligned} \tag{4.51}$$

subject to the usual constraint of $\gamma_{11} + \gamma_{12} + \gamma_{13} = 0$. It can be noted that this is an indeterminate system with one degree of freedom (six unknowns, but five equations).

[5] Note that γ_{12} must always equal zero given the setup of the problem.

Arbitrarily setting $\gamma_{13} = \gamma_{11} = 1$ gives the following solution,

$$\begin{aligned} \gamma_{21} &= \gamma_{23} = 1, \gamma_{22} = -2, \\ \beta_{21} &= 3, \beta_{20} = -2. \end{aligned} \tag{4.52}$$

Therefore, the factors raised to the first power will be encoded by L_1, while the factors raised to the second power will be encoded by L_2. Thus, for $l = 3$, the basis polynomial is orthogonal and can be written as

$$\begin{aligned} L_1(x) &= x \\ L_2(x) &= 3x^2 - 2. \end{aligned} \tag{4.53}$$

Example 4.12 *Orthogonal Basis for a Mixed-Level Factorial Experiment*

Consider the following two-factor experiment where the first factor (x_1) has three levels and the second factor (x_2) has two levels. Assume that a total of 6 (= 3 × 2) experiments have been performed and the following model will be fit:

$$y_t = \beta_0 + \beta_1 x_1 + \beta_2 x_2 + \beta_{12} x_1 x_2 + \beta_{11} x_1^2 + \beta_{112} x_1^2 x_2.$$

Assume that the treatment points for x_1 are -1, 0, and 1, while for x_2 they are -1 and 1. It should be noted that for x_1 the encoding provided by L_1 will be used, while for x_1^2 the encoding provided by L_2 will be used. As well, unless an orthonormal basis is desired, then the same L_1 can be used to encode those factors containing the factors x_1 and x_2 at the first power. Otherwise, different first-order polynomials will be used. This implies that the actual model being fit is

$$y_t = \beta_0 + \beta_1 L_1(x_1) + \beta_2 L_1(x_2) + \beta_{12} L_1(x_1) L_1(x_2) + \beta_{11} L_2(x_1) + \beta_{112} L_2(x_1) L_1(x_2).$$

Based on this discussion, the regression matrix can be given as

$$\mathcal{A} = \begin{bmatrix} \overbrace{1}^{\beta_0} & \overbrace{-1}^{\beta_1} & \overbrace{-1}^{\beta_2} & \overbrace{1}^{\beta_{12}} & \overbrace{1}^{\beta_{11}} & \overbrace{-1}^{\beta_{112}} \\ 1 & 0 & 1 & 0 & -2 & -2 \\ 1 & 1 & -1 & -1 & 1 & -1 \\ 1 & -1 & 1 & -1 & 1 & 1 \\ 1 & 0 & -1 & 0 & -2 & 2 \\ 1 & 1 & 1 & 1 & 1 & 1 \end{bmatrix}.$$

The column headed by β_0 is encoded using L_0. The column headed by β_1 is encoded using L_1 evaluated at the three treatment points (−1, 0, 1), while the column headed by β_2 is encoded using L_1 evaluated at the two treatment points (−1, 1). The column headed by β_{12} is encoded by multiplying the corresponding rows in β_1 and β_2, for example, the first row would be $-1 \times -1 = 1$. The column headed by β_{11} is encoded by evaluating L_2 at the three treatment points (−1, 0, 1). Finally, the column headed by β_{112} is encoded by multiplying the corresponding rows in β_{11} and β_2, for example, the first row would be $1 \times -1 = -1$. The inverse of the information matrix can be written as

$$\mathcal{A}^T\mathcal{A} = \begin{bmatrix} 6 & & & & & \\ & 4 & & & & \\ & & 6 & & & \\ & & & 4 & & \\ & & & & 12 & \\ & & & & & 12 \end{bmatrix}.$$

Notice how the diagonal values are all different. This is a result of the fact that a nonnormal basis was used to encode the values.

4.7.2.3 Case $l = 4$

Now, consider the case of determining the orthogonal basis for the factorial design with four levels. The four equispaced treatment points are $-1, -\frac{1}{3}, \frac{1}{3}$, and 1 ($\delta_l = \frac{2}{3}$). Ignoring the zero-order basis function, there will be three additional basis functions of general form:

$$\begin{aligned} L_1(x) &= \beta_{11}x \\ L_2(x) &= \beta_{21}x^2 + \beta_{20} \\ L_3(x) &= \beta_{32}x^3 + \beta_{31}x. \end{aligned} \tag{4.54}$$

For the factors raised to the first power, the treatment coefficients can be written as

$$\begin{aligned} \gamma_{11} &= \beta_{11}x_1 = \beta_{11}(-1) \\ \gamma_{12} &= \beta_{11}x_2 = \beta_{11}\left(-\frac{1}{3}\right) \\ \gamma_{13} &= \beta_{11}x_3 = \beta_{11}\left(\frac{1}{3}\right) \end{aligned}$$

$$\gamma_{13} = \beta_{11}x_3 = \beta_{11}(1). \tag{4.55}$$

Since the solution the situation is similar to that previously obtained for the two- and three-level cases, the following values can be obtained:

$$\begin{aligned}&\gamma_{11} = -1, \gamma_{12} = -\frac{1}{3}, \gamma_{12} = \frac{1}{3}, \gamma_{13} = 1\\&\beta_{11} = 1.\end{aligned} \tag{4.56}$$

However, note that $d = 7/3$, which means that this basis is not orthonormal. In general, for factors to the first power, it is possible to use the same basis irrespective of the number of levels. However, this is not generally true, especially for higher-order basis functions.

An orthonormal basis can be determined by solving the following system of equations

$$\begin{cases}\gamma_{11}^2 + \gamma_{12}^2 + \gamma_{13}^2 + \gamma_{14}^2 = 4\\ \gamma_{11} + \gamma_{12} + \gamma_{13} + \gamma_{14} = 0\end{cases} \tag{4.57}$$

with the relationships obtained from Eq. (4.55), that is,

$$\gamma_{11} = -\beta_{11}, \gamma_{12} = -\frac{\beta_{11}}{3}, \gamma_{13} = \frac{\beta_{11}}{3}, \gamma_{13} = \beta_{11}. \tag{4.58}$$

Since the second part of Eq. (4.57) is always satisfied with the given combination of parameters, the first part of Eq. (4.57) gives

$$\beta_{11} = \sqrt{\frac{36}{20}} = \frac{3}{\sqrt{5}}. \tag{4.59}$$

This gives that

$$\gamma_{11} = -\frac{3}{\sqrt{5}}, \gamma_{12} = -\frac{1}{\sqrt{5}}, \gamma_{13} = \frac{1}{\sqrt{5}}, \gamma_{13} = \frac{3}{\sqrt{5}} \tag{4.60}$$

which is indeed an orthonormal basis.

L_2, which forms the basis for the second-power terms, can be obtained by first noting that the treatment coefficients can be written as

$$\begin{aligned}\gamma_{21} &= \beta_{21}x_1^2 + \beta_{20} = \beta_{21}(-1)^2 + \beta_{20} = \beta_{21} + \beta_{20}\\ \gamma_{22} &= \beta_{21}x_2^2 + \beta_{20} = \beta_{21}\left(-\frac{1}{3}\right)^2 + \beta_{20} = \frac{1}{9}\beta_{21} + \beta_{20}\end{aligned}$$

$$\gamma_{23} = \beta_{21}x_3^2 + \beta_{20} = \beta_{21}\left(\frac{1}{3}\right)^2 + \beta_{20} = \frac{1}{9}\beta_{21} + \beta_{20}$$
$$\gamma_{24} = \beta_{21}x_4^2 + \beta_{20} = \beta_{21}(1)^2 + \beta_{20} = \beta_{21} + \beta_{20} \tag{4.61}$$

subject to the usual constraint of $\gamma_{11} + \gamma_{12} + \gamma_{13} + \gamma_{14} = 0$. It can be noted that this is an indeterminate system with one degree of freedom (six unknowns, but five equations). Firstly, it can be noted that $\gamma_{13} = \gamma_{12}$ and $\gamma_{14} = \gamma_{11}$. Arbitrarily setting $\gamma_{13} = \gamma_{12} = -1$ gives the following solution:

$$\gamma_{22} = \gamma_{23} = -1, \gamma_{21} = \gamma_{24} = 1$$
$$\beta_{21} = 2.25, \beta_{20} = -1.25. \tag{4.62}$$

L_3, which forms the basis for the factors raised to the third power, can be obtained by first noting that the treatment coefficients can be written as

$$\gamma_{31} = \beta_{32}x_1^3 + \beta_{31}x_1 = \beta_{32}(-1)^3 + \beta_{31}(-1) = -\beta_{32} - \beta_{31}$$
$$\gamma_{32} = \beta_{32}x_2^3 + \beta_{31}x_2 = \beta_{32}\left(-\frac{1}{3}\right)^3 + \beta_{31}\left(-\frac{1}{3}\right) = -\frac{1}{27}\beta_{32} - \frac{1}{3}\beta_{31}$$
$$\gamma_{33} = \beta_{32}x_3^3 + \beta_{31}x_3 = \beta_{32}\left(\frac{1}{3}\right)^3 + \beta_{31}\left(\frac{1}{3}\right) = \frac{1}{27}\beta_{32} + \frac{1}{3}\beta_{31}$$
$$\gamma_{34} = \beta_{32}x_4^3 + \beta_{31}x_3 = \beta_{32}(1)^3 + \beta_{31}(1) = \beta_{32} + \beta_{31} \tag{4.63}$$

subject to the usual constraint of $\gamma_{11} + \gamma_{12} + \gamma_{13} + \gamma_{14} = 0$. It can be noted that this is an indeterminate system with two degrees of freedom (six unknowns, but only 4 independent equations). First, it can be noted that $\gamma_{13} = -\gamma_{12}$ and $\gamma_{14} = -\gamma_{11}$, which implies that the constraint is immediately satisfied given the values. Arbitrarily setting $\gamma_{11} = -1$, which implies that $\gamma_{14} = 1$, and $\gamma_{12} = 1$, which implies that $\gamma_{13} = -1$, gives the following solution,

$$\gamma_{31} = -1, \gamma_{34} = 1, \gamma_{32} = 1, \gamma_{33} = -1$$
$$\beta_{32} = 4.5, \beta_{31} = -3.5. \tag{4.64}$$

Therefore, the factors raised to first power will be encoded by L_1, the factors raised to the second power by L_2, and the factors raised to the third power by L_3.

Thus, for $l = 4$, the basis polynomial is orthogonal and can be written as

$$L_1(x) = x$$
$$L_2(x) = 2.25x^2 - 1.25$$
$$L_3(x) = 4.5x^3 - 3.5x. \tag{4.65}$$

4.7.2.4 Generalized Orthonormal Basis Functions for First- and Second-Order Terms

Deriving the required forms for the orthonormal basis functions can be quite challenging in the general case. This section will present generalized orthonormal basis functions for first- and second-order terms for an arbitrary number of levels. The derivation of these results follows the same pattern as for the specific examples.

The generalized orthonormal $L_1(x)$ function can be written as

$$L_1(x) = \sqrt{\frac{3l-3}{l+1}}x. \tag{4.66}$$

The generalized orthonormal $L_2(x)$ function can be written as

$$L_2(x) = \frac{3(l-1)}{2}\sqrt{\frac{5(l-1)}{(l+1)(l-2)(l+2)}}x^2 - \frac{1}{2}\sqrt{\frac{5(l-1)(l+1)}{(l-2)(l+2)}}. \tag{4.67}$$

The generalized orthonormal $L_3(x)$ function can be written as

$$L_3(x) = \frac{(l-1)^{2.5}}{4}\sqrt{\frac{201}{(2l-1)(l+1)(l-2)\left(11l^2-11l-10\right)}}x^3 - \frac{l(l-1)^{1.5}}{2}\sqrt{\frac{201}{(2l-1)(l+1)(l-2)\left(11l^2-11l-10\right)}}x. \tag{4.68}$$

Higher-order generalized functions can be derived using a similar pattern.

4.7.3 *Sum of Squares in Generalized Factorial Designs*

When fitting a model that contains factors raised to powers higher than 1, it is common practice to combine the terms into a single term. The basic rule for combining the terms is to ignore any powers on the factors and see what the corresponding interaction is, for example, if we have the following set of interactions {A, B, AB, A^2, A^2B}, then both A and A^2 would be represented by the sum of squares due to A (SS_A), while AB and A^2B would be represented by the sum of squares due to AB (SS_{AB}). These terms would be found by combining the appropriate individual terms, that is,

$$SS_A = SS_{A_L} + SS_{A_Q}, \tag{4.69}$$

where SS_{A_L} is obtained using the standard formula for the *SSR* of β_1, while SS_{A_Q} is obtained using the standard formula for the *SSR* of β_{11}. The number of terms that are combined would equal the degrees of freedom for the given component, for example, SS_A in the above example would have two degrees of freedom.

4.7.4 Detailed Mixed-Level Example

A soft drink bottler is interested in obtaining more uniform fill heights in the bottles produced by the manufacturing process. The process engineer can control three variables: the percent carbonation (x_1), the operating pressure in the filler (x_2), and the bottles produced per minute or the line speed (x_3). Due to various control issues, the percent carbonation was selected at three different levels (10, 12, and 14%), while the pressure (25 and 30 psi) and line speed (200 and 250 rpm) were selected at two different levels. Two replicates will be performed and the deviation from the correct fill height noted. The results are shown in Table 4.7. Based on the provided results, analyse the model using the methods provided in the above discussion to determine the best model for the process. Be certain to analyse the residuals to determine the adequacy of the model. (*Data taken from D. Montgomery (2007),* Design and Analysis of Experiments, 6th *Edition (2007).*)

Table 4.7 Optimizing the performance of a bottling process

Run	Percent Carbonation (x_1)	Line Speed (x_3)	Operating Pressure (x_2)	Deviation from Expected Height (inches)	
				I	II
1	10	200	25	−3	−1
2	10	250	25	−1	0
3	10	200	30	−1	0
4	10	250	30	1	1
5	12	200	25	0	1
6	12	250	25	2	1
7	12	200	30	2	3
8	12	250	30	6	5
9	14	200	25	5	4
10	14	250	25	7	6
11	14	200	30	7	9
12	14	250	30	10	11

4.7.4.1 Analysis

In order to solve this problem, the procedure will be split into the following steps:

(1) Preprocessing the given data, that is converting it into the desired format.
(2) Determining the general form of the model.
(3) Obtaining an appropriate basis for each of the factors.
(4) Performing linear regression to obtain the parameter estimates.
(5) Analysing the results using the F-test to determine an appropriate model.
(6) Analysing the residuals and if necessary revising the model.

An explanation of how to implement this problem in Excel® is presented in Sect. 8.7.3: Factorial Design Examples.

4.7.4.2 Preprocessing the Data

Before the data can be analysed, it must be converted into the format required for analysis, that is, it must vary between -1 and 1 (inclusive). Using the formula for centring the data (Eq. (4.70)), gives the following formulae:

$$\begin{aligned}\tilde{x}_1 &= \frac{x_1 - 0.5(14+10)}{0.5(14-10)} = 0.5x_1 - 6\\ \tilde{x}_2 &= \frac{x_3 - 0.5(25+30)}{0.5(30-25)} = 0.4x_2 - 11\\ \tilde{x}_3 &= \frac{x_2 - 0.5(200+250)}{0.5(250-200)} = 0.04x_3 - 9.\end{aligned} \tag{4.70}$$

Using this encoding will place all of the variables in the $[-1, 1]$ range.

4.7.4.3 Determining the General Model Form

The general model can be written as

$$\begin{aligned}y &= \beta_0 + \beta_1\tilde{x}_1 + \beta_2\tilde{x}_2 + \beta_3\tilde{x}_3 + \beta_{12}\tilde{x}_1\tilde{x}_2 + \beta_{13}\tilde{x}_1\tilde{x}_3 + \beta_{23}\tilde{x}_2\tilde{x}_3 + \beta_{123}\tilde{x}_1\tilde{x}_2\tilde{x}_3\\ &\quad + \beta_{11}\tilde{x}_1^2 + \beta_{112}\tilde{x}_1^2\tilde{x}_2 + \beta_{113}\tilde{x}_1^2\tilde{x}_3 + \beta_{1123}\tilde{x}_1^2\tilde{x}_2\tilde{x}_3.\end{aligned} \tag{4.71}$$

It can be noted that since x_1 has three levels, terms raised to the second power can be included in the model. Note that there are $3 \times 2 \times 2 = 12$ terms, which is equal to the product of the individual number of levels for each factor.

4.7.4.4 Obtaining a Basis

Using the previously developed methods, the first factor will be transformed using the $l = 3$ results, while the other two factors will be transformed using the standard $l = 2$ results (as has been done previously). Therefore, for $l = 3$, the basis functions will be $L_1(\tilde{x}_1) = \tilde{x}_1$ and $L_2(\tilde{x}_1) = 3\,\tilde{x}_1^2 - 2$, while for $l = 2$, the basis function will be $L_1(\tilde{x}_2) = \tilde{x}_2$ (or $\tilde{x}_3$).

4.7.4.5 Defining the Linear Regression Problem

Based on the above results, the following matrices will be defined

$$\mathcal{A}_{part} = \begin{bmatrix} 1 & -1 & -1 & -1 & 1 & 1 & 1 & -1 & 1 & -1 & -1 & 1 \\ 1 & -1 & -1 & 1 & 1 & -1 & -1 & 1 & 1 & -1 & 1 & -1 \\ 1 & -1 & 1 & -1 & -1 & 1 & -1 & 1 & 1 & 1 & -1 & -1 \\ 1 & -1 & 1 & 1 & -1 & -1 & 1 & -1 & 1 & 1 & 1 & -2 \\ 1 & 0 & -1 & -1 & 0 & 0 & 1 & 0 & -2 & 2 & 2 & 2 \\ 1 & 0 & -1 & 1 & 0 & 0 & -1 & 0 & -2 & 2 & -2 & 2 \\ 1 & 0 & 1 & -1 & 0 & 0 & -1 & 0 & -2 & -2 & 2 & -2 \\ 1 & 0 & 1 & 1 & 0 & 0 & 1 & 0 & -2 & -2 & -2 & 1 \\ 1 & 1 & -1 & -1 & -1 & -1 & 1 & 1 & 1 & -1 & -1 & -1 \\ 1 & 1 & -1 & 1 & -1 & 1 & -1 & -1 & 1 & -1 & 1 & -1 \\ 1 & 1 & 1 & -1 & 1 & -1 & -1 & -1 & 1 & 1 & -1 & 1 \\ 1 & 1 & 1 & 1 & 1 & 1 & 1 & 1 & 1 & 1 & 1 & 1 \end{bmatrix} \tag{4.72}$$

$$\mathcal{A} = \begin{bmatrix} \mathcal{A}_{part} \\ \mathcal{A}_{part} \end{bmatrix} \tag{4.73}$$

$$\vec{y} = [-3 \;\; -1 \;\; -1 \;\; 1 \;\; 0 \;\; 2 \;\; 2 \;\; 6 \;\; 5 \;\; 7 \;\; 7 \;\; 10 \;\; -1 \;\; 0 \;\; 0 \;\; 1 \;\; 1 \;\; 3 \;\; 1 \;\; 5 \;\; 4 \;\; 9 \;\; 6 \;\; 1 \;\; 1]^T. \tag{4.74}$$

Solving the linear regression problem will give

$$\hat{\vec{\beta}} = \begin{bmatrix} 3.125 & 3.938 & 1.375 & 0.958 & 0.563 & 0.188 & 0.208 & 0.063 & 0.313 & -0.063 & -0.208 & -0.146 \end{bmatrix}^T. \tag{4.75}$$

The diagonal entries of the $(\mathcal{A}^T\mathcal{A})$ matrix can be written as

$$\operatorname{diag}(\mathcal{A}^T\mathcal{A}) = \begin{bmatrix} 24 & 16 & 24 & 24 & 16 & 16 & 24 & 16 & 48 & 48 & 48 & 48 \end{bmatrix}. \tag{4.76}$$

It can be noted that the values are not the same. This is expected since an orthonormal basis was not used.

4.7.4.6 Determining the Model

From Eq. (4.16), the sum of squares due to regression can be written as

$$\boxed{SSR_i = \left(\mathcal{A}^T\mathcal{A}\right)_{ii}\hat{\beta}_i^2} \tag{4.77}$$

and the F-test will have the following form

$$F_i = \frac{SSR_i}{\frac{SSE}{3(2)^2(n_R-1)}} = \frac{SSR_i}{\frac{SSE}{24-12}}, \tag{4.78}$$

where *SSE* is equal to 8.50 (from sum of residuals). The results are summarized in Table 4.8. The critical value of F at 95% with one and twelve degrees of freedom is Sect. 4.7.

Based on the values in Table 4.8, and comparing the final column with the critical value gives that the values in bold are significant ($F_i > F_{critical}$). Therefore, the reduced model can be written as

$$y = 3.13 + 3.94\tilde{x}_1 + 1.38\tilde{x}_2 + 0.958\tilde{x}_3 + 0.563\tilde{x}_1\tilde{x}_2 + 0.313L_2\left(\tilde{x}_1^2\right). \tag{4.79}$$

Replacing the basis function by its actual value gives the following model

$$\begin{aligned} y &= 3.13 + 3.94\tilde{x}_1 + 1.38\tilde{x}_2 + 0.958\tilde{x}_3 + 0.563\tilde{x}_1\tilde{x}_2 + 0.313\left(3\tilde{x}_1^2 - 2\right) \\ y &= 2.50 + 3.94\tilde{x}_1 + 1.38\tilde{x}_2 + 0.958\tilde{x}_3 + 0.563\tilde{x}_1\tilde{x}_2 + 0.939\tilde{x}_1^2. \end{aligned} \tag{4.80}$$

Table 4.8 F-test values—values in bold are significant at the 95% level

Parameters	Value	SSR_i	F_i
β_0	3.125	234	**331**
β_1	3.938	248	**350**
β_2	1.375	45.4	**64.1**
β_3	0.958	22.0	**31.1**
β_{12}	0.563	5.063	**7.147**
β_{13}	0.188	0.563	0.794
β_{23}	0.208	1.042	1.471
β_{123}	0.063	0.063	0.088
β_{11}	0.313	4.688	**6.618**
β_{112}	−0.063	0.188	0.265
β_{113}	−0.021	0.021	0.029
β_{1123}	−0.146	1.021	1.441

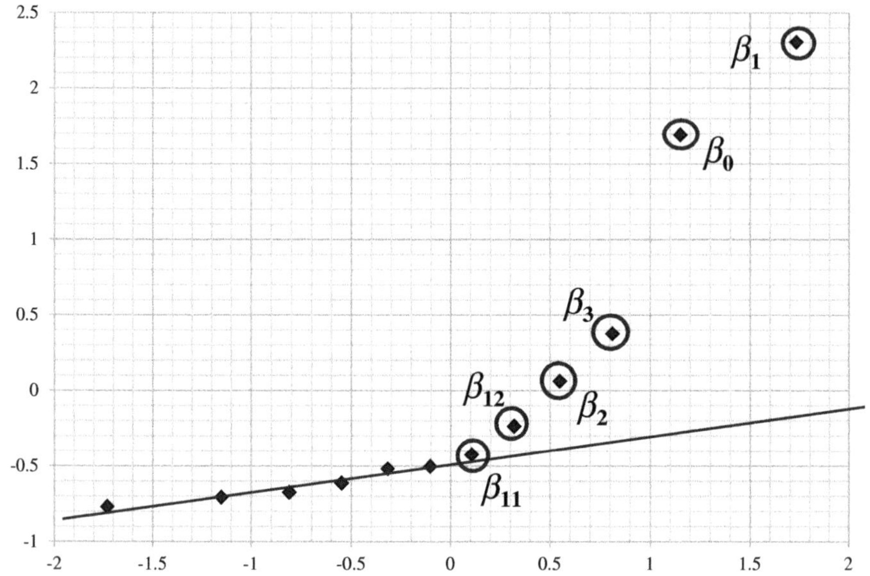

Fig. 4.8 Normal probability plot of the parameters for the mixed factorial example

If model reduction was to be performed using a normal probability plot of the parameter values, the results would be a bit more ambiguous. Figure 4.8 shows the normal probability plot of the parameters. In such cases, an orthonormal basis is preferred as it would weigh each of the points equally.

4.7.4.7 Analysing the Residuals

For the reduced model, $R^2 = 0.966$ and the F-statistic for the reduced model is 103 (>2.77 at the 95% confidence level). The residual plots are shown in Figs. 4.9,

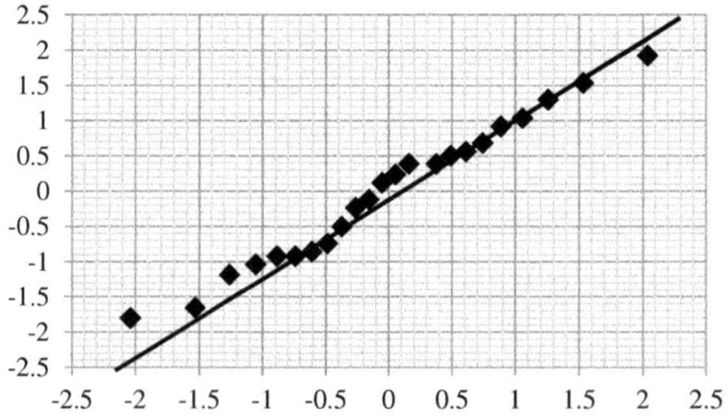

Fig. 4.9 Normal probability plot of the residuals

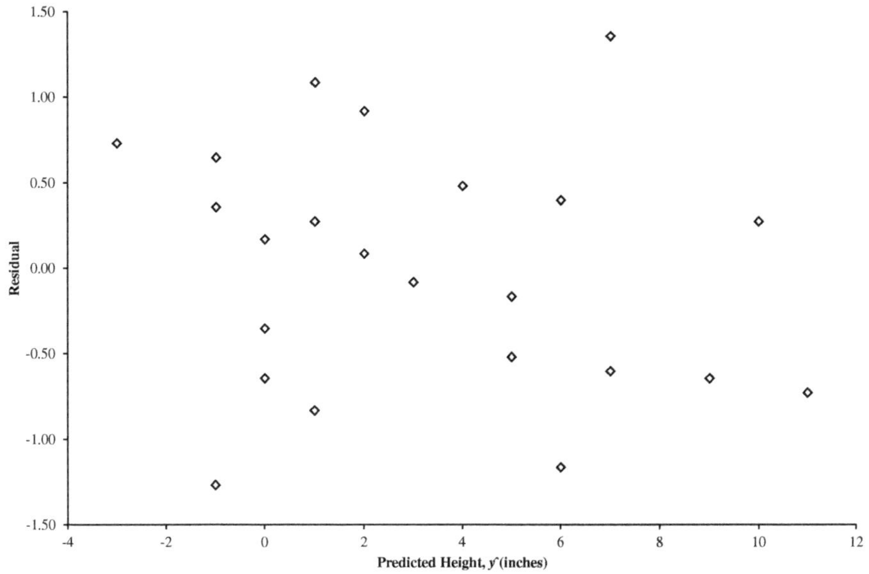

Fig. 4.10 Residuals as a function of $\hat{y}$

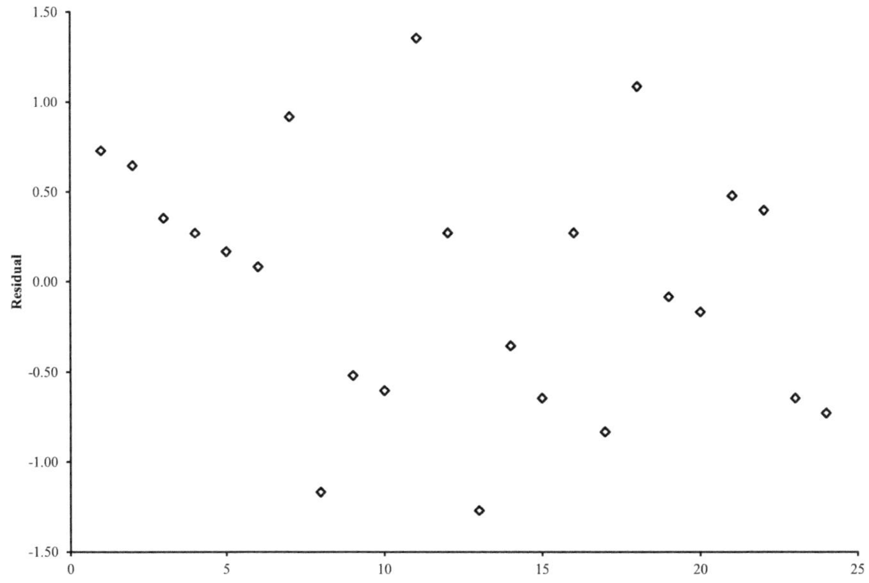

Fig. 4.11 Time-series plot of the residuals

4.10, and 4.11. It would seem that the residuals are normally distributed without any significant trends. Therefore, it can be concluded that the reduced-order model accurately describes the given data.

4.8 2^k-Factorial Designs with Centre Point Replicates

Although higher-order factorial designs are useful for fitting higher-order models, it is easy to see that the number of experiments required can quickly become too large to handle effectively given various constraints, such as available time and cost. Therefore, methods have been developed that can fit higher-order models without necessarily dealing with a full factorial experiment. One simple approach is to add centre points, that is, runs where all the coded variables are equal to zero, to the design of the experiment. This approach has two advantages. First, it allows for the computation of a variance for the model, which implies that the F-test can be used even with a full factorial experiment with no replicates. Second, it can provide a measure of the amount of curvature in the model. The model for this design consists of two parts: the standard $l = 2$ factorial design model combined with a curvature term denoted as $\beta_c x^2$, that is,

$$y = \beta_0 + \sum_{i=1}^{k} \beta_i x_i \underbrace{+ \ldots +}_{\substack{\text{remaining}\\ \text{factorial}\\ \text{terms}}} \beta_c x^2. \tag{4.81}$$

It can be noted that it is impossible to determine the individual contributions to the curvature as all the second-order terms are confounded with each other, for example, both x_1^2 and x_2^2 will have a column of 2^k ones followed by as many zeroes as there are centre point replicates.

As well, multiple replicates at the centre point are performed, so that an estimate of the variance can be obtained. Clearly, if there is only a single centre point replicate, then no estimate of the model variance can be obtained.

4.8.1 *Orthogonal Basis for 2^k-Factorial Designs with Centre Point Replicates*

Assuming that the model is coded as usual for an $l = 2$ design, it is easy to show that the curvature term is not orthogonal with the rest of the factorial design, since the curvature term is correlated with the first-order responses (β_1, β_2,...). Furthermore, there is an uneven number of experiments performed. Therefore, let $L_1(x)$ represent an orthogonal basis for the curvature term, that is, Eq. (4.81) can be rewritten as

$$y = \beta_0 + \sum_{i=1}^{2^k} \beta_i x_i \underbrace{+ \ldots +}_{\substack{\text{remaining}\\ \text{factorial}\\ \text{terms}}} \beta_c L_1(x). \quad (4.82)$$

In order to obtain an orthogonal basis in this case, it is necessary to note that the results from Sect. 4.7 need to be modified to take into consideration the fact that an arbitrary number of experiments will be performed. In this case, the key constraint can be written as

$$\sum_{i=1}^{2^k n_R + n_C} L_1(x_i) = 0, \quad (4.83)$$

where n_C is the number of centre point replicates. It is easy to show that the factorial component will satisfy this constraint as the factorial component must sum to zero and the centre points are all encoded as 0, so that the sum remains 0. On the other hand, the curvature term will not be orthogonal as it will contain $2^k n_R$ ones and n_C zeroes, which will not equal zero. Note that for the curvature basis, there are only two independent values γ_1 and γ_2, and Eq. (4.83) can be rewritten as

$$2^k n_R \gamma_1 + n_C \gamma_2 = 0. \quad (4.84)$$

Since this equation has two unknowns and only one equation, we are free to arbitrary assign any value to one of the two parameters. For the sake of consistency,[6] let γ_1 = 1, which implies that

$$\boxed{\gamma_2 = -\frac{2^k n_R}{n_C}}. \quad (4.85)$$

The basis function can be written as

$$L_1(x) = \beta_1 x^2 + \beta_2 \quad (4.86)$$

which given the two treatment values gives

$$\begin{aligned} L_1(0) &= \beta_2 = \gamma_2 = -\frac{2^k n_R}{n_C} \\ L_1(\pm 1) &= \beta_1 + \beta_2 = 1 \Rightarrow \beta_1 = 1 + \frac{2^k n_R}{n_C} = \frac{n_C + 2^k n_R}{n_C}. \end{aligned} \quad (4.87)$$

Therefore, the basis function for the curvature can be written as

[6] This will leave the factorial component unchanged.

$$\boxed{L_1(x) = \left(\frac{n_C + 2^k n_R}{n_C}\right)x^2 - \frac{2^k n_R}{n_C}}. \tag{4.88}$$

4.8.2 *Factorial Design with Centre Point Example*

Consider a chemical engineer who is studying the yield of a chemical process. There are two variables of interest: reaction time and reaction temperature. Since there is some uncertainty regarding the appropriateness of a linear model, a single unreplicated 2^2-factorial experiment was performed with five centre point replicates. The results of the experiment are shown in Table 4.9. Based on the provided results, analyse the model using the methods provided in the above discussion to determine the best model for the process. Be certain to analyse the residuals to determine the adequacy of the model. (*Data taken from D. Montgomery (2007),* Applied Statistics and Probability for Engineers, *4th Edition.*)

An Excel®-based solution to this problem is presented in Sect. 8.7.3.

A similar procedure to that used to analyse the results in Sect. 4.7.4.1 will be used in this example.

4.8.2.1 Determining the General Model

The model that will be analysed can be written as

$$y = \beta_0 + \beta_1 x_1 + \beta_2 x_2 + \beta_{12} x_{12} + \beta_c x^2. \tag{4.89}$$

Table 4.9 Improving chemical plant yield data set

Run	Reaction Time (min)	Temperature (°C)	Yield (%)
1	−1	−1	39.3
2	−1	1	40.0
3	1	−1	40.9
4	1	1	41.5
5	0	0	40.3
6	0	0	40.5
7	0	0	40.7
8	0	0	40.2
9	0	0	40.6

4.8.2.2 Selecting the Orthogonal Basis

Since $n_C = 5$ and $k = 2$, an appropriate basis function for the curvature tern can be written as

$$L_1(x) = \left(\frac{5 + 2^2(1)}{5}\right)x^2 - \frac{2^2(1)}{5}$$
$$= 1.8x^2 - 0.8 \tag{4.90}$$

which gives that the model in terms of the orthogonal basis functions can be written as

$$y = \beta_0 + \beta_1 x_1 + \beta_2 x_2 + \beta_{12} x_{12} + \beta_c\big(1.8x^2 - 0.8\big). \tag{4.91}$$

4.8.2.3 Defining the Linear Regression Problem

Based on the above results, the following matrices will be defined

$$\mathcal{A} = \begin{bmatrix} 1 & -1 & -1 & 1 & 1 \\ 1 & -1 & 1 & -1 & 1 \\ 1 & 1 & -1 & -1 & 1 \\ 1 & 1 & 1 & 1 & 1 \\ 1 & 0 & 0 & 0 & -0.8 \\ 1 & 0 & 0 & 0 & -0.8 \\ 1 & 0 & 0 & 0 & -0.8 \\ 1 & 0 & 0 & 0 & -0.8 \\ 1 & 0 & 0 & 0 & -0.8 \end{bmatrix} \tag{4.92}$$

$$\vec{y} = \big[\, 39.3\ 40.0\ 40.9\ 41.5\ 40.3\ 40.5\ 40.7\ 40.2\ 40.6 \,\big]^T. \tag{4.93}$$

Solving the linear regression problem will give

$$\hat{\vec{\beta}} = \big[\, 40.44\ 0.775\ 0.325\ -0.025\ -0.019 \,\big]^T. \tag{4.94}$$

The diagonal entries of the $(\mathcal{A}^T\mathcal{A})$ matrix can be written as

$$\operatorname{diag}\big(\mathcal{A}^T\mathcal{A}\big) = \big[\, 9\ 4\ 4\ 4\ 7.2 \,\big]. \tag{4.95}$$

It can be noted that the values are not the same. This is expected since an orthonormal basis was not used.

Table 4.10 F-test values—values in bold are significant at the 95% level

Parameters	Value	SSR_i	F_i
β_0	40.44	14,700	**342,000**
β_1	0.775	2.40	**55.9**
β_2	0.325	0.423	**9.83**
β_{12}	−0.025	0.0025	0.058
β_c	−0.019	0.002 72	0.063

4.8.2.4 Determining the Model

From Eq. (4.16), the sum of squares due to regression can be written as

$$\boxed{SSR_i = \left(\mathcal{A}^T\mathcal{A}\right)_{ii}\hat{\beta}_i^2} \tag{4.96}$$

and the F-test will have the following form

$$F_i = \frac{SSR_i}{\frac{SSE}{m-n}} = \frac{SSR_i}{\frac{SSE}{2^k+n_C-2^k-1}} = \frac{SSR_i}{\frac{SSE}{n_C-1}} = \frac{SSR_i}{\frac{SSE}{4}}, \tag{4.97}$$

where *SSE* is equal to 0.172 (from sum of residuals). The results are summarized in Table 4.10. The critical value of F at 95% with one and four degrees of freedom is 7.71.

Based on the values in Table 4.10, and comparing the final column with the critical value gives that the values in bold are significant ($F_i > F_{critical}$). Therefore, the reduced model can be written as

$$y = 40.4 + 0.775x_1 + 0.325x_2. \tag{4.98}$$

Furthermore, it can be concluded that the effect of curvature is minimal in this system as β_c is not significant.

With so few parameters, using a normal probability plot of the parameters will not give meaningful results.

4.8.2.5 Analysing the Residuals

For the reduced model, $R^2 = 0.941$ and the F-statistic is 47.8 (> 5.14 at the 95% confidence level). The residual plots are shown in Figs. 4.12, 4.13, 4.14, and 4.15. It would seem that the residuals are normally distributed without any significant trends. Therefore, it can be concluded that the reduced-order model accurately describes the given data.

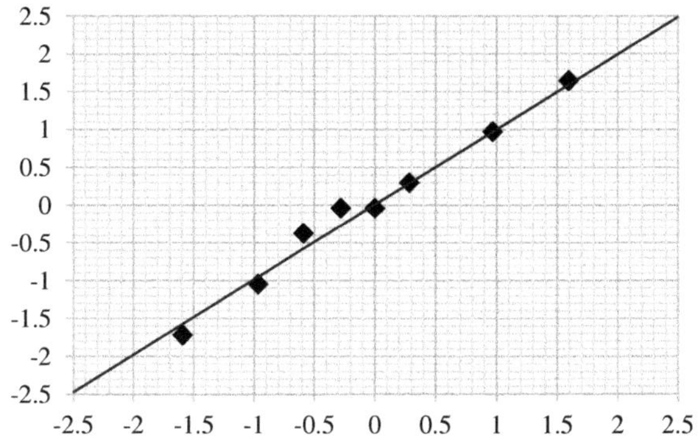

Fig. 4.12 Normal probability plot of the residuals for the reduced model

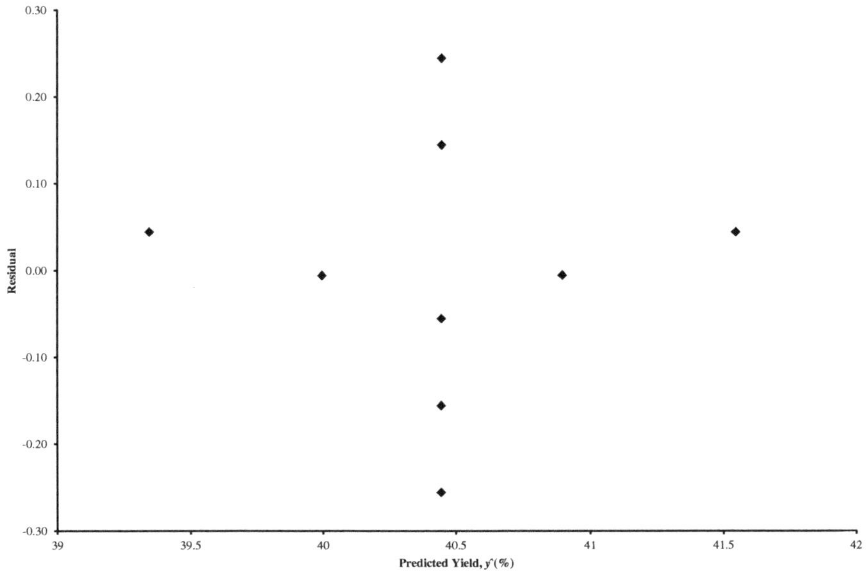

Fig. 4.13 Residuals for the reduced model as a function of $\hat{y}$

4.9 Response Surface Design

Another approach for designing second-order models to be used for process optimization, without using higher-order factorial design for optimization, is **response surface design**. Many different approaches have been developed, many of which require the use of specialized computer software to obtain a tractable solution.

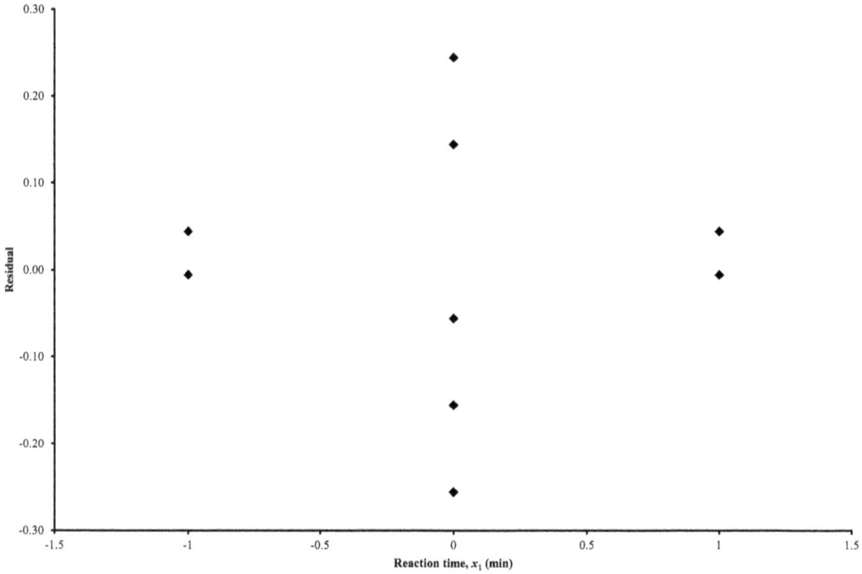

Fig. 4.14 Residuals for the reduced model as a function of x_1

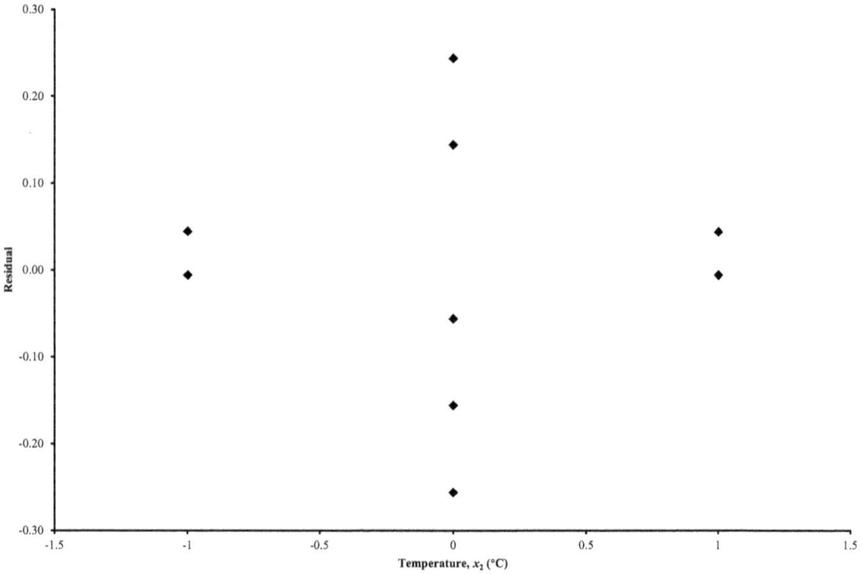

Fig. 4.15 Residuals for the reduced model as a function of x_2

4.9.1 Central Composite Design

The **central composite design** avoids the problem of higher-order factorial designs, by judiciously selecting additional parameter points. The generic regression matrix, $\mathcal{A}$, for k factors consists of three different parts:

(1) The regression matrix obtained from the 2^k-factorial experiment. This will be denoted by $\mathcal{F}$.
(2) The central point of the system denoted by (0, 0, …, 0, 0), where there are k zeros. This part can be repeated as often as is desired or required. This part will be denoted by $\mathcal{C}$.
(3) A matrix which consists of each factor at some value $\pm\alpha$, where α is a value determined by the designer. Thus, this part, denoted by $\mathcal{E}$, will have the following form:

$$\mathcal{E} = \begin{bmatrix} \alpha & 0 & 0 \cdots\cdots & 0 \\ -\alpha & 0 & 0 \cdots\cdots & 0 \\ 0 & \alpha & 0 \cdots\cdots & 0 \\ 0 & -\alpha & 0 \cdots\cdots & 0 \\ \vdots & & & \vdots \\ 0 & 0 & 0 \cdots\cdots & \alpha \\ 0 & 0 & 0 \cdots\cdots & -\alpha \end{bmatrix}. \tag{4.99}$$

Thus, the regression matrix will have the following form:

$$\mathcal{A} = \begin{bmatrix} \mathcal{F} \\ \mathcal{C} \\ \mathcal{E} \end{bmatrix}. \tag{4.100}$$

The model that can be fit to this type of experiment is given as

$$y = \beta_0 + \sum_{i=1}^{k} \beta_i x_i \underbrace{+ \ldots +}_{\substack{\text{remaining}\\ \text{factorial}\\ \text{terms}}} \sum_{i=1}^{k} \beta_{ii} x_i^2 \tag{4.101}$$

which is basically the standard 2^k-factorial experiment with the addition of the pure quadratic terms due to each of the factors themselves.

4.9.1.1 Determining the Value of α

There are many different methods to determine the value of α. Let $F = 2^k$, the number of points due to the factorial design, and $T = 2k + n_C$, the number of additional points, where n_C is the number of central points in the design. Common values are as follows (Myers 1971):

(1) **Rotatable design:** $\alpha = F^{0.25}$, which is the design implemented by the `ccdesign(k)` function in MATLAB®. Rotatability implies that the variance for points equidistant from the centre is equal. This is useful if the region of interest is spherical.
(2) **Face-centred cubical design:** $\alpha = 1$, which is useful if the region of interest is a cube. This approach will place the values in the centre of the plane defined by the factorial experiment.
(3) **Orthogonal design:** $\alpha = (0.25QF)^{0.25}$, where $Q = \left(\sqrt{F+T} - \sqrt{F}\right)^2$, which minimizes the correlation between the different parameter estimates.

4.9.2 *Optimal Design*

Optimal design is the process of designing an experiment so that it is optimal with respect to some criteria. All such designs are computer generated in that some complex formula must be used in order to perform the relevant optimization. The most common forms of optimal design are

(1) ***A*-optimal design**, which seeks to minimize the trace of $(\mathcal{A}^T\mathcal{A})^{-1}$. This can be interpreted as the minimization of the **average** value of the variance of the regression coefficients.
(2) ***D*-optimal design**, which seeks to minimize the determinant of $(\mathcal{A}^T\mathcal{A})^{-1}$. This can be interpreted as the minimization of the volume of the joint confidence region of the regression coefficients.
(3) ***E*-optimal design**, which seeks to minimize the largest eigenvalue of $(\mathcal{A}^T\mathcal{A})^{-1}$.
(4) ***G*-optimal design**, which seeks to minimize the largest value of $N\text{var}(\hat{y})/\sigma^2$, where N is the number of design points in the experiment, for example, for a full factorial design, $N = l^k$. This can be interpreted as the minimization of the scaled prediction variance. This approach is useful if the goal of the model is to use it for future predictions.
(5) ***V*-optimal design**, which seeks to minimize the average prediction variance for a set of prediction points. This approach is useful if the goal of the model is to use it for future predictions over multiple different points.

4.9.3 *Response Surface Procedure*

The response surface method is an iterative procedure for determining the optimal point of a process. Starting from an initial large set of variables, a **screening experiment** can be performed to determine which of the variables have the largest influence on the desired variable. The number of variables selected at this stage can be a factor of the time available to perform the detailed experiments and the influence that the given variables have on the system. Once the screening experiment has been completed, then a factorial or response surface method experiment can be designed to obtain an initial estimate of the optimal point. Based on this estimate of the optimal point, a new experiment could be designed to determine a new optimal point. This procedure can be repeated until either the procedure stabilizes about a fixed point or after a fixed number of experiments. It can be noted that the above procedure does not guarantee that the true optimal point will be reached.

In seeking the optimal point, it is common to use the **method of steepest ascent** or the **gradient method**. In this approach, based on the resulting relationship, the new process operating point will be determined based on the direction with the steepest gradient. This approach ensures that the optimal point can be reached the fastest.

4.10 Further Reading

The following are references that provide additional information about the topic:

(1) **General Design and Analysis of Experiments**: Most of these references contain information about factorial and fractional factorial design.

a. Box, G. E., Hunter, W. G., & Hunter, J. S. (1978). *Statistics for Experimenters: An Introduction to Design, Data Analysis, and Model Building.* New York, New York, United States of America: John Wiley & Sons, Inc.
b. Hinkelmann, K., & Kempthorne, O. (2007). *Design and Analysis of Experiments* (Vols. I, II, III). Hoboken, New Jersey, United States of America: John Wiley & Sons, Inc.
c. Montgomery, D. C. (1991). *Design and Analysis of Experiments* (3rd ed.). New York, New York, United States of America: John Wiley and Sons.

(2) **Response Surface Methodology**:

a. Myers, R. H. (1971). *Response Surface Methodology.* Boston, Massachusetts, United States of America: Allyn and Bacon, Inc.

4.11 Chapter Problems

Problems at the end of the chapter consist of three different types: (a) Basic Concepts (True/False), which seek to test the reader's comprehension of the key concepts in the chapter; (b) Short Exercises, which seek to test the reader's ability to compute the required parameters for a simple data set using simple or no technological aids. This section also includes proofs of theorems; and (c) Computational Exercises, which require not only a solid comprehension of the basic material, but also the use of appropriate software to easily manipulate the given data sets.

4.11.1 Basic Concepts

Determine if the following statements are true or false and state why this is the case.

(1) Confounding of variables implies that $(\mathcal{A}^T\mathcal{A})$ is uninvertible.
(2) Randomization is important, since it can minimize the effect of unknown variables on the regression results.
(3) Blocking seeks to minimize the effect of unknown variables on the regression results.
(4) A model defined based on an energy balance over the system is a black-box model of the system.
(5) A model developed for analysing the performance of the system can always be used to predict the future behaviour of the system under new conditions.
(6) A 3^4 full factorial experiment has four levels and three factors.
(7) For a factorial experiment with no replicates, the variance can be determined.
(8) If the design is orthogonal, after a parameter is removed, then the remaining parameters need to be recalculated.
(9) The factor $x_1x_3x_4$ is a third-order interaction.
(10) Factorial design experiments with a large number of levels and factors can be expensive to run.
(11) For fractional factorial experiment, it is useful if higher-order interactions are known to be unimportant.
(12) If the complete defining relationship is I = ABCD = ADE = ABF, then the resolution of this design is IV.
(13) The more letters (factors) in a defining relationship the larger the potential resolution of the design.
(14) Two interactions that are confounded can be individually estimated.
(15) If the generator is F = ABD, then the defining relationship for this generator is I = ABDF.
(16) Adding central points to a factorial design experiment allows for the testing of curvature (or second-order terms, such as A^2 in the design).
(17) If it is desired to use a model for future prediction, then an *A*-optimal design is best.

(18) If there are only a few factors to consider, then designing a screening experiment is profitable.

(19) The response surface methodology is an iterative procedure that requires multiple experiments and modelling exercises.

(20) A rotatable central composite design is useful if it is desired to have a common variance for points equidistant from the centre.

4.11.2 Short Exercises

These questions should be solved using only a simple, nonprogrammable, nongraphical calculator combined with pen and paper.

(21) Consider the problem of trying to fit data to the following model

$$y_t = -\alpha_1 y_{t-1} + \beta_1 u_{t-1} + e_t, \tag{4.102}$$

where α and β are coefficients to be determined, t is a subscript representing the time of measurement, that is t represents the current time, t–1 represents the time one sampling unit in the past. For this model, it can be shown that (Ljung, 1999)

$$\mathcal{A}^T\mathcal{A} = \begin{bmatrix} E(y_t y_t) & -E(y_t u_t) \\ -E(y_t u_t) & E(u_t u_t) \end{bmatrix}. \tag{4.103}$$

In order to obtain parameter estimates, the matrix given by Equation (103) must be invertible for all nonzero values of α and β. If the input signal is of the following form, under what conditions can the process be identified:

(a) $u_t = -Ky_t$.
(b) $u_t = -Ky_{t-2}$.

(Further information about fitting such processes can be found in Chap. 6).

(22) Consider the following factorial design whose regression matrix is shown in Table 4.11. Determine:

(a) What are the independent (or basic) factors and what are the dependent factors?
(b) What are the generators?
(c) What is the complete defining relationship?
(d) What are the aliases of C (or what is the confounding relationship for C) and for AF?
(e) What is the resolution?
(f) What type of factorial design it is?

Table 4.11 Design for the fractional factorial experiment (for Question 22)

Run	A	B	C	D	E	F
1	−	−	+	+	−	+
2	+	−	+	−	−	−
3	−	+	−	+	−	−
4	+	+	−	−	−	+
5	−	−	−	−	+	+
6	+	−	−	+	+	−
7	−	+	+	−	+	−
8	+	+	+	+	+	+

(23) You have to run a fractional factorial experiment where there are six (A, B, C, D, E, and F) factors each at two different levels. You have decided that a 2^{6-2} fractional factorial experiment will be performed with the following two generators:

$$D = AC$$

$$F = CD.$$

Answer the following questions:

(a) What is the complete defining relation?
(b) What is the confounding pattern for all the first-order interactions?
(c) What is the resolution of this experiment?
(d) If a resolution of IV is desired, how could the above generators be changed to achieve this? Give the complete defining relation to prove that the design is indeed resolution IV.

(24) You ran a 4^2 full factorial experiment. Not wanting to go through the hassle of developing an orthogonal basis for such an experiment, you decided to analyse this experiment as a two-level factorial experiment. Answer the following questions:

(a) What model can you fit with the original 4^2 experiment?
(b) Clearly explain how you could analyse this experiment as a two-level factorial experiment.
(c) Can you fit the original model using this type of analysis?

(25) As the plant engineer, you have been asked to optimize the performance of a chemical reactor. Using the information below, suggest a potential experimental design (including all defining relationships, generators, resolution, and the regression matrix in terms of the factors). Clearly justify your choices based on the requirements. The situation is as follows:

(a) There are five factors (A, B, C, D, and E).
(b) You have managed to obtain two days (48 h) to do the complete experiment.
(c) Each run takes 2 h, that is you have enough time to complete 24 runs.
(d) All third-order and higher interactions are known to be minimal.
(e) It is expected that only some of the five factors are significant.
(f) It is desired to run some of the runs at the centre point in order to test for curvature and variability in the results.

(26) Consider the following 3^{3-1} factorial experiment with the generator given as

$$x_3^2 = x_1 x_2^2.$$

Answer the following questions.

(a) What is the complete defining relationship for this experiment?
(b) Determine the complete confounding pattern? (*Hint: You will need to confound eighteen variables.*)
(c) What type of model could be estimated using this type of experiment? Give all estimable terms.

(27) Propose a 2^{6-2}-factorial experiment so that it has resolution IV.
(28) Determine a suitable design for a 3^{4-1} factorial experiment.

4.11.3 Computational Exercises

The following problems should be solved with the help of a computer and appropriate software packages, such as MATLAB® *or* Excel®.

(29) In the article "In the Soup: A Case Study to Identify Contributors to Filling Variability," Hare (1988) considers the problem of trying to determine the variables which affect the filling variability of dry soup mix. Five different variables where considered: (A) number of filling ports being used in the mixer; (B) the operating temperature; (C) the mixing time in seconds; (D) the batch weight in pounds (lbs.); and (E) the delay between mixing and packaging. The operating temperature was maintained using a cooling jacket: either the cooling jacket was on (denoted by C) or the process was operated at ambient conditions (denoted by A). The results are shown in Table 4.12. Run 7 is the normal operating conditions. The results are presented in the order in which they were run. Perform the following analysis of this data set:

(a) Determine an appropriate coding for this experiment.
(b) What is the generator for this design?
(c) What is the resolution of this design?
(d) Estimate the factors? Which ones are significant?
(e) Using the reduced-order model, analyse the residuals and determine if the design assumptions are met?

Table 4.12 Dry soup variability data (for Question 29)

Run	$\hat{\sigma}_p$ (lbs.)	A	B	C (s)	D (lbs.)	E (days)
1	0.78	1	C	60	2,000	7
2	1.10	3	C	80	2,000	7
3	1.70	3	A	60	1,500	1
4	1.28	3	C	80	1,500	1
5	0.97	1	A	60	1,500	7
6	1.47	1	C	80	1,500	7
7	1.85	1	A	60	2,000	1
8	2.10	3	A	80	2,000	1
9	0.76	1	A	80	2,000	7
10	0.62	3	A	60	2,000	7
11	1.09	1	C	80	2,000	1
12	1.13	1	C	60	1,500	1
13	1.25	3	C	60	1,500	7
14	0.98	3	A	80	1,500	7
15	1.36	3	C	60	2,000	1
16	1.18	1	A	80	1,500	1

(*Data from Lynne B. Hare, "In the Soup: A Case Study to Identify Contributors to Filling Variability" in the* Journal of Quality Technology *©1988 Taylor & Francis.*)

(30) Consider the problem of trying to determine which conditions impact the life (in hours) of a machine tool. The variables of interested have been selected as cutting speed (A), tool geometry (B), and cutting angle (C). Consider the following full factorial design whose regression matrix and results are shown in Table 4.13. Perform all analysis at the 95% level. Answer the following questions:

(a) Determine the model for the full factorial experiment.
(b) Fit the model and obtain confidence intervals for the parameter estimates. Determine which parameter estimates should be kept.
(c) Calculate the *F*-score for each parameter estimate. Determine which parameters should be kept.
(d) Are the results from (b) and (c) the same? Do you think that this is a coincidence or will this always be the case?
(e) Based on your results from (b) and (c) what model would you suggest for the data? Which interactions are significant? Why?
(f) Examine the residuals for the full model and determine if there are any issues with the distribution of the residuals. (*Hint: Plot the residuals for each replicate in a different colour or on separate graphs*)

(31) Consider the data shown in Table 4.14, which is for the optimization of crystal growth. In crystal growth optimization, it is desired to produce the heaviest

Table 4.13 Tool life data (for Question 30)

Run	A	B	C	Replicate		
				y_1	y_2	y_3
1	−	−	−	22	31	25
2	+	−	−	32	43	29
3	−	+	−	35	34	50
4	+	+	−	55	47	46
5	−	−	+	44	45	38
6	+	−	+	40	37	36
7	−	+	+	60	50	54
8	+	+	+	39	41	47

(*Data taken from D. Montgomery (2007),* Design and Analysis of Experiments, 6th *Edition (2007)*)

Table 4.14 Crystal optimisation data (for Question 31)

Y (grammes)	A	B	C
66	−1	−1	−1
80	1	−1	−1
78	−1	1	−1
90	1	1	−1
75	−1	−1	1
70	1	−1	1
60	−1	1	1
75	1	1	1
90	−1.682	0	0
86	1.682	0	0
68	0	−1.682	0
63	0	1.682	0
75	0	0	−1.682
75	0	0	1.682
105	0	0	0
100	0	0	0
103	0	0	0
95	0	0	0
100	0	0	0
96	0	0	0

(*Data taken from D. Montgomery (2007),* Design and Analysis of Experiments, *6th Edition*) crystal. Using the concept presented in this and previous chapters, analyse the provided data to answer the following questions:

(a) What is the best model for the data provided?
(b) At what optimal point should the process be operated?
(c) Criticize the experimental design and suggest ways to improve it.

Appendix A4: Nonmatrix Approach to the Analysis of 2^k-Factorial Design Experiments

It will be assumed that a 2^k-factorial experiment has been designed with n_R full replicates. Furthermore, it will be assumed that all the factors have been coded so that -1 and 1 represent the upper and lower levels in the experiment. The same notation as used in this chapter will be used. Thus, instead of calculating inverses and transposes, the following simplifications work for a 2^k-factorial experiment:

$$\mathcal{A}^T\mathcal{A} = 2^k\mathcal{I}_k, \tag{4.104}$$

where $\mathcal{I}_k$ is the $k \times k$ identity matrix,

$$\left(\mathcal{A}^T\mathcal{A}\right)^{-1} = 2^{-k}\mathcal{I}_k \tag{4.105}$$

$$\hat{\vec{\beta}} = 2^{-k}\mathcal{A}^T\vec{y}. \tag{4.106}$$

If $\overline{\mathcal{A}}$ is used, then the results are

$$\overline{\mathcal{A}}^T\overline{\mathcal{A}} = 2^k n_R\mathcal{I}_k \tag{4.107}$$

$$\left(\overline{\mathcal{A}}^T\overline{\mathcal{A}}\right)^{-1} = 2^{-k}(n_R)^{-1}\mathcal{I}_k. \tag{4.108}$$

The sum of squares due to errors, *SSE*, can be computed using the following formula

$$SSE = (n_R - 1)\sum_{i=1}^{2^k} s_i^2, \tag{4.109}$$

where s_i is the standard deviation for the replicates for treatment i. Thus, the standard deviation, $\hat{\sigma}$, can be determined as

$$\hat{\sigma} = \sqrt{\frac{SSE}{l^k(n_R - 1)}} = \sqrt{\frac{\sum_{i=1}^{2^k} s_i^2}{l^k}}. \tag{4.110}$$

The effect due to each variable can be determined from

$$\text{effect} = 2\hat{\beta}. \tag{4.111}$$

Chapter 5
Modelling Stochastic Processes with Time-Series Analysis

So far with a few minor exceptions, the data used for regression analysis have been assumed to be independent of time, that is, the same values would be obtained irrespective of the time or sequence of events. In many process engineering examples, such an assumption is not necessarily true. The process values change from sampling point to sampling point, and the individual values strongly depend on adjacent process values, for example, the growth of a crystal is a time-dependent process. In such cases, analysing the data set using standard regression analysis may not be appropriate. A data set where the time element is important is often called a **time series**. Time series are found in many different fields including economics, business, social sciences, and of course, science and engineering. The development of time-series analysis methods has often been done in parallel in many different fields. Three different approaches to the analysis of time series can be considered (Shumway and Stoffer 2011). The first approach, which will be referred to here as the **transfer-function-based approach** seeks to develop a class of suitable models that describe the observable system using the available information. The internal dynamics of the system are not considered in this approach. The transfer-function-based approach finds wide application in process engineering, as it forms one of the main forms of modelling in process control applications. The foundations of this approach were laid by Box and Jenkins (Box and Jenkins 1970) in the middle part of the twentieth century. The second approach, which will be referred to here as the **state-space-based approach**, seeks to develop an understanding of the internal process dynamics that can be used to predict the future behaviour of the system. This approach incorporates the Kalman filter into developing appropriate parameter estimates. This approach although relatively new is finding more widespread implementation in process engineering due to its ability to handle complex process dynamics. The approach is based on the work of Kalman in developing a new method for dealing with time-series data (Kalman 1960; Kalman and Bucy 1961). Applications of this approach to time-series analysis are detailed in Harvey (1991). The third and final approach, which will be referred to here as the **frequency-domain-based approach**, seeks to develop methods for understanding

Y. A. W. Shardt, *Statistics for Chemical and Process Engineers*,
https://doi.org/10.1007/978-3-030-83190-5_5

the process in the frequency domain, that is, what kind of periodic signals are present in the given data set. In chemical and process engineering, transfer-function- and frequency-domain-based approaches are the most common ways of examining time series. Frequency-domain analysis often uses a Fourier transformation of the data set to highlight the key frequencies present. A good overview of these methods can be found in Bloomfield (2000) and Priestley (1981).

Given the pre-eminence of the transfer-function- and frequency-domain-based approaches in process and chemical engineering, these two approaches will be discussed in greatest detail in this chapter. Nevertheless, information about the state-space-based approach will also be considered. This chapter will present the basic, univariate approach to time-series analysis, which will be extended in Chap. 6 to consider the multivariate case containing both stochastic and deterministic components in order to model complex processes for process control, economic analysis, and simulation development.

5.1 Fundamentals of Time-Series Analysis

A time series is a data set whose individual entries are ordered chronologically, that is, let the time series Y be defined as follows:

$$Y = \{y_0, y_1, y_2, \ldots, y_m\}, \tag{5.1}$$

where y_0 represents the data sample at the initial sampling point, y_1 the data sample at the first sampling point, and m the total number of samples taken. It should be noted that the time interval between each of the samples is constant, that is, each sample is obtained every S seconds or other appropriate time unit.

For a time series, it is possible to compute such statistical properties as mean and standard deviation. However, these values can easily depend on time, that is, different subsets will have completely different means, for example, a growing crystal will initially have a small mean value, which will increase as the crystal grows. Since dealing with changing values can be difficult in many statistical applications, some assumptions are made about the properties of the time series.

A time series is said to be **strictly stationary** if the probabilistic behaviour of every subset of values, $\{x_t, x_{t+1}, \ldots x_{t+j}\}$ is identical to the time-shifted set $\{x_{t+k}, x_{t+k+1}, \ldots x_{t+k+j}\}$, that is,

$$P\left(x_t < c_1, \ldots, x_{t+j} < c_j\right) = P\left(x_{t+k} < c_1, \ldots, x_{t+k+j} < c_j\right) \tag{5.2}$$

for all $j = 1, 2, \ldots$; all time points $t = t_1, t_2, \ldots$; all constants $c_1, c_2 \ldots, c_j$, and all shifts, $k = 0, 1, 2, \ldots$. Strict stationarity implies that the distribution of variables is the same at every time instant and that all statistical properties are constant. In practice, it can be difficult to determine if a single data set satisfies this strict stationary condition.

Therefore, a weaker version that only constrains the first two moments has been developed.

A time series is said to be **weakly stationary**, if

1. The time series has a finite variance.
2. The mean of the time series is constant and independent of time, that is, $\mu = \mathrm{E}(x_t)$.
3. The autocovariance function, defined by Eq. (5.3) is independent of time.

Unless otherwise specified, references to a stationary signal will imply that we are dealing with the weakly stationary definition.

In order to compute various properties, it is useful to treat each entry in a time series as a random variable. Therefore, the **autocovariance** of the time series, $\gamma(t, \tau)$, at time t and lag τ can be given as:

$$\gamma(t, \tau) = E\big((y_t - E(y_t))(y_{t+\tau} - E(y_{t+\tau}))^T\big). \tag{5.3}$$

The autocovariance of a signal shows the degree of correlation between the signal at different time periods. It can be noted that the autocovariance at a lag of zero is always equal to the covariance of the time series. However, since the values of the autocovariance are not normalised, comparing different time series can be difficult. Instead, the normalised autocovariance, or the **autocorrelation**, $\rho(t, \tau)$, is more useful. Autocorrelation is defined as

$$\rho(t, \tau) = \frac{\gamma(t, \tau)}{\gamma(t, 0)} = \frac{\gamma(t, \tau)}{\sigma_t^2}. \tag{5.4}$$

The autocorrelation, unlike the autocovariance, varies only between -1 and 1. From the definition of a weakly stationary signal, the autocovariance and autocorrelation will not depend on t. Therefore, the t can be dropped from the computation to give

$$\gamma(\tau) = E\big((y_t - \mu_Y)(y_{t+\tau} - \mu_Y)^T\big) \tag{5.5}$$

$$\rho(\tau) = \frac{\gamma(\tau)}{\gamma(0)} = \frac{\gamma(\tau)}{\sigma_y^2}, \tag{5.6}$$

where μ_Y is the mean value of the given time series. For a stationary signal, both the autocovariance and autocorrelation functions are even functions, that is,

$$\rho(\tau) = \rho(-\tau). \tag{5.7}$$

For two stationary time series, X and Y, the cross-covariance, $\gamma_{XY}(\tau)$, is defined as

$$\gamma_{XY}(t, \tau) = E\big((x_t - \mu_X)(y_{t+\tau} - \mu_Y)^T\big). \tag{5.8}$$

Similar to the autocovariance, this measure is not very useful as it is not bounded. Instead, the cross-correlation, $\rho_{XY}(\tau)$, which is a measure of the correlation between the two signals, is more useful. The cross-correlation is defined as

$$\rho_{XY}(t,\tau) = \frac{E\left((x_t - \mu_X)(y_{t+\tau} - \mu_Y)^T\right)}{\sqrt{\sigma_X^2 \sigma_Y^2}}. \tag{5.9}$$

Two time series are said to be **jointly stationary** if:

1. Both series are stationary.
2. The cross-covariance function for the two time series does not depend on t.

Joint stationarity implies that the cross-correlation function can be written as

$$\rho_{XY}(\tau) = \frac{E\left((x_t - \mu_X)(y_{t+\tau} - \mu_Y)^T\right)}{\sqrt{\sigma_X^2 \sigma_Y^2}}. \tag{5.10}$$

In such cases, the cross-correlation function is an odd function, that is,

$$\rho_{XY}(\tau) = \rho_{YX}(-\tau). \tag{5.11}$$

The final useful type of correlation is the **partial correlation**, which represents the amount of correlation between two variables after accounting for any mutual variables, that is, it is a conditional correlation defined as

$$\rho_{XY|Z} = \frac{\operatorname{cov}(x, y|z)}{\sqrt{\operatorname{cov}(x|z)\operatorname{cov}(y|z)}}, \tag{5.12}$$

where Z represents the variables on which conditioning is performed (Franke et al. 2011). In time-series analysis, the most common form of partial correlation is the **partial autocorrelation** defined as

$$\rho_{X|Z}(\tau) = \frac{\operatorname{cov}(x_t, x_{t+\tau}|x_{t+1}, \ldots, x_{t+\tau-1})}{\sqrt{\operatorname{cov}(x_t|x_{t+1}, \ldots, x_{t+\tau-1})\operatorname{cov}(x_{t+\tau}|x_{t+1}, \ldots, x_{t+\tau-1})}}. \tag{5.13}$$

In partial autocorrelation, the conditioning is performed on all values located between the two variables of interest. This implies that the effect of the intermediate variables is removed from the computed autocorrelation between the two variables. In order to compute this function, it is first necessary to develop the appropriate models for time-series analysis. Further information about computing the values are provided in Sect. 5.4.1.2.

5.1.1 Estimating the Auto- and Cross-Covariance and Correlation Functions

The autocovariance and cross-covariance can be estimated using the following formulae:

$$\hat{\gamma}(\tau) = \frac{1}{m}\sum_{t=1}^{m-\tau} y_t y_{t+\tau}^T$$

$$\hat{\gamma}_{XY}(\tau) = \frac{1}{m}\sum_{t=1}^{m-\tau} x_t y_{t+\tau}^T. \tag{5.14}$$

The parameter estimates given above are biased but more useful. On the other hand, to obtain unbiased estimates, m can be replaced by $m - \tau$.

The estimated autocorrelation function is defined as

$$\hat{\rho}(\tau) = \frac{\hat{\gamma}(\tau)}{\hat{\gamma}(0)} \tag{5.15}$$

while the estimated cross-correlation function is defined as

$$\hat{\rho}_{XY}(\tau) = \frac{\hat{\gamma}_{XY}(\tau)}{\hat{\gamma}_{XY}(0)}. \tag{5.16}$$

The large-sample properties for both the estimated autocorrelation and the estimated cross-correlation functions are similar. The large-sample distribution of $\hat{\rho}$ (h) is normal with zero mean and a standard deviation given as

$$\sigma_{\hat{\rho}} = \frac{1}{\sqrt{m}}, \tag{5.17}$$

where m is the number of data points used to estimate the correlation function. This relationship applies both for the auto- and cross-correlation functions. The confidence interval for the estimated correlation values can then be written as

$$\mathrm{CI}_{\hat{\rho}} = \frac{t_{1-0.5\alpha,\, m}}{\sqrt{m}}. \tag{5.18}$$

In practice, since we have assumed that m is large, then $t_{1-0.5\alpha,\, m} \approx Z_{1-0.5\alpha} = 1.96 \approx 2$. This confidence interval is useful in determining which correlation values are significant and which ones could be equal to zero.

5.1.2 Obtaining a Stationary Time Series

Since the results presented in this chapter require that a series be stationary, it is necessary to consider the procedure for obtaining a stationary series. A nonstationary signal can be made stationary by taking the difference between two adjacent values. This procedure is called **differencing.** If the differences themselves are not stationary, then they can be differenced until a stationary differenced signal is obtained. However, it should be noted that differencing will lead to a loss of information in the signal and can introduce correlations where there are none.

There are two types of differencing: **true** and **periodic**. In **true differencing**, the difference between adjacent values is taken, that is,

$$\Delta y_t = y_t - y_{t-1}, \tag{5.19}$$

where Δ represents the difference operator. The value is an approximation to the derivative at this point. Therefore, to obtain the final model, it will be necessary to integrate the differenced model.

On the other hand, in **periodic differencing**, the difference is computed between values that are some constant distance apart, that is,

$$\Delta_p y_t = y_t - y_{t-p}, \tag{5.20}$$

where p is the period for differencing and Δ_p is the periodic difference operator. Such differencing can be useful if the data set shows cyclic or periodic behaviour. This is especially common in econometric or meteorological data series, where a period of one year or twelve months (depending on the sampling) is commonly observed.

5.1.3 Edmonton Weather Data Series Example

Consider the case of a chemical engineer who is involved in the optimisation of a plastics plant located in Refinery Row in Edmonton, Alberta, Canada. After analysing the available data, it was determined that the summer temperature had an overall effect on profitability of the plant. For this reason, it was desired to model the mean summer temperature so as to be able to predict the temperature in the future.

After examining all the available weather data, the data set presented in Table 5.3 for Edmonton was compiled using original data from Environment Canada. Further information regarding this data set, including all the original data points, can be found in Appendix A5. The challenge is to use this data set to develop a model of the mean summer temperature.

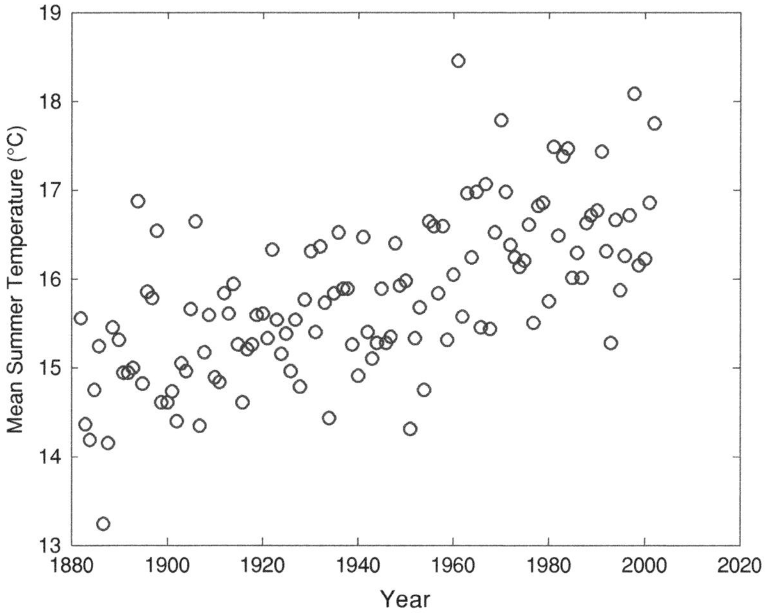

Fig. 5.1 Time-series plot of the mean summer temperature in Edmonton

A time-series plot of the mean summer temperature is shown in Fig. 5.1. In this example, the autocorrelation of the mean summer temperature will be determined. As well, the cross-correlation between the mean summer temperature and the mean spring temperature will be examined. The methods used to compute these plots can be found in either Chap. 7 for MATLAB® or Chap. 8 for Excel®.

The autocorrelation plot is shown in Fig. 5.2, the partial autocorrelation plot in Fig. 5.3, and the cross-correlation between the mean summer and spring temperatures in Edmonton in Fig. 5.4. For the autocorrelation plot shown in Fig. 5.2, there are some salient features that need to be considered. First, it can be noted that at a lag of zero, the autocorrelation is, as expected, 1. Second, it can be seen that all of the autocorrelations are located above the 95% confidence interval for significance. Note that the confidence intervals are equal to $2 / \sqrt{121} = 0.\overline{18}$. This suggests that all of the observed correlations are significant. Finally, there seems to be a weak, but noticeable, eight-lag oscillation.

The partial autocorrelation plot for the mean summer temperature in Edmonton, shown in Fig. 5.3, has the same format as the autocorrelation plot. Unlike in the autocorrelation plot, here, there are values located both inside and outside of the confidence region. A similar pattern to that previously observed can be seen here, that is, the values are significant at multiples of some constant. In this case, the significant partial autocorrelation values are located at lags of 1, 2, 3, and 8. This suggests a potential 2-year seasonal component (with values at 2, 4, 6, and 8).

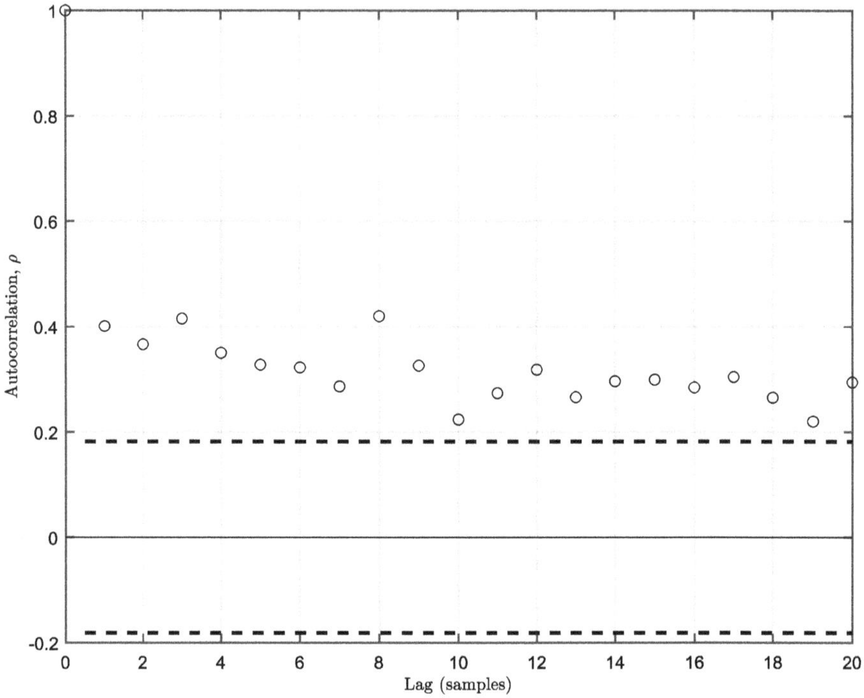

Fig. 5.2 Autocorrelation plot for the mean summer temperature in Edmonton. The thick dashed lines show the 95% confidence intervals for the given data set

The cross-correlation plot shown in Fig. 5.4 between the mean summer and spring temperatures has a similar format to the previously considered autocorrelation plot. The confidence interval is, as was previously noted, the same as for the autocorrelation plot. The salient feature is the four largest lags at −20, −16, 3, and 4. At this point, it would be useful to comment briefly about the meaning of these values. Since the formula for computing the cross-covariance can be written as $y_{t+\tau} = x_t$ or equivalently, $y_t = x_{t-\tau}$, we can see that positive values correspond to a relationship between past values of x (or in our case, the mean spring temperature) and current values of y (the mean summer temperature). Negative lags correspond to future values of x impacting a current value of y. Since we are interested in developing a model for y, a future lag relationship is not too useful, as it would imply that we will need to know values about the mean spring temperature in years that have not yet occurred. Since this requires either a good crystal ball or another model with its own inherent imperfections, the negative lag correlations are not terribly useful for the stated purpose. Therefore, the only two lags of interest are the positive ones at three and four years.

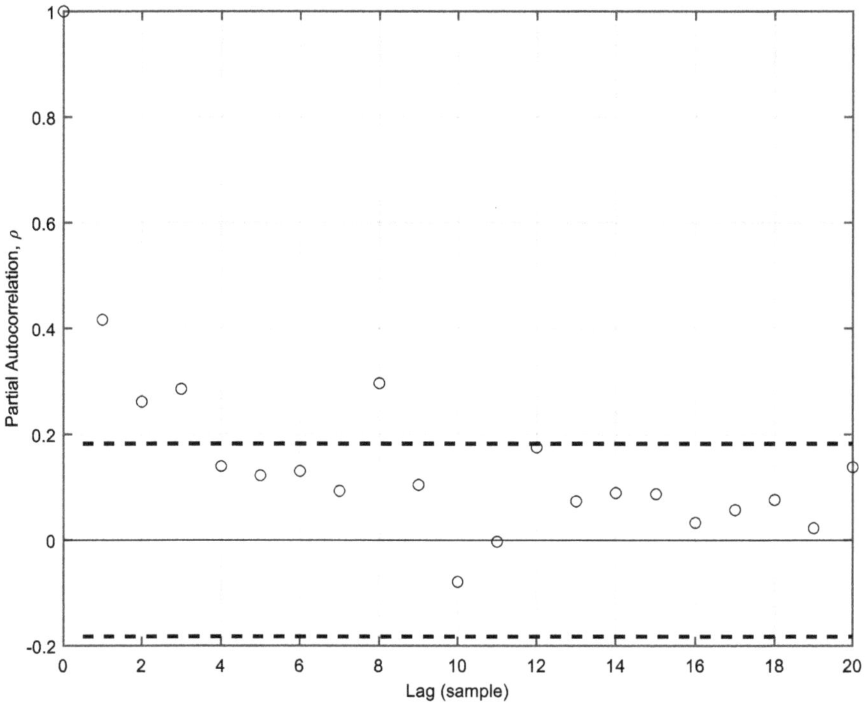

Fig. 5.3 Partial autocorrelation plot for the mean summer temperature in Edmonton. The thick dashed lines show the 95% confidence intervals for the given data set

5.2 Common Time-Series Models

In order to describe different time-series models compactly, it is necessary to introduce the *z*- or **forward shift operator**.[1] It is defined as

$$y_{t+1} = z\, y_t \tag{5.21}$$

that is, the forward shift operator shifts the time forward by one sample. Similarly, z^{-1} or the **backshift operator** performs the opposite job of the forward shift operator, that is,

$$y_{t-1} = z^{-1} y_t \tag{5.22}$$

or a backward shift of one sample.

[1] In the literature, different definitions can be found leading to slightly different overall forms, especially when it comes to the analysis of the model properties. The approach taken here is the most common, especially in the process control field.

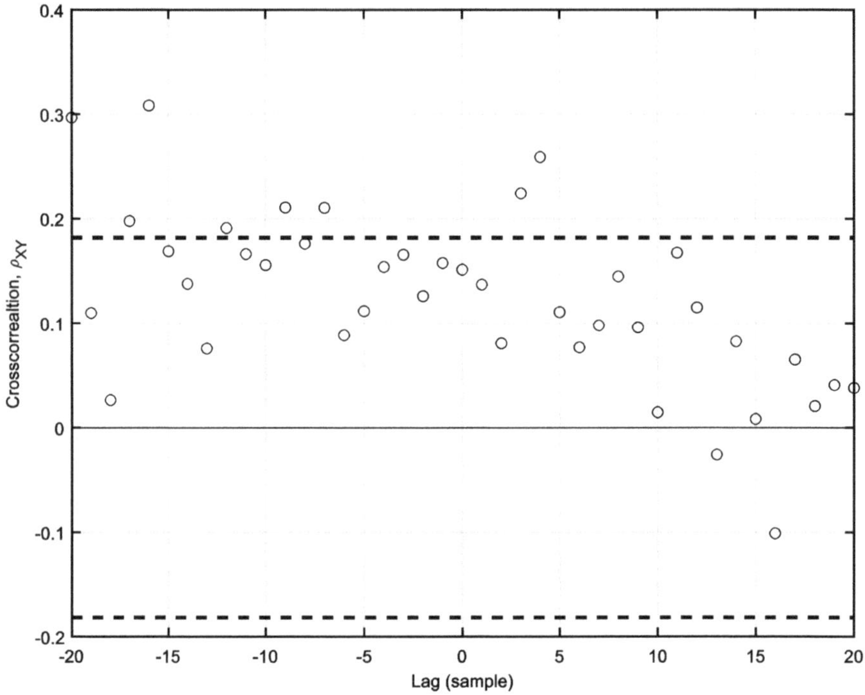

Fig. 5.4 Cross-correlation between the mean summer temperature (y) and the mean spring temperature (x) in Edmonton. The thick dashed lines show the 95% confidence intervals for the given data set

This implies that the differencing formulae can be rewritten as

$$\Delta y_t = y_t - z^{-1} y_t = \left(1 - z^{-1}\right) y_t \tag{5.23}$$

and

$$\Delta_{py_t} = y_t - z^{-p} y_t = \left(1 - z^{-p}\right) y_t. \tag{5.24}$$

The most general, time-series model called a **seasonal, autoregressive, integrated, moving-average (SARIMA) model** of order $(p, d, q) \times (P, D, Q)_s$ has the form

$$A_P\left(z^{-s}\right) A_p(z^{-1})\left(1 - z^{-s}\right)^D \left(1 - z^{-1}\right)^d y_t = B_Q\left(z^{-s}\right) B_q\left(z^{-1}\right) e_t, \tag{5.25}$$

where $A_p(z^{-1})$ and $B_q(z^{-1})$ are polynomials in z^{-1} of the form

$$A_p\left(z^{-1}\right) = 1 + \sum_{i=1}^{p} \alpha_i z^{-i}$$
$$B_q\left(z^{-1}\right) = 1 + \sum_{i=1}^{q} \beta_i z^{-i} \tag{5.26}$$

α_i and β_i are the parameters of the corresponding polynomial, and $A_P(z^{-s})$ and $B_Q(z^{-s})$ are defined as

$$A_P\left(z^{-s}\right) = 1 + \sum_{i=1}^{P} \alpha_{si} z^{-si}$$
$$B_Q\left(z^{-s}\right) = 1 + \sum_{i=1}^{Q} \beta_{si} z^{-si} \tag{5.27}$$

The process to be modelled is denoted by y, and e represents an independent, random variable drawn from a Gaussian distribution at each time instance, t. The model can be split into two components: the **seasonal component** and the **conventional component**. The **seasonal component** concerns those polynomials that contain an s in their power representation and have orders given by capital letters, that is, polynomials A_P, B_Q, and $(1 - z^{-s})^D$. The remaining terms (A_p, B_q, and $(1 - z^{-1})^d$) are called the **conventional component**. In practice, various simplifications are made to this model. The following are the most common simplified models:

1. **Autoregressive Model**: In this model, all polynomials except the $A_p(z^{-1})$-polynomial are assumed to have zero order. This gives a model of the form

$$y_t = \frac{1}{A_p\left(z^{-1}\right)} e_t = \frac{1}{A\left(z^{-1}\right)} e_t. \tag{5.28}$$

It is called an autoregressive model because the model solely depends on the past values of the process itself, that is, Eq. (5.28) can be written as

$$y_t = \alpha_1 y_{t-1} + \alpha_2 y_{t-2} + \ldots + \alpha_p y_{t-p} + e_t. \tag{5.29}$$

The pure seasonal autoregressive model is similarly defined but solely considers the seasonal component given by $A_P(z^{-s})$.

2. **Moving-Average Model**: In this model, all polynomials except the $B_q(z^{-1})$-polynomial are assumed to have zero order. This gives a model of the form

$$y_t = B_q\left(z^{-1}\right)e_t = B\left(z^{-1}\right)e_t. \tag{5.30}$$

It is called a moving-average model, since it computes a (weighted) average of the past random values, Eq. (5.30) can be written as

$$y_t = e_t + \beta_1 e_{t-1} + \beta_2 e_{t-2} + \ldots + \beta_q e_{t-q}. \tag{5.31}$$

The pure seasonal autoregressive model is similarly defined but solely considers the seasonal component given by $B_Q(z^{-s})$, that is,

$$y_t = B_Q(z^{-s})e_t. \tag{5.32}$$

3. **Integrating Model**: In this model, all polynomials except $(1-z^{-1})^d$ are assumed to have zero order. This gives a model of the form

$$y_t = \frac{1}{\left(1-z^{-1}\right)^d}e_t. \tag{5.33}$$

It is called an integrating model because the error is continually added to the previous values, that is, for the case, $d = 1$, Eq. (5.33) can be written as

$$y_t = y_{t-1} + e_t. \tag{5.34}$$

The integrating model is often also called the random walk model, since the time-series plot of the data can resemble a person walking randomly along the xy-plane. The pure seasonal integrating model is similarly defined but solely considers the seasonal component given by $(1 - z^{-s})^D$.

4. **Autoregressive, Moving-Average Model (ARMA)**: This model combines the autoregressive and moving average models but ignores the seasonal and integrating components to give a model of the form

$$y_t = \frac{B_q\left(z^{-1}\right)}{A_p\left(z^{-1}\right)}e_t = \frac{B\left(z^{1}\right)}{A\left(z^{-1}\right)}e_t. \tag{5.35}$$

Another type of model that can be used to describe a time series is the **infinite-order moving average**, also known as the **causal form of the model**, which is defined as

$$y_t = \sum_{j=0}^{\infty} h_j e_{t-j}, \tag{5.36}$$

where h is the impulse response coefficient that can be obtained by performing long division with the polynomials in the general model. The first term of the error impulse response model, h_0, is traditionally equal to 1. This model is commonly encountered in many theoretical applications. The corresponding form in terms of the noise term is called the infinite-order autoregressive model or the **invertible form of the model** and is defined as

$$e_t = \sum_{j=0}^{\infty} k_j y_{t-j}, \tag{5.37}$$

where k is defined analogously to h in the causal form.

In order to understand the different properties of these models, the next section will examine the theoretical behaviour of the different models. This will provide insight into methods that can be used to estimate some of the required parameters.

5.3 Theoretical Examination of Time-Series Models

The theoretical examination of time-series models considers the computation of theoretical properties and their interpretation. These results will allow us to develop different methods for modelling and understanding time series.

For the analysis of time-series models, two concepts need to be introduced: **causality** and **invertibility**. A process is said to be causal, if and only if, the current value of the process can be determined solely using past or current values of the process. This means that no unavailable, future values of the process are required. A process is said to be causal if and only if all roots of the denominator (that is, the A-polynomials) lie inside the unit circle in the complex domain, that is, $|z| < 1$. Under such circumstances, a causal process is also **stationary**. Furthermore, for a causal process, the infinite-order moving-average model will converge to a finite value.

A time-series process is said to be **invertible** if and only if the inverse process is also causal, that is, if $y_t = Le_t$, then if $e_t = L^{-1}y_t$ is causal, it is said that the original process is invertible. Furthermore, this implies that an invertible form of the model converges to a defined value. Clearly, if the denominator of the model determines causality, then invertibility will be determined by roots of the numerator of the original process (that is, the B-polynomials) lying inside the complex unit circle, that is, $|z| < 1$. Invertibility arises in the analysis of moving-average processes, since it can be impossible to distinguish between two different moving-average processes by solely examining their output, that is, y_t.

5.3.1 Properties of a White-Noise Process

Before considering the different types of models mentioned above, it is instructive to first examine a white-noise signal. A white noise signal is defined as

$$y_t = e_t, \tag{5.38}$$

where $e_t \sim \mathfrak{N}(0, \sigma^2)$. Furthermore, it is assumed that the individual values are identical (same distribution) and independent. The mean of this signal is

$$\mu_y = E(y_t) = E(e_t) = 0. \tag{5.39}$$

The autocovariance infinite-order moving is

$$\gamma_y(\tau) = E(y_t y_{t-\tau}) = E(e_t e_{t-\tau}) = \begin{cases} \sigma^2 & \tau = 0 \\ 0 & \text{otherwise} \end{cases}. \tag{5.40}$$

The result follows from the fact that the signal values are independent of each other. This implies that for two values e_t and $e_{t-\tau}$, $\tau \neq 0$, the expected value will be zero. This is a very useful property of a white-noise signal. The autocorrelation will then be zero for all $|\tau| > 0$ and one for $\tau = 0$. This implies that a white-noise signal will have a single peak on a autocorrelation plot at $\tau = 0$. All other values will be zero. A pure, white-noise signal is always invertible and causal.

5.3.2 Properties of a Moving-Average Process

This section will examine the properties of a moving-average process, MA(q), defined as

$$y_t = e_t + \beta_1 e_{t-1} + \beta_2 e_{t-2} + \ldots + \beta_q e_{t-q} = \sum_{i=0}^{q} \beta_i e_{t-i}, \tag{5.41}$$

where, as before, $e_t \sim \mathfrak{N}(0, \sigma^2)$ and the individual values are identical (same distribution) and independent. It should be noted that, by convention, $\beta_0 = 1$. The mean of the process is easy to compute as being equal to 0.

Theorem 5.1 ***Autocovariance of a Moving-Average Process.*** The autocovariance of a moving-average process can be written as

$$\gamma(\tau) = \begin{cases} \sum_{i=0}^{q-\tau} \beta_i \beta_{i+\tau} \sigma^2 & \tau \leq q \\ 0 & \text{otherwise} \end{cases}. \tag{5.42}$$

Proof Substituting the definition of a moving-average series (Eq. 5.41) into the definition of the autocovariance (Eq. 5.3) gives

$$\gamma(\tau) = E\left(\sum_{i=0}^{q} \beta_i e_{t-i} \sum_{j=0}^{q} \beta_j e_{t-j+\tau} \right). \tag{5.43}$$

Multiplying through Eq. (5.43) gives

$$\begin{aligned} \gamma(\tau) &= \left(\sum_{i=0}^{q} \beta_i E\left(e_{t-i} \sum_{j=0}^{q} \beta_j e_{t-j+\tau} \right) \right) \\ &= \left(\sum_{i=0}^{q} \beta_i E\left(\beta_0 e_{t-i} e_{t+\tau} + \beta_1 e_{t-i} e_{t+\tau-1} + \cdots + \beta_q e_{t-i} e_{t-q+\tau} \right) \right). \end{aligned} \tag{5.44}$$

From the definition of a white-noise signal, the autocovariance will be nonzero if and only if the two white-noise realisations have the same subscripts. Therefore, solving for the subscripts gives

$$\begin{aligned} t - i &= t - j + \tau \\ j &= i + \tau. \end{aligned} \tag{5.45}$$

Thus, the only nonzero terms inside the expectation sign will be the terms such that $j = i + \tau$. This implies that Eq. (5.44) can be rewritten as

$$\gamma(\tau) = \left(\sum_{i=0}^{q} \beta_i \beta_{i+\tau} \sigma^2 \right). \tag{5.46}$$

Now, it should be noted that the values of β_j for $j > q$ will be equal to zero. Therefore, setting $j = q$ in the subscript equation gives that $i \leq q - \tau$. Furthermore, for lags $\tau > q$, there will not be any nonzero parameters (at least one of the two parameters will be zero), and so the sum will be zero. Therefore, Eq. (5.42) is obtained.

Q.E.D.

Corollary 5.1 *Variance of a Moving-Average Process. The variance of a moving-average process can be written as*

$$\gamma(0) = \sum_{i=0}^{q} \beta_i^2 \sigma^2. \tag{5.47}$$

Proof Setting $\tau = 0$ into Eq. (5.42) will quickly give the above solution.

Q.E.D.

Corollary 5.2 *Autocorrelation of a Moving Average Process. The autocorrelation of a moving average process can be written as*

$$\rho(\tau) = \begin{cases} \frac{\sum_{i=0}^{q-\tau} \beta_i \beta_{i+\tau}}{\sum_{i=0}^{q} \beta_i^2} & \tau \le q \\ 0 & \text{otherwise} \end{cases}. \tag{5.48}$$

Proof From Eq. (5.42) and the definition of autocorrelation.

Q.E.D.

For a moving-average process, it can be seen that the autocorrelation will decrease from 1 at a lag of zero to a value of zero for all lags greater than q. This suggests that plotting the (estimated) autocorrelation function of an unknown moving-average process can reveal the underlying order q.

Example 5.1 *Example of a Moving-Average Process*

Consider the following moving-average process

$$y_t = e_t + 0.5_{e_{t-1}} + 0.1_{e_{t-2}},$$

where $e_t \sim \mathfrak{N}(0, 4)$ is a Gaussian, white-noise process. Compute the mean, variance, and general autocorrelation function for the process. Compare with the results from Corollary 5.2.

Solution

The mean value can be computed as follows:

$$\begin{aligned} \mu_y &= E(y_t) = E(e_t + 0.5e_{t-1} + 0.1e_{t-2}) \\ &= E(e_t) + 0.5E(e_{t-1}) + 0.1E(e_{t-2}) \\ &= 0, \end{aligned}$$

since $E(e_t) = E(e_{t-1}) = E(e_{t-2}) = 0$. The variance can be computed as follows

$$\begin{aligned}
\sigma_y^2 &= E(y_t y_t) = E((e_t + 0.5e_{t-1} + 0.1e_{t-2})(e_t + 0.5e_{t-1} + 0.1e_{t-2})) \\
&= E(e_t e_t) + 0.5E(e_{t-1}e_t) + 0.1E(e_{t-2}e_t) + \\
&\quad 0.5E(e_{t-1}e_t) + 0.5^2E(e_{t-1}e_{t-1}) + 0.1(0.5)E(e_{t-2}e_{t-1}) + \\
&\quad 0.1E(e_{t-2}e_t) + 0.5(0.1)E(e_{t-1}e_{t-2}) + 0.1^2E(e_{t-2}e_{t-2}) \\
&= \sigma^2 + 0.5^2\sigma^2 + 0.1^2\sigma^2 \\
&= 1.26(4) \\
&= 5.04.
\end{aligned}$$

Note that only the terms where the subscripts are equal have a nonzero value. All other values are zero. The autocovariance function for $\tau > 0$ can be computed as follows

$$\begin{aligned}
\gamma(\tau) &= E(y_t y_{t+\tau}) = E\big((e_t + 0.5e_{t-1} + 0.1e_{t-2})(e_{t+\tau} + 0.5e_{t-1+\tau} + 0.1e_{t-2+\tau})\big) \\
&= E(e_t e_{t+\tau}) + 0.5E(e_{t-1}e_{t+\tau}) + 0.1E(e_{t-2}e_{t+\tau}) + \\
&\quad 0.5E(e_{t-1+\tau}e_t) + 0.5^2E(e_{t-1+\tau}e_{t-1}) + 0.1(0.5)E(e_{t-2}e_{t-1+\tau}) + \\
&\quad 0.1E(e_{t-2+\tau}e_t) + 0.5(0.1)E(e_{t-1}e_{t-2+\tau}) + 0.1^2E(e_{t-2+\tau}e_{t-2}).
\end{aligned}$$

Again, the only significant terms will be for those whose subscripts are equal at the given lag. For $\tau = 1$, we get,

$$\begin{aligned}
\gamma(1) &= 0.5E(e_t e_t) + 0.5(0.1)E(e_{t-1}e_{t-1}) = 0.55\sigma^2 = 0.55(4) \\
&= 2.2.
\end{aligned}$$

Similarly, for $\tau = 2$, we get

$$\begin{aligned}
\gamma(2) &= 0.1E(e_t e_t) = 0.1\sigma^2 = 0.1(4) \\
&= 0.4.
\end{aligned}$$

For $\tau \geq 3$, the autocovariance will be zero. Since $\rho(\tau) = \gamma(\tau) \,/\, \gamma(0)$, the autocorrelation function becomes

$$\rho(\tau) = \begin{cases} 1 & \tau = 0 \\ {}^{55}\!/_{126} & \tau = 1 \\ {}^{5}\!/_{63} & \tau = 2 \\ 0 & \text{otherwise} \end{cases}.$$

This is identical to the results obtained using the formula in Corollary 5.2.

Example 5.2 *Simulation of a Moving-Average Process*

Consider the same moving-average process as in Example 5.1, which has been simulated for 2,000 samples. Examine the provided autocorrelation plot and compare it with the values obtained previously. The results are shown in Fig. 5.5.

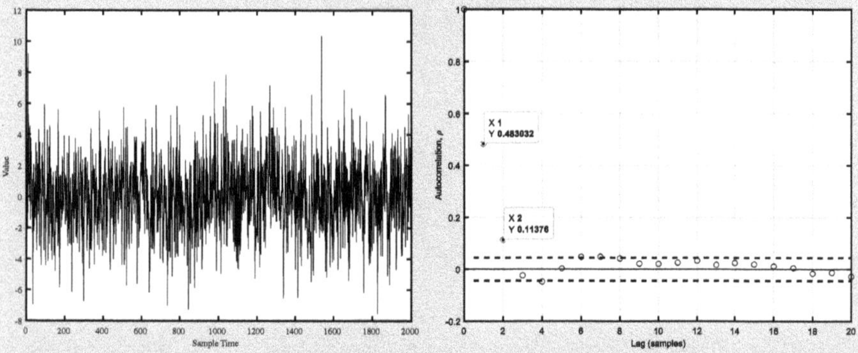

Fig. 5.5 (left) Time-series plot of the given moving-average process and (right) Autocorrelation plot for the same process

Solution

As expected, the autocorrelation plot has only three significant peaks (at $\tau =$ 0, 1, and 2). The estimated values are close to the theoretical values. Notice that even though the values for $\tau \geq 3$ should be zero, we see some of them being on the boundary or slightly over. This will always be the case with estimated values, which makes the exact determination of the order slightly more complicated. Nevertheless, for a moving-average process, the autocorrelation plot does allow for the process order to be estimated.

Since a moving-average process does not contain a denominator, it is always causal. However, it may not always be invertible. Consider a simple MA(1) process where $\beta_1' = 2$ and $\beta_1'' = 2^{-1} = 0.5$. It is easy to see that both will have the same autocorrelation function. In fact, this is true for any pair of values, β_1 and β_1^{-1}. Furthermore, the autocovariance function for both $\beta_1' = 2$ with $\sigma^2 = 1$ and $\beta''_1 = 0.5$ with $\sigma^2 = 4$ will be the same. This implies that it will be impossible to distinguish these two pairs solely by examining y_t. Unfortunately, since y_t is the only information about the process that we have, it is necessary to break the tie somehow. In this case, the best choice is to take the one that is invertible, that is, its inverse process is causal. Invertibility can be useful when dealing with process analysis.

5.3.3 *Properties of an Autoregressive Process*

This section will examine the properties of an autoregressive process, AR(p), defined as

$$\begin{aligned} y_t &= e_t - \alpha_1 y_{t-1} - \alpha_2 y_{t-2} - \ldots - \alpha_p y_{t-p} = e_t - \sum_{i=0}^{p} \alpha_i y_{t-i} \\ &= \frac{1}{1 + \alpha_1 z^{-1} + \alpha_2 z^{-2} + \cdots + \alpha_p z^{-p}} e_t, \end{aligned} \tag{5.49}$$

where, as before, $e_t \sim \mathfrak{N}(0, \sigma^2)$ and the individual values are identical (same distribution) and independent. In order to simplify the computation of the various properties of an autoregressive process, it is useful to recast the process into its equivalent infinite-order moving-average form, that is,

$$y_t = e_t - \sum_{i=0}^{p} \alpha_i y_{t-i} = \sum_{i=0}^{\infty} h_i e_{t-i}, \tag{5.50}$$

The coefficients h_i can be obtained by performing long division on the original polynomial expression given in Eq. (5.49).

The mean value of the autoregressive process can be computed using Eq. (5.50), that is,

$$\mu_y = E(y_t) = \sum_{i=0}^{\infty} h_i E(e_{t-i}) = 0, \text{ if the series converges.} \tag{5.51}$$

Clearly, if the series does not converge, then the mean value cannot exist.

Theorem 5.2 *Autocovariance of an Autoregressive Process. The autocovariance of an autoregressive process can be written as*[2]

$$\gamma(\tau) = \sum_{i=1}^{p} \sum_{j=1}^{p} \frac{(-\theta_j)^{\tau} \phi_i \phi_j}{1 - \theta_i \theta_j} \sigma^2, \tag{5.52}$$

---

[2] The presented formula assumes that there are no repeated roots in the decomposition of the function. If there are repeated roots, then the value can be obtained by either taking the limit of the above equation as two of the roots approach each other or looking at Appendix 2 of (Shardt 2012), which presents a detailed method for the symbolic computation of the cross-covariance for two arbitrary time series.

where θ are the distinct, possibly complex, roots of the A-*polynomial and* ϕ *are the partial fraction coefficients, that is,*

$$y_t = \frac{1}{1 + \alpha_1 z^{-1} + \alpha_2 z^{-2} + \cdots + \alpha_p z^{-p}} e_t = \sum_{i=1}^{p} \frac{\phi_i}{1 + \theta_i} e_t. \tag{5.53}$$

Proof Consider a causal, autoregressive process that can be written as follows

$$y_t = \frac{1}{\prod_{i=1}^{p} \left(1 + \theta_i z^{-1}\right)} e_t, \tag{5.54}$$

where θ_i are the distinct, possibly complex, roots of the A-polynomial. By partial fractioning, Eq. (5.54) can be rewritten as

$$y_t = \sum_{i=1}^{p} \frac{\phi_i}{1 + \theta_i z^{-1}} e_t. \tag{5.55}$$

Noting that, for any causal autoregressive process where $|\theta| < 1$,

$$\frac{1}{1 + \theta_i z^{-1}} = \sum_{i=1}^{\infty} (-\theta_i)^i z^{-i}. \tag{5.56}$$

Equation (5.55) can be rewritten as

$$y_t = \sum_{i=1}^{p} \phi_i \sum_{j=1}^{\infty} (-\theta_i)^j e_{t-j}. \tag{5.57}$$

Since we are interested in the autocovariance, we can write the autocovariance as

$$\gamma(\tau) = E\left(\left(\sum_{i=1}^{p} \phi_i \sum_{j=1}^{\infty} (-\theta_i)^j e_{t-j}\right)\left(\sum_{i=1}^{p} \phi_i \sum_{k=1}^{\infty} (-\theta_i)^k e_{t-k+\tau}\right)\right). \tag{5.58}$$

Similar to the solution for the moving-average process, the only terms that are significant are those whose subscripts are the same, that is,

$$\begin{aligned} t - j &= t - k + \tau \\ k &= j + \tau. \end{aligned} \tag{5.59}$$

Noting and keeping only those terms that are feasible as defined by the subscripts and substituting this into Eq. (5.58) gives

$$\gamma(\tau) = \sum_{l=1}^{p}\sum_{i=1}^{p}\phi_i\phi_l e_{t-j}\sum_{j=1}^{\infty}(-\theta_i)^j(-\theta_l)^{j+\tau}E\left(e_{t-j}e_{t-j}\right). \tag{5.60}$$

Using Eq. (5.56) in reverse and relabelling the indices gives

$$\gamma(\tau) = \sum_{i=1}^{p}\sum_{j=1}^{p}\frac{\left(-\theta_j\right)^\tau\phi_i\phi_j}{1-\theta_i\theta_j}\sigma^2. \tag{5.61}$$

Q.E.D.

Corollary 5.3 *Variance of an Autoregressive Process. The variance of an autoregressive process can be written as*

$$\sigma_y^2 = \gamma(0) = \sum_{i=1}^{p}\sum_{j=1}^{p}\frac{\phi_i\phi_j}{1-\theta_i\theta_j}\sigma^2. \tag{5.62}$$

Proof Setting $\tau = 0$ into Eq. (5.52) will quickly give the above solution.

Q.E.D.

Corollary 5.4 *Autocorrelation of an Autoregressive Process. The autocorrelation of an autoregressive process can be written as*

$$\rho(\tau) = \frac{\sum_{i=1}^{p}\sum_{j=1}^{p}\frac{\left(-\theta_j\right)^\tau\phi_i\phi_j}{1-\theta_i\theta_j}}{\sum_{i=1}^{p}\sum_{j=1}^{p}\frac{\phi_i\phi_j}{1-\theta_i\theta_j}}. \tag{5.63}$$

Proof From Eq. (5.52) and the definition of autocorrelation.

Q.E.D.

For an autoregressive process, it can be seen that the autocorrelation does not have an abrupt endpoint; rather, it continues to decay and slowly approach 0. This means that it is not possible to determine the order of an autoregressive process from the autocorrelation plot . Instead, we need to consider the **partial autocorrelation**

function (**PACF**). It can be shown (see Sect. 5.4.1.2 for the details) that the PACF of an autoregressive process stops after p lags. This makes the PACF analogous to the ACF for a moving-average process. In fact, for a moving-average process, the PACF will decay for all lags.

Example 5.3 *Example of an Autoregressive Process*
Consider the following autoregressive process

$$y_t = 0.5y_{t-1} + e_t,$$

where $e_t \sim \mathfrak{N}(0, 4)$ is a Gaussian, white-noise process. Compute the mean, variance, and general autocorrelation function for the process.

Solution

Before computing any of the required values, let us first rewrite this into the infinite-order moving-average form. Rewriting the process into the transfer-function form gives

$$y_t = \frac{1}{1 - 0.5z^{-1}} e_t.$$

From the derivation for the autocovariance, Eq. (5.56) gives that the infinite-order moving-average form will be

$$y_t = \sum_{i=0}^{\infty} 0.5^i e_{t-i}.$$

The mean value can be computed as follows:

$$\begin{aligned}\mu_y = E(y_t) = E\left(\sum_{i=0}^{\infty} 0.5^i e_{t-i}\right) \\ = \sum_{i=0}^{\infty} 0.5^i E(e_{t-i}) \\ = 0,\end{aligned}$$

since $E(e_{t-i}) = 0\ \forall i$. The variance can be computed using Corollary 5.3

$$\sigma_y^2 = \sum_{i=1}^{p}\sum_{j=1}^{p} \frac{\phi_i \phi_j}{1 - \theta_i \theta_j}\sigma^2 = \sum_{i=1}^{1}\sum_{j=1}^{1} \frac{\phi_i \phi_j}{1 - \theta_i \theta_j}\sigma^2$$

$$= \frac{1}{1-(0.5)^2}(4)$$
$$= 5\frac{1}{3}.$$

Note that only the terms where the subscripts are equal have a nonzero value. All other values are zero. The autocorrelation function for $\tau > 0$ can be computed using Corollary 5.4 to give

$$\rho(\tau) = \frac{\sum_{i=1}^{p}\sum_{j=1}^{p}\frac{(-\theta_j)^{\tau}\phi_i\phi_j}{1-\theta_i\theta_j}}{\sum_{i=1}^{p}\sum_{j=1}^{p}\frac{\phi_i\phi_j}{1-\theta_i\theta_j}} = \frac{\sum_{i=1}^{1}\sum_{j=1}^{1}\frac{(-\theta_j)^{\tau}\phi_i\phi_j}{1-\theta_i\theta_j}}{\sum_{i=1}^{1}\sum_{j=1}^{1}\frac{\phi_i\phi_j}{1-\theta_i\theta_j}} = \frac{\frac{0.5^{\tau}}{1-0.5^2}}{\frac{1}{1-0.5^2}} = 0.5^{\tau}.$$

This result clearly shows the behaviour of the autocorrelation function for an autoregressive process and its difference from the moving-average process.

Example 5.4 *Simulation of an Autoregressive Process*

Consider the same autoregressive process as in Example 5.3, which has been simulated for 2,000 samples. Examine the provided autocorrelation plot and compare it with the values obtained previously. The results are shown in Fig. 5.6.

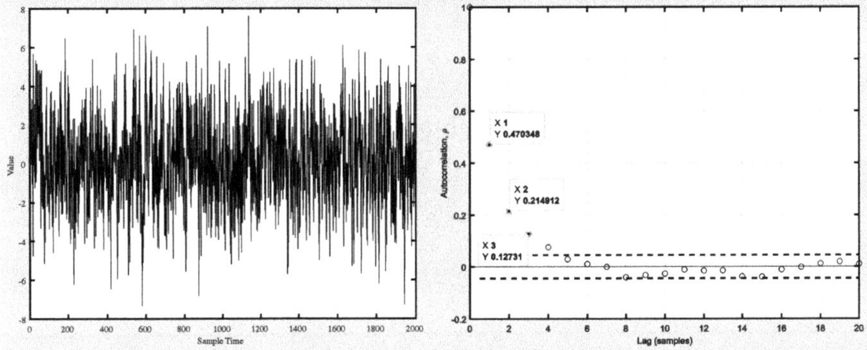

Fig. 5.6 (left) Time-series plot of the given autoregressive process and (right) Autocorrelation plot for the same process

Solution

As expected, the autocorrelation plot decays slowly to zero. The first three values are close to the theoretical values of 0.5, 0.25, and 0.125. As well, note that the estimated autocorrelation values for large lags are relatively imprecise, since, in reality, the value could easily be close to zero. For comparison purposes, the partial autocorrelation plot is shown in Fig. 5.7 for both the AR(1) process considered in this example and the MA(1) process considered in Example 5.1. Here, it is quite obvious that the autoregressive process has a single spike at a lag of 1, while the moving-average process has at least two significant points. The difference between the expected and observed behaviours can be attributed to the fact that these are simulation examples, for which there will be a wide range of possible outcomes.

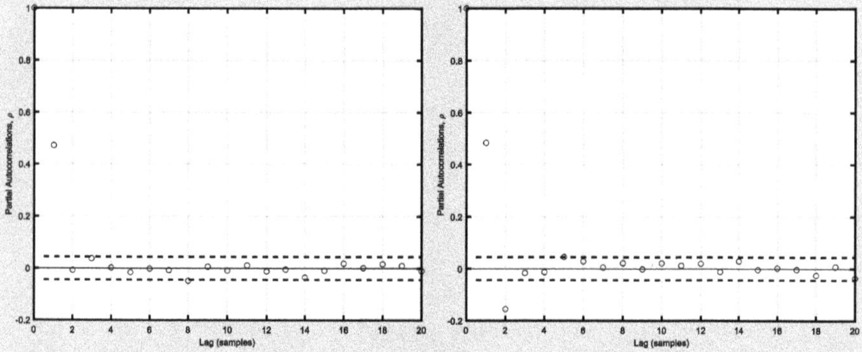

Fig. 5.7 Partial autocorrelation plot for (left) AR(1) and (right) MA(1) processes

5.3.4 *Properties of an Integrating Process*

The integrating process, also known as the random walk, is defined as

$$y_t = e_t + y_{t-1} = \frac{1}{1 - z^{-1}} e_t. \tag{5.64}$$

It is easy to see that an integrating process is unstable, since $z = 1$. Therefore, the mean value for this process is undefined. The theoretical autocorrelation will be a uniform one for all lags. Practically, when estimating the autocorrelation, it will very slowly decrease as a function of the lags (Wichern 1973; Hassler 1994). This makes it difficult to distinguish from a true autoregressive model with $\alpha \approx 1$. In practice, if the data do not look stationary, then it is quite likely that the process contains an integrator rather than a slowly varying autoregressive component.

Example 5.5 *Simulation of an Integrating Process*

Simulate an integrating process for 2,000 samples and compare it with an AR(1) process with $\alpha_1 = -0.98$. Compute the sample autocorrelation and partial autocorrelation functions. Compare and suggest ways to distinguish the two cases. The simulation results are shown in Fig. 5.8 The Gaussian noise for both processes is the same.

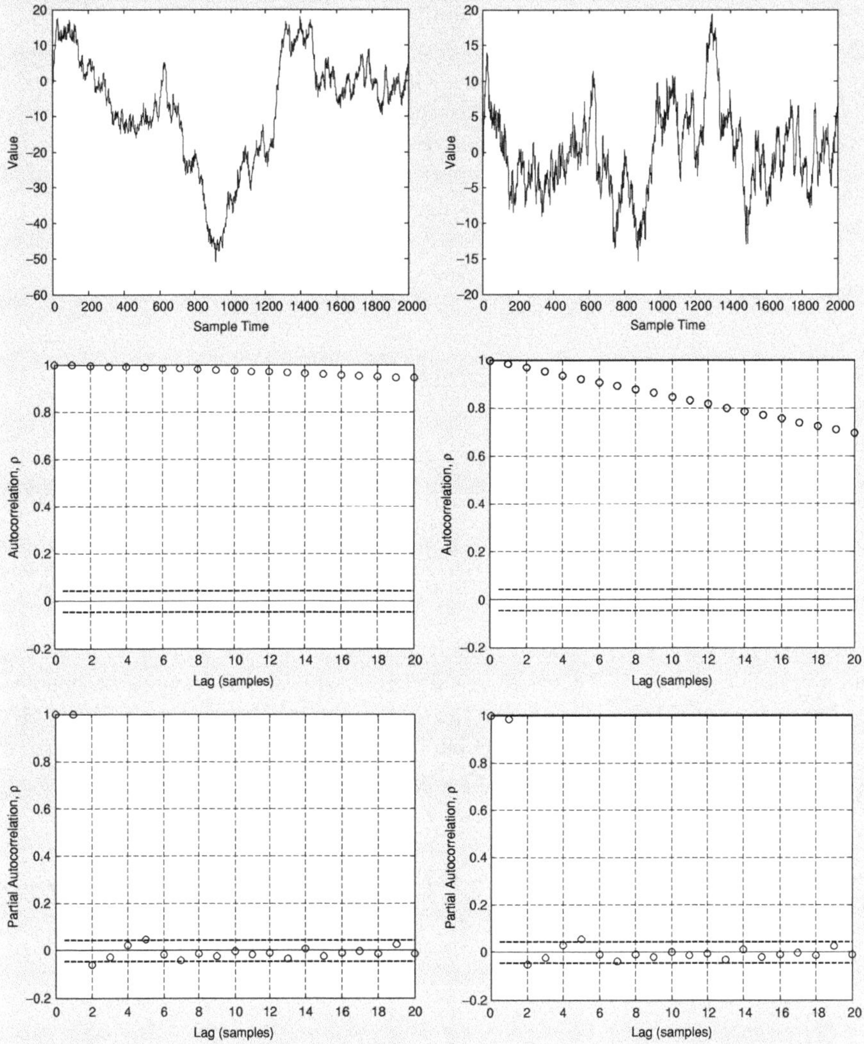

Fig. 5.8 (top) Time-series plot, (middle) Autocorrelation plot, and (bottom) Partial autocorrelation plot for (left) Integrating and (right) AR(1) with $\alpha = -0.98$ processes

Solution

First, it can be noted that the integrating process has a much larger deviation from the mean value than the causal autoregressive process with uneven distribution about the mean. The autocorrelation plot shows that the value for both decays slowly. However, for the autoregressive process, it is much faster than for the integrating process. On the other hand, for the partial autocorrelation plot, the overall behaviour is quite similar. Both have two peaks (at zero and one), but the values of the peaks are quite different. For the integrating process, the value is exactly one for both peaks, while for the autoregressive process, the value is, as expected, less than one (≈0.9856). This suggests that in addition to identifying the order of the autoregressive component, the partial autocorrelation plot can be useful in separating integrating processes from other types of autoregressive processes based on the value of the lag-one term.

5.3.5 *Properties of ARMA and ARIMA Processes*

The autoregressive, moving-average process denoted as ARMA(p, q) is one of the most common times series models that can be used. It has the general form given as

$$y_t = \frac{B(z^{-1})}{A(z^{-1})}e_t = \frac{1 + \beta_1 z^{-1} + \cdots + \beta_q z^{-q}}{1 + \alpha_1 z^{-1} + \cdots + \alpha_p z^{-p}}e_t. \tag{5.65}$$

This model combines the properties and behaviour of both the moving-average and autoregressive processes. Therefore, it will be causal if its AR component, denoted by the A-polynomial, has roots inside the unit circle. It will be invertible if its MA component, denoted by the B-polynomial, has roots inside the unit circle. Similarly, the autoregressive, integrating, moving-average process, denoted as ARIMA(p, d, q), has the general form given as

$$y_t = \frac{B(z^{-1})}{A(z^{-1})(1 - z^{-1})^d}e_t = \frac{1 + \beta_1 z^{-1} + \cdots + \beta_q z^{-q}}{(1 + \alpha_1 z^{-1} + \cdots + \alpha_p z^{-p})(1 - z^{-1})^d}e_t. \tag{5.66}$$

The autocorrelation function for an ARMA process can be computed exactly (for details, see Appendix A3 of Shardt 2012). In general, the determination of the orders can be estimated by examining the autocorrelation and partial autocorrelation plots. In most cases, it is desired to obtain an approximate value for these parameters to be used as an initial estimate for the identification procedure.

Example 5.6 *Simulation of an ARMA Process*
Consider the following ARMA(2, 2) process

$$y_t = \frac{1 + 0.2z^{-1} - 0.5z^{-2}}{1 - 0.4z^{-1} + 0.5z^{-2}} e_t.$$

Determine the causality and invertibility of this process. Simulate it for 2,000 samples and obtain estimates for the autocorrelation and partial autocorrelation functions. Can the true orders be determined?

Solution

The causality of this process is determined by considering the roots of the denominator, that is, $1 - 0.4z^{-1} + 0.5z^{-2}$. Using the quadratic formula, gives two roots, $z = 0.2 \pm 0.678i$. Computing the absolute value (or modulus) of the roots gives $|z| = 0.7071 < 1$. Since this value is less than 1, it can be concluded that the process is causal. Likewise, for invertibility, considering the numerator of the process, we get that the roots are $z = 0.61414, -0.81414$. Since the absolute value of both roots is less than 1, it can be concluded that the process is invertible.

The simulation results are shown in Figs. 5.9 and 5.10. First, it can be noted that both the autocorrelation and partial autocorrelation plots do not show any clear behaviour or cut-off points. The autocorrelation plot does not decay exponentially to zero; rather around a lag of 4, there is some unexpected behaviour. Furthermore, both plots show values that alternate in sign. This behaviour is common if any of the roots are complex numbers. Since we are dealing with a real process, this observation implies that there must be at least two (or a similar *even* number of) such complex roots, that is, the order is at least two. For both plots, the largest peaks occur at a lag of 2. This reflects well on what we know about the process.

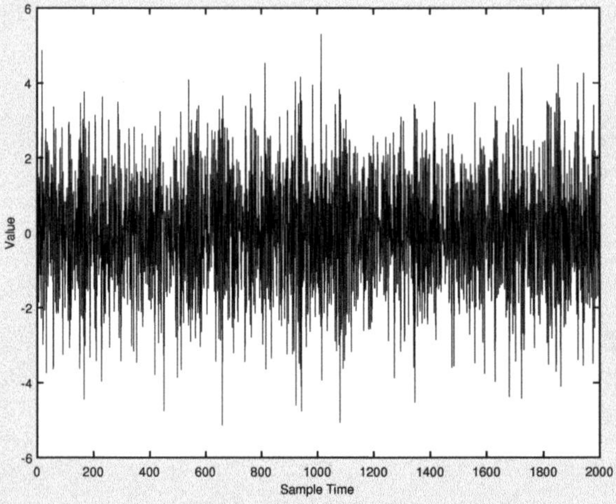

Fig. 5.9 Time-series plot of the ARMA process

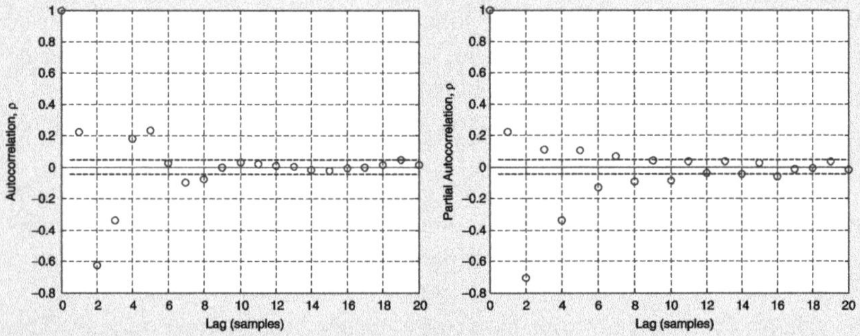

Fig. 5.10 (left) Autocorrelation plot and (right) Partial autocorrelation plot for the ARMA process

5.3.6 Properties of the Seasonal Component of a Time-Series Model

There are three seasonal components: the seasonal autoregressive component defined as

$$y_t = \frac{1}{A_P(z^{-s})}e_t = \frac{1}{1 + \alpha_1 z^{-s} + \cdots + \alpha_P z^{-sP}}e_t, \tag{5.67}$$

the seasonal moving-average component defined as

$$y_t = B_Q(z^{-s})e_t = \left(1 + \beta_1 z^{-s} + \cdots + \beta_Q z^{-Qs}\right)e_t \tag{5.68}$$

and, finally, the seasonal integrating process defined as

$$y_t = \frac{1}{(1 - z^{-s})^D}e_t. \tag{5.69}$$

The properties of the seasonal components are similar to those of the corresponding base components after taking into consideration the seasonal component. This can be accomplished by replacing the z^{-1} in the base polynomials by z^{-s} to yield the seasonal forms. The mean and variance will stay the same. The autocovariance and autocorrelation can be computed by replacing τ in the base formulae by τs. At all other points, the values will be zero. A similar transformation applies to the partial autocorrelation. This implies that the seasonal component can be identified by noting consistent gaps in the process between significant values. For example, the autocorrelation for the seasonal autoregressive component can be computed as follows:

$$\rho(\tau) = \begin{cases} \dfrac{\sum_{i=1}^{p}\sum_{j=1}^{p}\frac{\left(-\theta_j\right)^{ks}\phi_i\phi_j}{1-\theta_i\theta_j}}{\sum_{i=1}^{p}\sum_{j=1}^{p}\frac{\phi_i\phi_j}{1-\theta_i\theta_j}} & \tau = ks\,\forall k \in \mathbb{N} \\ 0 & \text{otherwise} \end{cases}. \tag{5.70}$$

Example 5.7 *Simulation of the Seasonal Component*

Simulate the following seasonal processes for 2,000 samples and comment on their autocorrelation and partial autocorrelation plots:

$$y_1 = \frac{1}{1 - 0.6z^{-4}}e_t,\ y_2 = \left(1 + 0.5z^{-3} - 0.2z^{-6}\right)e_t,\ y_3 = \frac{1}{1 - z^{-5}}e_t.$$

Solution

The simulation results are shown in Figs. 5.11, 5.12, and 5.13. In all cases, the autocorrelation and partial autocorrelation functions show only significant values at multiples of a seasonal component. In all other cases, the results are very similar to those previously considered with the autocorrelation function being useful to show the moving-average values and the partial autocorrelation function useful for the autoregressive and integrating processes.

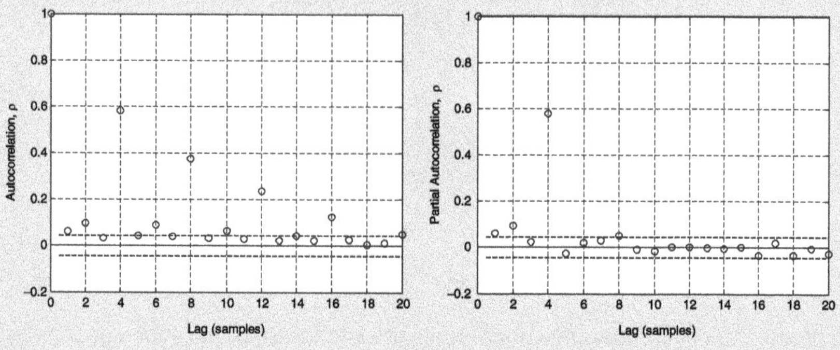

Fig. 5.11 (left) Autocorrelation plot and (right) Partial autocorrelation plot for the seasonal autoregressive process

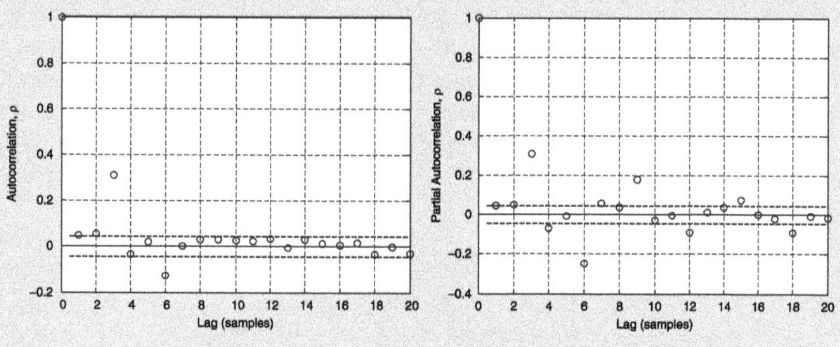

Fig. 5.12 (left) Autocorrelation plot and (right) Partial autocorrelation plot for the seasonal moving-average process

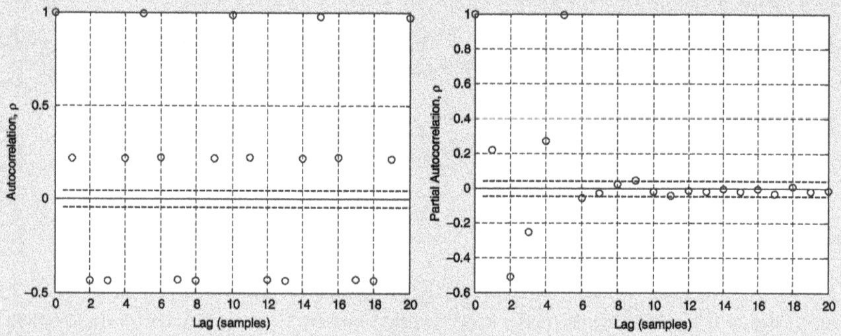

Fig. 5.13 (left) Autocorrelation plot and (right) Partial autocorrelation plot for the seasonal integrating process

5.3.7 *Summary of the Theoretical Properties for Different Time-Series Models*

A useful summary of the different properties of the common time-series models is shown in Table 5.1. This summary is very useful when trying to determine the initial orders for the data set.

5.4 Time-Series Modelling

Having examined the different theoretical properties of time-series models in the previous sections, it is now possible to consider the modelling of the time series given some data set. There are two separate steps in this procedure: determining the model orders and determining the model parameters. The model orders determine the type of model that will be used, while the model parameters provide the actual values for the model. The general, time-series modelling procedure can be summarised into the following steps:

1. **Stationarity Testing**: Determine if the data set is stationary, by examining the data set itself, its autocorrelation, and partial autocorrelation plots. If there is evidence of an integrator, difference the data, and repeat the procedure with the differenced data until the data are stationary. This will give the value of d and D. Note that it may sometimes be necessary to transform the data by applying a nonlinear transformation, for example, $\tilde{y}_t = \log(y_t)$.

Table 5.1 Summary of the theoretical properties of different time-series models

Model	Form	Autocorrelation $\rho(\tau)$	Partial Autocorrelation
Pure White Noise	$y_t = e_t$	Single peak at $\tau = 0$	Exponential decay
Moving Average, MA(q)	$y_t = B(z^{-1})$	q significant peaks	Exponential decay
Autoregressive Model, AR(p)	$y_t = \frac{1}{A(z^{-1})} e_t$	Exponential decay	p significant peaks
Integrating Process, I(d)	$y_t = \frac{1}{(1-z^{-1})^d} e_t$	Theoretically: always 1 Practically: Very slowly decaying values	Two peaks at $\tau = 0$ and 1, both with value 1
Autoregressive, Moving-Average Model, ARMA(p, q)	$y_t = \frac{B(z^{-1})}{A(z^{-1})} e_t$	A combination of the MA and AR graphs from which an estimate of the orders can be obtained	
Seasonal Component	Replace z^{-1} by z^{-s} in the above formulae	The graphs are the same as above, except that there is now a space of s between each of the peaks	

2. **Model Order Determination**: Using the (differenced) data, determine the model orders for the process. Model orders are determined by examining the autocorrelation and partial autocorrelation plots for the data set combined with the information presented in Table 5.1. This will give the value of p, P, q, and Q.
3. **Model Parameter Estimation**: Using the selected model orders and an appropriate method, estimate the model parameters.
4. **Model Validation**: Validate the model by examining the residuals. If the residuals satisfy the assumptions, then consider the model to be sufficient. Otherwise, change the model orders (including, if necessary, the value of d and D) or try a nonlinear transformation of the data. One can continue as long as one wants on this step.

5.4.1 Estimating the Time-Series Model Parameters

Estimating the model parameter values is, in general, performed using one of two methods: the method of moments leading to the Yule–Walker equations or the maximum likelihood method. Although the Yule–Walker equations are simpler, they only provide an efficient estimator for autoregressive models. As well, the Yule–Walker equations are useful for estimating the partial autocorrelation function. Least-square estimates are also possible, but they are difficult to solve analytically due to the complex nature of the models.

5.4.1.1 Yule–Walker Equations for Estimating an Autoregressive Model

Consider the standard autoregressive model given by Eq. (5.49)

$$y_t = e_t - \alpha_1 y_{t-1} - \alpha_2 y_{t-2} - \cdots - \alpha_p y_{t-p}. \tag{5.71}$$

Multiply this equation by $y_t, y_{t-1}, \ldots, y_{t-p}$ and take the expectation of the resulting $p + 1$ equations to give

$$\begin{aligned}\gamma(0) &= \sigma^2 - \alpha_1\gamma(1) - \alpha_2\gamma(2) - \cdots - \alpha_p\gamma(p)\\ \gamma(1) &= -\alpha_1\gamma(0) - \alpha_2\gamma(-1) - \cdots - \alpha_p\gamma(1-p)\\ &\vdots\\ \gamma(p) &= -\alpha_1\gamma(p-1) - \alpha_2\gamma(p-2) - \cdots - \alpha_p\gamma(0).\end{aligned} \tag{5.72}$$

Re-arranging this system of equations into matrix form gives

$$\begin{aligned}\sigma^2 &= \gamma(0) + \vec{\alpha}^T\vec{\gamma}\\ \vec{\gamma} &= -\Gamma\vec{\alpha},\end{aligned} \tag{5.73}$$

where $\vec{\alpha}$ is the $p \times 1$-row vector $\langle \alpha_1, \alpha_2, \ldots, \alpha_p \rangle^T$, Γ is the $p \times p$-matrix of autocovariances defined as

$$\Gamma = \begin{bmatrix} \gamma(0) & \gamma(1) & \cdots & \cdots & \gamma(p-1) \\ \gamma(1) & \gamma(0) & \gamma(1) & \cdots & \gamma(p-2) \\ \vdots & & \ddots & & \vdots \\ \vdots & & & \ddots & \vdots \\ \gamma(p-1) & \cdots & \cdots & \gamma(1) & \gamma(0) \end{bmatrix} \tag{5.74}$$

and $\vec{\gamma}$ is the $p \times 1$-row vector $\langle \gamma(1), \gamma(2), \ldots, \gamma(p) \rangle^T$. Using the method of moments approach and using the estimated autocovariances in place of the true values, it is possible to obtain an estimate for $\vec{\alpha}$ and σ^2. The resulting equations are[3]

$$\boxed{\begin{aligned} \hat{\sigma}^2 &= \hat{\gamma}(0) - \hat{\vec{\gamma}}^T \hat{\Gamma}^{-1} \hat{\vec{\gamma}} \\ \hat{\vec{\alpha}} &= -\hat{\Gamma}^{-1} \hat{\vec{\gamma}} \end{aligned}}. \tag{5.75}$$

An equivalent formulation in terms of the autocorrelation function gives

$$\hat{\vec{\rho}} = -\hat{\mathrm{P}} \hat{\vec{\alpha}}, \tag{5.76}$$

where $\hat{\vec{\alpha}}$ is the $p \times 1$-row vector $\langle \alpha_1, \alpha_2, \ldots, \alpha_p \rangle^T$, P is the $p \times p$-matrix of autocorrelations defined as

$$\hat{\mathrm{P}} = \begin{bmatrix} 1 & \hat{\rho}(1) & \cdots & \cdots & \hat{\rho}(p-1) \\ \hat{\rho}(1) & 1 & \hat{\rho}(1) & \cdots & \hat{\rho}(p-2) \\ \vdots & & \ddots & & \vdots \\ \vdots & & & \ddots & \vdots \\ \hat{\rho}(p-1) & \cdots & \cdots & \hat{\rho}(1) & 1 \end{bmatrix} \tag{5.77}$$

and $\hat{\vec{\rho}}$ is the $p \times 1$-row vector $\langle \hat{\rho}(1), \hat{\rho}(2), \ldots, \hat{\rho}(p) \rangle^T$. Parameter estimates obtained with either method will give the same result.

Although it is possible to solve this system of equations directly, computationally, it can be better to solve them using an iterative approach. The most common such method is the Durbin–Levinson algorithm (see Sect. 5.4.4.1 for an explanation of this method).

The Yule–Walker estimators can be shown to be asymptotically normally distributed (Shumway and Stoffer 2011), such that

[3] Since Γ is symmetric, $\Gamma^{\mathrm{T}} = \Gamma$.

$$\hat{\vec{\alpha}} - \vec{\alpha} \sim \mathfrak{N}\left(0, \frac{\sigma^2\Gamma^{-1}}{m}\right)$$
$$\hat{\sigma}^2 \approx \sigma^2, \tag{5.78}$$

where m is the number of data points used in the estimation. This implies that approximate $100(1 - \alpha)\%$ confidence intervals for the parameters $\hat{\vec{\alpha}}$ can be constructed as

$$\boxed{\hat{\alpha}_i \pm t_{1-\frac{\alpha}{2},m-p}\hat{\sigma}\sqrt{\frac{\Gamma_{ii}^{-1}}{m}}}. \tag{5.79}$$

Example 5.8 *Fitting an AR(2) Process Using the Yule–Walker Equations*
The following AR(2) process

$$y_t = 1.4y_{t-1} - 0.5y_{t-2} + e_t$$

was simulated for 100 samples (provided in Sect. A5.2). Using the Yule–Walker equations, fit an AR(2) model to the data and comment on the resulting parameters. Compute the 95% confidence intervals.

Solution

Using the sample autocovariance formula, the sample autocovariances are

$$\hat{\gamma}(0) = 13.6002,\ \hat{\gamma}(1) = 12.5275,\ \hat{\gamma}(2) = 10.7976.$$

The required matrices then become

$$\hat{\vec{\gamma}} = \begin{bmatrix} 12.5275 & 10.7976 \end{bmatrix}^T$$
$$\hat{\Gamma} = \begin{bmatrix} 13.6002 & 12.5275 \\ 12.5275 & 13.6002 \end{bmatrix}.$$

Solving the Yule–Walker equations gives

$$\hat{\vec{\alpha}} = -\begin{bmatrix} 13.6002 & 12.5275 \\ 12.5275 & 13.6002 \end{bmatrix}^{-1}\begin{bmatrix} 12.5275 \\ 10.7976 \end{bmatrix}$$
$$= \frac{-1}{13.6002^2 - 12.5275^2}\begin{bmatrix} 13.6002 & -12.5275 \\ -12.5275 & 13.6002 \end{bmatrix}\begin{bmatrix} 12.5275 \\ 10.7976 \end{bmatrix}.$$

$$= \begin{bmatrix} -1.2527 \\ 0.3599 \end{bmatrix}$$

$$\hat{\sigma}^2 = 13.6002 - \begin{bmatrix} 12.5275 \\ 10.7976 \end{bmatrix}^T \begin{bmatrix} 13.6002 & 12.5275 \\ 12.5275 & 13.6002 \end{bmatrix}^{-1} \begin{bmatrix} 12.5275 \\ 10.7976 \end{bmatrix}$$

$$= 1.7937$$

The 95% confidence bound, which, in this case, will be the same for both parameters, can be computed as

$$\delta = 1.96(1.7937)^{0.5}\sqrt{\frac{0.485\,25}{100}} = 0.182\,86.$$

This implies that the confidence intervals for the two parameters are.

$$\hat{\vec{\alpha}} = \begin{bmatrix} -1.25 \pm 0.18 \\ 0.36 \pm 0.18 \end{bmatrix}.$$

We can see that the confidence interval for both parameters covers the true values.

5.4.1.2 Computing the Partial Autocorrelation Function

In order to compute the partial autocorrelation function, assume that the process of interest can be modelled as a τ-order autoregressive process. Note that it does not matter what model the true process has. Set up the τ-order Yule–Walker equation in the form given by Eq. (5.76). It can be shown that the partial autocorrelation of lag τ is equal to $-\alpha_\tau$, that is, the final parameter that is estimated (Franke et al. 2011).[4] Practically, rather than computing all the parameters, it is easier to simply compute the final desired value using Cramer's Rule, that is,

$$\rho_{X|X_{t+1},\ldots,X_{t+\tau-1}}(\tau) = \frac{\|\mathrm{P}_\tau^*\|}{\|\mathrm{P}_\tau\|}, \tag{5.80}$$

where $\|\cdot\|$ is the determinant of a matrix and P_τ^* is the P_τ matrix with the τth column replaced by $\vec{\rho}$. Equation (5.80) gives that

$$\rho_{X|X_{t+1},\ldots,X_{t+\tau-1}}(1) = \rho(1) \tag{5.81}$$

[4] The negative sign arises from the way the model has been defined.

and

$$\rho_{X|X_{t+1},\ldots,X_{t+\tau-1}}(2) = \frac{\begin{Vmatrix} 1 & \rho(1) \\ \rho(1) & \rho(2) \end{Vmatrix}}{\begin{Vmatrix} 1 & \rho(1) \\ \rho(1) & 1 \end{Vmatrix}} = \frac{\rho(2) - \rho(1)^2}{1 - \rho(1)^2}. \tag{5.82}$$

Theoretical values for higher-order partial autocorrelation values can be similarly computed. In practice, the Durbin–Levinson iterative method is used to compute the required partial autocorrelations (see Sect. 5.4.4.1 for an explanation of this method).

Example 5.9 *Partial Autocorrelation for an AR(1) Process*

Consider the standard first-order autoregressive process and compute its partial autocorrelation values.

Solution

From Corollary 5.4, the autocorrelation for a first-order process can be written as

$$\rho(\tau) = (-\alpha_1)^{\tau}.$$

Therefore, the partial autocorrelation function can be written as

$$\rho_{X|X_{t+1},\ldots,X_{t+\tau-1}}(1) = \rho(1) = (-\alpha)^1 = -\alpha$$

$$\rho_{X|X_{t+1},\ldots,X_{t+\tau-1}}(2) = \frac{\rho(2) - \rho(1)^2}{1 - \rho(1)^2} = \frac{(-\alpha)^2 - (-\alpha)^2}{1 - (-\alpha)^2} = 0$$

$$\rho_{X|X_{t+1},\ldots,X_{t+\tau-1}}(\tau) = 0\ for\ \tau \geq 3.$$

This shows that, as previously mentioned, the partial autocorrelation function can be useful in identifying the order of the autoregressive function.

The partial autocorrelation function can be estimated by replacing the true autocorrelations with the estimated ones. The statistical properties of the estimated partial autocorrelation function are identical to those of the estimated autocorrelation function, that is,

$$\sigma_{\hat{\rho}_{X|X_{t+1,\ldots,t+\tau-1}}} = \frac{1}{\sqrt{m}}, \tag{5.83}$$

where m is the number of data points used in estimating the partial autocorrelation function.

5.4.2 *Maximum Likelihood Parameter Estimates for ARMA Models*

Assume that the ARMA process of interest can be written as an infinite-order autoregressive process, that is,

$$e_t = \frac{A\left(z^{-1}\right)}{B\left(z^{-1}\right)} y_t = y_t + \sum_{i=1}^{\infty} w_i y_{t-i}, \tag{5.84}$$

where w is the coefficient obtained upon performing long division on the term A/B, which can be rewritten as

$$y_t = \sum_{i=1}^{\infty} w_i y_{t-i} + e_t. \tag{5.85}$$

Assuming that the residuals (or e_t) are normally distributed, then $\vec{y} = \langle y_1, y_2, \ldots, y_m \rangle^T$ will have a multivariate normal distribution with a probability density

$$p\left(\vec{y}|\vec{\theta}\right) = (2\pi)^{-m/2} \|\Gamma\|^{-0.5} \exp\left(-\frac{1}{2\sigma^2} \vec{y}^T \Gamma^{-1} \vec{y}\right), \tag{5.86}$$

where Γ is the matrix of autocovariances defined by Eq. (5.74) and $\vec{\theta}$ is the model parameter vector defined as

$$\vec{\theta} = \left\langle \alpha_1, \alpha_2, \ldots, \alpha_p, \beta_1, \beta_2, \ldots \beta_q, \sigma_\varepsilon^2 \right\rangle^T \tag{5.87}$$

and σ_ε^2 is the variance of the white-noise process. Let the likelihood function for this problem be defined as

$$L\left(\vec{\theta}|\vec{y}\right) = p\left(\vec{y}|\vec{\theta}\right) = \left(2\pi\sigma_\varepsilon^2\right)^{-m/2} \|\Gamma\|^{-0.5} \exp\left(-\frac{1}{2\sigma_\varepsilon^2} \vec{y}^T \Gamma^{-1} \vec{y}\right). \tag{5.88}$$

The log-likelihood function, $\ell\left(\vec{\theta}|\vec{y}\right)$, is given as

$$\ell\left(\vec{\theta}|\vec{y}\right) = \log L\left(\vec{\theta}|\vec{y}\right) = -\frac{m}{2}\log 2\pi\sigma_\varepsilon^2 - \frac{1}{2}\log\|\Gamma\| - \frac{1}{2\sigma_\varepsilon^2}\vec{y}^T\Gamma^{-1}\vec{y}. \quad (5.89)$$

The parameter estimates are then obtained by maximising either Eq. (5.88) or Eq. (5.89). The result given by Eq. (5.89) is called the **exact log-likelihood function**. However, when dealing with a long time series with many data points, it will be computationally expensive to compute the determinant and inverse required by the exact log-likelihood function at every iteration. Instead, the exact probability can be replaced by the conditional probability, that is, $p\left(\vec{y}|\vec{\theta}\right) \approx p\left(y_t|y_{t-1},\ldots,y_1,\vec{\theta}\right)$. This approximation holds well for large data sets. With such an approximation, Eq. (5.88) can be written as

$$L\left(\vec{\theta}|\vec{y}\right) = \prod_{t=1}^{m} p\left(y_t|y_{t-1},\ldots,y_1,\vec{\theta}\right). \quad (5.90)$$

The expected value of the conditional probability can be written as

$$E\left(y_t|y_{t-1},\ldots,y_1,\vec{\theta}\right) = \sum_{j=1}^{\infty} w_j y_{t-j} \approx \sum_{j=1}^{t-1} w_j y_{t-j}. \quad (5.91)$$

In such cases, the conditional log-likelihood function can be written as

$$\ell\left(\vec{\theta}|\vec{y}\right) = \log L\left(\vec{\theta}|\vec{y}\right) = -\frac{m}{2}\log 2\pi\sigma_\varepsilon^2 - \frac{1}{2}\log\sigma_\varepsilon^2 - \frac{1}{2\sigma_\varepsilon^2}\sum_{i=1}^{m}\left(y_i - \sum_{j=1}^{t-1} w_j y_{i-j}\right)^2. \quad (5.92)$$

In the literature, this is often called the **innovation-based approximation**, since the difference between the measured and estimated values, called an **innovation**, is used in the computation of the log-likelihood function. This approach has the advantage that no inverses or determinants need to be computed. In general, since most data series are quite long, with many data points, this approach provides sufficiently accurate values. Various other simplifications can be made to improve the computational aspect of the result. One common assumption is that values in the past with $t < 0$ are equal to zero.

The required noise variance is then computed using the following formula

$$\sigma_{\varepsilon}^{2}=\frac{1}{m-p-q}\sum_{i=1}^{m}\left(y_i-\hat{y}_i\right)^2, \tag{5.93}$$

where $\hat{y}_i$ is the predicted time-series value based on the model and m is the number of data points in the time series.

It can be noted that, irrespective of the approach taken, these equations will generally have to be solved numerically using some form of an optimisation algorithm. The required initial guess can be obtained based on either the Yule–Walker parameter estimates or some other approach. For autoregressive models, a closed-form solution to the above equations is available. The final result is identical to the Yule–Walker parameter estimates for an autoregressive model.

Example 5.10 *Exact Solution of the Maximum Likelihood Equation for an Autoregressive Model*

Consider an autoregressive model

$$y_t+\sum_{j=1}^{p}\alpha_j y_{t-j}=e_t.$$

Derive the corresponding maximum likelihood estimates for this model using the conditional probability density approach.

Solution

First, we can note that Eq. (5.91) can be made exact if we consider that there are exactly p past values that need to be considered. This gives

$$E\left(y_t|y_{t-1},\ldots,y_1,\vec{\theta}\right)=\sum_{j=1}^{\infty}w_j y_{t-j}=-\sum_{j=1}^{p}\alpha_j y_{t-j}.$$

Substituting this relationship into the log-likelihood function (Eq. 5.92) gives

$$\ell\left(\vec{\theta}|\vec{y}\right)=\log L\left(\vec{\theta}|\vec{y}\right)=-\frac{m}{2}\log 2\pi\sigma_{\varepsilon}^{2}-\frac{1}{2}\log\sigma_{\varepsilon}^{2}-\frac{1}{2\sigma_{\varepsilon}^{2}}\sum_{i=1}^{m}\left(y_i+\sum_{j=1}^{p}\alpha_j y_{i-j}\right)^2.$$

If it is assumed that σ_{ε} is known, then the solution to the above equation can be determined analytically by considering solely the last, quadratic term. Thus, taking the derivative of the quadratic term with respect to the parameters α_j and setting the result equal to zero gives

$$\frac{1}{\sigma_\varepsilon^2}\sum_{t=1}^{m}\left[y_t+\sum_{i=1}^{p}\alpha_i y_{t-i}\right]y_{t-j}=0\,\forall j=1,2,\ldots,p.$$

In order to solve the resulting system of equations, it can be helpful to note that $y_t y_{t-j} \approx \hat{\gamma}(j)$, an estimated autocovariance. Therefore, the resulting system of equations can be written as

$$\hat{\vec{\gamma}} = -\hat{\Gamma}\hat{\vec{\alpha}},$$

where $\hat{\vec{\alpha}}$ is the $p\times 1$-row vector $\langle \hat{\alpha}_1, \hat{\alpha}_2, \ldots, \hat{\alpha}_p \rangle^T$, which is identical to the Yule–Walker equation.

As with all maximum likelihood methods, the parameter estimates are asymptotically normally distributed, and approximate confidence intervals can be obtained using the following formulae:

$$\hat{\vec{\theta}} - \vec{\theta} \sim \mathfrak{N}\left(0, \frac{\sigma^2\Gamma_{pq}^{-1}}{m}\right)$$
$$\hat{\sigma}_\varepsilon^2 \approx \sigma_\varepsilon^2, \tag{5.94}$$

where m is the number of data points used in the estimation,

$$\Gamma_{pq} = \begin{bmatrix} \Gamma_{\alpha\alpha} & \Gamma_{\alpha\beta} \\ \Gamma_{\beta\alpha} & \Gamma_{\beta\beta} \end{bmatrix}, \tag{5.95}$$

$\Gamma_{\alpha\alpha}$ is the $p \times p$ matrix whose (i, j)th-entry is the $\gamma(i-j)$ of the process $A(z^{-1})y_t = e_t$, $\Gamma_{\beta\beta}$ is the $q\times q$ matrix whose (i, j)th-entry is the $\gamma(i-j)$ of the process $y_t = B(z^{-1})e_t$, $\Gamma_{\alpha\beta}$ is the $p\times q$ matrix whose (i, j)th-entry is the $\gamma_{XY}(i-j)$ of the above two processes, that is, each entry is the cross-covariance between the AR and MA components at lag $(i-j)$, and $\Gamma_{\beta\alpha} = \Gamma_{\alpha\beta}^T$. This implies that approximate $100(1-\alpha)\%$ confidence intervals for the parameters $\hat{\vec{\theta}}$ can be constructed as

$$\boxed{\hat{\theta}_i \pm t_{1-\frac{\alpha}{2},m-p-q}\hat{\sigma}_\varepsilon\sqrt{\frac{\left(\Gamma_{pq}\right)_{ii}^{-1}}{m}}}. \tag{5.96}$$

Example 5.11 *Modelling the Mean Summer Temperature in Edmonton*

Consider the previously examined Edmonton temperature data series detailed in Sect. A5.1. For the purposes of this example, consider the problem of estimating a model for the mean summer temperature. The autocorrelation and the partial autocorrelation plots have already been shown and analysed previously (see Figs. 5.2 and 5.3). Using the results from there, obtain an initial model for the data.

Solution

Before a model can be fit, it is necessary to determine the orders of the model. From the autocorrelation plot, it would seem that some type of autoregressive component is present, since the values do not decay to zero. It can be noted that there are pronounced spikes at lags 1, 2, and 8. In fact, all of the values are significant and located above the confidence bounds for zero. On the other hand, the partial autocorrelation plot shows only a few significant points, namely lags 1, 2, 3, and 8. For the purposes of this example, it will be assumed that $p = q = 8$, that is, an autoregressive moving-average model will be fit to the data set. However, any potential seasonal component will be ignored at this point.

In general, when fitting a model, the data should be detrended, that is, the mean value should be removed from the data set. Using appropriate computer software, the model parameters with their standard deviation are

$$\begin{aligned} A(z^{-1}) = 1 &- 0.948(\pm 0.2)z^{-1} + 0.758(\pm 0.1)z^{-2} - 0.612(\pm 0.2)z^{-3} \\ &- 0.045(\pm 0.155)z^{-4} - 0.451(\pm 0.2)z^{-5} + 0.508(\pm 0.2)z^{-6} \\ &- 0.643(\pm 0.2)z^{-7} - 0.446(\pm 0.1)z^{-8} \end{aligned}$$

$$\begin{aligned} B(z^{-1}) = 1 &- 0.877(\pm 0.1)z^{-1} + 0.840(\pm 0.06)z^{-2} - 0.493(\pm 0.1)z^{-3} \\ &- 0.137(\pm 0.09)z^{-4} - 0.598(\pm 0.08)z^{-5} + 0.700(\pm 0.1)z^{-6} \\ &- 0.936(\pm 0.06)z^{-7} + 0.760(\pm 0.1)z^{-8}. \end{aligned}$$

The 95% confidence interval would be approximately twice (exactly 1.96) the given standard deviation. It can be seen that, in general, the estimated coefficients corresponding to the values between z^{-4} and z^{-6} have large confidence intervals that could cover zero. This agrees well with the observed results that suggest that only the first few lags and a lag of 8 are significant. Model validation will be performed in the subsequent example.

5.4.3 Model Validation for Time-Series Models

The basic principles of model validation, testing the residuals and the overall model, are the same as for regression analysis. The goal of this validation is to confirm that the residuals obtained are independent, normally distributed, white-noise values and that the model captures a significant portion of the overall variability. The main tools for model validation are:

1. **Tests for Normal Distribution**: In time-series analysis, there are three common approaches that can be used to test for normality:

   a. **Normal Probability Plot**: The most common method to test normality is to plot a normal probability plot of the residuals. The points should lie along a straight line. Examples of good and bad normal probability plots are shown in Table 3.2.
   b. **Autocorrelation Plot of the Residuals**: The autocorrelation plot of the residuals provides a useful visual aid in determining if the residuals are white noise. If the 95% confidence intervals for a zero autocorrelation are included in the plot, then at least 95% of the computed autocorrelations should lie inside the plotted confidence intervals.
   c. **Ljung–Box–Pierce *Q*-Statistic**: This is a general test statistic that seeks to determine if the observed autocorrelation is that of a white-noise signal, that is, do all nonzero lags have an autocorrelation of zero. The statistic is given as

   $$Q = m(m+2)\sum_{h=1}^{H}\frac{\hat{\rho}_e(h)}{m-h}, \qquad (5.97)$$

   where $\hat{\rho}_e$ is the autocorrelation of the residuals and H is an arbitrary value, normally selected to be about 20. The critical value, $Q_{critical}$, is computed using the χ^2-distribution with $H-p-q$ degrees of freedom. If $Q > Q_{critical}$, then it can be concluded that the autocorrelations are not indicative of white noise.

2. **Tests for Independence and Homoscedasticity**: These two aspects are most commonly tested together using various types of scatter plots. The most common scatter plots to examine are:

   a. Plotting a time-series plot of the residuals.
   b. Plotting the residuals against the measured values, y.

   In all cases, there should not be any discernible patterns in the plots. Common scatter plots are shown in Table 3.3 (see Sect. 3.3.5 for details on how to interpret and analyse such plots).

3. **Using the confidence interval for each of the parameters, $\boldsymbol{\theta}_i$**: If the confidence interval includes 0, then the parameter can be removed from the model. Ideally, a new regression analysis excluding that parameter would need to be performed and continued until there are no more parameters to remove or add.
4. **Calculating Pearson's coefficient of regression**: The closer the value is to 1, the better the regression is. This coefficient gives what fraction of the observed behaviour can be explained by the given variables.

When performing model validation, it is important to bear in mind the final goal for which the model will be used. In time-series analysis, the majority of the time, such models are used to forecast or predict future values of the system. In such cases, it is very important to not only test the performance of the model using the initial data set but also use another model validation data set. This validation data set can be obtained by splitting the original data set into parts. The first part is used for model estimation, while the second part is used for model validation. The residuals obtained using the data from the second part would then be used for model validation. The data set is often split $\frac{1}{3}$ for estimation and $\frac{2}{3}$ for validation.

Another approach to model validation is to consider various information criteria that assess the trade-off between the number of parameters selected and the variance of the model. These criteria can be useful for automating the estimation of initial process parameters. However, any model obtained using such an approach still needs to be validated for normality and purpose. The most common information criterion is **Akaike's Information Criterion**, which for any time-series model can be written as

$$\eta_{\mathrm{AIC}} = \ln \hat{\sigma}_{\varepsilon}^{2} + \frac{m + 2k}{m}, \tag{5.98}$$

where m is the number of data points and k is the total number of parameters, that is, $k = p + P + q + Q$. Another commonly used criterion is the **Bayesian** or **Schwarz Information Criterion** (BIC) defined as

$$\eta_{BIC} = \ln \hat{\sigma}_{\varepsilon}^{2} + \frac{k \log m}{m}. \tag{5.99}$$

Example 5.12 *Validating the Initial Mean Summer Temperature in Edmonton Model*

Consider the model fit in Example 5.11 and perform model validation to determine the overall quality of the model. Figure 5.14 shows the normal probability plot and the autocorrelation plot of the residuals.

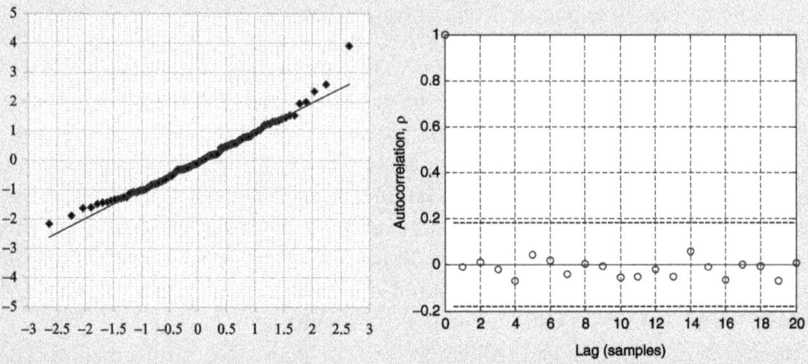

Fig. 5.14 (left) Normal probability plot and (right) autocorrelation plot for the residuals

Solution

The Ljung–Box–Pierce Q-statistic has a value of 4.35 (for $H = 20$). The 95% critical value is 31.41. Since $Q_{computed} < Q_{critical}$, the null hypothesis cannot be rejected, and it can be concluded that the residuals are white noise.

Figure 5.15 shows the measured and predicted mean summer temperatures as a function of time. It can be seen that the model does follow the trends in the data well. However, it does not predict well the extreme values. Looking at this plot, it seems quite clear that there is a seasonal component to the occurrence of extreme values. The fit as determined by Pearson's coefficient of regression is 32.04%.

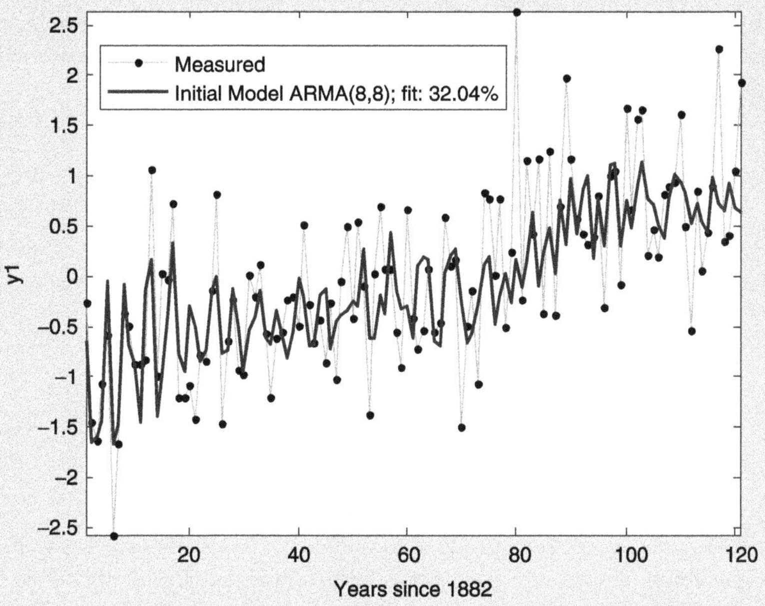

Fig. 5.15 Measured and one-step-ahead forecast temperatures as a function of years since 1882

Finally, we may note that $\eta_{AIC} = \ln(0.395\,884) + (120 + 2 \times 16) / 120 = 0.340$.

Based on the results obtained here, it can be seen that although the model passes all the assumption tests, its predictive capability is not the best. There seems to be some component in the data that is not being reflected in the model. Furthermore, some of the parameter estimate confidence intervals are close to zero, suggesting that those estimates should be excluded from the model.

5.4.4 Model Prediction and Forecasting Using Time-Series Models

One of the primary purposes for a model is to determine future values of the process. For time series, it is useful to distinguish between two cases: **prediction** and **forecasting**. Prediction refers to determining future values using a model whose parameters are known and represent the true system values, while forecasting refers to determining future values using a model whose parameters have been obtained using some form of modelling. The results in this section will be presented without necessarily going into great detail regarding the derivation of the forms.

For predicting a value into the future given a known model, let $y_{t+\tau|t}$ be the τ-step-ahead prediction given all available data up to the current time point t. The τ-step-ahead prediction can be obtained by solving the following system of equations (Shumway and Stoffer 2011):

$$\begin{aligned} y_{t+\tau|t} &= \vec{\phi}_t^T \vec{y}_t \\ \Gamma_t \vec{\phi}_t &= \vec{\gamma}_t, \end{aligned} \tag{5.100}$$

where

$$\Gamma_t = \begin{bmatrix} \gamma(0) & \cdots \gamma(t-1) \\ \vdots & \vdots \\ \gamma(t-1) \cdots & \gamma(0) \end{bmatrix}, \vec{\gamma}_t = \begin{bmatrix} \gamma(\tau) \\ \vdots \\ \gamma(\tau+t-1) \end{bmatrix}, \vec{y}_t = \begin{bmatrix} y_t \\ \vdots \\ y_1 \end{bmatrix}, \vec{\phi}_t = \begin{bmatrix} \phi_{t1} \\ \vdots \\ \phi_{tt} \end{bmatrix} \tag{5.101}$$

and $\vec{\phi}_t$ represents the vector of prediction coefficients. For an autoregressive process with $t \geq p$ and $\tau = 1$, $\vec{\phi}_t = \vec{\alpha}$. The variance associated with this prediction is

$$\sigma^2_{t+\tau|t} = \gamma(0) - \vec{\gamma}_t^T \Gamma_t^{-1} \vec{\gamma}_t. \tag{5.102}$$

For large data sets, the solution of these equations directly can be difficult. Instead, iterative methods are used. The most common such iterative method is the Durbin–Levinson algorithm, which is described in Sect. 5.4.4.1.

For forecasting a value into the future (or filtering an already measured value[5]) given an estimated model, the situation is a bit more complicated. Consider the infinite-order moving-average representation for an ARMA process, that is,

$$y_{t+\tau} = \sum_{j=0}^{\infty} h_j e_{t+\tau-j}, \tag{5.103}$$

which can be partitioned into parts: one which considers the future errors between $t + 1$ and $t + \tau$ and the second component that solely considers the remaining terms, that is,

[5] This is also called filtering because one reason for forecasting is to remove (filter) the noise from the (already made) measurements.

$$y_{t+\tau} = \sum_{j=0}^{\tau-1} h_j e_{t+\tau-j} + \sum_{j=\tau}^{\infty} h_j e_{t+\tau-j}. \quad (5.104)$$

Since the best linear predictor in the mean-squared sense is obtained by conditioning the estimate on all available past information, we get that the τ-step-ahead forecast, $\hat{y}_{t+\tau|t}$, is

$$\hat{y}_{t+\tau|t} = E(y_{t+\tau}|y_t, y_{t-1}, y_{t-2}, \ldots) = \sum_{j=\tau}^{\infty} h_j e_{t+\tau-j}. \quad (5.105)$$

It should be noted that

$$E(e_{t+\tau-j}|y_t, y_{t-1}, y_{t-2}, \ldots) = \begin{cases} 0 & j < \tau \\ e_{t+\tau-j} & j \geq \tau \end{cases}. \quad (5.106)$$

Therefore, the error associated with the forecast can be written as

$$\varepsilon_{t+\tau|t} = y_{t+\tau} - \hat{y}_{t+\tau|t} = \sum_{j=0}^{\tau-1} h_j e_{t+\tau-j}. \quad (5.107)$$

The forecast error variance then can be determined as

$$\hat{\sigma}^2_{t+\tau|t} = \sigma_e^2 \sum_{j=0}^{\tau-1} h_j^2. \quad (5.108)$$

The 100(1 – α)% confidence interval can then be computed using the standard formula, that is,

$$y_{t+\tau} = \sum_{j=\tau}^{\infty} h_j e_{t+\tau-j} \pm t_{1-\frac{\alpha}{2},m-n} \hat{\sigma}_e \sum_{j=0}^{\tau-1} h_j^2, \quad (5.109)$$

where n is the total number of parameters in the model and α is α-error value.

It should be noted that, in practice, the above equations for the forecast value contain two issues, that is, they require an infinite amount of process data to be available and need to know the past values of the white noise. The first issue of requiring an infinite amount of data is not an issue for large data sets. This implies that truncation after m data points will not impact the final result. The second issue of requiring past white-noise values can be resolved by computing estimated white-noise values using the following formula

$$\hat{e}_t = y_t - \left(\sum_{j=1}^{q} \beta_i \hat{e}_{t-i} - \sum_{j=i}^{p} \alpha_i y_{t-i} \right). \tag{5.110}$$

The algorithm is initialised by setting all e_t for which $t < p + 1$ to zero and then iterating forward. For pure moving-average or autoregressive processes, the forecast equation has a very simple form.

Example 5.13 *Forecastinga MA(3) Process*
Provide one-, two-, and four-step-ahead forecasts and 95% confidence intervals for the estimated model

$$y_t = e_t + 0.436e_{t-1} - 0.293e_{t-2} - 0.763e_{t-3}$$

using the data provided in Sect. A5.3. The noise variance, σ_e^2, is 1.0807.

Solution

In order to compute the required forecasts, it is first necessary to obtain estimates of the errors. Computing the errors using Eq. (5.110) gives the following results for the final five errors: $\hat{e}_{96} = -0.5949$, $\hat{e}_{97} = -1.3221$, $\hat{e}_{98} = -0.4402$, $\hat{e}_{99} = 0.5044$, and $\hat{e}_{100} = 0.8410$.

One-Step-Ahead Predictor

The one-step-ahead predictor can be obtained from Eq. (5.105)

$$\begin{aligned}\hat{y}_{101|100} &= 0.436e_{100} - 0.293e_{99} - 0.763e_{98}\\ &= 0.436(0.8410) - 0.293(0.5044) - 0.763(-0.4402)\\ &= 0.5548.\end{aligned}$$

The variance associated with this prediction is obtained from Eq. (5.108)

$$\hat{\sigma}^2_{101|100} = 1.0807(1) = 1.0807.$$

Using $t_{0.975,\,97} = 1.96$ gives a 95% confidence interval as 0.6±2.1.

Two-Step-Ahead Predictor

The two-step-ahead predictor can be obtained from Eq. (5.105)

$$\begin{aligned}\hat{y}_{102|100} &= -0.293e_{100} - 0.763e_{99}\\ &= -0.293(0.8410) - 0.763(0.5044)\\ &= -0.6312.\end{aligned}$$

The variance associated with this prediction is obtained from Eq. (5.108)

$$\hat{\sigma}^2_{102|100} = 1.0807\left(1 + 0.436^2\right) = 1.286.$$

Using $t_{0.975,\,97} = 1.96$ gives a 95% confidence interval as -0.6 ± 2.5.

Four-Step-Ahead Predictor

The four-step-ahead predictor can be obtained from Eq. (5.105). However, note that, in this case, there are no nonzero terms for h_j. Therefore, the predicted value is $\hat{y}_{104|100} = 0$ (or the mean value). The variance obtained from Eq. (5.108) will then be

$$\hat{\sigma}^2_{104|100} = 1.0807\left(1 + 0.436^2 + (-0.293)^2 + (-0.763)^2\right) = 2.0081.$$

Using $t_{0.975,\,97} = 1.96$ gives a 95% confidence interval as 0 ± 3.9. In fact, for a MA(q) process, the prediction will be the same for all $\tau > q$.

5.4.4.1 Durbin–Levinson Algorithm

The Durbin–Levinson algorithm is a useful iterative method for inverting and hence solving the prediction equations given by Eq. (5.100) for a large data set. The procedure can be summarised as follows:

1. **Initialisation**: Set $\phi_{00} = 0$, $\sigma^2_{1|0} = \gamma(0)$, and $n = 1$.
2. **Diagonal Terms**: For $n \geq 1$, compute

$$\phi_{nn} = \frac{\rho(n) - \sum_{k=1}^{n-1} \phi_{n-1,k}\,\rho(n-k)}{1 - \sum_{k=1}^{n-1} \phi_{n-1,k}\,\rho(k)}, \quad \sigma^2_{n+1|n} = \sigma^2_{n|n-1}\left(1 - \phi^2_{nn}\right). \qquad (5.111)$$

3. **Off-Diagonal Terms**: For $n \geq 2$, compute

$$\phi_{nk} = \phi_{n-1,k} - \phi_{nn}\phi_{n-1,n-k}, \quad k = 1, 2, \ldots, n-1. \qquad (5.112)$$

4. **Increment**: Increment n by 1 and go to Step 2. Stop when the desired value of n has been reached.

The Durbin–Levinson Algorithm can be used to also compute the Yule–Walker parameters and the partial autocorrelation function, since both have a similar matrix form.

Example 5.14 *Using the Durbin–Levinson Algorithm to Obtain the Predictor*
Use the Durbin–Levinson algorithm to obtain the one-step-ahead predictors for the case where there are one, two, and three past data points.

Solution

Since each subsequent step requires the information from the previous step, the values will first be computed and then the predictors assembled.

$\boldsymbol{n = 0}$: Set $\phi_{00} = 0$, $\sigma^2_{1|0} = \gamma(0)$, and $n = 1$.

$\boldsymbol{n = 1}$: In this step, there will only be a single diagonal term,

$$\phi_{11} = \frac{\rho(1) - \sum_{k=1}^{0} \phi_{0,k}\rho(1-k)}{1 - \sum_{k=1}^{0} \phi_{0,k}\rho(k)} = \rho(1), \sigma^2_{n+1|n} = \sigma^2_{1|0}(1-\rho(1))$$
$$= \gamma(0)(1-\rho(1)).$$

$\boldsymbol{n = 2}$: In this step, both diagonal and off-diagonal terms will be computed

$$\phi_{22} = \frac{\rho(2) - \sum_{k=1}^{1} \phi_{1,k}\rho(2-k)}{1 - \sum_{k=1}^{1} \phi_{1,k}\rho(k)} = \frac{\rho(2) - \rho(1)^2}{1-\rho(1)^2}$$
$$\sigma^2_{3|2} = \sigma^2_{2|1}\left(1-\phi^2_{22}\right) = \gamma(0)(1-\rho(1))\left(1 - \frac{\rho(2)-\rho(1)^2}{1-\rho(1)^2}\right)$$
$$= \gamma(0)(1-\rho(1))\left(\frac{1-\rho(2)}{1-\rho(1)^2}\right)$$
$$\phi_{21} = \phi_{11} - \phi_{22}\phi_{11}, k = 1$$
$$= \rho(1) - \rho(1)\frac{\rho(2)-\rho(1)^2}{1-\rho(1)^2} = \rho(1)\left(\frac{1-\rho(2)}{1-\rho(1)^2}\right).$$

$\boldsymbol{n = 3}$: Like for $n = 2$, both diagonal and off-diagonal terms will be computed

$$\phi_{33} = \frac{\rho(3) - \sum_{k=1}^{2} \phi_{2,k}\rho(3-k)}{1 - \sum_{k=1}^{2} \phi_{2,k}\rho(k)} = \frac{\rho(3) - \phi_{21}\rho(2) - \phi_{22}\rho(1)}{1 - \phi_{21}\rho(2) - \phi_{22}\rho(1)}$$
$$\sigma^2_{4|3} = \sigma^2_{3|2}\left(1-\phi^2_{33}\right)$$
$$= \gamma(0)(1-\rho(1))\left(\frac{1-\rho(2)}{1-\rho(1)^2}\right)\left(1 - \frac{\rho(3) - \phi_{21}\rho(2) - \phi_{22}\rho(1)}{1 - \phi_{21}\rho(2) - \phi_{22}\rho(1)}\right)$$
$$= \gamma(0)(1-\rho(1))\left(\frac{1-\rho(2)}{1-\rho(1)^2}\right)\left(\frac{1-\rho(3)}{1 - \phi_{21}\rho(2) - \phi_{22}\rho(1)}\right)$$

$$\phi_{31} = \phi_{21} - \phi_{33}\phi_{22},\ k = 1$$
$$\phi_{32} = \phi_{22} - \phi_{33}\phi_{21},\ k = 2.$$

It should be noted that if the process model is known, then it is relatively easy to obtain the required auto- and cross-correlations and use them to compute the predictor.

5.5 Frequency-Domain Analysis of Time Series

Frequency-domain analysis of a time series is a useful tool for analysing and determining the presence of periodic signals in a given signal. This can be useful in determining and confirming the presence of seasonal components in the data set. It may not always be obvious what seasonal components are present purely by examining the auto- and partial autocorrelation plots.

5.5.1 *Fourier Transform*

The **Fourier transform** is the decomposition of an original signal into its periodic components. Formally, the Fourier transform, represented by $\mathfrak{F}$, converts a function, $f(t)$, defined in the time domain, to its corresponding frequency-domain function, $\mathfrak{f}(\omega)$. The relationship between the two functions can be written as

$$\mathfrak{f}(\omega) = \mathfrak{F}(f(t)) = \int_{-\infty}^{\infty} f(t)e^{-i\omega t}dt. \tag{5.113}$$

The function $\mathfrak{f}(\omega)$is called the **spectral density** or **power spectrum** of $f(t)$. It can be noted that this definition of the Fourier transform does not explicitly show its connection with a periodic signal. However, we can note that by Euler's formula

$$e^{-i\omega t} = \cos(\omega t) + i\sin(\omega t) \tag{5.114}$$

the definition can be converted into one containing more obvious periodic terms. For this reason, ω is called the frequency. This clearly shows that the underlying system is periodic.

Furthermore, it should be noted that the resulting spectral density function will be a complex function. Since, in frequency-domain analysis, it is the strength of the individual frequencies that are of interest, it is common to convert the imaginary numbers into a more useful form. Consider an imaginary number $C = x + yi$, where

x and y are real. The magnitude of C, $|C|$, is defined as

$$|C| = \sqrt{x^2 + y^2} \tag{5.115}$$

and the angle, $\angle C$, is defined as

$$\angle C = \arctan 2(x, y). \tag{5.116}$$

The *arctan2* function is equivalent to $\arctan(yx^{-1})$ with the resulting angle placed in the correct quadrant based on the signs of x and y. Based on this analysis, the magnitude plotted as a function of the frequency will provide information about which frequencies are most prevalent in the signal.

However, in practice, the signal of interest is discrete rather than continuous. In such a case, there is a need to modify the above results to take into consideration the effect that discretisation has on the signal properties. Before considering the changes, it is instructive to consider the effect of discretisation on the signal properties. The largest effect is that information about the original signal is lost. For the purposes of frequency-domain analysis, the important result is the Nyquist frequency, f_{Nyquist}

$$f_{\text{Nyquist}} = 0.5 f_{\text{sampling}}, \tag{5.117}$$

where f_{sampling} is the sampling rate. Frequencies above the Nyquist frequency cannot be recovered given a sampling rate. This implies that frequencies above this cut-off cannot be estimated.

The discrete Fourier transform is defined as

$$\mathfrak{f}\left(\frac{k}{n}\right) = \mathfrak{F}(X_n) = \sum_{t=0}^{n-1} x_t e^{-\frac{2\pi ikt}{n}}, \tag{5.118}$$

where k is an integer and n is the length of the signal. The frequency is given as $k\ /\ n$ cycles per sample. The amplitude, or strength, of the given frequency can be obtained using Eq. (5.115). Although it is possible to compute the discrete Fourier transform using a number of different methods, the most popular and efficient method for computer implementation is the fast Fourier transform method, which computes the required values efficiently and quickly (Bloomfield 2000; Welch 1967).

The following theorems will show some further relationships between the Fourier transform and various time-series properties.

Theorem 5.3 (Wiener–Khinchin Theorem) *For a discrete signal, the autocovari-anceand the spectral density function are related as follows (Khintchine 1934):*

$$\mathfrak{f}(\omega) = \sum_{\tau=-\infty}^{\infty} \gamma(\tau)e^{-i\omega\tau} \tag{5.119}$$

and

$$\gamma(\tau) = \frac{1}{2\pi}\int_{-\pi}^{\pi} \mathfrak{f}(\omega)e^{-i\omega\tau}d\omega. \tag{5.120}$$

Proof A detailed proof is presented in Priestley (1981, p. 219).

Q.E.D.

Corollary 5.5 (Spectral Density of White Noise) *The spectral density of white noise is a constant function equal to the white-noise variance, that is,*

$$\mathfrak{f}(\omega) = \sigma_w^2. \tag{5.121}$$

Proof For white noise, $\gamma(0) = \sigma_w^2$ and all other autocovariances are zero. From the first part of Theorem 5.3, the stated result follows.

Q.E.D.

Corollary 5.6 (Parseval's Theorem) *The variance of a discrete signal can be computed from its spectral density using the following equation*

$$\sigma^2 = \gamma(0) = \frac{1}{2\pi}\int_{-\pi}^{\pi} \mathfrak{f}(\omega)d\omega. \tag{5.122}$$

Proof Setting $\tau = 0$ in the second part of Theorem 5.3 and simplifying produces the given result.

Q.E.D.

Theorem 5.4 (Filtering Theorem) *If two signals are related by*

$$y(t) = \frac{B(z^{-1})}{A(z^{-1})}u(t) \tag{5.123}$$

then the spectral density functions are related as

$$\mathfrak{f}_y(\omega) = \left|\frac{B(e^{-j\omega})}{A(e^{-j\omega})}\right|^2 \mathfrak{f}_u(\omega). \tag{5.124}$$

Proof A detailed proof is presented in Stoica and Moses (2005).

Q.E.D.

Corollary 5.7 (Filtering White Noise) *If* u(t) *is white noise and is being filtered by a function of the form in Theorem 5.4 , then the filtered spectral density will be*

$$\mathfrak{f}_y(\omega) = \left| \frac{B\left(e^{-j\omega}\right)}{A\left(e^{-j\omega}\right)} \right|^2 \sigma_w^2. \tag{5.125}$$

Proof This results directly follows from combining the definition of the spectral density of white noise into Theorem 5.4.

Q.E.D.

5.5.2 The Periodogram and Its Use in the Frequency-Domain Analysis of Time Series

Since it has been shown that the Fourier transform contains the same information as the autocorrelation function, one may wonder what is the advantage of using it. Basically, the Fourier transform provides a different perspective on the same information allowing for different features to be more prominent. In the case of the Fourier transform, the periodicities are made clear, while in the (partial) autocorrelation plots, the different orders are emphasised.

The most common way to use the Fourier transform is to construct a **periodogram** that shows all the identifiable frequencies and their amplitudes. When using the fast Fourier transform to obtain the periodogram, only half of the values are plotted, since the other half is a mirror image (about $f = 0$).[6] The periodogram is constructed as follows:

(1) Obtain the complex spectral density function, (ω), using any appropriate method (most often the fast Fourier method). Let n be the number of data points in the signal.
(2) Compute the amplitude $q = |(\omega)|^2 = \mathrm{Re}((\omega))^2 + \mathrm{Im}((\omega))^2$, where *Re* represents the real component and *Im* the imaginary component of (ω).

[6] The formatting and layout of a periodogram vary greatly from source to source. The form presented here is the most convenient for time-series analysis. Appropriate code for creating such a periodogram is presented in Chap. 7 for MATLAB® and Chap. 8 for Excel®.

(3) Set the centre point to be $C = \lfloor 0.5n \rfloor + 1$, where $\lfloor \cdot \rfloor$ is the floor or round down to the nearest integer function.

(4) Compute the frequency range, F, as follows:

   a. For a half-frequency periodogram, set $F = \langle 0, 1,\ldots, C\rangle / n$.
   b. For a full-frequency periodogram, set $F = \langle 0, 1,\ldots, n - 1\rangle / n$.

(5) To plot the full periodogram, set the x-axis equal to F and the y-axis to q / n.

(6) To plot half of the periodogram, set the x-axis equal to F and the y-axis to $2q(1{:}C - 1)/n$. The coefficient of 2 augments the amplitude to take into consideration the fact that only half of the periodogram was plotted.

(7) The units of the graph will be cycles per sample for the x-axis and the original units of the signal for the y-axis.

(8) To plot the frequency in the original units, multiple F by the sampling rate to give cycles per unit time, that is $F' = F\ f_{\text{sampling}}$. F' would then be used in place of F when plotting the periodogram.

(9) In some applications, it may be desired to plot a full, zero-centred periodogram. In this case, there is a need to re-arrange both the F and q vectors obtained above in order to account for the differences. Basically, the second half of the original vector must be placed at the beginning. The following steps can be followed:

   a. Let $q' = \langle q(C{:}\text{end}), q(1{:}C - 1)\rangle$.
   b. If n is even, let $F = \langle -0.5n, -0.5n + 1,\ldots, 0, 1,\ldots, 0.5n - 1\rangle / n$.
   c. If n is odd, let $F = \langle -0.5(n - 1), -0.5(n - 1) + 1,\ldots, 0, 1,\ldots, 0.5(n - 1)\rangle / n$.
   d. Plot F on the x-axis and q' on the y-axis. The axis labels and interpretation will be the same as before.

The resulting half periodogram represents a decomposition unto either a series of cosines or a series of sines of the form

$$
\begin{aligned}
y &= \sum_{k=0}^{\lfloor 0.5n \rfloor} A\cos(2\pi f k) \\
y &= \sum_{k=0}^{\lfloor 0.5n \rfloor} A\sin(2\pi f k),
\end{aligned} \tag{5.126}
$$

where A is the amplitude, defined as $|A| = 2q$, and f is the corresponding frequency, that is, $f = F(k)/2$. This can be seen in Fig. 5.16, where three very simple periodograms are shown: one single cosine, one single sine, and both sine and cosine. It should be noted that the periodogram ignores signs, that is, both a positive and a negative amplitude will appear as the same positive value.

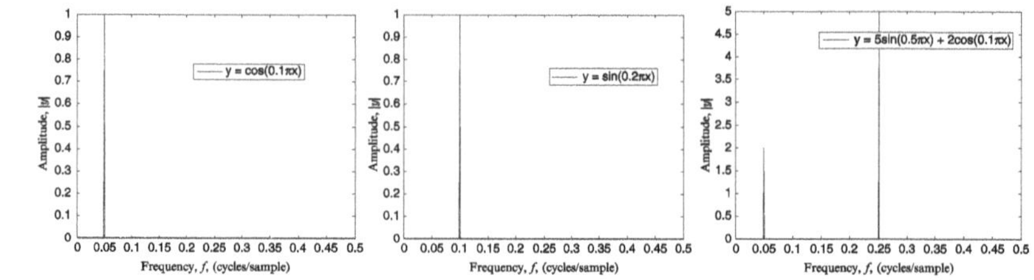

Fig. 5.16 Periodograms for three simple cases: (left) Single cosine, (middle) Single sine, and (right) Both cosine and sine together

The interpretation of more complex cases follows naturally from simple cases. Figure 5.17 shows periodograms for a seasonal process with a seasonal component of three samples and that of white noise. The first two periodograms show, as expected, a strong peak around $f = \frac{1}{3}$, which corresponds more or less to the seasonal component. It should be noted that the integrator has the strongest and cleanest peak, while the autoregressive example has a less clean peak. The last example, that of white noise, shows what the expected flat spectrum looks like in practice. We can see that the values are quite jagged fluctuating about some mean point. As α_1 approaches 0, it is expected that the overall graph will approach a white-noise graph. Furthermore, the peaks may appear at some multiple of the period, which can make identifying the true value a bit more difficult. Finally, rather than seeing a peak, a trough may occur at a given point. This is very common with seasonal moving-average processes, as these can remove certain frequencies from the signal. Figure 5.18 shows different moving-average processes all with a seasonal component of 3. Both the trough and multiple frequencies can be clearly seen in this figure.

Example 5.15 *Periodogramsfor the Edmonton Temperature Series*

Consider the Edmonton temperature series that is fully described in Sect. A5.1. Plot the periodograms for the spring, summer, and winter mean

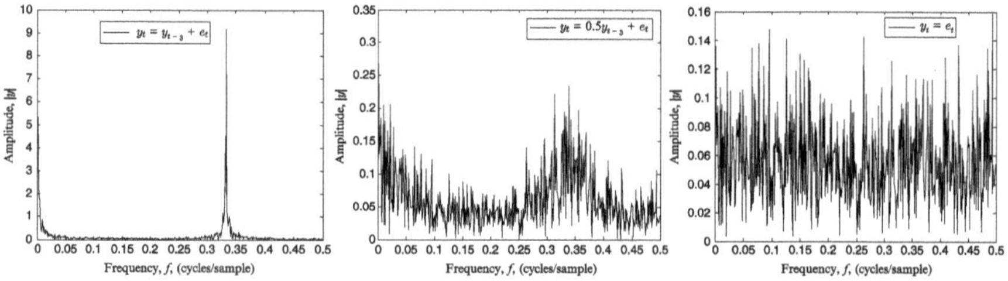

Fig. 5.17 Process with a seasonal component of three samples: (left) Integrator, (middle) Autoregressive, and (right) White noise

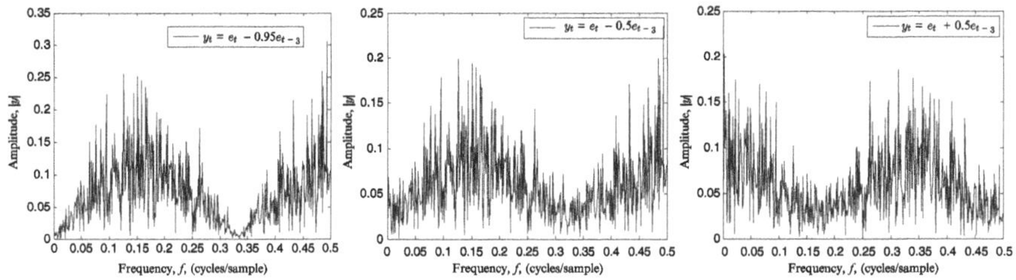

Fig. 5.18 A seasonal moving-average process with a seasonal component of 3 and (left) $\beta_1 = -0.95$, (middle) $\beta_1 = -0.5$, and (right) $\beta_1 = 0.5$

temperature series. As well, plot the periodogram for the differenced summer temperature series. What are some of the salient features?

Solution

The three undifferenced periodograms are shown in Fig. 5.19. Before running the Fourier transform, it is necessary to remove the mean value from the data set. It can be noted that both the spring and summer graphs have a peak close to the zero value (> 60 years/cycle). This can suggest that an integrator is present in the signal, since an integrator will have peaks at zero and one. On the other hand, the winter series shows a single large peak at 3.3 years/cycle and multiple smaller peaks throughout the spectrum.

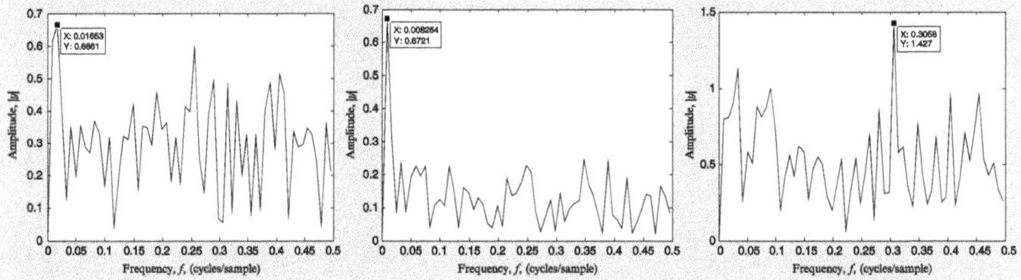

Fig. 5.19 Periodograms for (left) Spring, (middle) Summer, and (right) Winter of the Edmonton temperature series

Figure 5.20 shows the periodogram for the once-differenced summer temperature time series. Unlike in the previous periodogram, there are now a series of peaks clustered in the area around 2.5 to 3 years/cycle. As well, there is a secondary peak around 4 years/cycle followed by a rather weak peak in the 8 years/cycle region. All these values seem to be multiples of each other suggesting that they represent a single feature rather than separate features.

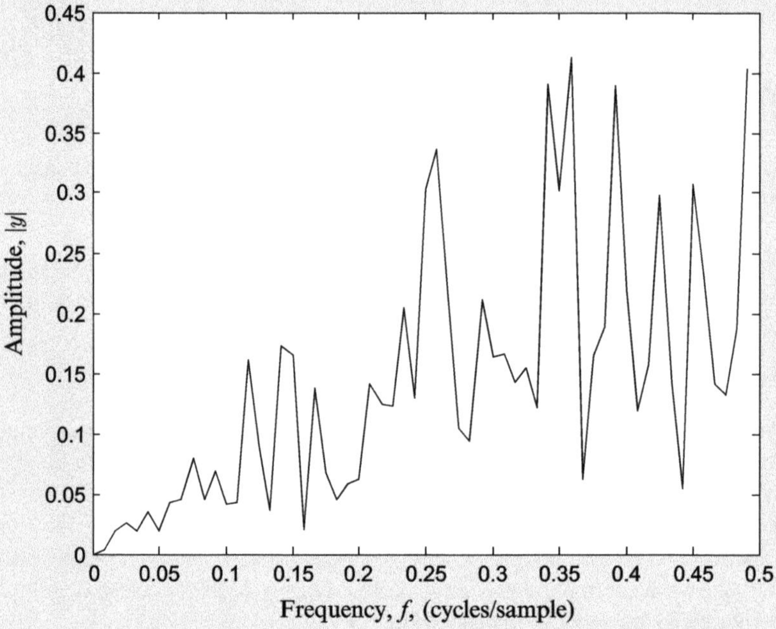

Fig. 5.20 Periodogram for the differenced summer temperature series

It can be noted that the spring and summer temperature series have a similar undifferenced behaviour, which suggests that an integrator could be present. Differencing the summer temperature series reveals the potential of seasonal components at three, four, and eight years. On the other hand, the winter temperature series has a different behaviour with a single peak at 3.3 years/cycle and no suggestions of an integrator.

5.6 State-Space Modelling of Time Series

State-space modelling is a useful, generalised approach to modelling a wide range of different systems under many different situations, including such cases as missing observations, outliers, or changing process parameters. Such cases are difficult, if not impossible, to incorporate into a transfer-function-based approach to modelling. The disadvantage of a state-space-based approach is that the models can be complex, without necessarily having a direct, physical meaning.

5.6.1 State-Space Model for Time Series

The complete state-space model can be written as a set of two coupled equations

$$\begin{aligned}\vec{x}_{k+1} &= \mathcal{A}\vec{x}_k + \mathcal{B}\vec{u}_k + \vec{\omega}_k \\ \vec{y}_k &= \mathcal{C}\vec{x}_k + \mathcal{D}\vec{u}_k + \vec{e}_k,\end{aligned} \tag{5.127}$$

where $\vec{x}$ is the $n \times 1$ vector of **states**; $\vec{y}$ is the $p\times 1$ vector of **observations** (or **outputs**); $\vec{u}_k$ is the $m\times 1$ vector of **inputs**; ω_k is the $n\times 1$ vector of independent, white-noise random variables drawn from a Gaussian distribution with zero mean and covariance Σ_{ω}; e_k is the $p\times 1$ vector of independent, white noise random variables drawn from a Gaussian distribution with zero mean and covariance Σ_e; $\mathcal{A}$, $\mathcal{B}$, $\mathcal{C}$ and $\mathcal{D}$ are appropriately sized matrices; and the subscript k is an integer representing the current sample.

It can be noted that, in Eq. (5.127), an additional term, called the input, has been included in the model. This term allows the model to consider deterministic or other stochastic signals that have an impact on the overall process. When dealing with state-space models, it is traditional to consider the full form from the start rather than separating it out. The principles and ideas of such a term are developed further in Chap. 6. As well, it can be noted that in state-space models, only the input and output are normally measured directly. The remaining terms will need to be inferred using an appropriate method.

Finally, a state-space model is said to be causal (or stable) if the absolute value of the eigenvalues of the state matrix ($\mathcal{A}$-matrix) lie inside the unit circle.

5.6.2 The Kalman Equation

One of the most commonly used methods for predicting and forecasting new values using a state-space model is the **Kalman filter** developed by Kalman *et al.* in the early 1960s (Kalman 1960; Kalman and Bucy 1961). The power of the Kalman equation lies in its ability to deal with a wide range of situations including missing data or time-varying parameters.

Before defining the Kalman filter itself, it is necessary to define some notation that will make the formulation and interpretation of the results simpler. First, let the vector of available observations be defined as

$$\vec{Y}_s = \langle \vec{y}_1, \ldots, \vec{y}_s \rangle. \tag{5.128}$$

Next, let the time point at which the prediction is to be made be denoted by t. If $s < t$, then the problem to be solved is called a **prediction** or **forecasting** problem. If $s = t$, then the problem is called **filtering**. If $s > t$, then the problem is called **smoothing**.

Irrespective of the time horizon, a general term for this problem is (state) **estimation**. Finally, define the conditional estimate of the state given the information currently available as

$$\vec{x}_{t|s} = E\left(\vec{x}_t | \vec{Y}_s\right) \tag{5.129}$$

and the prediction covariance as

$$\Sigma_{t_1,t_2|s} = E\left(\left(\vec{x}_{t_1} - \vec{x}_{t_1|s}\right)\left(\vec{x}_{t_2} - \vec{x}_{t_2|s}\right)^T\right). \tag{5.130}$$

If $t_1 = t_2 = t$, then only a single t will be written to simplify the notation.

Theorem 5.5 (Basic Kalman Filter) *For the state-space model previously defined with initial conditions* $\vec{x}_{0|0} = \mu_0$ *and* $\Sigma_{0|0}$, *for* t = 0,…, n, *the Kalman filter can be defined as*

$$\vec{x}_{t|t-1} = \mathcal{A}\vec{x}_{t-1|t-1} + \mathcal{B}\vec{u}_t \tag{5.131}$$

and the covariance is given as

$$\Sigma_{t|t-1} = \mathcal{A}\Sigma_{t-1|t-1}\mathcal{A}^T + \Sigma_\omega. \tag{5.132}$$

The update equations can be written as

$$\begin{aligned} \vec{x}_{t|t} &= \vec{x}_{t|t-1} + \mathcal{K}_t\left(\vec{y}_t - \mathcal{C}\vec{x}_{t|t-1} - \mathcal{D}\vec{u}_t\right) \\ \Sigma_{t|t} &= [\mathcal{I} - \mathcal{K}_t\mathcal{C}]\Sigma_{t|t-1} \end{aligned}, \tag{5.133}$$

where $\mathcal{K}_t$ *is the Kalman gain, defined as*

$$\mathcal{K}_t = \Sigma_{t|t-1}\mathcal{C}^T\left(\mathcal{C}\Sigma_{t|t-1}\mathcal{C}^T + \Sigma_e\right)^{-1}. \tag{5.134}$$

Proof The proof for these equations can be found in Kalman (1960).

Q.E.D.

Using the basic Kalman filter, the **prediction error** (or **innovation**), ε_t,[7] can be defined as

$$\vec{\varepsilon}_t = \vec{y} - \hat{\vec{y}} = \vec{y}_t - E\left(\vec{y}|\vec{Y}_{t-1}\right) = \vec{y}_t - \mathcal{C}\vec{x}_{t|t-1} - \mathcal{D}\vec{u}_t \tag{5.135}$$

with a covariance matrix, Σ_ε, defined as

[7] Strictly speaking, this is a one-step-ahead prediction error.

$$\Sigma_\varepsilon = \text{var}(\vec{\varepsilon}_t) = \mathcal{C}\Sigma_{t|t-1}\mathcal{C}^T + \Sigma_e. \tag{5.136}$$

Theorem 5.6 (Kalman Smoother) *For the state-space model previously defined with initial conditions* $\vec{x}_{n|n}$ *and* $\Sigma_{n|n}$, *for* t = n, n – 1,…,1, *the Kalman smoother can be defined as*

$$\vec{x}_{n|t-1} = \vec{x}_{t-1|t-1} + \mathcal{J}_{t-1}\left(\vec{x}_{t|n} - \vec{x}_{t|t-1}\right) \tag{5.137}$$

and the covariance given as

$$\Sigma_{t-1|n} = \Sigma_{t-1|t-1} + \mathcal{J}_{t-1}\left(\Sigma_{t-1|n} - \Sigma_{t-1|t-1}\right)\mathcal{J}_{t-1}^T, \tag{5.138}$$

where $\mathcal{J}_t$ *is the Kalman smoother gain, defined as*

$$\mathcal{J}_{t-1} = \Sigma_{t-1|t-1}\mathcal{A}^T\Sigma_{t|t-1}^{-1}. \tag{5.139}$$

Proof The proof for these equations can be found in Shumway and Stoffer (2011).
Q.E.D.

The estimated values and their corresponding bounds depend on the application. For each of the three previously considered cases, the corresponding formula is:

(1) **Smoothing**: For smoothing, the mean response interval for a Kalman smoothed value can be written as

$$\boxed{\left(\vec{x}_{t-1|r}\right)_i \pm t_{1-\frac{\alpha}{2},m}\sqrt{\left(\Sigma_{t-1|r}\right)_{ii}}}, \tag{5.140}$$

where i refers to the ith entry in the state vector, r is the data length used, and m is the total number of data points available. In most circumstances, the t-value can be replaced by the Z-value of 1.96.

(2) **Filtering**: For filtering, the mean response interval for a Kalman filtered value can be written as

$$\boxed{\left(\vec{x}_{t|t}\right)_i \pm t_{1-\frac{\alpha}{2},m}\sqrt{\left(\Sigma_{t|t}\right)_{ii}}}, \tag{5.141}$$

where i refers to the ith entry in the state vector and m is the total number of data points available. In most circumstances, the t-value can be replaced by the Z-value of 1.96.

(3) **Prediction**: The (one-step-ahead) prediction of future values using the Kalman filter can be accomplished by setting the initial conditions to be $\vec{x}_{0|0} = \vec{x}_{n|n}$

and $\Sigma_{n|n}$ and then using Eqs. (5.131) and (5.132) to obtain the prediction. The mean response interval for this prediction would be

$$\boxed{\left(\vec{x}_{t|t-1}\right)_i \pm t_{1-\frac{\alpha}{2},m}\sqrt{\left(\Sigma_{t|t-1}\right)_{ii}}}, \tag{5.142}$$

where m is the total number of data points available.

The above equations can be simply extended to the case where the $\mathcal{A}$-, $\mathcal{B}$-, $\mathcal{C}$-, and $\mathcal{D}$-matrices, as well as the Σ_ω- and Σ_e-matrices, are time varying, that is, their values change with time. In such cases, one simply needs to simply make the corresponding changes in the above equations.

5.6.3 Maximum Likelihood State-Space Estimates

The estimation of the state-space parameters can be challenging given the complexities of the resulting equations. Consider the case where all the parameters, $\vec{\theta} = \langle \Sigma_0, \mathcal{A}, \mathcal{B}, \mathcal{C}, \mathcal{D}, \Sigma_\omega, \Sigma_e \rangle$, are to be estimated. It will be assumed that the initial state $\vec{x}_0$ is normally distributed with zero mean and a covariance matrix Σ_0, and the errors (ω and e) are jointly normally distributed and uncorrelated. Assume that the time series contains m data points and that there are a total of n unknown parameters.

In order to compute the maximum likelihood estimates, compute the one-step-ahead prediction error, ε_t, using Eq. (5.135) and the corresponding covariance matrix, Σ_ε, using Eq. (5.136). Ignoring constant terms, the log-likelihood function, $\ell_Y\left(\vec{\theta}\right)$, can be written as

$$-\ell_Y\left(\vec{\theta}\right) = 0.5\sum_{t=1}^{m} \ln\left|\Sigma_\varepsilon\left(\vec{\theta}\right)\right| + 0.5\sum_{t=1}^{m} \vec{\varepsilon}_t^{\,T}\left(\vec{\theta}\right)\Sigma_\varepsilon^{-1}\left(\vec{\theta}\right)\vec{\varepsilon}_t\left(\vec{\theta}\right). \tag{5.143}$$

Solving this equation requires using various numerical methods. Irrespective of the approach taken, the procedure can be summarised as follows:

(1) Obtain the initial parameter estimate, $\vec{\theta}_0$ and set $j = 1$.
(2) Using the basic Kalman filter as given in Theorem 5.5 and the initial parameter estimate, $\vec{\theta}_0$, obtain the innovations and error covariances for $t = 1,\ldots, m$.
(3) Perform one iteration of Newton's method with $-\ell_Y\left(\vec{\theta}_{j-1}\right)$ as the objective function to obtain a new parameter estimate, $\vec{\theta}_j$.
(4) Augment j by 1 and repeat steps 2) and 3) until the difference between $\vec{\theta}_{j-1}$ and $\vec{\theta}_{j-1}$ or the difference between $-\ell_Y\left(\vec{\theta}\right)$ and $-\ell_Y\left(\vec{\theta}_{j-1}\right)$ is small.

Other approaches are possible, including an expectation–maximization-like method for state-space parameter estimation (Shumway and Stoffer 2011).

Theorem 5.7 (Properties of the Maximum Likelihood Estimates) *Using maximum likelihood method to obtain the state-space parameter estimates* $\hat{\vec{\theta}}_j$ *and assuming that the prediction errors have the usual properties, as* m → ∞,

$$\hat{\vec{\theta}}_j - \vec{\theta} \sim \mathfrak{N}\left(0, m^{-0.5}\mathcal{F}^{-1}\left(\vec{\theta}\right)\right), \tag{5.144}$$

where $\mathcal{F}\left(\vec{\theta}\right)$ *is the asymptotic Fisher information matrix defined as*

$$\mathcal{F}\left(\vec{\theta}\right) = \lim_{m\to\infty} m^{-1}E\left(-\frac{\partial \ell_Y\left(\vec{\theta}\right)}{\partial\vec{\theta}\partial\vec{\theta}^T}\right). \tag{5.145}$$

Proof A general proof of these results based on the maximum likelihood approach is presented in Hannan and Deistler (2012).

Q.E.D.

5.7 Comprehensive Example of Time-Series Modelling

Having considered multiple different methods and approaches to modelling time series, it is now necessary to apply these methods to the problem at hand: estimating the mean summer temperature in Edmonton. The data set is described in Sect. 5.1.3 and preliminary results have already been presented (see Examples 5.11, 5.12, and 5.15).

5.7.1 Summary of Available Information

From an initial attempt to model the mean summer temperature in Edmonton as an ARMA(8,8) process, the parameter estimates and their standard deviation were determined as

$$\begin{aligned} A\left(z^{-1}\right) = 1 &- 0.948(\pm 0.2)z^{-1} + 0.758(\pm 0.1)z^{-2} - 0.612(\pm 0.2)z^{-3} \\ &- 0.045(\pm 0.155)z^{-4} - 0.451(\pm 0.2)z^{-5} + 0.508(\pm 0.2)z^{-6} \\ &- 0.643(\pm 0.2)z^{-7} - 0.446(\pm 0.1)z^{-8} \end{aligned}$$

$$
\begin{aligned}
B(z^{-1}) = 1 &- 0.877(\pm 0.1)z^{-1} + 0.840(\pm 0.06)z^{-2} - 0.493(\pm 0.1)z^{-3} \\
&- 0.137(\pm 0.09)z^{-4} - 0.598(\pm 0.08)z^{-5} + 0.700(\pm 0.1)z^{-6} \\
&- 0.936(\pm 0.06)z^{-7} + 0.760(\pm 0.1)z^{-8}.
\end{aligned}
$$

Performing model validation on this model led to the conclusion that the model obtained was not complete. First, it was noted that the 95% confidence interval for some of the middle terms in the above polynomials covered zero. This suggests that those terms are not significant and that they should be excluded from the model. Second, the model assumptions regarding the errors were all validated, suggesting that the residuals were normally distributed, white noise. Third, the predictive capability of the model was not the best. The general trend was captured, but the individual estimates were not good. This suggests that the model could be missing some component or values. Fourth, the periodogram for the undifferenced mean summer data set suggested that an integrator could be present in the data set. Similarly, the periodogram for the once-differenced data suggested two separate cycles: one around 2.5–3 years/cycle and another around 4 years/cycle.

5.7.2 *Obtaining the Final Univariate Model*

Based on the above discussion, different models were fit, including seasonal differencing of three and four years, differencing of one year, and model orders between one and three parameters for both the seasonal and nonseasonal components. After trying different models, the final model was determined to be

$$
\begin{aligned}
A_p(z^{-1}) &= 1 - 0.465(\pm 0.08)z^{-1} - 0.45(\pm 0.1)z^{-2} + 0.673(\pm 0.06)z^{-3} \\
A_P(z^{-1}) &= 1 - 0.9343(\pm 0.009)z^{-4}
\end{aligned}
$$

$$
\begin{aligned}
B_q(z^{-1}) &= 1 - 0.50(\pm 0.1)z^{-1} - 0.33(\pm 0.1)z^{-2} \\
B_Q(z^{-1}) &= 1 - 1(\pm 0.5)z^{-4}.
\end{aligned}
$$

with a seasonal difference of order one and $s = 3$. Thus, the final model can be written as

$$
A_p(z^{-1})A_P(z^{-1})(1 - z^{-3})y_t = B_q(z^{-1})B_Q(z^{-1})e_t.
$$

The normal probability plot of the residuals and the autocorrelation of the residuals are shown in Fig. 5.21. Both results show that the residuals are normally distributed and white. In the normal probability plot, the tails deviate a bit from what would be desirable, but given that this is real data, such behaviour is inevitable.

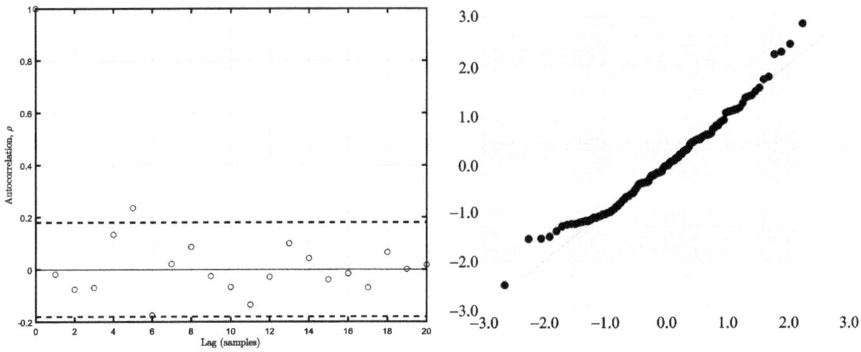

Fig. 5.21 Residual analysis for the final temperature model: (left) Autocorrelation plot of the residuals and (right) Normal probability plot of the residuals

A comparison between the predicted and measured temperatures is shown in Fig. 5.22. As before, the model gets the overall trends correct, but the individual predictions are not very good.

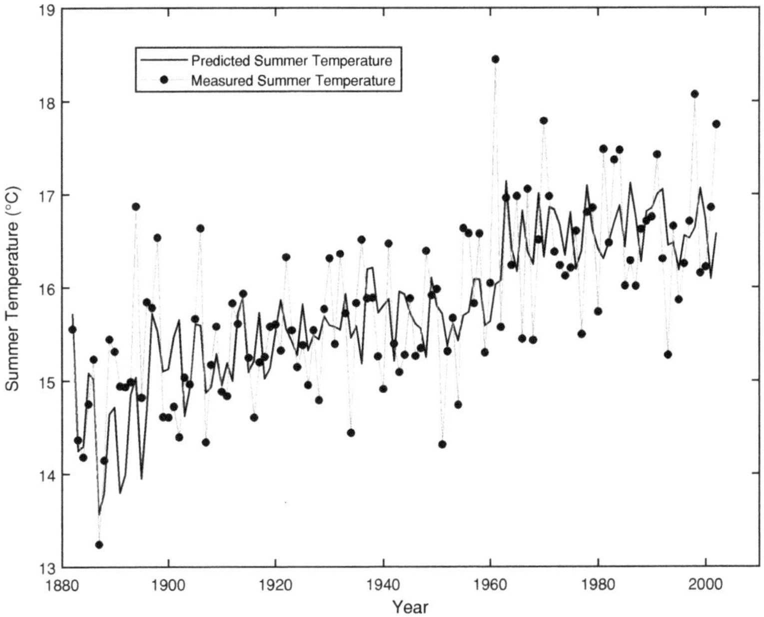

Fig. 5.22 Predicted and measured mean summer temperature using the final model

5.8 Further Reading

The following are references that provide additional information about the topic:

(1) **General Time-Series Analysis**: These sources also often contain information about transfer-function-based analysis.

a. Bloomfield, P. (2000). *Fourier Analysis of Time Series: An Introduction* (2nd ed.). New York, New York, United States of America: Wiley.
b. Box, G. E., & Jenkins, G. M. (1970). *Time Series Analysis, Forecasting, and Control.* Oakland, California, United States of America: Holden-Day.
c. Franke, J., Härdle, W. K., & Hafner, C. M. (2011). *Statistics of Financial Markets: An Introduction* (3rd ed.). Heidelberg, Germany: Springer. doi:10.1007/978-3-642-16521-4.
d. Hannan, E. J., & Deistler, M. (2012). *The statistical theory of linear systems.* Society of Industrial and Applied Mathematics.
e. Montgomery, D. C., Jennings, C. L., & Kulahci, M. (2008). *Introduction to Time Series Analysis and Forecasting.* Hoboken, New Jersey, United States of America: John Wiley & Sons, Inc.
f. Shumway, R. H., & Stoffer, D. S. (2011). *Time Series Analysis and Its Applications with R Examples* (3rd ed.). New York, New York, United States of America: Springer. doi: 10.1007978-1-4419-7865-3.

(2) **Properties of Time Series**:

a. Ashley, R. (1988). On the Relative Worth of Recent Macroeconomic Forecasts. *International Journal of Forecasting, 4*, 363–376.
b. Hassler, U. (1994). The sample autocorrelation function of I(1) processes. *Statistical Papers—Statistische Hefte, 35*, 1–16.
c. Khintchine, A. (1934). Korrelationstheorie der stationären stochastischen Prozesse (Correlation Theory of Stocastic Processes). *Mathematische Annalen, 109*(1), 604–615. doi: 10.1007/BF01449156.
d. Nelson, C. R. (1972). The Prediction Performance of the FRB-MIT-PENN Model of the U.S. Economy. *The American Economic Review, 62*(5), 902–917.
e. Shardt, Y. A. W. (2012). *Data Quality Assessment for Closed-Loop System Identification and Forecasting with Application to Soft Sensors.* Doctoral Thesis, University of Alberta, Department of Chemical and Materials Engineering, Edmonton, Alberta, Canada. doi: http://hdl.handle.net/10402/era.29018.
f. Wichern, D. W. (1973). The Behaviour of the Sample Autocorrelation Function for an Integrated Moving Average Process. *Biometrika, 60*(2), 235–239. doi: http://www.jstor.org/stble/2334535?origin=JSTOR-pdf.

(3) **Spectral Analysis**:

a. Priestley, M. B. (1981). *Spectral Analysis and Time Series: Vol. 1: Univariate Series and Vol 2: Multivariate Series, Prediction, and Control.* New York, New York, United States of America: Academic Press.
b. Stoica, P., & Moses, R. (2005). *Spectral Analysis of Signals.* Upper Saddle River, New Jersey, United States of America: Prentice Hall.
c. Welch, P. D. (1967). The Use of Fast Fourier Transform for the Estimation of Power Spectra: A Method Based on Time Averaging Over Short, Modified Periodograms. *IEEE Transactions on Audio and Electroacoustics,* AU-15(2), 70–73.

(4) **State-Space Analysis**:

a. Harvey, A. C. (1991). *Forecasting, Structural Time Series Models and the Kalman Filter.* Cambridge: Cambridge University Press.
b. Kalman, R. E. (1960). A new approach to linear filtering and prediction problems. *Transactions of the ASME, Journal of Basic Engineering, 82,* 35–45.
c. Kalman, R. E., & Bucy, R. S. (1961). New results in filtering and prediction theory. *Transactions of the ASME, Journal of Basic Engineering, 83,* 95–108.

5.9 Chapter Problems

Problems at the end of the chapter consist of three different types: (a) Basic Concepts (True/False), which seek to test the reader's comprehension of the key concepts in the chapter; (b) Short Exercises, which seek to test the reader's ability to compute the required parameters for a simple data set using simple or no technological aids. This section also includes proofs of theorems; and (c) Computational Exercises, which require not only a solid comprehension of the basic material, but also the use of appropriate software to easily manipulate the given data sets.

5.9.1 Basic Concepts

Determine if the following statements are true or false and state why this is the case.

(1) The causality of an ARMA process is determined by examining the numerator of the transfer function.
(2) An autoregressive process is always invertible.

(3) An invertible moving-average process will give when inverted a causal autoregressive process.
(4) A seasonal autoregressive process can be analysed by setting z^{-1} in the standard autoregressive model to be equal to z^{-s}, where s is the seasonal term.
(5) The autocorrelation plot can be used to determine the orders of the autoregressive component.
(6) The presence of an integrator can be detected by a slowly decaying term in the partial autocorrelation plot.
(7) If the time series is stationary, then it should always be differenced.
(8) If the roots of the A-polynomial of an autoregressive process are 0.5, $-0.5\pm0.75i$, then the process is causal.
(9) If the roots of the B-polynomial of an ARMA process are -0.45, 0.15, $0.75\pm0.5i$, then the process is invertible.
(10) If the autocorrelation function is given as $\rho(\tau) = 0.5^{\tau}$ for all $\tau \geq 0$, then it can be concluded that the process is a moving-average process.
(11) If the autocorrelation function is given as $\rho(\tau) = 0.5^{\tau}$ for all $\tau \geq 0$, then it can be concluded that the process is causal.
(12) If the partial autocorrelation plot has spikes at $\tau = 0, 3, 6, 9$, and 12, then we are dealing with a seasonal autoregressive process with $s = 3$ and $P = 4$.
(13) The Yule–Walker equations are a method of moment estimator for autoregressive processes.
(14) The method of moment estimator for moving-average processes is unbiased.
(15) The maximum likelihood parameter estimates for an ARMA process are asymptotically normally distributed.
(16) The maximum likelihood parameter estimates for an MA process can be obtained by solving a matrix equation without any numerical iterations.
(17) If, when examining the autocorrelation plot of the residuals, out of 25 autocorrelations, 2 (including the zero-lag contribution) are located outside the 95% confidence bands, then it can be concluded that the residuals are Gaussian.
(18) If a peak at $f = 0.25$ cycles/sample is observed on the periodogram, then it can be concluded that the process has a seasonal component, such that $s = 0.25$.
(19) The Kalman filter is used to determine the parameter estimates for state-space models.
(20) State-space parameter estimates obtained using the maximum likelihood approach are not asymptotically consistent.

5.9.2 *Short Exercises*

These questions should be solved using only a simple, nonprogrammable, nongraphical calculator combined with pen and paper.

Table 5.2 Autocovariance and partial autocorrelation data (for Question 24)

Lag	Autocovariance $\gamma(\tau)$	Partial autocorrelation $\rho_{X\mid X_{t+1},\ldots,X_{t+\tau-1}}(\tau)$
0	5.212	–
1	3.832	0.735
2	2.919	0.045
3	2.183	0.064
4	1.645	0.022
5	1.234	0.028
6	0.923	0.013

(21) Consider an ARMA(1, 0, 1) process of the form $u_t = \frac{C(z^{-1})}{D(z^{-1})} = \frac{A-Bz^{-1}}{C-Dz^{-1}}e_t$. Derive the spectral density function for u_t in terms of the transfer-function parameters and the white-noise spectral density.

(22) For a causal AR(2) process, derive the autocorrelation and partial autocorrelation function.

(23) For an invertible MA(3) process, derive the autocorrelation function and the first four partial autocorrelation values.

(24) Given the data in Table 5.2, determine an appropriate ARIMA model for the time series. It should be noted that 1,000 data points were used to compute the samples.

(25) Given the data in Fig. 5.23, suggest an appropriate SARIMA model for this data.

5.9.3 *Computational Exercises*

The following problems should be solved with the help of a computer and appropriate software packages, such as MATLAB® *or* Excel®.

(26) Take the Edmonton temperature series and fit appropriate ARMA models to the winter, spring, fall, and annual mean temperatures. Be sure to examine the residuals and verify that the assumptions are met.

(27) Using the Kalman filter, develop a model for the Edmonton temperature series.

(28) Take the AR(2) process data in Sect. A5.2 and fit an AR(1) process to it. Analyse the residuals and fit. Comment on the results. Repeat, but using an AR(3) model. Compare the two models with the accurate AR(2) model (see Example 5.8 for the model). What happens when a model is over- or underfit?

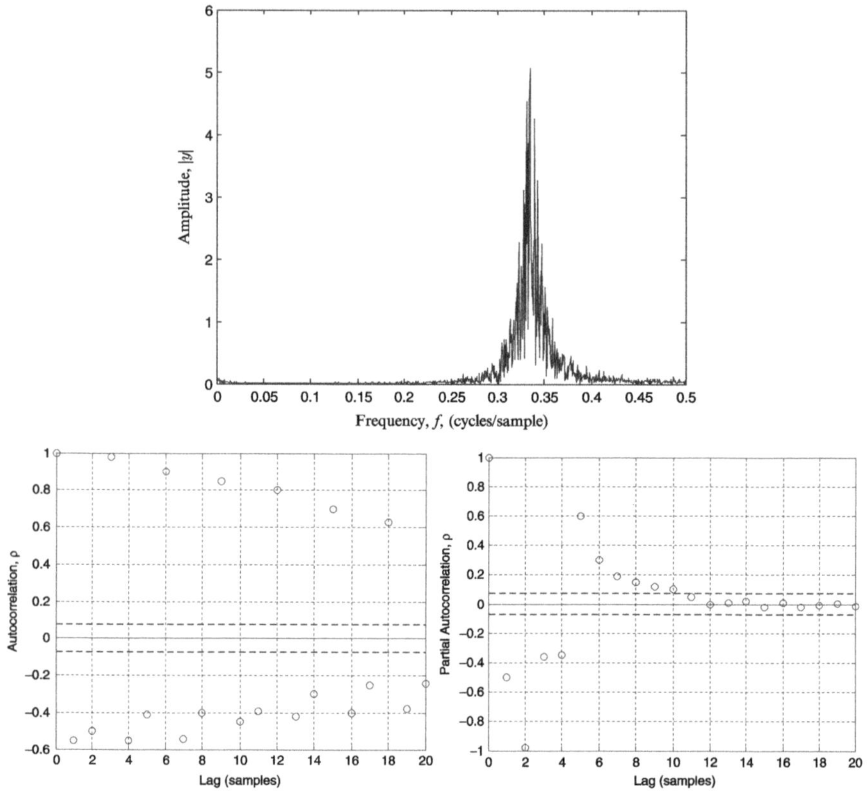

Fig. 5.23 (top) Periodogram, (bottom, left) Autocorrelation plot, and (bottom, right) partial autocorrelation plot for an unknown process

(29) Take the MA(3) process data in Sect. A5.3 and fit a MA(1) process to it. Analyse the residuals and fit. Comment on the results. Repeat, but using a MA(4) model. Compare the two models with the accurate MA(3) model (see Example 5.13 for the model). What happens when a model is over- or underfit?

(30) Take any time series of interest, analyse it, and fit an appropriate model to it.

Appendix A5: Data Sets for This Chapter

This section gives detailed information about the data set used for analysis in this chapter. All data can be downloaded as an Excel® spreadsheet or MATLAB® file from the book website.

A5.1: Edmonton Weather Data Series (1882–2002)

The raw data for the Edmonton Weather Data Series are presented in Table 5.3. This data set has been compiled using daily temperature values available from Environment Canada. The values are obtained by combining the daily temperature values from two nearby weather stations: Edmonton (C3012195) from 1880 to 1943 and Edmonton City Centre (C3012208) from 1937 to 2002. Since both locations are close to each other, the two data series were combined into a single set with the change over year being 1940: up until that year, the data were taken from the Edmonton weather station, while from January 1, 1940, the data were taken from the Edmonton City Centre weather station. It should be noted that due to missing values, most data between 1880 and 1881 have been excluded from the data series. The December 1881 values, which are complete, have been used in the computation of the mean winter temperature for 1882.

The mean temperatures were obtained by computing the mean value of the available daily high and low temperatures in the given interval. The intervals are defined as follows:

(1) **Annual**: from January 1 to December 31 of the given year.
(2) **Winter**: from December 1 of the previous year to February 28 (or 29, in a leap year) of the given year.
(3) **Spring**: from March 1 to May 31 of the given year.
(4) **Summer**: from June 1 to August 31 of the given year.
(5) **Fall**: from September 1 to November 30 of the given year.

A5.2: AR(2) Process Data

One hundred simulations of an autoregressive process were performed and the data recorded. The values are provided in Table 5.4.

A5.3: MA(3) Process Data

One hundred simulations of a moving-average process were performed and the data were recorded. The values are provided in Table 5.5.

Table 5.3 Edmonton Weather Data Series (1882–2002)

Year	Mean temperature (°C)				
	Annual	Winter	Spring	Summer	Fall
1882	1.10	−11.12	0.79	15.56	1.53
1883	0.35	−16.05	2.60	14.36	−0.40
1884	0.93	−14.90	3.49	14.18	2.48
1885	2.69	−16.96	5.23	14.75	4.36
1886	1.48	−14.42	3.24	15.23	3.43
1887	−0.25	−19.89	4.00	13.24	2.64
1888	1.52	−16.05	−0.07	14.15	4.70
1889	5.07	−5.69	7.66	15.45	5.05
1890	2.67	−17.31	2.83	15.31	6.86
1891	3.72	−8.98	5.09	14.94	4.11
1892	2.46	−10.34	3.06	14.93	3.57
1893	1.58	−12.26	1.79	14.99	1.42
1894	2.76	−13.80	3.94	16.87	3.00
1895	2.90	−12.82	5.14	14.82	3.93
1896	1.63	−11.38	1.78	15.84	−0.66
1897	2.71	−10.23	3.01	15.78	2.79
1898	3.62	−10.00	3.51	16.54	2.84
1899	1.54	−11.09	−0.69	14.61	4.73
1900	3.31	−10.80	4.82	14.61	2.68
1901	4.01	−8.30	5.85	14.72	3.50
1902	2.80	−7.26	3.83	14.39	3.22
1903	3.24	−11.14	1.49	15.04	3.71
1904	2.32	−12.28	1.81	14.96	6.25
1905	4.24	−11.22	6.40	15.66	4.70
1906	3.85	−6.61	4.02	16.64	4.61
1907	1.84	−16.86	−0.05	14.34	6.53
1908	3.62	−7.46	3.31	15.17	4.21
1909	1.11	−14.77	1.93	15.58	2.34
1910	3.65	−12.03	6.83	14.88	3.51
1911	2.29	−14.01	4.85	14.83	2.89
1912	4.37	−9.13	4.61	15.83	4.65
1913	3.33	−11.19	3.64	15.61	4.54

(continued)

Table 5.3 (continued)

Year	Mean temperature (°C)				
	Annual	Winter	Spring	Summer	Fall
1914	3.21	−10.60	4.74	15.93	5.02
1915	4.10	−11.33	6.55	15.25	3.74
1916	1.55	−13.60	3.13	14.60	4.57
1917	1.56	−15.28	2.01	15.20	6.18
1918	3.38	−15.92	3.45	15.26	5.30
1919	1.94	−8.70	2.34	15.58	−0.16
1920	2.22	−11.07	0.15	15.60	3.95
1921	2.89	−10.32	2.93	15.33	2.83
1922	2.74	−12.90	3.37	16.33	5.44
1923	3.66	−12.95	2.53	15.54	6.79
1924	2.48	−9.21	3.37	15.15	3.86
1925	2.27	−15.50	3.82	15.38	1.47
1926	3.23	−6.58	5.38	14.95	0.60
1927	0.71	−13.16	2.19	15.54	0.63
1928	3.89	−11.40	3.67	14.79	4.07
1929	2.48	−13.01	3.49	15.77	5.45
1930	3.75	−12.69	4.47	16.31	3.35
1931	4.50	−3.02	3.75	15.39	3.62
1932	2.28	−12.15	2.42	16.36	2.77
1933	1.41	−12.67	2.80	15.72	3.86
1934	3.63	−12.28	5.57	14.44	2.88
1935	1.74	−12.51	−0.09	15.83	2.19
1936	1.56	−18.47	3.99	16.51	5.24
1937	2.22	−15.56	5.28	15.88	3.55
1938	3.72	−13.35	4.58	15.89	5.76
1939	3.46	−11.70	3.60	15.26	4.29
1940	2.12	−10.38	2.86	14.91	3.07
1941	3.21	−12.09	4.59	16.47	3.96
1942	3.01	−8.90	4.35	15.40	2.45
1943	3.42	−14.14	1.98	15.09	6.57
1944	4.04	−7.39	4.50	15.28	5.28
1945	1.93	−10.34	2.54	15.88	1.05
1946	2.65	−12.47	5.34	15.27	2.03
1947	2.65	−13.63	2.64	15.35	3.94
1948	2.22	−10.13	−0.09	16.39	4.91

(continued)

Table 5.3 (continued)

Year	Mean temperature (°C)				
	Annual	Winter	Spring	Summer	Fall
1949	2.79	−16.16	5.56	15.92	6.13
1950	0.51	−19.16	1.62	15.98	1.39
1951	0.53	−13.83	1.03	14.31	1.43
1952	3.73	−14.09	4.22	15.32	6.50
1953	4.13	−9.48	2.69	15.67	6.67
1954	2.67	−10.54	0.38	14.74	5.89
1955	1.60	−7.74	1.21	16.64	0.33
1956	2.79	−16.23	3.10	16.58	5.25
1957	3.43	−12.27	4.12	15.83	4.76
1958	4.06	−8.84	4.49	16.58	4.53
1959	3.13	−13.09	5.09	15.30	2.72
1960	3.37	−8.73	2.82	16.05	4.52
1961	3.67	−7.62	4.48	18.45	2.47
1962	3.36	−14.24	2.34	15.57	6.19
1963	4.15	−9.94	4.15	16.96	5.86
1964	2.91	−7.24	2.42	16.24	3.53
1965	2.17	−15.99	1.51	16.98	2.68
1966	1.90	−14.47	3.08	15.45	3.10
1967	3.17	−11.54	0.23	17.06	6.60
1968	3.32	−10.80	5.57	15.43	5.02
1969	2.65	−18.29	4.50	16.51	4.11
1970	2.61	−9.46	3.32	17.79	2.21
1971	3.02	−14.25	4.43	16.98	4.07
1972	2.06	−15.76	4.23	16.38	2.72
1973	3.36	−10.97	5.49	16.23	1.29
1974	3.59	−11.89	1.59	16.12	5.94
1975	3.18	−8.50	1.81	16.21	4.90
1976	5.21	−8.62	5.91	16.61	6.18
1977	4.56	−5.84	6.45	15.50	4.32
1978	3.58	−13.98	5.11	16.81	4.62
1979	3.26	−15.33	3.36	16.85	6.70
1980	3.93	−9.99	5.85	15.74	6.23
1981	6.22	−7.89	6.67	17.48	6.59
1982	2.13	−14.89	2.18	16.48	3.93
1983	3.97	−7.60	4.79	17.37	4.39

(continued)

Table 5.3 (continued)

Year	Mean temperature (°C)				
	Annual	Winter	Spring	Summer	Fall
1984	4.04	−8.18	5.14	17.47	1.01
1985	3.55	−11.80	5.94	16.02	−0.09
1986	4.76	−6.91	6.34	16.29	2.89
1987	6.19	−4.07	5.22	16.01	7.28
1988	5.31	−7.51	7.74	16.63	5.08
1989	3.75	−9.40	2.64	16.71	4.77
1990	4.10	−7.75	5.71	16.76	3.66
1991	4.79	−8.29	4.79	17.42	2.87
1992	4.67	−6.11	6.31	16.31	4.27
1993	4.40	−11.54	5.96	15.27	4.55
1994	3.59	−12.12	6.49	16.66	4.90
1995	3.27	−9.67	4.18	15.87	3.53
1996	1.42	−13.57	2.37	16.25	1.20
1997	4.45	−11.97	2.90	16.71	5.33
1998	5.02	−7.65	6.85	18.07	5.21
1999	4.84	−9.86	4.43	16.15	5.69
2000	3.65	−7.29	4.45	16.22	4.49
2001	5.29	−8.51	6.13	16.86	5.37
2002	3.85	−7.74	−0.64	17.75	4.17

Table 5.4 Sample data for the AR(2) process

Sample time	Value
1	0.5377
2	2.5866
3	1.0936
4	1.0999
5	1.3118
6	−0.0211
7	−1.119
8	−1.2135

(continued)

Table 5.4 (continued)

Sample time	Value
9	2.4391
10	6.7908
11	6.9378
12	9.3524
13	10.3499
14	9.7505
15	9.1906
16	7.7866
17	6.1818
18	6.2509
19	7.0694
20	8.1889
21	8.6013
22	6.7398
23	5.8524
24	6.4536
25	6.5978
26	7.0448
27	7.2907
28	6.3811
29	5.5821
30	3.8371
31	3.4693
32	1.7914
33	−0.2956
34	−2.119
35	−5.7631
36	−5.5705
37	−4.5919
38	−4.3984

(continued)

Table 5.4 (continued)

Sample time	Value
39	−2.4915
40	−3.0004
41	−3.057
42	−3.0211
43	−2.3818
44	−1.5112
45	−1.7896
46	−1.7799
47	−1.7619
48	−0.949
49	0.6456
50	2.4876
51	2.2962
52	2.0482
53	0.5053
54	−1.4302
55	−2.2618
56	−0.9187
57	−0.925
58	−0.4643
59	−0.4131
60	0.7712
61	0.1972
62	−0.077
63	0.3461
64	1.6237
65	3.6443
66	4.3761
67	2.8128
68	1.0076

(continued)

Table 5.4 (continued)

Sample time	Value
69	−1.0574
70	0.3664
71	0.426
72	1.1613
73	1.2204
74	2.0165
75	1.4481
76	−0.3832
77	−2.6829
78	−3.0763
79	−3.1427
80	−3.0577
81	−1.2901
82	0.0143
83	0.8628
84	2.7885
85	2.6681
86	3.0377
87	3.7538
88	3.4927
89	3.2286
90	1.6078
91	−0.5113
92	−1.4148
93	−1.0029
94	1.8889
95	2.479
96	2.7135
97	2.4769
98	0.1779
99	−1.4284
100	−3.8834

Table 5.5 Sample data for the MA(3) process

Sample time	Value
1	−1.0642
2	1.0714
3	2.3025
4	0.7850
5	−3.1322
6	−2.0663
7	0.1705
8	1.4389
9	0.2493
10	0.3608
11	0.4718
12	−0.9697
13	−2.0038
14	−1.1963
15	0.2966
16	0.3218
17	0.5350
18	−2.5619
19	−1.7343
20	1.7619
21	1.9407
22	0.4325
23	0.1520
24	0.7127
25	−0.6199
26	−1.7293
27	−0.8909
28	1.8161
29	2.0952
30	−0.247
31	−1.941
32	−0.482
33	0.3695

(continued)

Table 5.5 (continued)

Sample time	Value
34	1.1009
35	−0.1946
36	−0.7037
37	1.6789
38	−0.9078
39	0.7717
40	0.4991
41	2.3052
42	−2.9206
43	−1.9253
44	−0.9071
45	1.6793
46	−0.9468
47	−0.2606
48	−0.8765
49	0.5945
50	0.6349
51	1.5463
52	1.0334
53	0.9764
54	−0.6638
55	−1.1319
56	−1.4077
57	−1.3701
58	0.3072
59	1.5012
60	0.7052
61	0.1900
62	1.0638
63	0.4609
64	0.5934
65	1.0214
66	0.1294
67	−1.7406
68	−1.754

(continued)

Table 5.5 (continued)

Sample time	Value
69	0.8591
70	−0.3351
71	−0.6397
72	−2.4522
73	1.2611
74	1.8775
75	1.6385
76	−1.0511
77	−3.1683
78	−0.6451
79	−1.2271
80	−1.6961
81	−0.9675
82	1.3156
83	1.6567
84	1.0599
85	1.8047
86	−0.7402
87	−0.6184
88	−0.1452
89	1.2824
90	0.5870
91	0.8840
92	−0.4366
93	−0.8398
94	0.2937
95	−1.4840
96	−1.7080
97	−1.7478
98	0.7010
99	1.1535
100	2.1987

Chapter 6
Modelling Dynamic Processes Using System Identification Methods

Process system identification is a complex and involved process that can take on multiple different facets and requires understanding not only the chemical and physical aspects of the process but also the mathematical and statistical background of identification. In system identification, there are two basic approaches to this problem:

(1) **First-principle**, **white-box**, or ***ab initio*** modelling, where a description of the process is obtained from the fundamental equations (mass, energy, and force balances) and various simplifications about the overall process. Although such an approach provides a very general model that can potentially be applied over a wide range of conditions, practically, it can be very difficult to obtain a tractable and useful form for many reasons, including lack of process understanding, especially at the molecular or submolecular levels, missing information about the relevant parameters, and the complexities of the resulting equation leading to difficulties in obtaining the desired final answer.
(2) **Data-driven** or **black-box** modelling, where a description of the process is obtained solely by developing models for the available data. This approach can provide very accurate models of the system at a given set of conditions, but the model cannot generalise well to other conditions. Furthermore, developing such models can be difficult, since the selection of appropriate terms and relevant data is a nontrivial task. Unless the correlations are strong, it may be difficult to decide on an appropriate data-driven model.

Given the potential problems associated with both approaches, a third, middle way has also been considered. This approach is called **grey-box modelling**, where the initial form of the equation determined based on the first-principle model is used for data-driven modelling. This approach has the advantage that the form of the equation has some physical meaning and could provide a reasonable description of the process.

Y. A. W. Shardt, *Statistics for Chemical and Process Engineers*,
https://doi.org/10.1007/978-3-030-83190-5_6

Furthermore, another component of process system identification is that not only is the deterministic model considered, but the stochastic component is also taken into consideration to give a regression model of the form

$$y_t = f\left(\vec{u}_t, \vec{\beta}_u\right) + g\left(e_t, \vec{\beta}_e\right), \tag{6.1}$$

where u_t represents the deterministic input to the model (equivalent to x in Chap. 3). The deterministic inputs can often be treated as a time series themselves, but whose values are not necessarily driven by a white-noise process (as in Chap. 5). In order to obtain a useful solution, various assumptions are made regarding the forms of f and g and how they interact with the different systems. It should be noted that the concepts presented here are not limited in their application to solely process system identification, but can also be applied in a wide variety of different fields, including complex econometric analysis and robotics.

Although the focus of this chapter will be on linear model identification, a cursory investigation of nonlinear approaches will be presented in order to provide a complete overview of system identification.

6.1 Control and Process System Identification

In process control, the objective is to design a controller so that the overall system can track and maintain a given reference signal. Figure 6.1 shows a generalized block diagram description of the system. The signals are denoted by lines with arrows, while the blocks denote a process that converts the signals entering the block into signals leaving it. The most important signals are:

(1) **Reference signal (r_t)**: This represents the desired or setpoint value for the process.
(2) **Input signal (u_t)**: This represents the input into the process. This signal can also be called the manipulated variable.
(3) **Output signal (y_t)**: This represents the measured value of the process. This signal can also be called the controlled variable.
(4) **Disturbance signal (e_t)**: This represents the unmodelled changes in the process. The disturbance signal is often assumed to be a Gaussian, white-noise signal with zero mean and variance σ^2.

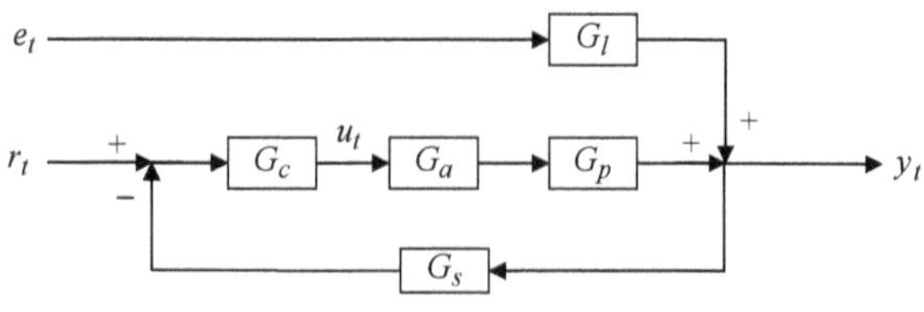

Fig. 6.1 Block diagram of the control system

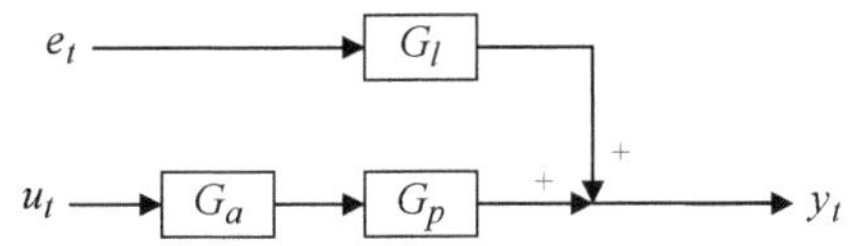

Fig. 6.2 Generic open-loop process

The most important blocks are:

(1) **Controller (G_c)**: This gives the model of the controller.
(2) **Process (G_p)**: This gives the known model of the process.
(3) **Disturbance (G_l)**: This gives the model of the unknown component.
(4) **Actuator (G_a)**: This gives the model for how the valve responds to a change in the given values. In most cases, since the response is very fast, it can be safely lumped together with the process model.
(5) **Sensor (G_s)**: This gives the model for how the sensor or measurement device works and responds to changes in the process. In most cases, since only the measured values are available, it is useful to lump this model together with the process and disturbance models. This block is useful to remind the reader that unless a variable can be measured, it cannot be used for control.

Together the process and disturbance models create the **plant model**.

The primary objective is to perform **system identification**, that is, obtain a plant model, especially that of the process, in order to design a controller. Two different situations can be considered: **open-loop system identification** and **closed-loop system identification**.

In open-loop system identification, it is assumed that the controller and reference signals are not present, that is, the control loop has not been closed. In such a case, Fig. 6.1 reduces to Fig. 6.2. The relationship between the input and output can then be written as

$$y_t = G_p u_t + G_l e_t. \tag{6.2}$$

In closed-loop system identification, the controller is fully functional and determines the value of the output based on the measured output value. Two different cases can be distinguished depending on the behaviour of the reference signal:

(1) **Routine Operating Mode**, where the reference signal does not change its value over the course of the experiment.
(2) **Externally Excited Mode**, where the reference signal does change its value in some predetermined manner over the course of the experiment.

The relationship between the reference signal and the output can be written as

$$y_t = \frac{G_c G_p}{1 + G_c G_p} r_t + \frac{G_l}{1 + G_c G_p} e_t. \tag{6.3}$$

If the reference signal is zero (or constant), then Eq. (6.3) reduces to solely the second term. This suggests that such a system can be modelled as a univariate time-series model.

Irrespective of the situation, process system identification is focused on determining the values for G_p and G_c as accurately as possible. Since most of the applications assume that the controller is digital, the system identification methods considered here will focus on the discrete-time implementation of system identification. For this reason, the models for each of the blocks will be assumed to be linear, rational functions of the backshift operator z^{-1}. Such models are most often referred to as **transfer functions**. The most general plant model is the **prediction error model**, which has the following form:

$$A(z^{-1})y_t = \frac{B(z^{-1})}{F(z^{-1})}u_{t-k} + \frac{C(z^{-1})}{D(z^{-1})}e_t, \tag{6.4}$$

where $A(z^{-1})$, $C(z^{-1})$, $D(z^{-1})$, and $F(z^{-1})$ are polynomials in z^{-1} of the form

$$1 + \sum_{i=1}^{n_a} \theta_i z^{-i}, \tag{6.5}$$

where n_a is the order of the polynomial and θ_i are the parameters, $B(z^{-1})$ is a polynomial in z^{-1} of the form

$$\sum_{i=1}^{n_b} \theta_i z^{-i}, \tag{6.6}$$

where n_b is the order of the polynomial, and k is the time delay in the system. In general, it is very rare for this system to be used directly. Instead, any of the following simplifications may be used:

1. **Box-Jenkins Model**: In this model, the $A(z^{-1})$ polynomial is ignored. Thus, this model is given as

$$y_t = \frac{B(z^{-1})}{F(z^{-1})}u_{t-k} + \frac{C(z^{-1})}{D(z^{-1})}e_t. \tag{6.7}$$

   In practice, this method is sufficient to obtain an accurate model of the system.
2. **Autoregressive Moving-Average Exogenous Model (ARMAX)**: In this model, the $D(z^{-1})$ and $F(z^{-1})$ polynomials are ignored, which gives

$$A(z^{-1})y_t = B(z^{-1})u_{t-k} + C(z^{-1})e_t. \tag{6.8}$$

This model assumes that the denominator for both the input and the error is the same.

3. **Autoregressive Exogenous Model (ARX)**: This is a simplified version of the ARMAX model, wherein it is assumed that $C(z^{-1})$ can be ignored. This gives a model of the form

$$A(z^{-1})y_t = B(z^{-1})u_{t-k} + e_t. \tag{6.9}$$

   Although this model is very simple, it has the beneficial property that the estimation of its parameters can be performed using least-squares analysis. In many respects, this model is very similar to the autoregressive model previously considered for time-series analysis.

4. **Output-Error Model (OE)**: In this model, only the model for the input is fit to the data. The error terms are ignored. Thus, the model is given as

$$y_t = \frac{B(z^{-1})}{F(z^{-1})}u_{t-k} + e_t. \tag{6.10}$$

Another model that is occasionally used is the **impulse response model**, which can be written as

$$y_t = \sum_{i=0}^{\infty} h_i u_{t-i} + \sum_{j=0}^{\infty} h_j e_{t-j}, \tag{6.11}$$

where h is the impulse response coefficient that can be obtained by performing long division with the polynomials in the prediction error model. The first term of the error impulse response model, h_0, is traditionally equal to 1. This model is commonly encountered in theoretical applications.

6.1.1 Predictability of Process Models

Since the models obtained in system control are often used to predict or forecast future behaviour of a system, it is important to develop an understanding of the predictive properties of a model. This can be formalized by considering the τ-step-ahead predictor for a process, $\hat{y}_{t+\tau|t}$, which predicts the process value τ-steps ahead given all the values of the process up until the current point t and the input up until the point $t + \tau$. Let the prediction error be defined as

$$\varepsilon_{t+\tau|t} = y_{t+\tau} - \hat{y}_{t+\tau|t} \tag{6.12}$$

and the linear, τ-step-ahead predictor be defined as

$$\hat{y}_{t+\tau|t} = L_1 u_{t+\tau} + L_2 y_{t+\tau}, \tag{6.13}$$

where L is some rational function of z^{-1}.

Theorem 6.1 (τ-step-ahead linear predictor) *The τ-step-ahead linear predictor, $\hat{y}_{t+\tau|t}$, is*

$$\boxed{\hat{y}_{t+\tau|t} = \left(\mathcal{I} - \sum_{i=0}^{\tau-1} h_i z^{-i} G_l^{-1}\right) y_{t+\tau} + \left(\sum_{i=0}^{\tau-1} h_i z^{-i} G_l^{-1} G_p\right) u_{t+\tau}}, \tag{6.14}$$

where h *is the impulse coefficients of the disturbance model.*

Proof The proof of this theorem can be obtained by solving Eq. (6.12) for the case of a linear predictor given by Eq. (6.13) and the model by Eq. (6.2). Many of the steps will be similar to those used to obtain the time-series predictor in Sect. 5.4.4.

Substituting Eqs. (6.13) and (6.2) into Eq. (6.12) gives

$$\varepsilon_{t+\tau|t} = G_p u_{t+\tau} + G_l e_{t+\tau} - L_1 u_{t+\tau} - L_2 y_{t+\tau}. \tag{6.15}$$

In order to separate the available error values from those which are not, the impulse response model of the disturbance transfer function will now be split into two components: a term containing all the terms up to, but excluding, the τth impulse term (unavailable future component) and a term containing all the remaining terms (available past component). It can be noted that the last term can be rewritten as a difference between the original disturbance transfer function and the unavailable future component, that is,

$$\sum_{i=\tau}^{\infty} h_i z^{-i} = G_l - \sum_{i=0}^{\tau-1} h_i z^{-i}. \tag{6.16}$$

Thus, Eq. (6.15) can be rewritten as

$$\varepsilon_{t+\tau|t} = G_p u_{t+\tau} + \left(G_l - \sum_{i=0}^{\tau-1} h_i z^{-i}\right) e_{t+\tau} + \sum_{i=0}^{\tau-1} h_i z^{-i} e_{t+\tau} - L_1 u_{t+\tau} - L_2 y_{t+\tau}. \tag{6.17}$$

Solving Eq. (6.2) for the disturbance signal gives

$$e_t = G_l^{-1}\left(y_t - G_p u_t\right). \tag{6.18}$$

Substituting Eq. (6.18) for only the first error term in Eq. (6.17) gives

$$\varepsilon_{t+\tau|t} = G_p u_{t+\tau} + \left(G_l - \sum_{i=0}^{\tau-1} h_i z^{-i}\right) G_l^{-1}\left(y_{t+\tau} - G_p u_{t+\tau}\right) + \sum_{i=0}^{\tau-1} h_i z^{-i} e_{t+\tau} - L_1 u_{t+\tau} - L_2 y_{t+\tau}. \tag{6.19}$$

Re-arranging and combining like terms gives[1]

$$\varepsilon_{t+\tau|t} = \left(\sum_{i=0}^{\tau-1} h_i z^{-i} G_l^{-1} G_p - L_1\right) u_{t+\tau} + \left(\mathcal{I} - \sum_{i=0}^{\tau-1} h_i z^{-i} G_l^{-1} - L_2\right) y_{t+\tau} + \sum_{i=0}^{\tau-1} h_i z^{-i} e_{t+\tau}. \tag{6.20}$$

The last term in Eq. (6.20) cannot be simplified since it depends on future values of the error that are not yet known. Since it has been assumed that there is a time delay of at least one sample in the process transfer function, that is, $G_p\left(0, \vec{\theta}\right) = 0$, and that $G_l\left(0, \vec{\theta}\right) = \mathcal{I}$, this shows that the errors are uncorrelated either with each other or the input. Thus, in order to minimise the prediction error, both of the coefficients for $u_{t+\tau}$ and $y_{t+\tau}$ must be equal to zero, that is,

$$\sum_{i=0}^{\tau-1} h_i z^{-i} G_l^{-1} G_p - L_1 = 0 \Rightarrow L_1 = \sum_{i=0}^{\tau-1} h_i z^{-i} G_l^{-1} G_p, \tag{6.21}$$

$$\mathcal{I} - \sum_{i=0}^{\tau-1} h_i z^{-i} G_l^{-1} - L_2 = 0 \Rightarrow L_2 = \mathcal{I} - \sum_{i=0}^{\tau-1} h_i z^{-i} G_l^{-1}. \tag{6.22}$$

Thus, Eqs. (6.21) and (6.22) show that the τ-step-ahead predictor can be written as

$$\hat{y}_{t+\tau|t} = \left(\mathcal{I} - \sum_{i=0}^{\tau-1} h_i z^{-i} G_l^{-1}\right) y_{t+\tau} + \left(\sum_{i=0}^{\tau-1} h_i z^{-i} G_l^{-1} G_p\right) u_{t+\tau}. \tag{6.23}$$

Q.E.D.

Theorem 6.2 (variance of the τ-step-ahead predictor) *The variance of the τ-step-ahead predictor is*

[1] It should be noted that $\mathcal{I}$ represents the $n \times n$ identify matrix, where n is the size of the (square) disturbance transfer function matrix. In most cases, $\mathcal{I}$ will be equal to 1.

$$\boxed{\sigma_\tau^2 = \sigma_w^2 \sum_{i=0}^{\tau-1} h_i^2}. \tag{6.24}$$

Proof The required variance can be obtained by examining the prediction error.

Simplifying Eq. (6.20) based on the results from Theorem 6.1 gives that the prediction error can be written as

$$\varepsilon_{t+\tau|t} = \sum_{i=0}^{\tau-1} h_i z^{-i} e_{t+\tau}. \tag{6.25}$$

Since e_t is white noise, this implies that it is uncorrelated with past or future values of itself. Therefore, the variance of the estimate will be given as

$$\sigma_\tau^2 = \sigma_w^2 \sum_{i=0}^{\tau-1} h_i^2. \tag{6.26}$$

Q.E.D.

Corollary 6.1 (properties of the one-step-ahead predictor) *The* ***one-step-ahead predictor****is given by*

$$\boxed{\hat{y}_{t+1|t} = \left(\mathcal{I} - G_l^{-1}\right) y_t + G_l^{-1} G_p u_t} \tag{6.27}$$

and has a variance equal to

$$\boxed{\sigma_1^2 = \sigma_w^2}. \tag{6.28}$$

Proof Set $\tau = 1$ in Theorems 6.1 and 6.2 to give the above results.

Q.E.D.

The one-step-ahead predictor forms an important basis for estimating the parameters of such systems.

Corollary 6.2 (the infinite-step-ahead predictor) *The* ***infinite-step-ahead predictor****, or the* ***infinite-horizon predictor****, is given by*

$$\boxed{\hat{y}_\infty = G_p u_t} \tag{6.29}$$

and has a variance equal to

$$\boxed{\sigma_{\infty}^2 = \sigma_l^2}, \tag{6.30}$$

where σ_l^2 is the variance of the disturbance model.

Proof Take the limit as $\tau \to \infty$ of the corresponding equations in Theorems 6.1 and 6.2 to give the above results.

Q.E.D.

The infinite-horizon predictor is useful when looking at the predictive properties of a model and how generalizable the model is. Basically, the infinite-horizon predictor assumes that the errors are not known and seeks to predict the process solely on the basis of the available input information.

6.2 Framework for System Identification

The system identification framework shown in Fig. 6.3 extends the general regression framework shown in Fig. 3.1 to take into account the specific issues in process system identification. The framework consists of three steps:

(1) **Data Collection**: During the data collection step, the required data are collected and analysed to determine if there are any obvious problems with the data set, such as missing data, faulty sensors, faulty values, or multiple operating modes. The framework presented in Fig. 6.3 assumes that a separate experiment will be designed in order to obtain the data required for system identification. In industry, the ability to perform such experiments can be limited due to various factors, including safety, economic, or reluctance on the part of the plant operators. Instead, historical data from the data historian are extracted and preprocessed to determine their usefulness for the given problem.

(2) **Model Creation and Validation**: During this step, the data set is used to create the model and obtain parameter estimates. As well, the given model is validated to determine if it could potentially be used.

(3) **Decision Making**: Based on the model obtained from the previous step, a decision is made whether the given model is sufficient or a better model needs to be sought. Clearly, the available time and purpose of the model will determine the amount of effort required and model accuracy. For a simple controller, a relatively crude model may be more than sufficient to obtain a good controller.

6.3 Open-Loop Process Identification

This section will examine the principles and key results for modelling an open-loop process using the general prediction error model given by Eq. (6.4). The foundation for such modelling is the prediction error method, which uses the fact that most models in system identification are used for predicting future values of the process.

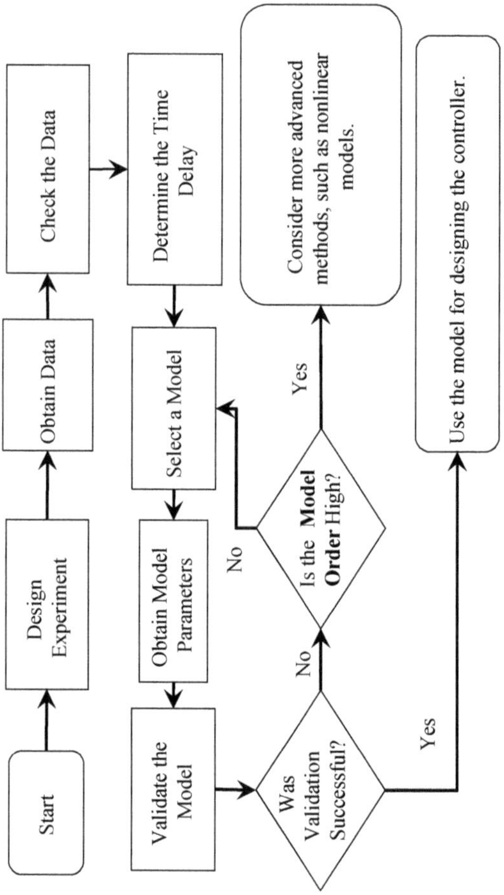

Fig. 6.3 System identification framework

6.3.1 Parameter Estimation in Process Identification

Although for simple models it is possible to estimate the parameters using least-squares linear regression (see, for example, Question 21 in Sect. 3.8.2), for more complex models this is not possible. Instead, more complex methods are required in order to obtain them. One very popular approach is the **prediction error method**. Parameter estimation using the prediction error method can be summarised as follows:

(1) Select an appropriate (prediction error) model and determine the corresponding one-step-ahead optimal predictors (Eq. 6.27).
(2) Using the experimental data, compute the prediction values and prediction errors as functions of the unknown parameters θ.
(3) Obtain the parameter estimates that minimise the sum of all of the prediction errors. Due to the nonlinear nature of the problem, this step is most often performed using a numerical optimisation algorithm.

In practice, this procedure is greatly simplified, since there exist appropriate computer functions that can perform the required tasks once the general form of the model (orders and time delay) is specified.

Theorem 6.3 (properties of the prediction error method) *The prediction error method produces parameter estimates that are* ***unbiased*** *if the prediction error is a white-noise signal.*

Proof This will be shown by examining the conditions under which the one-step-ahead predictor will give a white-noise signal.

From Eq. (6.12), the one-step-ahead prediction error can be written as

$$\varepsilon_{t+1|t}\left(z^{-1},\vec{\theta},\hat{\vec{\theta}}\right) = y_t - \hat{y}_{t+1|t} \tag{6.31}$$

where $\hat{y}_{t+1|t}$ is the one-step-ahead prediction based on the assumed model for the system, $\vec{\theta}$ is the (true) parameter vector, and $\hat{\vec{\theta}}$ is the estimated parameter vector. We know that

$$e_t = \hat{G}_l^{-1}\left(y_t - \hat{G}_p u_t\right) \tag{6.32}$$

and that the true model can be given as

$$y_t = G_p u_t + G_l e_t. \tag{6.33}$$

Substituting the above results into Corollary 6.1, the prediction error can be written as

$$\varepsilon_{t+1|t}\left(z^{-1},\vec{\theta},\hat{\vec{\theta}}\right)=\hat{G}_l^{-1}\left(G_pu_t+G_le_t-\hat{G}_pu_t\right). \tag{6.34}$$

Combining the terms for input and error together gives

$$\varepsilon_{t+1|t}\left(z^{-1},\vec{\theta},\hat{\vec{\theta}}\right)=\hat{G}_l^{-1}\left(G_p-\hat{G}_p\right)u_t+\hat{G}_l^{-1}G_le_t. \tag{6.35}$$

Let[2]

$$\begin{aligned}\Phi_u\left(z^{-1},\vec{\theta},\hat{\vec{\theta}}\right)&=\hat{G}_l^{-1}\left(G_p-\hat{G}_p\right)\\ \Phi_e\left(z^{-1},\vec{\theta},\hat{\vec{\theta}}\right)&=\hat{G}_l^{-1}G_l,\end{aligned} \tag{6.36}$$

then Eq. (6.35) can be rewritten as

$$\varepsilon_{t+1|t}\left(z^{-1},\vec{\theta},\hat{\vec{\theta}}\right)=\Phi_u\left(z^{-1},\vec{\theta},\hat{\vec{\theta}}\right)u_t+\Phi_e\left(z^{-1},\vec{\theta},\hat{\vec{\theta}}\right)e_t. \tag{6.37}$$

Since it is desired to introduce white noise into the system, e_t will be added and subtracted from Eq. (6.37). This gives

$$\varepsilon_t\left(\vec{\theta},\hat{\vec{\theta}}\right)=\Phi_u\left(z^{-1},\vec{\theta},\hat{\vec{\theta}}\right)u_t+\left(\Phi_e\left(z^{-1},\vec{\theta},\hat{\vec{\theta}}\right)-\mathcal{I}\right)e_t+e_t. \tag{6.38}$$

It should be noted that since this is assumed to be a sampled system, with zero-order hold, G_p will have at least one-sample time delay, that is,

$$G_p(0)=0. \tag{6.39}$$

Furthermore, it will be assumed that

$$G_l(0)=\mathcal{I}. \tag{6.40}$$

The above two conclusions also hold for the estimated models. Thus, it can be seen that since both $\Phi_u\left(0,\vec{\theta},\hat{\vec{\theta}}\right)$ and $\left(\Phi_e\left(0,\vec{\theta},\hat{\vec{\theta}}\right)-\mathcal{I}\right)$ equal zero, then this implies that they both have at least a one-sample time delay. Furthermore, due to the one-sample time delay, there is no correlation between e_t and $\left(\Phi_e\left(0,\vec{\theta},\hat{\vec{\theta}}\right)-\mathcal{I}\right)$, since the first term in Φ_e is e_{t-1}, with which white noise is by definition uncorrelated. Now, if it is further assumed that u_t and e_t are independent, then the variance of the prediction error can be written as

[2] The dependence of the Φ-functions on the backshift operator is made explicit in this formulation. The backshift operator has not been considered in any of the other transfer functions in order to keep the notation simple.

$$\mathrm{var}\left(\varepsilon_t\left(\vec{\theta},\hat{\vec{\theta}}\right)\right)=\mathrm{var}\left(\Phi_u\left(z^{-1},\vec{\theta},\hat{\vec{\theta}}\right)u_t\right)+\mathrm{var}\left(\left(\Phi_e\left(z^{-1},\vec{\theta},\hat{\vec{\theta}}\right)-\mathcal{I}\right)e_t\right)+\mathrm{var}(e_t). \tag{6.41}$$

The variance given by Eq. (6.41) is at least equal to, if not greater than, the variance of white noise, e_t. Since it is desired to minimise the covariance of the errors, this implies that by setting both Φ_u and $\Phi_e\left(z^{-1},\vec{\theta},\hat{\vec{\theta}}\right)-\mathcal{I}$ equal to zero, a minimum variance estimate can be obtained. Thus, it can be concluded that

$$\begin{aligned}\Phi_u\left(z^{-1},\vec{\theta},\hat{\vec{\theta}}\right)&=\hat{G}_l^{-1}\left(G_p-\hat{G}_p\right)=0\\ \Phi_e\left(z^{-1},\vec{\theta},\hat{\vec{\theta}}\right)&=\hat{G}_l^{-1}G_l=\mathcal{I}.\end{aligned} \tag{6.42}$$

This implies that $G_p=\hat{G}_p$ and $G_l=\hat{G}_l$. Thus, this shows that the parameter estimates are unbiased.

Q.E.D.

Theorem 6.4 (asymptotic variance of the prediction error method) *The prediction error method is asymptotically a minimum variance estimator.*

Proof This will be shown by deriving the Fisher information matrix for the prediction error method.

First, define the sensitivity function, $\psi\left(t,\vec{\theta}\right)$, as

$$\psi\left(t,\vec{\theta}\right)=-\left[\frac{d\varepsilon_{t+1|t}\left(\vec{\theta}\right)}{d\vec{\theta}}\right]^T. \tag{6.43}$$

This can be rewritten using Eq. (6.12) to give

$$\psi\left(t,\vec{\theta}\right)=\left[\frac{d\hat{y}_{t+1|t}}{d\vec{\theta}}\right]^T. \tag{6.44}$$

It can be seen that the larger the sensitivity, and thus, the smaller the variance, the better the estimates will be. Note that the asymptotic variance for the parameters can be written as

$$\mathrm{cov}\left(\hat{\vec{\theta}}\right)=\sigma_w^2\sum_{t=1}^{m}\psi\left(t,\hat{\vec{\theta}}\right)\psi\left(t,\hat{\vec{\theta}}\right)^T, \tag{6.45}$$

where m is the number of data points used and σ_w^2 is the noise of the white noise. The Cramér-Rao lower bound for the parameter estimates states that

$$\operatorname{cov}\left(\hat{\vec{\theta}}\right) \geq \mathcal{F}^{-1}, \tag{6.46}$$

where $\mathcal{F}$ is the Fisher information matrix, which is defined as

$$\mathcal{F} = \frac{1}{\sigma_w^2}\left[\sum_{t=1}^{m} \psi\left(t, \hat{\vec{\theta}}\right)\psi\left(t, \hat{\vec{\theta}}\right)^T\right]^{-1}. \tag{6.47}$$

Since Theorem 6.3 states that the prediction error method produces unbiased estimates, as $m \to \infty$, the estimated parameter values will approach the true parameter values. Thus, it can be concluded that the prediction error method **asymptotically** approaches a minimum variance estimator.

Q.E.D.

6.3.2 Model Validation in Process Identification

Once the model parameters have been determined, it is necessary to validate the model. As before, three different components need to be considered: (1) testing the residuals, (2) testing the adequacy of the model, and (3) taking corrective action. The general details of these components are the same as for regression analysis (see Sect. 3.3.5: Model Validation). However, some specific details are needed for model validation in process system identification.

The first system-identification-specific detail is that the goal of most such models is to predict future values. Therefore, the model validation tests are often performed on a separate set of data that was not used for model parameter estimation. This is one major difference from standard regression analysis where the same data set is used for both cases. This means that the data set is split into two parts: one part is used for model parameter estimation and the other part is used for model validation. In general, the model creation part will consist of 1/3 of the data, while the model validation part will consist of 2/3 of the data.

The second system-identification-specific detail is that testing of the residuals is commonly performed using the autocorrelation and cross-correlation tests rather than any other method. The **autocorrelation test of the residuals** seeks to determine if the residuals are white noise by plotting the autocorrelation function of the residuals for different lags (most often up to a lag of 20). If 95% of all the autocorrelations lie inside the 95% confidence interval for zero at all lags not equal to zero and there are no significant trends, then it can be concluded that the residuals are white noise. Otherwise, there is a need to take corrective action. Unfortunately, the autocorrelation plot does not provide a good indication of the source of any problems. The **cross-correlation test between the residuals and input** seeks to determine if the residuals and inputs are independent of each other. Theoretically speaking, due to the assumption of independence, the two signals should have a cross-correlation plot that is equal to zero for all lags. Practically, this can be stated as 95% of all cross-correlations should lie inside the 95% confidence interval for zero at all lags and there should not be any significant trends in the data. If this test fails, then the process model is likely to be incorrectly specified.

Testing model adequacy in process system identification is similar to the basic regression problem, for example, considering confidence intervals, comparing predicted and measured values, and using some type of index-based method. However, there are small differences. When comparing confidence intervals for the parameters, if there is a string of confidence intervals that cover zero at the end of the polynomial, then it is often the case that too large an order was selected for that polynomial. Similarly, if there are many confidence intervals that cover zero at the start of the *B*-polynomial, then this can be a sign that the time delay has been incorrectly specified. The time delay, n_k, should then be increased by the number of zero terms and the order of the *B*-polynomial decreased by the same amount. The net change will be zero, but the estimation can be made more precise.

When comparing predicted and measured values, the data set will often be different from that initially used in order to determine the adequacy of the model for forecasting new future points. Furthermore, different types of predictors can be used, for example, one-step- ahead, two-step- ahead, *m*-step- ahead, and infinite-horizon predictors. The infinite-horizon predictor is essentially a prediction of the process using only the deterministically available inputs. If the predictive capability of the model is good with the infinite-horizon predictor, then this implies that the model captures well most of the process behaviour in the given region. On the other hand, a poor performance with the infinite-horizon predictor can be a sign that additional information about the process may be required. This can be confirmed if low-order predictors, such as the two- or five-step-ahead predictors, give good performance. The reason for this is that the past errors can contain additional information about the process that can be useful in predicting the overall process.

It is possible to test model adequacy using various indices. These indices seek to take into consideration the trade-off between the overall model fit as measured using the variance of the residuals and the number of parameters used. The two most common indices are:

(1) **Akaike's Information Criterion (AIC)**: Akaike's information criterion seeks to find the global minimum between the variance and the number of parameters. It is defined as

$$\mathrm{AIC} = m \log\left(m^{-1}\sum_{t=1}^{m}\varepsilon_{t+1|t}\left(\hat{\vec{\theta}}\right)\varepsilon_{t+1|t}\left(\hat{\vec{\theta}}\right)^{T}\right) + 2n, \tag{6.48}$$

where n is the total number of estimated parameters in the model and m is the number of data points.

(2) **Final Prediction Error Criterion (FPE)**: The final prediction error criterion seeks to minimise the variance of the prediction errors with future data. It is defined as

$$\text{FPE} = m^{-1} \sum_{t=1}^{m} \varepsilon_{t+1|t}\left(\hat{\vec{\theta}}\right) \varepsilon_{t+1|t}\left(\hat{\vec{\theta}}\right)^{T} \left(\frac{1 + nm^{-1}}{1 - nm^{-1}}\right). \tag{6.49}$$

Although they can be useful for automating the model adequacy checking component, they still need to be combined with careful process knowledge in order to obtain a good final model.

In general, a model with fewer parameters is often better than a complex model with many different parameters, especially when trying to predict future process values. Analysis of complex macro-economic models has shown that these complex models can produce predictions that have variances greater than the original variables and hence are meaningless (Ashley 1988; Nelson 1972).

6.3.3 Design of Experiments in Process Identification

The final topic in open-loop process system identification is considering the design-of-experiments problem: under what conditions can the most information about the process be extracted from the system with minimal effort. As well, it would be useful to know the limitations on identifying the given model. Detailed information about this topic can be found in (Ljung 1999; Söderström et al. 1975). Practically, there are two topics to consider when designing a system identification experiment: theoretical constraints and practical design considerations.

Theoretically, the main concern lies with the **identifiability** of a process, that is, given a data set and model structure (order of polynomials), what are the conditions for there to be a unique solution to the parameter estimates. For open-loop experiments, the identifiability constraint for a prediction error model can be simply written as

$$n_r \geq n_a + n_b + n_c + n_d + n_f, \tag{6.50}$$

where n_r is the persistent excitation order of the input signal. **Persistency**, or the amount of information excited by a signal in the process, is defined as follows. A signal is said to have a persistent excitation order n, if the following two conditions are satisfied:

(1) The following limit exists:

$$\gamma(\tau) = \lim_{m \to \infty} \frac{1}{m} \sum_{t=1}^{m} u_{t+\tau} u_t^T. \tag{6.51}$$

(2) The matrix, $\Gamma_u(n)$, is positive definite, or, for a symmetric matrix, this is equivalent to saying that the matrix is invertible. The n-by-n matrix $\Gamma_u(n)$ is defined as

$$\Gamma_u(n) = \begin{bmatrix} \hat{\gamma}_u(0) & \hat{\gamma}_u(1) & \cdots & \hat{\gamma}_u(n-1) \\ \hat{\gamma}_u(-1) & \hat{\gamma}_u(0) & \cdots & \hat{\gamma}_u(n-2) \\ \vdots & & \ddots & \vdots \\ \hat{\gamma}_u(1-n) & \hat{\gamma}_u(2-n) & \cdots & \hat{\gamma}_u(0) \end{bmatrix}, \tag{6.52}$$

where $\hat{\gamma}$ is the estimated autocovariance of the signal.

Based on the result, it can be seen that a step input has a persistent excitation order of 1. An impulse response has a persistent excitation order of 0, while white-noise has a persistent excitation order of infinity. This would suggest that performing system identification with a white-noise signal would be ideal, as all prediction error model systems irrespective of complexity could be identified. However, practically speaking, a white-noise input signal is not useful since it contains too many random fluctuations in the values. These fluctuations would cause the actuator, such as a valve, to jump around, leading to potential mechanical stresses and equipment failure. Therefore, instead of using a white-noise signal, a **random binary signal**, which oscillates between two fixed levels (conventionally denoted as +1 and −1), is used. Such a signal approximates the white-noise signal and causes less mechanical stress on the system.

Designing the random binary signal requires setting the following parameters: levels, sampling time, and bandwidth. The physical values for the **levels** need to be selected carefully taking into consideration the actual system constraints, for example, overfilling a tank or leaving it empty, due to selecting too large or too small of a flow rate. Selecting a wide range between the two values can also lead to undesirable behaviour, such as exciting nonlinearities.

The **sampling time**, τ_s, represents how often the data from the system is collected. Both too fast and too slow sampling will have implications on the ability to obtain a good model. Fast sampling will force the poles of the model to approach −1, which means that the system will be difficult to identify accurately. Similarly, too slow sampling will mean that the relevant information will be lost about the process due to the Nyquist sampling theorem. The general rule for selecting the sampling time is (Zhu 2001)

$$\tau_s = 0.1\tau_{\min} \text{ to } 0.2\tau_{\min}, \tag{6.53}$$

where $\tau_{\min}$ is the smallest time constant in the process. The time constant, τ_p, of a process represents how quickly the process responds to a change in the system. The larger the time constant, the slower the response to changes.

Finally, the **bandwidth** needs to be selected. The bandwidth represents how much of the frequency domain is excited (or examined) by the given signal. Most chemical processes can be treated as low-pass filters, that is, only low frequencies are important for describing the process. Therefore, there is only a need to excite the process between $[0, f_{upper}]$, where f_{upper} is some upper bound frequency. For a first-order process, the bandwidth of a process is defined as the inverse of the time constant. For higher-order processes, the bandwidth of a process can be defined as the inverse of the smallest time constant. In order to be certain that all of the relevant bandwidth has been excited, a safety factor, *k*, is included. This safety factor is normally set to be equal to either 2 or 3, depending on the associated uncertainties in the initial process knowledge. If the process is known approximately, then it is possible to use a smaller *k*. Therefore, the bandwidth for the input signal can be defined as $\left[0, k\tau_{\min}^{-1}\right]$, where, as before, $\tau_{\min}$ is the smallest time constant.

From the above description, it would seem that, in order to identify the process, it is necessary to already know information about the process. In a way, this is indeed the case. However, the initial knowledge about the process need not be very precise and could be obtained using basic identification methods, such as the **step test**. The step test is a method for identifying a first-order, linear process based on making a step change in the input signal. The advantage of this approach is that it provides a quick and effective way of determining the process characteristics. The disadvantage is that the approach can only be used for simple processes that require/can be approximated with a single time constant. In practice, this is sufficient as a first approximation for most chemical engineering systems. Thus, this approach is perfect for providing the initial estimate for system identification.

The procedure for running a step test can be summarised as follows:

(1) Once the process is at some steady state (all the process values are constant except for some minor variations), make a step change in the input signal.
(2) Record the data until the process reaches a new steady state. The graph should look something similar to Fig. 6.4.
(3) From the graph, compute the time delay, θ, the gain, K, and the time constant, τ.

6.3.4 Final Considerations in Open-Loop Process Identification

The above sections have provided a comprehensive view of the main issues in open-loop identification. However, there remain some final things to consider before this can be applied in practice. The most important things are time-delay estimation, drifting in the disturbance, linearity, and time invariance.

6.3.4.1 Time Delay

For both the prediction error and the linear, least-squares methods, the value of the time delay must be known beforehand, that is, neither of the methods can estimate the time delay as part of the regression problem. Estimating the time delay can be

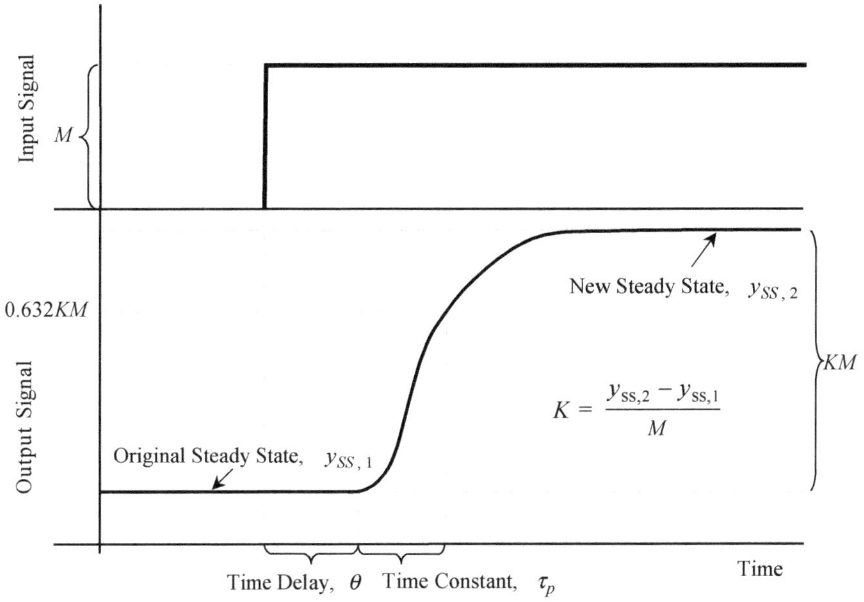

Fig. 6.4 Estimating parameters using a step test

performed using various different methods. The most common include using the values obtained from the step tests and the cross-correlation plot between the inputs and outputs.

Using step tests to estimate the time delay is a convenient and straightforward method. However, it should be noted that the time delay obtained is in continuous units that need to be converted into sampled units, using

$$n_k = \left\lfloor \frac{\theta}{\tau_s} \right\rfloor, \tag{6.54}$$

where $\lfloor \cdot \rfloor$ is the floor function that rounds down a value to the nearest integer.

Another approach to estimating the time delay is to use the cross-correlation plot between the input and the outputs. The delay will then appear as a series of zero values between a lag of zero and the time delay, n_k. A typical cross-correlation plot is shown in Fig. 6.5 (left). In this plot, the time delay would be estimated as being 4, since that is the last zero value before the significant peak. Note that using this approach requires that the input be a white-noise signal.

A related approach to estimating the time delay is to determine the impulse response coefficients, h, for the model. Similar to the cross-correlation plot, the last zero value would be assumed to be equal to the time delay. A typical impulse

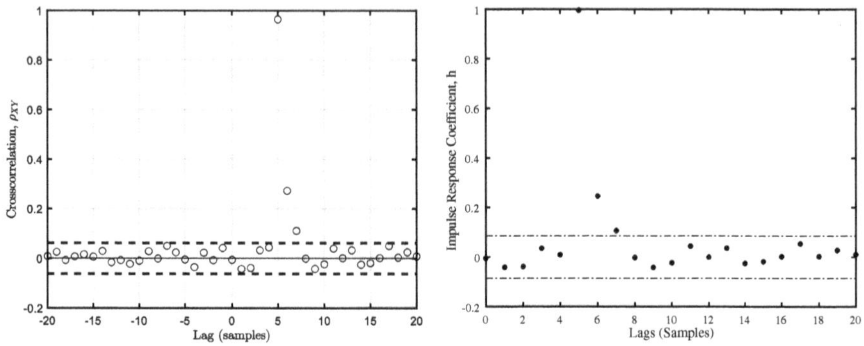

Fig. 6.5 Estimating the time delay using (left) The cross-correlation plot and (right) The impulse response method

response plot is shown in Fig. 6.5 (right). In this plot, the time delay would be estimated as being 4, since that is the last zero value before the significant peak. This method requires that the data be obtained from an open-loop experiment.

6.3.4.2 Drifting and Disturbances

When analysing a time series, the stationarity of the disturbance signal is an important characteristic to consider. If the output is not stationary, then all the data must be differenced in order to obtain a stationary model. If the data is differenced k times, then the disturbance model will be of the form

$$G_l = G_{l_d}\left(1 - z^{-1}\right)^{-k}, \tag{6.55}$$

where G_{l_d} is the disturbance model estimated using the differenced data. However, as for the univariate time-series case, it should be noted that differencing the data can lead to loss of information (excitation) in the input signal and an increase in noise. Thus, differencing the data should only be performed if no "reasonable" model can be obtained without differencing.

6.3.4.3 Linearity

When fitting a prediction error model to the data, it is assumed that the true model of the process is linear. Since very few chemical processes are truly linear, it is necessary to check the original process if a linear model is sufficient over the region of consideration of the variables. Two common tests are:

(1) **Step-Up and Step-Down Check**: In this test, a step increase from the original conditions in the process is performed, followed by a step-down back to the

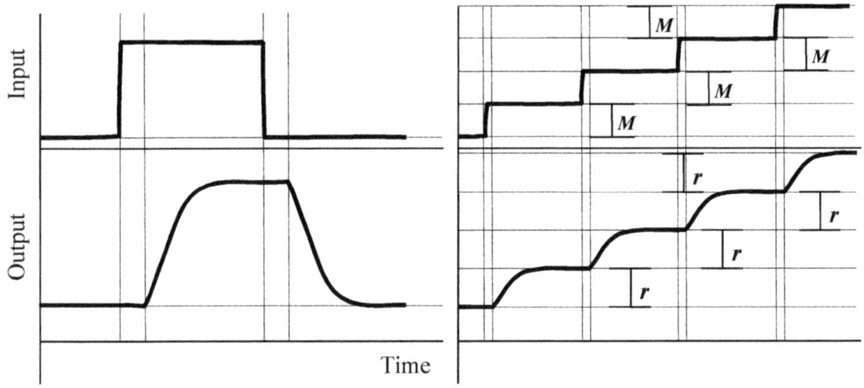

Fig. 6.6 (left) Ideal behaviour for the response for the step-up and step-down check and (right) Ideal behaviour for the response for the proportional test

original process conditions. The key process parameters, such as the time delay, gain, and process time constant, should be similar for the two responses. The ideal response is shown in Fig. 6.6 (left).

(2) **Proportional Test**: In this test, a set of step increases of magnitude M is performed. The response of the system should be the same during each step increase interval. The ideal response is shown in Fig. 6.6 (right).

6.3.4.4 Time Invariance

Finally, the prediction error model assumes that the parameter values do not change with respect to time, that is, they are time invariant. A quick and simple test of the invariance of the model is to split the data into two parts and cross-validate the models using the other data set. If both models perform successfully, then the parameters are probably time invariant, at least over the time interval considered.

6.4 Closed-Loop Process Identification

In chemical engineering, it is common to encounter cases where identifying a process using open-loop data may not be practical. Furthermore, it may be useful to extract process information from a closed-loop process without disrupting the overall process. In such cases, using and understanding closed-loop data are important. Closed-loop data comes in two flavours: routine operating data and externally excited data. In **routine operating data**, the reference signal is held constant and does not change its value during the course of the experiment. The only disturbances to the process come through the disturbance signal, e_t. On the other hand, in **externally excited data**, the value of the reference signal changes.

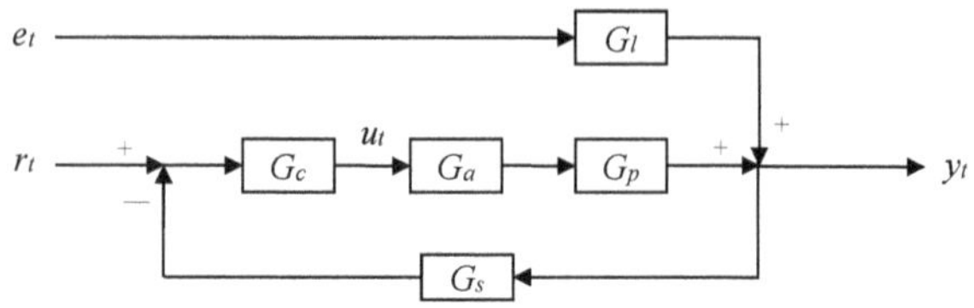

Fig. 6.7 Block diagram for a closed-loop process

The general closed-loop system is shown in Fig. 6.7, for which the transfer function can be written as

$$y_t = \frac{G_c G_p}{1 + G_c G_p} r_t + \frac{G_l}{1 + G_c G_p} e_t, \tag{6.56}$$

where G_c is the controller transfer function and r_t is the reference, or setpoint, signal. In general, closed-loop identification is more complicated than open-loop identification, since it cannot be assumed that the error and inputs are uncorrelated. For any closed-loop system, two competing equations can be fit

$$y_t = G_p u_t + G_l e_t, \tag{6.57}$$

$$y_t = r_t - G_c^{-1} u_t. \tag{6.58}$$

The primary issue with closed-loop identification is how to identify the desired process model G_p given the two competing equations.

If the data obtained are routine operating data, then the process model, G_p, can only be identified if the controller transfer function has a higher order than the process and the effect of an incorrect model on the controller transfer function is larger than on the disturbance model; or if there is significant nonlinearity in the controller and the error caused by an incorrect controller model is larger than the disturbance error.

On the other hand, if there is an external excitation, then it is easier to perform closed-loop identification. However, if the excitation is much weaker than the disturbance, the model given by Eq. (6.58) will be determined. Thus, the signal-to-noise ratio is extremely important in closed-loop identification. As well, identification depends on the model structure that has been determined for the process. If the model structure chosen for G_p and G_l is different from the structure of G_c, then the model can be identified even if the excitation is weak. Since most controllers do not have any sample time delays, if the structure chosen for G_p has at least one-sample time delay (as it should if it is a discrete system), then the closed-loop system can be easily identified even with a weak excitation.

If it is assumed that a prediction error model is being fit, then general conditions for identifiability based on the orders of the polynomials can be obtained. A process is identifiable from routine operating data if (Shardt and Huang 2011)

$$\max(n_X + n_k - n_F - n_A, n_Y - n_B) \geq n_D$$

$$+\min(n_C + n_F + n_Y, n_A + n_F + n_Y, n_B + n_X), \tag{6.59}$$

where the controller is defined as

$$G_c = \frac{X(z^{-1})}{Y(z^{-1})}, \tag{6.60}$$

X and Y are polynomials similarly defined to the A-polynomial with order n_X and n_Y. A process is identifiable from a reference signal with persistent excitation order, n_r, if (Shardt and Huang 2014)

$$\begin{aligned} n_r \geq n_D &+ \min(n_C + n_F + n_Y, n_A + n_F + n_Y, n_B + n_X) \\ &+ \min(n_F + n_A - n_X - n_k, n_B - n_Y). \end{aligned} \tag{6.61}$$

There are 3 different approaches to determining the model structure of a closed-loop system: **indirect identification**, **direct identification**, and **joint input–output identification**.

6.4.1 *Indirect Identification of a Closed-Loop Process*

The first method for closed-loop identification is called **indirect identification**, where Eq. (6.56) is first fit as

$$y_t = M(z^{-1})r_t + W(z^{-1})e_t. \tag{6.62}$$

Then, given the controller transfer function, the process transfer function can be calculated as

$$G_p = \frac{1}{\frac{G_c}{M} - G_c}. \tag{6.63}$$

Since most processes have low-order dynamics and the overall transfer function, M, is likely to have a large order, plenty of cancellations must occur between G_c and M. However, many of these cancellations will not occur if the model estimates are even slightly off. Thus, there is a potential of creating a very large order model, even if it is not warranted. Furthermore, this method can only be used for identifying data obtained when the process has external excitation.

6.4.2 Direct Identification of a Closed-Loop Process

The second method is called **direct identification**, where the fact that the process is running in closed loop is ignored. In this type of identification, both the process and error structures must be simultaneously estimated. Thus, either a Box-Jenkins or a general prediction error model should be fit. Since this is one of the more common approaches to closed-loop system identification, it is necessary to examine the properties of this approach. It will be assumed that the prediction error method will be used.

Theorem 6.5 (properties of the prediction error method for closed-loop identification) *The prediction error method produces parameter estimates that are* ***unbiased*** *when the process is running in closed loop.*

Proof The proof will follow the same form as the open-loop proof.

Assume that G_p has at least one-sample time delay and the reference signal has sufficient persistent excitation. Since the direct identification method is the same as the open-loop identification method, the prediction error should be the same. Thus,

$$\varepsilon_{t+1|t}\left(z^{-1},\vec{\theta},\hat{\vec{\theta}}\right)=\hat{G}_l^{-1}\left(G_pu_t+G_le_t-\hat{G}_pu_t\right). \tag{6.64}$$

From Figure 6.7, we can write the closed-loop relationship for u_t as

$$u_t=\frac{G_c}{1+G_cG_p}r_t-\frac{G_lG_c}{1+G_cG_p}e_t. \tag{6.65}$$

Substituting Eq. (6.65) into Eq. (6.64) and simplifying gives

$$\varepsilon_{t+1|t}\left(z^{-1},\vec{\theta},\hat{\vec{\theta}}\right)=\hat{G}_l^{-1}\left(G_p-\hat{G}_p\right)sG_cr_t+\frac{sG_l}{\hat{s}\hat{G}_l}e_t, \tag{6.66}$$

where s is the sensitivity function defined as

$$s=\frac{1}{1+G_cG_p} \tag{6.67}$$

and $\hat{s}$ represents the estimated form of Eq. (6.67), that is, with G_p replaced by $\hat{G}_p$. As in the open-loop case, define

$$\begin{aligned}\Phi_r\left(z^{-1},\vec{\theta},\hat{\vec{\theta}}\right)&=\hat{G}_l^{-1}\left(G_p-\hat{G}_p\right)sG_c\\ \Phi_e\left(z^{-1},\vec{\theta},\hat{\vec{\theta}}\right)&=\hat{G}_l^{-1}G_ls\hat{s}^{-1}.\end{aligned} \tag{6.68}$$

Thus, Eq. (6.66) can be rewritten as

$$\varepsilon_{t+1|t}\left(z^{-1},\vec{\theta},\hat{\vec{\theta}}\right)=\Phi_r\left(z^{-1},\vec{\theta},\hat{\vec{\theta}}\right)r_t+\Phi_e\left(z^{-1},\vec{\theta},\hat{\vec{\theta}}\right)e_t. \tag{6.69}$$

Similarly, a white-noise term will be introduced into Eq. (6.69) to give

$$\varepsilon_{t+1|t}\left(z^{-1},\vec{\theta},\hat{\vec{\theta}}\right)=\Phi_r\left(z^{-1},\vec{\theta},\hat{\vec{\theta}}\right)r_t+\left(\Phi_e\left(z^{-1},\vec{\theta},\hat{\vec{\theta}}\right)-\mathcal{I}\right)e_t+e_t. \tag{6.70}$$

Since it was assumed that there is at least one-sample time delay in G_p, it can be noted that $\Phi_r\left(0,\vec{\theta},\hat{\vec{\theta}}\right)$ equals zero. As well, $\Phi_e\left(0,\vec{\theta},\hat{\vec{\theta}}\right)-\mathcal{I}$ will equal zero. Thus, since both of the terms have at least a one-sample time delay, r_t and e_t are uncorrelated, and e_t and $\left(\Phi_e\left(z^{-1},\vec{\theta},\hat{\vec{\theta}}\right)-\mathcal{I}\right)e_t$ are uncorrelated, the variance can be written as

$$\mathrm{var}\left(\varepsilon_{t+1|t}\left(z^{-1},\vec{\theta},\hat{\vec{\theta}}\right)\right)=\mathrm{var}\left(\Phi_r\left(z^{-1},\vec{\theta},\hat{\vec{\theta}}\right)r_t\right)+\mathrm{var}\left(\left(\Phi_e\left(z^{-1},\vec{\theta},\hat{\vec{\theta}}\right)-\mathcal{I}\right)e_t\right)+\mathrm{var}(e_t), \tag{6.71}$$

which must be equal to or greater than the variance of white noise. The minimum value will occur when both $\Phi_r\left(z^{-1},\vec{\theta},\hat{\vec{\theta}}\right)$ and $\left(\Phi_e\left(z^{-1},\vec{\theta},\hat{\vec{\theta}}\right)-\mathcal{I}\right)$ equal zero. In order for this to occur,

$$G_p=\hat{G}_p, \tag{6.72}$$

which implies that

$$s=\hat{s}. \tag{6.73}$$

Equation (6.73) and $\left(\Phi_e\left(z^{-1},\vec{\theta},\hat{\vec{\theta}}\right)-\mathcal{I}\right)$ equalling zero imply that

$$G_l=\hat{G}_l. \tag{6.74}$$

Thus, the parameter estimates are unbiased for the direct identification method.
Q.E.D.

This implies that the prediction error method can be used to estimate the model parameters without taking into consideration the fact that the system is running in closed loop. Furthermore, the model of the controller is not required nor is any information about r_t needed. This implies that this approach works for both routine operating and externally excited data.

However, when performing model validation using this approach, a few changes need to be made in the results due to correlation between the input, u_t, and the disturbance, e_t. This correlation implies that the input will be correlated with *past* values of the disturbance (and hence the residuals). Therefore, the conditions for the cross-correlation test, mentioned previously for the open-loop case, need to be changed to state "95% of all cross-correlations should lie inside the 95% confidence interval for zero for lags **greater than zero.**"[3]

When using the direct approach to closed-loop identification for routine operating process data, it is important to note that due to the weak excitations present, the length of the data series is important for obtaining a good estimate of the parameters. For first-order models, about 2,000 data points are required (Shardt and Huang 2011). Furthermore, small, but consistent, changes in the overall disturbance model can render the identification of the process difficult.

6.4.3 Joint Input–Output Identification of a Closed-Loop Process

The third and final method for closed-loop process identification is called **the joint input–output identification method**, which uses all three signals, y_t, u_t, and r_t in order to identify a model of the system in a two-step procedure. In the first step, a model between r_t and u_t is fit to give

$$u_t = Q\left(z^{-1}\right)r_t + R\left(z^{-1}\right)e_t, \tag{6.75}$$

where

$$\begin{aligned} Q\left(z^{-1}\right) &= \frac{G_c}{1 + G_p G_c} \\ R\left(z^{-1}\right) &= -\frac{G_c G_l}{1 + G_p G_c}. \end{aligned} \tag{6.76}$$

Then, the reference signal, r_t, is filtered using the resulting Q-polynomial to obtain an input signal, $\hat{u}_t$, uncorrelated with noise. The process model can be identified by fitting the following relationship:

$$y_t = G_p\left(z^{-1}\right)\hat{u}_t + P\left(z^{-1}\right)e_t, \tag{6.77}$$

where $P(z^{-1})$ is an arbitrary polynomial that is theoretically equal to $-R(z^{-1})$. The key advantage of this method is that there is no need to know any information about the controller. However, this approach does require that all three signals be available.

---

[3] Instead of the previous "95% of all cross-correlations should lie inside the 95% confidence interval for zero **at all lags**".

6.5 Nonlinear Process Identification

Although in many circumstances linear system identification can provide a sufficiently good model of the system for the intended purpose, it is occasionally necessary to consider nonlinear system identification.

Nonlinear system identification attempts to fit a nonlinear model to the given data. However, since there is a large number of potential nonlinear models that could be fit, nonlinear identification simplifies the available functions. Instead of choosing any arbitrary function, a **basis function**, $\kappa(x)$, is selected. The basis function can also be called the *generating function* or the *mother function*. Then, the goal becomes to fit the following model to the data:

$$y\left(\vec{\phi}\right) = \sum_{k=0}^{n} \alpha_k \kappa\left(\beta_k\left(\vec{\phi} - \gamma_k\right)\right), \tag{6.78}$$

where

$$\vec{\phi} = \left\langle y_{t-1}, y_{t-2}, \ldots, y_{t-n_y}, u_{t-n_k-1}, u_{t-n_k-2}, \ldots u_{t-n_k-n_u}\right\rangle, \tag{6.79}$$

where n_y is the number of past values of the output to be considered, n_u is the number of past values of the input to be considered, n_k is the time delay, n is the number of basis functions to be used, α is the coefficient, β is the dilation factor, and γ is the translation factor. Since this resembles an ARMAX model, this method is often referred to as a **nonlinear autoregressive exogenous model** (NLARX). Thus, in nonlinear system identification, the goal is to fit the three parameters, α, β, and γ, by minimising the prediction error using an appropriate nonlinear solver. In certain cases, the results obtained may not be the true global minimum, but rather a local one. Therefore, there is a need to carefully select both the function form and the solver method. A "good" nonlinear model should pass all of the standard system identification tests mentioned above for the linear case.

Common basis functions include:

(1) **Taylor Series Expansion**: $\kappa(x) = x^k$;
(2) **Fourier Transformation**: $\kappa(x) = \cos(x)$;
(3) **Piecewise Constant Function**: $\kappa(x) = \begin{cases} 1 & 0 \le x \le 1 \\ 0 & \text{otherwise} \end{cases}$;
(4) **Gaussian Function**: $\kappa(x) = \frac{1}{\sqrt{2\pi}} e^{-x^2/\sigma^2}$;
(5) **Sigmoid Function**: $\kappa(x) = \frac{1}{1+e^{-x}}$;
(6) **Wavelet Function**: $\kappa(x) = e^{-0.5x^2}$. This is only one example of many different possible basis functions using combinations of trigonometric functions and exponential functions.

It can be shown that for a sufficiently large value of n, for almost any choice of the basis function, except a polynomial basis, any reasonable nonlinear function can be approximated arbitrarily well.

6.5.1 *Transformation of Nonlinear Models: Wiener–Hammerstein Models*

Instead of fitting a fully nonlinear model, another approach to nonlinear system identification is to partition the nonlinearities from the linear component. A common application of this approach is the **Wiener–Hammerstein model**. A Wiener–Hammerstein model is a generalisation of the Hammerstein model, where nonlinearities are assumed only to be in the input, and the Wiener model, where nonlinearities are assumed only to be in the output, that allows nonlinearities to be present in both the input and output. The process model is assumed to be linear. Thus, the general form of the model can be written as

$$g(y_t) = \frac{B(z^{-1})}{F(z^{-1})} f(u_{t-k}) + \frac{C(z^{-1})}{D(z^{-1})} e_t, \tag{6.80}$$

where $f(x)$ and $g(x)$ are functions of predetermined form. Identification would then proceed in the usual manner.

Wiener–Hammerstein models are useful when actuators or sensors have significant nonlinearities in their behaviour. A common application is when the valve, used as an actuator, is not behaving normally and has significant nonlinearities, such as stiction. By removing the nonlinearities from the modelling process, it becomes possible to convert the initially nonlinear problem into a linear one.

6.6 Modelling the Water Level in a Tank

Consider the task of developing models for the water level in the four tanks shown in Fig. 6.8. In this system, there are two inputs, u_1 and u_2, which represent the flow rate delivered by the two pumps. Each input is split into two and enters a bottom tank and a different top tank. Thus, input 1 enters tanks 1 and 3, while input 2 enters tanks 2 and 4. The amount of split is determined by the ratios γ_1 and γ_2. The height of water in each of the tanks can be monitored. For this experiment, the steady-state values are shown in Table 6.1.

The objective of this experiment is to determine an appropriate model for the water level in Tank 1 assuming that the splits are fixed, but the flow rate from the two pumps can vary. Design an appropriate experiment and analyse the results. Perform

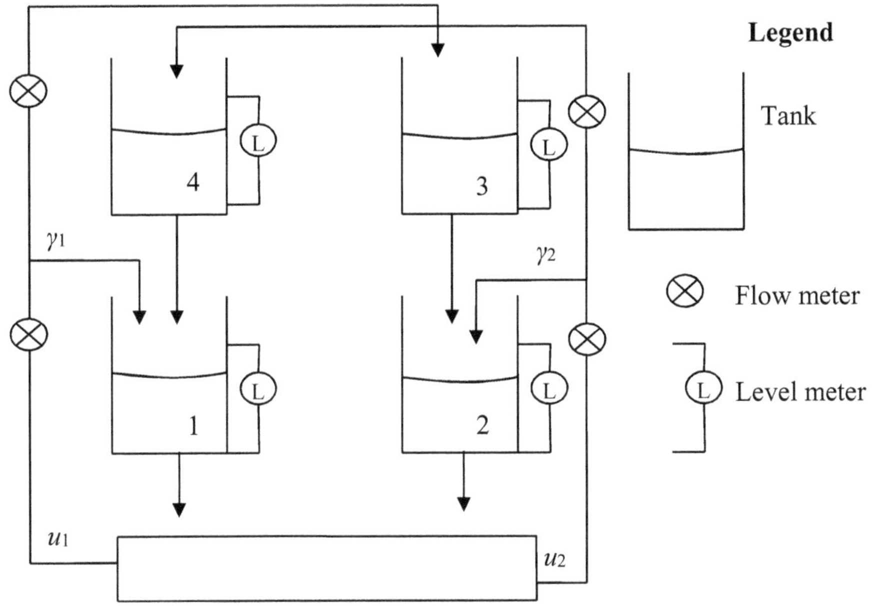

Fig. 6.8 Schematic of the four-tank system

Table 6.1 Steady-state parameter values for the system

Parameter	Left (1)	Right (2)
γ	0.2	0.3
u_{ss} (cm^3/s)	13	12
h_{ss} (cm)	18	24

both linear and nonlinear system identification and compare the resulting models. Which one would be preferred?

6.6.1 *Design of Experiment*

The design of the experiment can be split into two parts: preliminary identification using step tests and final identification using a random binary signal.

6.6.1.1 Preliminary Identification

In preliminary identification, the objective is to obtain a rough idea of how the system behaves under different conditions. In order to achieve this, a series of step tests will be performed on the system. Each pump will be tested separately at this point in

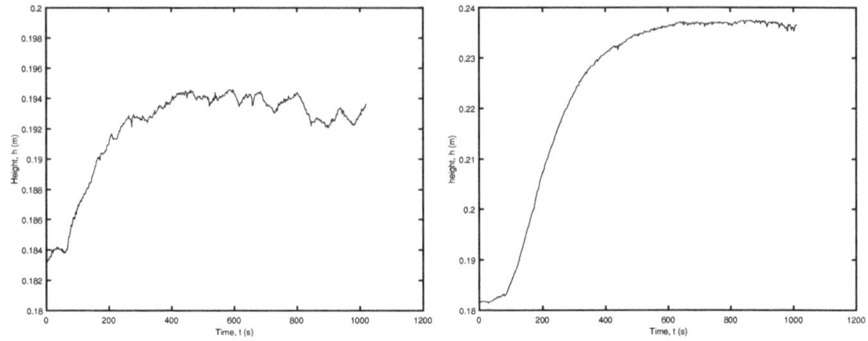

Fig. 6.9 Level in Tank 1: (left) Step change in u_1 and (right) Step change in u_2

Table 6.2 Summary of the values used to obtain the time constants, where τ_p is the time constant, h is the height, θ is the time delay, and t is the time. The subscript ss_1 refers to the initial steady-state values and ss_2 the final steady-state height. Subscripts b and c refer to specified time instants

	θ (s)	h_{ss_1} (m)	h_{ss_2} (m)	$h_c = 0.63(h_{ss_2} - h_{ss_1}) + h_{ss_1}$ (m)	$t_b = t(h_c)$ (s)	$\tau = t_b - \theta$ (s)
u_1 changed	62	0.184	0.194	0.190	162	100
u_2 changed	80	0.183	0.237	0.216	274	195

order to make the computations easier. For each pump, a step increase of $+2$ cm^3/s will be made. The resulting changes in the Tank 1 level are shown in Fig. 6.9. Table 6.2 shows the values obtained and the computation of the required time constants.

From Table 6.2, it can be seen that approximate time constants for the level in Tank 1 are 100 s for the left pump and 195 s for the right pump. This information will now be used to design an appropriate input signal.

6.6.1.2 Final Identification

Once a basic understanding of the system parameters has been obtained, the input signal can be designed. As mentioned before, the best input signal to consider is the random binary signal. In order to use this signal, three components must be selected: levels, sampling time, and bandwidth.

The levels should be selected to be symmetric about the nominal steady-state values and in most cases, less than the step changes previously made. It should be noted that selecting too large a level can lead to either the tanks overflowing or being empty during the course of the experiment. Since neither case is desirable, it is important to avoid such a situation. In this case, the level selected will be ± 1.5 cm^3/s.

The sampling time is selected as some fraction of the smallest of the system time constants. Since the preliminary identification has shown that the time constants are

100 and 195 s, the base value is 100 s. The sampling time should then be between 10 and 20% of this value, or between 10 and 20 s. For the purposes of this experiment, it was assumed that the midpoint would be best, that is, the sampling time was selected to be 15 s. Note, it is very helpful when selecting the sampling time to make sure that the total experimental time can be divided by the sampling time to give no remainder.

Finally, it is necessary to select the process bandwidth. The Nyquist bandwidth is selected as the region $\left[0, \frac{k\tau_s}{\tau_p \pi}\right]$ with k equal to 2 and $\tau_p = 100$ s, the smallest time constant. The final signal was generated using the idinput command in MATLAB®

```
>>u=idinput(2*60*60/Ts,'rbs',[0,2*Ts/Tp/pi],[-1.5, 1.5])
```

It was assumed that the experiment was going to be run for 2 h ($= 2 \times 60 \times 60$ s). The values where then sent to the distributed control system (DCS) controlling the four-tank system. The data was recorded every second and the values were collected in MATLAB®.

6.6.2 Raw Data

The data obtained for both Tank 1 and Tank 2 levels is shown in Fig. 6.10. A total of 2 h of data were collected. It can be seen that there are no obvious issues with the data collected, such as missing values or abnormal values. In order to use the data, it is necessary to downsample the 1-s data to the desired sampling rate of 15 s. This can be accomplished by taking every 15th data point from the original data set for the new downsampled data vector. The downsampled data are presented in Sect. A6.1: Water Level in Tanks 1 and 2 Data.

For the purposes of modelling, the data set will be split into two parts: training and validation. The training set will consist of the first 2/3, while the validation set will consist of the remaining 1/3. Although this split is different from the suggested division, it will be used in order to obtain better initial parameter estimates. All modelling will be performed on Tank 1. The modelling of Tank 2 will be left as an exercise.

6.6.3 Linear Model Creation and Validation

The first step will be to create a linear model of the system and validate it. This procedure will be split into three steps: time-delay estimation, model creation, and model validation. The last two steps are iterative, in that if the model validation fails, a new model structure may be created and then fit. This procedure is repeated until a sufficiently good model is obtained. For the purpose of this section, the initial model

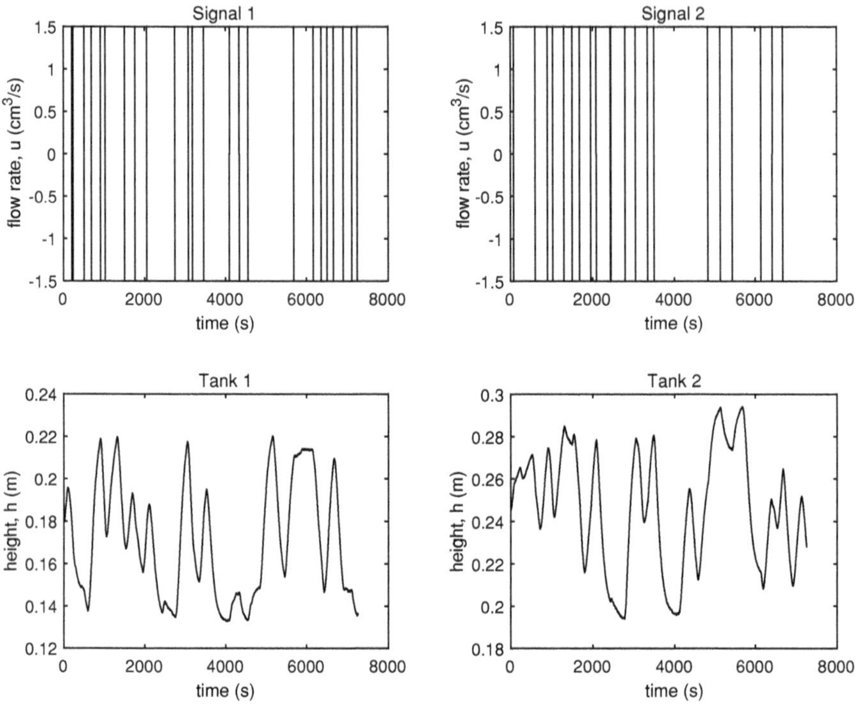

Fig. 6.10 The signals and heights as a function of time

and the final model will be presented, as well as any intermediate steps that present any special challenges.

6.6.3.1 Time-Delay Estimation

The normalized signal values, as well as the actual heights of the tanks, are shown in Fig. 6.10. In general, the data look quite good. Figure 6.11 shows the impulse response calculations between each of the inputs and outputs. This is the only approach that will work given the fact that the input was not white noise. The results suggest a time delay of zero for u_1 and 1 for u_2.

6.6.3.2 Initial Model

Unless there is additional information about the process, it is useful to always start with the simplest model and work one's way up. A good recommended initial guess is a first-order Box-Jenkins model and then, based on the fit, to advance to more complex models until the fit becomes good or the model order is too large.

For the initial, first-order Box-Jenkins model, the parameter estimates and their standard deviation are

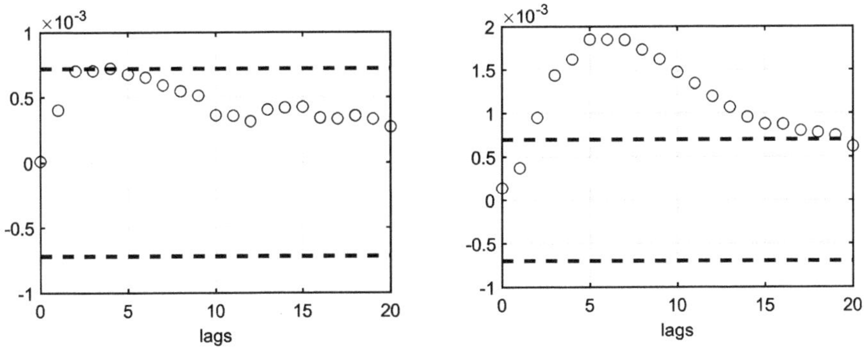

Fig. 6.11 Impulse responses for Tank 1 level (left) For u_1 and (right) For u_2

$$h_1 = \begin{bmatrix} \frac{(5.7\times10^{-4}\pm7\times10^{-5})z^{-1}}{1-(0.91\pm0.03)z^{-1}} & \frac{(1.76\times10^{-3}\pm7\times10^{-5})z^{-2}}{1-(0.956\pm0.006)z^{-1}} \end{bmatrix} \begin{bmatrix} u_1 \\ u_2 \end{bmatrix} + \frac{1+(0.38\pm0.05)z^{-1}}{1-(0.99\pm0.01)z^{-1}} e_t. \tag{6.81}$$

The auto- and cross-correlation plots are shown in Fig. 6.12. A comparison between the predicted and actual levels is shown in Fig. 6.13. Both figures use the validation data set for fitting the model. From Fig. 6.12, it is clear that the residuals are not uncorrelated with each other or the inputs. Therefore, the initial model needs to be improved. Since there is a suggestion that the process model is incorrectly specified, it will be first changed. The best approach is to increase the order of the numerator and denominator (of the B- and F-polynomials) until either the cross-correlation plot shows the desired behaviour or the confidence intervals for the parameters cover zero. If the second case is reached, then this could be a suggestion that a linear model is insufficient/inappropriate for the given data set. Furthermore, the fit between the predicted and measured levels is not great (55.4%).

6.6.3.3 Final Model

After performing a series of iterations in increasing the model orders, the final model for the system can be written as

$$\begin{aligned} h_1 = {} & \frac{(4.5\times10^{-4}\pm4\times10^{-5})z^{-1}+(3.4\times10^{-4}\pm4\times10^{-5})z^{-2}}{1-(0.85\pm0.01)z^{-1}}u_1 \\ & + \frac{(7.8\times10^{-4}\pm2\times10^{-5})z^{-2}}{1-(1.664\pm0.007)z^{-1}+(0.695\pm0.007)z^{-2}}u_2 \\ & + \frac{1+(0.3\pm0.2)z^{-1}-(0.23\pm0.06)z^{-2}}{1-(1.3\pm0.2)z^{-1}+(0.4\pm0.2)z^{-2}}e_t. \end{aligned} \tag{6.82}$$

The auto- and cross-correlation plots are shown in Fig. 6.14. A comparison between the predicted and actual levels is shown in Fig. 6.15. Both figures use the validation

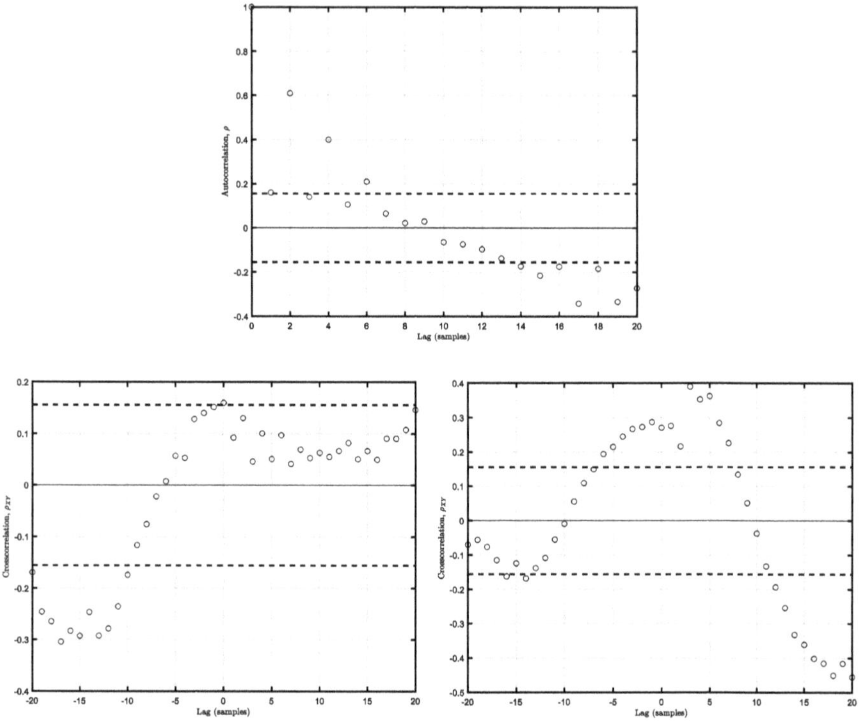

Fig. 6.12 (top) Autocorrelation plot for the residuals and (bottom) Cross-correlation plots between the inputs (left) u_1 and (right) u_2 and the residuals for the initial linear model

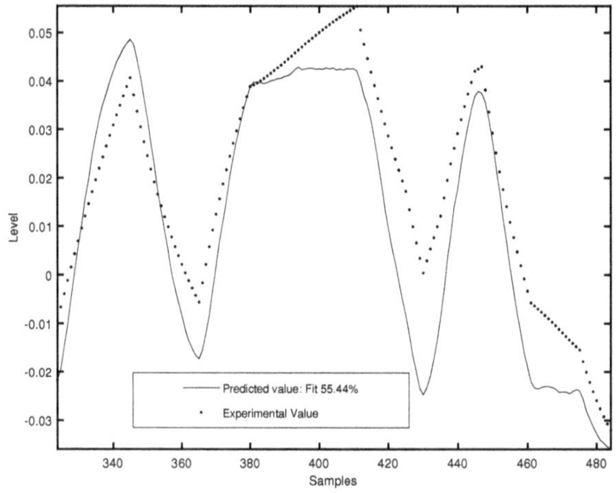

Fig. 6.13 Predicted and experimental tank levels for the initial linear model

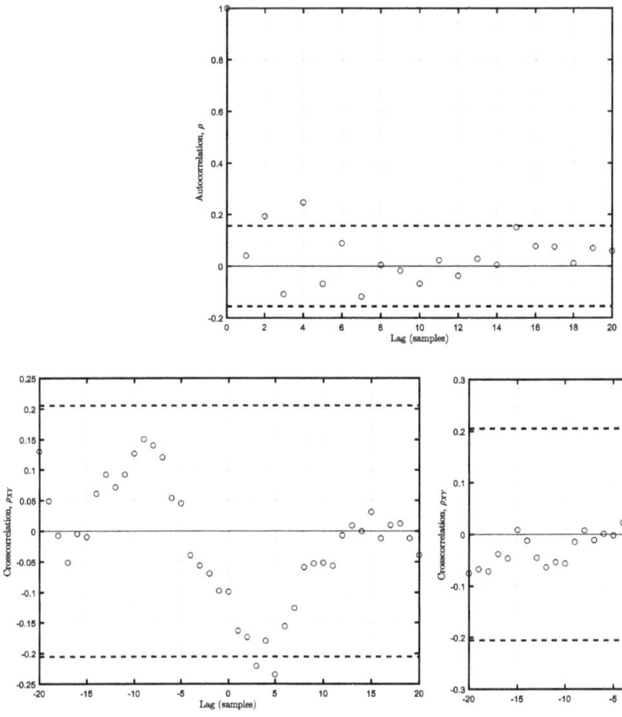

Fig. 6.14 (top) Autocorrelation plot for the residuals and (bottom) Cross-correlation plots between the inputs (left) u_1 and (right) u_2 and the residuals for the final linear model

Fig. 6.15 Predicted and experimental tank levels for the final linear model

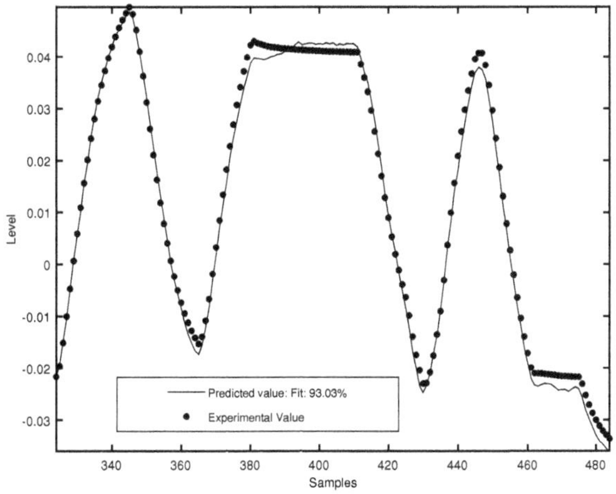

data set for fitting the model. The amount of deviation has now been significantly decreased from the initial model. Although some of the correlations values are still above the 95% confidence intervals, the values are closer to what should be expected. The fit for the data is an excellent 93.15%, which is not significantly improved by changing the model structure further. Therefore, this will be considered the final model.

6.6.4 Nonlinear Model Creation and Validation

Finally, a nonlinear model will be fit to the data to see if any improvement can be obtained. Using MATLAB®, the `wavenet` basis function will be used. This implies that the model will be given as

$$h_1 = (\vec{x} - \overline{x})\mathcal{P}\mathcal{L} + \sum_{k=1}^{n_w} \alpha_k g(\beta_k(\vec{x} - \overline{x})\mathcal{Q} - \beta_k \gamma_k), \tag{6.83}$$

where $\vec{x}$ is the vector of regressors; $\bar{x}$ is the mean value of the regressors; $\mathcal{P}$ and $\mathcal{Q}$ are projection matrices resulting from a principal component analysis of the estimation data; $\mathcal{L}$ is another projection matrix; α, β, and γ are the unknown parameters; $g(\vec{x})$ is the wavelet basis function

$$g(\vec{x}) = \left(n_r - \vec{x}\vec{x}^T\right)e^{-0.5\vec{x}\vec{x}^T}; \tag{6.84}$$

n_w is the number of wavelets to be used, and n_r is the number of regressors present in the model. Notice the complexity of the model and the number of parameters being estimated.

A wavelet model for the data consisted of the following regressors: y_{t-1}, y_{t-2}, y_{t-3}, and y_{t-4}, plus for each of the inputs the terms between $n_k + 1$ and $n_k + 5$. The total time delay was assumed to be 1 for the process between the u_1 and h_1 and 2 between the u_2 and h_1. Note that the time delay used here must include the one-sample time delay introduced by sampling a system, that is, the total time delay equals $n_k + 1$. The estimated model parameters will not be included here as they are quite complex and provide no real insight into the results. The number of wavelets was set at 6. The auto- and cross-correlation plots are shown in Fig. 6.16. A comparison between the predicted and actual levels is shown in Fig. 6.17. It can be seen that the fit has improved to 96.71%. However, this has come at the cost of a much more complex model whose physical understanding and computational requirements are much greater. This is often the problem encountered in system identification: the trade-off between the

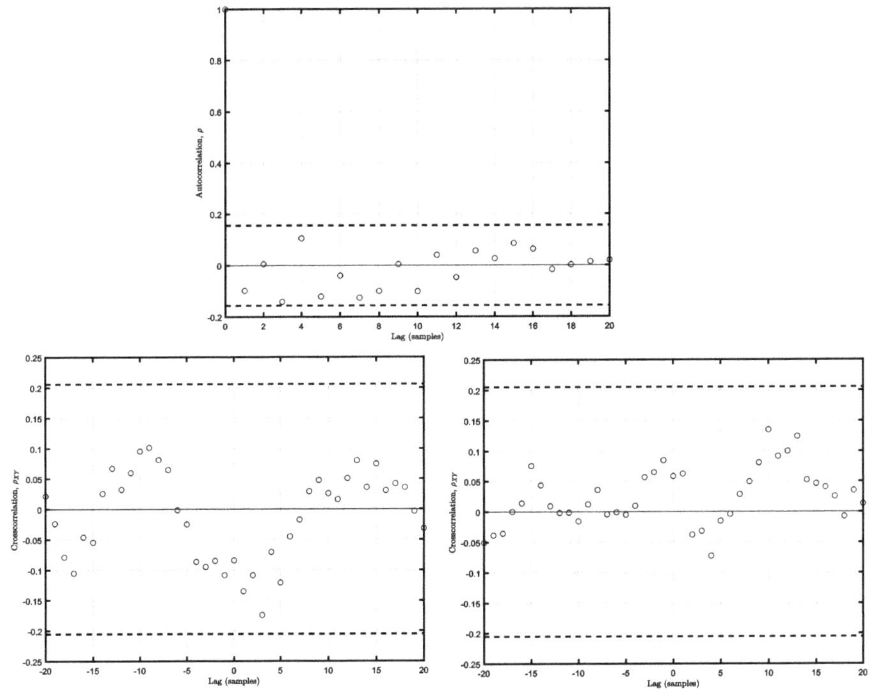

Fig. 6.16 (top) Autocorrelation plot for the residuals and (bottom) Cross-correlation plots between the inputs (left) u_1 and (right) u_2 and the residuals for the nonlinear model

model complexity and fit. Furthermore, it can be noted that the nonlinear approach requires the regressors to be estimated using some other method. This may not always be so easy to do, especially if the number of potential regressors is very large.

6.6.5 *Final Comments*

This brief example has shown some of the issues and concepts involved in the development of models for real systems. The procedure involved becomes more complicated as the complexity of the system increases, but the basic steps remain the same. As well, it can be seen that obtaining a good fit can require trying multiple different models and comparing the results. Although, in general, the fit will improve with increased model complexity, it does not always mean that such a model is better or more appropriate for the given application. There is always the need to compare the model obtained against the purpose for which the model will be used.

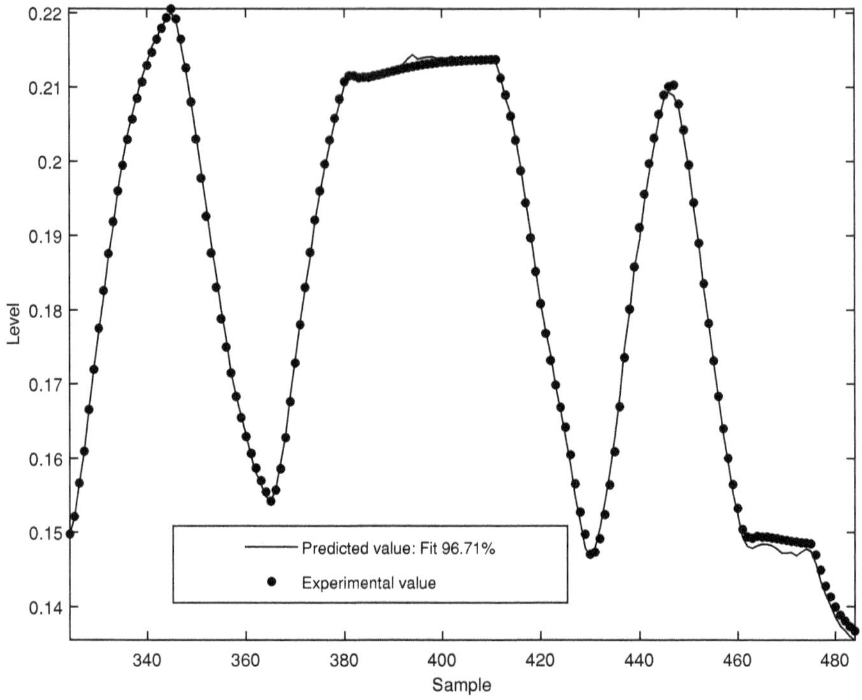

Fig. 6.17 Predicted and experimental tank level for the nonlinear model

6.7 Further Reading

The following are references that provide additional information about the topic:

(1) **General System Identification**:

a. Huang, B., & Kadali, R. (2008). *Dynamic Modeling, Predictive Control, and Performance Monitoring*. Springer-Verlag.
b. Ljung, L. (1999). *System Identification Theory for the User*. Upper Saddle River, New Jersey, United States of America: Prentice Hall, Inc.
c. Zhu, Y. (2001). *Multivariable system identification for process control*. Oxford, United Kingdom: Elsevier Science Ltd.

(2) **Properties of System Identification:**

a. Ashley, R. (1988). On the Relative Worth of Recent Macroeconomic Forecasts. *International Journal of Forecasting*, 4, 363–376.
b. Nelson, C. R. (1972). The Prediction Performance of the FRB-MIT-PENN Model of the U.S. Economy. *The American Economic Review*, 62(5), 902–917.

c. Shardt, Y. A. W., & Huang, B. (2011). Closed-loop identification with routine operating data: Effect of time delay and sampling time. *Journal of Process Control*, 21, 997–1010.
d. Shardt, Y. A. W., & Huang, B. (2014). Minimal Required Excitation for Closed-Loop Identification: Implications for PID Control Loops. *ADCONIP Conference Proceedings*, (pp. 296–301). Hiroshima, Japan.
e. Söderström, T., Gustavsson, I., & Ljung, L. (1975). Identifiability conditions for linear systems operating in closed loop. *International Journal of Control*, 21(2), 243–255.

6.8 Chapter Problems

Problems at the end of the chapter consist of three different types: (a) Basic Concepts (True/False), which seek to test the reader's comprehension of the key concepts in the chapter; (b) Short Exercises, which seek to test the reader's ability to compute the required parameters for a simple data set using simple or no technological aids. This section also includes proofs of theorems; and (c) Computational Exercises, which require not only a solid comprehension of the basic material, but also the use of appropriate software to easily manipulate the given data sets.

6.8.1 Basic Concepts

Determine if the following statements are true or false and state why this is the case.

(1) Data-driven models can be used for arbitrary conditions and operating points.
(2) Grey-box modelling combines the advantages of first-principle and data-driven models.
(3) The controller, process, and disturbance models together create the plant model.
(4) In the Box-Jenkins model, the A-polynomial has a fixed order of 3.
(5) All prediction error models can be fit using standard, linear regression.
(6) Only the one-step-ahead predictor has a variance equal to the white-noise variance.
(7) The prediction error method provides consistent parameter estimates.
(8) Many nonzero autocorrelation and cross-correlation values imply that the fit of the model is poor.
(9) If the cross-correlation plot shows many nonzero correlations, then the likely problem is a misspecified process model.
(10) In open-loop system identification, a first-order Box-Jenkins model (that is, all polynomials have order 1) requires a signal to have at least a persistent excitation of 4.
(11) White noise has a persistent excitation order of exactly 1,000.

(12) A random binary signal does not approximate a white-noise signal.
(13) To specify a random binary signal, the physical values for the levels, the sampling time, and bandwidth are required.
(14) A step test can provide information about high-order processes.
(15) The time delay can be estimated using the autocorrelation plot.
(16) All chemical processes are linear and time invariant.
(17) In closed-loop identification, it is not necessary to accurately specify both the process and disturbance models.
(18) Indirect identification of closed-loop processes requires that only the input and output signals be available.
(19) A polynomial basis function can fit any nonlinear function arbitrarily well.
(20) The Wiener transformation removes nonlinearities from the process output.

6.8.2 Short Exercises

These questions should be solved using only a simple, nonprogrammable, nongraphical calculator combined with pen and paper.

(21) What is the three-step-ahead predictor and its variance? If $G_p = 5/(1-0.5z^{-1})$ and $G_l = 1/(1-0.25z^{-1})$, what is the three-step-ahead predictor?
(22) Show that, for open-loop identification irrespective of the true plant model, an output-error model will provide an unbiased estimate of the process parameters. Provide a useful implication of this result.
(23) Show that, for closed-loop identification irrespective of the true plant model, an output-error model will provide a biased estimate of the process parameters.
(24) What is the time delay for the figures provided in Fig. 6.18? Assume open-loop conditions.
(25) Comment on the validation figures shown in Fig. 6.19. Is the model adequate?

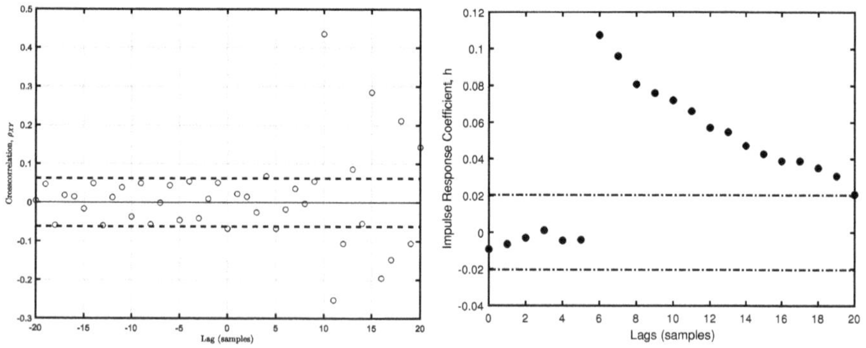

Fig. 6.18 Estimating time delay: (left) Cross-correlation plot and (right) Impulse response coefficients

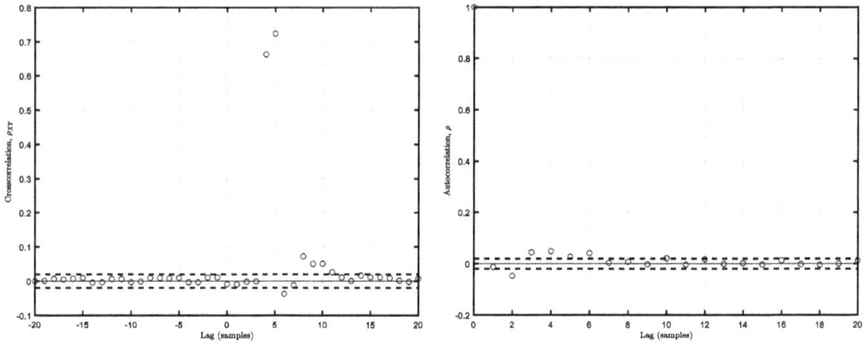

Fig. 6.19 Model validation for the open-loop case: (left) Cross-correlation between the input and the residuals and (right) Autocorrelation of the residuals

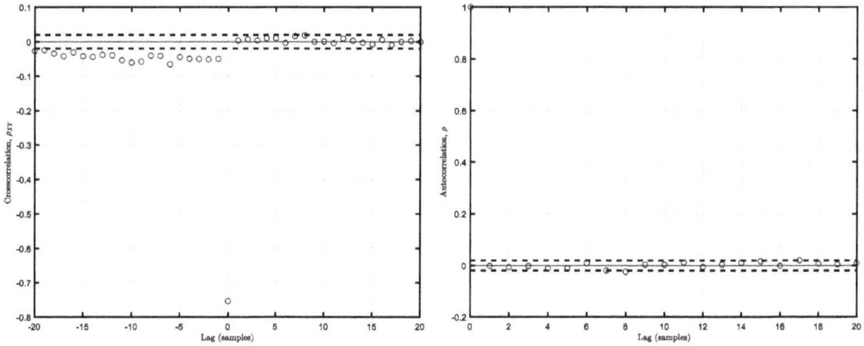

Fig. 6.20 Model validation for the closed-loop case: (left) Cross-correlation between the input and the residuals and (right) Autocorrelation of the residuals

Assume open-loop conditions.

(26) Comment on the validation figures shown in Fig. 6.20. Is the model adequate? Assume closed-loop conditions.

6.8.3 Computational Exercises

The following problems should be solved with the help of a computer and appropriate software packages, such as MATLAB® *or* Excel®.

(27) Take the Edmonton temperature series from Sect. A5.1: Edmonton Weather Data Series (1882–2002) and model the winter temperature as a function of the other available temperatures. Validate the model.

(28) Model the height in Tank 2 using the data provided in Sect. A6.1: Water Level in Tanks 1 and 2 Data.

(29) Take a process that you are familiar with and design an experiment to identify the process. If possible perform the experiment and obtain an appropriate model of the system. Make sure to clearly explain the design of the experiment, model creation, and model validation used. Consider both linear and nonlinear modelling.

Appendix A6: Data Sets for This Chapter

This appendix gives detailed information about the data set used for analysis in this chapter. All data can be downloaded as an Excel® spreadsheet or MATLAB® file from the book website.

A6.1: Water Level in Tanks 1 and 2 Data

The water level in both Tanks 1 and 2, as well as the corresponding pump flow rates, is presented in Table 6.3, in 15-s intervals.

Table 6.3 Water tank data set

Time (s)	Level (m)		Pump flow rate (cm^3/s)	
	Tank 1 (h_1)	Tank 2 (h_2)	Left pump (u_1)	Right pump (u_2)
1	0.1792	0.2456	14.5	13.5
16	0.1801	0.2462	14.5	13.5
31	0.1814	0.2480	14.5	13.5
46	0.1855	0.2507	14.5	13.5
61	0.1881	0.2538	14.5	13.5
76	0.1913	0.2565	14.5	10.5
91	0.1944	0.2579	14.5	10.5
106	0.1955	0.2588	14.5	10.5
121	0.1952	0.2593	14.5	10.5
136	0.1939	0.2603	14.5	10.5
151	0.1917	0.2611	14.5	10.5
166	0.1887	0.2617	14.5	10.5
181	0.1855	0.2626	14.5	10.5
196	0.1815	0.2639	14.5	10.5
211	0.1776	0.2649	11.5	10.5
226	0.1720	0.2654	11.5	10.5

(continued)

Table 6.3 (continued)

Time (s)	Level (m)		Pump flow rate (cm^3/s)	
	Tank 1 (h_1)	Tank 2 (h_2)	Left pump (u_1)	Right pump (u_2)
241	0.1672	0.2647	14.5	10.5
256	0.1635	0.2629	14.5	10.5
271	0.1611	0.2615	14.5	10.5
286	0.1592	0.2607	14.5	10.5
301	0.1583	0.2605	14.5	10.5
316	0.1566	0.2605	14.5	10.5
331	0.1552	0.2609	14.5	10.5
346	0.1536	0.2615	14.5	10.5
361	0.1524	0.2625	14.5	10.5
376	0.1511	0.2638	14.5	10.5
391	0.1505	0.2647	14.5	10.5
406	0.1500	0.2654	14.5	10.5
421	0.1494	0.2666	14.5	10.5
436	0.1489	0.2674	14.5	10.5
451	0.1495	0.2682	14.5	10.5
466	0.1489	0.2692	14.5	10.5
481	0.1486	0.2701	14.5	10.5
496	0.1480	0.2703	14.5	10.5
511	0.1477	0.2714	11.5	10.5
526	0.1457	0.2714	11.5	10.5
541	0.1438	0.2700	11.5	10.5
556	0.1419	0.2677	11.5	10.5
571	0.1404	0.2641	11.5	10.5
586	0.1393	0.2601	11.5	10.5
601	0.1378	0.2553	11.5	13.5
616	0.1385	0.2524	11.5	13.5
631	0.1415	0.2499	11.5	13.5
646	0.1451	0.2476	11.5	13.5
661	0.1501	0.2450	11.5	13.5
676	0.1550	0.2422	11.5	13.5
691	0.1612	0.2395	14.5	13.5
706	0.1671	0.2372	14.5	13.5
721	0.1748	0.2365	14.5	13.5
736	0.1814	0.2373	14.5	13.5
751	0.1873	0.2394	14.5	13.5
766	0.1923	0.2421	14.5	13.5

(continued)

Table 6.3 (continued)

Time (s)	Level (m)		Pump flow rate (cm^3/s)	
	Tank 1 (h_1)	Tank 2 (h_2)	Left pump (u_1)	Right pump (u_2)
781	0.1966	0.2457	14.5	13.5
796	0.2001	0.2492	14.5	13.5
811	0.2039	0.2535	14.5	13.5
826	0.2069	0.2570	14.5	13.5
841	0.2095	0.2611	14.5	13.5
856	0.2120	0.2647	14.5	13.5
871	0.2141	0.2681	14.5	13.5
886	0.2164	0.2712	14.5	13.5
901	0.2179	0.2736	14.5	10.5
916	0.2189	0.2747	11.5	10.5
931	0.2162	0.2740	11.5	10.5
946	0.2115	0.2725	11.5	10.5
961	0.2060	0.2692	11.5	10.5
976	0.2003	0.2657	11.5	10.5
991	0.1936	0.2607	11.5	10.5
1,006	0.1880	0.2562	11.5	10.5
1,021	0.1816	0.2504	11.5	10.5
1,036	0.1765	0.2461	14.5	13.5
1,051	0.1732	0.2427	14.5	13.5
1,066	0.1730	0.2422	14.5	13.5
1,081	0.1742	0.2430	14.5	13.5
1,096	0.1770	0.2449	14.5	13.5
1,111	0.1812	0.2480	14.5	13.5
1,126	0.1848	0.2507	14.5	13.5
1,141	0.1892	0.2541	14.5	13.5
1,156	0.1930	0.2572	14.5	13.5
1,171	0.1973	0.2604	14.5	13.5
1,186	0.1999	0.2636	14.5	13.5
1,201	0.2027	0.2672	14.5	13.5
1,216	0.2053	0.2701	14.5	13.5
1,231	0.2075	0.2731	14.5	13.5
1,246	0.2105	0.2759	14.5	13.5
1,261	0.2126	0.2790	14.5	13.5
1,276	0.2147	0.2808	14.5	13.5
1,291	0.2161	0.2832	14.5	13.5
1,306	0.2183	0.2847	14.5	10.5

(continued)

Table 6.3 (continued)

Time (s)	Level (m)		Pump flow rate (cm^3/s)	
	Tank 1 (h_1)	Tank 2 (h_2)	Left pump (u_1)	Right pump (u_2)
1,321	0.2196	0.2844	14.5	10.5
1,336	0.2190	0.2834	14.5	10.5
1,351	0.2168	0.2820	14.5	10.5
1,366	0.2126	0.2807	14.5	10.5
1,381	0.2080	0.2800	14.5	10.5
1,396	0.2027	0.2794	14.5	10.5
1,411	0.1979	0.2789	14.5	10.5
1,426	0.1924	0.2784	14.5	10.5
1,441	0.1879	0.2778	14.5	10.5
1,456	0.1833	0.2770	14.5	10.5
1,471	0.1793	0.2770	14.5	10.5
1,486	0.1746	0.2769	14.5	10.5
1,501	0.1715	0.2768	14.5	13.5
1,516	0.1691	0.2784	11.5	13.5
1,531	0.1678	0.2803	11.5	13.5
1,546	0.1671	0.2810	11.5	13.5
1,561	0.1682	0.2799	11.5	13.5
1,576	0.1705	0.2778	11.5	13.5
1,591	0.1728	0.2744	11.5	13.5
1,606	0.1759	0.2710	11.5	13.5
1,621	0.1789	0.2668	11.5	13.5
1,636	0.1821	0.2627	11.5	13.5
1,651	0.1851	0.2583	11.5	13.5
1,666	0.1884	0.2543	11.5	13.5
1,681	0.1909	0.2499	11.5	10.5
1,696	0.1929	0.2447	11.5	10.5
1,711	0.1929	0.2381	11.5	10.5
1,726	0.1907	0.2332	11.5	10.5
1,741	0.1880	0.2278	11.5	10.5
1,756	0.1843	0.2240	11.5	10.5
1,771	0.1807	0.2199	14.5	10.5
1,786	0.1775	0.2173	14.5	10.5
1,801	0.1759	0.2161	14.5	10.5
1,816	0.1739	0.2170	14.5	10.5
1,831	0.1719	0.2191	14.5	10.5
1,846	0.1691	0.2217	14.5	10.5

(continued)

Table 6.3 (continued)

Time (s)	Level (m)		Pump flow rate (cm^3/s)	
	Tank 1 (h_1)	Tank 2 (h_2)	Left pump (u_1)	Right pump (u_2)
1,861	0.1671	0.2249	14.5	10.5
1,876	0.1641	0.2284	14.5	10.5
1,891	0.1625	0.2321	14.5	10.5
1,906	0.1605	0.2356	14.5	10.5
1,921	0.1592	0.2390	14.5	10.5
1,936	0.1578	0.2426	14.5	10.5
1,951	0.1563	0.2458	14.5	13.5
1,966	0.1568	0.2507	14.5	13.5
1,981	0.1588	0.2556	14.5	13.5
1,996	0.1623	0.2608	14.5	13.5
2,011	0.1662	0.2649	14.5	13.5
2,026	0.1709	0.2687	14.5	13.5
2,041	0.1752	0.2721	14.5	13.5
2,056	0.1805	0.2751	11.5	13.5
2,071	0.1834	0.2775	11.5	13.5
2,086	0.1857	0.2784	11.5	10.5
2,101	0.1878	0.2759	11.5	10.5
2,116	0.1878	0.2709	11.5	10.5
2,131	0.1866	0.2660	11.5	10.5
2,146	0.1836	0.2593	11.5	10.5
2,161	0.1805	0.2543	11.5	10.5
2,176	0.1772	0.2483	11.5	10.5
2,191	0.1738	0.2435	11.5	10.5
2,206	0.1697	0.2379	11.5	10.5
2,221	0.1663	0.2333	11.5	10.5
2,236	0.1627	0.2286	11.5	10.5
2,251	0.1588	0.2251	11.5	10.5
2,266	0.1554	0.2214	11.5	10.5
2,281	0.1533	0.2186	11.5	10.5
2,296	0.1503	0.2155	11.5	10.5
2,311	0.1479	0.2134	11.5	10.5
2,326	0.1457	0.2108	11.5	10.5
2,341	0.1440	0.2091	11.5	10.5
2,356	0.1422	0.2075	11.5	10.5
2,371	0.1407	0.2062	11.5	10.5
2,386	0.1397	0.2047	11.5	10.5

(continued)

Table 6.3 (continued)

Time (s)	Level (m)		Pump flow rate (cm^3/s)	
	Tank 1 (h_1)	Tank 2 (h_2)	Left pump (u_1)	Right pump (u_2)
2,401	0.1387	0.2036	11.5	10.5
2,416	0.1377	0.2027	11.5	10.5
2,431	0.1371	0.2025	11.5	13.5
2,446	0.1378	0.2033	11.5	10.5
2,461	0.1398	0.2036	11.5	10.5
2,476	0.1415	0.2025	11.5	10.5
2,491	0.1421	0.2019	11.5	10.5
2,506	0.1419	0.2009	11.5	10.5
2,521	0.1418	0.2004	11.5	10.5
2,536	0.1412	0.1999	11.5	10.5
2,551	0.1403	0.1993	11.5	10.5
2,566	0.1397	0.1990	11.5	10.5
2,581	0.1394	0.1983	11.5	10.5
2,596	0.1388	0.1975	11.5	10.5
2,611	0.1388	0.1972	11.5	10.5
2,626	0.1384	0.1967	11.5	10.5
2,641	0.1381	0.1966	11.5	10.5
2,656	0.1379	0.1958	11.5	10.5
2,671	0.1376	0.1953	11.5	10.5
2,686	0.1366	0.1951	11.5	10.5
2,701	0.1358	0.1947	11.5	10.5
2,716	0.1361	0.1946	11.5	10.5
2,731	0.1355	0.1946	11.5	10.5
2,746	0.1353	0.1946	11.5	10.5
2,761	0.1352	0.1945	14.5	10.5
2,776	0.1361	0.1949	14.5	10.5
2,791	0.1378	0.1971	14.5	13.5
2,806	0.1416	0.2022	14.5	13.5
2,821	0.1457	0.2086	14.5	13.5
2,836	0.1517	0.2156	14.5	13.5
2,851	0.1569	0.2223	14.5	13.5
2,866	0.1635	0.2297	14.5	13.5
2,881	0.1692	0.2355	14.5	13.5
2,896	0.1755	0.2417	14.5	13.5
2,911	0.1808	0.2471	14.5	13.5
2,926	0.1866	0.2524	14.5	13.5

(continued)

Table 6.3 (continued)

Time (s)	Level (m)		Pump flow rate (cm^3/s)	
	Tank 1 (h_1)	Tank 2 (h_2)	Left pump (u_1)	Right pump (u_2)
2,941	0.1906	0.2568	14.5	13.5
2,956	0.1960	0.2615	14.5	13.5
2,971	0.2002	0.2648	14.5	13.5
2,986	0.2044	0.2687	14.5	13.5
3,001	0.2074	0.2715	14.5	13.5
3,016	0.2104	0.2746	14.5	13.5
3,031	0.2127	0.2766	14.5	13.5
3,046	0.2155	0.2790	14.5	10.5
3,061	0.2171	0.2790	14.5	10.5
3,076	0.2173	0.2780	14.5	10.5
3,091	0.2145	0.2771	11.5	10.5
3,106	0.2099	0.2759	11.5	10.5
3,121	0.2028	0.2734	11.5	10.5
3,136	0.1968	0.2703	11.5	10.5
3,151	0.1898	0.2663	11.5	10.5
3,166	0.1841	0.2610	11.5	10.5
3,181	0.1775	0.2563	11.5	10.5
3,196	0.1722	0.2506	14.5	10.5
3,211	0.1682	0.2456	14.5	10.5
3,226	0.1660	0.2423	14.5	10.5
3,241	0.1638	0.2402	14.5	10.5
3,256	0.1612	0.2400	14.5	10.5
3,271	0.1587	0.2406	14.5	10.5
3,286	0.1566	0.2421	14.5	10.5
3,301	0.1548	0.2438	14.5	10.5
3,316	0.1533	0.2458	14.5	10.5
3,331	0.1529	0.2481	14.5	10.5
3,346	0.1518	0.2502	14.5	13.5
3,361	0.1522	0.2539	14.5	13.5
3,376	0.1548	0.2588	14.5	13.5
3,391	0.1585	0.2630	14.5	13.5
3,406	0.1624	0.2674	14.5	13.5
3,421	0.1682	0.2707	14.5	13.5
3,436	0.1733	0.2737	14.5	13.5
3,451	0.1781	0.2761	14.5	13.5
3,466	0.1834	0.2788	11.5	13.5

(continued)

Table 6.3 (continued)

Time (s)	Level (m)		Pump flow rate (cm^3/s)	
	Tank 1 (h_1)	Tank 2 (h_2)	Left pump (u_1)	Right pump (u_2)
3,481	0.1871	0.2801	11.5	13.5
3,496	0.1900	0.2801	11.5	13.5
3,511	0.1927	0.2787	11.5	10.5
3,526	0.1946	0.2738	11.5	10.5
3,541	0.1941	0.2676	11.5	10.5
3,556	0.1920	0.2609	11.5	10.5
3,571	0.1886	0.2548	11.5	10.5
3,586	0.1848	0.2486	11.5	10.5
3,601	0.1802	0.2430	11.5	10.5
3,616	0.1758	0.2373	11.5	10.5
3,631	0.1712	0.2326	11.5	10.5
3,646	0.1672	0.2276	11.5	10.5
3,661	0.1629	0.2240	11.5	10.5
3,676	0.1592	0.2201	11.5	10.5
3,691	0.1555	0.2171	11.5	10.5
3,706	0.1525	0.2143	11.5	10.5
3,721	0.1496	0.2122	11.5	10.5
3,736	0.1472	0.2095	11.5	10.5
3,751	0.1446	0.2078	11.5	10.5
3,766	0.1428	0.2060	11.5	10.5
3,781	0.1412	0.2053	11.5	10.5
3,796	0.1400	0.2034	11.5	10.5
3,811	0.1389	0.2018	11.5	10.5
3,826	0.1381	0.2015	11.5	10.5
3,841	0.1371	0.2009	11.5	10.5
3,856	0.1365	0.2002	11.5	10.5
3,871	0.1357	0.1994	11.5	10.5
3,886	0.1353	0.1991	11.5	10.5
3,901	0.1348	0.1985	11.5	10.5
3,916	0.1343	0.1984	11.5	10.5
3,931	0.1339	0.1981	11.5	10.5
3,946	0.1337	0.1972	11.5	10.5
3,961	0.1337	0.1969	11.5	10.5
3,976	0.1337	0.1965	11.5	10.5
3,991	0.1336	0.1965	11.5	10.5
4,006	0.1332	0.1964	11.5	10.5

(continued)

Table 6.3 (continued)

Time (s)	Level (m)		Pump flow rate (cm^3/s)	
	Tank 1 (h_1)	Tank 2 (h_2)	Left pump (u_1)	Right pump (u_2)
4,021	0.1331	0.1966	11.5	10.5
4,036	0.1332	0.1962	11.5	10.5
4,051	0.1332	0.1959	11.5	10.5
4,066	0.1332	0.1966	11.5	10.5
4,081	0.1332	0.1967	11.5	10.5
4,096	0.1335	0.1967	14.5	10.5
4,111	0.1355	0.1967	14.5	10.5
4,126	0.1376	0.1977	14.5	10.5
4,141	0.1401	0.2009	14.5	10.5
4,156	0.1412	0.2044	14.5	10.5
4,171	0.1417	0.2088	14.5	10.5
4,186	0.1425	0.2141	14.5	10.5
4,201	0.1429	0.2187	14.5	10.5
4,216	0.1438	0.2232	14.5	10.5
4,231	0.1446	0.2280	14.5	10.5
4,246	0.1455	0.2328	14.5	10.5
4,261	0.1459	0.2361	14.5	10.5
4,276	0.1459	0.2405	14.5	10.5
4,291	0.1459	0.2437	14.5	10.5
4,306	0.1459	0.2471	14.5	10.5
4,321	0.1465	0.2498	14.5	10.5
4,336	0.1463	0.2527	11.5	10.5
4,351	0.1452	0.2548	11.5	10.5
4,366	0.1431	0.2550	11.5	10.5
4,381	0.1409	0.2544	11.5	10.5
4,396	0.1395	0.2523	11.5	10.5
4,411	0.1377	0.2498	11.5	10.5
4,426	0.1374	0.2457	11.5	10.5
4,441	0.1364	0.2423	11.5	10.5
4,456	0.1356	0.2376	11.5	10.5
4,471	0.1352	0.2341	11.5	10.5
4,486	0.1347	0.2296	11.5	10.5
4,501	0.1341	0.2260	11.5	10.5
4,516	0.1338	0.2221	11.5	10.5
4,531	0.1337	0.2190	11.5	10.5
4,546	0.1333	0.2163	14.5	10.5

(continued)

Table 6.3 (continued)

Time (s)	Level (m)		Pump flow rate (cm^3/s)	
	Tank 1 (h_1)	Tank 2 (h_2)	Left pump (u_1)	Right pump (u_2)
4,561	0.1345	0.2141	14.5	10.5
4,576	0.1358	0.2132	14.5	10.5
4,591	0.1384	0.2144	14.5	10.5
4,606	0.1399	0.2166	14.5	10.5
4,621	0.1411	0.2192	14.5	10.5
4,636	0.1416	0.2227	14.5	10.5
4,651	0.1432	0.2264	14.5	10.5
4,666	0.1444	0.2304	14.5	10.5
4,681	0.1452	0.2338	14.5	10.5
4,696	0.1459	0.2371	14.5	10.5
4,711	0.1467	0.2402	14.5	10.5
4,726	0.1470	0.2437	14.5	10.5
4,741	0.1473	0.2463	14.5	10.5
4,756	0.1479	0.2490	14.5	10.5
4,771	0.1481	0.2518	14.5	10.5
4,786	0.1483	0.2536	14.5	10.5
4,801	0.1486	0.2554	14.5	10.5
4,816	0.1488	0.2571	14.5	10.5
4,831	0.1489	0.2593	14.5	13.5
4,846	0.1498	0.2622	14.5	13.5
4,861	0.1521	0.2663	14.5	13.5
4,876	0.1566	0.2699	14.5	13.5
4,891	0.1610	0.2735	14.5	13.5
4,906	0.1665	0.2762	14.5	13.5
4,921	0.1721	0.2786	14.5	13.5
4,936	0.1773	0.2807	14.5	13.5
4,951	0.1817	0.2831	14.5	13.5
4,966	0.1873	0.2848	14.5	13.5
4,981	0.1910	0.2863	14.5	13.5
4,996	0.1962	0.2877	14.5	13.5
5,011	0.2000	0.2887	14.5	13.5
5,026	0.2036	0.2892	14.5	13.5
5,041	0.2065	0.2897	14.5	13.5
5,056	0.2089	0.2907	14.5	13.5
5,071	0.2114	0.2909	14.5	13.5
5,086	0.2134	0.2922	14.5	13.5

(continued)

Table 6.3 (continued)

Time (s)	Level (m)		Pump flow rate (cm^3/s)	
	Tank 1 (h_1)	Tank 2 (h_2)	Left pump (u_1)	Right pump (u_2)
5,101	0.2155	0.2920	14.5	13.5
5,116	0.2167	0.2928	14.5	13.5
5,131	0.2181	0.2931	14.5	13.5
5,146	0.2192	0.2936	14.5	10.5
5,161	0.2201	0.2920	14.5	10.5
5,176	0.2189	0.2895	14.5	10.5
5,191	0.2158	0.2878	14.5	10.5
5,206	0.2121	0.2857	14.5	10.5
5,221	0.2080	0.2841	14.5	10.5
5,236	0.2037	0.2823	14.5	10.5
5,251	0.1989	0.2815	14.5	10.5
5,266	0.1943	0.2803	14.5	10.5
5,281	0.1891	0.2792	14.5	10.5
5,296	0.1848	0.2786	14.5	10.5
5,311	0.1802	0.2778	14.5	10.5
5,326	0.1762	0.2766	14.5	10.5
5,341	0.1716	0.2764	14.5	10.5
5,356	0.1685	0.2751	14.5	10.5
5,371	0.1658	0.2749	14.5	10.5
5,386	0.1632	0.2747	14.5	10.5
5,401	0.1603	0.2747	14.5	10.5
5,416	0.1581	0.2744	14.5	10.5
5,431	0.1565	0.2747	14.5	10.5
5,446	0.1549	0.2743	14.5	13.5
5,461	0.1542	0.2760	14.5	13.5
5,476	0.1560	0.2784	14.5	13.5
5,491	0.1594	0.2807	14.5	13.5
5,506	0.1632	0.2827	14.5	13.5
5,521	0.1685	0.2844	14.5	13.5
5,536	0.1733	0.2860	14.5	13.5
5,551	0.1785	0.2872	14.5	13.5
5,566	0.1828	0.2884	14.5	13.5
5,581	0.1870	0.2892	14.5	13.5
5,596	0.1919	0.2906	14.5	13.5
5,611	0.1957	0.2908	14.5	13.5
5,626	0.1991	0.2917	14.5	13.5

(continued)

Table 6.3 (continued)

Time (s)	Level (m)		Pump flow rate (cm^3/s)	
	Tank 1 (h_1)	Tank 2 (h_2)	Left pump (u_1)	Right pump (u_2)
5,641	0.2023	0.2924	14.5	13.5
5,656	0.2054	0.2931	14.5	13.5
5,671	0.2078	0.2936	14.5	13.5
5,686	0.2102	0.2937	11.5	13.5
5,701	0.2112	0.2937	11.5	13.5
5,716	0.2111	0.2922	11.5	13.5
5,731	0.2111	0.2900	11.5	13.5
5,746	0.2109	0.2856	11.5	13.5
5,761	0.2111	0.2815	11.5	13.5
5,776	0.2115	0.2762	11.5	13.5
5,791	0.2116	0.2712	11.5	13.5
5,806	0.2119	0.2655	11.5	13.5
5,821	0.2120	0.2607	11.5	13.5
5,836	0.2125	0.2553	11.5	13.5
5,851	0.2126	0.2510	11.5	13.5
5,866	0.2131	0.2464	11.5	13.5
5,881	0.2138	0.2428	11.5	13.5
5,896	0.2144	0.2389	11.5	13.5
5,911	0.2138	0.2357	11.5	13.5
5,926	0.2139	0.2327	11.5	13.5
5,941	0.2141	0.2303	11.5	13.5
5,956	0.2141	0.2281	11.5	13.5
5,971	0.2139	0.2265	11.5	13.5
5,986	0.2139	0.2247	11.5	13.5
6,001	0.2139	0.2233	11.5	13.5
6,016	0.2141	0.2220	11.5	13.5
6,031	0.2139	0.2210	11.5	13.5
6,046	0.2142	0.2199	11.5	13.5
6,061	0.2137	0.2191	11.5	13.5
6,076	0.2140	0.2184	11.5	13.5
6,091	0.2137	0.2178	11.5	13.5
6,106	0.2140	0.2171	11.5	13.5
6,121	0.2139	0.2167	11.5	13.5
6,136	0.2140	0.2161	11.5	10.5
6,151	0.2134	0.2140	11.5	10.5
6,166	0.2113	0.2111	14.5	10.5

(continued)

Table 6.3 (continued)

Time (s)	Level (m)		Pump flow rate (cm^3/s)	
	Tank 1 (h_1)	Tank 2 (h_2)	Left pump (u_1)	Right pump (u_2)
6,181	0.2085	0.2091	14.5	10.5
6,196	0.2065	0.2090	14.5	10.5
6,211	0.2031	0.2105	14.5	10.5
6,226	0.1994	0.2128	14.5	10.5
6,241	0.1949	0.2161	14.5	10.5
6,256	0.1904	0.2202	14.5	10.5
6,271	0.1853	0.2238	14.5	10.5
6,286	0.1810	0.2285	14.5	10.5
6,301	0.1772	0.2323	14.5	10.5
6,316	0.1741	0.2364	14.5	10.5
6,331	0.1698	0.2397	14.5	10.5
6,346	0.1663	0.2434	14.5	10.5
6,361	0.1629	0.2469	11.5	10.5
6,376	0.1592	0.2494	11.5	10.5
6,391	0.1548	0.2504	11.5	10.5
6,406	0.1514	0.2496	11.5	10.5
6,421	0.1480	0.2480	11.5	13.5
6,436	0.1467	0.2472	11.5	13.5
6,451	0.1481	0.2465	11.5	13.5
6,466	0.1506	0.2450	11.5	13.5
6,481	0.1542	0.2432	11.5	13.5
6,496	0.1580	0.2408	11.5	13.5
6,511	0.1628	0.2390	14.5	13.5
6,526	0.1683	0.2373	14.5	13.5
6,541	0.1748	0.2371	14.5	13.5
6,556	0.1797	0.2383	14.5	13.5
6,571	0.1856	0.2405	14.5	13.5
6,586	0.1894	0.2436	14.5	13.5
6,601	0.1944	0.2467	14.5	13.5
6,616	0.1985	0.2507	14.5	13.5
6,631	0.2021	0.2540	14.5	13.5
6,646	0.2056	0.2581	14.5	13.5
6,661	0.2083	0.2612	11.5	13.5
6,676	0.2093	0.2644	11.5	10.5
6,691	0.2089	0.2642	11.5	10.5
6,706	0.2072	0.2617	11.5	10.5

(continued)

Table 6.3 (continued)

Time (s)	Level (m)		Pump flow rate (cm^3/s)	
	Tank 1 (h_1)	Tank 2 (h_2)	Left pump (u_1)	Right pump (u_2)
6,721	0.2032	0.2573	11.5	10.5
6,736	0.1991	0.2525	11.5	10.5
6,751	0.1936	0.2485	11.5	10.5
6,766	0.1888	0.2440	11.5	10.5
6,781	0.1829	0.2391	11.5	10.5
6,796	0.1782	0.2352	11.5	10.5
6,811	0.1728	0.2303	11.5	10.5
6,826	0.1682	0.2271	11.5	10.5
6,841	0.1632	0.2228	11.5	10.5
6,856	0.1595	0.2198	11.5	10.5
6,871	0.1553	0.2167	11.5	10.5
6,886	0.1524	0.2140	11.5	10.5
6,901	0.1493	0.2115	14.5	10.5
6,916	0.1481	0.2100	14.5	10.5
6,931	0.1479	0.2100	14.5	10.5
6,946	0.1482	0.2113	14.5	10.5
6,961	0.1485	0.2141	14.5	10.5
6,976	0.1484	0.2169	14.5	10.5
6,991	0.1483	0.2213	14.5	10.5
7,006	0.1478	0.2246	14.5	10.5
7,021	0.1472	0.2289	14.5	10.5
7,036	0.1473	0.2320	14.5	10.5
7,051	0.1473	0.2360	14.5	10.5
7,066	0.1469	0.2396	14.5	10.5
7,081	0.1474	0.2428	14.5	10.5
7,096	0.1478	0.2460	14.5	10.5
7,111	0.1475	0.2486	11.5	10.5
7,126	0.1458	0.2511	11.5	10.5
7,141	0.1434	0.2514	11.5	10.5
7,156	0.1417	0.2508	11.5	10.5
7,171	0.1402	0.2486	11.5	10.5
7,186	0.1386	0.2457	11.5	10.5
7,201	0.1374	0.2428	11.5	10.5
7,216	0.1368	0.2390	11.5	10.5
7,231	0.1360	0.2358	11.5	10.5
7,246	0.1355	0.2314	14.5	10.5
7,261	0.1367	0.2285	14.5	10.5

Chapter 7
Using MATLAB® for Statistical Analysis

MATLAB® is a mathematical programme developed by the company called The MathWorks, Inc. Examples in this chapter have been tested on MATLAB® versions between 2011a and 2019b. It is expected that most of the commands presented will work with some earlier versions, as well as most later versions. It will be assumed that the reader has a basic understanding of MATLAB®, can write MATLAB® statements, understands basic MATLAB® commands, and can plot a simple MATLAB® graph. This chapter will examine in detail additional features, such as the different toolboxes and formatting features. In order to clearly distinguish between the code required for the MATLAB® function and text, all MATLAB® commands and variables are shown in bold **`Courier New`**.

7.1 Basic Statistical Functions

The functions given in Table 7.1 are available with all standard MATLAB® installations and do not require purchasing any additional toolboxes or licences.

7.2 Basic Functions for Creating Graphs

A list of functions for creating different types of graphs is listed in Table 7.2. Functions with an asterisk after them require installation of the Statistics and Machine Learning Toolbox in MATLAB®.

Y. A. W. Shardt, *Statistics for Chemical and Process Engineers*,
https://doi.org/10.1007/978-3-030-83190-5_7

Table 7.1 Basic statistics functions

Function	Description
`mean(x)`	For vectors, this function determines the mean of **x**. For matrices, this function determines the mean for each column and returns a row vector containing these values
`median(x)`	For vectors, this function determines the median value of **x**. For matrices, this function determines the median value of each column and returns a row vector containing these values
`std(x)`	For vectors, this function determines the observational (sample) standard deviation of **x**. For matrices, this function determines the standard deviation of each column and returns a row vector containing these values
`std(x,1)`	For vectors, this function determines the sample space (population) standard deviation of **x**. For matrices, this function determines the sample space standard deviation of each column and returns a row vector containing these values

7.3 The Statistics and Machine Learning Toolbox

This section lists those statistical functions that require the Statistics and Machine Learning Toolbox in MATLAB® to be installed.

7.3.1 Probability Distributions

Detailed information regarding the definitions of the different probability density functions and the meaning of the required variables can be found in Sect. 2.4. The functions are described in Table 7.4.

7.3.2 Advanced Statistical Functions

The functions listed in Table 7.5 are useful for computing more advanced statistical properties.

7.3.3 Advanced Probability Functions

The functions listed in Table 7.6 are useful for advanced more advanced probability problems.

Table 7.2 Basic plotting functions (functions followed by an asterisk (*) require the Statistics and Machine Learning Toolbox)

Function	Description
`bar(x)`	Creates the vertical bar graph for the data in **x**
`barh(x)`	Creates the horizontal bar graph for the data in **x**. When using the set method to set the labels, **xticklabel** should be replaced by **yticklabel**
`boxplot(x,nameArray)*`	Creates a box-and-whisker plot for the data in **x**. The chart labels are provided in the list array **nameArray**. Multiple box-and-whisker plots can be combined by entering multiple columns in the matrix **x**. A separate box-and-whisker plot will be made for each column
`colorbar`	Sets the colour bar in 3-D plots
`colormap(NAME)`	Sets the colour map to the given **NAME**
`hist(x)`	Creates the histogram for the data in **x**
`imagesc(data)`	Creates an image plot so that the information in **data** is centred and displays properly. Useful for creating cross-correlation plots. In order to create the classical correlation plot, it is necessary to use the following two additional comments: 1. **set(gca, 'xtick', 1:n),** where **gca** is a handle to the current figure and **n** is the number of data points in the plot. This command centres the bins so that the labels are properly set in the next step. The handle **gca** can be replaced by the actual handle to the figure 2. **set (gca,'xticklabel',L})** where **gca** is a handle to the current figure and **L** is an array that gives the names of the individual points It should be noted that the above comments are only for the *x*-axis. This must be repeated for the *y*-axis by replacing the **x** by **y**, so that **xtick** is replaced by **ytick**, for example, **set(gca,'yticklabel',L})**
`legend(nameArray)`	Adds a legend to the graph. The **nameArray** contains an array ordered so that the first entry corresponds with the name for the first drawn line. If more names are provided, then only the first *n* is used. Latex commands can be used
`loglog(x,y, 'format')`	Plots given the vector x on the *x*-axis and the vector **y** on the *y*-axis following the formatting rules presented in `format` string (see Table 7.3 for some common examples). Both axes will be logarithmic
`normplot(x)*`	Plots a normal probability graph for the data given by **x**. The axes are flipped from what is recommended in this textbook, that is, the *x*-axis has the data and the *y*-axis has the expected scores

(continued)

Table 7.2 (continued)

Function	Description
pie(x,nameArray)	Creates a pie chart for the data in **x**. The pie chart labels are provided in the list array **nameArray**. The data should be provided as percentages that total 100%
plot(x,y, 'format')	Plots given the vector **x** on the **x**-axis and the vector **y** on the *y*-axis following the formatting rules presented in format string (see Table 7.3 for some common examples). The vector **x** can be omitted, in which case a time-series plot will be drawn, that is, the **x**-axis will increment by one after each data point
Plot3(x,y,z)	Plots a three-dimensional line plot with **x** on the *x*-axis, **y** on the *y*-axis and **z** on the *z*-axis. This is the three-dimensional analogue to the **plot** function
plotmatrix(array)	Creates an $n \times n$ plot using columns of **array**. It is assumed that the rows of **array** represent sample values and the columns different variables. The plot that is displayed contains on the diagonal, the (*i*, *i*)-entry, a histogram of the data in the *i*th column. The off-diagonal entries, that is, the (*i*, *j*)-entries, represent the correlation between the *i*th and *j*th column of **array**
plotmatrix(x,y) plotmatrix(y)	Plots the columns of data matrix **x** against the columns of the data matrix **y** to show the relationships between the different columns. Providing a single entry is the same as plotmatrix(y,y) except that the diagonals are replaced by histograms
polar(th,r, 'format')	Plots a polar graph using the angle vector th and the radius vector **r** following the formatting rules presented in format string (see Table 7.3 for some common examples). The angle vector can be omitted, in which case it is assumed that the angle increases by exactly 1 rad (57.296°) for each data point
rose(x,bins)	Plots a polar histogram using the data vector **x** and the requested number of **bins**. The number of bins is optional
scatter(x,y,g)	Creates a scatter plot with **x** on the *x*-axis and **y** on the *y*-axis. Cell array **g** is a grouping variable by which one can plot multiple groups on a single scatter plot. The values in **g** then become the default legend labels. For example, with two runs, **g** would be written as **{'Run 1'; 'Run 2'; 'Run 1'; 'Run 1'; 'Run 2'; 'Run 2'}**. This would assign the first entry in **x** and **y** to Run 1, the second to Run 2 and so on

(continued)

Table 7.2 (continued)

Function	Description
`semilogx(x,y, 'format')` `semilogy(x,y, 'format')`	Plots given the vector x on the x-axis and the vector **y** on the y-axis following the formatting rules presented in the **format** string (see Table 7.3 for some common examples). Either the x- or y-axis will be logarithmic
`set(gca, 'xticklabel', listarray)`	Creates for the vertical bar graph referenced by the handle **gca** the x-axis labels given in the **listarray**. The current graph is referenced by the handle **gca**, while the handle for a specific graph can be obtained by setting **h** = **plot(…)** (or any similar method to obtain a figure)
`surf(x,y,z)`	Creates a three-dimensional surface plot with **x** on the x-axis, **y** on the y-axis and **z** on the z-axis
`title('name')`	Draws the title for the graph. Latex commands can be used
`xlabel('name')` `ylabel('name')` `zlabel ('name')`	Draws the label for the x- (y- or z-) axis. Latex commands can be used
`ylabel(colorbar,'My colorbar')`	Sets the label for the colour bar

7.3.4 Linear Regression Analysis

There are two main functions for performing linear regression in MATLAB®: `regress` and `nlinfit`. The first works for linear regression, while the second works for nonlinear regression. Weighted, linear least-squares can be performed using `lscov`. Detailed information about the different commands and their requirements is given in Table 7.7

7.3.5 Design of Experiments

The functions listed in Table 7.8 are useful when performing design of experiments or their analysis.

7.4 The System Identification Toolbox

The System Identification Toolbox in MATLAB® is a very useful toolbox when fitting models for system identification using the prediction error model. It provides a convenient and concise way of storing, accessing, and manipulating different data sets

Table 7.3 Useful formatting options

Name	Description
b	Blue
g	Green
r	Red
w	White
c	Cyan
y	Yellow
k	Black
m	Magenta
. (period)	Dot
+	Cross, +
*	Star,*
s	Square, □
d	Diamond, ◇
v	▽
^	△
<	◁
>	▷
p	☆
h	Hexagram ✶
-	Solid line
:	Dotted line
-.	Dash-dotted line
-	Dashed line

and their associated models. Although most time-series analysis can be performed using the System Identification Toolbox, at times it is easier to use the econometric toolbox described below. In order to fully appreciate and use the System Identification Toolbox, it is first useful to examine in detail the special data objects that store and hold the information: the **iddata** and the **idpoly** objects.

The **iddata** object, which will be denoted by a generic **z**, stores the data that is used in determining the models. It consists of two main fields:

(1) The inputs to the system are stored in **z.u**, which is a matrix. Each of the columns contains a different input.

Table 7.4 Probability distribution functions

Function	Description
`chi2inv(p,df)`	Calculates the inverse χ^2-distribution, given a probability, **p**, and the number of degrees of freedom, **df**
`chi2pdf(x,df)`	Calculates the probability density function for the χ^2-distribution at **x** given the number of degrees of freedom, **df**
`finv(p,ndf,ddf)`	Calculates the inverse F-distribution at a probability, **p**, given the number of degrees of freedom for the numerator, **ndf**, and the number of degrees of freedom for the denominator, **ddf**
`fpdf(x,ndf,ddf)`	Calculates the probability density function for the F-distribution at **x** given the number of degrees of freedom for the numerator, **ndf**, and the number of degrees of freedom for the denominator, **ddf**
`normpdf(x,m,s)`	Calculates the probability density function for the normal distribution for a given **x**, given a mean of **m** and a standard deviation of **s**. If **m** and **s** are not given, then the default values of $m = 0$ and $s = 1$ will be used
`norminv(p)`	Calculates the Z-score for the probability **p**, which must be between 0 and 1
`tinv(p,df)`	Calculates the inverse t-distribution at a probability, **p**, given the number of degrees of freedom, **df**
`tpdf(x,df)`	Calculates the probability density function for the t-distribution at **x** given the number of degrees of freedom, **df**

Table 7.5 Advanced statistical functions

Function	Description
`mad(y,1)`	Computes the median absolute difference for the data vector **y**
`zscore(u)`	Normalizes the data matrix **u** by columns, that is, it computes for each column the mean and standard deviation to normalize the values in that column

Table 7.6 Advanced probability functions

Function	Description
`quantile(X,p)`	Creates the **p**-tiles for the given data set **X**
`rand(x,y)`	Creates an **x**-by-**y** matrix of pseudorandom numbers generated from a uniform distribution on]0, 1[
`randn(x,y)`	Creates an **x**-by-**y** matrix of pseudorandom numbers generated from a normal distribution with mean equal to zero and standard deviation equal to 1
`randperm(N)`	Creates a vector containing a random permutation of the numbers from 1 to **N**

(2) The outputs from the system are stored in **z.y**, which is a matrix. Each of the columns contains a different output. Thus, the second output of the system would be accessed as **z.y(:,2)**, regardless of how the variables may be named on the screen.

Table 7.7 Linear regression functions

Function	Description
`[coeff,Cint,res,resint,stats] = regress(y,A,alpha)`	Computes a multivariate linear regression model of the form **y** = **A**β and returns the following parameters: a. **coeff**, which is the vector containing the estimated coefficients using least squares, $\hat{\beta}$ b. **Cint**, which is a vector that contains the 100(1 − **alpha**)% confidence intervals for the coefficients in **coeff** c. **Res**, which is a vector containing the residuals d. **resint**, which is a vector that contains the confidence interval for the residuals e. **stats**, which is a vector that contains the following entries (in order): R^2, *F*-statistics, *p*-value, and $\hat{\sigma}^2$ The variable **alpha** is optional. The default value of **alpha** is 0.05
`[beta,r,J,covb] = nlinfit(x,y,'FUN',beta0)`	Performs nonlinear regression using the Gauss–Newton estimation method. The *x*-data is given as **x**, while the *y*-data is given as **y**. The function, **FUN**, that is to be fit must be written as an *m*-file. It will take three arguments: the coefficient values, *x*, and *y* (in this order). The function should be written to allow for matrix evaluation. The initial guess is specified in **beta0**. The vector **beta** contains the estimated values of the coefficients, the vector **r** contains the residuals, and **covb** is the estimated covariance matrix for the problem. **J** is the Jacobian matrix evaluated with the best estimate for the parameters
`Ci = nlparci(beta,r,'covar',covb)`	Calculates the 100(1 − **alpha**)% confidence intervals for the coefficients, **beta**, given the residuals, **r**, and the covariance matrix, **covb**
`[y,delta] = nlpredci('Fun',x,beta,r,'covar',covarb)`	Calculates the 100(1 − **alpha**)% mean confidence intervals for the nonlinear function, **Fun**, given the values of *x*, **x**, the estimated coefficients, **beta**, the residuals, **r**, and the covariance matrix, **covarb**. The function returns the predicted *y*-values, **y**, and the half-width lengths, **delta**. This implies that the mean confidence interval will be given as **y±delta**

(continued)

Table 7.7 (continued)

Function	Description
`[y,delta] = nplpredci('Fun',x,beta,r, 'covar',covarb,'predopt', 'observation')`	Calculates the 100(1 − **alpha**)% predicted confidence intervals for the nonlinear function, **Fun**, given the values of *x*, **x**, the estimated coefficients, **beta**, the residuals, **r**, and the covariance matrix, **covarb**. The function returns the predicted *y*-values, **y**, and the half-width lengths, **delta**. This implies that the prediction confidence interval will be given as **y±delta**
`[coeff,stdevc,mse,s] = lscov(A,y,W)`	Computes a weighted, multivariate linear regression model of the form **y** = **A**β given the weighting matrix . The weighting vector **W** is equal to the diagonal terms of the weighting matrix $\mathcal{W}$, that is, **W** = diag($\mathcal{W}$). The parameter estimates are returned as **coeff**, the standard deviation for the parameter estimates is returned as **stdevc**, the variance of the model is returned as **mse**, and **s** is the covariance matrix for the parameters

Table 7.8 Design of experiment functions

Function	Description
`A = ff2n(n)`	Determines the $2^{\mathbf{n}}$ factorial experimental regression matrix using codes 0 and 1
`[A, conf] = fracfact('a b c ab bc')`	Determines a fractional factorial experimental regression matrix, **A**, using the stated generating strings. The matrix **conf** contains the confounding pattern for the given design
`[setting,A] = cordexch(nf,nr,'q')`	Determines a *D*-optimal regression matrix, **A**, given the number of runs, **nr**, the number of factors, **nf**

Additional fields include:

- **z.Tstart**, which stores the value of the starting time for the object.
- **z.Ts**, which stores the value of the sampling time.

The **iddata** object can be treated as a vector to access all the relevant data between two end points. For example, to take the data located from the 1st to 100th point in the object, the command would be **z(1:100)**.

The **idpoly** object, which will be denoted by a generic **m**, stores information about the model that has been fit to the data. It consists of five main fields that consist of the coefficients, a_i, ordered in descending powers of z^{-1}, given by

$$1+\sum_{i=1}^{n} a_i z^{-i},$$

where n is the order of the system. Each of the fields is the same length. The fields are given the names: A, B, C, D, and F, and represent the coefficients of the following model:

$$A\left(z^{-1}\right)y_k = \frac{B\left(z^{-1}\right)}{F\left(z^{-1}\right)}u_{k-d} + \frac{C\left(z^{-1}\right)}{D\left(z^{-1}\right)}e_t,$$

where d is the discrete time delay, which for a zero-order hold is one more than the continuous time delay. The coefficients of $A(z^{-1})$ would be accessed using **`m.A`**. Note that the definition of the B-polynomial in MATLAB® is different from the definition used in the other chapters. This difference implies that the time delay, d, must be increased by one from the values obtained in the other chapters, that is, $d = n_k + 1$. This is because MATLAB® requires the time delay due to sampling to be explicitly noted in the definition of the function.

For multi-input systems, where there are multiple inputs, the model representation is converted into a matrix form, so that each row represents a different input and the columns represent the parameter specifications. The orders are then stored as the augmented column matrix with each column representing the orders of a different row, for example, the B-order would be specified as **[2, 3]** for a two-input system.

The most important functions from the System Identification Toolbox are given in Table 7.9 for creating the data object, Table 7.10 for creating the model, Table 7.11 for validating the model, and Table 7.12 for designing the system identification experiment.

7.5 The Econometrics Toolbox

The Econometrics Toolbox contains some useful tools for analysing and preprocessing time-series data. It is especially useful for fitting seasonal models. Unfortunately, not all the validation functions can be as easily obtained with this toolbox. Table 7.13 contains the required functions for creating an econometric model, Table 7.14 contains the functions for creating various types of correlation plots, Table 7.15 contains the functions for estimating the model parameters of econometric functions, and Table 7.16 contains useful functions for model validation.

7.6 The Signal Processing Toolbox

The Signal Processing Toolbox contains complementary functions that can be used to create cross- and autocorrelation plots without using the econometric toolbox. It can also be used to effectively create periodograms. Table 7.17 contains a summary of the useful functions.

Table 7.9 System Identification Toolbox: Functions for creating the data object

Function	Description
`z = iddata(yk,uk,Ts)`	Creates an **iddata** object, **z**, based on the input, **uk**, and output, **yk**, with a sample time of **Ts**. For time-series data, **uk** can be left blank by replacing it by **[]**
`zd = detrend(z,0)`	Removes a trend from the given **iddata** object, **z**, and returns the **iddata** object, **zd**. The option **0** removes the mean value from the data allowing the data to vary about the mean of zero. This should be performed on all data before carrying out any further analysis
`idplot(z)`	This allows an **iddata** object, **z**, to be plotted. Two basic figures are produced: the output as a function of time and the input as a function of time. The programme will pause between each set of inputs and outputs. To continue, return to the main MATLAB® window and press any key. Note: typing **plot(z)** will also work
`model = idpoly(A,B,C,D,F,S,Ts)`	Creates an **idpoly** object, **model**, that describes the model based on the generalized prediction error model. The elements are entered in descending powers of z^{-1}, starting with the constant term, even if it is absent. **S** is the variance of the error term and **Ts** is the sampling time. The last two terms are optional

7.7 MATLAB® Recipes

This section provides useful MATLAB® code for various functions that are not provided by default in MATLAB®. This code can be re-used, but full attribution both to the author and this book must be made.

7.7.1 Periodogram

Requirements: None

Goal: Given a data series **yt** return the corresponding periodogram on the region [0, 0.5].

File Name: `periodogram2.m`

Table 7.10 System Identification Toolbox: Functions for creating a model

Function	Description
`cra(z)`	Determines the impulse response coefficients between the input and output, as defined in the **iddata** object, **z**. The output is the value of the impulse responses. A graph is plotted showing the individual coefficients, as well as the confidence intervals. This function can be used to estimate the time delay
`mARa = ar(z,[na])`	Finds for the data in the **iddata** object, **z**, an autoregressive model with order **na**. This model is stored as an **idpoly** object, **mARa**
`mARMAXacd = armax(z,[na,nc,d])`	Finds for the data in the **iddata** object, **z**, an autoregressive moving average with exogenous input model with orders **na** and **nc** with a delay of **d**. This model is stored as an **idpoly** object, **mARMAXacd**
`mARXabd = arx(z,[na,nb,d])`	Finds for the data in the **iddata** object, **z**, an autoregressive exogenous model with orders **na** and **nb** with a delay of **d**. This model is stored as an **idpoly** object, **mARXabd**
`mBJbcdfd = bj(z,[nb,nc,nd,nf,d])`	Finds for the data in the **iddata** object, **z**, a Box–Jenkins model with orders **nb**, **nc**, **nd**, and **nf** with a delay of **d**. This model is stored as an **idpoly** object, **mBJbcdfd**
`mNL = nlarx(z,nn,basis)`	Finds for the data in the **iddata** object, **z**, a nonlinear ARX model with ARX orders **nn** and the basis function given by **basis**. When defining the basis function, it is important to include the number of functions to be used; for a wavelet basis function this can be done as follows **wavenet('num',nfun)**, where **nfun** is the number of basis functions to be used. The ARX orders are entered in the same manner as the standard ARX model. This model is stored as an **idpoly** object, **mNL**
`mOEabd = oe(z,[nb,nf,d])`	Finds for the data in the **iddata** object, **z**, an output-error model with orders **nb** and **nf** with a delay of **d**. This model is stored as an **idpoly** object, **mOEbfd**
`nk = delayest(z,na,nb,minnk,maxnk)`	Estimates the time delay for the **iddata** object, *z*, by searching all feasible ARMAX models and selecting the one with the lowest error. The estimated time delay is returned as **nk**. If a large order model is to be searched, then **na** is the order of the **A** polynomial and **nb** is the order of the **B**-polynomial, **minnk** is the minimum time delay, and **maxnk** is the maximum time delay. The last four values need not be specified

Table 7.11 System Identification Toolbox: Functions for validating a model

Function	Description
`compare(z,mabd)`	Compares the original data stored in the **`iddata`** object, **`z`**, with the model stored in **`mabd`**, to produce a plot showing the fit between the original data and the predicted data. This function call uses the infinite-horizon predictor for the modelled data
`compare(z,mabd,n)`	Compares the original data stored in the **`iddata`** object, **`z`**, with the model stored in **`mabd`** and an **`n`**th-step-ahead predictor to produce a plot showing the fit between the original data and the predicted data. This function call uses the **`n`**th -step-ahead predictor to forecast the values
`present(mabd)`	Displays the **`idpoly`** object, **`mabd`**, with the estimated parameters and their standard deviation
`resid(mabd,z)`	Determines and plots the residuals between the **`idpoly`** model, **`mabd`**, and the original **`iddata`** object, **`z`**. The plot shows the correlation between the residuals as well as the cross-correlation between the residuals and the inputs. **N.B.:** The bounds are the 99% confidence intervals
`residual = resid(mabd,z)`	Same as **`resid(mabd,z)`**, also returns the residuals as a vector

Table 7.12 System Identification Toolbox: Functions for designing a system identification experiment

Function	Description
`u = idinput(N,Type,band,Range)`	Creates an input, **`u`**, with number of values, **`N`**, with the following characteristics: a. **`Type`**, which describes what kind of input is desired. Permitted types include: **`'RGS'`**, which gives random, Gaussian signal and **`'RBS'`**, which gives a random, binary signal b. **`band`**, which is a 1-by-2 row vector that describes the region of the passband in terms of the Nyquist frequency. It must, thus, lie within [0, 1] c. **`Range`**, which describes the region over which the data ranges

Table 7.13 Econometrics Toolbox: Functions for creating the data object

Function	Description
`modStruc = arima('Constant',0,'D',d, 'Seasonality',S,'SMALags',nSMA,'MALags', nMA,'ARlags',nAR,'SARLags',nSAR)`	Creates the initial model structure for fitting a seasonal (or more advanced model) in MATLAB®. The model structure is given as **`modStruc`**. The degree of normal differencing is given as **`d`**, and the seasonal differencing order is **`S`**. The seasonal moving-average orders are explicitly stated in the vector **`nSMA`**, the moving-average order in the vector **`nMA`**, the seasonal autoregressive orders as **`nSAR`**, and the autoregressive orders as **`nAR`**. The order vector given as [1, 2, 3, 5] would specify that the coefficients at the points z^{-1}, z^{-2}, z^{-3}, and z^{-5} are to be estimated. For the seasonal terms, it is necessary to clearly state the values including any seasonal component, so that [4 8] would correspond to the seasonal vector z^{-4} and $z^{-2\times4}$

Table 7.14 Econometrics Toolbox: Functions for creating various correlation plots

Function	Description
`autocorr(data)`	Displays the autocorrelation graph for the data set **`data`**, including appropriate confidence intervals
`crosscorr(data1,data2)`	Displays the cross-correlation graph between two data sets **`data1`** and **`data2`** including appropriate confidence intervals
`parcorr(data)`	Displays the partial autocorrelation graph for the data set **`data`**, including appropriate confidence intervals

Table 7.15 Econometrics Toolbox: Functions for estimating model parameters

Function	Description
`model = estimate(modStruc,data)`	Estimates a **`model`** given the initial model structure **`modStruc`** and the data vector **`data`**
`residual = infer(model,data)`	Obtains the residuals **`residual`** given the estimated **`model`** and the data vector **`data`**

Table 7.16 Econometrics Toolbox: Functions for validating the model

Function	Description
`[h,p,stat,c] = lbqtest(residuals, 'lags',lags)`	Performs the Ljung–Box–Pierce test on the data set **`residuals`**. The optional vector **`lags`** contains the lag values at which the statistic is to be evaluated. It can be either a vector or a scalar. The default number of lags is 20. Let l be equal to the number of lags tested. The Boolean value of the hypothesis test is returned as the $l\times 1$ column vector **`h`**, the corresponding p-values for the test statistic as the $l\times 1$ column vector **`p`**, the actual test statistic values as the $l\times 1$ column vector **`stat`**, and the corresponding critical values as the $l\times 1$ column vector **`c`**

Table 7.17 Signal Processing Toolbox: Functions for analysing signals

Function	Description
`[q] = xcorr(data1,data2)`	Obtains the cross-correlation between two data series **`data1`** and **`data2`**, each of length m, and returns it as the $(2m - 1)\times 1$ vector **`q`**. Autocorrelation can be obtained by setting **`data2`** to be equal to **`data1`**
`periodogram(yt)`	Displays the periodogram for the signal **`yt`**

```
function periodogram2(yt)
%Custom-built function that creates the periodogram for a
given signal%
%Inputs:
%   yt: signal for which the periodogram is desired.
%Copyright 2014: Yuri Shardt
%Distributed as part of the book Statistics for Chemical and
Process
%Engineers: A Modern Approach, published by Springer Verlag.

%Checking the data
q=size(yt);
N=length(yt);
if (N<5)
    error('Please make sure that the size of yt is at least 5
samples.');
end
if (N==q(1) && q(2)~=1) || (N==q(2) && q(1)~=1)
    error('Please make sure that yt is either a row or column
vector.');
```

```
end
y=detrend(yt,0);
%Perform the Fast Fourier Transform
X1=abs(fft(y,N));
X=fftshift(X1);
if (mod(N,2)==0)
    F=[-(N)/2:(N)/2-1]/N;
    count=N/2+1;
else
    F=[-(N-1)/2:(N-1)/2]/N;
    count=(N-1)/2+1;
end
%Creating the plot
plot(F(count:end),X(count:end)/N*2,'-k')
xlabel(['Frequency, $f$,
(cycles/sample)'],'interpreter','latex'),ylabel('Amplitude,
$|y|$','interpreter','latex')
end
```

7.7.2 Autocorrelation Plot

Requirements: Signal Processing Toolbox (`xcorr`).

Goal: Given a data series **`yt`** return the corresponding autocorrelation plot for twenty lags.

File Name: `autocorrelation.m`

```
function autocorrelation(yt)
%Custom-built function that creates the autocorrelation plot
for a given
%signal. A lag of 20 is the maximum lag considered.
%Inputs:
%   yt: signal for which the autocorrelation plot is desired.
%%Copyright 2014: Yuri Shardt
%Distributed as part of the book Statistics for Chemical and
Process
%Engineers: A Modern Approach, published by Springer Verlag.
```

```
%Checking the data
q=size(yt);
N=length(yt);
lag=20;
if (N<lag)
    error('Please make sure that the size of yt is at least 20
samples.');
end
if (N==q(1) && q(2)~=1) || (N==q(2) && q(1)~=1)
    error('Please make sure that yt is either a row or column
vector.');
y=detrend(yt,0);
%Obtain the autocorrelation values
q=xcorr(y,y);
count=N;
%Creating the plot
plot([0:lag],q(count:count+lag)/max(q),'ok')
grid on
hold on;plot([0,lag],tinv(0.975,N)*[1,1]/sqrt(N),'--
k','linewidth',2)
plot([0,lag],-tinv(0.975,N)*[1,1]/sqrt(N),'--k','linewidth',2)
plot([0,lag],[0,0],'-k')
xlabel(['Lag
(samples)'],'interpreter','latex'),ylabel('Autocorrelation,
$\rho$','interpreter','latex')
end
```

7.7.3 Correlation Plot

Requirements: none.

Goal: Given a matrix of correlations `correlations` **correlation** create the two-dimensional correlation plot.

File Name: `corrplot1.m`

```
function corrplot1(correlation,tags,title1,axis1)
%Custom-built function that creates the correlation plot given
a correlation matrix
%Inputs:
%   correlation: correlation matrix
%   tags: alphanumeric explanation of the columns in the data
set (should not be left blank)
%   title1: a title for the figure (can be left blank)
%   axis1: the label for the axis (can be left blank)
%Copyright 2014: Yuri Shardt
%Distributed as part of the book Statistics for Chemical and
Process
%Engineers: A Modern Approach, published by Springer Verlag.

[a,b]=size(correlation);
imagesc(abs(correlation));colorbar;colormap(jet)
set(gca, 'XTick', 1:a); % center x-axis ticks on bins
set(gca, 'YTick', 1:a); % center y-axis ticks on bins
set(gca, 'XTickLabel', tags); % set x-axis labels
set(gca, 'YTickLabel', tags); % set y-axis labels
title(title1); % set title
xlabel(axis1);
ylabel(axis1);
```

7.7.4 Cross-Correlation Plot

Requirements: Signal Processing Toolbox (`xcorr`).

Goal: Given two data series **`yt`** and **`zt`** return the corresponding cross-correlation plot for ±20 lags.

File Name: `crosscorrelation.m`

```
function crosscorrelation(xt,yt)
%Custom-built function that creates the cross-correlation plot
for 2 signals.
%A maximal lag of +-20 is assumed.
%Inputs:
```

```
%   x: signal 1
%   y: signal 2
%Copyright 2014: Yuri Shardt
%Distributed as part of the book Statistics for Chemical and
Process
%Engineers: A Modern Approach, published by Springer Verlag.

%Checking the data
q1=size(xt);
N1=length(xt);
q2=size(yt);
N2=length(yt);
lag=20;
if (N1~=N2)
    error('Please make sure that both signals have the same
length');
if (N1<2*lag || N2<2*lag)
    error('Please make sure that the size of yt and zt are at
least 40 samples.');
end
if (N1==q1(1) && q1(2)~=1) || (N1==q1(2) && q1(1)~=1) ||
(N2==q2(1) && q2(2)~=1) || (N2==q2(2) && q2(1)~=1)
    error('Please make sure that both yt and zt is either a
row or column vector.');
end
x=detrend(xt,0);
y=detrend(yt,0);
%Obtain the cross-correlation values
q=xcorr(y,x);
count=N1;
N=N1;
%Creating the plot
plot([-lag:lag],q(count-lag:count+lag)/std(x)/std(y)/N1,'ok')
```

```
grid on
hold on;plot([-lag,lag],tinv(0.975,N)*[1,1]/sqrt(N),'--
k','linewidth',2)
plot([-lag,lag],-tinv(0.975,N)*[1,1]/sqrt(N),'--
k','linewidth',2)
plot([-lag,lag],[0,0],'-k')
xlabel(['Lag
(samples)'],'interpreter','latex'),ylabel('Cross-correlation,
$\rho_{YZ}$','interpreter','latex')
end
```

7.8 MATLAB® Examples

This section presents three examples that show how to implement various forms of regression analysis in MATLAB®. The topics considered are linear regression, nonlinear regression, and system identification. All examples are based on real data obtained from experiments. Appropriate MATLAB® code, as well as the final results, is provided so that the readers can modify these examples to fit their particular needs.

7.8.1 Linear Regression Example in MATLAB®

This example examines the problem of fitting a theoretical equation to experimental data in order to obtain the values of the different constants in the system. Detailed information about the problem can be found in (Prickett et al. 2011, 2010; Elliott et al. 2007; Jochem and Körber 1987). Data used for this example come from Prickett et al. (2011).

7.8.1.1 Problem Statement for the Linear Regression Example

Consider the problem of obtaining the values of the parameters in a theoretical equation that describes the osmotic pressure of the sodium chloride (NaCl) salt and hydroxyethyl starch (HES, chemical formula $(C_6H_{10}O_5)_m(C_2H_5O)_n$). Based on the virial equation of state, it is assumed that the following equation can be used to describe the osmolality (Π) of such a mixture

$$\Pi = B_3 m_3^2 + B_3 k_{diss} m_2 m_3 + C_3 m_3^3 + k_c, \tag{7.1}$$

Table 7.18 Fitting the virial equation (MATLAB® example)

m_2 (millimol/kg solv)	m_3 (millimol/kg solv)	k_c (milliosm/kg solv)	Π (milliosm/kg solv)
0	0.0000	0	0
600	0.0390	1,052	1,314
1,268	0.0823	2,326	2,267
2,013	0.1307	3,879	3,712
2,852	0.1852	5,792	5,496
3,803	0.2469	8,170	8,035
4,889	0.3175	11,161	11,513

where B_3 and C_3 are the virial parameters to be determined, m_2 is the molality of NaCl in millimol/kg of solvent, m_3 is the molality of HES in millimol/kg of solvent, k_{diss} is the disassociation constant that is equal to 1.678, and k_c is a known constant that depends on the system being analysed. An experiment was run where the ratio of the mass of HES to the mass of NaCl was fixed to 0.5. The results obtained are shown in Table 7.18.

7.8.1.2 Solution for the Linear Regression Example

Before linear regression can be applied, the above equation must be re-arranged so that all known constant information is on the left-hand side and all the unknown variables are on the right-hand side. Thus, the equation would be rewritten as

$$\Pi - k_c = B_3\left(m_3^2 + k_{diss} m_2 m_3\right) + C_3 m_3^3. \tag{7.2}$$

The required variables would be defined as

$$\begin{aligned} y &= \Pi - k_c \\ \vec{x} &= \left\langle m_3^2 + k_{diss} m_2 m_3,\, m_3^3 \right\rangle \\ \vec{\beta} &= \langle B_3, C_3 \rangle^T. \end{aligned} \tag{7.3}$$

In order to obtain the parameter estimates and analyse the results, the following MATLAB® script will be used.

```
%Script for solving linear regression problems in MATLAB
%Copyright 2015 Yuri Shardt
%To be used in conjunction with Chapter 7 of the Springer
book, Statistics
%for Chemical and Process Engineers: A Modern Approach.

%Entering the raw data
m2=[0 600 1268 2013 2852 3803 4889]';
m3=[0 0.039 0.0823 0.1307 0.182 0.2469 0.3175]';
kc=[0 1052 2326 3879 5792 8170 11161]';
pi=[0 1314 2267 3712 5496 8035 11513]';
kdiss=1.678;
%Creating the required data matrices for solving the problem.
y=pi-kc;
A=[m3.^2+kdiss*m2.*m3 m3.^3]; %Note the use of the dot
operator
%Add code here for Part 2.
%Solve the problem to obtain the parameter estimates and
%information
[param,CI,residual,sr,info]=regress(y,A);
%display the results
fprintf(['B_3: %f±%f\n'],param(1),(CI(1,2)-CI(1,1))/2);
fprintf(['C_3: %f±%f\n'],param(2),(CI(2,2)-CI(2,1))/2);
%display the statistics
fprintf(['R^2 = %f\n'],info(1));
%examine the residuals
normplot(residual);
figure;plot(y,residual,'ok');xlabel('Measured
value');ylabel('Residual');
figure;plot(A(:,1),residual,'ok');xlabel('First
Regressor');ylabel('Residual');
figure;plot(A(:,2),residual,'ok');xlabel('Second
Regressor');ylabel('Residual');
figure;plot(A*param,residual,'ok');xlabel('Predicted
value');ylabel('Residual');
figure;plot(residual,'ok');xlabel('Sample');
ylabel('Residual');
```

The output from MATLAB® is.

```
B3: -0.8206±0.624
C3: 77,469±55,563
R2 = 0.731103
```

The figures are shown in Fig. 7.1. It is clear from examining these figures that the second data point seems to be quite the outlier with an error that is much larger than any of the other data points. Other than this single outlier, the data set looks quite good. Even though the data sample is small, it would be worthwhile to remove this point and see how the regression changes. The previous MATLAB® code is changed by adding, after defining the regression matrices, the lines

```
y=y([1, 3:length(y)]);
A=A([1, 3:size(A,1)],:);
```

The output from MATLAB® becomes

```
B3: -0.8535±0.168
C3: 80,344±14,965
R2 = 0.982121
```

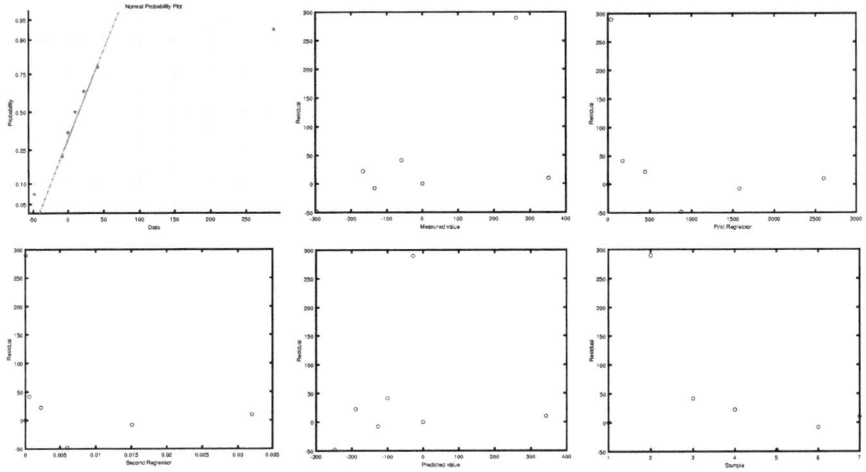

Fig. 7.1 Linear regression example: MATLAB® plots of the (top) Normal probability plot of the residuals, Residuals as a function of y, and Residuals as a function of the first regressor, x_1; and (bottom) Residuals as a function of x_2, Residuals as a function of $\hat{y}$, and A time-series plot of the residuals

It can be seen that the confidence intervals have decreased markedly and the R^2 is now almost 1. This strongly suggests that the removed data point was an outlier. Given the small sample size, the residual analysis graphs do not give any additional information. Practically speaking, the background regarding the outlier would need to be investigated in order to confirm that it is indeed an outlier. If after examining that there were no data collection or input errors, then the presence of the outlier could suggest that the model was not appropriate for the data set. It is always important to provide detailed reasons for why a given point was removed as an outlier, especially if there is access to the original data.

7.8.2 *Nonlinear Regression Example in MATLAB®*

This example examines the problem of fitting a theoretical equation to experimental data in order to obtain the values of the different constants in the system. Unlike the previous case, nonlinear regression must be performed in order to obtain a result. Detailed information about the problem can be found in (Ross-Rodriguez, 2009). Data provided courtesy of Dr. Lisa Ross-Rodriguez.

7.8.2.1 Problem Statement for the Nonlinear Regression Example

Consider the problem of obtaining a relationship for the ratio between the equilibrium and isotonic cell volumes given the osmotic pressure. The theoretical relationship can be written as

$$\frac{V}{V_0} = \left(1 - b^*\right)\frac{-1 + \sqrt{1 + 4B\Pi_0}}{-1 + \sqrt{1 + 4B\Pi}} + b^*, \tag{7.4}$$

where both B and b^* are the parameters to be determined and Π_0 is a known osmotic value. The experimental data is provided in Table 7.19. For this data set, Π_0 has a value of 0.293.

Table 7.19 Equilibrium cell volume data (MATLAB® example)

V/Vo	Π
1.000 34	0.292 78
0.804 65	0.571 72
0.753 58	0.855 14
0.715 48	1.135 95
0.685 88	1.433 49
0.666 00	1.729 08
0.659 13	2.028 15
0.640 04	2.326 60
0.626 61	2.667 04

7.8.2.2 Problem Solution for Nonlinear Regression Example

In order to solve the problem in MATLAB®, the function for which the parameter estimates are being obtained needs to be written as a MATLAB® function. It is very important that the following points be considered when writing the function:

(1) First, it must be able to deal with vector entries, that is, the dot operators should be used with times (*) and divide (/) to give (.*) and (./).

(2) Second, the header of the function must be correctly specified. The order of the inputs is parameter values, regressor values, and measured values. Each entry is assumed to be a matrix of appropriate size. The output is a single vector containing the results. Therefore, the header will be of the form

```
y = functionName(parameters,A,y);
```

Based on these constraints, the following MATLAB® function was written. It should be saved in the same location as the script that will be used to run the nonlinear regression.

```
function [y1]=volume(beta,x,y)
%Function to compute the predicted cell volumes given
%   beta:   the parameter coefficients
%   x:      the corresponding regressors
%   y:      the corresponding measured values
%Copyright 2015 Yuri Shardt
%Written as part of the Springer book Statistics for Chemical
and Process
%Engineers: A Modern Approach

y1=(1-beta(1))*(-1+sqrt(1+4*beta(2)*0.293))./(-
1+sqrt(1+4*beta(2)*x))+beta(1);
```

The following script was used to solve the nonlinear regression problem. The initial guess for the parameter estimates needs to be made carefully, as it can impact the ability of the system to give an answer. If possible, using the estimate obtained using the linearized model is a good idea.

```
%Script for solving nonlinear regression problems in MATLAB
%Copyright 2015 Yuri Shardt
%To be used in conjunction with Chapter 7 of the Springer
book, Statistics

%Entering the raw data
VVo=[1.00034 0.80465 0.75358 0.71548 0.68588 0.66600 0.65913
0.64004 0.62661];
pi=[0.29278 0.57172 0.85514 1.13595 1.43349 1.72908 2.02815
2.32660 2.66704];
%Solve the problem to obtain the parameter estimates and
associated
%information
[param,residual,J,covb] = nlinfit(pi,VVo,'volume',[0.2,0.56]);
CI=nlparci(param,residual,'covar',covb);
%display the results
fprintf(['b*: %f±%f\n'],param(1),(CI(1,2)-CI(1,1))/2);
fprintf(['B: %f±%f\n'],param(2),(CI(2,2)-CI(2,1))/2);
%examine the residuals
normplot(residual);
figure;plot(VVo,residual,'ok');xlabel('Measured
value');ylabel('Residual');
figure;plot(pi,residual,'ok');xlabel('First
Regressor');ylabel('Residual');
figure;plot(residual,'ok');
xlabel('Sample');ylabel('Residual');
```

Note that the parameter estimates may be slightly different from those obtained here due to differences in the way the optimizing engine works. The MATLAB® output is

```
b*: 0.5245±0.0436
B: 2.408±3.616
```

From here, it is easy to note that the *B* parameter is not significant and its value could be zero. This suggests that potentially not enough data have been collected to make an appropriate estimate. The residual plots are shown in Fig. 7.2. This figure

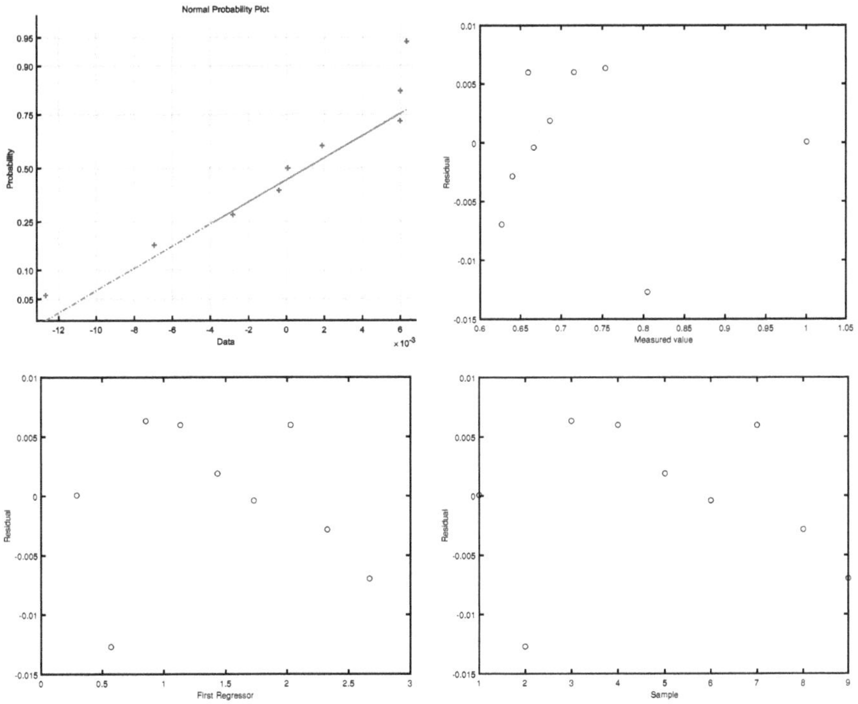

Fig. 7.2 Nonlinear regression example: MATLAB® plots of the (top) Normal probability plot of the residuals and Residuals as a function of Π; and (bottom) Residuals as a function of $\hat{y}$ and A time-series plot of the residuals

seems to show that there is some trend to the residuals. However, given the rather small sample, it is hard to discern exactly what this trend may be. Since it has been assumed that the given equation holds, in order to obtain a better understanding of the data, additional experiments should be provided.

7.8.3 System Identification Example in MATLAB®

The final example will consider the problem of system identification using the same data as used in Sect. 6.6: Modelling the Water Level in a Tank. For this reason, only the code required to model the level in Tank 1 will be presented. After making the relevant changes in the figure formatting the given figures will be obtained. This code requires the use of the System Identification Toolbox. The function can be called as follows: `systemidentification ([1 2], 1 1, [1 2], [1 2])` where, since there are two inputs, the values of n_b, n_f, and n_k are entered as vectors where each entry represents the individual cases.

```
function z=experiment(nb,nc,nd,nf,nk)
%Function to obtain system identification models of the data
assuming a
%Box-Jenkins model with parameter orders nb, nc, nd, and nf
with a time
%delay of nk.
%Copyright 2015 Yuri Shardt
load SystemIdentificationData;
newy1=Lower_Left_Level;
qnew=size(newy1);
%Plot the raw data
subplot(2,2,1), plot(U1)
xlabel('time (s)')
ylabel('flow rate, u (cm^3/s)')
title('Signal 1')
subplot(2,2,2), plot(U2)
xlabel('time (s)')
ylabel('flow rate, u (cm^3/s)')
title('Signal 2')
subplot(2,2,3), plot(newy1)
xlabel('time (s)')
ylabel('height, h (m)')
title('Tank 1')
%Create the data to store the object
z1=iddata([newy1],[U1,U2],1);
z1=detrend(z1,0);
%Obtain the parameter estimates
z=processbj(z1,nb,nc,nd,nf,nk,qnew);
end
function modelBJ=processbj(z1,nb,nc,nd,nf,nk,q)
%Partition the data set
split=ceil(2*q(1)/3);
```

```
%Obtain the parameter estimates
modelBJ=bj(z1(1:split),'nb',nb,'nc',nc,'nd',nd,'nf',nf,'nk',nk
);
%Display the results
present(modelBJ)
%Plot the required residual analysis figures
figure
compare(modelBJ,z1(split+1:end))
figure
resid(modelBJ,z1(split+1:end)) %Note that the programme will
pause here in order to for the first graph to be examined
before displaying the next one.
r=resid(modelBJ,z1(split+1:end));
figure
normplot(r.OutputData);
end
```

7.9 Further Reading

The following are references that provide additional information about the topic:

(1) **General MATLAB® Help**:

a. Sizemore, J., & Mueller, J. P. (2015). *MATLAB® for Dummies*. Hoboken, New Jersey, United States of America: John Wiley & Sons, Inc.

b. Hunt, B. R., Lipsman, R. L., & Rosenberg, J. (2014). *A guide to MATLAB®: for beginners and experienced users: Updated for MATLAB® 8 and Simulink 8* (3rd ed.). Cambridge, England, United Kingdom: Cambridge University Press.

(2) **Linear Regression Data set**:

a. Elliott, J. A., Prickett, R. C., Elmoazzen, H. Y., Porter, K. R., & McGann, L. E. (2007). A Multisolute Osmotic Virial Equation for Solutions of Interest in Biology. *Journal of Physical Chemistry B, 111*, 1775–1785.

b. Prickett, R. C., Elliott, J. A., & McGann, L. E. (2010). Application of the osmotic virial equation in cyrobiology. *Cryobiology, 2010*, 30–42.

c. Prickett, R. C., Elliott, J. A., & McGann, L. E. (2011). Application of the Multisolute Osmotic Virial Equation to Solutions Containing Electrolytes. *The Journal of Physical Chemistry B, 115*, 14,531–14,543.

d. Jochem, M., & Körber, C. (1987). Extended Phase Diagrams for the Ternary Solutions H_2O – NaCl – Glycerol and H_2O – NaCl – Hydroxyethylstarch (HES) Determined by DSC. *Cryobiology, 24*, 513–536.

(3) **Nonlinear Regression Data set**:

a. Ross-Rodriguez, L. U. (2009). *Cellular Osmotic Properties and Cellular Responses to Cooling*. Edmonton, Alberta, Canada: University of Alberta.

Chapter 8
Using Excel® to Do Statistical Analysis

Microsoft Excel® is a spreadsheet programme developed by Microsoft®, which comes bundled with Microsoft Office®. The most recent version of Microsoft Office is Office 2021. Not only can Excel® perform most basic spreadsheet commands, it also contains a programming language called Visual Basic that can be used to create powerful and useful macros. Most, if not all, of the methods presented in the previous chapters can be easily implemented in Excel®. It will be assumed that the reader has a basic understanding of Excel®, can write simple formulae (equations), understands what a column and row are, and can create basic graphs. Basic background information about Excel® can be found from such sources as the *Excel® for Dummies* series (Harvey 2019). This chapter will examine in detail additional features, such as array functions, using Solver, and writing basic Excel® macros. In order to clearly distinguish between the code required for Excel® functions and text, all Excel® commands and variables are shown in bold **`Courier New`**. Locations on the ribbon, menu paths, and keystrokes are shown in plain `Courier New`.

8.1 Ranges and Arrays in Excel®

Ranges and **arrays** are how Excel® refers to groups of columns and rows. The difference lies in how they are used. A **range** is a group of rows and columns in an Excel® spreadsheet, while an **array** is a group of rows and columns used in an Excel® function or code. In Excel®, an array most closely approximates a matrix.

One useful property of Excel® is the ability to write an equation in one cell and then drag it to other cells. When dragging such an equation, any references to a range will be changed as the cells are dragged, for example, the cell **`A4`** will become **`A5`** if the formula is dragged down one row and **`B4`** if it is dragged right by one column. This is called **relative** referencing, since it depends on the location. Although relative referencing is useful, it is not always desirable. Excel® allows a cell reference to be made **absolute**, that is, it will not change its value as the cell is dragged. This is done

Y. A. W. Shardt, *Statistics for Chemical and Process Engineers*,
https://doi.org/10.1007/978-3-030-83190-5_8

by placing a dollar sign **`$`** before the element that one wishes to freeze. There are three options (illustrated using cell **`A2`**):

(1) **Absolute Rows and Columns (`$A$2`)**: In this case, the reference will always be to this cell.
(2) **Absolute Row, but Relative Column (`A$2`)**: In this case, the row will stay the same, but the column can change.
(3) **Absolute Column, but Relative Row (`$A2`)**: In this case, the column will stay the same, but the row can change.

Another useful feature in Excel® is the ability to name a range. This means that rather than having to drag and select a very large range of cells, it can be conveniently referred to using the corresponding range name, for example, instead of **`average(B4:B1000)`** we could write **`average(y)`**, where **`y`** has been defined to equal **`B4:B1000`**. Naming a range is shown in Fig. 8.1 and consists of two steps: select the range and enter a name in the location shown. In order to make your life easier, make sure that the name selected is unique to the workbook and not the worksheet.

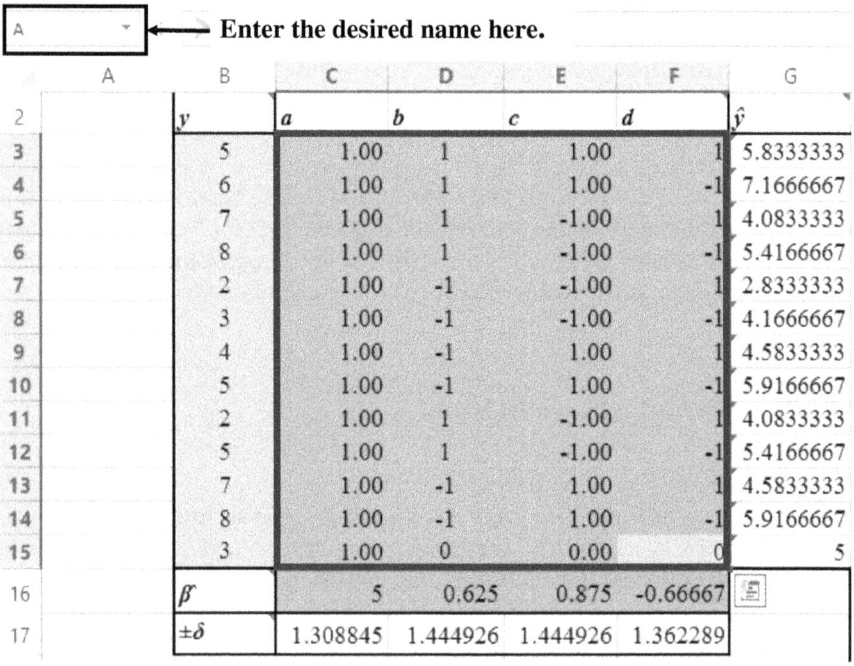

	A	B	C	D	E	F	G
2		y	a	b	c	d	$\hat{y}$
3		5	1.00	1	1.00	1	5.8333333
4		6	1.00	1	1.00	-1	7.1666667
5		7	1.00	1	-1.00	1	4.0833333
6		8	1.00	1	-1.00	-1	5.4166667
7		2	1.00	-1	-1.00	1	2.8333333
8		3	1.00	-1	-1.00	-1	4.1666667
9		4	1.00	-1	1.00	1	4.5833333
10		5	1.00	-1	1.00	-1	5.9166667
11		2	1.00	1	-1.00	1	4.0833333
12		5	1.00	1	-1.00	-1	5.4166667
13		7	1.00	-1	1.00	1	4.5833333
14		8	1.00	-1	1.00	-1	5.9166667
15		3	1.00	0	0.00	0	5
16		β	5	0.625	0.875	-0.66667	
17		$\pm\delta$	1.308845	1.444926	1.444926	1.362289	

Fig. 8.1 Naming a range (Excel® 2019)

Table 8.1 Excel® array functions

Function	Description
`mdeterm(array)`	Determines the determinant of an **`array`**. The result will be a single scalar value
`minverse(array)`	Determines the inverse of the $n\times n$ **`array`**. The result will be the same size as the initial array
`mmult(array1, array2)`	Multiples two arrays **`array1`** and **`array2`** together. If **`array1`** has size $m\times n$, then **`array2`** must have size $n\times p$. The result will have size $m\times p$
`transpose(array)`	Transposes an **array**, that is, the rows and column are exchanged. If the array was originally $n\times m$, then the output will be $m\times n$

8.2 Useful Excel® Functions

This section will examine various Excel® functions that can be used for solving statistical problems.

8.2.1 Array Functions in Excel®

Array functions are Excel®'s equivalent to matrices. Arrays are defined as a range of cells that are treated together. When using array functions, the following steps must be followed:

(1) Select the output range.
(2) Enter the array formula into one of the cells in the selected array.
(3) Once the formula has been entered press `Ctrl + Shift + Enter` to register the formula as an array formula. Normally, one would simply press `Enter`.

A summary of the most common array functions is given in Table 8.1.

8.2.2 Statistical Functions in Excel®

Table 8.2 lists some common statistical functions in Excel®. A detailed explanation of the functions and differences can be found in Sect. 2.4: Common Statistical Distributions.

Table 8.2 Excel® statistical functions

Function	Description
`average(range)`	Determines the mean value of the numbers in **range**
`count(range)`	Counts the number of nonempty cells in **range**
`f.inv (p,df1,df2)`	Returns the critical value of the F-test for the given left probability **p**, the degrees of freedom in the numerator **df1**, and the degrees of freedom in the denominator **df2**
`norm.inv(p,mean,stdev)`	Returns the critical value for the normal distribution with mean **mean** and standard deviation **stdev** given the left probability **p**
`norm.s.inv(p)`	Returns the critical value for the standard normal distribution ($\mu = 0$ and $\sigma = 1$) given the left probability **p**
`rank(value,range,order)`	Returns the order rank of **value** given the **range**. The option **order** determines in which manner the list is ordered: **0** implies descending order and **1** implies ascending order
`stdev(range)`	Determines the sample standard deviation of the numbers in **range**
`sum(range)`	Determines the sum of the numbers in **range**
`t.inv(p,df)`	Returns the critical value of Student's t-test for the given left probability **p** and degrees of freedom **df**

8.3 Excel® Macros and Security

Macros are Excel®'s version of functions, or user-written code, that Excel® can execute. The programming language used by Excel® is called Visual Basic (VB).

In Excel® 2007 or newer, code can be inserted by going to the `View Ribbon`, selecting the `Macro` icon, and then `View Macro`. In the window that appears, enter the name of the function that you desire to create (or edit) and press `Create(Edit)`. If a new function is being created then, in the new window that opens, replace **Sub** with **Public Function**. This will allow the new code to be directly accessed from the spreadsheet by typing = **=FunctionName(Required Parameters)**. Below, some sample code has been provided that implements the Michaelis–Menten equation.

```
Public Function MichaelisMenten(Concentration, vmax, KM) As
Double
'This function will contain a single line of code that imple-
ments the Michaelis-Menten equation
MichaelisMenten = vmax * Concentration / (KM + Concentration)
End Function
```

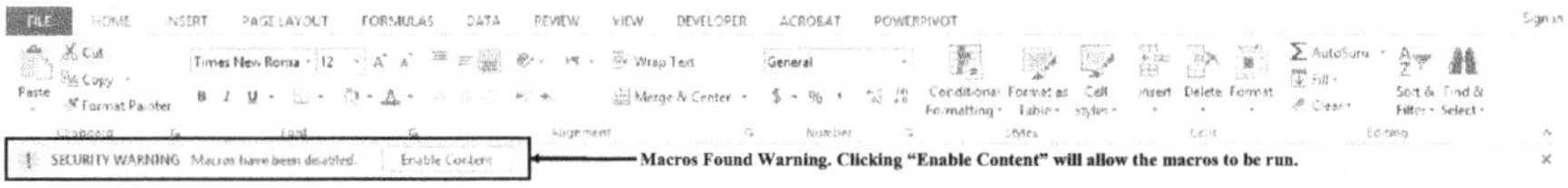

Fig. 8.2 Security warning when macros are present (Excel® 2019)

8.3.1 Security in Excel®

Unfortunately, when a macro is designed, Excel® has the tendency to be paranoid and think that it is always a nasty virus. Thus, the appropriate parameters should be set for security. The procedure in dealing with security in Excel® depends on the version of Excel® installed. The following sections explain the procedures for Excel® 2016 (and newer).

In Excel® 2016 or newer, to set the security, go to the `File` menu, and select `Options`. Select `Trust Center` in the window that appears. After this, select `Trust Center Settings...`. In the new window, go to `Macro Settings` and select the appropriate level of security you desire. A good choice is to select the option `Disable All Macros with Notification` because the macros will be disabled, but you will be notified of their existence. Press `OK` on all the open Windows to save the changes. A file with a macro must be saved as an `.xlsm` file. When opening the file with a macro and the above-suggested settings, a warning similar to that shown in Fig. 8.2 should appear. Clicking on `Enable Content` will permit the macros to be used.

8.4 The Excel® Solver Add-In

Solver is an Excel® add-in that allows the user to iteratively solve systems of equations. Unfortunately, it is not installed by default on most computers.

8.4.1 Installing the Solver Add-In

In Excel® 2016 or newer, in order to install the Solver add-in, go to the `File` menu and select `Options` at the bottom of the Menu that appears. In the new window that appears, select `Add-ins`. Finally, click the `Go...` button. The last two steps are shown in Fig. 8.3. A window similar to Fig. 8.4 should appear.

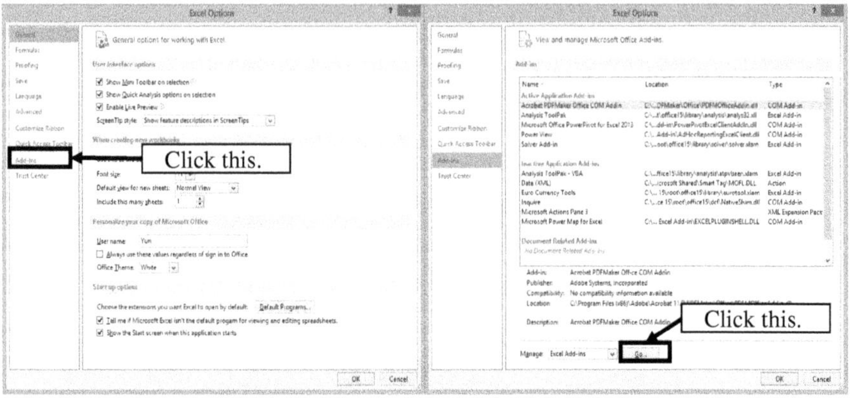

Fig. 8.3 Navigating to the Solver installation menu (Excel® 2019)

Fig. 8.4 Installing Solver

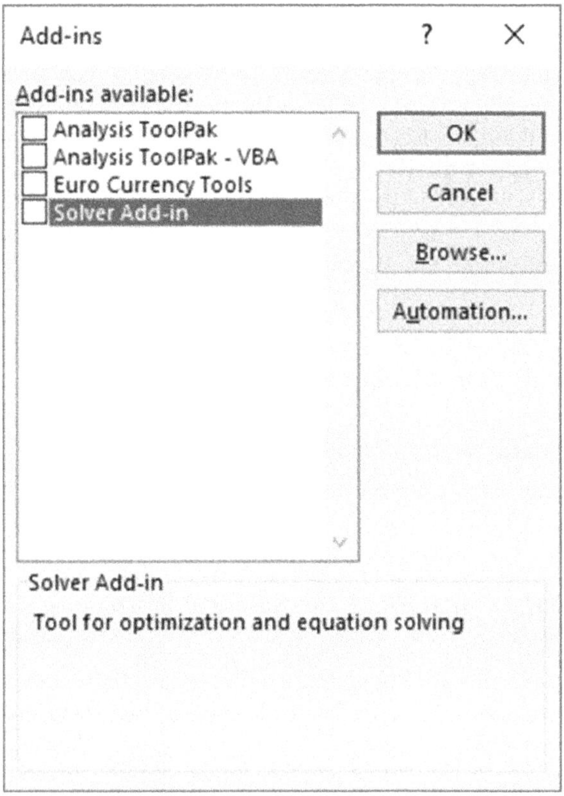

8.4.2 *Using the Solver Add-In*

In order to start Solver, in Excel® 2016 or newer, locate the `Data ribbon` and go to the extreme right-hand side in the area marked `Analysis`. Solver should be there as shown in Fig. 8.5.

Figure 8.6 shows the `Main Solver Window` that appears in Excel® 2016 or newer. It is a must that the option `Make Unconstrained Variables Non-Negative` be **unchecked**, as it can lead to wrong results otherwise. The following sections are important for use in regression analysis:

(1) **Objective Function Value**: This is the value of the objective function that is to be optimized.

(2) **Type of Optimisation**: What type of optimization is desired: maximization (`Max`), minimization (`Min`), or force the solver to obtain a particular value (`Value of`). For regression, the minimization option should be used.

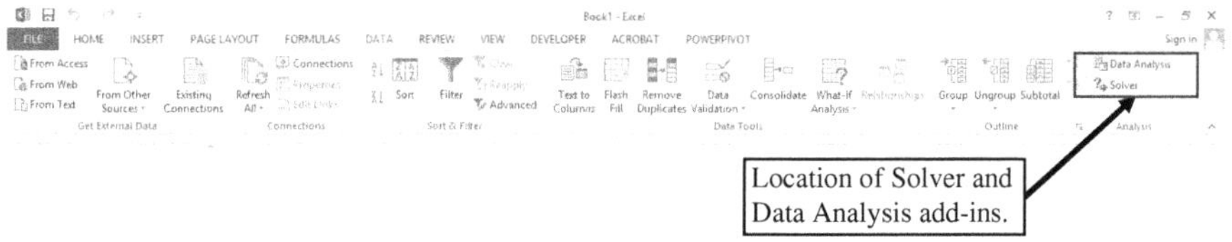

Fig. 8.5 Location of the Solver and Data Analysis add-ins (Excel® 2019)

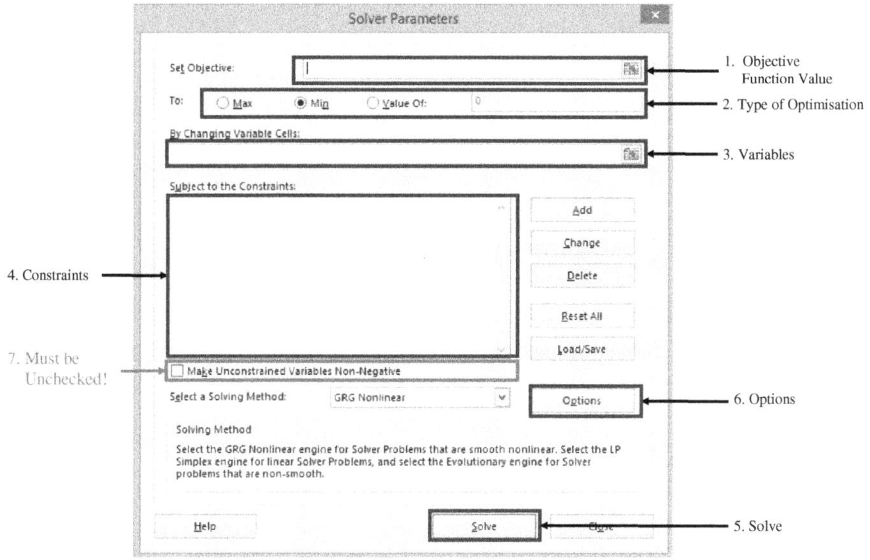

Fig. 8.6 Main Solver window (Excel® 2016 or newer)

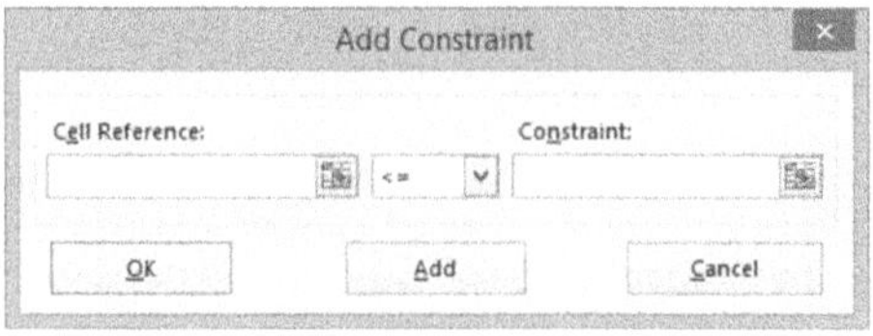

Fig. 8.7 Add Constraint window

(3) **Variables**: This is the range of the cells (variables) that the computer can vary to determine the solution. For regression, this would represent the cells where the parameter values have been entered.

(4) **Constraints**: This box lists the constraints for the problem. In order to add a constraint, click on the `Add` button. The window shown in Fig. 8.7 should appear. Once the desired form of the constraint has been selected, click `Add` to add the constraint to the list of constraints. Selecting a constraint from the box and clicking `Change` will cause the same window to appear and the properties of the constraint can be changed. Finally, selecting a constraint and clicking `Delete` will remove the constraint.

(5) **Solve**: Clicking this button will start the solver. The solution of the problem may take some time. Solver will either state that a solution was found (Fig. 8.8 (left)) or that no solution was found (Fig. 8.8 (right)). In general, if a solution is found, select `Keep Solver Solution` and press `OK`; otherwise select `Restore Original Values` and press `OK`. If the Solver fails to find a solution, an error message will be included. It can give a suggestion as to how to fix the problem. Three common things to check (in order of preference) are that:

a. The number of iterations was not exceeded;
b. The Excel spreadsheet and Solver were properly configured, especially that Box 7 in Fig. 8.6 is **unchecked**; and
c. To make sure that the appropriate solver method was selected. Changing the solver method from GRG nonlinear to evolutionary can be useful.

(6) **Options**: Clicking this button will bring up the window shown in Fig. 8.9. Each of the choices in this window can speed up or slow down the amount of time required to obtain a solution or even if a solution can be found. Each option will be discussed separately:

a. **Max Time**: This represents the maximum amount of time that Solver will run in order to determine a solution. If the problem is large, then increasing this option can potentially allow Solver to find a solution.
b. **Iterations**: This represents the maximum number of iterations that Solver will perform before it stops. If the initial guess is far from the solution, it may take many iterations before a solution is obtained. Thus, increasing the number of iterations can be a good idea.

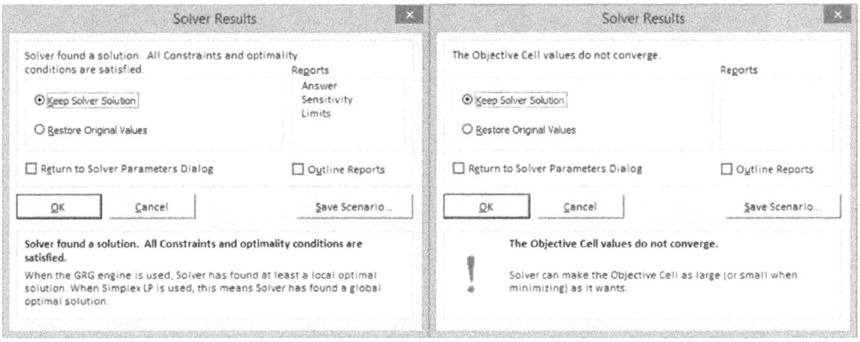

Fig. 8.8 (left) Solver found a solution and (right) Solver failed to find a solution (one possible result)

c. **Precision**: This represents the largest possible difference between the calculated value of the constraints and the specified value of the constraints. The smaller the number the longer it will take to find a solution.
d. **Tolerance**: This is similar to precision but is used for integer constraints. It represents the percentage by which the calculated values differ from the specified values.
e. **Convergence**: This is similar to precision but is used to compute the maximum allowable difference between two iterations of the parameters (or cells that can change). Since for most purposes, a relative value would be better, this entry should be changed whenever the parameters are expected to either be all very large numbers or very small numbers.
f. **Use Automatic Scaling**: This should always be selected as it minimises the effect the magnitude of the different variables can have on the solution. It is especially important if one of the variables ranges from 100 to 1,000, but the other variable ranges from 0.01 to 1.

The options in the other tabs are mostly irrelevant and should be left at their default values unless the problem at hand requires special treatment. However, the correct approach to take requires consulting an appropriate source on numerical methods.

8.5 The Excel® Data Analysis Add-In

The Data Analysis add-in in Excel® is another very useful Excel® add-in that can improve the ability to perform certain statistical tasks. It is installed using the same procedure as installing the Solver add-in (see Sect. 8.4.1: Installing the Solver). In order to start the Data Analysis Add-In, locate the `Data ribbon` and go to the extreme right-hand side in the area marked `Analysis`. The Data Analysis Add-In should be there as shown in Fig. 8.5.

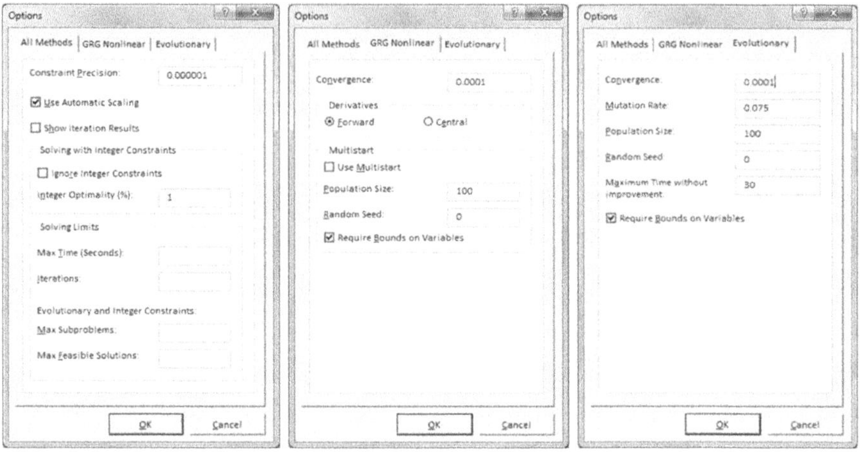

Fig. 8.9 Solver Option Window (Excel® 2016 or newer)

The Data Analysis window is shown in Fig. 8.10. Although there are many different options, the main problem with the data analysis add-in is that the results are static and that any changes made in the original data set require the given programme to be rerun. As well, the display of information is not always the best. Nevertheless, for the purposes of this book, the only useful option is the **Fourier Analysis** option, which will compute, given a data set, the appropriate Fourier coefficients, which can then be used to create a periodogram for the data set. An Excel® template file has been created to simplify the process (see Sect. 8.6.3: Periodogram Template).

Selecting the Fourier Analysis option will give the window shown in Fig. 8.11. There are only two key areas to consider. First, the input range must have a length of 2^n, where $n \in \mathbb{N}$, that is, the length must be an integer power of 2. If the particular list is less than the desired value, then add extra zeros to the end of the list to make it an integer power of 2. The output range should have the same size and orientation as the input range, that is, if the input range is a column, then the output range should also be one; similarly for a row. Clicking `OK` will give the required Fourier coefficients.

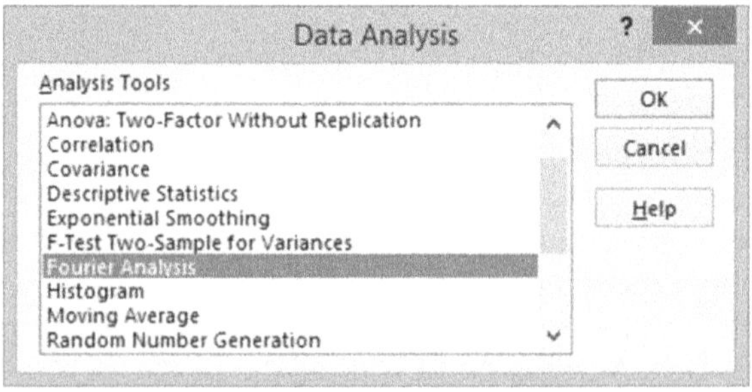

Fig. 8.10 Data Analysis window (Excel® 2016 or newer)

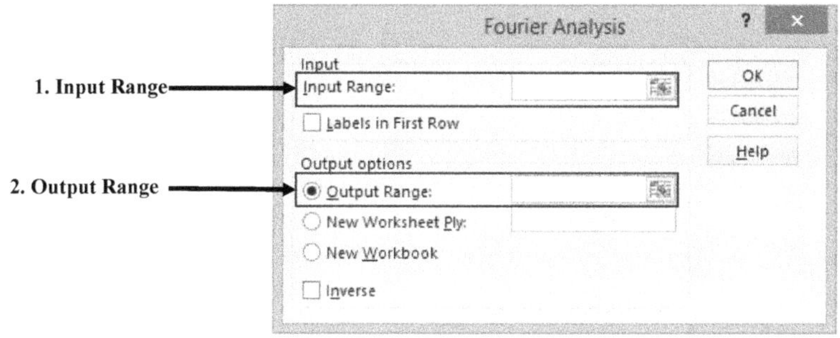

Fig. 8.11 Fourier Analysis window (Excel® 2016 or newer)

8.6 Excel® Templates

This section describes the Excel® templates available from the book website. All templates have been tested on Excel® 2019, 2016 and 2013.

The following are some useful reminders when using the templates:

(1) **Adding new rows**: New rows should be entered inside the thick bordered area. This will automatically update all formulae to include the new row. This can be accomplished by right clicking on the appropriate row name and selecting `Insert`. A row will be inserted above the selected row. See Fig. 8.12 for an example.

(2) **Adding new columns**: New columns should be entered inside the thick bordered area. This will automatically update all formulae to include the new column. This can be accomplished by right clicking on the appropriate column name and selecting `Insert`. A column will be inserted to the left of the selected column. See Fig. 8.12 for an example.

(3) **Formulae**: Most formulae can be dragged down or across to fill the new data. It is suggested that you drag from the first row (or column) down to the last to make sure that everything is properly aligned.

(4) **Macros**: A few of the templates contain macros that allow for easier and better implementation of the given procedures. When macros are present, make sure that the security is appropriately set so that they can be used (see Sect. 8.3.1: Security).

8.6.1 Normal Probability Plot Template

Requirements: Basic Excel® installation.

Goal: Create a normal probability plot in Excel®. Can be modified to deal with other distributions.

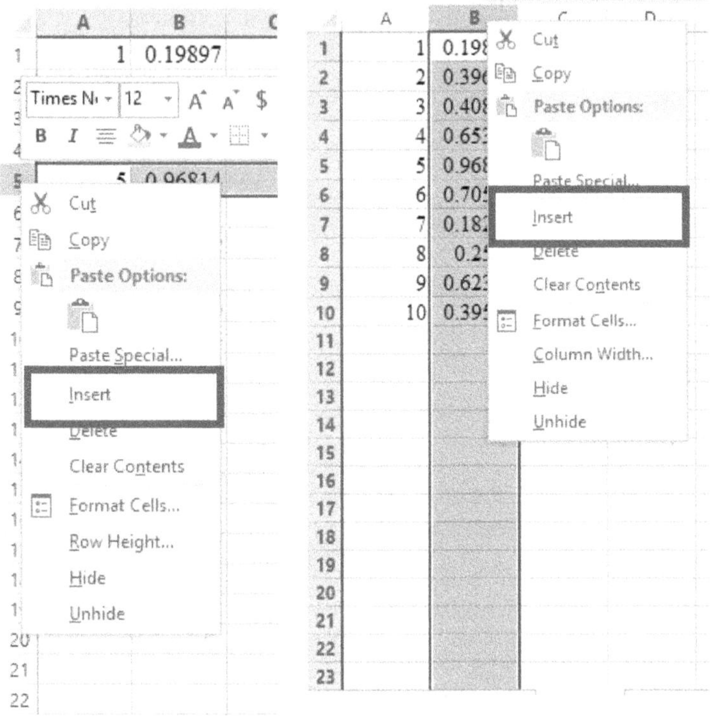

Fig. 8.12 Inserting a (left) row and (right) column (Excel® 2019)

File Name: `normplot.xltx`.

Description: A screenshot of the template with an explanation of the formulae used is shown in Fig. 8.13. The resulting normal probability plot is shown in Fig. 8.14. The steps for creating a normal probability plot can be summarised as follows:

(1) Place the original data in Column A.
(2) Obtain the order of the data in Column A in Column B. You can use the rank function.
(3) In Column C, enter = **`norm.s.inv((ColumnB1-0.5)/count(Column$A))`**. The value of 0.5 is subtracted from the original ranked value in order to avoid asking the computer for the location for which the probability is 100% (it is $+\infty$!).
(4) In Column D, compute the *Z*-score for each of the data points, that is, subtract the mean and divide the resulting value by the standard deviation of the values in Column A.
(5) Plot a scatter plot of the data in Columns C and D.
(6) The straight line can be added by plotting the data in Column C against itself.

Warnings: The axes of the plot are fixed to the range [−3.0, 3.0]. Should there be data outside this region, then it will be necessary to manually change the axis limits.

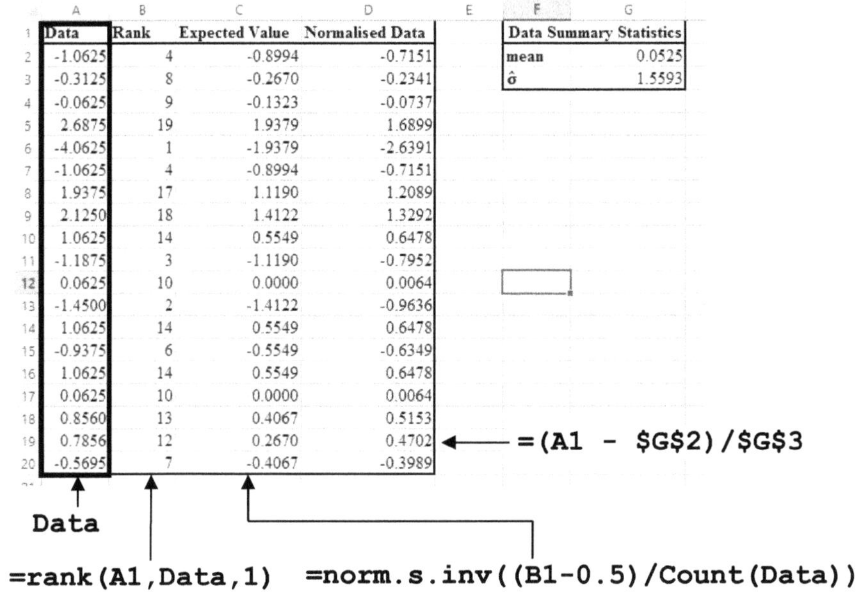

	A	B	C	D	E	F	G
1	Data	Rank	Expected Value	Normalised Data		Data Summary Statistics	
2	-1.0625	4	-0.8994	-0.7151		mean	0.0525
3	-0.3125	8	-0.2670	-0.2341		$\hat{\sigma}$	1.5593
4	-0.0625	9	-0.1323	-0.0737			
5	2.6875	19	1.9379	1.6899			
6	-4.0625	1	-1.9379	-2.6391			
7	-1.0625	4	-0.8994	-0.7151			
8	1.9375	17	1.1190	1.2089			
9	2.1250	18	1.4122	1.3292			
10	1.0625	14	0.5549	0.6478			
11	-1.1875	3	-1.1190	-0.7952			
12	0.0625	10	0.0000	0.0064			
13	-1.4500	2	-1.4122	-0.9636			
14	1.0625	14	0.5549	0.6478			
15	-0.9375	6	-0.5549	-0.6349			
16	1.0625	14	0.5549	0.6478			
17	0.0625	10	0.0000	0.0064			
18	0.8560	13	0.4067	0.5153			
19	0.7856	12	0.2670	0.4702			
20	-0.5695	7	-0.4067	-0.3989			

Fig. 8.13 Normal probability plot data (The formulae given are those placed in the first row, they would then be dragged down into each of the remaining rows.)

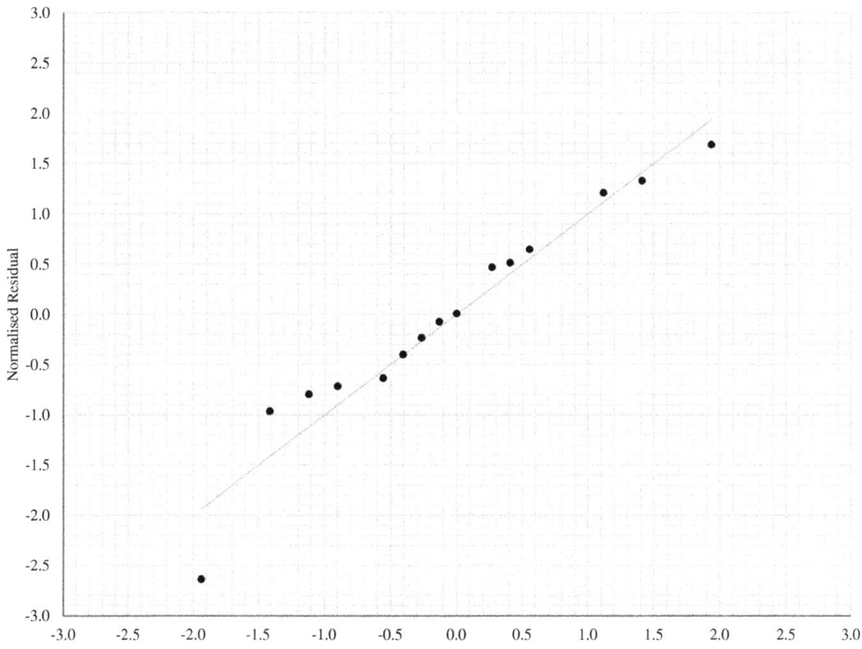

Fig. 8.14 Resulting normal probability plot

8.6.2 *Box-and-Whisker Plot Template*

Requirements: Basic Excel® installation.

Goal: Create a box-and-whisker plot in Excel®.

File Name: `boxplot.xltx`

Description: A screenshot of the box-and-whisker plot is shown in Fig. 8.15. The following steps can be used to create a box-and-whisker plot in Excel® from scratch:

(1) Place the data in a column (or row) and call that range **`data`**.
(2) Compute the minimum, first quartile, median, third quartile, and maximum values. This can be accomplished by using the following formulae: **`min(data)`**, **`quartile.inc (data,1)`**, **`median(data)`**, **`quartile.inc (data,3)`**, and **`max(data)`**.
(3) Create a column containing the following values in the specified order: Q1 – minimum, Q1, Median – Q1, Q3 – Median, and Maximum – Q3. This will allow the box-and-whisker plot to be properly created in Excel®.
(4) Select the middle three items (Q1, Median – Q1, and Q3 – Median) and create a stacked column graph. The steps required are shown in Fig. 8.16. The arrows provide the sequence of steps that should be followed to create the graph. The initial graph that is obtained now needs to be formatted to look like a box-and-whisker plot.
(5) Select the bottom blue box and add a negative error bar, which is equal to Q1 – minimum. Set the positive error bar equal to zero. The steps required are shown in Fig. 8.17. Select the top grey box and add a positive error bar, equal to Maximum – Q3. The negative error bar should be set to zero. The same procedure would be followed, *mutatis mutandis*.

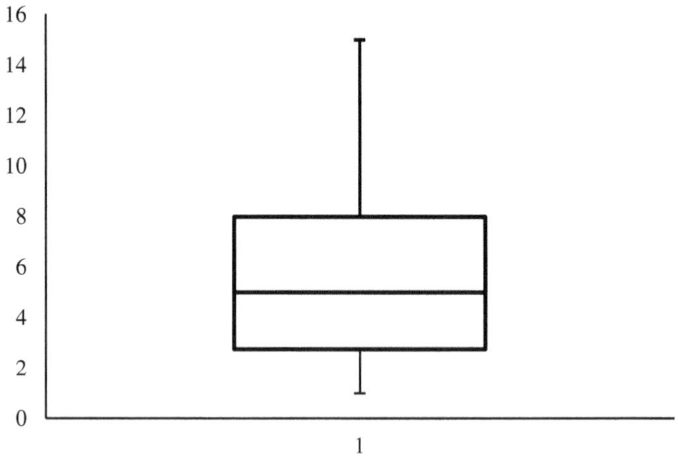

Fig. 8.15 Box-and-whisker plot in Excel®

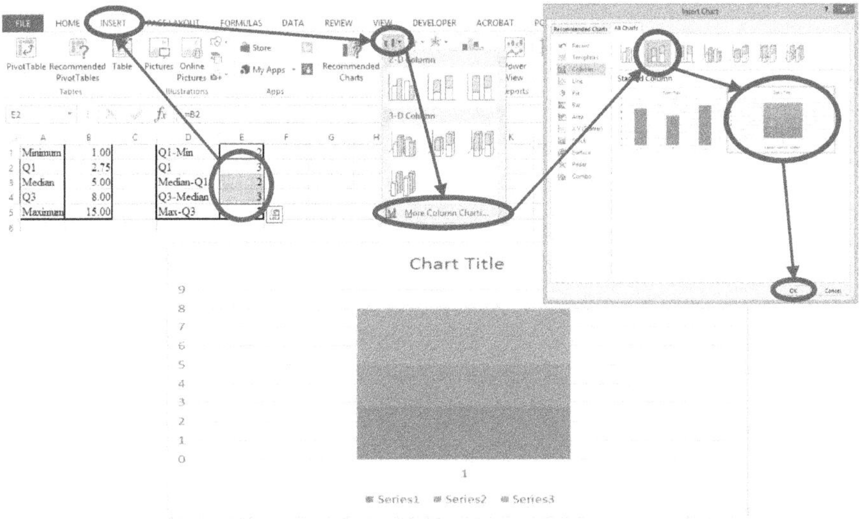

Fig. 8.16 Creating the initial graph for a box-and-whisker plot (Excel® 2019). The arrows provide the sequence of events to follow

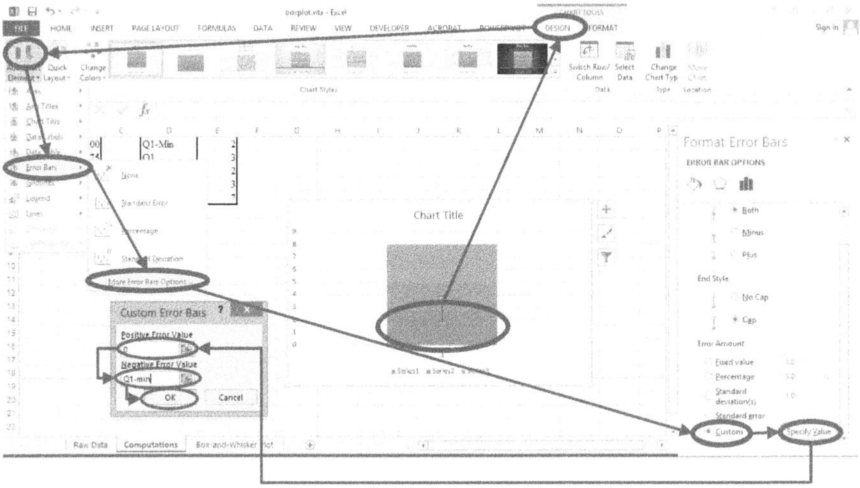

Fig. 8.17 Adding error bars (Excel® 2019). The arrows provide the sequence of events to follow

(6) Once again, select the blue box and set the fill option to `no fill` and the border option to `no line`. The steps required are shown in Fig. 8.18. Select the orange box and set its fill to `no fill`. Repeat for the grey box. This should now look like a box-and-whisker plot. Additional formatting can be performed to obtain the final version.

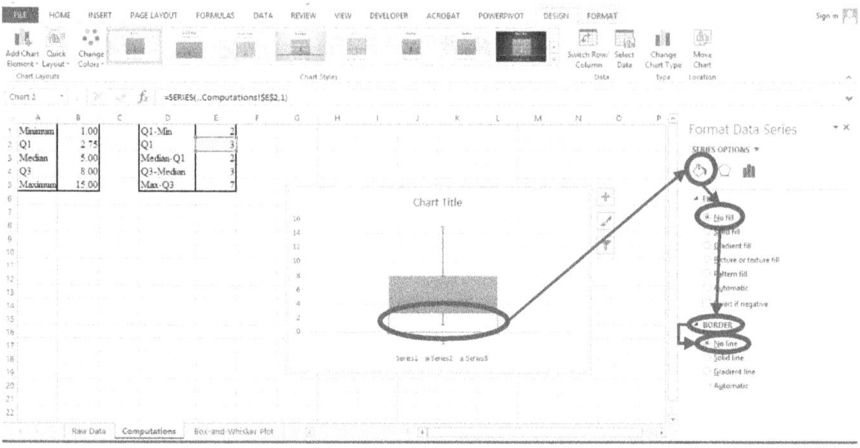

Fig. 8.18 Changing the fill and border options (Excel® 2019). The arrows provide the sequence of events to follow

8.6.3 *Periodogram Template*

Requirements: Basic Excel® installation plus installing the Data Analysis add-in (see Sect. 8.5: The Excel® Data Analysis for how to install it.)

Goal: Create both the full and half periodograms in Excel®.

File Name: `periodogram.xltx`.

Description: A screenshot of the template is shown in Fig. 8.19 with the resulting periodograms shown in Fig. 8.20. Note that every time new data are entered, it is necessary to rerun the Fourier analysis function in the Data Analysis add-in. The set-up of the Fourier transform window is shown as an inset in Fig. 8.19. As well, the number of data points must be a multiple of 2^n where n is an integer, that is 2, 4, 8, 16, 64, 128, 456,…. If the data set of interest is not a multiple, then it is necessary to add extra zeros to the end of the list to make it so.

An explanation of the columns is as follows:

(1) **Column A** contains a simple count of the sample number **starting from 1**.
(2) **Column B** contains the values corresponding to each sample number. This column is called **`data`** and must be a multiple of 2^n, where n is an integer.
(3) **Column C** contains the Fourier transform values as returned by the Fourier analysis function in Excel®. The values are complex numbers and should not be changed.
(4) **Column D** contains the magnitude of the values in Column C, that is, = `abs(C2)`. This column is used to construct the full periodogram.
(5) **Column E** contains the frequency corresponding to each sample, that is, = `(A2-1)/COUNT(data)`.

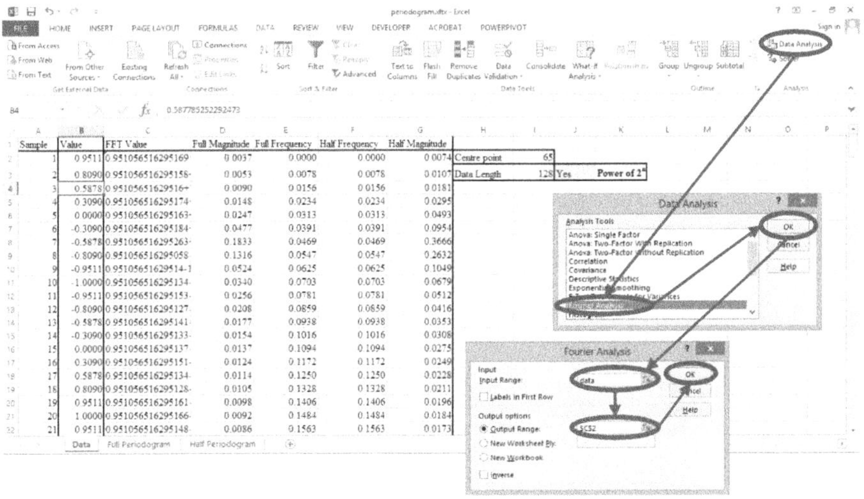

Fig. 8.19 Periodogram template layout (Excel® 2019). The inset shows how to initialise the Fourier analysis function

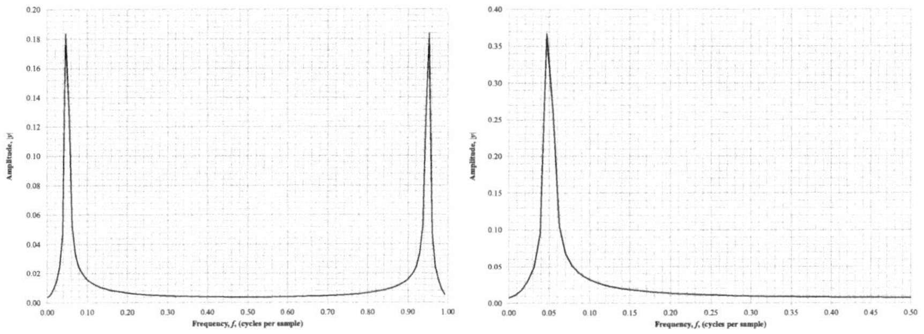

Fig. 8.20 Sample full and half periodograms

(6) **Column F** contains the half periodogram frequencies, which is basically the first 2^{n-1} values from Column E with the remaining values set to `#N/A`, so that they will be ignored. The formula used is = `IF(A2-1 < $I$2,E2,#N/A)`. It should be noted that cell `$I$2` contains the centre point value.

(7) **Column G** contains the half periodogram magnitudes, which is basically twice the corresponding value in Column D, up to the centre point value, after which the values are arbitrarily set to `#N/A`. This allows the half periodogram to be plotted for an arbitrary number of values. The formula used is = `IF(A2-1 < $I$2,D2*2,"NaN")`.

(8) **Full Periodogram**: The full periodogram is created by plotting Column D as the *y*-axis and Column E as the *x*-axis.

(9) **Half Periodogram**: The half periodogram is created by plotting Column G as the *y*-axis and Column F as the *x*-axis.

Warnings: The Fourier transform function must be rerun each time the data are changed. Furthermore, the data length must always be a multiple of 2^n, where n is an integer.

8.6.4 Linear Regression Template

Requirements: Basic Excel® installation plus ability to use macros.

Goal: Perform linear regression in Excel® in an easy and straightforward manner.

File Name: `linearregression.xltm`.

Description: A screenshot of the plain template is shown in Fig. 8.21. The yellow blocks are where the required data are entered. The green block represents the row in which an array formula needs to be entered. The complete green row should be selected and then the first cell highlighted. Finally, press `Ctrl+Shift+Enter` to copy the array formula to the entire green row. Adding additional parameters and data points will also require that the formulae be appropriately copied down. The spreadsheet automatically creates the normal probability plot for the residuals and plots of the residuals as a function of y and $\hat{y}$, as well as a time-series plot of the

y	a	b	c	d	$\hat{y}$	residuals	r^2	Ordered	Z-Rank	Z-Score
5	1.00	1	1.00	1	5.8333333	0.83	0.69	7	0	0.461266
6	1.00	1	1.00	-1	7.1666667	1.17	1.36	10	0.615141	0.645772
7	1.00	1	-1.00	1	4.0833333	-2.92	8.51	1	-1.76883	-1.61443
8	1.00	1	-1.00	-1	5.4166667	-2.58	6.67	2	-1.19838	-1.42992
2	1.00	-1	-1.00	1	2.8333333	0.83	0.69	7	0	0.461266
3	1.00	-1	-1.00	-1	4.1666667	1.17	1.36	10	0.615141	0.645772
4	1.00	-1	1.00	1	4.5833333	0.58	0.34	6	-0.19403	0.322886
5	1.00	-1	1.00	-1	5.9166667	0.92	0.84	9	0.395725	0.507392
2	1.00	1	-1.00	1	4.0833333	2.08	4.34	13	1.768825	1.153164
5	1.00	1	-1.00	-1	5.4166667	0.42	0.17	5	-0.39573	0.230633
7	1.00	-1	1.00	1	4.5833333	-2.42	5.84	3	-0.86942	-1.33767
8	1.00	-1	1.00	-1	5.9166667	-2.08	4.34	4	-0.61514	-1.15316
3	1.00	0	0.00	0	5	2.00	4.00	12	1.19838	1.107037
β	5	0.625	0.875	-0.66667						
$\pm\delta$	1.308845	1.444926	1.444926	1.362289						

sum(r^2)	39.17
σ_{model}	2.09
α	0.05
tinv(α)	2.262157
m	13
n	4
k	3
TSS	54
ESS	39.16667
SSR	14.83333
R^2	0.274691
F-test	1.13617
F-critical, model	3.862548
F-critical, factorial	5.117355

$\hat{\mu}_{residuals}$	8.88E-16
$\sigma_{residuals}$	1.806624

The normal probability plot is automatically created using the data provided in columns H, K, and L and displayed in the Normplot tab of this workbook.

Fig. 8.21 Linear regression template

residuals. Additional plots can be created by the user. An example of how to use the template is provided in Sect. 8.7.1: Linear Regression Example.

Warning: This template requires that the internal macros be enabled. As well, the array formulae need to be properly entered.

8.6.5 Nonlinear Regression Template

Requirements: Basic Excel® installation plus installation of Solver and the ability to use macros.

Goal: Perform nonlinear regression in Excel® in an easy and straightforward manner.

File Name: `nonlinearregression.xltm`.

Description: A screenshot of the plain template is shown in Fig. 8.22. The yellow blocks are where the required data are entered. Note that Solver needs to be used to obtain a solution to the problem. The configuration of Solver is shown as an inset in Fig. 8.22. The layout and formatting of the results are similar to the linear regression case. Two important differences are that the model and its Jacobian must be entered as a macro and that Solver must be used. The spreadsheet automatically creates the normal probability plot for the residuals and plots of the residuals as a function of y and $\hat{y}$, as well as a time-series plot of the residuals. Additional plots can be created by the user. An example of how to use the template is provided in Sect. 8.7.2: Nonlinear Regression Example.

The template comes with four predefined functions for creating the model and the corresponding Jacobian. Each function takes the same inputs: the range corresponding to the parameters and the range corresponding to the inputs. The four

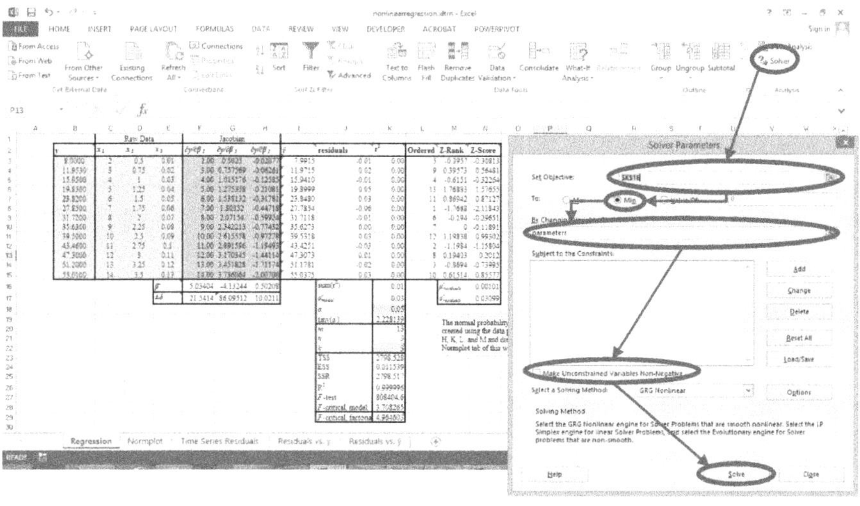

Fig. 8.22 Nonlinear regression template. The inset shows how to set up the Solver (Excel® 2019)

functions are: `model`, `dydb1`, `dydb2`, and `dydb3`. This approach is very similar to what MATLAB® requires and provides the most flexibility in defining the relevant functions.

Warning: This template requires that the internal macros be enabled and Solver installed.

8.6.6 Factorial Design Analysis Template

Requirements: Basic Excel® installation and appropriate macro security.

Goal: Perform the analysis of a factorial design experiment in Excel® in an easy and straightforward manner.

File Name: `factorialdesigntemplate.xltm`.

Description: A screenshot of the plain template is shown in Fig. 8.23. The yellow blocks are where the required data are entered. The green block represents the row in which an array formula needs to be entered. The complete green row should be selected and then the first cell highlighted. Finally, press `Ctrl+Shift+Enter` to copy the array formula to the entire green row. Adding additional parameters and data points will also require that the formulae be appropriately copied down.

The spreadsheet automatically creates the normal probability plot for the parameters and residuals as well as plots of the residuals as a function of y and $\hat{y}$ and a time-series plot of the residuals. Additional plots can be created by the user. An

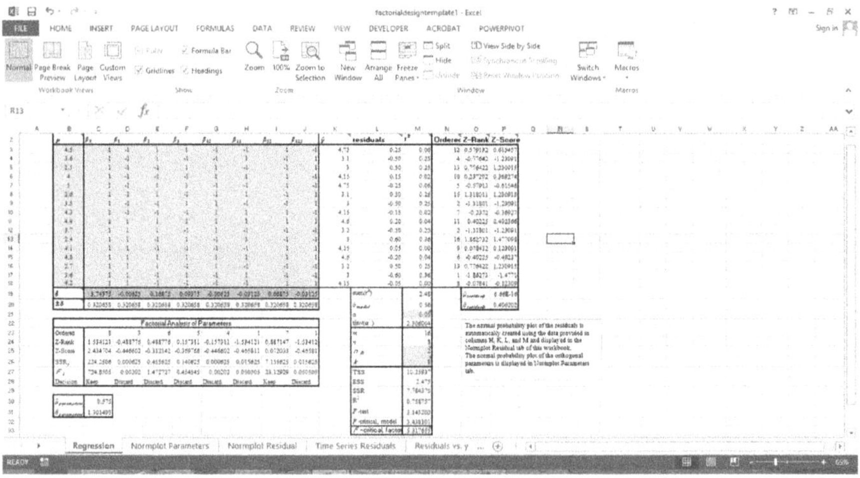

Fig. 8.23 Analysis of factorial experiments template

example of how to use the template is provided in Sect. 8.7.3: Factorial Design Examples.

Warning: This template requires that the internal macros be enabled. As well, the array formulae need to be properly entered.

8.7 Excel® Examples

This section presents three examples that show how to implement various forms of regression analysis in Excel®. The topics considered are linear regression, nonlinear regression, and analysis of factorial design. All examples are based on real data obtained from experiments. The procedures use the appropriate templates for solving the problem faster. The final form of the spreadsheet including all required information is provided as a reference for the user.

8.7.1 Linear Regression Example in Excel®

This example examines the problem of fitting a theoretical equation to experimental data in order to obtain the values of the different constants in the system. Detailed information about the problem can be found in Prickett et al. (2011), Elliott et al. (2007), Prickett et al. (2010), and Jochem and Körber (1987). Data used for this example come from Prickett, Elliott, and McGann (2011).

8.7.1.1 Problem Statement for Linear Regression Example

Consider the problem of obtaining the values of the parameters in a theoretical equation that describes the osmotic pressure of the sodium chloride (NaCl) salt and hydroxyethyl starch (HES, chemical formula $(C_6H_{10}O_5)_m(C_2H_5O)_n$). Based on the virial equation of state, it is assumed that the following equation can be used to describe the osmolality (Π) of such a mixture

$$\Pi = B_3 m_3^2 + B_3 k_{diss} m_2 m_3 + C_3 m_3^3 + k_c \tag{8.1}$$

where B_3 and C_3 are the virial parameters to be determined, m_2 is the molality of NaCl in millimol/kg of solvent, m_3 is the molality of HES in millimol/kg of solvent, k_{diss} is the disassociation constant that is equal to 1.678, and k_c is a known constant that depends on the system being analysed. An experiment was run where the ratio of the mass of HES to the mass of NaCl was fixed to 0.5. The results obtained are shown in Table 8.3.

Table 8.3 Fitting the virial equation (Excel® example)

m_2 (millimol/kg solv)	m_3 (millimol/kg solv)	k_c (milliosm/kg solv)	Π (milliosm/kg solv)
0	0.0000	0	0
600	0.0390	1,052	1,314
1,268	0.0823	2,326	2,267
2,013	0.1307	3,879	3,712
2,852	0.1852	5,792	5,496
3,803	0.2469	8,170	8,035
4,889	0.3175	11,161	11,513

8.7.1.2 Problem Solution for Linear Regression Example

Before linear regression can be applied, the above equation must be re-arranged so that all known constant information is on the left-hand side, and all the unknown variables are on the right-hand side. Thus, the equation would be rewritten as

$$\Pi - k_c = B_3\left(m_3^2 + k_{diss} m_2 m_3\right) + C_3 m_3^3. \tag{8.2}$$

The required variables would be defined as

$$\begin{aligned} y &= \Pi - k_c \\ \vec{x} &= \left\langle m_3^2 + k_{diss} m_2 m_3,\, m_3^3 \right\rangle \\ \vec{\beta} &= \langle B_3, C_3 \rangle^T. \end{aligned} \tag{8.3}$$

Entering all the data in the Excel® spreadsheet gives the results shown in Figs. 8.24 and 8.25.

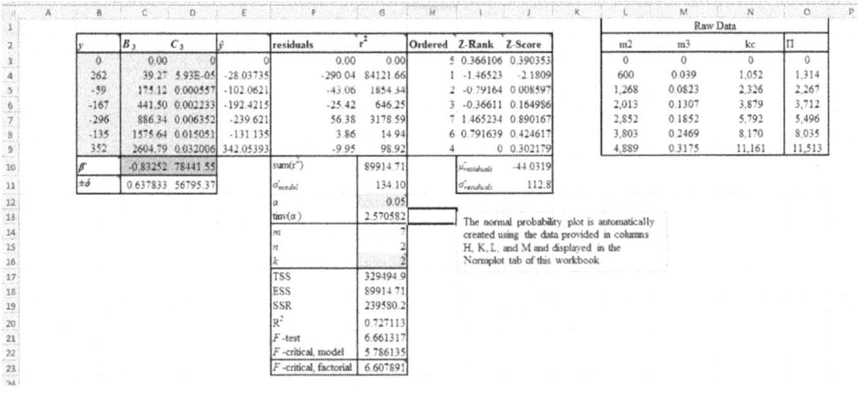

Fig. 8.24 Linear regression example: Data analysis results

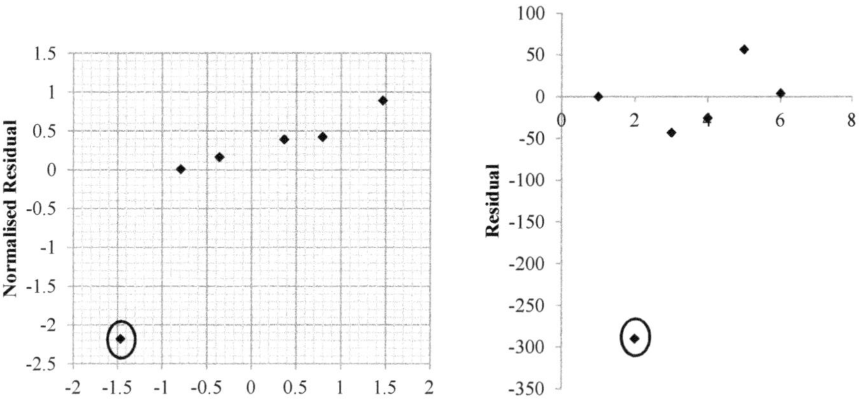

Fig. 8.25 Linear regression example: (left) Normal probability and (right) Time-series plots. The circled point is a potential outlier

	B	C	D	E	F	G	H	I	J	L	M	N	O
1											Raw Data		
2	y	B_3	C_3	$\hat{y}$	residuals	r^2	Ordered	Z-Rank	Z-Score	m2	m3	kc	Π
3	0	0.00	0	0	0.00	0.00	5	0.67449	0.231205	0	0	0	0
4	-59	175.12	0.000557	-106.3545	-47.35	2242.45	1	-1.38299	-1.24741	1,268	0.0823	2,326	2,267
5	-167	441.50	0.002233	-200.7887	-33.79	1141.68	2	-0.67449	-0.82383	2,013	0.1307	3,879	3,712
6	-296	886.34	0.006352	-250.8708	45.13	2036.65	6	1.382994	1.640339	2,852	0.1852	5,792	5,496
7	-135	1575.64	0.015051	-139.9814	-4.98	24.81	3	-0.21043	0.075665	3,803	0.2469	8,170	8,035
8	352	2604.79	0.032006	348.56757	-3.43	11.78	4	0.210428	0.124029	4,889	0.3175	11,161	11,513
9	β	-0.86648	81408.59		sum(r^2)	5457.37		$\hat{\mu}_{residuals}$	-7.40462				
10	$\pm\delta$	0.190134	16929.1		$\hat{\sigma}_{model}$	36.94		$\hat{\sigma}_{residuals}$	32.02622				
11					α	0.05							
12					tinv(α)	2.776445							
13					m	6							
14					n	2							
15					k	2							
16					TSS	245610.8							
17					ESS	5457.365							
18					SSR	240153.5							
19					R^2	0.97778							
20					F-test	88.01077							
21					F-critical, model	6.944272							
22					F-critical, factorial	7.708647							

The normal probability plot is automatically created using the data provided in columns H, K, L, and M and displayed in the Normplot tab of this workbook.

Fig. 8.26 Linear regression example: Data analysis results after removing the outlier

Using the original data shows that the second point (Π = 1,314) is potentially an outlier, since its residual is extremely large. Thus, the row corresponding to this point (row 4 in the original layout) was deleted and the regression analysis was redone. The results are shown in Figs. 8.26 and 8.27. The results are much better as there are now no clear outliers and the data confidence intervals, especially for C_3, are much smaller.

8.7.2 Nonlinear Regression Example in Excel®

This example examines the problem of fitting a theoretical equation to experimental data in order to obtain the values of the different constants in the system. Unlike the

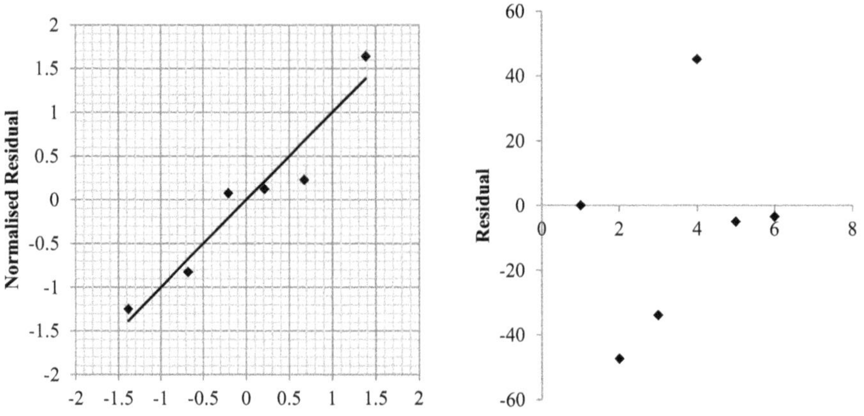

Fig. 8.27 Linear regression example: (left) Normal probability and (right) Time-series plots after removing outliers

previous case, nonlinear regression must be performed in order to obtain a result. Detailed information about the problem can be found in Ross-Rodriguez (2009). Data provided courtesy of Dr. Lisa Ross-Rodriguez.

8.7.2.1 Problem Statement for Nonlinear Regression Example

Consider the problem of obtaining a relationship for the ratio between the equilibrium and isotonic cell volumes given the osmotic pressure. The theoretical relationship can be written as

$$\frac{V}{V_0} = \left(1 - b^*\right)\frac{-1+\sqrt{1+4B\Pi_0}}{-1+\sqrt{1+4B\Pi}} + b^*, \tag{8.4}$$

where both B and b^* are the parameters to be determined and Π_0 is a known osmotic value. The experimental data are provided in Table 8.4. For this data set, Π_0 has a value of 0.293.

8.7.2.2 Problem Solution for Nonlinear Regression Example

Before we set up the problem in Excel®, it is first necessary to compute some preliminary information. First, we need to obtain the derivatives of Eq. (8.4) with respect to the parameters, that is,

$$\frac{d(V/V_0)}{db^*} = 1 - \frac{1-\sqrt{1+4B\Pi_0}}{1-\sqrt{1+4B\Pi}} \tag{8.5}$$

Table 8.4 Equilibrium cell volume data (Excel® example)

V/V$_0$	Π
1.000 34	0.292 78
0.804 65	0.571 72
0.753 58	0.855 14
0.715 48	1.135 95
0.685 88	1.433 49
0.666 00	1.729 08
0.659 13	2.028 15
0.640 04	2.326 60
0.626 61	2.667 04

$$\frac{d(V/V_0)}{dB} = 2(1-b^*)\left[\frac{\Pi_0}{\sqrt{1+4B\Pi_0}(-1+\sqrt{1+4B\Pi})} - \frac{\Pi(-1+\sqrt{1+4B\Pi_0})}{\sqrt{1+4B\Pi}(-1+\sqrt{1+4B\Pi})^2}\right]. \tag{8.6}$$

It can clearly be seen that this equation is nonlinear in the *parameters*. Thus, nonlinear regression using Solver will be performed. In order to obtain values for the parameter confidence intervals using Eq. (3.54), the grand Jacobian will be calculated using the "best" estimated values of the parameters and the above derivatives.

The nonlinear regression Excel® template used is set up identically to that of the linear regression template. The only difference is that now the estimated parameter values are not computed using a formula. Instead, they must be determined using Solver. Given the problem set-up, initial parameter estimates can be a bit of an issue, as the solution is sensitive to them. A recommended initial guess would be 0.5 for *b* and 2.5 for *B*. The macros are shown in Sect. 8.7.2.3: VB Macros.

The final results are shown in Fig. 8.28. Figure 8.29 shows the normal probability plot and a time-series plot of the residuals. It is easy to note that the *B* parameter is not significant and its value could be zero. Given the overall good fit and the relative well-behaved nature of the residuals, this would suggest that potentially not enough data have been collected to make an appropriate estimate. This situation partly explains why the Solver can have issues with obtaining a good value for *B*. The residual plots are shown in Fig. 8.29. Overall the results are decent, given the small sample. Since it has been assumed that the given equation holds, in order to obtain a better understanding of the data, additional experiments should be performed.

8.7.2.3 VB Macros

The macros required for performing the detailed regression analysis are shown here. There are three main macros: 1) to compute the model parameters (`model`); 2) to compute the derivative of the model with respect to *b* (`dydb1`); and 3) to compute the derivative of the model with respect to *B* (`dydb3`).

	Π	Jacobian							
V/Vo	Π	∂y/∂β₁	∂y/∂β₂	*y*	residuals	r^2	Ordered	Z-Rank	Z-Score
1.0003	0.29278	0.00	-0.00001	1.0003	0.00	0.00	5	0	-0.05602
0.8047	0.57172	0.38	0.007262	0.8174	0.01	0.00	9	1.593219	1.924833
0.7536	0.85514	0.53	0.008435	0.7472	-0.01	0.00	1	-1.59322	-1.02829
0.7155	1.13595	0.61	0.008527	0.7095	-0.01	0.00	2	-0.96742	-0.9756
0.6859	1.43349	0.66	0.008329	0.6840	0.00	0.00	4	-0.28222	-0.33586
0.6660	1.72908	0.70	0.008053	0.6664	0.00	0.00	6	0.282216	0.015948
0.6591	2.02815	0.73	0.007763	0.6531	-0.01	0.00	3	-0.58946	-0.97267
0.6400	2.3266	0.75	0.007486	0.6429	0.00	0.00	7	0.589456	0.3941
0.6266	2.66704	0.77	0.007194	0.6336	0.01	0.00	8	0.967422	1.03356

β	0.524581	2.408129
$\pm\delta$	0.043624	3.616267

sum(r^2)	0.00
σ_{model}	0.01
α	0.05
tinv(α)	2.364624
m	9
n	2
k	2
TSS	0.109233
SSE	0.000333
SSR	0.1089
R^2	0.996947
F-test	1143.092
F-critical, model	4.737414
F-critical, factorial	5.591448

$\mu_{residuals}$	0.000291
$\sigma_{residuals}$	0.006449

The normal probability plot is automatically created using the data provided in columns H, K, and L and displayed in the Normplot tab of this workbook.

Fig. 8.28 Nonlinear regression example: Excel® spreadsheet results

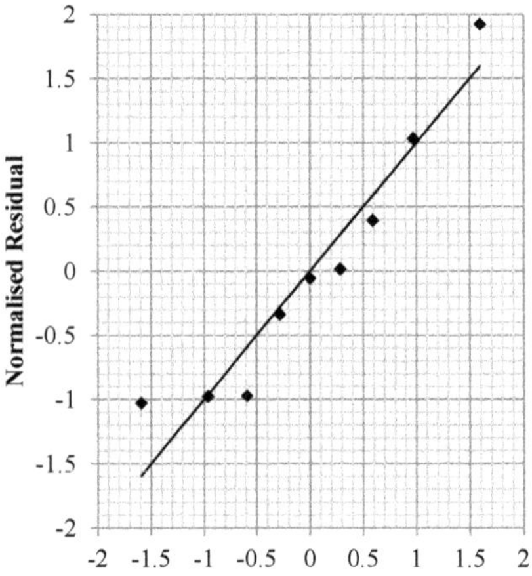

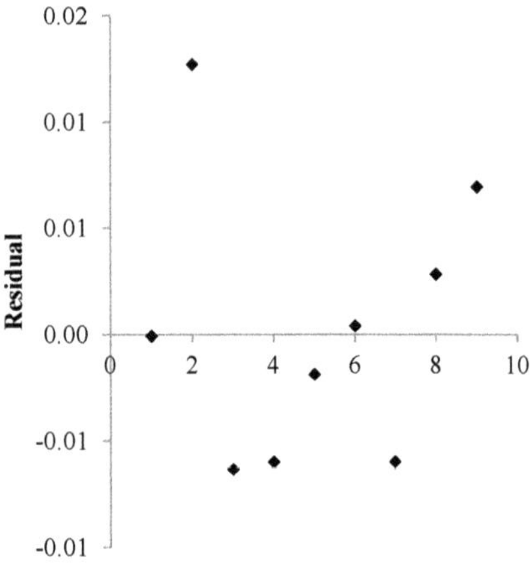

Fig. 8.29 Nonlinear regression example: (left) Normal probability plot and (right) Time-series plot of the residuals

```
Public Function model(parameter, x)
bs = parameter(1)
B = parameter(2)
```

```
model = (1 - bs) * (-1 + Sqr(1 + 4 * B * 0.293)) / (-1 + Sqr(1 +
4 * B * x(1))) + bs
End Function
```

```
Function dydb1(parameter As Range, x As Range)
bs = parameter(1)
B = parameter(2)
dydb1 = 1 - (-1 + Sqr(1 + 4 * B * 0.293)) / (-1 + Sqr(1 +
4 * B * x(1)))
End Function
```

```
Function dydb3(parameter As Range, x As Range)
bs = parameter(1)
B = parameter(2)
Pio = 0.293
so = Sqr(1 + 4 * B * Pio)
s = Sqr(1 + 4 * B * x(1))
dydb3 = 2 * (1 - bs) * (Pio / so / (s - 1) - x(1) * (so - 1) / s / (s -
1) ^ 2)
End Function
```

8.7.3 Factorial Design Examples Using Excel®

This section presents the Excel® spreadsheets for analysing some of the factorial design experiments presented in Chap. 4. The examples are all based on the factorial design template. The following examples have a corresponding Excel® spreadsheet:

y	β_0	β_1	β_2	β_3	β_4	β_{12}	β_{13}	β_{14}	β_{23}	β_{24}	β_{34}	β_{123}	β_{124}	β_{134}	β_{234}	β_{1234}
45	1	-1	-1	-1	-1	1	1	1	1	1	1	-1	-1	-1	-1	1
71	1	1	-1	-1	-1	-1	-1	-1	1	1	1	1	1	1	-1	-1
48	1	-1	1	-1	-1	-1	1	1	-1	-1	1	1	1	-1	1	-1
65	1	1	1	-1	-1	1	-1	-1	-1	-1	1	-1	-1	1	1	1
68	1	-1	-1	1	-1	1	-1	1	-1	1	-1	1	-1	1	1	-1
60	1	1	-1	1	-1	-1	1	-1	-1	1	-1	-1	1	-1	1	1
80	1	-1	1	1	-1	-1	-1	1	1	-1	-1	-1	1	1	-1	1
65	1	1	1	1	-1	1	1	-1	1	-1	-1	1	-1	-1	-1	-1
43	1	-1	-1	-1	1	1	1	-1	1	-1	-1	-1	1	1	1	-1
100	1	1	-1	-1	1	-1	-1	1	1	-1	-1	1	-1	-1	1	1
45	1	-1	1	-1	1	-1	1	-1	-1	1	-1	1	-1	1	-1	1
104	1	1	1	-1	1	1	-1	1	-1	1	-1	-1	1	-1	-1	-1
75	1	-1	-1	1	1	1	-1	-1	-1	-1	1	1	1	-1	-1	1
86	1	1	-1	1	1	-1	1	1	-1	-1	1	-1	-1	1	-1	-1
70	1	-1	1	1	1	-1	-1	-1	1	1	1	-1	-1	-1	1	-1
96	1	1	1	1	1	1	1	1	1	1	1	1	1	1	1	1
β	70.0625	10.8125	1.5625	4.9375	7.3125	0.0625	-9.0625	8.3125	1.1875	-0.1875	-0.5625	0.9375	2.0625	-0.8125	-1.3125	0.6875
std	#NUM!	#NUM!	#NUM!	#NUM!	#NUM!	#NUM!	#NUM!	#NUM!	#NUM!	#NUM!	#NUM!	#NUM!	#NUM!	#NUM!	#NUM!	#NUM!

y	residuals	r^2	Ordered	Z-Rank	Z-Score
45	0.00	0.00	1	-1.86273	#DIV/0!
71	0.00	0.00	1	-1.86273	#DIV/0!
48	0.00	0.00	1	-1.86273	#DIV/0!
65	0.00	0.00	1	-1.86273	#DIV/0!
68	0.00	0.00	1	-1.86273	#DIV/0!
60	0.00	0.00	1	-1.86273	#DIV/0!
80	0.00	0.00	1	-1.86273	#DIV/0!
65	0.00	0.00	1	-1.86273	#DIV/0!
43	0.00	0.00	1	-1.86273	#DIV/0!
100	0.00	0.00	1	-1.86273	#DIV/0!
45	0.00	0.00	1	-1.86273	#DIV/0!
104	0.00	0.00	1	-1.86273	#DIV/0!
75	0.00	0.00	1	-1.86273	#DIV/0!
86	0.00	0.00	1	-1.86273	#DIV/0!
70	0.00	0.00	1	-1.86273	#DIV/0!
96	0.00	0.00	1	-1.86273	#DIV/0!

$\mu_{residuals}$	0
$\sigma_{residuals}$	0

sum(r^2)	0.00
σ_{model}	#DIV/0!
α	0.05
tinv(α)	#NUM!
m	16
n	16
n_R	2
k	15
TSS	5730.938
SSE	#DIV/0!
SSR	#DIV/0!
R^2	#DIV/0!
F-test	#DIV/0!
F-critical, model	#NUM!
F-critical, factorial	#NUM!

Factorial Analysis of Parameters

Ordered	16	15	10	12	13	6	1	14	9	5	4	8	11	3	2	7
Z-Rank	1.862732	1.318011	0.237202	0.579132	0.776422	-0.40225	-1.86273	1.00999	0.078412	-0.57913	-0.77642	-0.07841	0.40225	-1.00999	-1.31801	-0.2372
Z-Score	3.622594	0.272136	-0.25093	-0.06008	0.074219	-0.33575	-0.85175	0.130767	-0.27214	-0.34989	-0.3711	-0.28627	-0.22266	-0.38523	-0.41351	-0.30041
SSR_i	#NUM!	#NUM!	#NUM!	#NUM!	#NUM!	#NUM!	#NUM!	#NUM!	#NUM!	#NUM!	#NUM!	#NUM!	#NUM!	#NUM!	#NUM!	#NUM!
F_i	#NUM!	#NUM!	#NUM!	#NUM!	#NUM!	#NUM!	#NUM!	#NUM!	#NUM!	#NUM!	#NUM!	#NUM!	#NUM!	#NUM!	#NUM!	#NUM!
Decision	#NUM!	#NUM!	#NUM!	#NUM!	#NUM!	#NUM!	#NUM!	#NUM!	#NUM!	#NUM!	#NUM!	#NUM!	#NUM!	#NUM!	#NUM!	#NUM!

$\mu_{parameters}$	6
$\sigma_{parameters}$	17.68415

Fig. 8.30 Factorial design: Full factorial example

(1) Figure 8.30: Example 4.2: Analysis of a Full Factorial Experiment from Sect. 4.4.4: Projection;
(2) Figure 8.31: Sect. 4.7.4: Detailed Mixed-Level Example; and
(3) Figure 8.32: Sect. 4.8.2: Factorial Design with Centre Point Example.

y	β_0	β_1	β_2	β_3	β_{12}	β_{13}	β_{23}	β_{123}	β_{11}	β_{112}	β_{113}	β_{1123}
-3	1	-1	-1	-1	1	1	1	-1	1	-1	-1	1
-1	1	-1	-1	1	1	-1	-1	1	1	-1	1	-1
-1	1	-1	1	-1	-1	1	-1	1	1	1	-1	-1
1	1	-1	1	1	-1	-1	1	-1	1	1	1	1
0	1	0	-1	-1	0	0	1	0	-2	2	2	-2
2	1	0	-1	1	0	0	-1	0	-2	2	-2	2
2	1	0	1	-1	0	0	-1	0	-2	-2	2	2
6	1	0	1	1	0	0	1	0	-2	-2	-2	-2
5	1	1	-1	-1	-1	-1	1	1	1	-1	-1	1
7	1	1	-1	1	-1	1	-1	-1	1	-1	1	-1
7	1	1	1	-1	1	-1	-1	-1	1	1	-1	-1
10	1	1	1	1	1	1	1	1	1	1	1	1
-1	1	-1	-1	-1	1	1	1	-1	1	-1	-1	1
0	1	-1	-1	1	1	-1	-1	1	1	-1	1	-1
0	1	-1	1	-1	-1	1	-1	1	1	1	-1	-1
1	1	-1	1	1	-1	-1	1	-1	1	1	1	1
1	1	0	-1	-1	0	0	1	0	-2	2	2	-2
1	1	0	-1	1	0	0	-1	0	-2	2	-2	2
3	1	0	1	-1	0	0	-1	0	-2	-2	2	2
5	1	0	1	1	0	0	1	0	-2	-2	-2	-2
4	1	1	-1	-1	-1	-1	1	1	1	-1	-1	1
6	1	1	-1	1	-1	1	-1	-1	1	-1	1	-1
9	1	1	1	-1	1	-1	-1	-1	1	1	-1	-1
11	1	1	1	1	1	1	1	1	1	1	1	1
β	3.125	3.9375	1.375	0.958333	0.5625	0.1875	0.208333	0.0625	0.3125	-0.0625	-0.02083	-0.14583
$\pm\delta$	0.374311	0.458436	0.374311	0.374311	0.458436	0.458436	0.374311	0.458436	0.264678	0.264678	0.264678	0.264678

$\hat{y}$	residuals	r^2
-2	1.00	1.00
-0.5	0.50	0.25
-0.5	0.50	0.25
1	0.00	0.00
0.5	0.50	0.25
1.5	-0.50	0.25
2.5	0.50	0.25
5.5	-0.50	0.25
4.5	-0.50	0.25
6.5	-0.50	0.25
8	1.00	1.00
10.5	0.50	0.25
-2	-1.00	1.00
-0.5	-0.50	0.25
-0.5	-0.50	0.25
1	0.00	0.00
0.5	-0.50	0.25
1.5	0.50	0.25
2.5	-0.50	0.25
5.5	0.50	0.25
4.5	0.50	0.25
6.5	0.50	0.25
8	-1.00	1.00
10.5	-0.50	0.25

Ordered	Z-Rank	Z-Score
23	1.534121	1.644957
15	0.264147	0.822478
21	1.054472	0.822478
12	-0.05225	-3.3E-16
22	1.258162	0.822478
3	-1.25816	-0.82248
16	0.374095	0.822478
5	-0.88715	-0.82248
5	-0.88715	-0.82248
5	-0.88715	-0.82248
24	2.036834	1.644957
16	0.374095	0.822478
1	-2.03683	-1.64496
4	-1.05447	-0.82248
10	-0.26415	-0.82248
12	-0.05225	-3.3E-16
11	-0.15731	-0.82248
14	0.157311	0.822478
5	-0.88715	-0.82248
16	0.374095	0.822478
16	0.374095	0.822478
16	0.374095	0.822478
2	-1.53412	-1.64496
5	-0.88715	-0.82248

$\mu_{residuals}$	2.04E-16
$\sigma_{residuals}$	0.607919

sum(r^2)	8.50
σ_{model}	0.84
α	0.05
tinv(α)	2.178813
m	24
n	12
n_R	1
k	11
TSS	336.625
SSE	8.5
SSR	328.125
R^2	0.974749
F-test	42.1123
F-critical, model	2.717331
F-critical, factorial	4.747225

Factorial Analysis of Parameters												
Ordered	11	12	10	9	8	5	6	4	7	2	3	1
Z-Rank	1.150349	1.731664	0.812218	0.548522	0.318639	-0.31864	-0.10463	-0.54852	0.104633	-1.15035	-0.81222	-1.73166
Z-Score	1.693676	2.305281	0.376372	0.062729	-0.23523	-0.51751	-0.50183	-0.61161	-0.42342	-0.7057	-0.67433	-0.76843
SSR_i	234.375	248.0625	45.375	22.04167	5.0625	0.5625	1.041667	0.0625	4.6875	0.1875	0.020833	1.020833
F_i	330.8824	350.2059	64.05882	31.11765	7.147059	0.794118	1.470588	0.088235	6.617647	0.264706	0.029412	1.441176
Decision	Keep	Keep	Keep	Keep	Keep	Discard	Discard	Discard	Keep	Discard	Discard	Discard

$\mu_{parameters}$	0.875
$\sigma_{parameters}$	1.328471

Fig. 8.31 Factorial design: Mixed-level example

y	β_0	β_1	β_2	β_{12}	β_c
39.3	1	-1	-1	1	1
40	1	-1	1	-1	1
40.9	1	1	-1	-1	1
41.5	1	1	1	1	1
40.3	1	0	0	0	-0.8
40.5	1	0	0	0	-0.8
40.7	1	0	0	0	-0.8
40.2	1	0	0	0	-0.8
40.6	1	0	0	0	-0.8
β	40.44444	0.775	0.325	-0.025	-0.01944
$\pm\delta$	0.191912	0.287868	0.287868	0.287868	0.214564

$\hat{y}$	residuals	r^2
39.3	0.00	0.00
40	0.00	0.00
40.9	0.00	0.00
41.5	0.00	0.00
40.46	0.16	0.03
40.46	-0.04	0.00
40.46	-0.24	0.06
40.46	0.26	0.07
40.46	-0.14	0.02

Ordered	Z-Rank	Z-Score
4	-0.28222	0
4	-0.28222	0
4	-0.28222	0
4	-0.28222	0
8	0.967422	1.091191
3	-0.58946	-0.2728
1	-1.59322	-1.63679
9	1.593219	1.773185
2	-0.96742	-0.95479

$\mu_{residuals}$	0
$\sigma_{residuals}$	0.146629

sum(r^2)	0.17
σ_{model}	0.21
α	0.05
tinv(α)	2.776445
m	9
n	5
n_R	2
k	4
TSS	3.002222
SSE	0.172
SSR	2.830222
R^2	0.942709
F-test	16.45478
F-critical, model	6.388233
F-critical, factorial	7.708647

Factorial Analysis of Parameters					
Ordered	5	4	3	1	2
Z-Rank	1.281552	0.524401	0	-1.28155	-0.5244
Z-Score	1.788558	-0.4187	-0.44374	-0.46321	-0.4629
SSR_i	14721.78	2.4025	0.4225	0.0025	0.002722
F_i	342366.9	55.87209	9.825581	0.05814	0.063307
Decision	Keep	Keep	Keep	Discard	Discard

$\mu_{parameters}$	8.3
$\sigma_{parameters}$	17.97227

Fig. 8.32 Factorial design: Combined factorial and centre point example

8.8 Further Reading

The following are references that provide additional information about the topic:

(1) **General Excel®** *Help*:

a. Harvey, G. (2019). *Excel® 2019 All-in-One For Dummies.* Hoboken, New Jersey, United States of America: John Wiley & Sons, Inc.
b. Brillo, J. (2007). *Excel® for Scientists and Engineers: Numerical Methods.* Hoboken, New Jersey, United States of America: John Wiley & Sons, Inc.
c. Schmuller, J. (2013). *Statistical Analysis with Excel® for Dummies* (3rd ed.). Hoboken, New Jersey, United States of America: Wiley & Sons, Inc.

(2) **Linear Regression Data set**:

a. Elliott, J. A., Prickett, R. C., Elmoazzen, H. Y., Porter, K. R., & McGann, L. E. (2007). A Multisolute Osmotic Virial Equation for Solutions of Interest in Biology. *Journal of Physical Chemistry B, 111*, 1775–1785.
b. Prickett, R. C., Elliott, J. A., & McGann, L. E. (2010). Application of the osmotic virial equation in cyrobiology. *Cryobiology, 2010*, 30–42.
c. Prickett, R. C., Elliott, J. A., & McGann, L. E. (2011). Application of the Multisolute Osmotic Virial Equation to Solutions Containing Electrolytes. *The Journal of Physical Chemistry B, 115*, 14,531–14,543.
d. Jochem, M., & Körber, C. (1987). Extended Phase Diagrams for the Ternary Solutions H_2O – NaCl – Glycerol and H_2O – NaCl – Hydroxyethylstarch (HES) Determined by DSC. *Cryobiology, 24*, 513–536.

(3) **Nonlinear Regression Data set**:

a. Ross-Rodriguez, L. U. (2009). *Cellular Osmotic Properties and Cellular Responses to Cooling.* Edmonton, Alberta, Canada: University of Alberta.

Correction to: Statistics for Chemical and Process Engineers

Correction to:
Y. A. W. Shardt, ***Statistics for Chemical and Process Engineers*****, https://doi.org/10.1007/978-3-030-83190-5**

In the original version of the chapter, the following correction has been incorporated: There are some scientific errors in this publication from Chapters 2 to 7. The correction chapter and the book have been updated with the changes.

The updated version of the book can be found at
https://doi.org/10.1007/978-3-030-83190-5

Y. A. W. Shardt, *Statistics for Chemical and Process Engineers*,
https://doi.org/10.1007/978-3-030-83190-5_9

Appendix A
Solution Key

This appendix provides brief solutions to some of the problems in the book. Often only the final answer or value is provided without any explanation or justification. Given the sometimes subjective nature of regressionanalysis other equally valid answers can also exist. As well, although the author has strived to verify that the answers are correct, it is inevitable that one or two stray errorsmay appear. This should be borne in mind when comparing answers. If you believe that there is indeed an error in the solution key, please let the author know, so that appropriate corrections can be made.

Chapter 1

(1) F; (2) F; (3) T; (4) F; (5) T; (6) F; (7) T; (8) F; (9) T; (10) T; (11) F; (12) T; (13) F; (14) F; (15) T; (16) T; (17) F; (18) T; (19) T; (20) T.

(21) (a) $\mu = 4.3$; mode = 5; median = 5; (b) $\sigma^2 = 5.12$; MAD = 1.84; range = 7; (c) Q1 = 2; Q2 = 5; Q3 = 5.

(24) Maybe!

Chapter 2

(1) F; (2) F; (3) T; (4) T; (5) T; (6) F; (7) T; (8) T; (9) F; (10) F; (11) T; (12) T; (13) F; (14) T; (15) F; (16) T; (17) F.

(18) (a) $\mathbb{S} =$ {Q♥, Q♠, Q♣}; $\mathbb{F}$ = {{}, {Q♥}, {Q♠}, {Q♣}, {Q♥, Q♠}, {Q♥, Q♣}, {Q♠, Q♣}, {Q♥, Q♠, Q♣}}; *P*({}) = 0; *P*({Q♥}) = $\frac{1}{3}$, *P*({Q♠}) = $\frac{1}{3}$; *P*({Q♣}) = $\frac{1}{3}$; *P*({Q♥, Q♠}) = $\frac{2}{3}$; *P*({Q♥, Q♣}) = $\frac{1}{3}$; *P*({Q♠, Q♣}) = $\frac{2}{3}$; *P*({Q♥, Q♠, Q♣}) = 1; (b) $\frac{1}{3}$; (c) $\mu = 0$; $\sigma^2 = 2$.

(20) (a) $\mathbb{S}$ = {HH,HT,TH,TT}; $\mathbb{F}$= {{}, {HH}, {HT}, {TH}, {TT}, {HH, HT}, {HH, TH}, {HH, TT}, {HT, TH}, {HT, TT}, {TH, TT}, {HH, HT, TH}, {HH, HT, TT}, {HH, TH, TT}, {HT, TH, TT}, {HH, HT, TH, TT}}; P({}) = 0, P({HH}) = 0.3, P({HT}) = 0.3, P({TH}) = 0.2, P({TT}) = 0.2, P({HH, HT}) = 0.6, P({HH, TH}) = P({HH, TT}) = P({HT, TH}) = P({HT,TT}) = 0.5, P({TH, TT}) = 0.4,

Y. A. W. Shardt, *Statistics for Chemical and Process Engineers*,
https://doi.org/10.1007/978-3-030-83190-5

Table A.1 Answers for Question 27 in Chap. 2

	$\hat{\mu}_1$	$\hat{\mu}_2$	$\hat{\mu}_3$	$\hat{\mu}_4$	$\hat{\mu}_5$
Bias	0	0	0.5μ	$-\frac{\mu}{3}$	0
σ^2	σ^2	$0.5\sigma^2$	$1.25\sigma^2$	$0.\bar{2}\sigma^2$	σ^2 / N
MSE	σ^2	$0.5\sigma^2$	$1.25\sigma^2 + 0.25\mu$	$0.\bar{2}\sigma^2 + 0.\bar{1}\mu$	σ^2 / N

P({HH, HT, TH}) = P({HH, HT, TT}) = 0.8, P({HH, TH, TT}) = P({HT, TH, TT}) = 0.7, P({HH, HT, TH, TT}) = 1.

(21) (a) No; (b) No; (c) Yes, $\mu = 2.5$, $\sigma^2 = 25/12$, E(|x|) = 2.5.

(23) $E(2X - 4Y) = -6$; $E(3XY) = 6$; $E(X^2) = 3$.

(27) see Table A.1.

(29) (a) Yes; (b) No; (c) Yes; (d) No.

(34) (b) $\mu = 0.5\pi$; (c) $4.84 \leq \psi \leq 6.41$, yes; (d) sampled mean is not equal to the true value; (e) $P(0.25 < X < 0.5) = 0.046$.

Chapter 3

(1) F; (2) T; (3) F; (4) T; (5) F; (6) T; (7) T; (8) F; (9) F; (10) T; (11) F; (12) F; (13) T; (14) T; (15) F; (16) T; (17) F; (18) T; (19) T; (20) T.

(23) The solution is given as

$$\vec{y} = \langle y_3, y_4, \ldots, y_{100} \rangle^T$$

$$\mathcal{A} = \begin{bmatrix} -y_2 & -y_1 & u_2 & u_1 \\ -y_3 & -y_2 & u_3 & u_2 \\ \vdots & \vdots & \vdots & \vdots \\ -y_{99} & -y_{98} & u_{99} & u_{98} \end{bmatrix}$$

$$\vec{\beta} = \langle \alpha_1, \alpha_2, \beta_1, \beta_2 \rangle^T.$$

(24) (c) $\hat{R} = 2.15\ \Omega$, $\hat{\sigma} = 0.85$; (d) 2.1±0.2 Ω; (e) Yes; (f) Fit is not good, as the errors are increasing with the current.

(25) (b) $\hat{R} = 2.044\ \Omega$; (c) An examination of the residuals (especially as a function of the current, I) and how close to normality they are; (d) Instrument error is often proportional to the magnitude of the measured value.

(27) (a + b) $\beta_0 = 276 \pm 6.8$; $\beta_1 = -1.98 \pm 1.0$; $\beta_2 = 0.012 \pm 0.041$; $\beta_3 = 0.00018 \pm 0.00045$; (c) 229.5±3.3, 229.5±8.5; (d) Yes; (e) $R^2 = 0.963$, F-score = 87.23, No.

(29) (b + c) $\ln \hat{K} = 5.3 \pm 0.45$, $\hat{b} = 0.54 \pm 0.28$; (d) $128 \leq K \leq 317$; $\hat{b}$ stays the same; (e) $\hat{\sigma} = 0.103$, $R^2 = 0.8789$; (g) Yes; (h) $R = 0.467$ kg·m$^{-0.5}$·s^{-1}; (i) $\hat{K} = 181 \pm 67$, $\hat{b} = 0.46 \pm 0.25$; $R^2 = 0.8905$, $\hat{\sigma} = 7.397$; (j) Yes, $R = 0.518$ kg·m$^{-0.5}$·s^{-1}.

(31) (a) No, plot the errors for the two runs using different symbols; (c) Yes.

Chapter 4

(1) T; (2) T; (3) F; (4) F; (5) F; (6) F; (7) F; (8) F; (9) T; (10) T; (11) T; (12) T; (13) T; (14) F; (15) T; (16) T; (17) F; (18) F; (19) F; (20) T;

(21) (a) No; (b) Yes. (23) (a) I = ACD = CDF = AF; (b) (two examples) A = F = CD = ACDF, B = ABF = ABCD = ABCDF; (c) III; (d) (one of many) I = ABCE = ACDF = BDEF.

(25) (a brief outline of the solution) A fractional factorial design with centre point replicates. Blockingand randomization should also be considered.

(26) (a) $I = x_1x_2^2x_3 = x_1^2x_2x_3^2$; (b) $x_1 = x_1^2x_2^2x_3 = x_2x_3^2$, $x_2 = x_1x_3 = x_1^2x_2^2x_3^2$, $x_3 = x_1x_2^2x_3^2 = x_1^2x_2$, $x_1^2 = x_2^2x_3 = x_1x_2x_3^2$, $x_2^2 = x_1x_2x_3 = x_1^2x_3^2$, $x_3^2 = x_1x_2^2 = x_1^2x_2x_3$, $x_1x_2 = x_1^2x_3 = x_2^2x_3^2$, $x_2x_3 = x_1x_3^2 = x_1^2x_2^2$, $x_1x_2^2x_3 = x_1^2x_2x_3^2 = I$; (c) $y = \beta_0 + \beta_1x_1 + \beta_2x_2 + \beta_3x_3 + \beta_{11}x_1^2 + \beta_{22}x_2^2 + \beta_{33}x_3^2 + \beta_{12}x_1x_2 + \beta_{23}x_2x_3$.

(29) (b) E = −ABCD; (c) V; (d) BD, AE, DE, BE, and E.

(31) (a) $y = 100 - 4x_1^2 - 12x_2^2 - 9x_3^2$; (b) 100.

Chapter 5

(1) T; (2) F; (3) T; (4) T; (5) F; (6) F; (7) F; (8) T; (9) T; (10) F; (11) T; (12) T; (13) T; (14) F; (15) T; (16) F; (17) T; (18) F; (19) T; (20) F;

(24) AR(1). (25) seasonal MA(1) with $s = 3$ and a normal AR(4).

Chapter 6

(1) F; (2) T; (3) T; (4) F; (5) F; (6) t; (7) T; (8) T; (9) T; (10) T; (11) F; (12) F; (13) T; (14) F; (15) T; (16) F; (17) T; (18) F; (19) F; (20) T.

(24) left graph: 9, right graph: 5. (25) Model is not adequate. (26) Model is adequate.

References

Ashley R (1988) On the relative worth of recent macroeconomic forecasts. Int J Forecast 4:363–376

Barnett V, Lewis T (1994) Outliers in statistical data, 3rd edn. Wiley, Chichester, England, United Kingdom

Bloomfield P (2000) Fourier analysis of time series: an introduction, 2nd edn. Wiley, New York, New York, United States of America

Box GE, Jenkins GM (1970) Time series analysis, forecasting, and control. Holden-Day, Oakland, California, United States of America

Box GE, Hunter WG, Hunter JS (1978) Statistics for experimenters: an introduction to design, data analysis, and model building. Wiley, New York, New York, United States of America

Brillo J (2007) Excel for scientists and engineers: numerical methods. Wiley, Hoboken, New Jersey, United States of America

Chambers JM, Cleveland WS, Kleiner B, Tukey P (1983) Graphical methods for data analysis. Wadsworth International Group, Belmont, California, United States of America

Daniel C, Wood FS (1980) Fitting equations to data, 2nd edn. Wiley, New York, New York, United States of America

Davies L, Gather U (1993) The identification of multiple outliers. J Am Stat Assoc 88(423):782–792

Dean JA (1999) Lange's handbook of chemistry, 15th edn. McGraw-Hill Inc., New York, New York, United States of America

Elliott JA, Prickett RC, Elmoazzen HY, Porter KR, McGann LE (2007) A multisolute osmotic virial equation for solutions of interest in biology. J Phys Chem B 111:1775–1785

Franke J, Härdle WK, Hafner CM (2011) Statistics of financial markets: an introduction, 3rd edn. Springer, Heidelberg, Germany. https://doi.org/10.1007/978-3-642-16521-4

Gerhart PM, Gross RJ, Hochstein JI (1992) Fundamentals of fluid mechanics. Addison-Wesley Publication Co, Reading, Massachusetts, United States of America

Hald A (2003) A history of probability and statistics and their application before 1750. Wiley, Hoboken, New Jersey, United States of America

Hannan EJ, Deistler M (2012) The statistical theory of linear systems. Society of Industrial and Applied Mathematics

Hare LB (1988) In the soup: a case study to identify contributors to filling variability. J Qual Technol 20:36–43

Harvey AC (1991) Forecasting, structural time series models and the Kalman filter. Cambridge University Press, Cambridge

Harvey G (2019) Excel® 2019 all-in-one for dummies. Wiley, Hoboken, New Jersey, United States of America

Hassler, U (1994) The sample autocorrelation function of I(1) processes. Stat Papers Stat Hefte 35:1–16

Y. A. W. Shardt, *Statistics for Chemical and Process Engineers*,
https://doi.org/10.1007/978-3-030-83190-5

Hawkins DM (1980) Identification of outliers. Chapman and Hall, London, England, United Kingdom

Hinkelmann K, Kempthorne O (2007) Design and analysis of experiments, vols I, II, III. Wiley, Hoboken, New Jersey, United States of America

Hodge VJ, Austin J (2004) A survey of outlier detection methodologies. Artif Intell Rev 22:85–126

Huang B, Kadali R (2008) Dynamic modeling, predictive control, and performance monitoring. Springer

Hunt BR, Lipsman RL, Rosenberg J (2014) A guide to MATLAB: for beginners and experienced users: updated for MATLAB 8 and Simulink 8, 3rd edn. Cambridge University Press, Cambridge, England, United Kingdom

Hyndman RJ, Fan Y (1996) Sample quantiles in statistical packages. Am Stat 50(4):361–365

Jochem M, Körber C (1987) Extended phase diagrams for the ternary solutions H_2O−NaCl−glycerol and H_2O−NaCl−hydroxyethylstarch (HES) determined by DSC. Cryobiology 24:513–536

Johnson RA, Wichern DW (2007) Applied multivariate statistical analysis, 6th edn. Prentice Hall, Upper Saddle River, New Jersey, United States of America

Kallenberg O (2002) Foundations of modern probability. Springer, New York, New York, United States of America

Kalman RE (1960) A new approach to linear filtering and prediction problems. Trans ASME J Basic Eng 82:35–45

Kalman RE, Bucy RS (1961) New results in filtering and prediction theory. Trans ASME J Basic Eng 83:95–108

Khintchine A (1934) Korrelationstheorie der stationären stochastischen Prozesse (Correlation Theory of Stocastic Processes). Math Ann 109(1):604–615. https://doi.org/10.1007/BF01449156

Lin B, Recke B, Knudsen JK, Jørgensen SB (2007) A systematic approach for soft sensor development. Comput Chem Eng 31:419–425

Ljung L (1999) System identification theory for the user. Prentice Hall Inc., Upper Saddle River, New Jersey, United States of America

Montgomery DC (1991) Design and analysis of experiments, 3rd edn. Wiley, New York, New York, United States of America

Montgomery DC, Peck EA (1982) Introduction to linear regression analysis, 1st edn. Wiley, New York, New York, United States of America

Montgomery DC, Runger GC (2007) Applied statistics and probability for engineers, 4th edn. Wiley, Hoboken, New Jersey, United States of America

Montgomery DC, Jennings CL, Kulahci M (2008) Introduction to time series analysis and forecasting. Wiley, Hoboken, New Jersey, United States of America

Myers RH (1971) Response surface methodology. Allyn and Bacon Inc., Boston, Massachusetts, United States of America

Nelson CR (1972) The prediction performance of the FRB-MIT-PENN model of the U.S. Economy. Am Econ Rev 62(5):902–917

Ogunnaike BA (2010) Random phenomena: fundamentals of probability and statistics for engineers. CRC Press, Boca Raton, Florida, United States of America

Prickett RC, Elliott JA, McGann LE (2010) Application of the osmotic virial equation in cyrobiology. Cryobiology 2010:30–42

Prickett RC, Elliott JA, McGann LE (2011) Application of the multisolute osmotic virial equation to solutions containing electrolytes. J Phys Chem B 115:14531–14543

Priestley MB (1981) Spectral analysis and time series: vol. 1: univariate series and vol 2: multivariate series, prediction, and control. Academic Press, New York, New York, United States of America

Ross-Rodriguez LU (2009) Cellular osmotic properties and cellular responses to cooling. University of Alberta, Edmonton, Alberta, Canada

Schlittgen R (2012) Einführung in die Statistik Analyse und Modellierung von Daten, 12th edn. Oldenbourg Wissenschaftsverlag GmbH, Munich, Bavaria, Germant

Schmuller J (2013) Statistical analysis with excel® for dummies, 3rd edn. Wiley, Hoboken, New Jersey, United States of America
Seber GA, Wild CJ (1989) Nonlinear regression. Wiley, New York, New York, United States of America
Shardt YAW (2012) Data quality assessment for closed-loop system identification and forecasting with application to soft sensors. Doctoral Thesis, University of Alberta, Department of Chemical and Materials Engineering, Edmonton, Alberta, Canada. doi: http://hdl.handle.net/10402/era.29018
Shardt YAW (2012). Data quality assessment for closed-loop system identification and forecasting with application to soft sensors. Edmonton, Alberta, Canada: University of Alberta. doi: http://hdl.handle.net/10402/era.29018
Shardt YAW, Huang B (2011) Closed-loop identification with routine operating data: effect of time delay and sampling time. J Process Control 21:997–1010
Shardt YAW, Huang B (2014) Minimal required excitation for closed-loop identification: implications for PID control loops. In: ADCONIP conference proceedings. Hiroshima, Japan, pp 296–301. http://www.nt.ntnu.no/users/skoge/prost/proceedings/adconip-2014/pdf/SUBS61TO80/0069/0069_FI.pdf
Sheynin O (2004) History of the theory of probability to the beginning of the 20th century. NG Verlag, Berlin, Germany
Shumway RH, Stoffer DS (2011) Time series analysis and its applications with R examples, 3rd edn. Springer, New York, New York, United States of America. https://doi.org/10.1007/978-1-4419-7865-3
Sizemore J, Mueller JP (2015) MATLAB for dummies. Wiley, Hoboken, New Jersey, United States of America
Söderström T, Gustavsson I, Ljung L (1975) Identifiability conditions for linear systems operating in closed loop. Int J Control 21(2):243–255
Sokal RR, Rohlf FJ (1995) Biometry: the principles and practice of statisics in biological research, 3rd edn. W. H. Freeman and Company, New York, New York, United States of America
Steel RG, Torrie JH (1980) Principles and procedures of statistics: a biometrical approach, 2nd edn. McGraw-Hill Kogakusha Ltd., Tokyo, Japan
Stoica P, Moses R (2005) Spectral analysis of signals. Prentice Hall, Upper Saddle River, New Jersey, United States of America
Tufte ER (1997) Visual and statistical thinking: displays of evidence for making decisions. Graphics Press LLC, Cheshire, Connecticut, United States of America
Tufte ER (2001) The visual display of quantitative information. Graphics Press LLC, Cheshire, Connecticut, United States of America
Varberg DE (1963) The development of modern statistics. Math Teach 56(4):252–257
Welch PD (1967) The use of fast fourier transform for the estimation of power spectra: a method based on time averaging over short, modified periodograms. IEEE Trans Audio Electroacoust AU-15(2):70–73
Wichern DW (1973) The behaviour of the sample autocorrelation function for an integrated moving average process. Biometrika 60(2):235–239. doi: http://www.jstor.org/stable/2334535?origin=JSTOR-pdf
Zhu Y (2001) Multivariable system identification for process control. Elsevier Science Ltd., Oxford, United Kingdom
Zorn ME, Gibbons RD, Sonzogni WC (1997) Weighted least-squares approach to calculating limits of detection and quantification by modeling variability as a function of concentration. Anal Chem 69(15):3069–3075

Index

Y. A. W. Shardt, *Statistics for Chemical and Process Engineers*,
https://doi.org/10.1007/978-3-030-83190-5

MATLAB and Excel Functions

Y. A. W. Shardt, *Statistics for Chemical and Process Engineers*,
https://doi.org/10.1007/978-3-030-83190-5

GPSR Compliance
The European Union's (EU) General Product Safety Regulation (GPSR) is a set of rules that requires consumer products to be safe and our obligations to ensure this.

If you have any concerns about our products, you can contact us on

ProductSafety@springernature.com

In case Publisher is established outside the EU, the EU authorized representative is:

Springer Nature Customer Service Center GmbH
Europaplatz 3
69115 Heidelberg, Germany

www.ingramcontent.com/pod-product-compliance
Ingram Content Group UK Ltd.
Pitfield, Milton Keynes, MK11 3LW, UK
UKHW020650051126
16350UKWH00035B/1000
9783030831912